ISO, KS 규격에 의한

기하공차

최호선 지음

BM (주)도서출판 성안당

■ 도서 A/S 안내

성안당에서 발행하는 모든 도서는 저자와 출판사, 그리고 독자가 함께 만들어 나갑니다.

좋은 책을 펴내기 위해 많은 노력을 기울이고 있습니다. 혹시라도 내용상의 오류나 오탈자 등이 발견되면 "좋은 책은 나라의 보배"로서 우리 모두가 함께 만들어 간다는 마음으로 연락주시기 바랍니다. 수정 보완하여 더 나은 책이 되도록 최선을 다하겠습니다.

성안당은 늘 독자 여러분들의 소중한 의견을 기다리고 있습니다. 좋은 의견을 보내주시는 분께는 성안당 쇼핑몰의 포인트(3,000포인트)를 적립해 드립니다.

잘못 만들어진 책이나 부록 등이 파손된 경우에는 교환해 드립니다.

본서 기획자 e-mail : coh@cyber.co.kr(최옥현)

홈페이지 : http://www.cyber.co.kr

전화 : 031) 950-6300

머 리 말

기계 공업의 급속한 발전으로 산업 구조의 변화와 국제화 추세에 따라서 정밀도에 대한 요구가 엄밀해지고 있다. 제품을 경제적이고 효율적으로 생산하기 위해서는 제품 제작을 위한 도면상에 치수 공차 및 기하 공차를 어떻게 규제하는냐가 중요하다. 따라서 제품 성능을 고려하여 설계 도면이 작성되어야 하고 도면에 의한 제작과 검사를 하기 위하여는 도면 해독 및 공차 해석이 정확히 되어야 한다.

따라서 도면상에 KS에 의한 치수 공차만으로 규제된 것은 기능적인 요구 조건을 만족시킬 수가 없으므로 치수 공차와 함께 국제적으로 규격화되어 통용되고 있는 기하 공차를 부품 특성에 맞도록 적절히 규제해야 하며 기하 공차에 의해 규제된 도면을 보고 도면 해독과 공차 해석을 정확하게 할 수 있어야만 설계, 제작 검사를 할 수가 있다. 따라서 기하 공차에 의한 도면 해독 및 공차 해석은 엔지니어로서의 상식이며 기본이라 할 수 있다.

본 교재에서는 KS에 규격으로 제정되어 있는 기하 공차에 관해서 부품 특성에 맞는 기하학적 특성을 도면상에 바르게 규제할 수 있고 도면에 의한 가공 제작은 물론 제작된 부품을 검사함에 있어서 일관된 해석으로 정확한 도면 해독과 공차 해석을 할 수 있도록 KS 규격을 기준으로 상세하게 해설하였다. 국제적인 기술 교류의 증대에 따라 도면상에 규제되는 내용은 국제적으로 통용되는 국제 용어이어야 하고 국제화된 규격에 따라야 하므로 국제 경쟁력에 뒤지지 않으려면 기하 공차의 적용은 불가피하다고 본다.

본 교재를 통하여 기하 공차에 대한 올바른 도면 해독과 공차 해석이 될 수 있기를 바라며 빠른 시일 내에 우리 나라 전반에 걸쳐서 기하 공차에 관한 내용이 통용되어 국제화와 기술 발전에 이바지 하기를 기원한다.

1996. 5.

저 자

차 례

제 1 장 기하 공차의 기초

1. 서 론 2
2. 기하 공차의 필요성 3
   [1] 치수 공차만으로 규제된 형체 4
   [2] 직각에 관한 형체 6
   [3] 진직에 관한 형체 7
   [4] 동심에 관한 형체 11
   [5] 평행한 위치에 관한 형체 12
   [6] 위치에 관한 형체 13
3. 기하 공차의 종류와 기호 18
   [1] 기하 공차의 종류 18
   [2] 부가 기호 19
   [3] 기호의 사용 19
   [4] 기하 공차에 대한 공차 영역 20
4. 기하 공차의 도시 방법 21
   [1] 기하 공차의 기입 틀 21
   [2] 도시 방법과 공차역의 관계 26
5. 데이텀(Datum) 31
   [1] 데이텀 규제 형체 31
   [2] 데이텀의 설정 32
   [3] 데이텀 평면 32
   [4] 데이텀 축선 33
   [5] 공통 데이텀 33
   [6] 원통 축선에서 평면에 수직인 데이텀 34
   [7] 데이텀계 35
   [8] 데이텀의 선정 36

[9] 데이텀의 도시 방법 37
[10] 데이텀의 우선 순위 40
[11] 데이텀 표적 48
[12] 데이텀 표적 기호 49
[13] 데이텀 표적점 50
[14] 데이텀 표적선 51
[15] 데이텀 표적 영역 51
[16] 데이텀 표적 기호의 표시 방법 52
6. 이론적으로 정확한 치수 56
7. 최대 실체 공차 방식 61
[1] 최대 실체 치수(Maximum Material Size) 61
[2] 최대 실체 공차 방식의 적용 62
[3] 최대 실체 공차 방식의 적용을 지시하는 방법 62
[4] 최대 실체 공차 방식으로 규제된 기하 공차 63
[5] 최소 실체 치수 68
[6] 실효 치수 68
8. 보통 기하 공차 76
[1] 진직도 및 평면도에 대한 보통 기하 공차 76
[2] 진원도에 대한 보통 기하 공차 78
[3] 평행도에 대한 보통 기하 공차 78
[4] 직각도에 대한 보통 기하 공차 79
[5] 원주 흔들림에 대한 보통 기하 공차 81
[6] 대칭도에 대한 보통 기하 공차 81
9. 제도-공차 표시 방식의 기본 원칙 85
[1] 길이에 대한 치수 공차 85
[2] 각도에 대한 치수 공차 85
[3] 기하 공차 85
[4] 포락의 조건 86

제 2 장 모양 공차

1. 진직도(眞直度) 90
[1] 진직도 공차 91
[2] 평탄한 표면의 진직도 91

[3] 원통 형체의 진직도 92
[4] 최대 실체 공차 방식으로 규제된 진직도 93
[5] 단위 진직도 96
2. 평면도(平面度) 98
[1] 평면도 공차역 99
[2] 단위 평면도 100
3. 진원도(眞圓度) 102
[1] 진원도 공차역 103
[2] 진원도 규제 형체와 공차역 103
[3] 진원도 측정 104
4. 원통도(圓筒度) 106
5. 윤곽도 공차(輪廓度公差) 108
[1] 면의 윤곽도 109
[2] 선의 윤곽도 110

제 3 장 자세 공차

1. 평행도(平行度) 114
[1] 두 개의 평면에 대한 평행도 115
[2] 하나의 평면과 중심을 갖는 형체의 평행도 116
[3] 두 개의 중심을 갖는 형체의 평행도 119
[4] 단위 길이와 전길이에 규제된 평행도 122
[5] 부분적인 길이에 대한 평행도 123
2. 직각도(直角度) 125
[1] 직각도로 규제되는 형체 126
[2] 두 개의 평면에 대한 직각도 126
[3] 하나의 평면과 중간면에 대한 직각도 128
[4] 하나의 평면과 중심에 대한 직각도 128
[5] MMS로 규제된 원통 형체의 직각도 128
[6] MMS로 규제된 직각도와 동적 공차 선도 129
[7] 두 개의 원통 형체에 규제되는 직각도 131
[8] MMS로 규제된 0공차 132
[9] 최대 허용 공차를 규제한 MMS일 때의 0공차 133
[10] 반경상에 규제된 직각도 133

[11] 최대 실체 공차 방식으로 규제된 직각도와 치수 공차의 관계 134
3. 경사도(傾斜度) 137
[1] 경사도 138
[2] 구멍 중심에 대한 경사도 139

제 4 장 흔들림 공차

1. 원주 흔들림(圓周振動) 144
2. 온 흔들림(全振動) 147

제 5 장 위치 공차

1. 동심도(同心度) 152
[1] 동심도 공차역 153
[2] 두 개의 데이텀을 기준으로 규제된 동심도 154
[3] 축직선에 규제된 동심도 155
2. 대칭도(對稱度) 156
[1] 데이텀 중간면에 대한 면의 대칭도 157
[2] 데이텀 직선에 대한 면의 대칭도 157
[3] 데이텀 중심 평면에 대한 면의 대칭도 157
[4] 데이텀 직선에 대한 선의 대칭도 158
3. 위치도(位置度) 159
[1] 위치도 이론 160
[2] 직경 공차역으로 규제된 위치도 166
[3] 직경 공차역 166
[4] 직교 좌표 공차와 위치도 공차역의 비교 167
[5] 치수 공차와 관계없이 규제된 위치도 171
[6] 최대 실체 공차 방식으로 규제된 위치도 172
[7] 동축 형체에 규제된 위치도 175
[8] 동축 형체에 복합적으로 규제된 위치도 177
[9] 동축 형체의 적절한 규제 178
[10] 위치도 공차 범의 내에서 직각도 규제 179
[11] 외곽에서 크게 허용되는 위치도 공차 180
[12] 원추형으로 규제된 위치도 183

[13] 하나의 구멍에 두 개의 위치도 공차 규제 184
[14] 비원형 형상에 규제된 위치도 185
[15] 최대 실체 공차 방식으로 규제된 비원형 형체의 위치도 188
[16] 결합 부품의 위치도 공차의 계산 193

제 6 장 기능 게이지(Functional gage)

1. 직각도로 규제된 구멍과 축의 기능 게이지 204
2. 위치도 공차로 규제된 부품의 기능 게이지 206
3. 위치도 공차 검사 211
4. 직교 좌표 공차역과 직경 공차역의 변환 213

부 록

1. ANSI, ISO, KS 규격 비교 216
2. 기하 공차 도시 방법 217
3. 기하 편차의 정의 및 표시 247
4. 최대 실체 공차 방식 261
5. 기하 공차를 위한 데이텀 274
6. 제도-공차 표시 방식의 기본 원칙 288
7. 제도-기하 공차 표시 방식-위치도 공차 방식 294
8. 개별적인 공차의 지시가 없는 형체에 대한 기하 공차 303
9. 기하 공차 측정 방법 314

제 1 장

기하 공차의 기초

1 서 론

기하 공차는 부품에 규제된 치수 공차와 함께 부품 특성에 맞는 기하 공차(모양 공차·자세 공차·흔들림 공차·위치 공차)를 부여하여 설계자의 의도를 명확하고 간략하게 도면상에 지시하여 최종 제품을 가장 경제적이고 효율적으로 생산할 수 있도록 기능적인 면을 위주로 결합 부품 상호간에 제작 공차를 최대로 이용하여 호환성 있게 결합을 보장하고 검사 방법을 용이하게 하는데 중점을 두고 설계, 제작, 검사상에 일관된 해석을 할 수 있도록 도면상에 치수 공차와 더불어 기하 공차를 적절히 규제하는 것이 주요 목적이다.

우리 나라의 경우 기하 공차에 대한 내용은 일반적으로 설계 도면상에 규제하지 않고 제작하는 작업장에 일임된 사항이 많았으나 고정밀도가 요구되고 국제화 추세에 따라서 기하 공차의 필요성이 증대되어 가고 있다.

따라서 치수 공차만으로 규제된 것은 기능상의 결합 상태와 호환성 및 검사 방법 등에 문제가 많고 값비싼 다량의 불량품이 발생되고 기능상 필요가 없는 경우에도 정밀한 기하학적 형상을 얻는데 시간 소비가 많아 원가 상승의 원인이 되는 경우가 많다.

이러한 여러 가지 문제점을 보완하기 위하여 기하 공차에 대한 세부 내용을 규격으로 정하여 적용하게 되었다.

1956년 ANSI 규격으로 제정되어 적용되어 오다 ANSI 규격을 바탕으로 ISO에서 규격으로 제정하여 국제적으로 통용되고 있으며 KS 공업 규격은 ISO 규격을 기준으로 기하 공차에 대한 내용이 다음과 같이 제정되었다.

- 기하 편차의 정의 및 표시(KS B 0425－1986)
- 최대 실체 공차 방식(KS B 0242－1986)
- 기하 공차의 도시 방법(KS B 0608－1987)
- 기하 공차를 위한 데이텀(KS B 0243－1987)
- 제도－기하 공차 표시 방식－위치도 공차 방식(KS B 0418－1992)
- 제도－공차 표시 방식의 기본 원칙(KS B 0147－1992)
- 개별적인 공차의 지시가 없는 형체에 대한 기하 공차(KS B 0146－1992)

2 기하 공차의 필요성

고도의 공업화, 생산의 근대화, 분업화의 고도 성장 시대에는 기계에 요구되는 정밀도, 성능, 품질 및 경제성에 대한 중요성이 절실이 요구되고 있다.

이러한 요구에 대응하기 위하여 설계자의 의도를 정확하게 도면상에 나타내야 한다.

이러한 요구를 설계자－제작자－검사자－조립자 간에 일률적인 해석이 되도록 도면에 어떻게 나타내서 도시(圖示)하느냐가 중요하다.

이같은 조건을 충족시키기 위해서는 도면에 언어는 쓰지 말고 숫자, 문자, 기호를 사용하여 나타내야 하고 언어에 의한 주기(註記)는 가급적 피해야 한다. 이들 기호 및 사용법은 국제적으로 공통이며 그 해석 역시 국제적으로 통일된 것이 아니면 안된다.

도면에서 정밀도의 대상이 되는 点, 線, 軸線, 面 또는 中心面을 형체라 하며 부품은 이들 형체로 구성된다. 도면의 형체에 정밀도 중 공차에 관련되는 것은

① 크 기

② 형 상

③ 자 세

④ 위 치

의 4 요소이다.

이들 4 요소의 정확한 규제가 없으면 그 도면은 완전하다고 볼 수 없다.

따라서 이들 4 요소의 역할을 확실히 파악하여 도면에 나타내려면 치수 공차와 기하학적 공차에 의해 나타내야 한다.

기하학적 공차는 치수 공차만으로 나타낸 도면에는 형상 및 위치에 대한 기하학적 특성을 규제할 수 없기 때문에 규제 조건이 미흡하거나 결핍되어 설계자의 의도를 정확하게 전달할 수가 없고 불완전성을 가지고 있어 완전한 도면이 못되고 정확한 제품 생산이 곤란하며 설계, 제작, 검사상에도 문제가 있다.

또한, 기능상이나 호환성면에서도 문제가 있어 조립 불능의 부품이 수없이 나오거나, 조립되었어도 충분한 기능을 발휘하지 못하여 기대한 성능을 확보하지 못했다.

이들 원인은 도면에 정확한 내용을 나타내지 못함에 따른 불완전성이다.

도면상의 불완전성은 다음과 같다.

(1) 위치 결정의 공차 지정이 불완전하며 공차의 누적이나 공차역의 일률적인 해석이 곤란하여 조립상의 문제점이 많다.

(2) 기준이 되는 형체의 지정이 없는 것이 많아 위치 등을 제대로 정할 수는 없는 경우가 많다. 또한, 기준의 형체가 지정되어 있어도 그 정의가 불확실하여 설계, 제작, 검사상에 있어 각자 나름대로의 해석이 구구 각각이다.

(3) 치수 공차에 의해 형상이 규제되는지의 여부, **또한 형상 공차의 공차역의** 정의나 도

시(圖示) 방법이 분명하지 않아 설계자의 의도가 정확히 제작, 검사팀에게 전달되지 않는 일이 많았다.

(4) 기능과 관계없이 현장 판단으로 하기 때문에 완제품으로 조립되어도 제 기능을 발휘하지 못하는 경우가 많았다.

이와 같은 점을 개선하기 위해 ANSI, ISO 규격에서 국제적으로 통용이 되도록 형상 위치에 대한 기하학적 공차를 규격으로 제정하여 일률적인 해석이 되도록 규격화하였다.

공업 기술이 고도화, 국제화되고 있는 오늘날 기하 공차의 도시 방법의 필요성은 다음과 같은 이유로 더욱 증대되고 있다.

(1) 기술 수준의 향상과 기계류의 성능이 고도화함에 따라 부품 정밀도에 대한 요구가 증대하였다.

(2) 국제 제휴, 공동 기술 개발이나 국제 분업 생산 등이 늘어남에 따라 각 국간의 연락의 어려움과 각국간의 실행의 차이 등으로 호환성의 확보나 기능 향상면에 과거보다 더한 배려가 필요해졌다.

(3) 새로운 기술 개발로 종전 방법으로는 대처할 수 없는 분야가 확산되고 있고, 새로운 생산 방식의 채택으로 지난날의 고유 기술만으로는 처리할 수 없는 일이 늘어나고 있다.

(4) 기업체 간이나 국제 경쟁을 위해 생산성 향상이나 생산 원가의 절감이 절실이 요구되어 정밀도 설계에도 경제성의 향상을 도입할 필요성이 높아졌다.

이러한 이유로 높은 정밀도를 확보하고 불량률을 줄이고 경제성도 제고할 수 있는 기하 공차 도입과 국제적으로 통용되는 그 도시 방법의 채택의 필요성이 절실히 요구되고 있다.

인간이 만들어 내는 것은 치수나 형상에 관하여 어떤 최신의 기계를 사용하든 최신의 제작 방법을 이용해서든 결국 이론적으로 정확한 치수나 형상으로는 만들어 낼 수가 없다.

따라서 지금 제작하려고 하는 것을 사용할 때의 요건에 따라 어디까지 이론적으로 정확한 치수나 형상에 접근시키느냐가 문제이다.

다음 그림에 치수 공차만으로 규제된 도면에서 공차 범위 안에서 제작 가능한 여러 가지 형상을 그림으로 나타냈고 치수 공차만으로 규제했을 경우의 문제점과 기하 공차 규제의 필요성을 여러 가지 예를 들어 설명하기로 한다.

1 치수 공차만으로 규제된 형체

다음 **그림** 1-1(a)에 치수 공차만으로 규제된 형체가 있다. 지시된 치수 공차 0.2 범위(b) 내에서 **그림** (b)~(l)과 같이 여러 가지 형상으로 제작될 수가 있다. **그림** (a)와 같이 완전한 형상으로 만들어 낼 수는 없다.

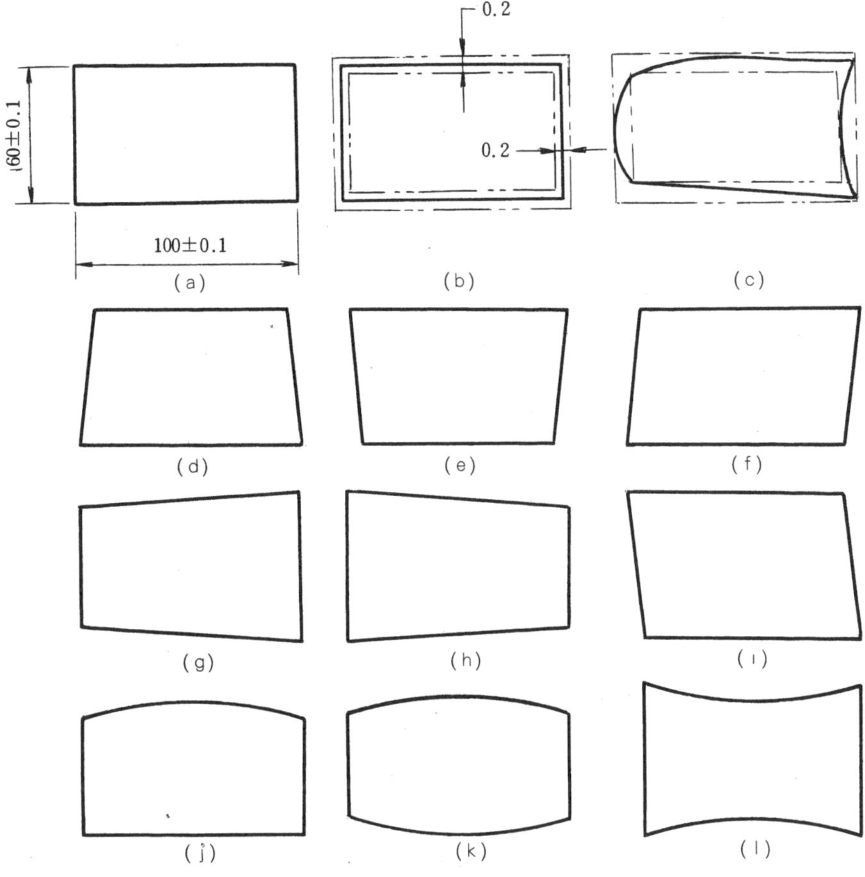

그림 1-1 치수 공차로 규제된 형체의 여러 가지 형상

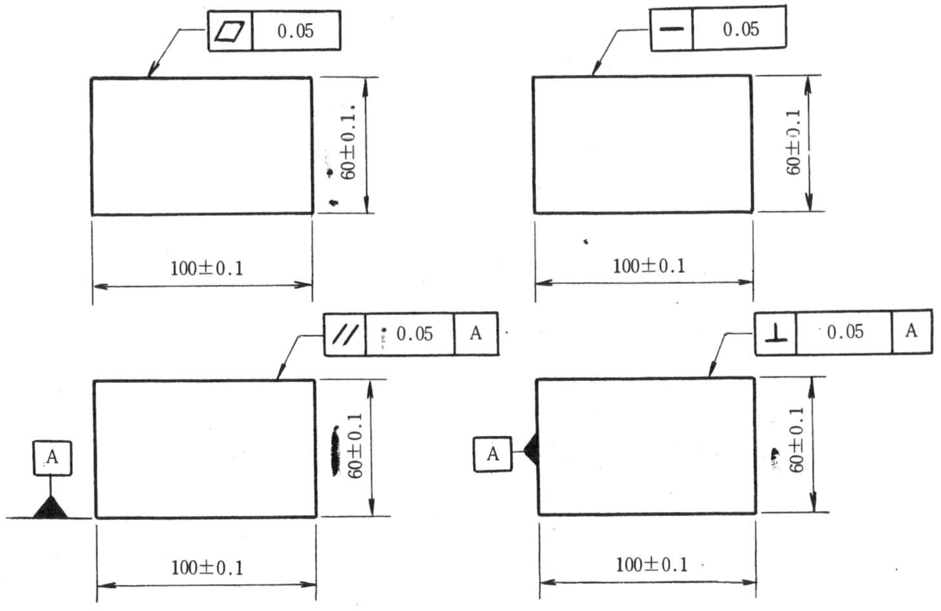

그림 1-2 치수 공차와 기하 공차의 규제 예

따라서 이 부품이 요하는 기능을 만족시킬 수 있느냐가 문제이다. 이 경우에 크기에 대한 치수 공차만으로 규제되어 있고 기하학적 형상에 대해서는 어떻게 해야 한다는 지시가 없다. 따라서 부품 특성에 맞는 평면도나 평행도, 진직도 또는 직각도 등의 기하 공차로 규제할 필요가 있다.

2 직각에 관한 형체

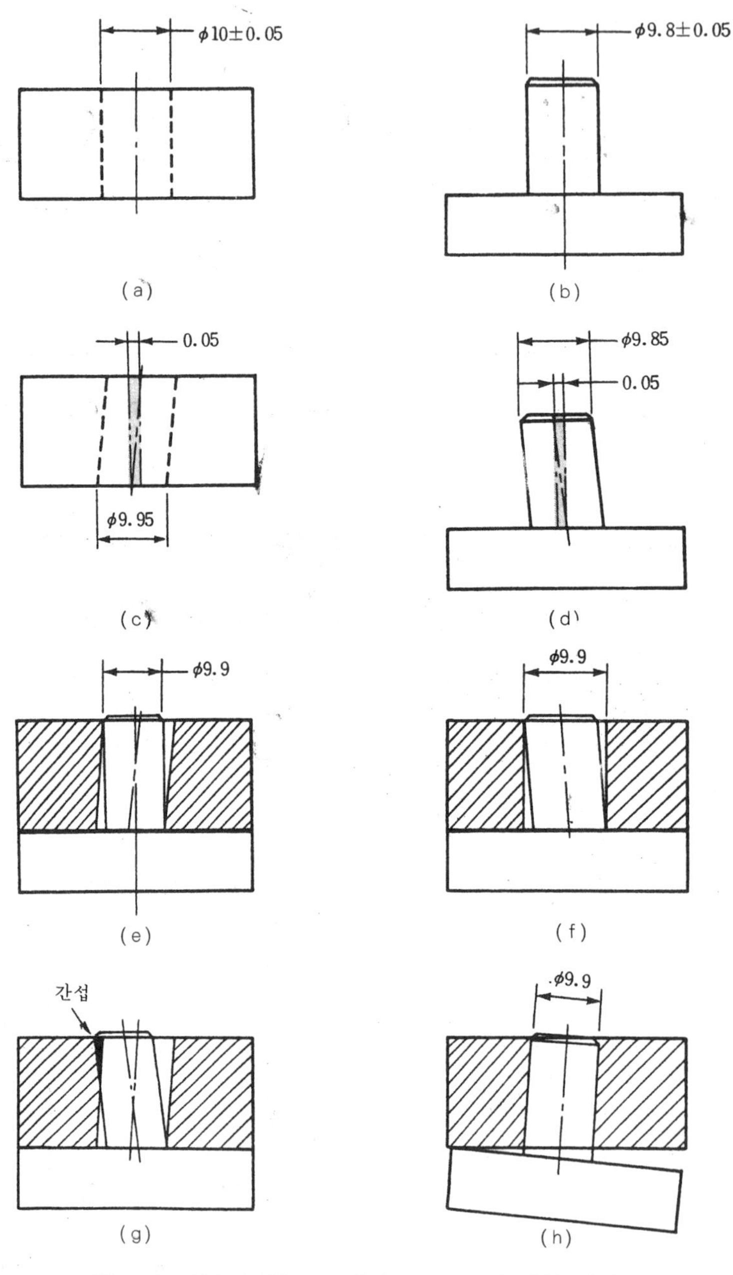

그림 1-3 치수 공차로 규제된 두 부품의 결합 상태

치수 공차로 규제된 도면의 경우 이론적으로 정확한 직각으로 만들 수는 없다. 어느 정도 직각에 접근시킬 수 있는지 불분명하다.

그림 1-3(a) 구멍의 경우 밑면을 기준으로 구멍의 중심이 정확하게 직각일 경우 구멍에 결합되는 축의 최대 직경은 구멍의 최소 직경 φ9.95와 같으면 결합이 될 수 있으나 이 경우 구멍의 중심이 정확히 90°가 아니고 조금이라도 기울어 졌다면 9.95 직경을 갖는 축이 완전한 결합이 이루어지지 않는다.

그림 1-3의 (c)와 같이 구멍의 직경이 최소 직경 φ9.95일 때 구멍 중심의 직각 상태가 0.05만큼 기울어졌다면 이 구멍에 결합되는 축의 최대 직경은 **그림** 1-3의 (e)와 같이 φ9.9보다 커서는 안되며 이 경우 축의 중심은 밑면을 기준으로 정확하게 직각이 되어야 하며 **그림** 1-3(g)와 같이 구멍과 축 중심이 반대 방향으로 기울어지면 간섭이 생겨 완전한 결합이 이루어지지 않는다.

그림 1-3의 (b)의 경우 축의 최대 직경 φ9.85일 때 축 중심이 0.05만큼 기울어졌다면(**그림** 1-3의 (d)) 이 축에 결합되는 구멍의 최소 직경은(**그림** 1-3의 (f)) φ9.9보다 작아서는 결합이 안된다.

그림 1-3의 (h)에서와 같이 구멍은 기울어져 있고 축은 정확히 직각이라면 구멍이 기울어진 방향을 따라 결합을 시킬수 있으나 그림과 같이 밑면이 밀착이 되지 않은 불완전한 결합이 될 수밖에 없다.

따라서, 구멍과 축의 직각 상태에 따라 결합되는 상대 부품의 치수가 달라질 수 있으므로 이런 경우에는 기하 공차의 직각도 규제가 필요하게 된다. **그림** 1-4는 치수 공차와 직각로로 규제된 2 개의 부품을 나타낸 그림으로 치수 공차와 직각도를 함께 규제하여 직각에 대한 자세에까지 공차를 규제하였다.

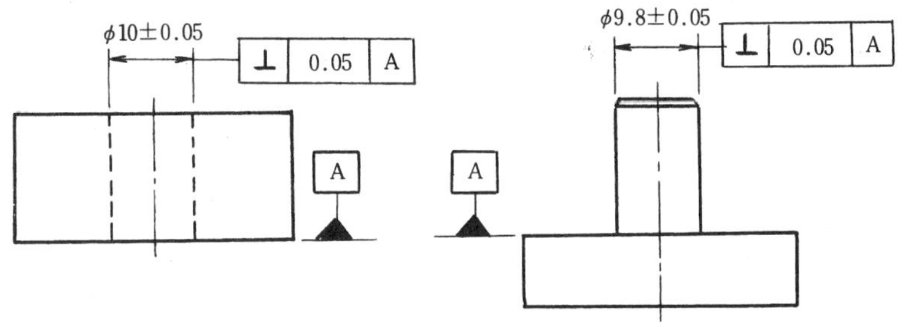

그림 1-4 치수 공차와 직각도 규제 예

3 진직에 관한 형체

구멍과 핀에 직경 공차로 규제된 두 개의 부품이 결합되는 경우를 검토해 보면 **그림** 1-5(a), (b)에서 구멍의 최소 직경이 φ10이고 핀의 최대 직경이 φ10으로 같다. 이 경우 두 부품이 결합될 수 있는가?

결합이 되는 경우는 구멍과 핀이 각각 정확하게 진직해야 결합이 가능하며 형상이 조금이라도 변형되어 진직하지 않을 경우에는 결합이 이루어지지 않는다. 두 개의 부품이 직경 공차 범위 내에서 다음 **그림 1-6**과 **그림 1-7**과 같이 될 수 있다.

구멍과 핀이 결합이 될 수 있는 조건은 구멍의 D_l 보다 핀의 d_h 치수가 같거나 작아야 한다. 따라서 직경 공차로만 규제된 것은 형상 여하에 따라 결합이 안되는 경우가 생길 수밖에 없다.

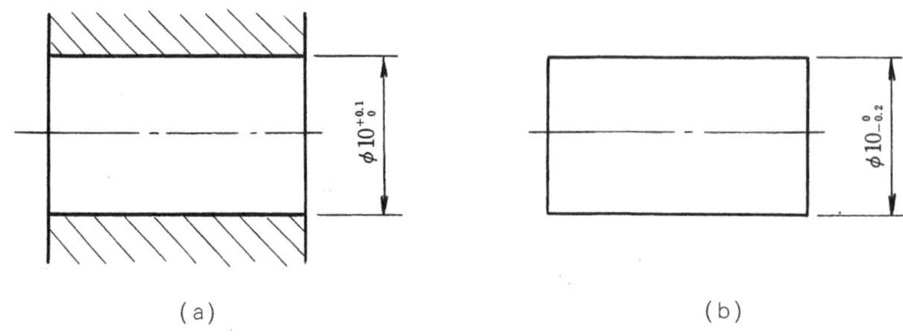

그림 1-5 직경 공차로 규제된 구멍과 핀

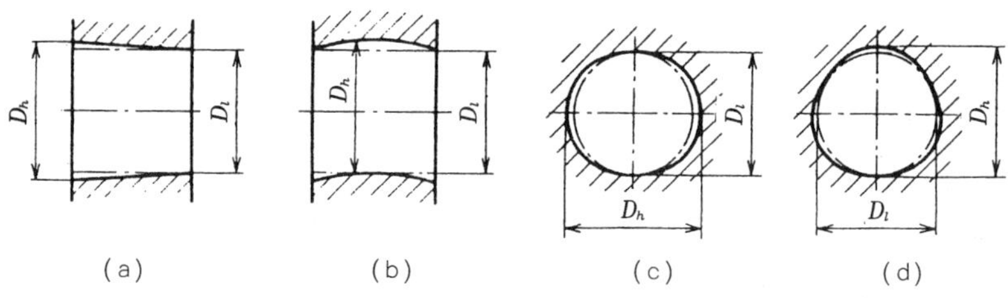

그림 1-6 구멍의 형상 편차

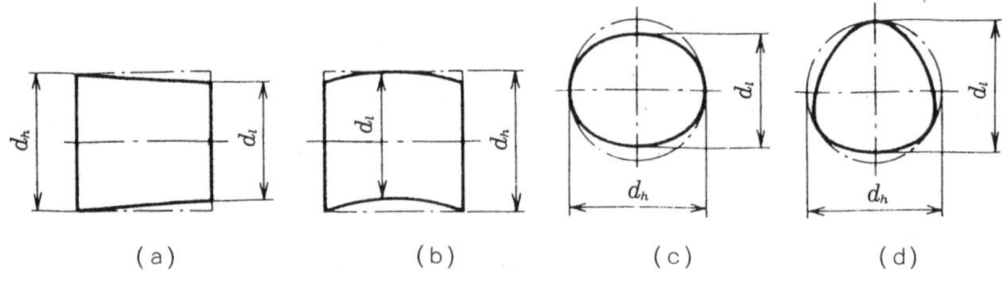

그림 1-7 핀의 형상 편차

다음 **그림 1-8**에 진직도로 규제된 두 개의 부품의 결합 상태를 검토해 보면, 구멍의 경우 구멍의 최소 직경 ϕ10.4일 때 진직도 공차 0.2 범위 내에서 형상이 변형되었다면 여기에 결합되는 축의 최대 직경은 ϕ10.2이다.

축의 경우에는 축의 최대 직경 ϕ10일 때 진직도 공차 0.2 범위 내에서 변형되었다면 축에 결합되는 구멍의 최소 직경은 ϕ10.2가 될 것이다. 이 경우에 구멍과 축이 최악의 경우에도 결합이 보증된다.

따라서 부품 특성에 따라 직경 공차뿐만 아니라 형상까지도 기하 공차를 규제하는 것이 바람직하다.

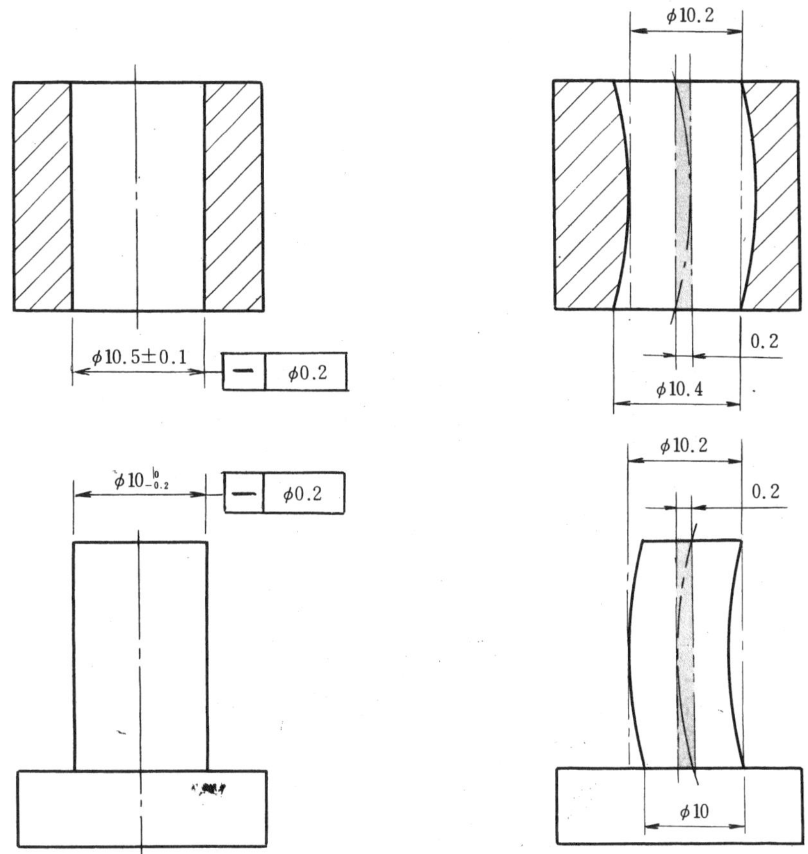

그림 1-8 진직도로 규제된 구멍과 축

그림 1-9의 (a), (b), (c)에 직경 공차로 규제된 핀과 구멍, 두께 공차로 규제된 부품의 경우 그림과 같이 공차 범위 내에서 얼마만큼 진직해야 하는지의 규제가 없다.

직경 공차와 두께 공차 범위 내에서 그림과 같이 형상이 변형될 수도 있다. **그림** 1-9(a)의 (e)그림에서와 같이 직경 공차 범위 내에서 형상이 얼마만큼 변형되었는지, 얼마만큼 진직해야 하는지에 대한 규제가 없고 **그림** 1-9(b)의 (d) 그림의 경우에도 구멍의 형상에 대한 규제가 없고 **그림** 1-9(c)의 경우에도 **그림** (d)와 같이 두께 공차 범위 내에서 형상에 대한 규제가 없다.

따라서 부품의 특성상 진직도로 규제할 필요가 있는 부품은 치수 공차와 함께 진직도를 규제할 필요가 있다(**그림** 1-10).

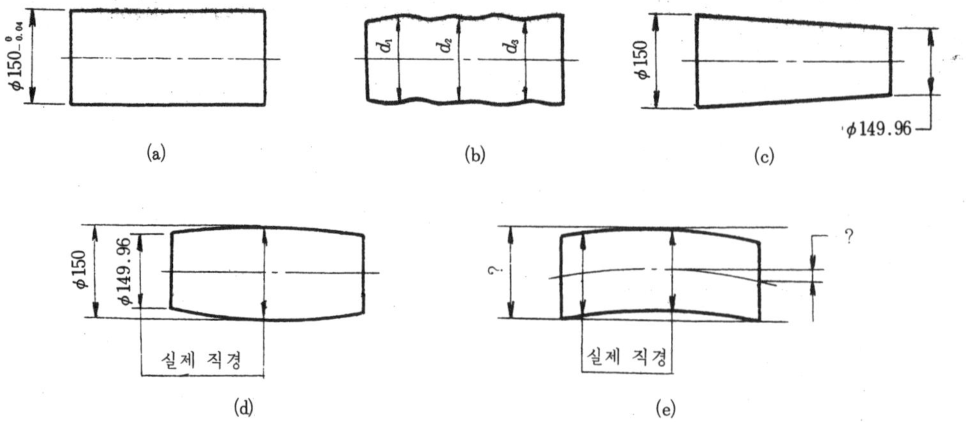

(a) 직경 공차로 규제된 핀

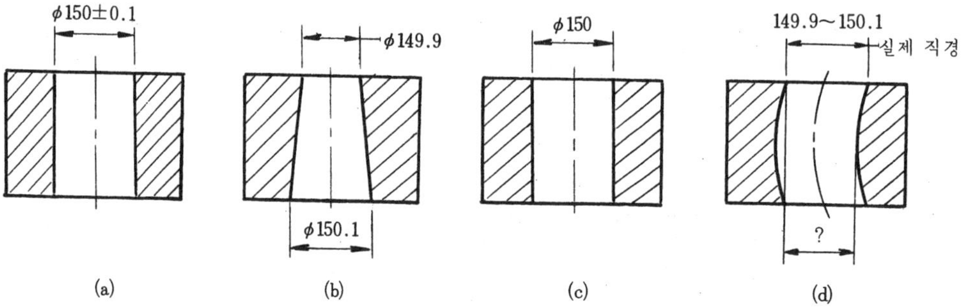

(b) 직경 공차로 규제된 구멍

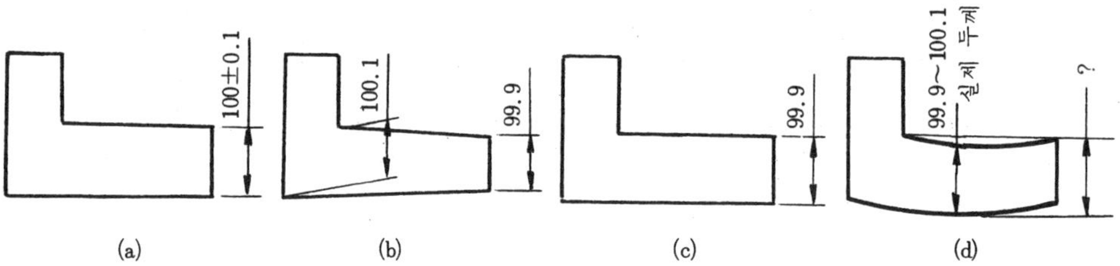

(c) 두께 공차로 규제된 부품

그림 1-9 치수 공차로 규제된 부품

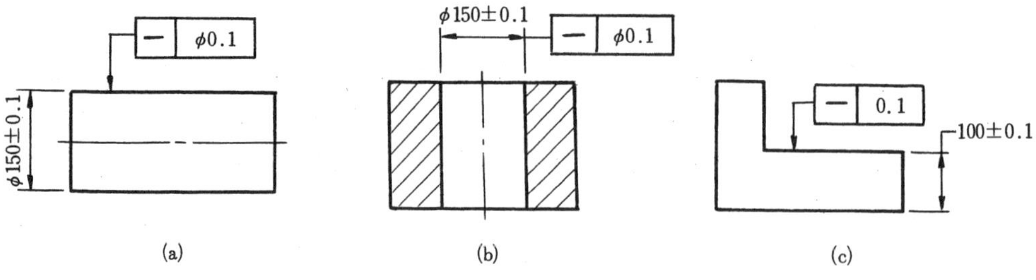

그림 1-10 진직도로 규제된 부품

4 동심에 관한 형체

그림 1-11에 내경과 외경 A, B에 대한 직경 공차로 주어진 부품의 경우 내·외경의 직경 공차는 주어졌으나 구멍의 중심과 외경의 중심에 대한 편위량은 규제되어 있지 않다.

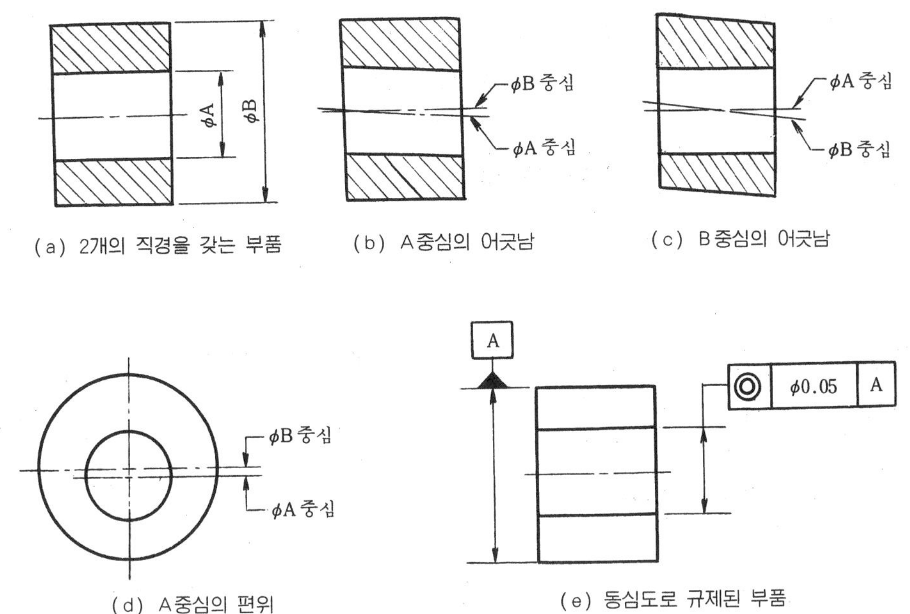

(a) 2개의 직경을 갖는 부품 (b) A중심의 어긋남 (c) B중심의 어긋남

(d) A중심의 편위 (e) 동심도로 규제된 부품

그림 1-11 내외 원통 각 중심의 어긋남

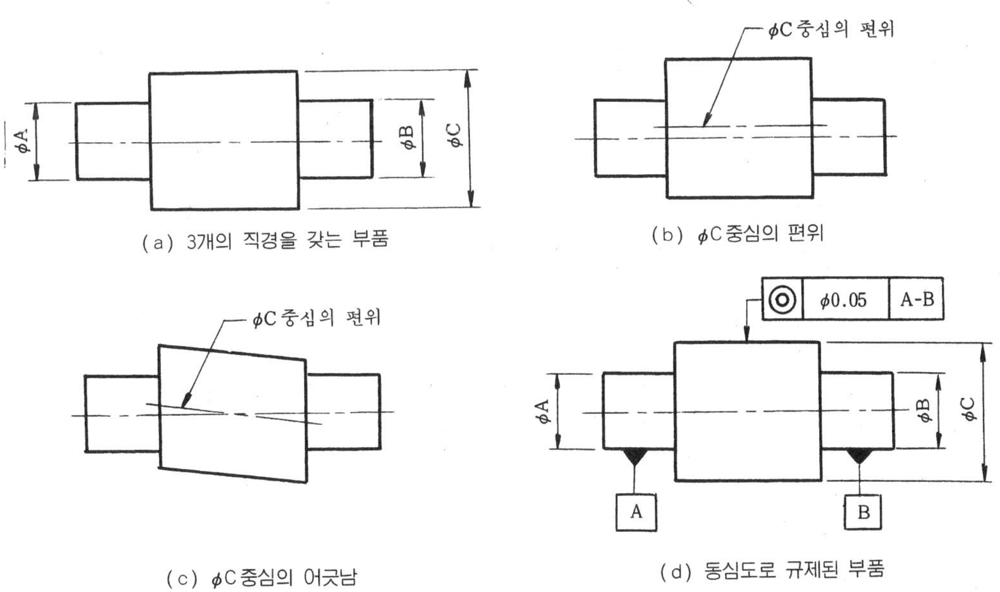

(a) 3개의 직경을 갖는 부품 (b) φC 중심의 편위

(c) φC 중심의 어긋남 (d) 동심도로 규제된 부품

그림 1-12 φC 중심의 어긋남

그림 1-11의 (a) 도면에서 본다면 ϕA와 ϕB는 동심 원통으로 되어 있으나 제작에 있어서 동심으로 만들어진다는 보장이 없고 그림과 같이 ϕA와 ϕB의 중심이 어긋날 수가 있다. 따라서 부품 특성에 따라서 ϕA와 ϕB 중심의 편위량을 규제할 필요가 있다.

그림 1-12의 경우 ϕA 중심과 ϕB 중심을 기준으로 회전하는 회전체의 부품일 경우 A와 B 중심을 기준으로 ϕC 중심이 **그림** (b)와 (c)같이 편위될 수가 있다. 이 때 C중심의 편위량을 규제할 필요가 있는 부품일 경우 **그림** (d)와 같이 A와 B 형체를 데이텀으로 지시하고 C중심의 편위량을 동심도로 규제한다.

5 평행한 위치에 관한 형체

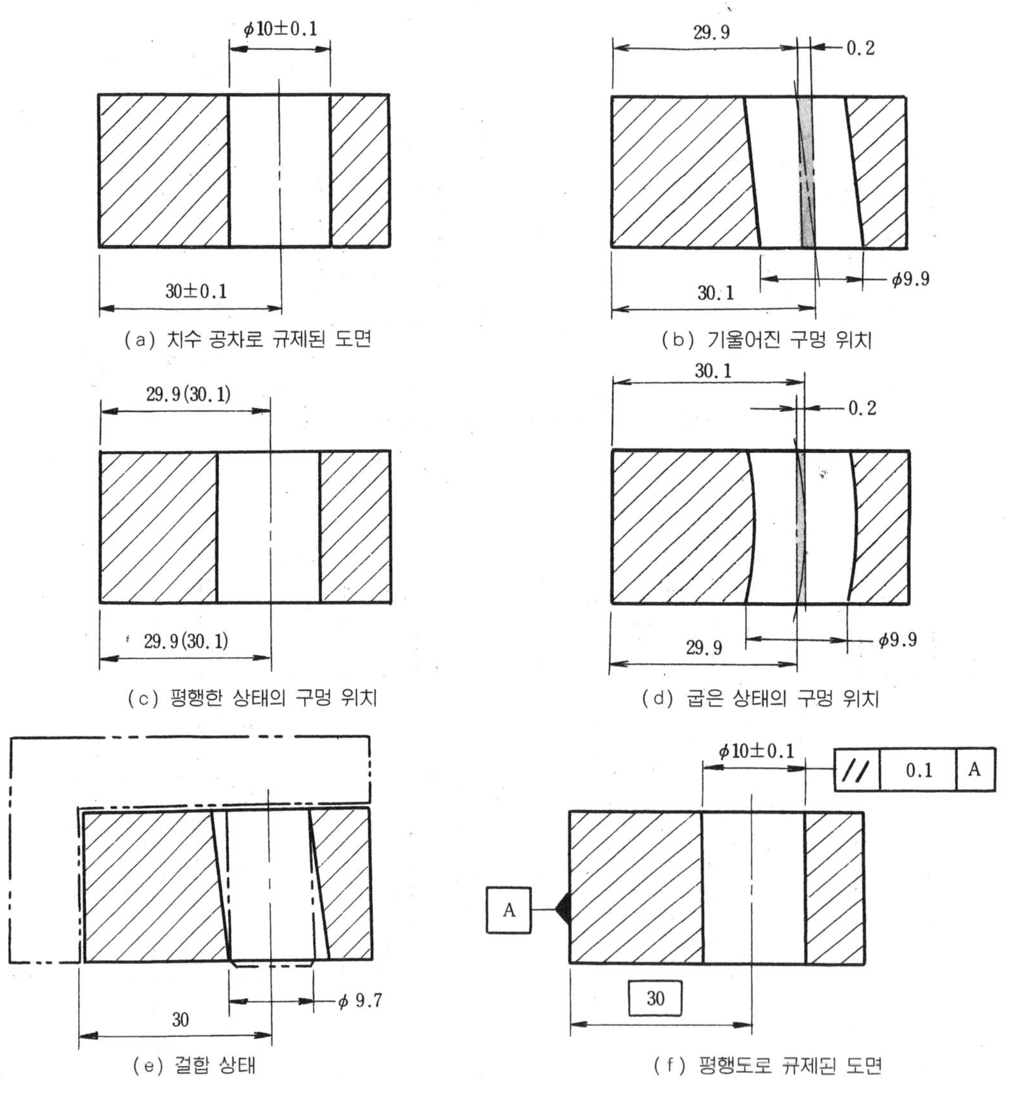

그림 1-13 평행한 구멍 위치

그림 1-13(a)에 ϕ10±0.1 구멍의 중심까지의 위치가 30±0.1로 규제된 부품에서 구멍중심까지 거리가 상한 치수 30.1과 하한 치수 29.9로 구멍 중심이 **그림** (b)와 같이 기울어질 수가 있다. 또는 **그림** (d)와 같이 구멍이 굽은 상태로 만들어질 수가 있으며 **그림** (c)와 같이 평행하게 될 수도 있다. 따라서 구멍 중심 30±0.1과 구멍 직경 ϕ10±0.1 범위 내에서 어떻게 제작되느냐에 따라 결합되는 상대 부품이 달라질 수가 있다.

그림 (b)와 같이 제작된 부품에 상대 부품이 결합된다고 하면 **그림** (e)와 같이 핀의 최대 직경이 ϕ9.7보다 커서는 안되며 핀 중심까지의 치수는 정확하게 30으로 평행해야 한다. 따라서 상대 부품의 치수 결정이 용이하지 않으므로 결합된 부품의 기능상 좌측면을 기준으로 평행한 상태를 규제할 필요가 있는 부품의 경우 **그림** (f)와 같이 기하 공차에 의한 평행도로 규제하는 것이 바람직하다.

그림 1-14에 50±0.2로 지시된 윗면과 밑면이 치수 공차 범위 내에서 **그림** (b), (c), (d)와 같이 여러 가지 형상으로 만들어질 수가 있다. 따라서 윗면과 밑면은 얼마만큼 평행해야 하느냐가 불분명하다. 부품 특성상 밑면을 기준으로 윗면의 평행한 상태를 규제할 필요가 있는 경우에는 **그림** (e)와 같이 밑면을 데이텀으로 지시하고 윗면을 평행도로 규제하는 것이 바람직하다.

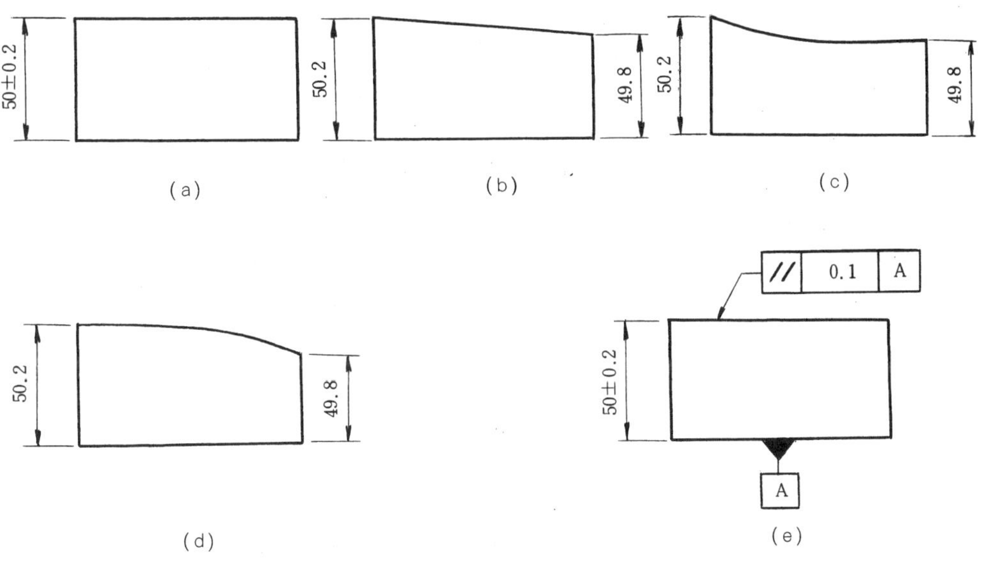

그림 1-14 상하면의 평행도

6 위치에 관한 형체

그림 1-15의 (a)에서 4개의 구멍이 있는 부품의 구멍 위치에 대하여 설명하기로 한다. 4개의 구멍 중심의 어긋남의 공차 영역에 대한 해석이 꼭 일치되는 법은 없다. 다만 A구멍의 구멍 중심 공차 영역은 수평 방향과 수직 방향의 각 치수에 대하여 좌표 X

=15와 Y=15를 중심으로 공차 영역은 가로 세로가 0.2 mm인 정사각형 안에 구멍 중심이 있으면 된다는 것은 일치하고 있다.

A구멍 중심이 P점에 있을 때 다른 3개의 구멍에 대한 공차 영역에 대하여 검토해 보면,

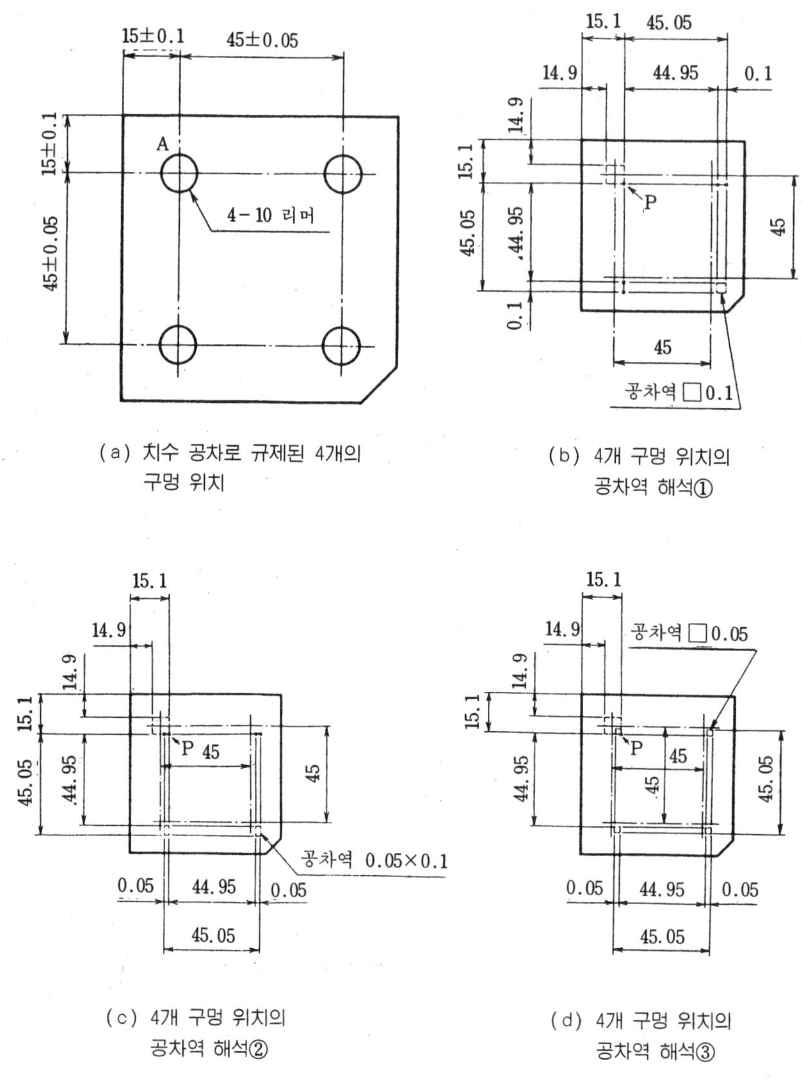

(a) 치수 공차로 규제된 4개의 구멍 위치

(b) 4개 구멍 위치의 공차역 해석①

(c) 4개 구멍 위치의 공차역 해석②

(d) 4개 구멍 위치의 공차역 해석③

그림 1-15 4개의 구멍의 위치 해석

(1) 해석 1 (그림 1-15(b))

P점에서 수평 방향과 수직 방향으로 그은 선위에 44.95 mm에서 45.05 mm 사이에 구멍 중심이 존재해야 하고(B구멍), D구멍의 중심은 B구멍과 C구멍의 공차역을 연장해서 이루어진 □0.1mm의 공차역으로 한다.

(2) 해석 2 (그림 1-15(c))

구멍 중심간의 치수 45±0.05는 두 개의 구멍 사이의 거리이며 부품 두께의 단면과는 관계가 없다. 따라서 P점에서 수평 방향으로 최소 허용 한계 치수 44.95를 취하여 이와 대칭으로 최대 허용 한계 치수를 잡아 이루어진 좌우 0.05 mm의 직선위를 공차역으로 하고 구멍 C의 중심은 이 공차역을 각각 아래로 연장해서 이루어진 0.05 mm ×0.1 mm 공차역 내에 있는 것으로 한다.

(3) 해석 3 (그림 1-15(d))

해석 2의 수평 방향의 공차역의 원리를 수평 방향에도 적용하여 각각 □0.05 mm의 공차역으로 한다.

각 구멍의 공차 영역을 해석 1, 2, 3으로 나누어 설명했는데 이런 식으로 설명하면 해석의 여지는 아직 많다.

그림 1-15(a)의 경우 구멍 A를 제외한 3개의 구멍 중심 위치의 공차역에 대해서는 통일된 해석은 없다.

위에서 설명한 바와 같이 치수 공차만으로 도면에 표시된 조건만으로는 제작도로 미흡한 완전한 도면이 못된다. 따라서 이것들을 확실하게 하는 것이 기하 공차이며 이에 관하여 일률적인 해석을 가능케 한 것이 기하 공차의 도시 방법이다. **그림 1-16**에 위치도로 규제된 부품의 예를 그림으로 나타냈다.

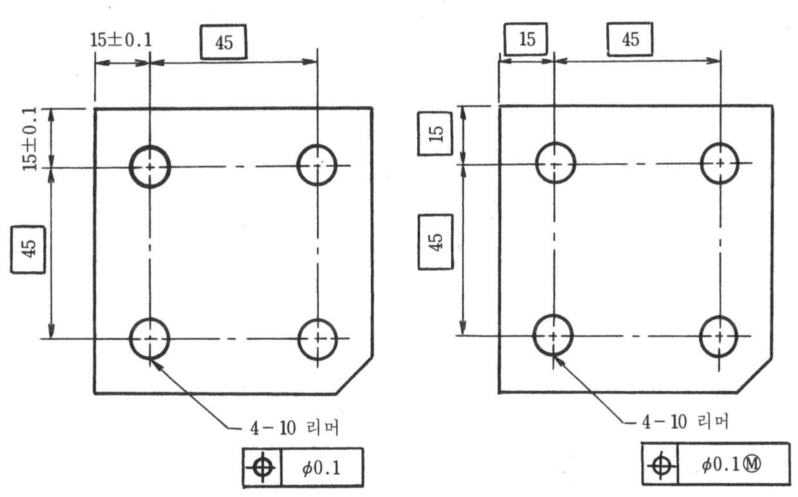

(e) 위치도 공차로 규제된 도면

그림 1-16 위치도 공차로 규제된 4개의 구멍

그림 1-17에 두 개의 구멍이 뚫인 부품과 두 개의 핀이 달린 부품이 치수 공차만으로 규제되어 있다.

이 두 부품이 결합될 때 두 부품이 각각 주어진 치수 공차 범위 내에서 제작되었을 경우 치수 공차를 만족시키는 합격인 부품으로 제작되었지만 최악의 경우에 결합이 되지 않는 경우가 생긴다.

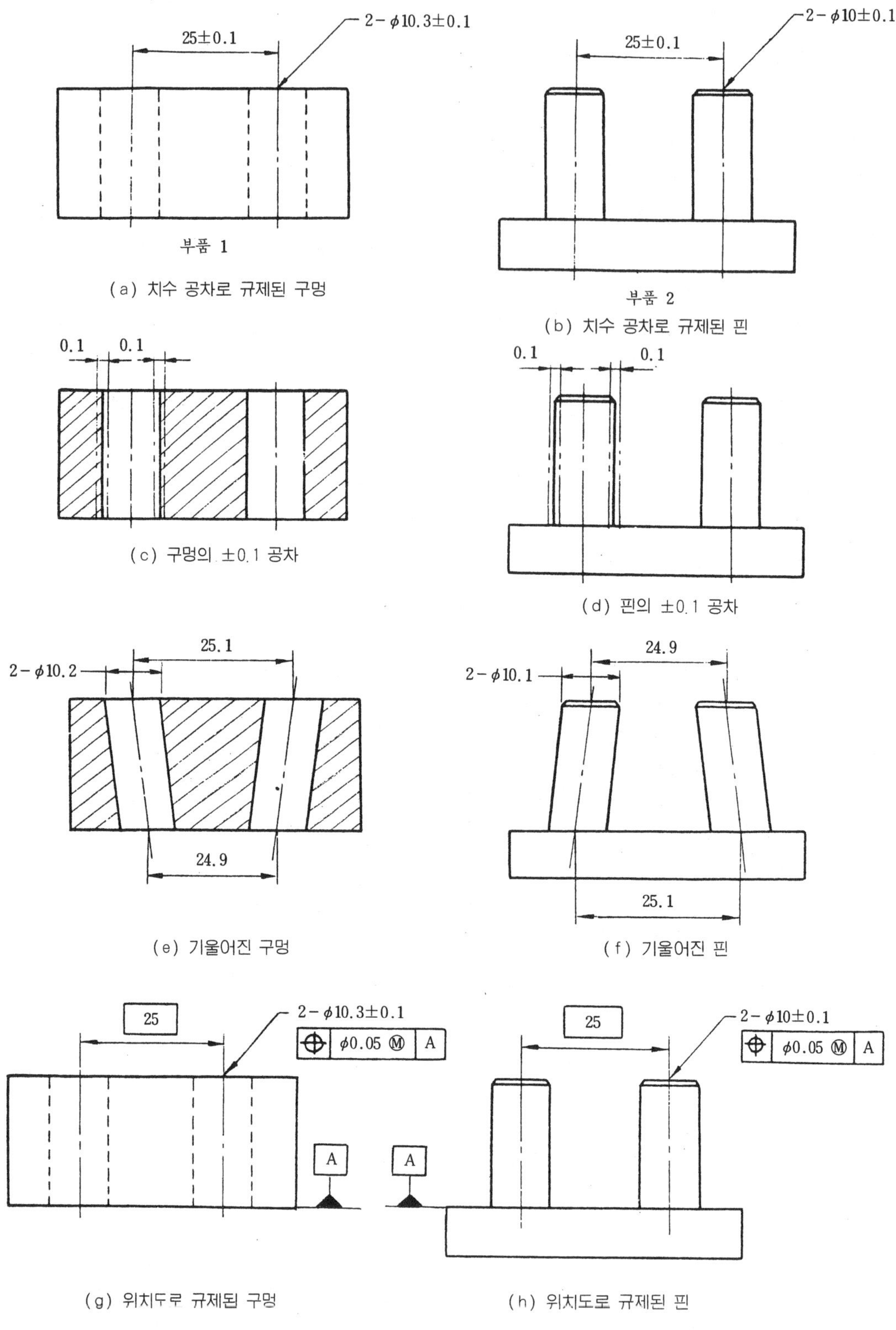

그림 1-17 2개의 구멍과 핀의 위치

그림 1-17의 (a)에서 두 개의 구멍 중심간 거리 25±0.1 범위 내에서 **그림** 1-17(e)와 같이 위쪽 표면상에서 구멍 중심 거리가 상한 치수 25.1로 되고 아래쪽에서 구멍 중심 거리가 하한 치수 24.9로 제작되고 두 개의 구멍 직경이 하한 치수 ϕ10.2로 제작되었고 부품 2에서 두 개의 핀 중심 거리가 **그림** 1-17(f)와 같이 상한 치수 25.1, 하한 치수 24.9로 제작되고 두 개의 각각 치수 공차 범위 내에서 제작된 합격인 부품이지만 결합이 되지 않는 경우가 생긴다. 이런 경우 **그림** 1-17의 (g)와 (h)에서와 같이 위치도 공차로 규제하므로서 기능상 결합을 보증하는 부품으로 될 것이다.

위에서 여러 가지 예를 들어 설명한 바와 같이 치수 공차만을 위주로 도면에 나타낸 지시 조건만으로는 완전한 도면이 못되고 완전한 부품을 제작하는데 문제가 많다.

따라서 이런 문제점을 보완하고 일률적인 도면 해독 및 공차 해석을 할 수 있도록 한 것이 기하 공차이며 기능적인 면에 중점을 두고 설계상의 치수 및 공차를 명확히 하고 결합 부품 상호간에 호환성과 결합을 보증하고 경제적이고 효율적인 생산을 위하여 도면상에 치수 공차와 더불어 기하 공차를 규제하는 수단이다.

기하 공차를 적용할 때의 장점은 다음과 같다.

① 경제적이고 효율적인 생산을 할 수 있다.

② 생산 원가를 줄일 수 있다.

③ 제작 공차를 최대로 이용한 공차의 확대 적용으로 생산성을 향상시킬 수 있다.

④ 기능적인 관계에서 결합 부품 상호간에 호환성을 주고 결합을 보증한다.

⑤ 설계 및 제작 과정에서 공차상의 요구가 명확하게 정해지고 확실해지므로 해석상의 의문이나 어림짐작 등을 감소시킨다.

⑥ 기능 게이지(Functional gage)를 적용하여 효율적인 검사 측정을 할 수 있다.

⑦ 도면상의 통일성으로 일률적인 도면 해석을 할 수 있다.

3 기하 공차의 종류와 기호

기하 공차의 종류는 모양 공차, 자세 공차, 위치 공차, 흔들림 공차로 분류되어 적용되는 형체에 따라 단독 형체에만 적용되는 것과 관련 형체, 즉 대상이 되는 형체의 기준이 있어야 적용되는 것이 있으며 기하 공차의 종류와 기호는 다음 표와 같다.

1 기하 공차의 종류

구 분	기 호	공차의 종류	적용하는 형체
모 양 공 차	⏤	진직도	단독 형체
	⏥	평면도	
	○	진원도	
	⌭	원통도	
	⌒	선의 윤곽도	단독 형체 또는 관련 형체
	⌓	면의 윤곽도	
자 세 공 차	//	평행도	관련 형체
	⊥	직각도	
	∠	경사도	
위 치 공 차	⌖	위치도	
	◎	동심도 또는 동축도	
	⌯	대칭도	
흔 들 림 공 차	↗	원주 흔들림	
	⌰	온 흔들림	

2 부가 기호

기하 공차에 적용되는 부가 기호는 규제하고저 하는 형체에 기하 공차의 종류를 나타내는 기호와 부가 기호를 사용하여 도면상에 나타내며 다음 표와 같다.

표 1-1 기하 공차에 적용되는 부가 기호

표시하는 내용		기 호
공차붙이 형 체	직접 표시하는 경우	
	문자 기호에 의하여 표시하는 경우	A A
데 이 텀	직접 표시하는 경우	
	문자 기호에 의하여 표시하는 경우	A A
데이텀 타깃 기입틀		ϕ12 A1
이론적으로 정확한 치수		50
돌출 공차역		Ⓟ
최대 실체 공차 방식		Ⓜ

3 기호의 사용

주기 대신에 기호를 사용하여 많은 이점을 얻을 수 있다.

기하 공차 기호의 모양은 그 특성을 상기시키므로 쉽게 기억할 수 있다.

예를 들어, 평행도는 두 개의 평행선으로, 직각로는 두 개의 직각인 선으로, 동심도는 두 개의 동심원으로 되어 있다.

기호는 통일된 의미를 갖고 있으며 주기는 일관성이 결여된 표현으로 될 수 있으며 규제하기가 번거롭다. 기호는 작고 빨리 그릴 수 있으나 주기는 많은 시간과 장소를 필요로 한다.

기호는 국제적인 언어로 일률적인 해석을 할 수 있으며 주기는 외국에서 사용되는 경우에는 번역할 필요가 있다. 따라서 도면에는 기호로 나타내고 주기로 나타내는 것은 가급적 지양해야 한다.

4 기하 공차에 대한 공차 영역

기하 공차로 규제된 형체에 대한 공차역은 다음 표에 나타내는 공차역 중에 어느 한 가지로 된다.

공 차 역	공 차 값	
원안의 영역	원의 지름	
두 개의 동심원 사이의 영역	동심원의 반지름차	
두 개의 등간격의 선 또는 평행한 직선 사이에 끼워진 영역	두 선 또는 두 직선의 간격	
구안의 영역	구의 지름	
원통 안의 영역	원통의 지름	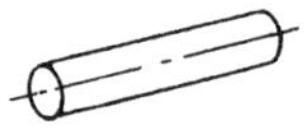
두 개의 동축의 원통 사이에 끼인 영역	동축 원통의 반지름차	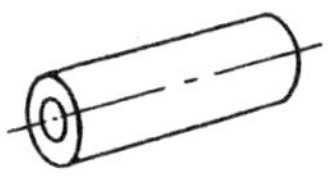
두 개의 등거리의 면 또는 두 개의 평행한 평면 사이에 끼인 영역	두 면 또는 두 평면의 간격	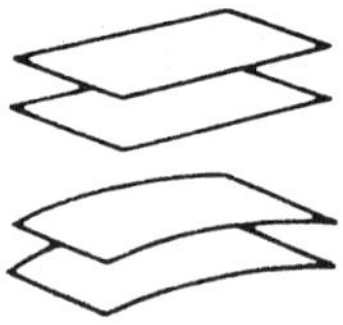
직육면체 안의 영역	직육면체의 각 변의 길이	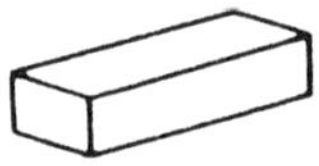

4 기하 공차의 도시 방법

1 기하 공차의 기입 틀

기하 공차를 규제할 때에는 규제하고저 하는 형체의 치수 공차 옆이나 밑에 또는 지시선에 의해 부품 특성에 맞는 기하 공차의 종류를 나타내는 기호와 공차역, 공차, 규제 조건 및 데이텀의 기호 문자가 들어가는 직사각형으로 나누어진 테두리 안에 좌측에서 우측으로 기입한다.

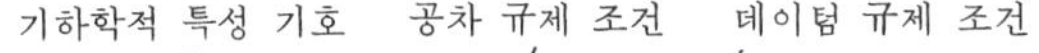

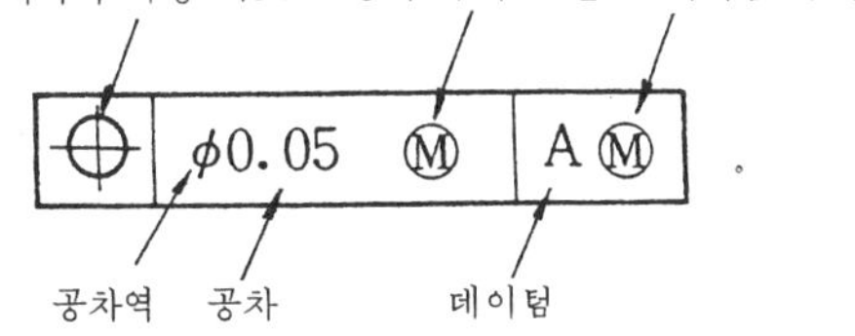

규제 형체의 진직도 오차가 0.02 이내에 있어야 한다.

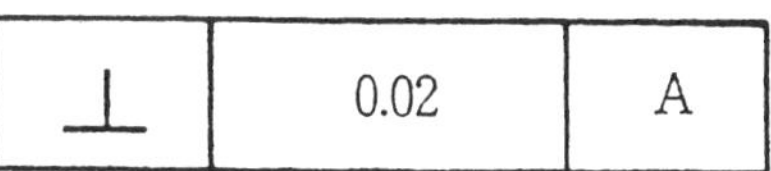

데이텀 A를 기준으로 규제 형체의 직각도가 0.02 이내에 있어야 한다.

⊥	0.02Ⓜ	A

데이텀 A를 기준으로 규제 형체가 MMS일 때 0.02 이내에서 직각일 것

⊥	ϕ0.02Ⓜ	AⓂ

A 데이텀 MMS, 규제 형체가 MMS일 때 직각도 공차가 직경 0.02 이내에 있어야 한다.

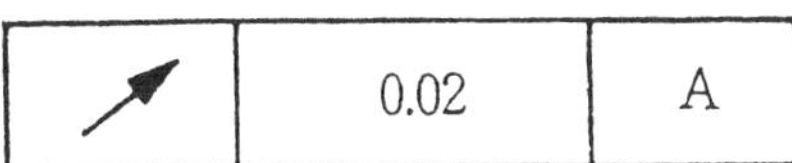

A 데이텀을 기준으로 흔들림 공차 0.02 이내에 있어야 한다.

A, B, C의 각 데이텀을 기준으로 규제 형체가 MMS에서 ϕ0.2 이내의 진위치에 있어야 한다.

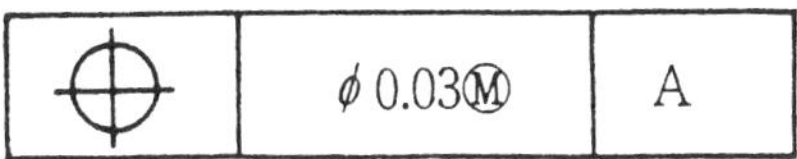

A 데이텀을 기준으로 규제 형체가 MMS일 때 직경 0.03 이내의 진위치에 있어야 한다.

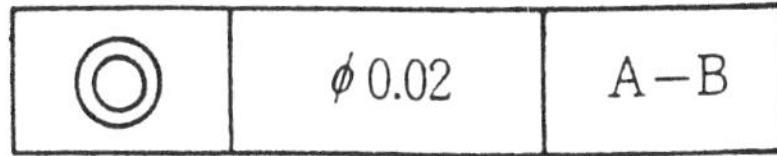

A 데이텀에서 B 데이텀을 기준으로 동심도 오차가 ϕ0.02 이내에 있어야 한다.

그림 1-18 기하 공차 기입 틀

(1) 단독 형체에 기하 공차를 지시하기 위하여는 공차의 종류를 나타내는 기호와 공차값을 기입한 직사각형의 틀로 나타낸다.

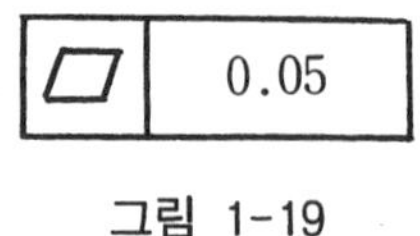

그림 1-19

(2) 단독 형상이 아니고 관련 형체에 기하 공차를 지시하기 위하여는 도면에 데이텀을 나타내는 삼각 기호를 표시하여 나타내고 직사각형의 기입틀 내에 공차의 종류를 나타내는 기호, 공차값, 그 다음에 데이텀을 나타내는 문자를 기입한다.

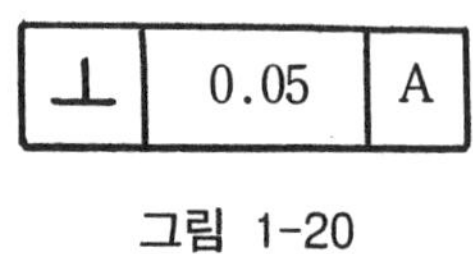

그림 1-20

(3) 여러 개의 형체에 공통으로 규제되는 경우에는 직사각형의 기입틀 위에 6구멍, 4면 등을 나타낸다.

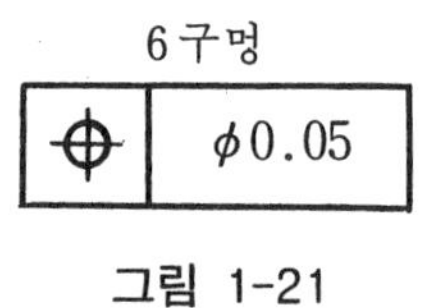

그림 1-21

(4) 한 개의 형체에 두 개 이상의 기하 공차를 지시할 경우에는 이들의 공차 기입틀을 상하로 겹쳐서 기입한다.

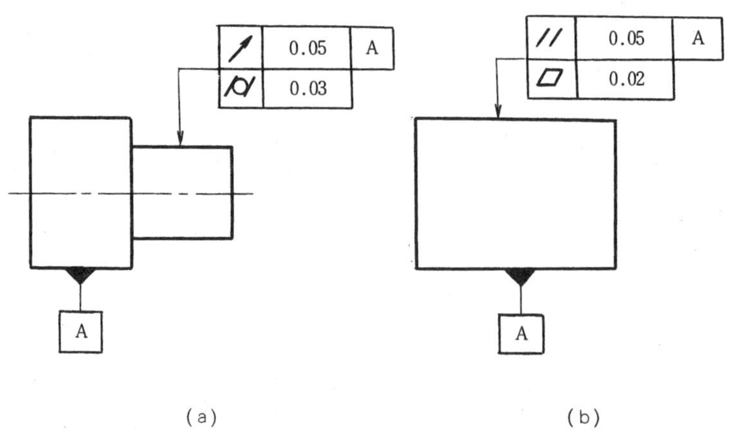

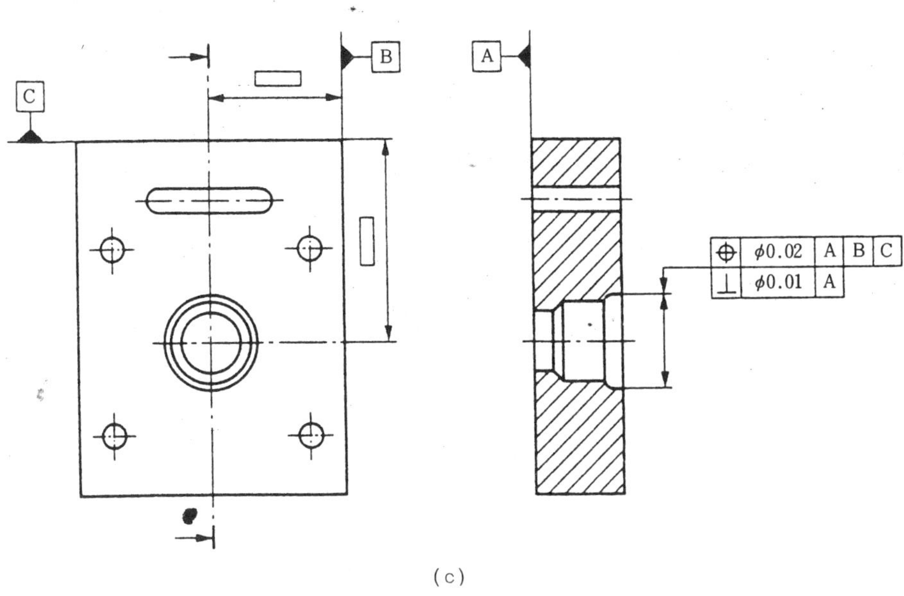

(c)

그림 1-22 두 개 이상의 기하 공차 지정

(5) 선 또는 면 자체에 공차를 지정하는 경우에는 형체의 외형선 위 또는 외형선의 연장선 위에 지시선의 화살표를 수직으로하여 나타낸다. **그림** (a)의 경우에는 치수선과 인출선이 맞닿지 않도록 간격을 둔다.

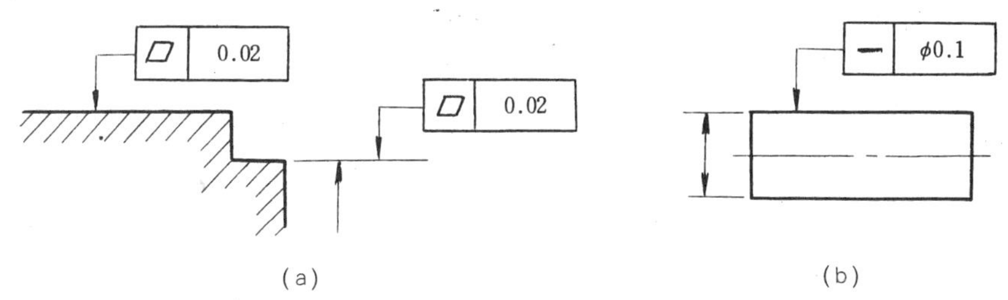

(a) (b)

그림 1-23 외형에 지시한 기하 공차

(6) 치수가 지정되어 있는 형체의 축선 또는 중심면에 공차를 지정하는 경우에는 치수선의 연장선이 공차 기입틀로부터의 지시선이 되도록 한다.

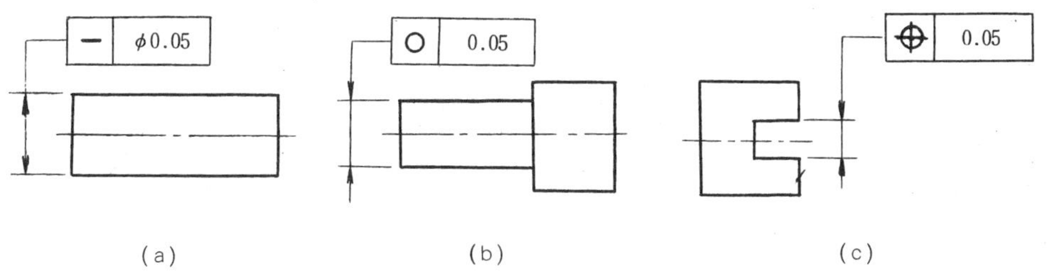

(a) (b) (c)

그림 1-24 치수가 지정된 형체의 기하 공차 지정

(7) 축선 또는 중심면이 공통인 모든 형체의 축선 또는 중심면에 공차를 지정하는 경우에는 축선 또는 중심면을 나타내는 중심선에 수직으로, 공차 기입틀로부터의 지시선의 화살표를 댄다.

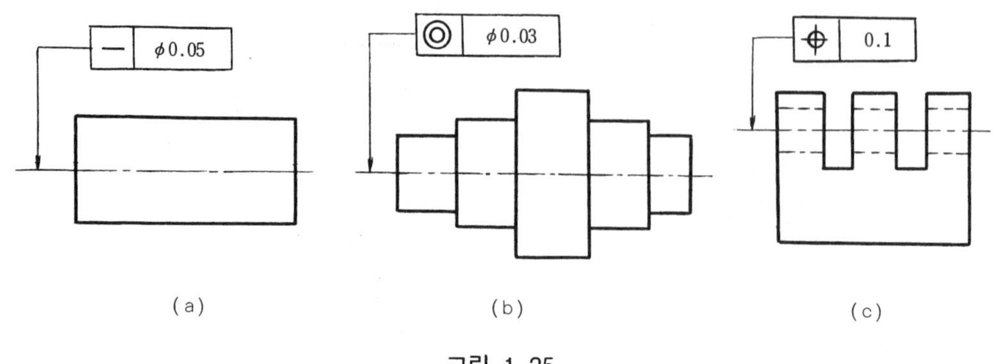

그림 1-25

(8) 공차 기입틀은 규제 형체의 연장선 또는 인출선에 대하여 공차 기입틀의 측면 또는 모서리 부분에 접하도록 나타낸다.

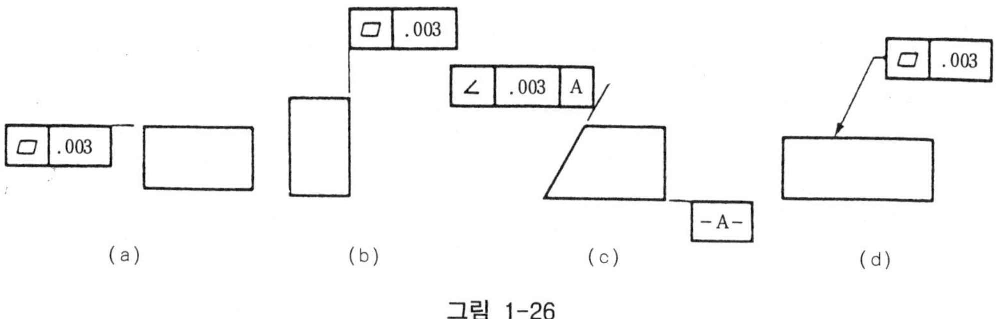

그림 1-26

(9) 규제 형체를 인출선으로 연결하여 치수 공차를 기입하고 그 아래에 기하 공차 기입틀을 나타내거나 그 형체가 데이텀일 경우에는 기입틀 아래에 데이텀을 표시한다.

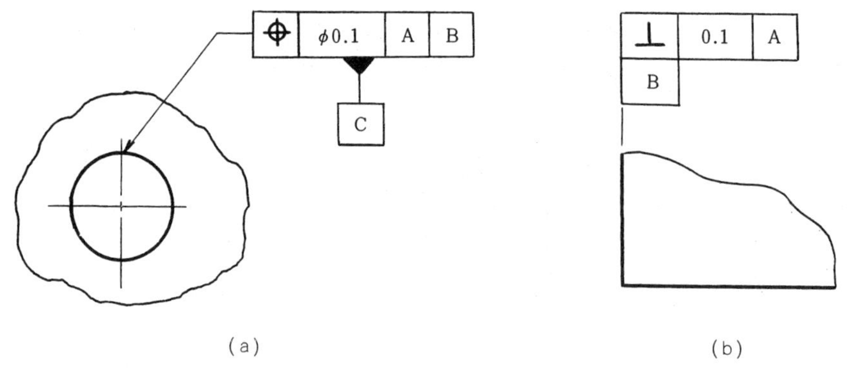

그림 1-27

(10) 원통 형상에 기하 공차가 적용되는 경우에는 치수선을 연장하거나 치수 보조 선상 또는 인출 선상에 공차 기입틀을 나타낸다.

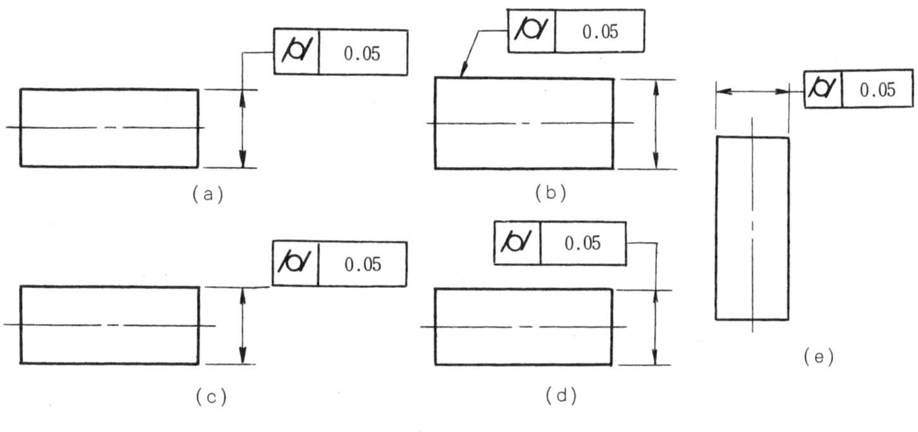

그림 1-28

(11) 공차역 내에서의 형체의 특성에 따른 특별한 지시를 할 경우에는 공차 기입틀 근처에 요구 사항을 나타낼 수 있다.

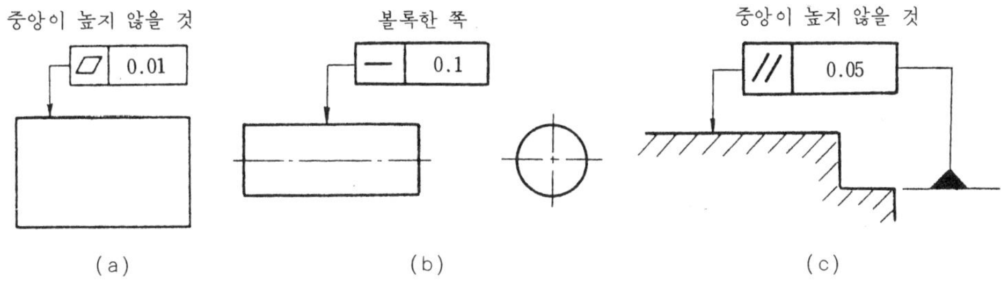

그림 1-29 특별 지시 사항의 기입 예

(12) 규제 형체에 공차 기입틀을 설치하기가 용이하지 않을 경우에는 지시선이나 치수 보조 선상에 나타낼 수 있다.

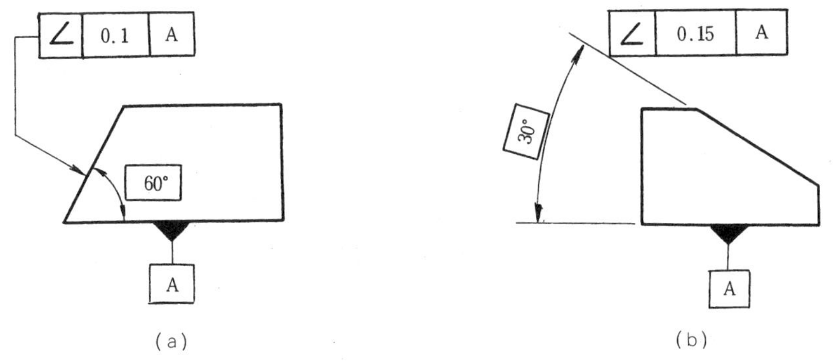

그림 1-30 지시선과 치수 보조선에 표시 예

(13) 규제하고저 하는 형체의 임의의 위치에서 특정한 길이마다에 대하여 공차를 지정하는 경우에는 공차값 뒤에 사선을 긋고 그 길이를 기입하여 단위 길이에 대한 공차를 지시할 수 있다.

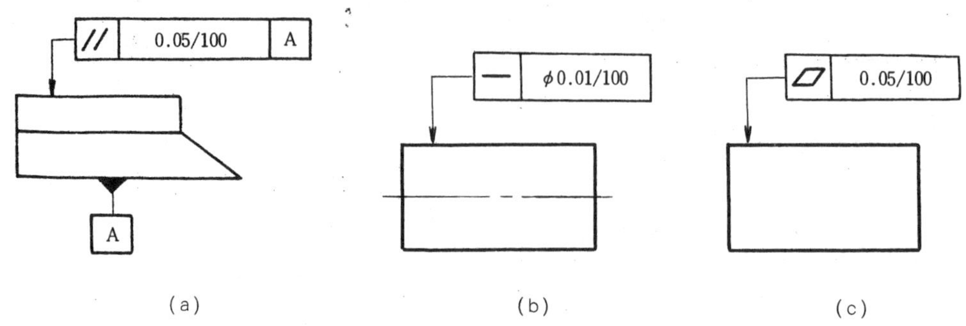

그림 1-31 지정 길이에 대한 기하 공차 규제 예

(14) 규제하고자 하는 형체에 전체에 대한 공차값과 단위 길이마다에 대한 공차값을 동시에 지정할 때에는 전체에 대한 공차값은 칸막이 위쪽에 단위 길이에 대한 공차값은 아래에 기입하여 나타낸다.

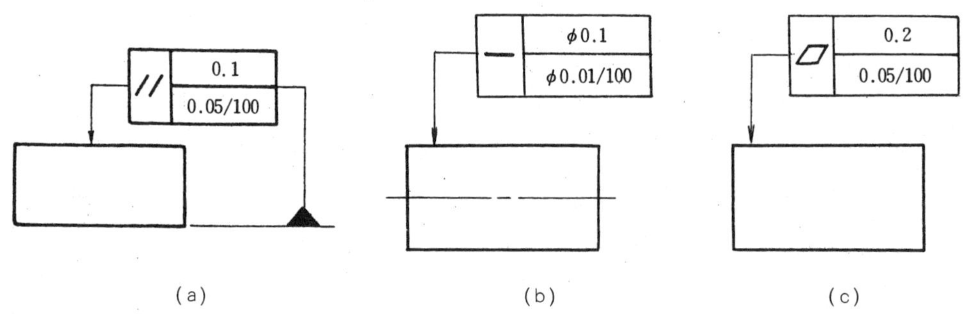

그림 1-32 지정 길이와 전 길이에 규제된 기하 공차

2 도시 방법과 공차역의 관계

공차역의 모양 방향 크기를 지정하려면 공차 기입 테두리에서 끌어낸 인출선의 표시 방법, 공차값, 부기하는 기호 등으로 구별한다.

(1) 공차역은 공차·기입 테두리를 연결하는 지시선의 화살 방향에 적용되며 공차값 앞에 ϕ기호가 기입되어 있을 때의 공차역은 기입된 공차값을 직경으로 하는 원 또는 원통이 된다. 지시선으로 수평하게 나타낸 구멍의 축선은 두 개의 평행한 직선 사이에 끼인 영역이다.

(2) 곡선 또는 곡면에 대한 공차역은 원칙적으로 규제되는 면에 대하여 법선 방향이며 법선 방향이 아니고 특정한 방향에 지정하고 싶을 때에는 그 방향을 지정한다.

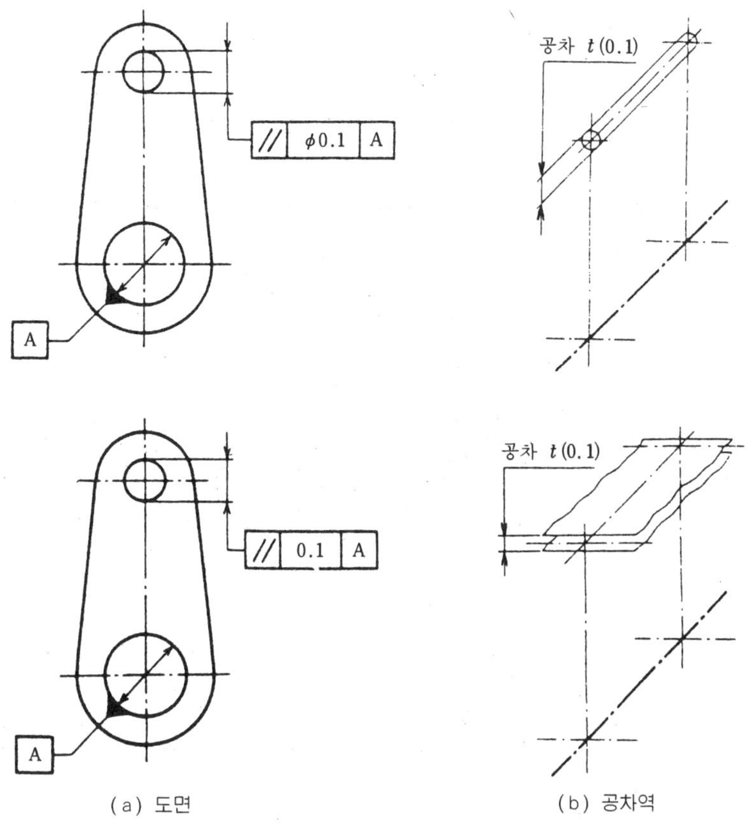

(a) 도면　　(b) 공차역

그림 1-33 축선의 공차역

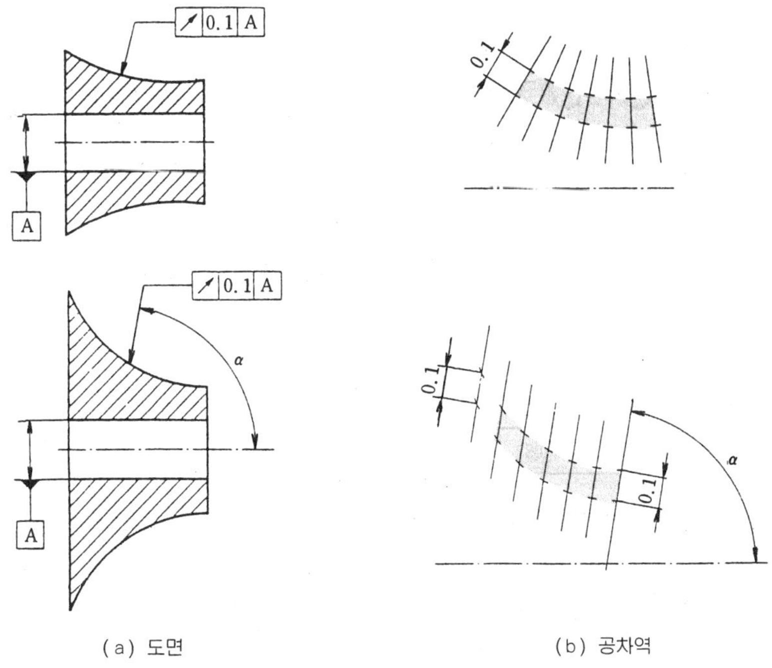

(a) 도면　　(b) 공차역

그림 1-34 원주 흔들림의 공차역

(3) 여러 개의 떨어져 있는 형체에 같은 공차를 지정하는 경우에는 개개의 형체에 각각 공차 기입틀로 지정하는 대신에 공통의 공차 기입틀로부터 끌어낸 지시선을 각각의 형체에 분기해서 나타내거나 각각의 형체를 문자 기호로 나타낸다.

지시선의 분기점에는 흑점을 붙인다.

또, 각각의 떨어진 형체에 대하여 공통된 공차역을 나타내려면 공차 기입 테두리 위쪽에 공통 공차역이라 부기하거나 개별 형체 기호를 공통 공차역 위에 표시한다.

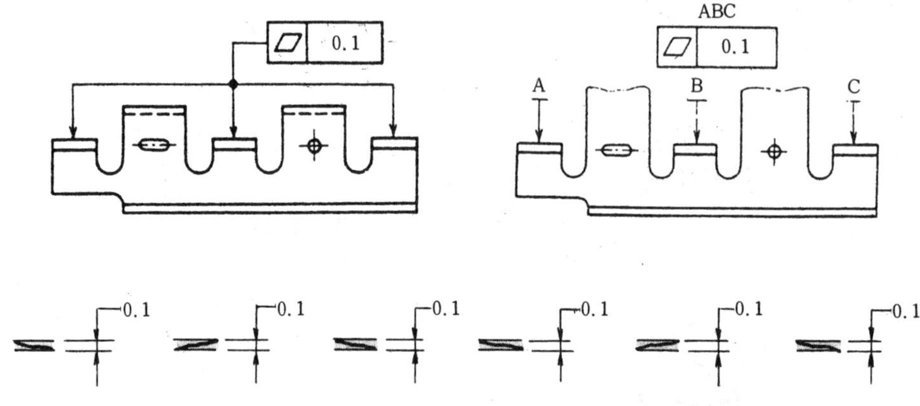

그림 1-35 개별 형체에 대한 기하 공차 규제와 공차역

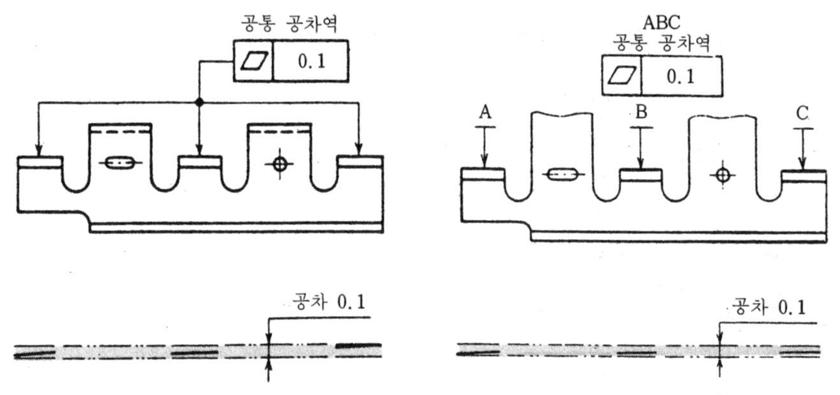

그림 1-36 공통 공차역의 규제 예와 공차역

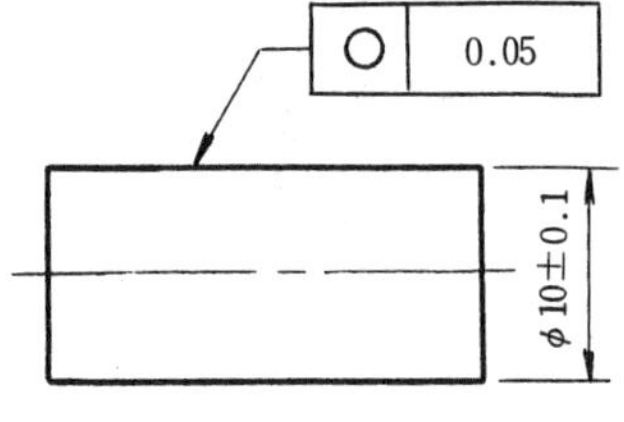

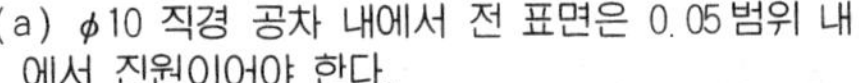
(a) φ10 직경 공차 내에서 전 표면은 0.05범위 내에서 진원이어야 한다.

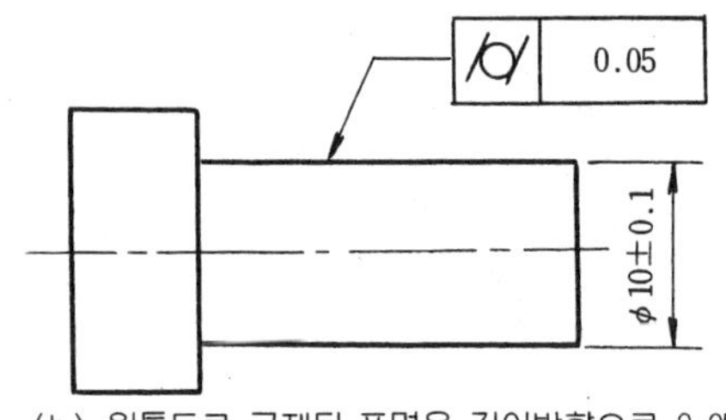

(b) 원통도로 규제된 표면은 길이방향으로 0.05 범위 내에서 원통이어야 한다.

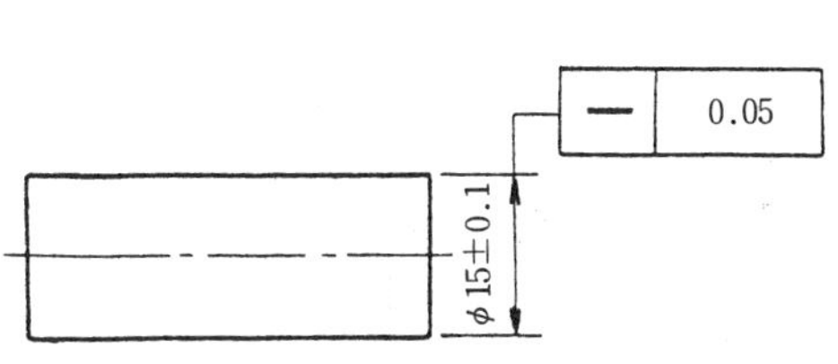

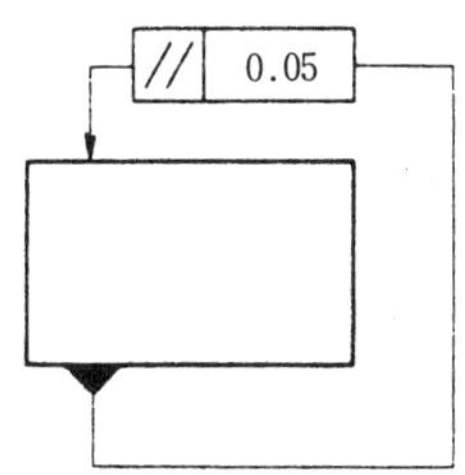

(c) 전 표면은 길이방향으로 0.05 범위 내에서 진직해야 한다.

(d) 밑면을 기준으로 윗면은 0.05 범위 내에서 평행해야 한다.

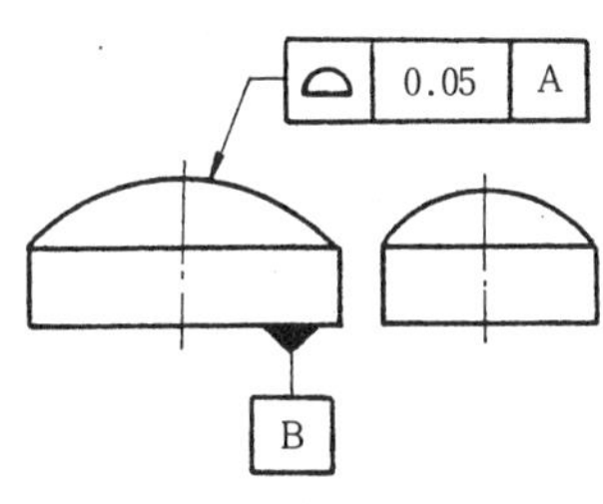

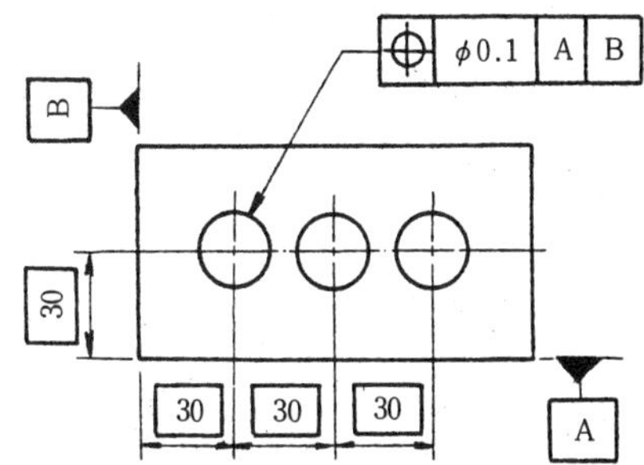

(e) 밑면을 기준으로 윗면의 윤곽은 0.05범위 내에 있어야 한다.

(f) A면과 B면을 기준으로 구멍의 위치는 30mm에 대한 구멍 위치는 φ0.1 범위 내에 진위치에 있어야 한다.

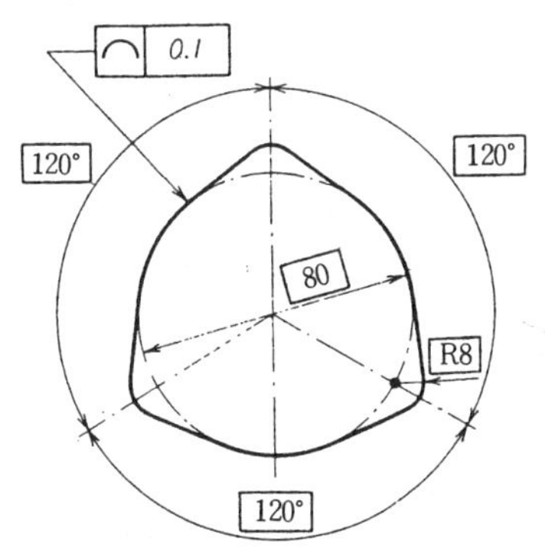

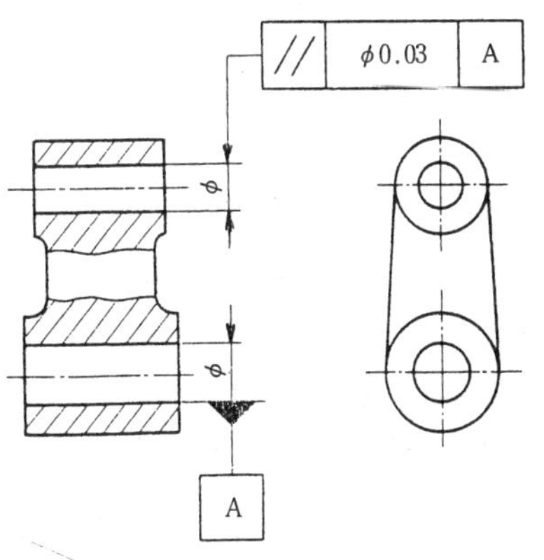

(g) 규제 형체의 선의 윤곽은 0.1 범위 내에 있어야 한다.

(h) A구멍을 기준으로 윗쪽 구멍의 중심은 φ0.03 범위 내에서 평행해야 한다.

그림 1-37 기하 공차 규제 예

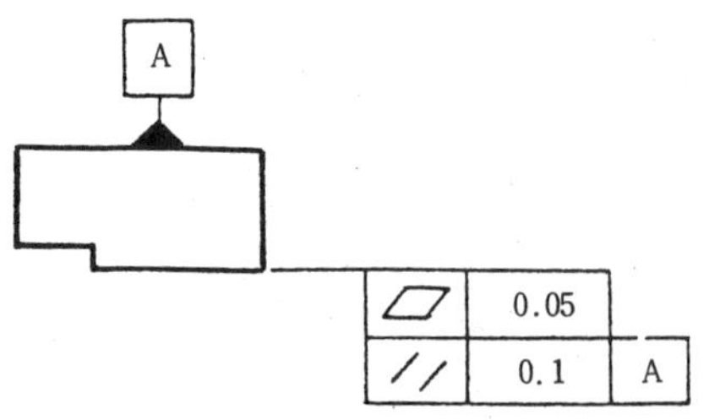

(a) 같은 형체에 해당되는 또다른 테두리에 쌓아 표시하거나 같은 선에 매어 단다. 테두리를 그릴 때는 짧은 테두리의 오른쪽 끝과 긴 테두리 칸의 선을 일치시키는 방법이 좋다.

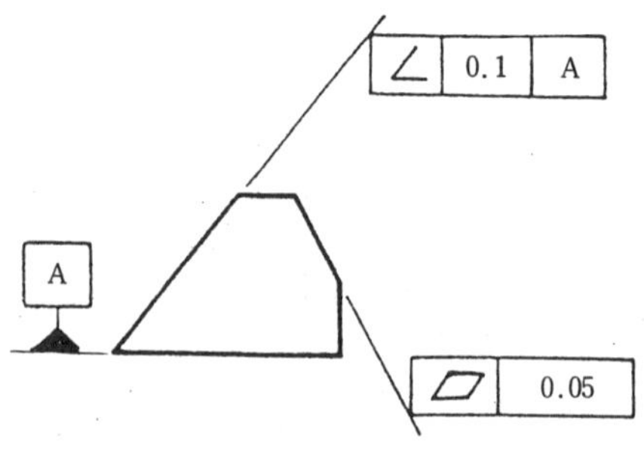

(b) 경사진 연장선에 테두리의 모서리 부분을 연결한다.

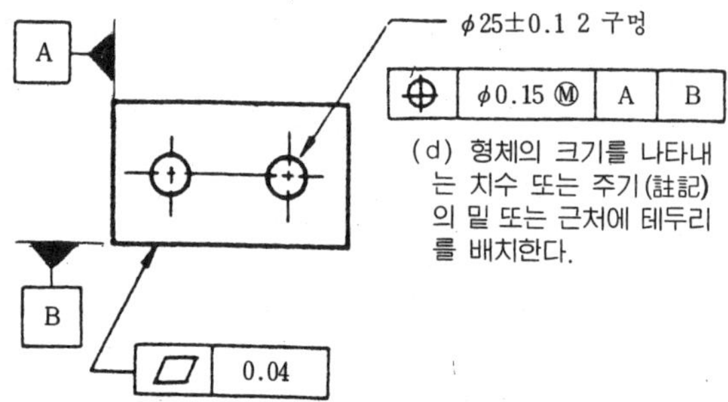

(d) 형체의 크기를 나타내는 치수 또는 주기(註記)의 밑 또는 근처에 테두리를 배치한다.

(c) 규제되는 형체를 지시한 인출선에 테두리의 왼쪽 또는 오른쪽 변의 중간 높이에 연결하거나 그 변의 연장선에 연결한다.

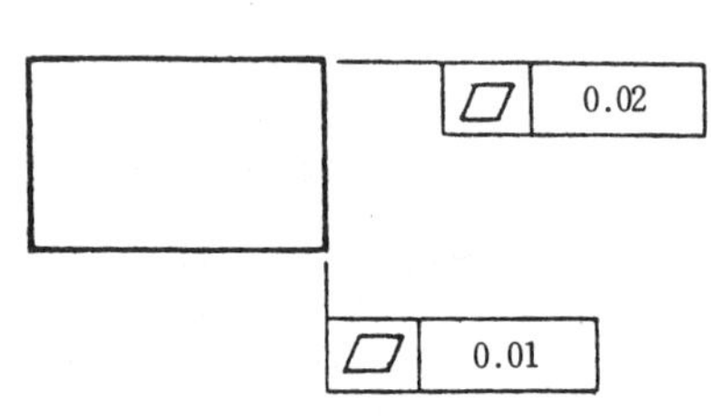

(d) 도면의 끝면으로부터 수평 또는 수직 연장선에 형체 규제 테두리의 한 변을 연결한다.

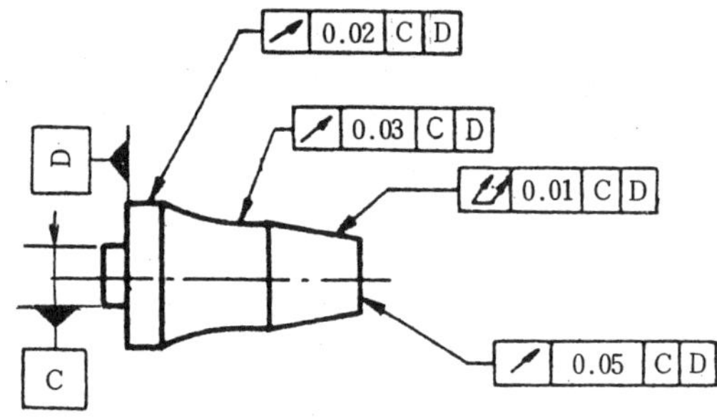

(e) 규제 형체에 직접 지시할 경우 외형선에서 인출선으로 지시하여 나타낸다.

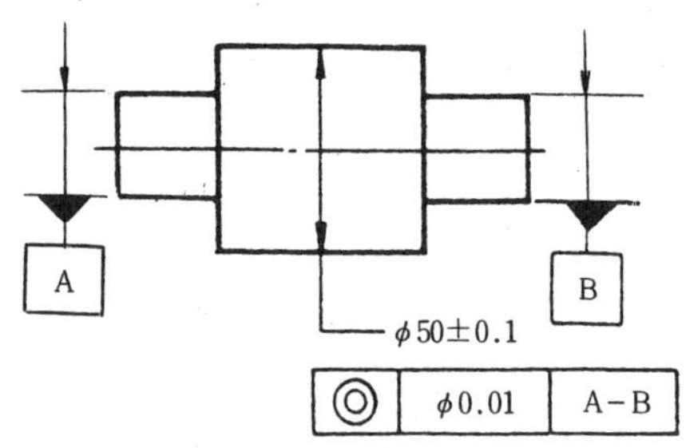

(f) 두 개의 데이텀을 기준으로 할 때는 데이텀 사이를 하이픈으로 연결한다.

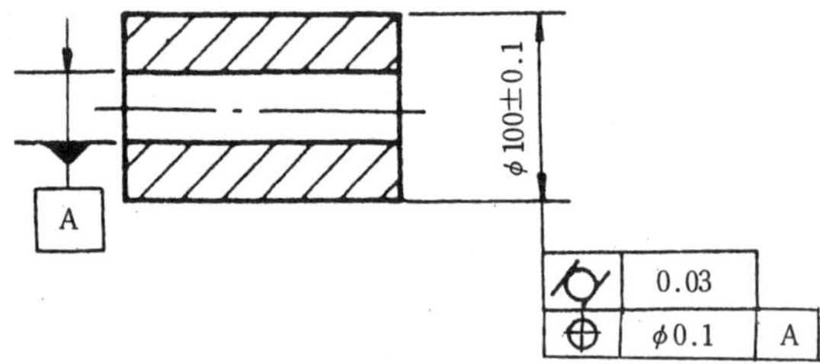

(g) 치수선에 테두리의 한 변을 연결한다. 이것은 형체가 크기를 가진 형체일 경우에만 사용된다(원통, 키이홈, 돌출부(tab)).

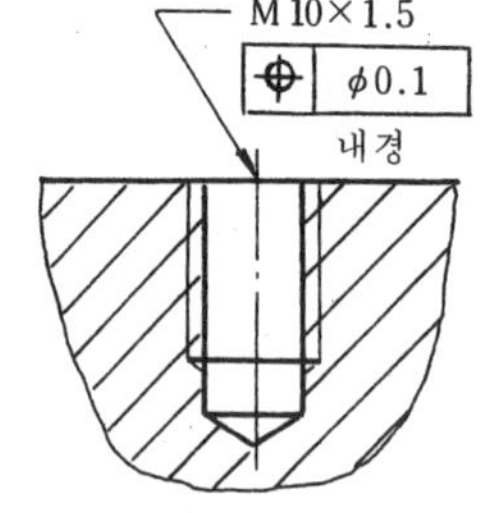

(h) 규제 형체의 중심선에 인출선으로 끌어내어 지시한다.

그림 1-38 기하 공차 규제 예

5 데이텀(Datum)

1 데이텀 규제 형체

데이텀이란 관련 형체에 기하 공차를 지시할 때 그 공차 영역을 규제하기 위하여 설정한 이론적으로 정확한 기하학적 기준, 예를 들면, 기준이 되는 점, 직선, 축직선, 평면 및 중심 평면을 각각 데이텀 점, 데이텀 직선, 데이텀 축직선, 데이텀 평면 및 데이텀 중심 평면이라고 부른다.

데이텀은 기하 공차를 규제하기 위한 형체의 기준으로 규제하고저 하는 형체의 형상, 결합 상태, 가공 공정, 또는 어떤 형체를 기준으로 규제해야 할 것인가 등을 고려하여 적절한 데이텀을 설정해야 한다.

예를 들어, 다음 그림과 같이 하나의 구멍 위치를 규제할 경우 측면 A를 기준으로 하느냐 밑면 B를 기준으로 하느냐에 따라 구멍의 위치가 달라질 수 있다. 따라서 부품 특성이나 기능에 따라 데이텀을 확실하게 힐 필요가 있다.

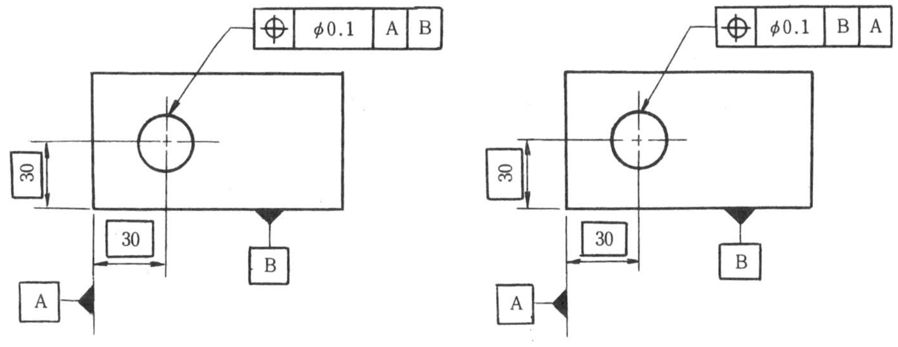

(a) 데이텀을 기준으로 규제된 위치도

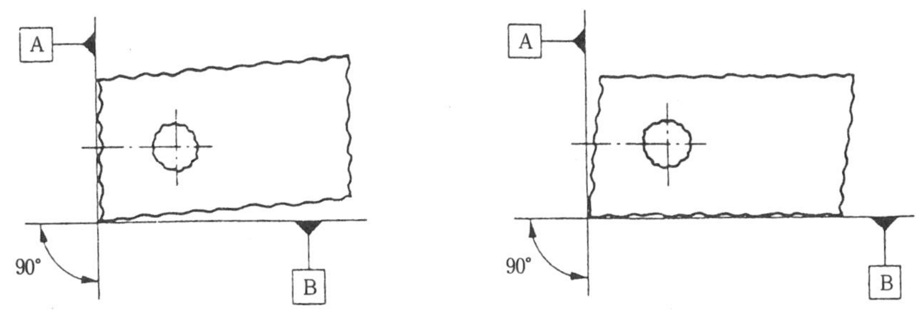

(b) 데이텀에 따른 구멍의 위치

그림 1-39 데이텀의 선정

다음 **그림 1-40**은 직각도를 규제한 예이다. 그림에서 A면을 기준으로 직각도가 규제되었나 B면을 기준으로 직각도가 규제되었나에 따라 직각 상태가 달라질 수 있다. 따라서 부품 특성을 고려하여 A면이냐 B면이냐를 확실히 해야 할 필요가 있다.

데이텀은 형체 규제 테두리 3번째 구획에 데이텀 문자 기호를 기입하고 도면상에 데이텀을 반드시 지정해서 나타내야 한다. **그림 1-40**의 (b) 그림에서와 같이 데이텀 A면을 기준으로 했을 때와 데이텀 B면을 기준으로 했을 때 같은 직각도 공차 0.1범위 내에서 축 중심의 직각 상태가 달라진다.

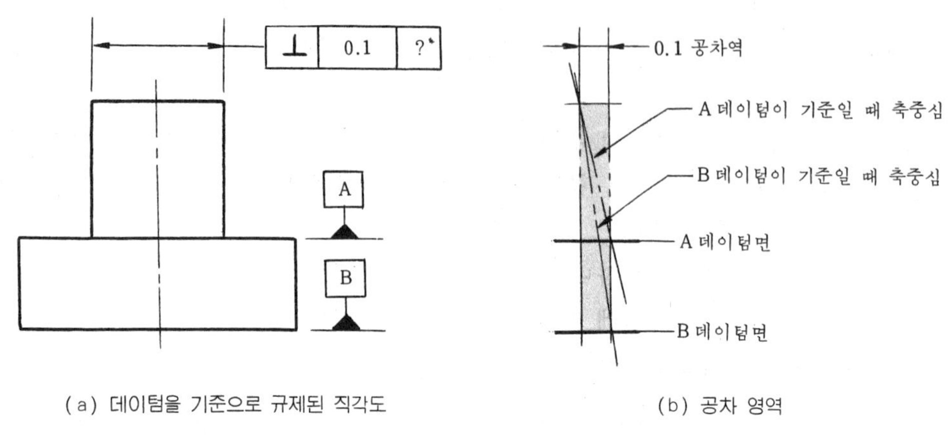

(a) 데이텀을 기준으로 규제된 직각도

(b) 공차 영역

그림 1-40 A, B 데이텀을 기준으로 한 공차 영역

2 데이텀의 설정

데이텀으로 설정된 형체(점, 선, 평면, 축선 등)는 실제 가공상에서 이론적으로 정확한 형상으로 될 수는 없다. 하나의 평면을 데이텀으로 설정했을 경우 그 평면은 이론적으로 정확한 평면으로 될 수는 없다. 데이텀을 기준으로 부품을 측정할 때 데이텀 평면은 치공구상의 평면, 예를 들면 부품이 놓여지는 정반과 같은 표면으로 생각할 수 있다. 이 평면은 완전한 것은 아니지만 상당히 정확한 것이기 때문에 측정 목적에는 완전한 것으로 생각할 수도 있다.

3 데이텀 평면

하나의 평면을 데이텀으로 지시한 경우 그 평면은 이상적인 평면이 아니고 오목 볼록한 기복의 차가 있다. 이 평면이 측정면에 접하는 부분은 가장 볼록한 3점의 돌기 부분에 접하게 된다. 따라서 데이텀 평면은 이 3점이 접하는 평면으로 생각할 수 있다.

실제 가공된 표면은 형상 오차나 거칠기의 오차가 있기 때문에 이 오차가 크면 데이텀으로 역할을 하지 못하기 때문에 필요에 따라 정확 정밀을 요하는 부품이라면 표면 자체에 평면도, 진직도 등을 규제해 주는 것이 바람직하다.

다음 그림에 3점이 접하는 데이텀 표면을 그림으로 도시하였다.

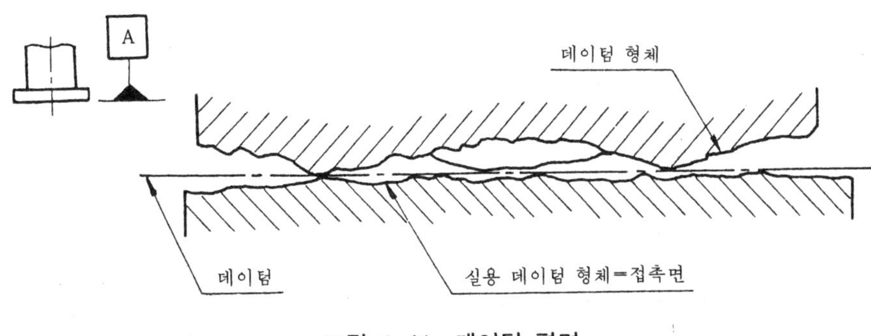

그림 1-41 데이텀 평면

4 데이텀 축선

원통의 구멍 또는 축의 축선을 데이텀으로 설정한 경우에 이상적인 원통은 없으므로 데이텀 구멍의 최대 내접하는 원통의 축직선 또는 축의 최소 외접 원통의 축직선이 데이텀이 된다.

데이텀 형체가 실용 데이텀 형체에 대하여 불안정할 경우에는 이 원통을 어느 방향으로 움직여도 이동량이 같아지는 자세가 되도록 설정한다. 다음 그림에 데이텀 축선의 예를 그림으로 도시하였다.

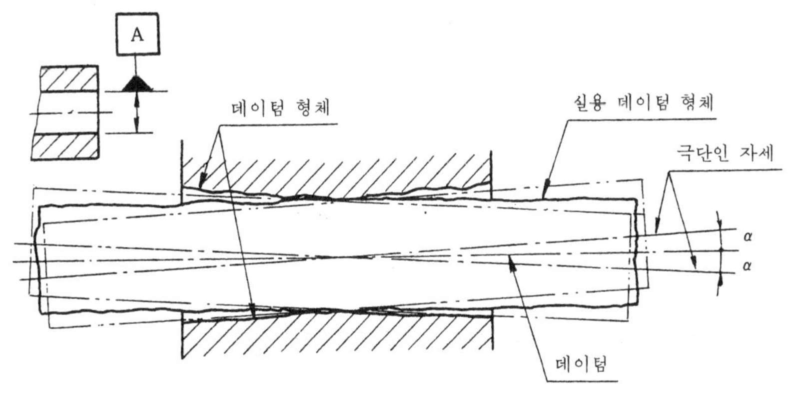

그림 1-42 데이텀 축선

5 공통 데이텀

공통의 축선 또는 공통의 중심 평면을 데이텀으로 하는 경우에는 두 개의 축선이나 중심면이 기준이 되어 데이텀이 설정된다.

이 경우의 예를 들면, 양쪽 축선에 베어링이 끼워져 회전하는 회전체로 중앙 부분의 형체를 동심도로 규제하는 경우가 여기에 속한다. 실용 데이텀 형체인 두 개의 최소 외접 동축 원통의 축 직선에 의해서 설정한 공통 축 직선의 데이텀의 예를 다음 그림에 도시하였다.

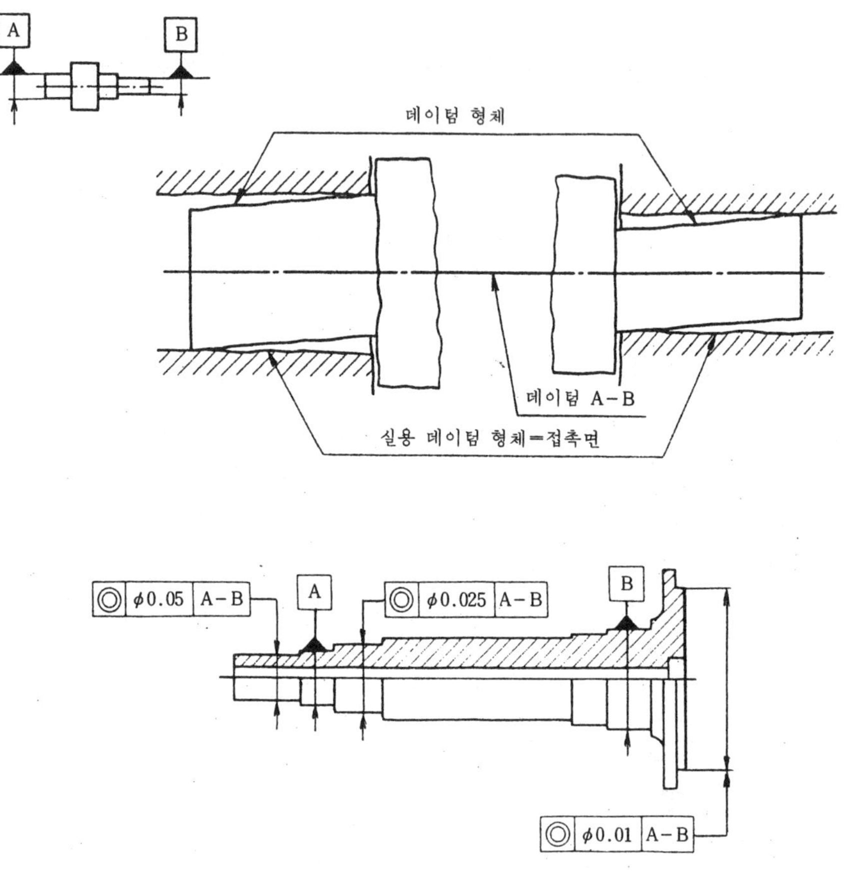

그림 1-43 공통 데이텀

6 원통 축선에서 평면에 수직인 데이텀

두 개의 구멍 중 하나의 구멍에 밑면 A가 데이텀이 되고 좌측 구멍 B가 데이텀이 되어 우측 구멍에 위치도 공차가 규제된 경우 데이텀 표면 A는 데이텀 A에 접하는 평탄한 평면이 데이텀이 되고 데이텀 B 구멍은 데이텀 A에 수직으로 데이텀 구멍 B에 내접하는 최대 원통의 축 직선이 데이텀 B가 되어 우측 구멍에 위치도 공차가 규제된다.

이 경우 데이텀 A가 제1차 데이텀, 데이텀 B가 제2차 데이텀이다.

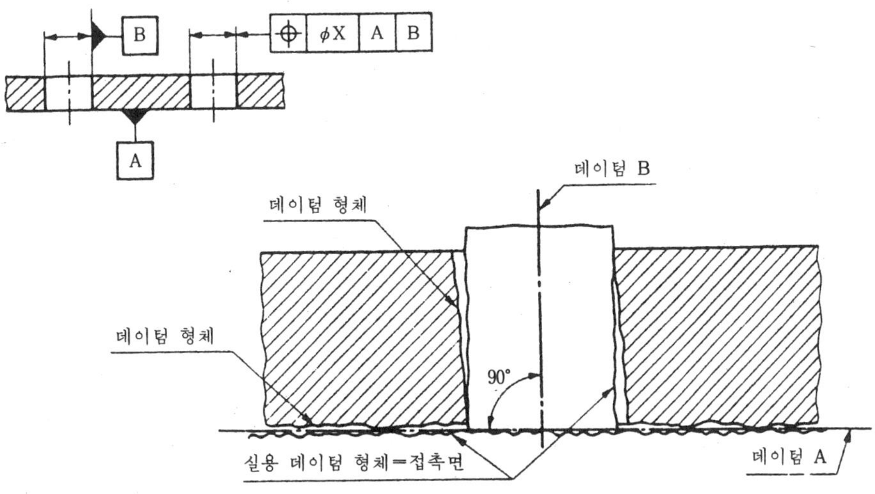

그림 1-44 원통 축선에서 평면에 수직인 데이텀

7 데이텀계

두 개 이상의 데이텀을 기준으로 기하 공차를 규제할 경우에 그 데이텀 그룹을 데이텀계라 한다.

위치 공차는 일반적으로 서로 직교하는 3개의 데이텀 평면과 관련하여 지시한다. 이들 3평면에 의해 구성되는 데이텀계를 3평면 데이텀계라 한다.

이 경우 데이텀의 일관성을 고려하여 데이텀의 우선 순위를 정해서 지시한다. 3평면 데이텀계를 구성하는 데이텀 평면은 그 우선 순위에 따라 각각 제1차 데이텀 평면, 제2차 데이텀 평면 및 제3차 데이텀 평면이라 한다(**그림 1-45**(a)).

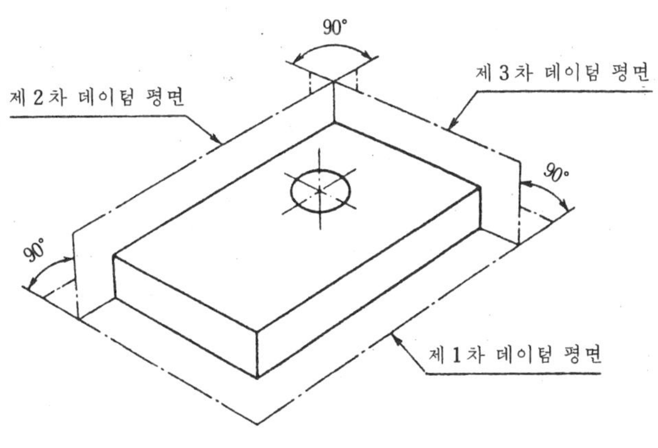

(a) 3평면 데이텀

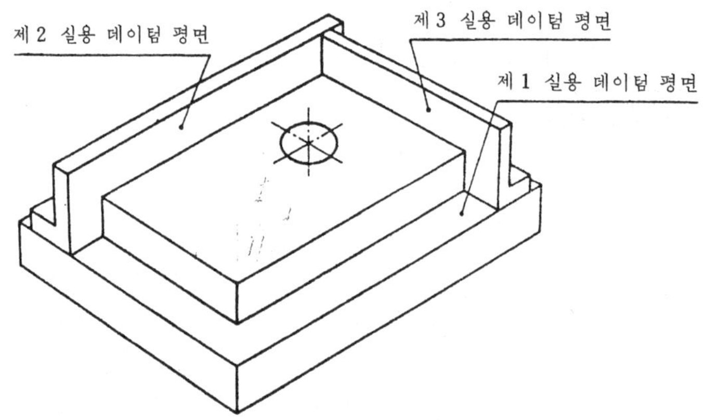

(b) 실용 데이텀 평면

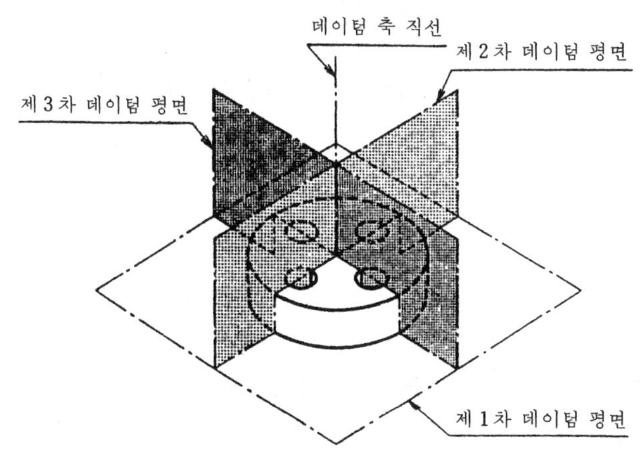

(c) 직교하는 3평면 데이텀

그림 1-45 데이텀계

그림 1-45(b)는 3평면 데이텀 계에 대응하는 실용 데이텀 형체를 나타낸 그림이다. 일반적으로 공작물을 설치한 면, 즉 수평면을 우선 순위가 가장 높은 제1차 데이텀으로 공작물 표면은 가장 볼록한 3점이 접하고 제2차 데이텀 평면에는 2점, 제3차 데이텀 평면은 1점 이상이 접하도록 되어 있다.

원통 형상의 공작물에 3평면 데이텀계를 적용할 경우에는 축직선을 포함하는 서로 직교하는 2평면과 축직선에 직교하는 한 평면으로 3평면을 구성한다(**그림 1-45**(c)).

8 데이텀의 선정

데이텀 형체를 선정하는 데는 부품의 특성, 기능, 결합 상태, 가공 공정 등을 고려하여 다음과 같이 선정한다.

(1) 기능적인 형체를 데이텀으로 선정한다. 베어링에 결합되어 부품을 지지하는 원통 형체는 기능적이므로 데이텀으로 선정한다.
(2) 결합되는 부품에서 상대 부품과 결합될 때 기준이 되는 형체를 데이텀으로 선정한다.
(3) 가공, 검사 및 측정상 기준이 되는 형체를 데이텀으로 선정한다.

9 데이텀의 도시 방법

(1) 데이텀을 기준으로 기하 공차를 규제할 때 데이텀을 지시하는 문자 기호에 의하여 나타낸다. 데이텀은 영어의 대문자를 정사각형으로 둘러싸고 이것과 데이텀이라는 것을 나타내는 삼각 기호를 지시선을 사용하여 연결해서 나타낸다. 데이텀 삼각 기호는 삼각형에 검게 칠해서 나타내거나 칠하지 않은 삼각형으로 나타내도 좋다.

그림 1-46 데이텀 표시 기호

(2) 데이텀을 지시하는 문자에 의해 데이텀을 나타낼 때 선 또는 면 자체가 데이텀 형체인 경우에는 형체의 외형선 위 또는 외형선을 연장한 가는선 위에(치수선의 위치를 명확하게 피해서) 데이텀 삼각 기호를 붙인다.

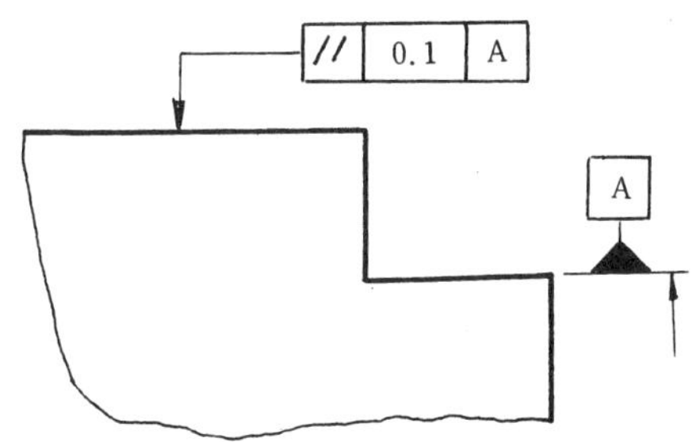

그림 1-47 문자 기호에 의한 데이텀 표시

(3) 치수가 지정되어 있는 형체의 축직선 또는 중심 평면이 데이텀인 경우에는 치수선의 연장선을 데이텀의 지선으로 사용하여 나타낸다. 치수선의 화살표를 치수 보조선 또는 외형선의 바깥쪽으로부터 기입한 경우에는 한쪽 화살표를 생략하고 데이텀 삼각 기호로 대용한다.

그림 (a)와 (b)의 경우에는 축선이 데이텀이 된다.

그림 (c)는 구멍의 중심 축선이 데이텀이 된다.

그림 (d)는 형체의 중심면이 데이텀이 된다.

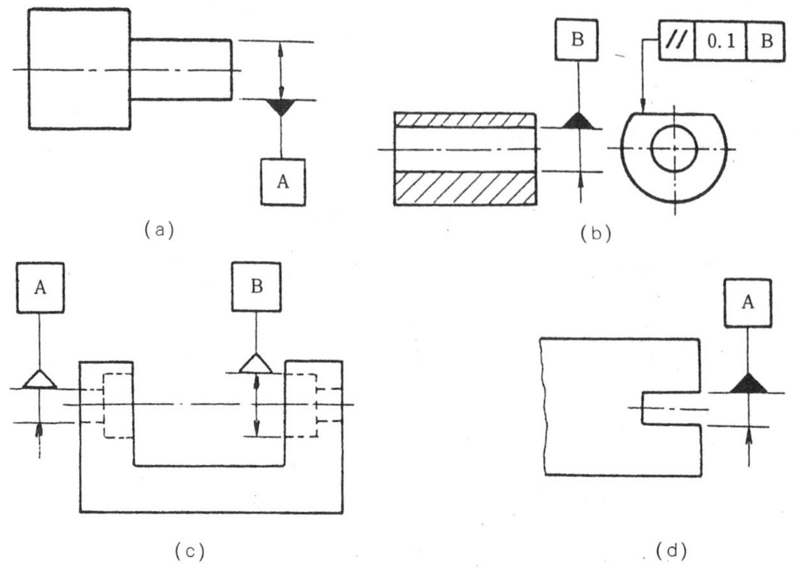

그림 1-48 치수가 지정된 형체의 데이텀 표시

(4) 데이텀 기호에 의해서 지시한 데이텀과 공차와의 관련을 나타내기 위해서 공차 기입틀에 데이텀 문자를 나타낼 때는 다음에 따른다.

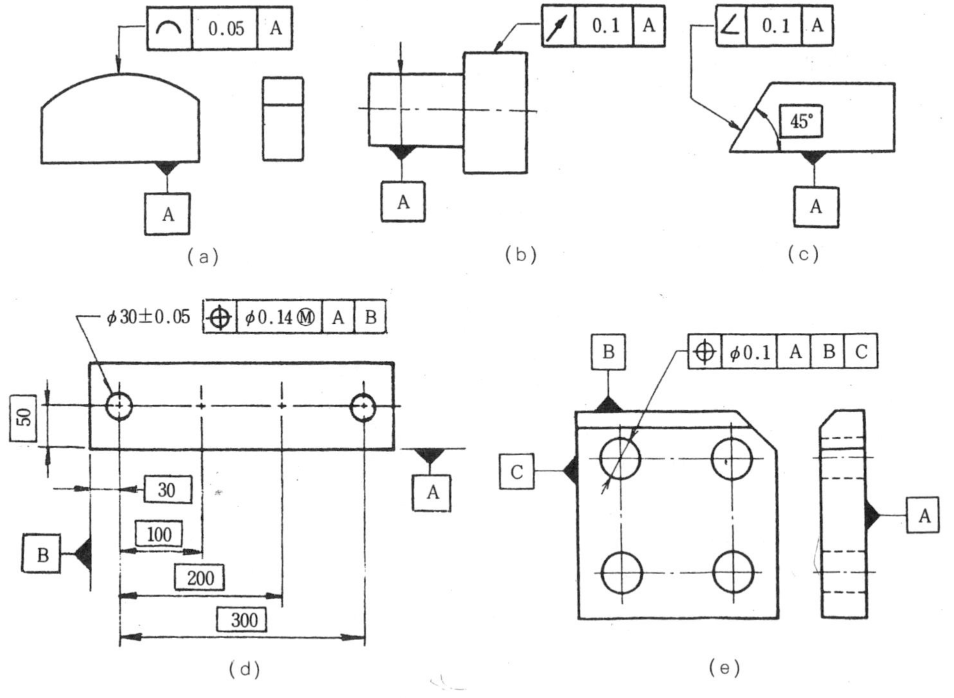

그림 1-49 데이텀 지시 예

하나의 데이텀에 의해서 규제될 경우에는 공차 기입틀 왼쪽에서 3번째 구획 속에 데이텀을 지시하는 문자를 기입한다.

여러 개의 데이텀을 지정할 경우에는 데이텀의 우선 순위 별로 공차 기입틀 네 번째와 다섯 번째에 데이텀 지시 문자를 기입한다.

(5) 축직선과 중심 평면이 공통으로 데이텀인 경우에는 축직선 또는 중심 평면을 나타내는 중심선에 데이텀 삼각 기호를 붙인다.

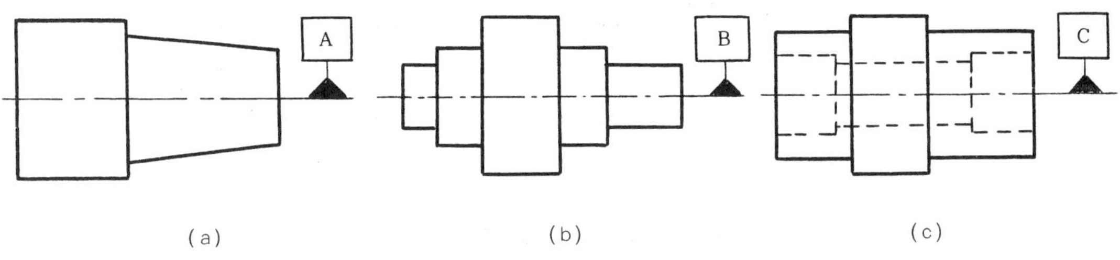

그림 1-50 공통 데이텀

(6) 공차 기입틀과 데이텀 삼각 기호를 직접 지시선에 의하여 연결해서 나타낼 수 있다. 이 경우에는 데이텀을 지시하는 문자 기호를 생략할 수 있다.

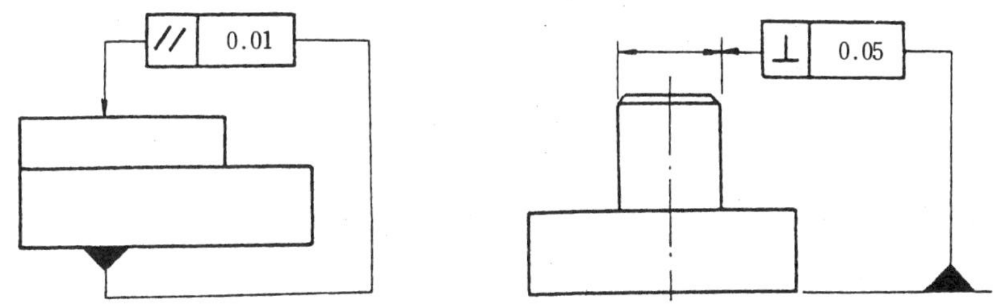

그림 1-51 공차 기입틀과 직접 연결한 데이텀 표시

(7) 선 또는 면의 어느 한정된 범위에만 공차를 적용할 필요가 있을 경우에는 선 또는 면에 따라 그린 굵은 일점 쇄선으로 나타내고 그 치수를 표시하여 나타낼 수 있다.

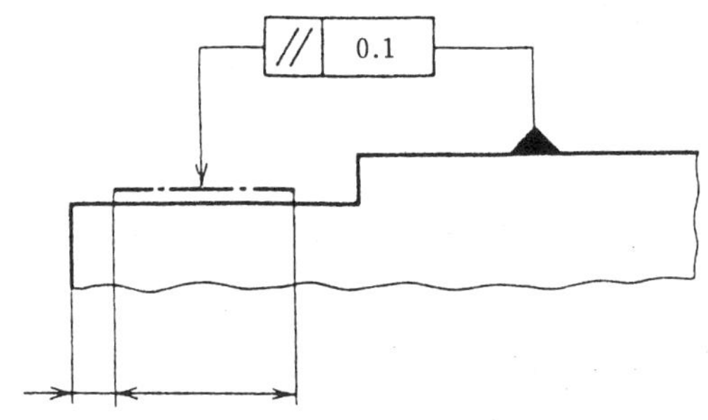

그림 1-52 한정된 범위 내의 규제 예

(8) 하나의 형체를 두 개의 데이텀에 의해서 규제할 경우에는 두 개의 데이텀을 나타내는 문자를 하이픈으로 연결하여 공차 기입틀 세번째 구획에 표시한다.

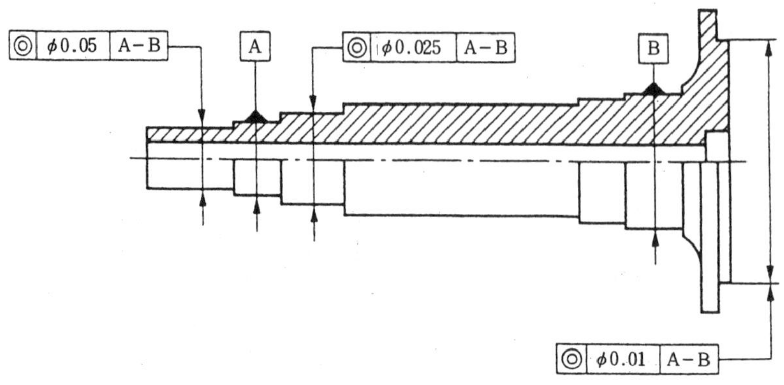

그림 1-53 공통 데이텀 표시

(9) 형체 그룹을 데이텀으로 지시할 경우, 복수의 구멍과 같은 형체 그룹의 실제의 위치를 다른 형체 또는 형체 그룹의 데이텀으로서 지시할 경우에는 공차 기입틀에 데이텀 삼각 기호를 붙인다.

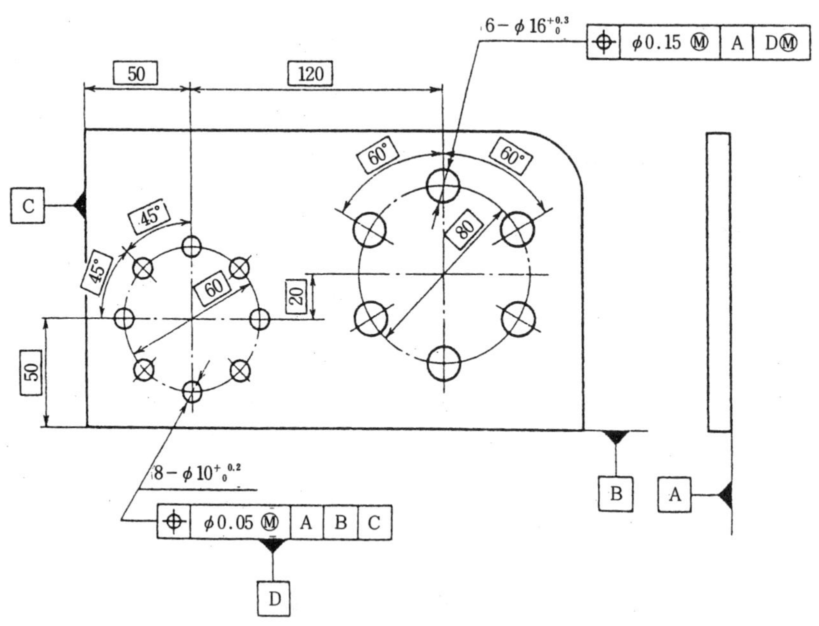

그림 1-54 형체 그룹의 데이텀 표시

10 데이텀의 우선 순위

(1) 우선 순위 지시 방법

두 개 이상의 형체를 데이텀으로 위치도 공차를 규제할 경우 그들 데이텀의 우선 순위를 문제삼지 않을 때에는 데이텀을 나타내는 문자 기호를 칸막이를 하지 않고 같은 구획내에 나란히 기입한다(**그림** 1-55).

두 개 이상의 데이텀을 설정하여 우선 순위별로 규제할 경우에는 우선 순위가 높은 순서대로 왼쪽에서 오른쪽으로 데이텀을 나타내는 문자 기호를 칸막이를 하여 기입한다(**그림** 1-56).

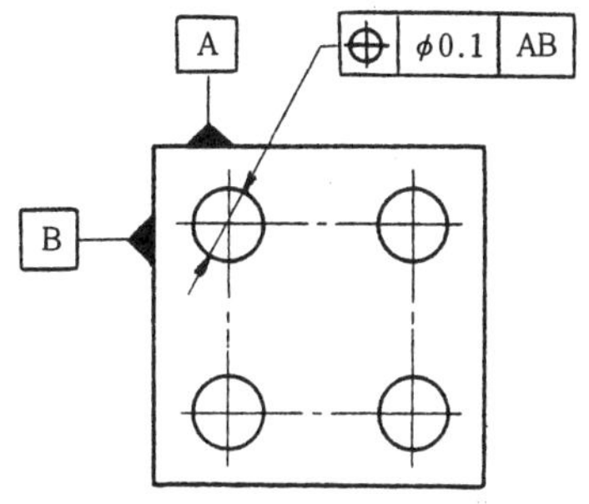

그림 1-55 데이텀의 우선 순위와 관계 없는 경우

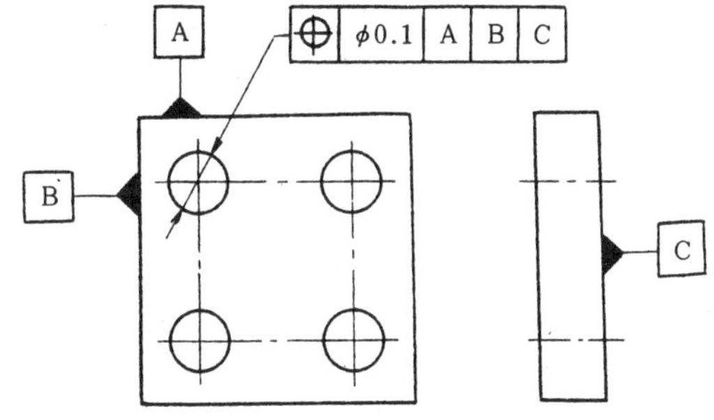

그림 1-56 데이텀의 우선 순위를 지정하는 경우

(2) 데이텀의 우선 순위 지정의 필요성

다음 **그림** 1-57은 데이텀의 우선 순위를 지정해야 할 필요성에 대하여 설명한 그림이다.

그림 1-57(a) 도면에 좌측면과 밑면으로부터 구멍의 위치가 각각 60으로 지정되어 있다. 좌측면과 밑면은 그림상으로는 직각으로 나타나 있지만 모서리 부분에 지시된 Ⓐ 부분은 정확히 직각으로 제작될 수는 없다.

이 경우에 우측 모서리에 따낸 부분과 구멍이 조립상 관련이 있으면 **그림** (b)와 같이 제작되었을 때와 **그림** (c)와 같이 제작되었을 경우와는 제작, 검사상의 순서가 달라지고 구멍의 위치가 달라진다. 따라서 밑면을 기준으로 **그림** (b)와 같이 측정하든지 **그림** (c)와 같이 좌측면을 기준으로 측정하느냐의 우선 순위를 지정할 필요가 생긴다.

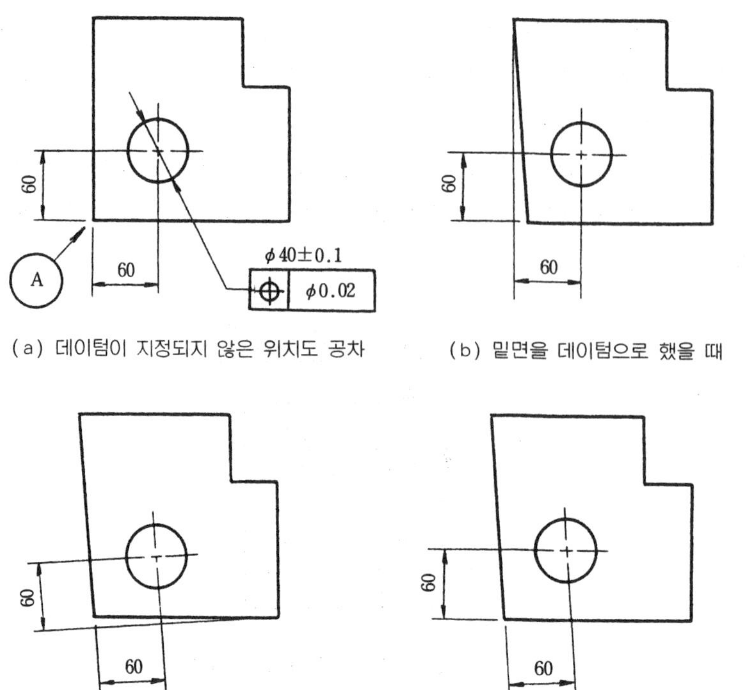

(a) 데이텀이 지정되지 않은 위치도 공차 (b) 밑면을 데이텀으로 했을 때

(c) 좌측면을 데이텀으로 했을 때 (d) 좌측과 밑면에서 하나씩 측정했을 때

그림 1-57 데이텀 우선 순위를 지정할 필요성

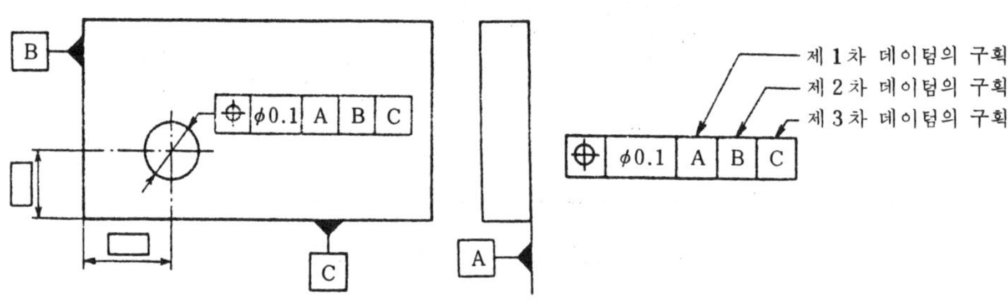

(a) 데이텀 A B C를 기준으로 규제된 위치도

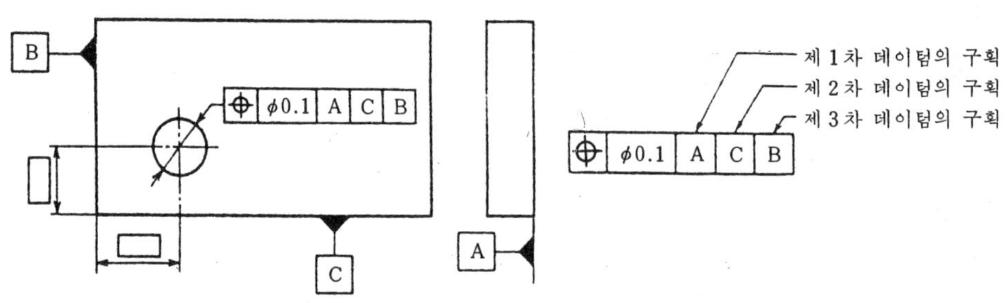

(b) 데이텀 A C B를 기준으로 규제된 위치도

그림 1-58 두 개 이상의 데이텀 우선 순위 지정 예

그림 1-58의 (a)와 (b)는 같은 형체이지만 (a)의 경우에는 데이텀 A, B, C를 기준으로 구멍의 위치도 공차가 규제되어 있고 **그림** (b)의 경우에는 데이텀 A, C, B를 기준으로 구멍에 위치도 공차가 규제되어 있다.

그림 (a)의 경우에는 데이텀 B를 우선한 경우이고 **그림** (b)는 데이텀 C를 우선한 경우이다.

따라서 설계자의 의도에 따라 부품의 특성이나 기능 또는 결합 상태 등을 고려하여 우선 순위별로 지정할 필요성이 있다.

그림 1-59는 **그림 1-58**에 지시된 데이텀의 우선 순위에 따른 실제 형상을 그림으로 나타냈다.

그림 (a)의 경우는 데이텀 ABC를 기준으로 했을 때의 형상이고, **그림** (b)의 경우는 데이텀 ACB를 기준으로 했을 때의 형상으로 데이텀의 우선 순위에 따라 형상이 달라질 수 있다.

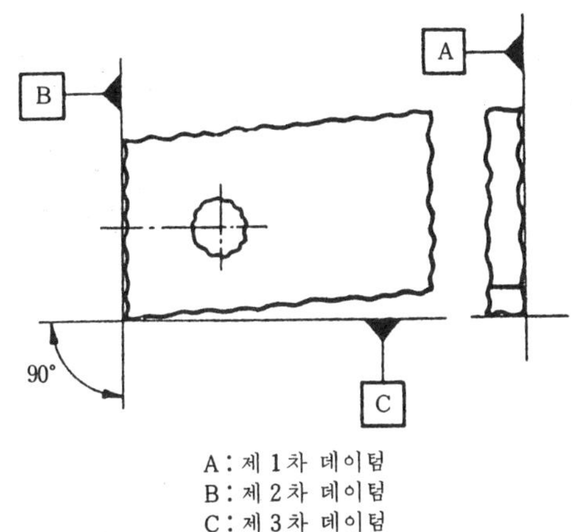

(a) 그림 1-58의 (a)의 경우

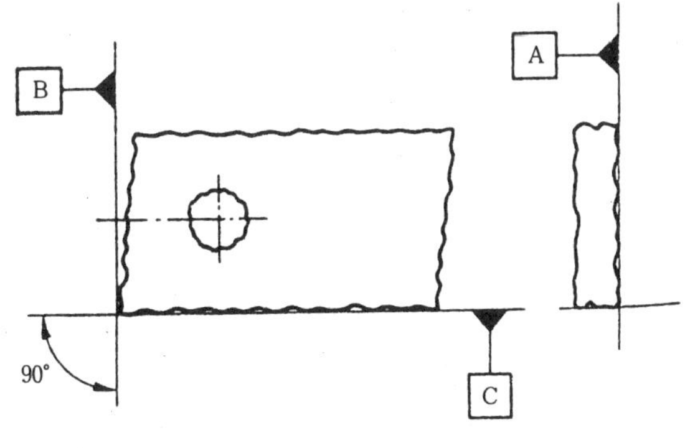

(b) 그림 1-58의 (b)의 경우

그림 1-59 데이텀의 우선 순위에 따른 실제 형상

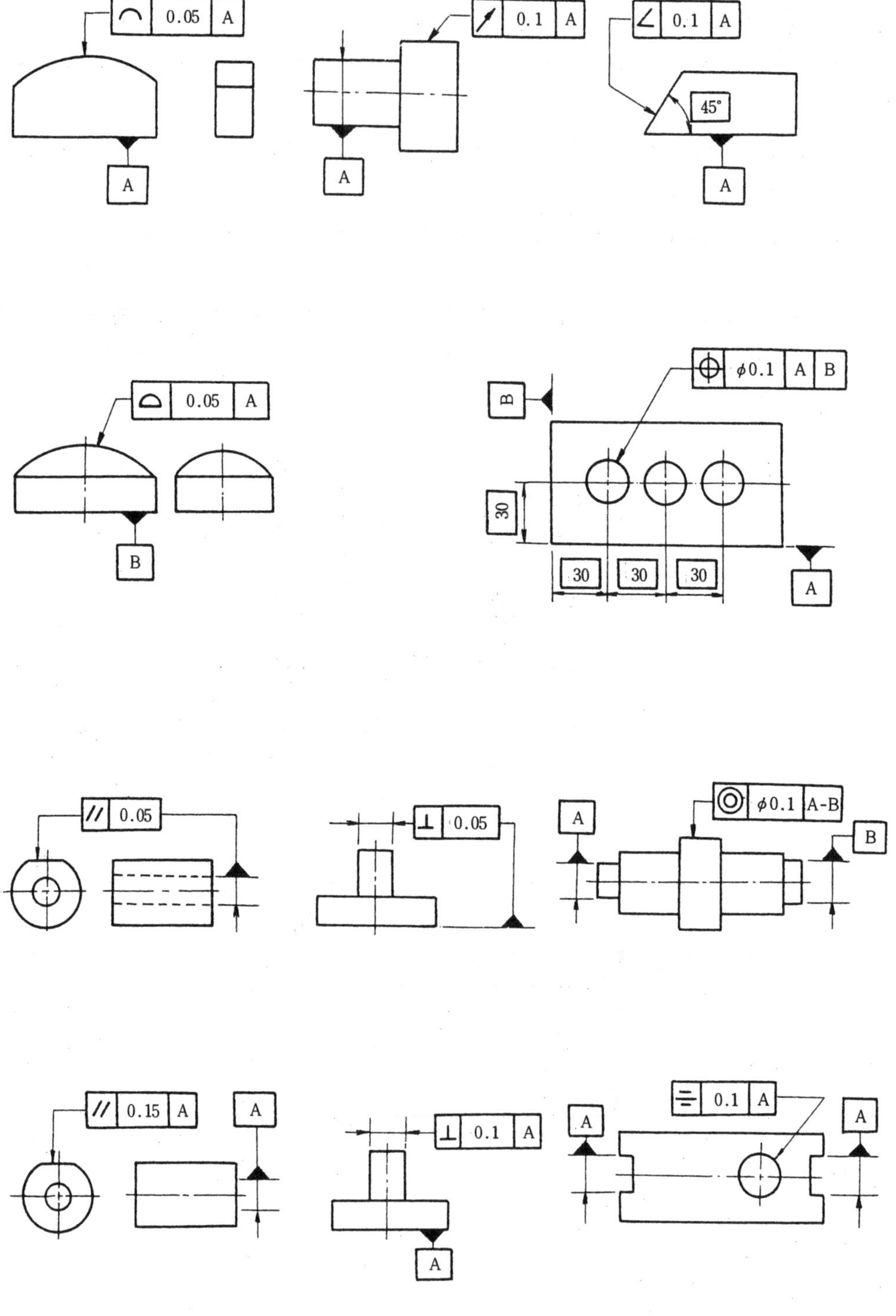

그림 1-60 데이텀 규제 예

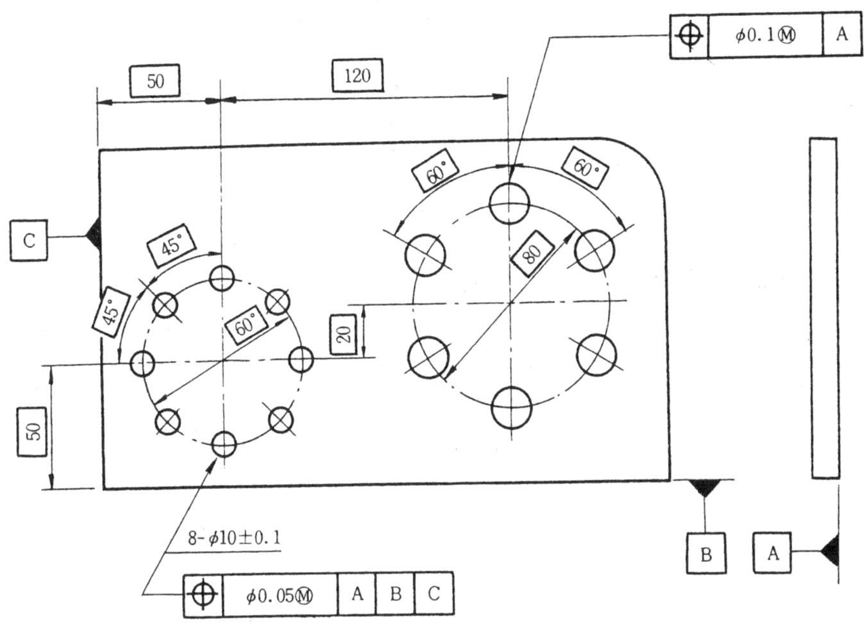

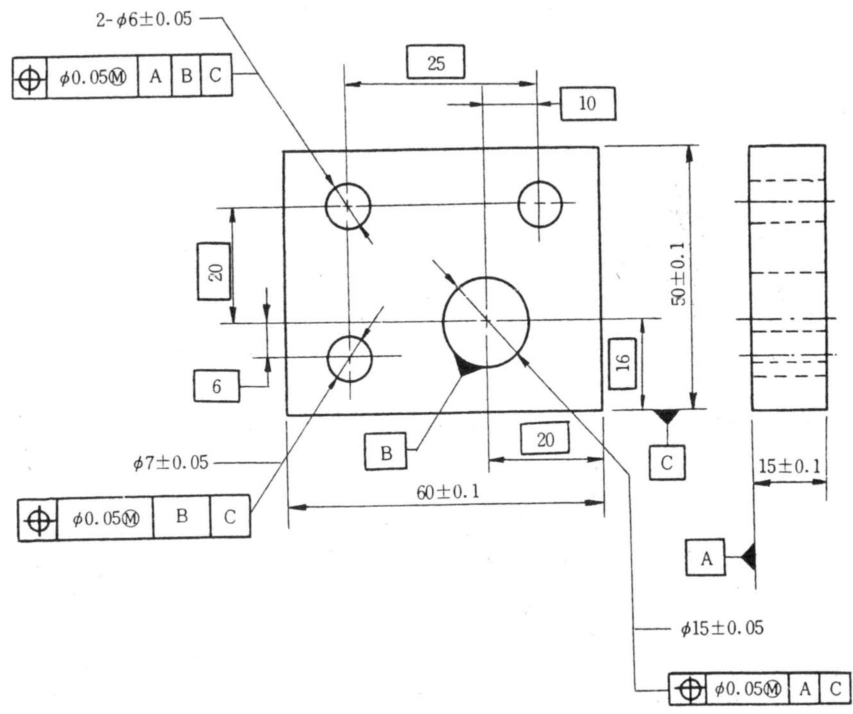

그림 1-61 데이텀 규제 예

표 1-2 데이텀의 설정 보기

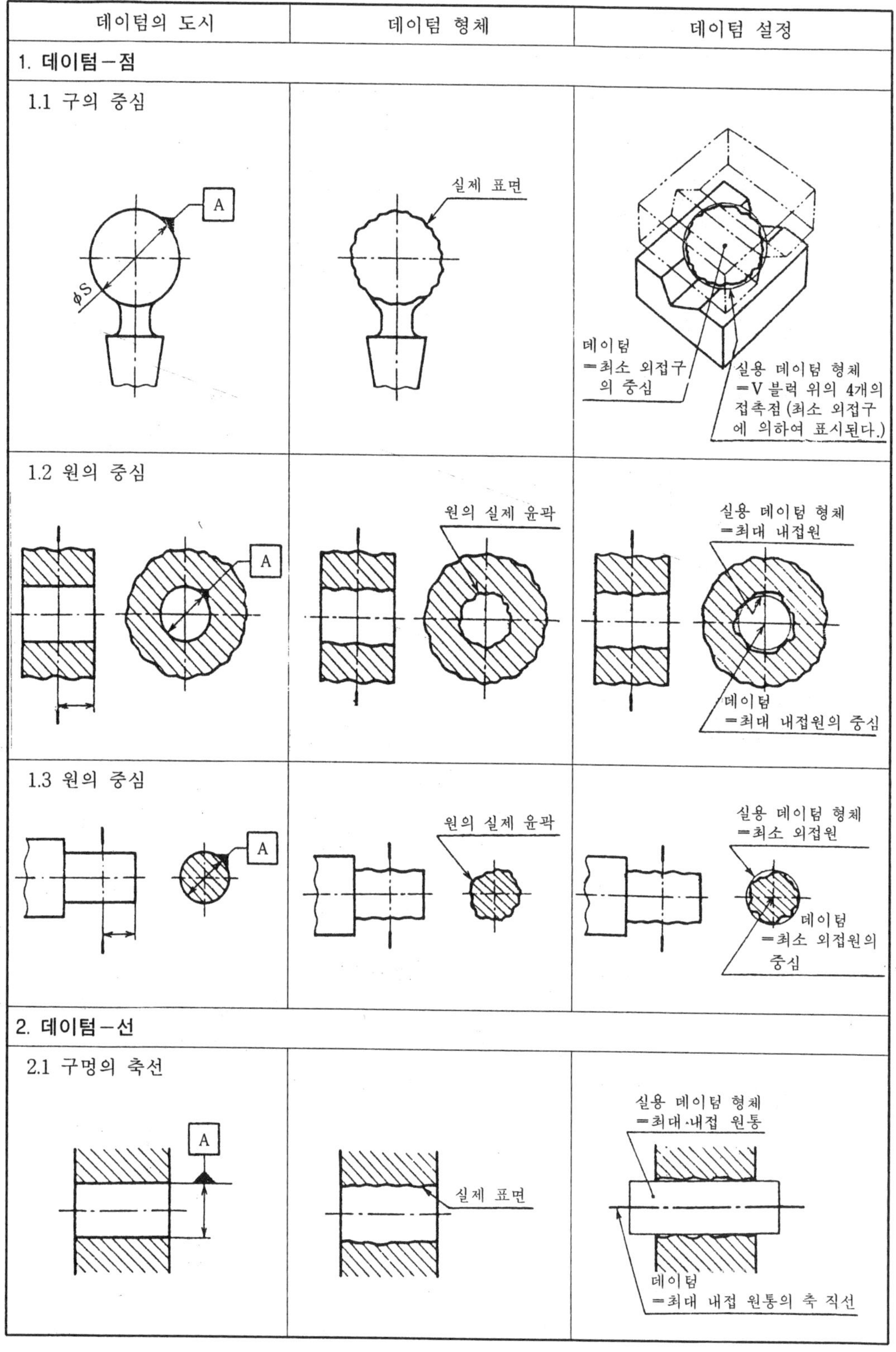

데이텀의 도시
데이텀 형체
데이텀 설정
1. 데이텀—점
1.1 구의 중심
A
ϕS
실제 표면
데이텀
=최소 외접구의 중심
실용 데이텀 형체
=V 블럭 위의 4개의 접촉점 (최소 외접구에 의하여 표시된다.)
1.2 원의 중심
A
원의 실제 윤곽
실용 데이텀 형체
=최대 내접원
데이텀
=최대 내접원의 중심
1.3 원의 중심
A
원의 실제 윤곽
실용 데이텀 형체
=최소 외접원
데이텀
=최소 외접원의 중심
2. 데이텀—선
2.1 구멍의 축선
A
실제 표면
실용 데이텀 형체
=최대·내접 원통
데이텀
=최대 내접 원통의 축 직선

표 1-2 (계속)

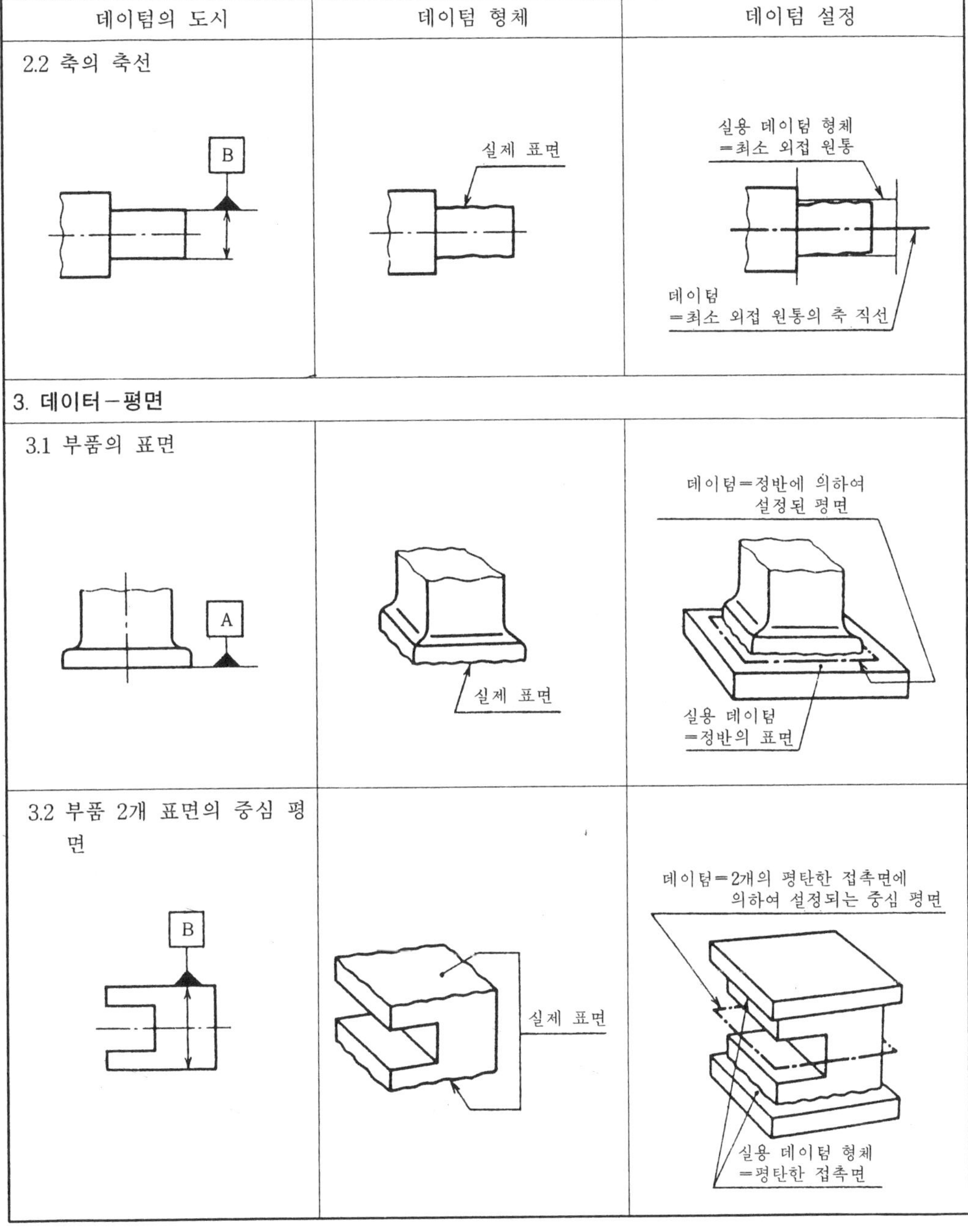

데이텀의 도시	데이텀 형체	데이텀 설정
2.2 축의 축선 B	실제 표면	실용 데이텀 형체 =최소 외접 원통 데이텀 =최소 외접 원통의 축 직선
3. 데이터-평면		
3.1 부품의 표면 A	실제 표면	데이텀=정반에 의하여 설정된 평면 실용 데이텀 =정반의 표면
3.2 부품 2개 표면의 중심 평면 B	실제 표면	데이텀=2개의 평탄한 접촉면에 의하여 설정되는 중심 평면 실용 데이텀 형체 =평탄한 접촉면

11 데이텀 표적

공작물에 따라서는 표면 상태가 아주 나빠서 이상적인 형체와 크게 다른 표면을 데이텀으로 하지 않으면 안 될 경우가 있다.

이와 같은 경우에 표면 전체를 데이텀으로 지정하여 공작물 표면에 대한 실용 데이텀 형체 자체가 불확실해져 규제 형체에 영향이 미치게 된다.

따라서 데이텀으로 하는 표면 전체 대신에 가공 기계나 측정기에 접촉하는 몇 군데의 점, 선 또는 한정된 영역을 사용하여 규제한다. 이러한 몇 군데의 점이나 선 또는 영역을 데이텀 표적이라 한다.

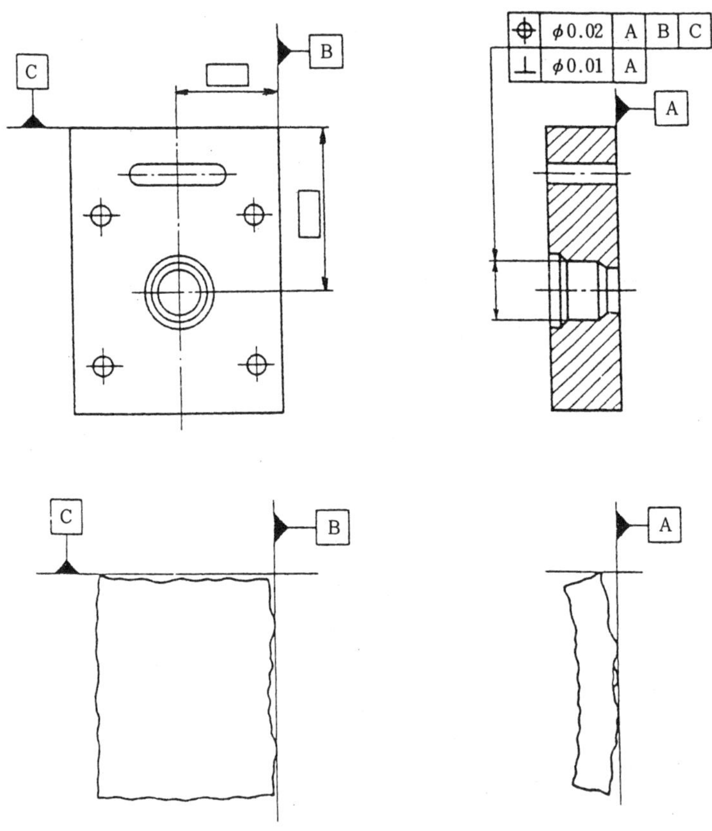

그림 1-62 3개의 표면을 데이텀으로 지시한 도면

그림 1-62에서 데이텀 A, B, C 각 표면이 데이텀이 되어 표면 정밀도에 따라 가공, 검사 등을 할 때 측정에 큰 오차가 생기거나 또 반복성, 재현성이 나빠지는 경우가 있다. 이들을 방지하기 위하여 각 표면에 데이텀 표적을 지시한다.

그림 1-63은 데이텀 표적을 나타낸 도면이다.

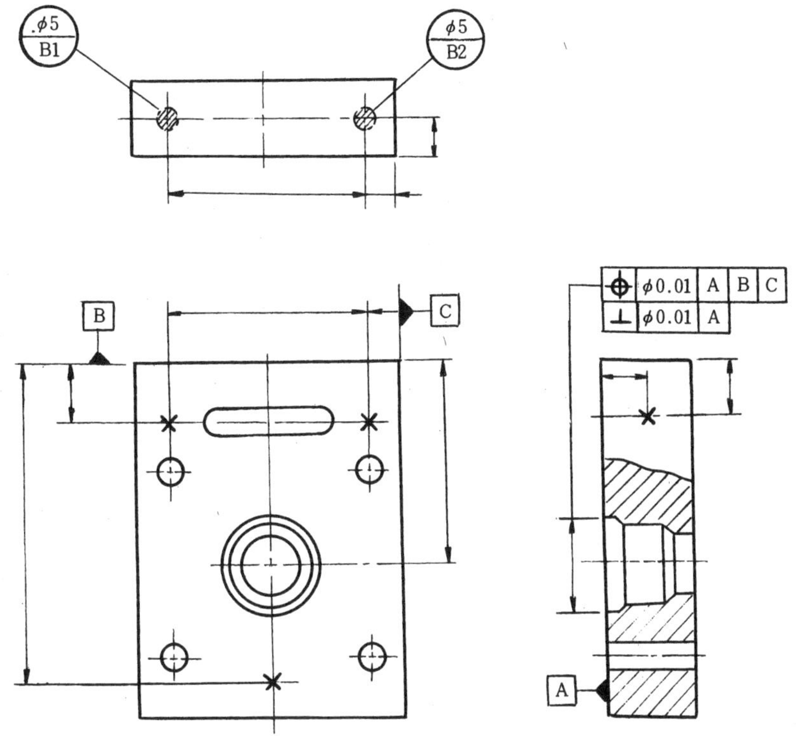

그림 1-63 데이텀 표적 지시 방법

12 데이텀 표적 기호

데이텀 표적을 도면에 지시할 경우 원형의 테두리(데이텀 표적 기입 테두리)를 가로선으로 두 개로 구분하여 아래쪽에는 형체 전체의 데이텀과 같은 데이텀을 지시하는 문자 기호 및 데이텀 표적의 번호를 나타내는 숫자를 기입하고 위쪽에는 보조 사항(표적의 크기)을 기입한다.

보조 사항을 데이텀 표적 기입 테두리 속에 다 기입할 수 없을 경우에는 인출선을 그어 바깥쪽에 표시한다.

데이텀 표적 기입 테두리는 화살표를 붙인 인출선을 그어 데이텀 표적을 지시하는 기호와 연결한다.

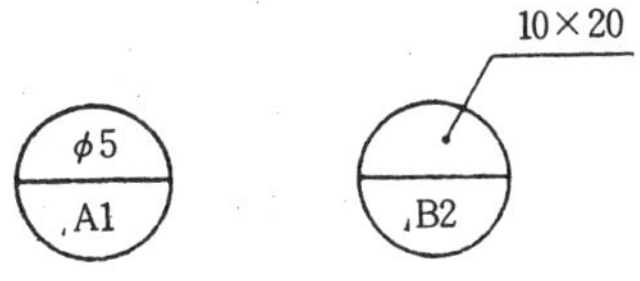

그림 1-64 데이텀 표적 기호

표 1-3 데이텀 표적 기호와 용도

용 도		기 호	비 고
데이텀 표적이 점일 때		X	굵은 실선인 ×표로 한다.
데이텀 표적이 선일 때		X—X	2개의 ×표시를 가는 실선으로 연결
데이텀 표적이 영역일 때	원인 경우	(해칭된 원)	원칙적으로 가는 2점 쇄선으로 둘러 싸고 해칭을 한다. 다만, 도시하기 곤란한 경우에는 2점 쇄선 대신에 가는 실선을 사용해도 좋다.
	직사각형인 경우	(해칭된 직사각형)	

13 데이텀 표적점

데이텀 표적점이란 데이텀 표면을 데이텀 표적으로 지시할 때 각추 또는 원추의 정점, 구(球)의 정점과 같이 위치는 있으나 길이나 넓이가 없는 것으로 데이텀 표적으로 정하여 지시한 것을 데이텀 표적점이라 한다.

데이텀 표적점은 표적점에 45°의 ×선으로 도면상에 나타내며 표적점에서 인출선으로 표적 기호를 표시하고 데이텀 표적점의 위치를 나타내는 치수는 기준 치수나 공차 치수로 나타낸다.

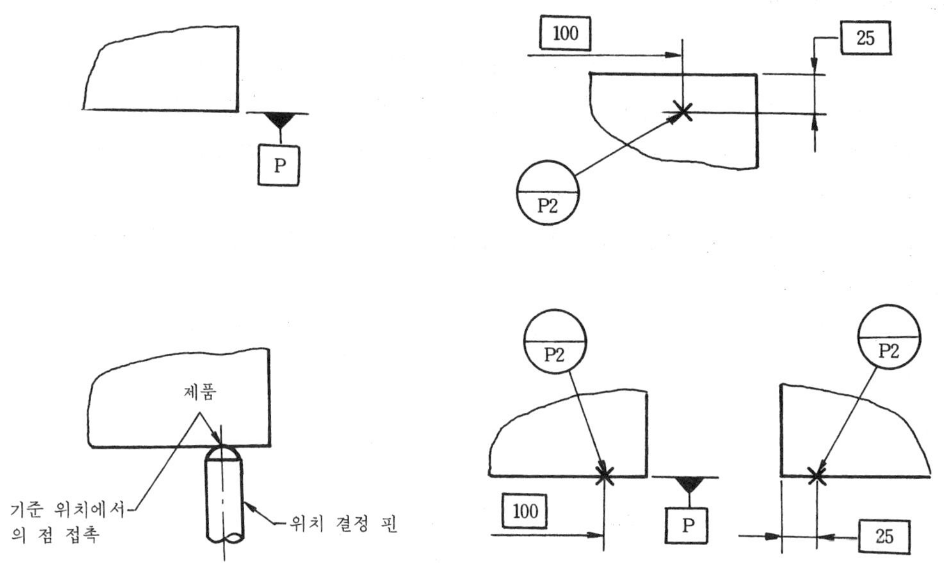

그림 1-65 데이텀 표적점 표시 예

14 데이텀 표적선

데이텀 표적선은 길이는 있으나 폭이 없는 핀을 데이텀 표적으로 지시할 때 다음 그림과 같이 가는 실선으로 연결하여 나타내며 데이텀 표적선이 점으로 나타나는 투상도에서는 45°의 ×선으로 나타내고 그 표적선의 기호를 인출선에 의해 나타내고 그 위치에 대한 치수를 기입한다.

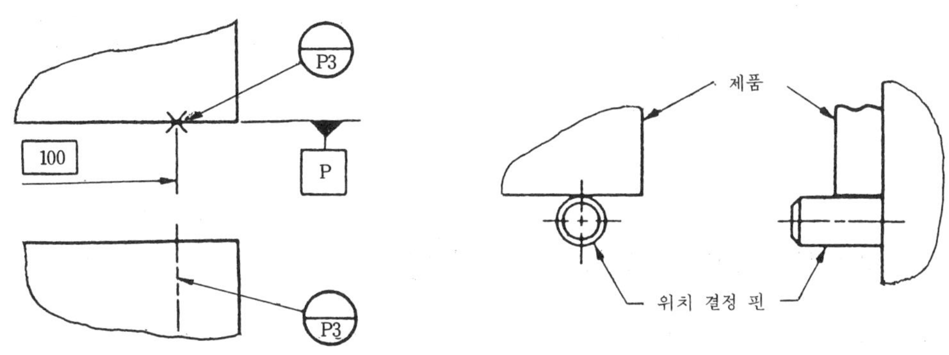

그림 1-66 데이텀 표적선 표시 예

15 데이텀 표적 영역

데이텀 표적 영역이란 데이텀 표적점이나 선과 다르게 부품과 접촉되는 부분이 넓이를 갖는 원이나 사각형인 데이텀 표적을 말한다. 공작물 표면에 접촉되는 영역을 가상선에 의해 햇칭선으로 나타내고 데이텀 표적 기호 위쪽에 해당되는 원이나 사각형의 크기를 나타낸다.

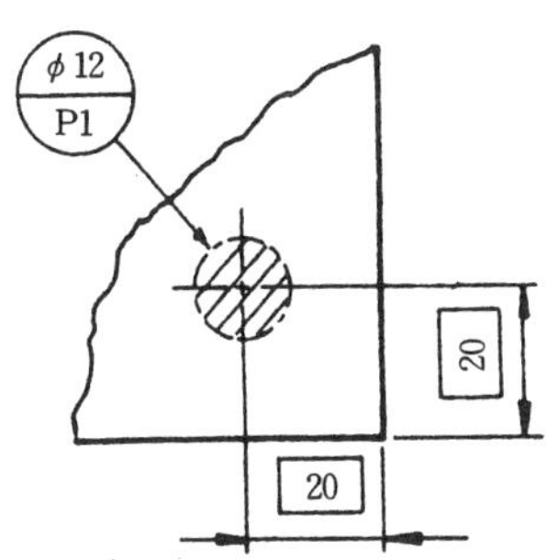

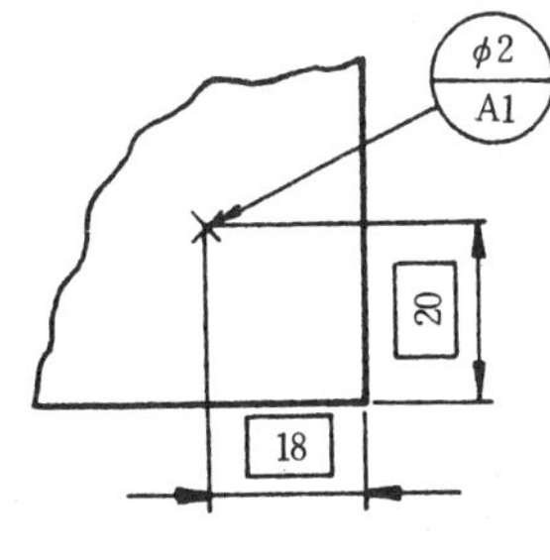

(a) 면적의 표시 및 치수 기입 (b) 면적에 대한 치수 기입은 있으나 표시는 없음

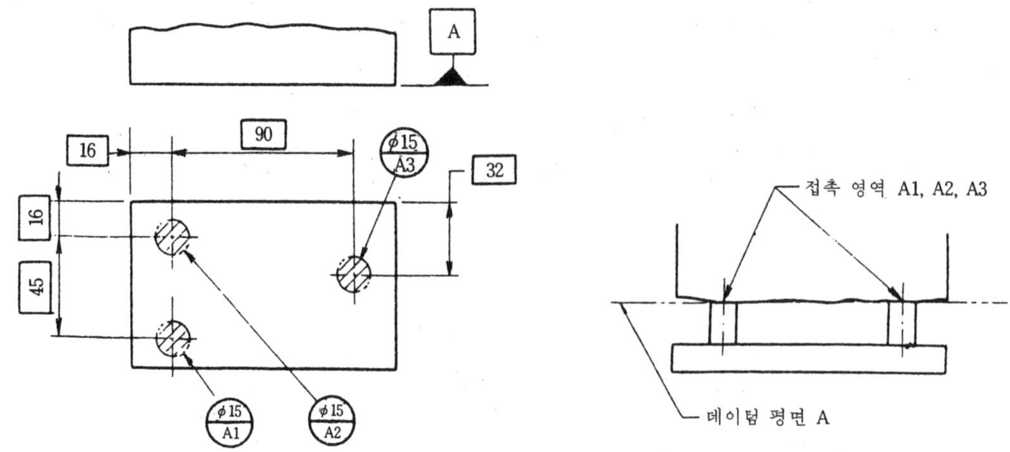

그림 1-67 데이텀 표적 영역 표시 예

16 데이텀 표적 기호의 표시 방법

데이텀 표적의 표시 방법은 원으로 둘러싼 데이텀 표적 기입 테두리를 가로선으로 2등분하여 아래쪽에 데이텀 표적을 나타내는 문자 기호를 기입하고(예, A_1, A_2, A_3), 위쪽에는 데이텀 표적 영역일 때 그 크기를 기입한다(예, φ10, 10×10).

데이텀 표적이 점일 때는 굵은 실선으로 ×표로 나타내고 데이텀 표적이 선일 때는 2개의 ×표시를 가는 실선으로 연결하여 나타내고 데이텀 표적이 영역일 때는 원의 경우는 가상선으로 둘러싸고 햇칭을 하고 사각형일 경우에는 가로×세로의 크기를 표시한다.

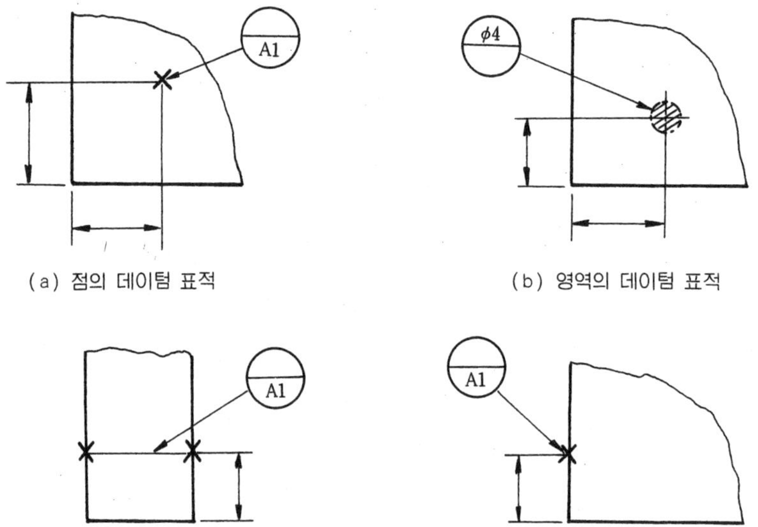

(a) 점의 데이텀 표적

(b) 영역의 데이텀 표적

(c) 전체가 보이도록 도시한 선의 데이텀 표적

(d) 측면의 가장자리에 도시한 선의 데이텀 표적

그림 1-68 데이텀 표적 표시법

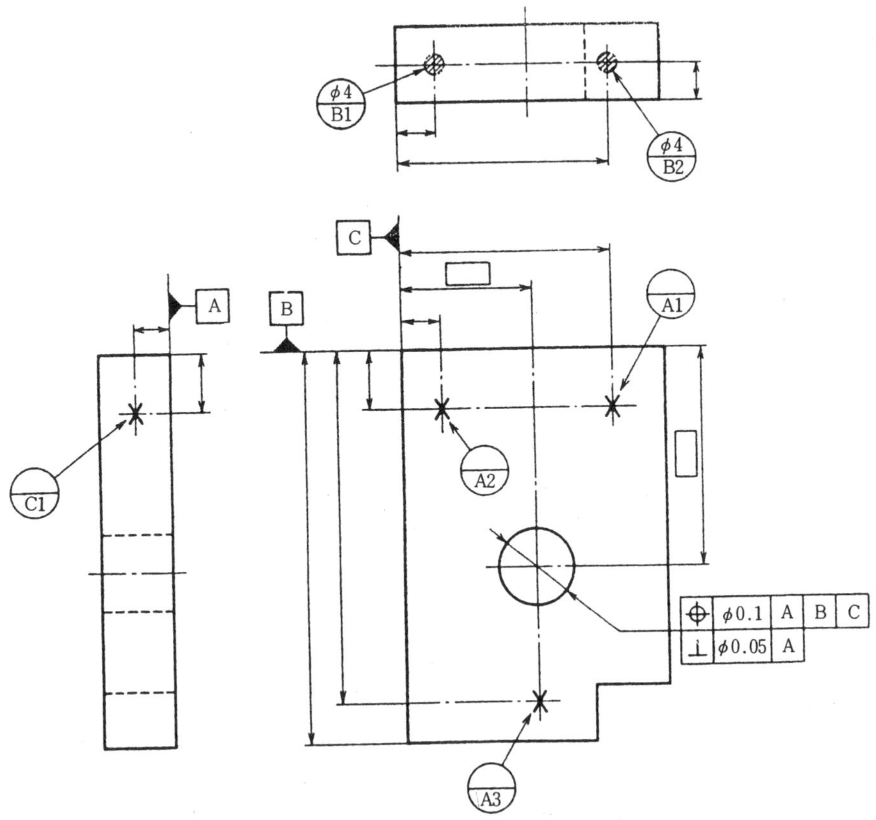

비고 : 데이텀 표적 A1, A2, A3에 의해 데이텀 A를 설정한다.
데이텀 표적 B1, B2에 의해 데이텀 B를 설정한다.
데이텀 표적 C1에 의해 데이텀 C를 설정한다.

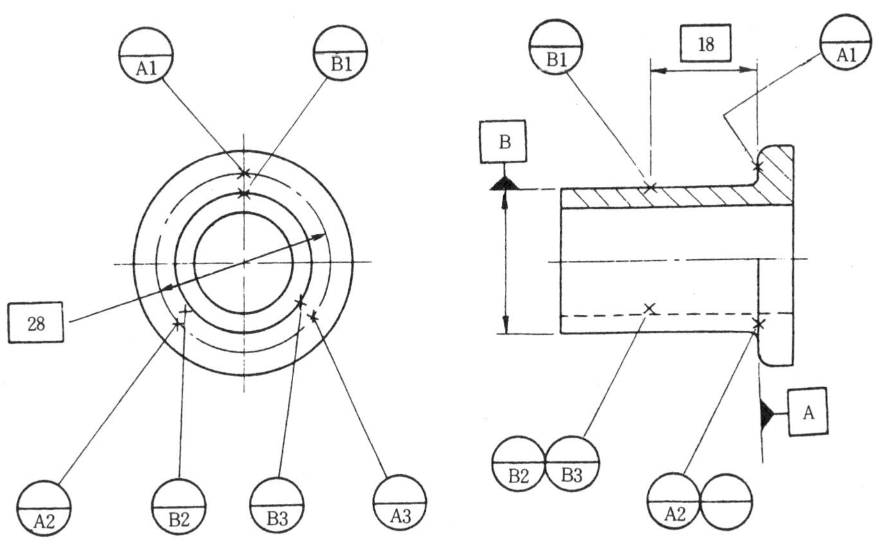

그림 1-69 데이텀 표적 표시 예

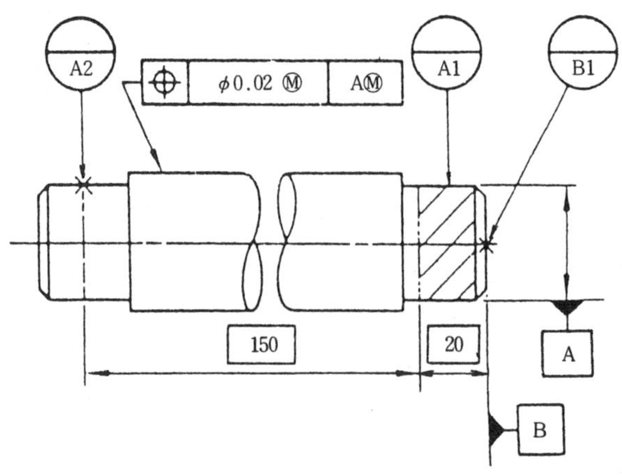

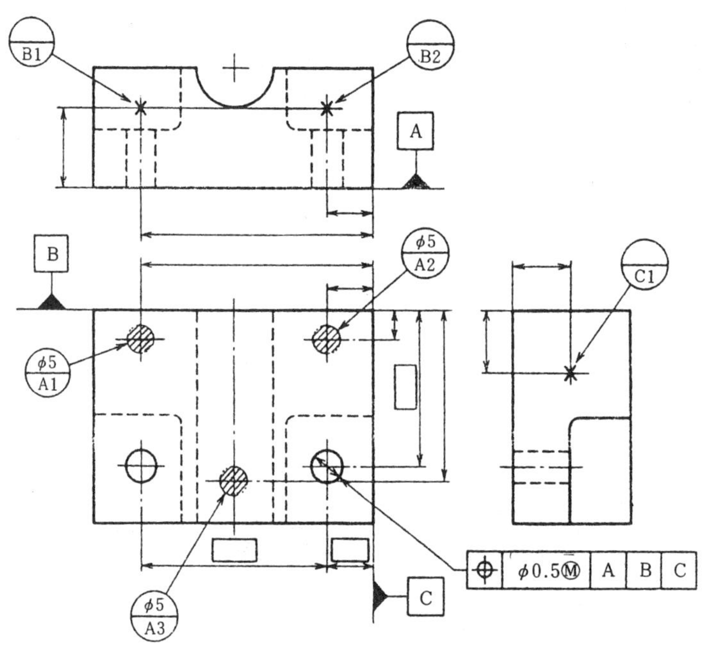

비고 : 데이텀 표적 A1, A2, A3에 의해 데이텀 A를 설정한다.
데이텀 표적 B1, B2에 의해 데이텀 B를 설정한다.
데이텀 표적 C1에 의해 데이텀 C를 설정한다.

그림 1-70 데이텀 표적 표시법

〈도면〉

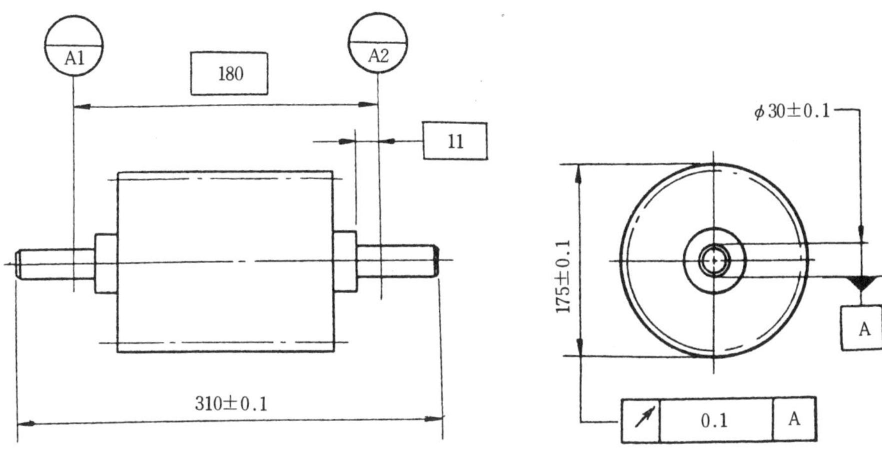

〈해석〉

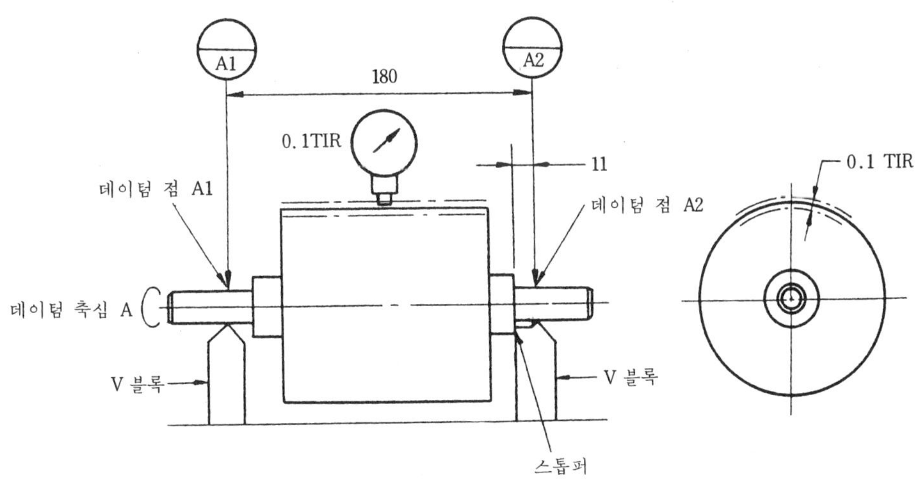

데이텀 축심 A는 데이텀 점 A1과 A2에 의하여 생긴다.
ϕ175는 점 A1과 A2에 있어서 지지될 때
흔들림 전량(TIR) 0.1 이내에 있을 것.

그림 1-71 표면상에 규제된 데이텀 표적

6 이론적으로 정확한 치수

치수에는 일반적으로 허용 한계 치수, 즉 치수 공차가 주어진다. 이론적으로 정확한 치수는 치수에 공차가 없는 "치수의 기준"으로서 위치도나 윤곽도 및 경사도 등을 지정할 때 이들 위치나 윤곽 경사 등을 정하는 치수에 치수 공차를 인정하면 "치수 공차 안에서 허용되는 오차"와 "기하 공차 내에서 허용되는 오차"가 중복되어 공차역의 해석이 불분명해진다. 따라서 이 경우의 치수에는 치수 공차를 인정하지 않고 기하 공차에 대한 공차역 내에서의 오차만을 인정하는 수단으로 이 치수를 이론적으로 정확한 치수라 하며 이론적으로 정확한 위치나 윤곽 또는 각도를 나타내는 치수를 [30], [45°]와 같이 사각형의 틀로 둘러싸서 나타낸다.

이론적으로 정확한 치수는 그 치수 자체만으로는 규제될 수 없고 그것을 완전하게 하기 위해서는 이론적으로 정확한 치수와 함께 기하공차가 따르지 않으면 안된다.

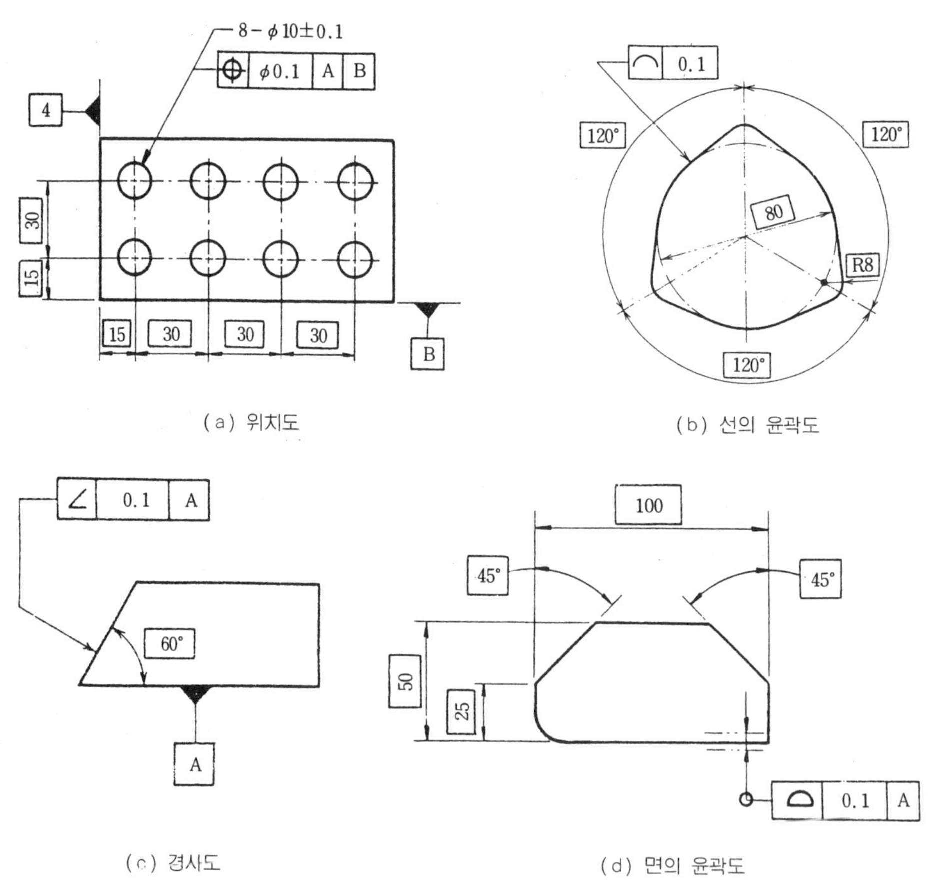

그림 1-72 이론적으로 정확한 치수 표시법

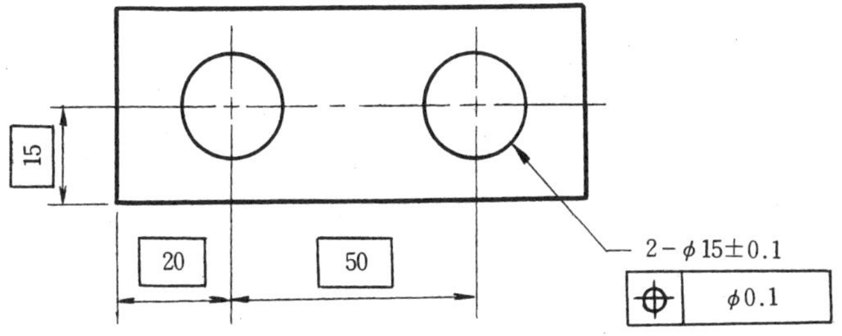

(a) 이론적으로 정확한 치수로 규제된 위치도

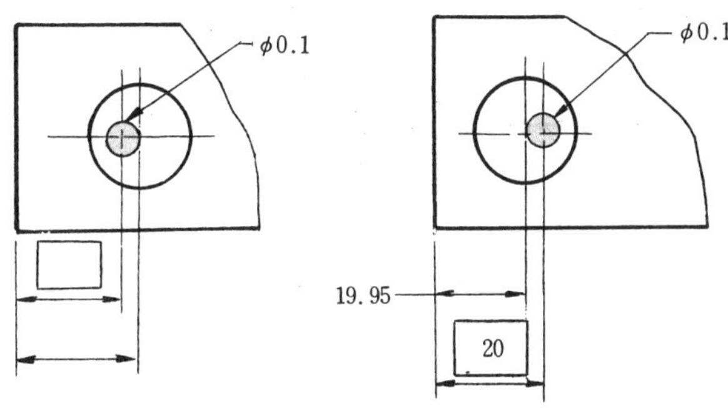

(b) 20을 기준으로 한 구멍의 위치

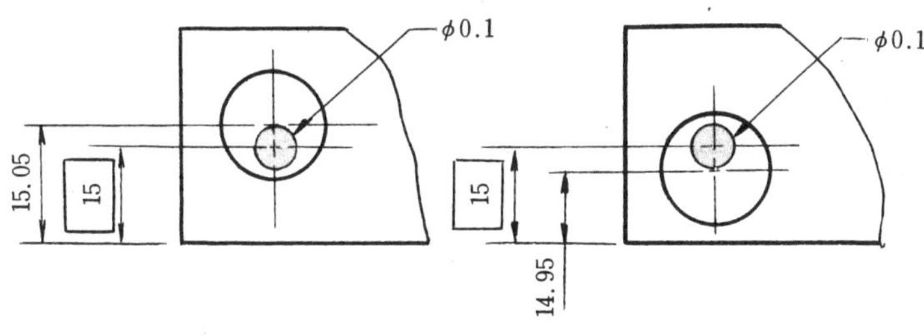

(c) 15를 기준으로 한 구멍의 위치

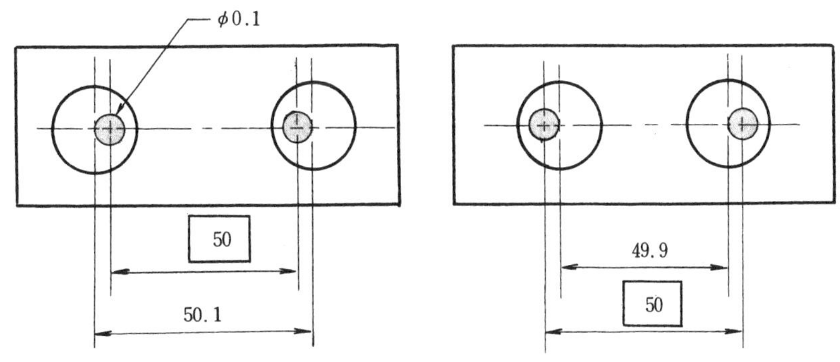

(d) 50을 기준으로 한 구멍의 위치

그림 1-73 이론적으로 정확한 치수로 규제된 구멍의 위치 관계

그림 1-73은 2개의 구멍에 이론적으로 정확 치수 [15], [20], [50]을 기준으로 위치도 공차가 ϕ0.1로 규제되었을 때 이론적으로 정확 치수를 기준으로 위치도 공차역 ϕ0.1 범위 내에서 위치 관계를 나타낸 그림이다.

이론적으로 정확한 치수 [15]를 기준으로 했을 때 구멍의 중심은 가장 가깝게 14.95 위치에 가장 멀리는 15.05 위치에 구멍의 중심이 위치할 수 있으며 [20]을 기준으로 했을 때는 가장 가까이 19.95, 가장 멀리는 20.05 위치에 구멍 중심이 위치할 수 있다.

[50]을 기준으로 두 개 구멍의 위치는 가장 가까이 49.9, 가장 멀리 50.1, 위치에 두 개의 구멍 중심이 위치할 수 있다.

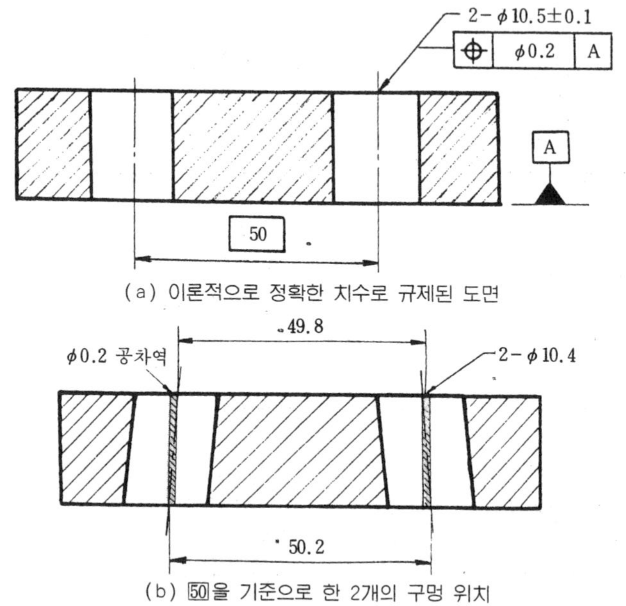

(a) 이론적으로 정확한 치수로 규제된 도면

(b) [50]을 기준으로 한 2개의 구멍 위치

그림 1-74 이론적으로 정확한 치수로 규제된 구멍의 위치 관계

그림 1-74는 2개의 구멍 사이의 위치를 이론적으로 정확한 치수 [50]으로 지정하고 위치도 공차 ϕ0.2로 규제했을 때의 2개 구멍의 위치 관계를 나타낸 그림이다.

2개의 구멍 중심은 [50]을 기준으로 위치도 공차역 ϕ0.2 범위 내에서 가장 가까운 거리 49.8 위치에 가장 멀리 50.2 위치에 구멍 중심이 올 수 있다.

그림 1-75는 2개의 핀 사이의 위치를 이론적으로 정확한 치수 [50]으로 지정하고 핀 중심의 위치도 공차를 ϕ0.2로 규제했을 때 2개 핀의 위치 관계를 나타낸 그림이다. 그림과 같이 핀 중심이 가장 가까이 49.8, 가장 멀리 50.2에 핀 중심이 위치할 수 있다.

그림 1-76은 구멍 중심까지의 치수를 이론적으로 정확한 치수 [40]으로 지시하고 평행도 공차 0.1을 규제했을 때 구멍 중심의 거리를 나타낸 그림이다. 평행도 공차 0.1 범위 내에서 구멍 중심까지 가장 가까이 39.95, 가장 멀리 40.05 위치에 구멍 중심 위치를 나타냈다.

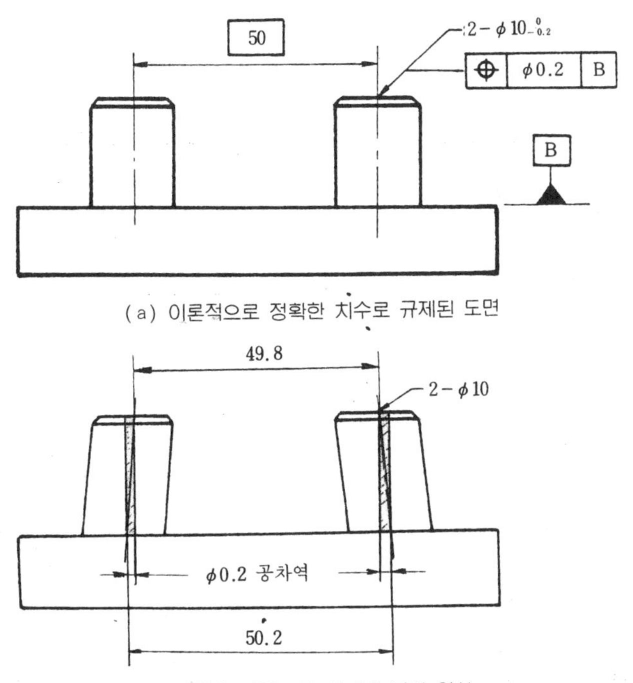

(a) 이론적으로 정확한 치수로 규제된 도면

(b) 50을 기준으로 한 2개 핀의 위치

그림 1-75 이론적으로 정확한 치수로 규제된 2개 핀의 위치 관계

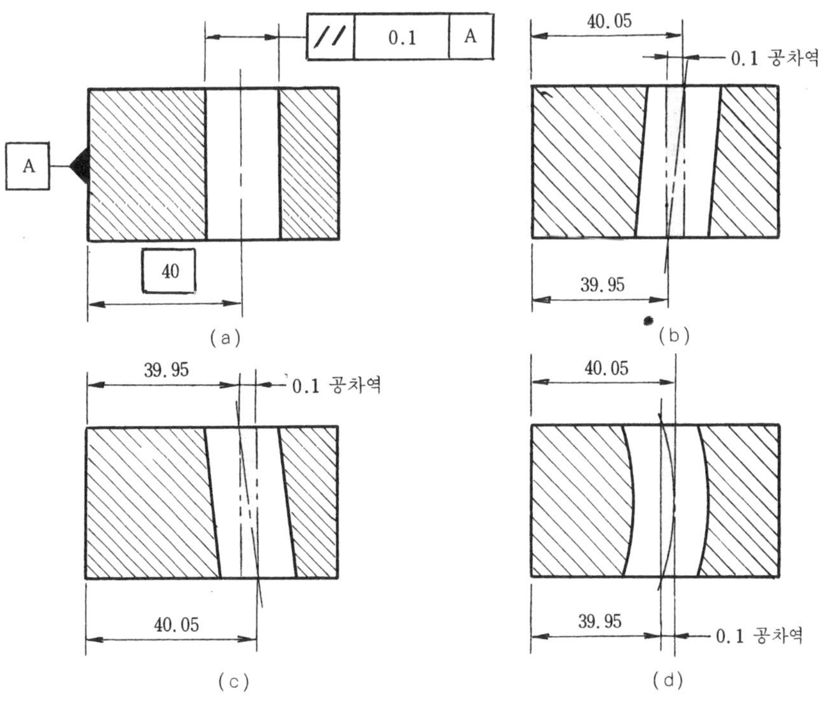

(a)

(b)

(c)

(d)

그림 1-76 이론적으로 정확한 치수에 의한 평행도

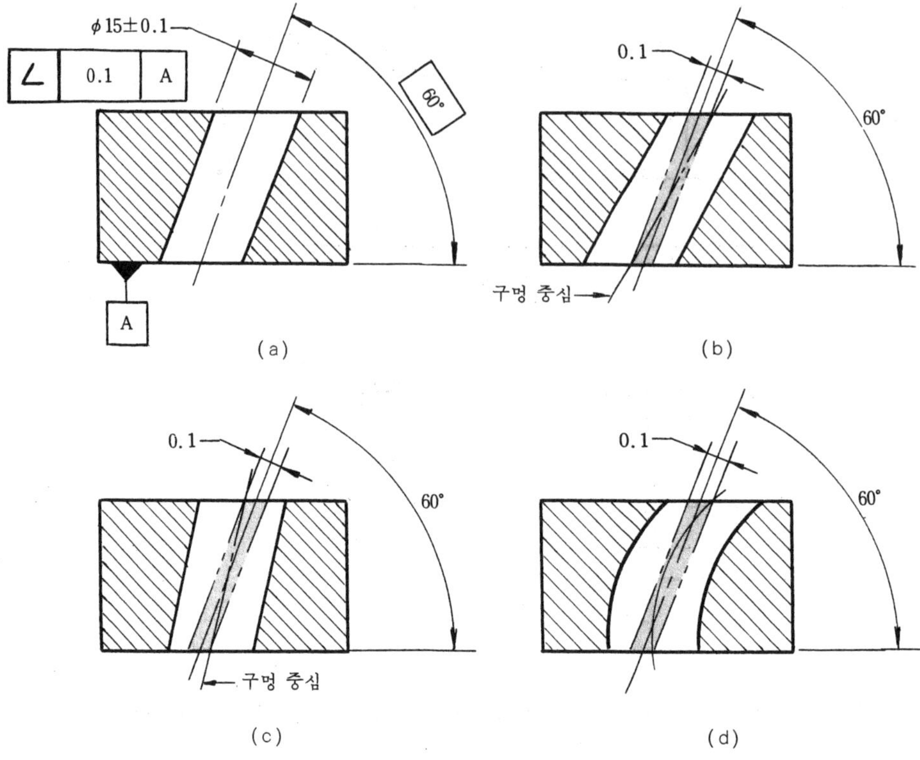

그림 1-77 이론적으로 정확한 각도에 의한 경사도

그림 1-77은 각도를 이론적으로 정확한 치수를 지정하고 경사도 공차를 규제한 그림이다. 60°를 기준으로 경사도 공차 0.1은 각도에 대한 공차가 아니고 구멍 중심에 대한 폭 공차로 구멍 중심의 위치에 따라 각도가 결정된다.

7 최대 실체 공차 방식

최대 실체 공차 방식이란 치수 공차와 기하 공차와의 사이에 상호 의존 관계를 최대 실체 상태를 기본으로 하여 주어지는 공차 방식으로 기하 공차가 규제된 형체가 최대 실체 상태(축과 핀의 경우는 최대 허용 한계 치수, 구멍과 홈의 경우에는 최소 허용 한계 치수)일 때에 허용되는 기하 공차의 한계를 지정하여 그 형체가 최소 실체 치수(축과 핀은 최소 허용 한계 치수, 구멍과 홈은 최대 허용 한계 치수)로 치수 변화한 값만큼 기하 공차가 가산되는 공차 방식이다.

1 최대 실체 치수(Maximum Material Size)

크기를 갖는 형체는 그 치수가 ±0로 만들어질 수는 없으므로 치수 공차, 즉 허용 한계 치수가 주어진다. 이 허용 한계 치수에서 축이나 핀 또는 돌기 부분 등은 최대 허용 한계 치수가 축, 핀 또는 돌기 부분의 최대 실체 치수이며 구멍이나 홈의 경우에는 최소 허용 한계 치수가 구멍이나 홈의 최대 실체 치수이다.

약자로는 MMS, 기호는 Ⓜ으로 표시한다.

최대 실체 치수는 주기로 나타낼 때는 약자 MMS로 나타내고 도면에는 기호 Ⓜ으로 나타낸다.

다음 그림에 치수 공차가 주어진 형체의 최대 실체 치수를 나타냈다.

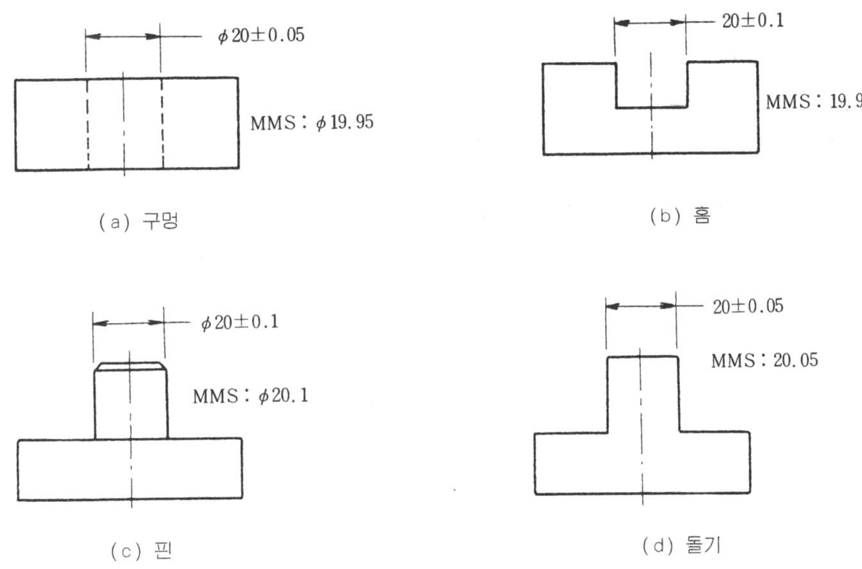

그림 1-78 최대 실체 치수

2 최대 실체 공차 방식의 적용

(1) 최대 실체 공차 방식은 2개의 형체가 결합되는 결합 형체에 적용하며 결합되는 부품이 아니면 적용하지 않는다.

(2) 결합되는 2개의 형체 각각의 치수 공차와 기하 공차 사이에 상호 의존성을 고려하여 치수의 여분을 기하 공차에 부가할 수 있는 경우에 적용한다.

(3) 최대 실체 공차 방식은 중심 또는 중간면이 있는 치수 공차를 가지는 형체에 적용하며 평면 또는 표면상의 선에는 적용할 수 없다.

(4) 최대 실체 공차 방식을 적용할 때에 도면에 지시한 기하 공차 값은 규제 형체가 최대 실체 치수일 때 적용되는 공차값이고 형체 치수가 최대 실체 치수를 벗어날 경우에는 그 벗어난 크기만큼 추가 공차가 허용된다.

(5) 규제하고자 하는 형체가 데이텀을 기준으로 규제될 경우에 데이텀 자체가 치수 공차를 갖는 형체라면 규제 형체나 마찬가지로 데이텀에도 최대 실체 공차 방식을 적용할 수 있다. 이 경우에 데이텀 형체가 최대 실체 치수에서 벗어나면 벗어난 값 만큼 데이텀 중심이나 중간면이 부동하는 것을 인정한다.

3 최대 실체 공차 방식의 적용을 지시하는 방법

도면상에 최대 실체 공차 방식을 적용하는 경우에는 공차 기입 테두리 내에 기호 Ⓜ을 다음과 같이 나타낸다.

(1) 규제하고자 하는 형체에 최대 실체 공차 방식을 적용하는 경우에는 공차값 뒤에 기호 Ⓜ을 기입하여 나타낸다(그림 1-79 (a)).

(2) 데이텀 형체에 적용하는 경우에는 데이텀을 나타내는 문자 기호 뒤에 기호 Ⓜ을 기입하여 나타낸다(그림 1-79 (b)).

(3) 규제 형체와 데이텀 양자에 적용하는 경우에는 공차값 뒤와 데이텀을 나타내는 문자 기호 뒤에 기호 Ⓜ을 기입하여 나타낸다(그림 1-79 (c)).

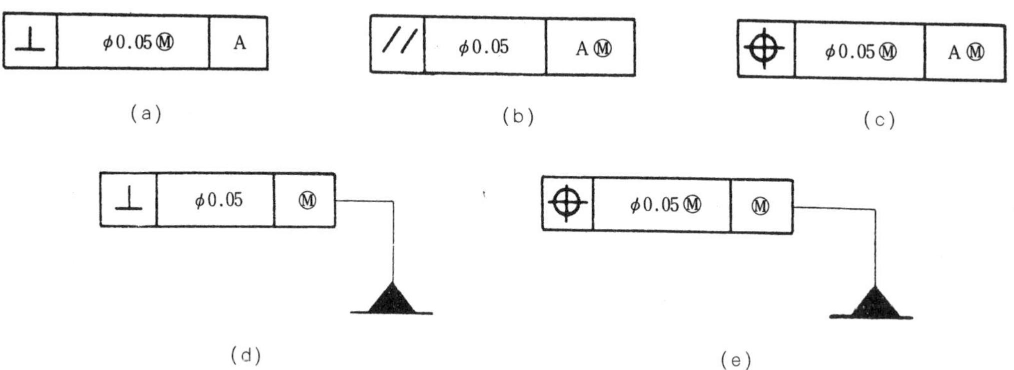

그림 1-79 최대 실체 공차 방식의 지시 방법

(4) 데이텀이 데이텀을 지시하는 문자 기호에 의하여 표시되어 있지 않은 경우에 최대 실체 공차 방식을 적용하는 것을 지시하기 위하여는 공차 기입 테두리 3번째 구획에 기호 Ⓜ만을 기입하여 나타낸다(**그림** 1-79 (d), (e)).

4 최대 실체 공차 방식으로 규제된 기하 공차

(1) 최대 실체 공차 방식이 위치도 공차에 규제된 경우

최대 실체 공차 방식은 위치도 공차에 적용되는 것이 가장 일반적이다. 다음 그림에서 위치도 공차에 최대 실체 공차 방식이 적용된 도면에 대해서 설명하기로 한다.

그림 1-80에 4개의 구멍에 최대 실체 공차 방식으로 규제된 부품과, **그림** 1-81에 4개의 핀에 최대 실체 공차 방식으로 규제된 부품이 서로 결합되는 부품이다.

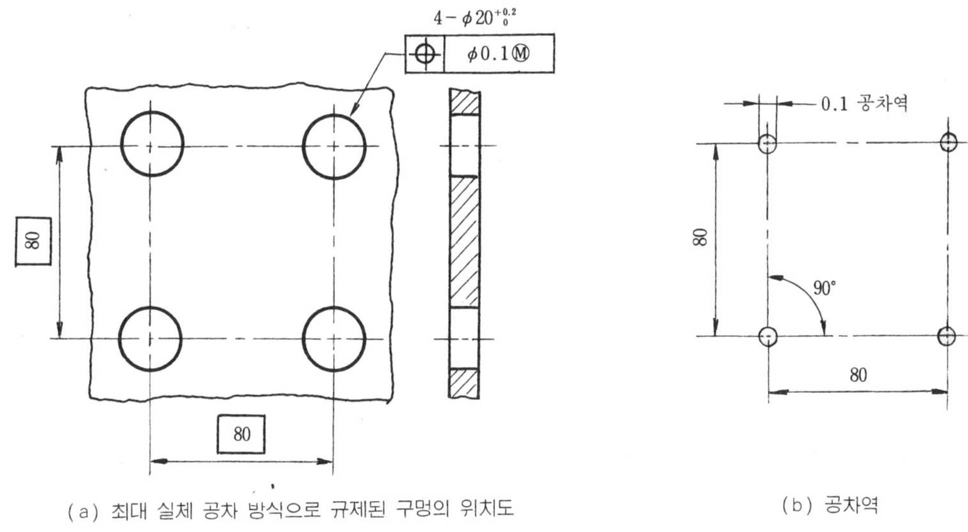

(a) 최대 실체 공차 방식으로 규제된 구멍의 위치도 (b) 공차역

그림 1-80 최대 실체 공차 방식으로 규제된 구멍의 위치도

구멍은 최소 허용 치수가 ϕ20(최대 실체 치수)이고 핀은 최대 허용 치수가 ϕ19.8(최대 실체 치수)이다. 여기에서 구멍과 핀의 최대 실체 치수의 차가 0.2(20−19.8)이다. 이 차이 0.2를 구멍과 핀에 위치도 공차로 사용할 수 있다. 따라서 구멍과 핀에 각각 ϕ0.1씩 위치도 공차를 분배하였다. **그림** 1-80(b) 그림에서와 같이 이론적으로 정확한 치수 80을 기준으로 4개의 구멍의 공차역 ϕ0.1 범위 내에서 각 구멍의 위치가 결정된다. **그림** 1-81(b)의 핀의 경우도 마찬가지로 적용된다.

다음 **그림** 1-82는 4개의 구멍이 최대 실체 치수(ϕ20)일 때 허용된 위치도 공차역 ϕ0.1 범위 내에서 구멍의 중심이 극한 위치에 존재할 수 있는 구멍 위치를 나타낸 그림이고, **그림** 1-83은 4개의 핀이 최대 실체 치수(ϕ19.8)일 때 허용된 위치도 공차역 ϕ0.1 범위 내에서 핀 중심이 극한 위치에 존재할 수 있는 핀의 위치를 나타낸 그림이다.

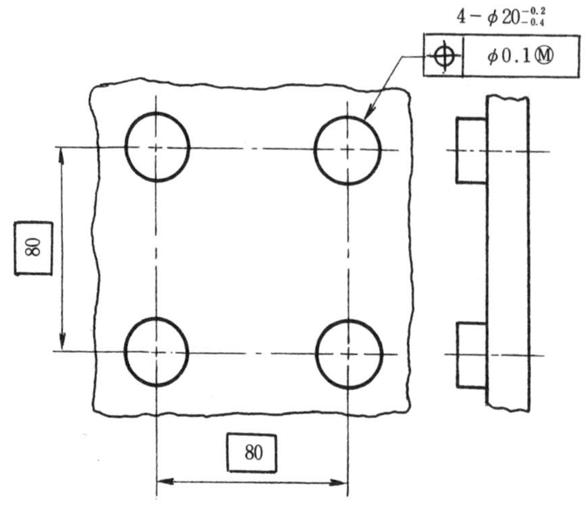

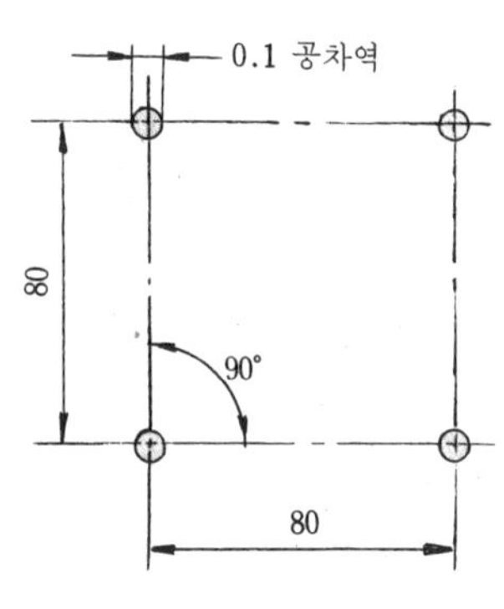

(a) 최대 실체 공차 방식으로 규제된 축의 위치도 (b) 공차역

그림 1-81 최대 실체 공차 방식으로 규제된 핀

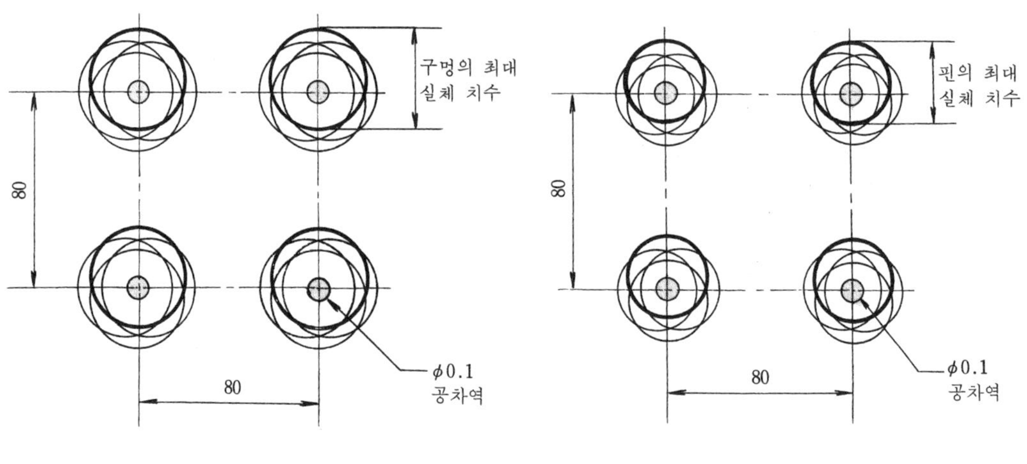

그림 1-82 구멍의 위치 **그림 1-83 핀의 위치**

그림 1-84는 하나의 구멍에 위치도 공차 ϕ0.1의 외주상의 한 점을 중심으로 구멍의 최대 실체 치수 ϕ20의 원을 그려나가면 내접하는 원이 생긴다. 이 내접하는 원 ϕ19.9가 구멍에 결합되는 핀의 최대 치수가 된다.

그림 1-85의 경우 하나의 핀에 위치도 공차 ϕ0.1의 외주상의 한 점을 중심으로 핀의 최대 실체 치수 ϕ19.8의 원을 그려 나가면 외접하는 원이 생긴다. 이 외접하는 원이 핀의 실효 치수이며 따라서 ϕ19.8의 모든 원은 실효 치수 ϕ19.9인 내접하는 포락 원통을 형성하고 있으며 이 포락 원통이 핀에 결합되는 구멍의 최소 치수가 된다.

그림 1-84와 **그림 1-85**의 실효 치수는 각각 ϕ19.9이므로 최악의 경우에도 두 부품은 결합이 될 수 있다는 것을 알 수 있다.

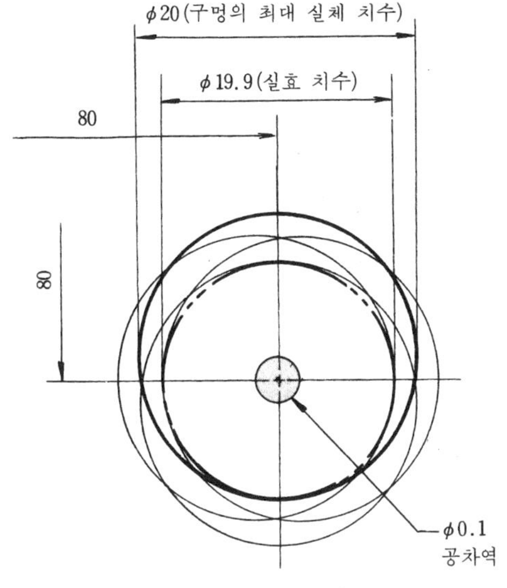

그림 1-84 구멍의 실효 치수

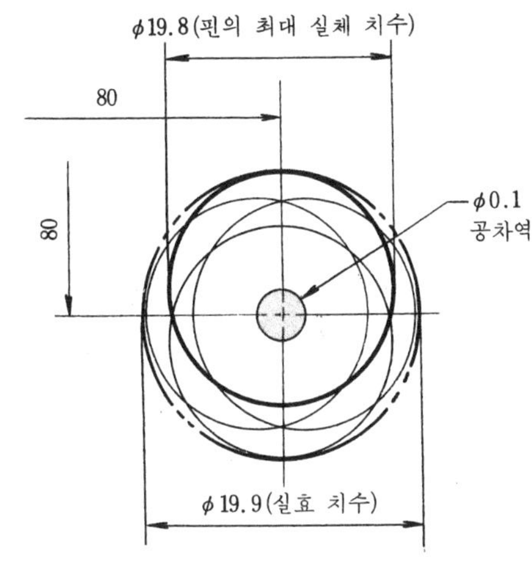

그림 1-85 핀의 실효 치수

다음 **그림 1-86**은 4개의 구멍 직경이 최소 실체 치수 φ20.2일 때에 허용되는 위치도 공차가 φ0.3이다. 이 φ0.3 공차역의 한점을 중심으로 최소 실체 치수 φ20.2의 원을 그려나가면 내접하는 포락 원통이 형성된다.

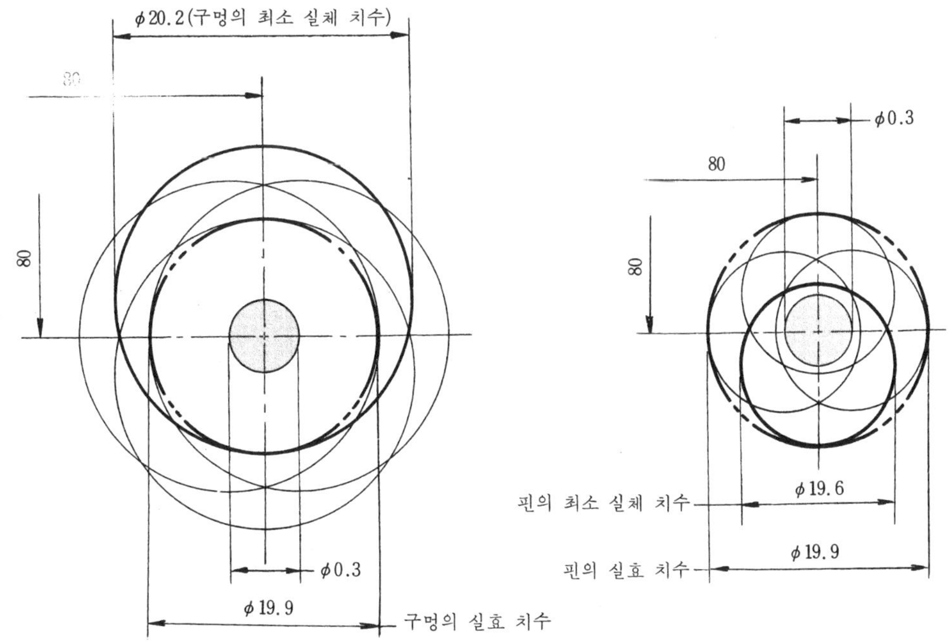

그림 1-86 최소 실체 치수일 때 구멍의 위치

그림 1-87 최소 실체 치수일 때 핀의 위치

이 포락 원통 직경 φ19.9가 실효 치수이며 구멍의 직경이 최대 실체 치수(φ20)일 때 φ0.1의 위치도 공차가 규제되었을 때의 실효 치수와 같다.

그림 1-87에서 4개의 핀의 직경이 최소 실체 치수(φ19.6)일 때 허용되는 위치도 공차는 φ0.3이다. 이 φ0.3 직경 공차역 외주상의 한점을 중심으로 최소 실체 치수 φ19.6의 원을 그려나가면 외접하는 포락 원통이 형성된다. 이 포락 원통의 직경 φ19.9가 실효 치수이며 핀의 직경이 최대 실체 치수(φ19.8)일 때 φ0.1 위치도 공차가 적용되었을 때의 실효 치수와 같다. 따라서 구멍이 최대 실체 치수보다 커지고 핀은 최대 실체 치수보다 작아지면 구멍과 핀 사이에 틈새가 증가되며 이 틈새는 구멍과 핀의 위치도 공차를 증가시키기 위해 사용할 수 있다.

구멍과 핀이 최대 실체 치수에서 최소 실체 치수로 치수가 추가되고 위치도 공차가 증가되어도 두 부품은 결합을 보증할 것이다.

(2) 최대 실체 공차 방식으로 축에 규제된 직각도

그림 1-88은 최대 실체 공차 방식으로 직각도 공차가 규제된 도면을 해설한 그림이다.

축의 직경이 최대 실체 치수 φ50.2일 때 직각도 공차가 φ0.05로 규제되어 있다. 이 경우에 최대 허용 한계 치수 φ50.2일 때 직각도 공차 φ0.05 범위 내에서 기울어져 있을 경우가 상대방 결합되는 부품 구멍과 결합될 때 최악의 결합 상태가 된다. 여기에 결합되는 구멍은 실효 치수 50.3(핀의 최대 허용 한계 치수 50.2+직각도 공차 0.1)보다 구멍의 직경이 작아서는 안된다.

또한, 축의 직경이 치수 공차 범위 내에서 최대 허용 한계 치수(50.2)보다 작아질 때는 작아진 치수 여분만큼 직각도 공차가 추가 허용된다. 축의 최대 직경에서 최소 직경으로 축의 직경이 작아지면서 허용되는 직각도 공차를 다음 표에 나타냈다.

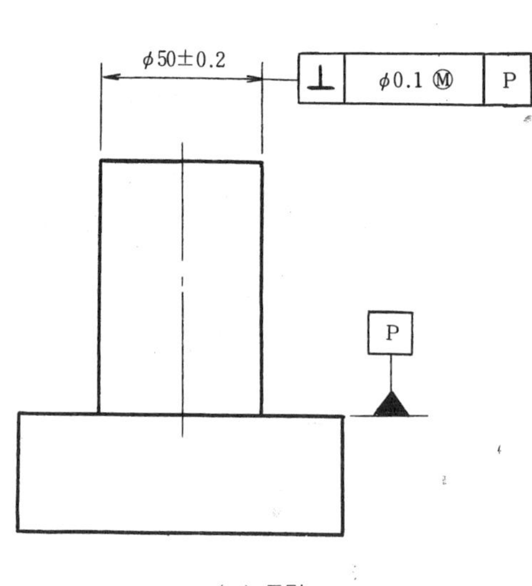

(a) 도면

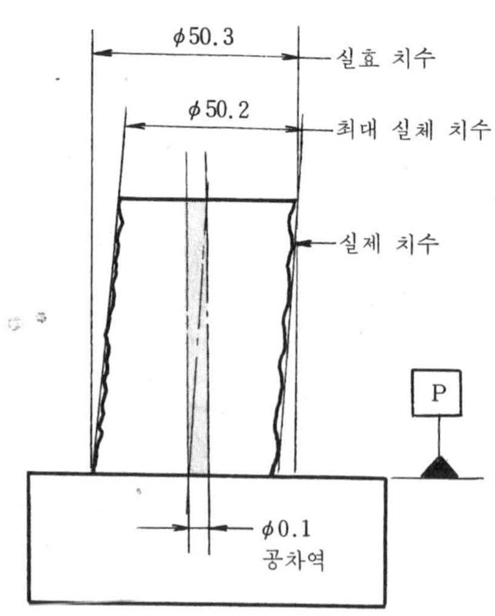

(b) 최대 실체 치수일 때 직각 상태

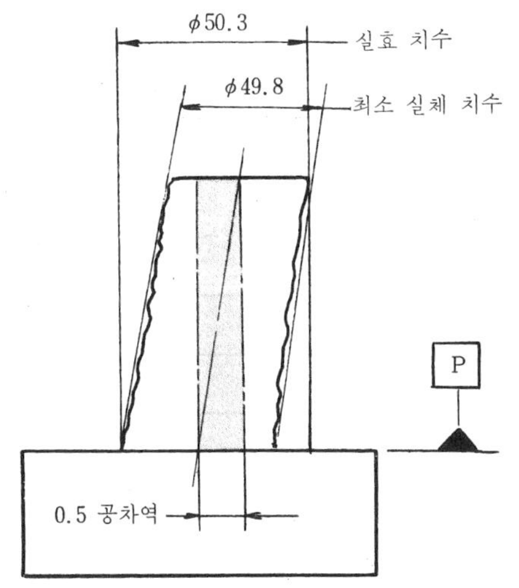

(c) 최소 실체 치수일 때의 직각 상태

실제 치수에 따라 허용되는 직각도 공차

실제 치수	허용되는 직각도 공차
50.2	0.1
50.1	0.2
50	0.3
49.9	0.4
49.8	0.5

그림 1-88 최대 실체 공차 방식으로 축에 규제된 직각도

(3) 최대 실체 공차 방식으로 구멍에 규제된 직각도

그림 1-89는 최대 실체 공차 방식으로 구멍에 직각도가 규제된 도면이다.

구멍의 중심은 A데이텀을 기준으로 구멍의 직경이 최대 실체 치수 φ49.8일 때 직각도 공차가 φ0.1로 규제되어 있다. 이 경우 구멍의 최소 직경(φ49.8)일 때 직각도 공차 φ0.1범위 내에서 **그림 1-89**의 (b)와 같이 기울어진 상태가 상대방 결합되는 부품축과 최악의 결합 상태가 된다. 따라서 이 구멍에 결합되는 축은 실효 치수 φ49.7(구멍의 최대 실체 치수 49.8−직각도 공차 0.1)보다 커서는 안된다.

구멍의 직경이 최대 실체 치수에서 최소 실체 치수로 구멍이 커지면 실효 치수와의 사이에 치수 여유분만큼 직각도 공차가 추가 허용된다. 다음 그림에 구멍의 실효 치수와 구멍의 실제 치수 변화에 따라 추가되는 직각도 공차를 표에 나타냈다.

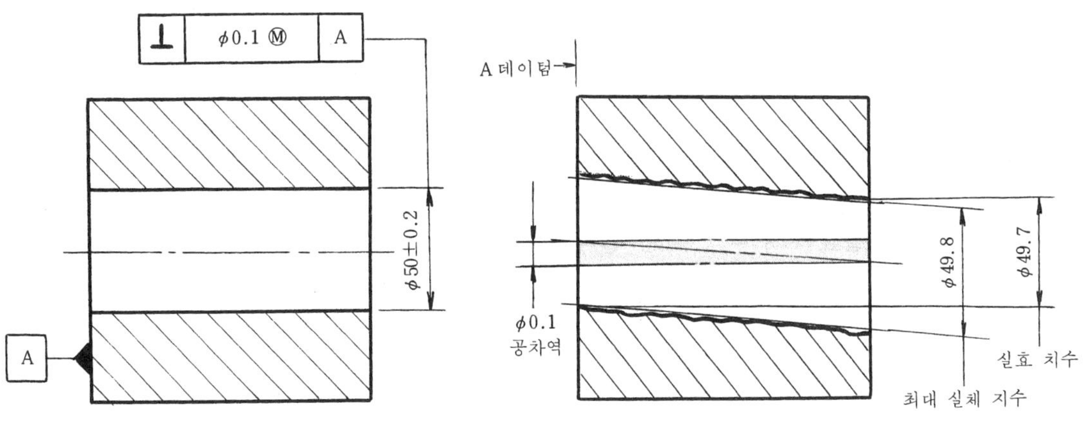

(a) 도면　　(b) 직각도 공차 φ0 1일 때의 구멍

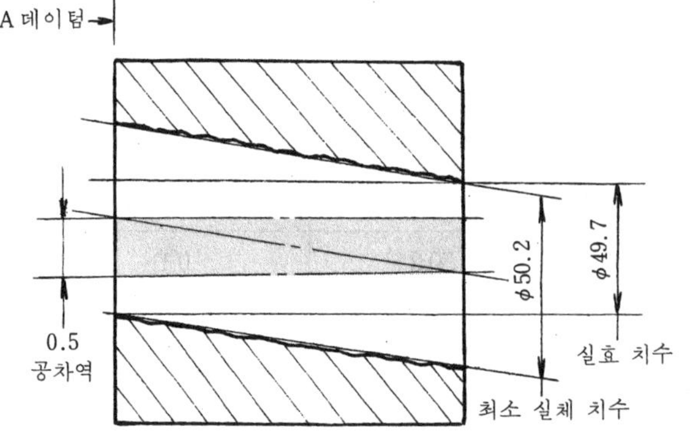

(c) 직각도 공차 φ0.5일 때의 구멍

실치수에 따른 허용 직각도 공차

실제 치수	허용되는 직각도 공차
49.8	0.1
49.9	0.2
50	0.3
50.1	0.4
50.2	0.5

그림 1-89 최대 실체 공차 방식으로 규제된 구멍의 직각도

5 최소 실체 치수

최소 실체 치수(Least Material Size)는 치수 공차를 갖는 형체의 축이나 핀의 경우에는 최소 허용 한계 치수, 구멍이나 홈의 경우에는 최대 허용 한계 치수를 최소 실체 치수라 하며 약자는 LMS로 나타내고 기호는 규격으로 제정되어 있지 않다.

축 또는 핀 ┌최대 허용 한계 치수=최대 실체 치수(MMS)┐치수 공차
　　　　　 └최소 허용 한계 치수=최소 실체 치수(LMS)┘

구멍 또는 홈 ┌최대 허용 한계 치수=최소 실체 치수(LMS)┐치수 공차
　　　　　　 └최소 허용 한계 치수=최대 실체 치수(MMS)┘

6 실효 치수

실효 치수(Virtual Size)는 기하 공차가 규제된 형체의 최대 실체 치수와 그 형체에 규제되는 기하 공차와의 종합 효과로서 생기는 한계의 치수를 실효 치수라 하며 약자는 VS로 나타낸다.

실효 치수는 결합되는 상대 부품의 최대 실체 치수가 되며 이 때 상대 부품의 기하 공차를 결정하는 설계상의 기준이 되는 치수이다.

축 또는 핀의 실효 치수=축 또는 핀의 최대 실체 치수+지시된 기하 공차
=축이나 핀에 결합되는 상대 부품 구멍의 최대 실체 치수
=축이나 핀을 검사하는 기능 게이지의 기본 치수
=실효 치수일 때 기하 공차는 0이다.

구멍 또는 홈의 실효 치수=구멍이나 홈의 최대 실체 치수−지시된 기하 공차
=구멍이나 홈에 결합되는 상대 부품 핀이나 축의 최대 실

체 치수

=구멍이나 홈을 검사하는 기능 게이지의 기본 치수

=실효 치수일 때 기하 공차는 0이다.

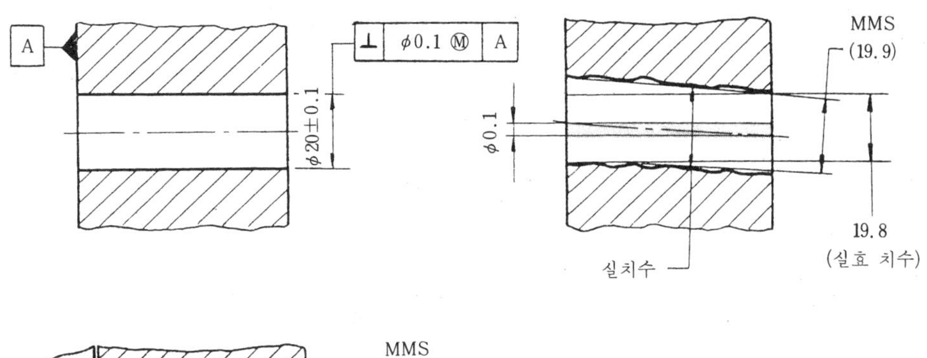

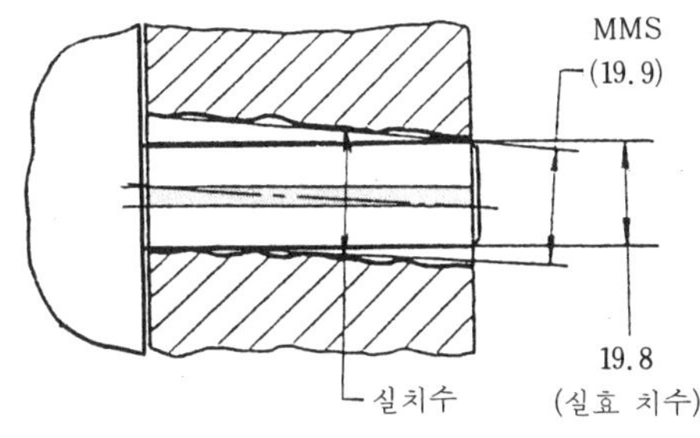

구멍의 최대 실체 치수	19.9
직각도 공차	− 0.1
실효 치수	19.8

그림 1-90 구멍의 실효 치수

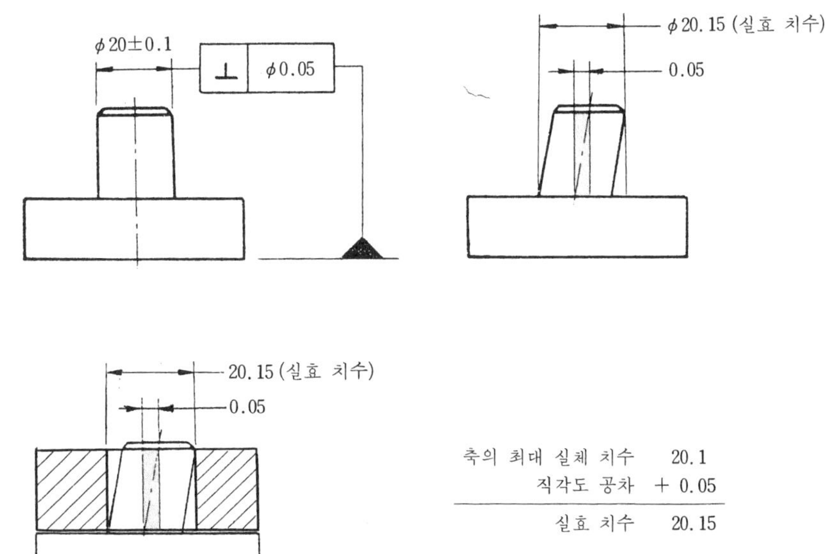

그림 1-91 축의 실효 치수

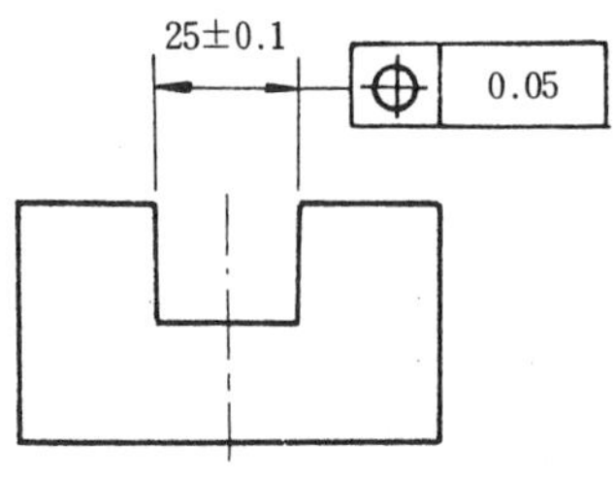

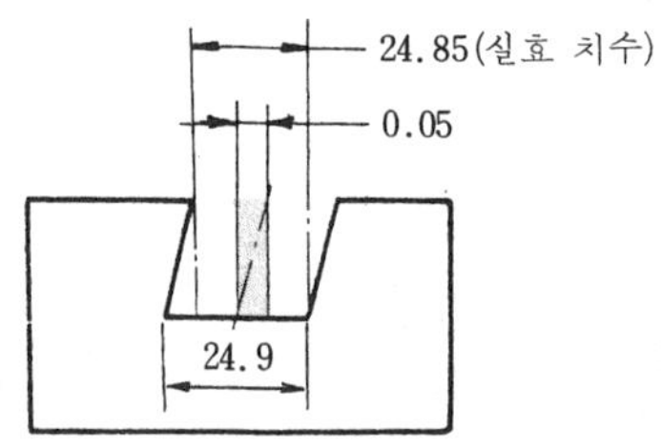

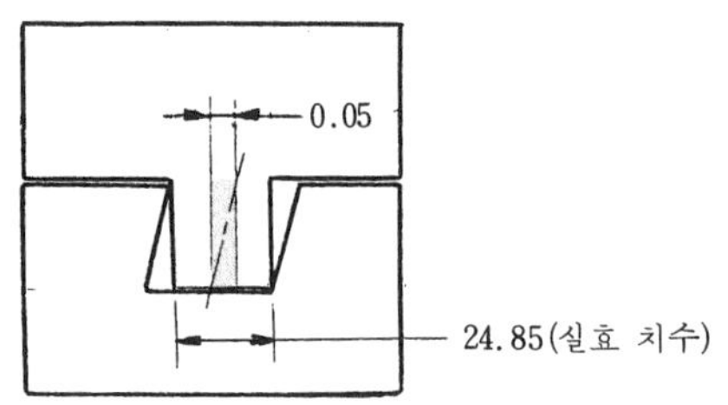

홈의 최대 실체 치수	24.9
위치도 공차	− 0.05
실효 치수	24.85

그림 1-92 홈의 실효 치수

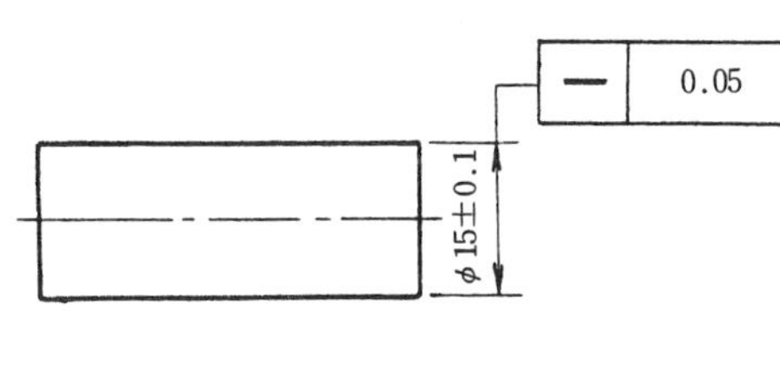

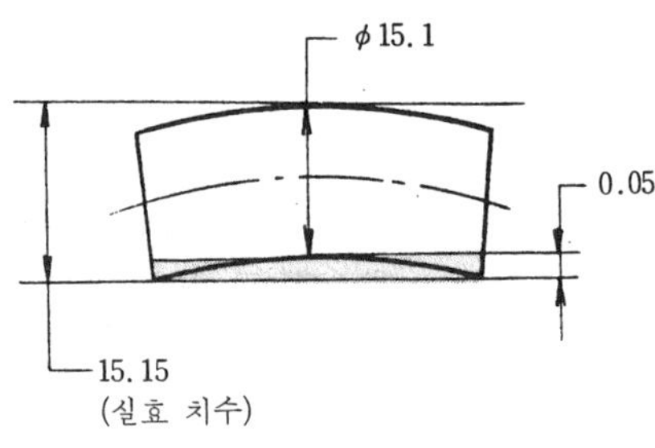

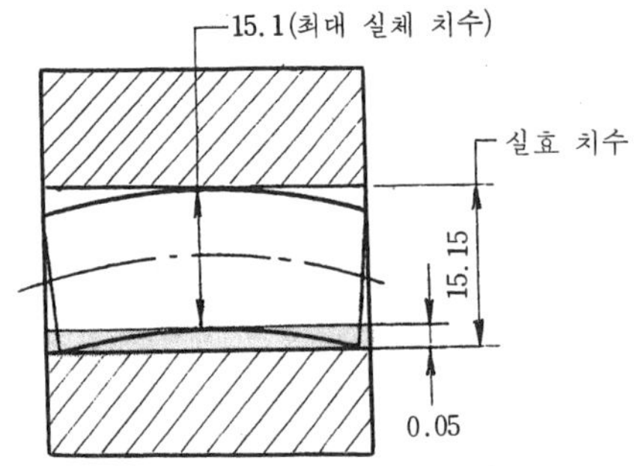

핀의 최대 실체 치수	15.1
진직도 공차	+ 0.05
실효 치수	15.15

그림 1-93 핀의 실효 치수

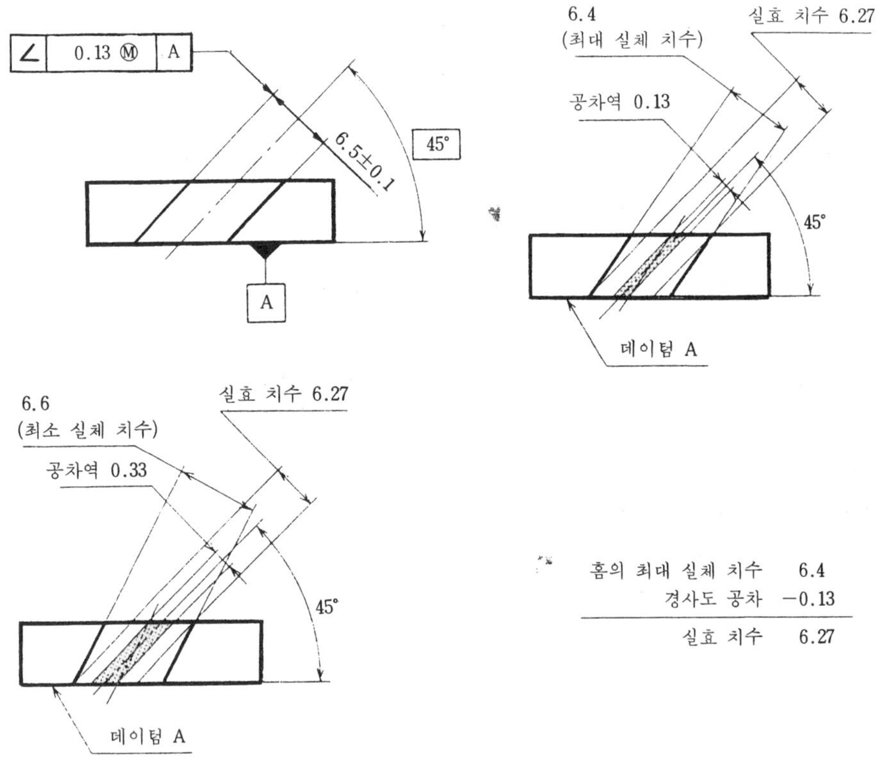

그림 1-94 경사진 홈의 실효 치수

7 돌출 공차역

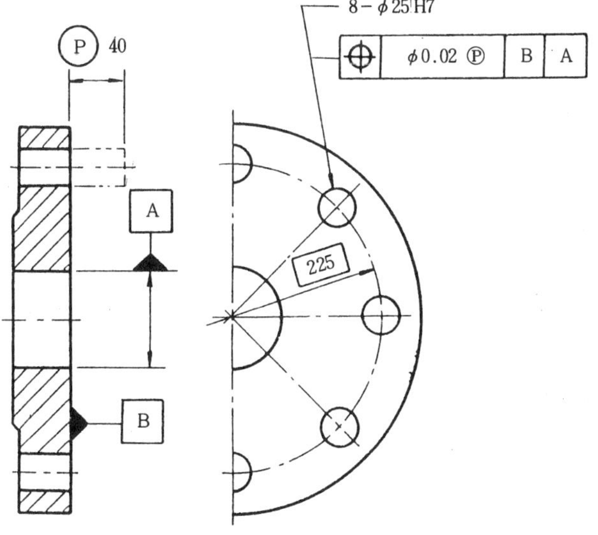

그림 1-95 돌출 공차역 표시 방법

형체에 규제된 기하 공차 중에서 위치 공차나 자세 공차가 도면상에 지시되었을 경우 그 공차역을 그림으로 표시한 형체 자체의 내부에서가 아니고 그 형체에서 밖으로 튀어 나온 부분에 공차를 적용해야 할 경우가 있다. 이를 돌출 공차역(Projected tolerance zone)이라 하고 기호 Ⓟ를 도면에 나타낸다.

다음 **그림 1-95**에 돌출 공차역으로 규제된 도면에서 플랜지 면에서 가상선으로 튀어 나온 Ⓟ40으로 나타낸 40 mm에 해당되는 부분의 중심에 적용되는 위치도 공차가 φ 0.02이다.

그림 1-96에 나사가 있는 탭 구멍에 돌출 공차역이 규제된 경우에 탭 구멍 자체에 φ0.3의 위치도 공차가 적용되는 것이 아니라 탭 구멍 윗쪽에 가상선으로 나타낸 Ⓟ50 부분에 적용되는 위치도 공차가 0.3이다. **그림 1-96**(c)에서와 같이 탭 구멍과 여기에 결합되는 50 mm 폭을 갖는 구멍에 다같이 위치도 공차 φ0.3이 적용될 경우 탭 구멍의 중심과 50 mm 폭 구멍의 중심이 φ0.3 공차역 범위 내에서 반대 방향으로 구멍 중심이 기울어지면 **그림** (c)에서 보는 바와 같이 간섭이 생겨 결합이 안되는 경우가 생긴다.

따라서 탭 구멍 위에 결합되는 50 mm 구멍 중심에 적용되는 공차가 φ0.3이다.

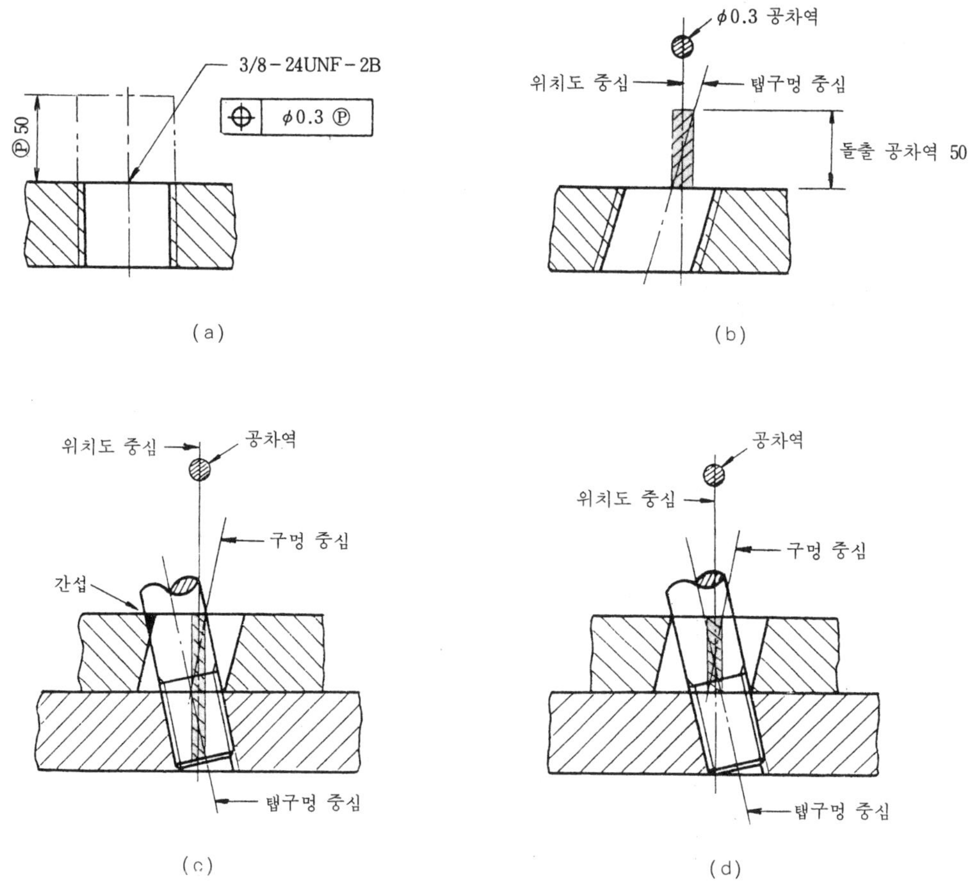

그림 1-96 탭 구멍에 규제된 돌출 공차역

다음 **그림 1-97**에 3개의 탭 구멍에 3개의 구멍을 갖는 부품을 스터드 볼트에 의해 고정되는 부품에 돌출 공차역이 규제된 그림을 설명한다.

이 경우 부품 A의 암나사 구멍 중심과 부품 B의 3개의 구멍 중심에 동일한 위치도 공차를 부여했다고 하면 간단히 생각하거나 조립도만을 보면 부품 A와 B가 3개의 스터드 볼트에 의해 적당한 틈으로 조립되어 있는 모양으로 보인다.

그러나 실제로는 조립의 작업 순서에 따라 부품 A의 탭 구멍에 스터드 볼트를 체결한 다음 부품 B를 결합할 때 볼트 끝 부분이 걸려서 결합이 되지 않는 경우가 생긴다. 이와 같은 경우에 돌출 공차역의 규제가 필요하다.

따라서 부품 A와 B에 그림과 같이 돌출 공차역으로 규제하여 공차역의 위치 및 크기($\phi t \times h$)를 같게 규제하면 조립이 가능해진다. 물론 공차역의 크기와 B부품 구멍의 이유분에 관하여는 산술적 계산에 모순이 없도록 해두지 않으면 안된다.

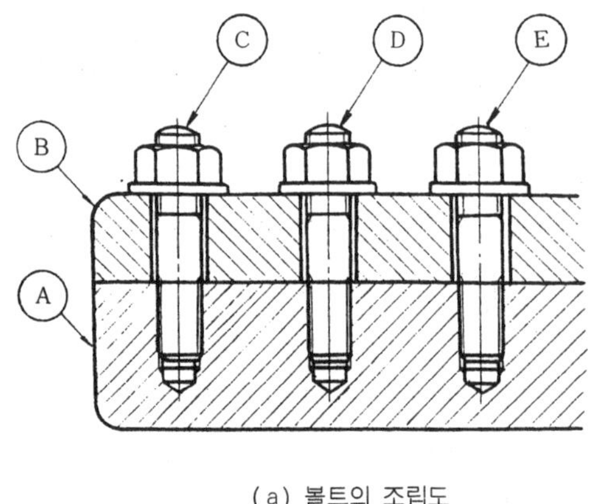

(a) 볼트의 조립도

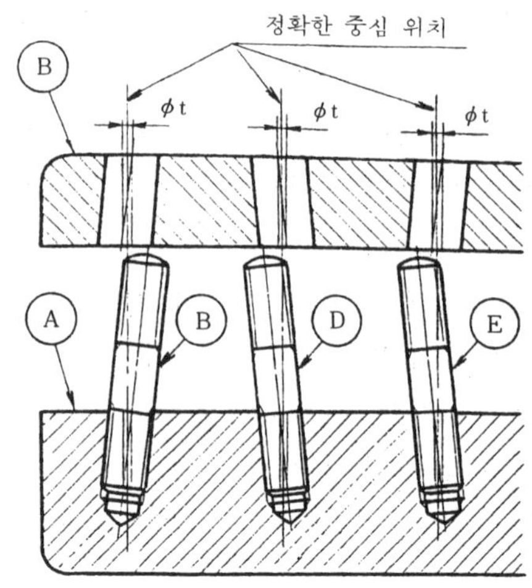

(b) 조립 불가능한 경우

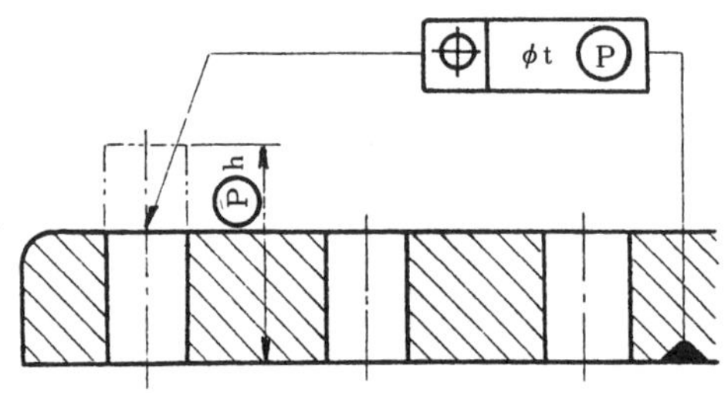

(c) 부품 B에 돌출 공차역 적용 예

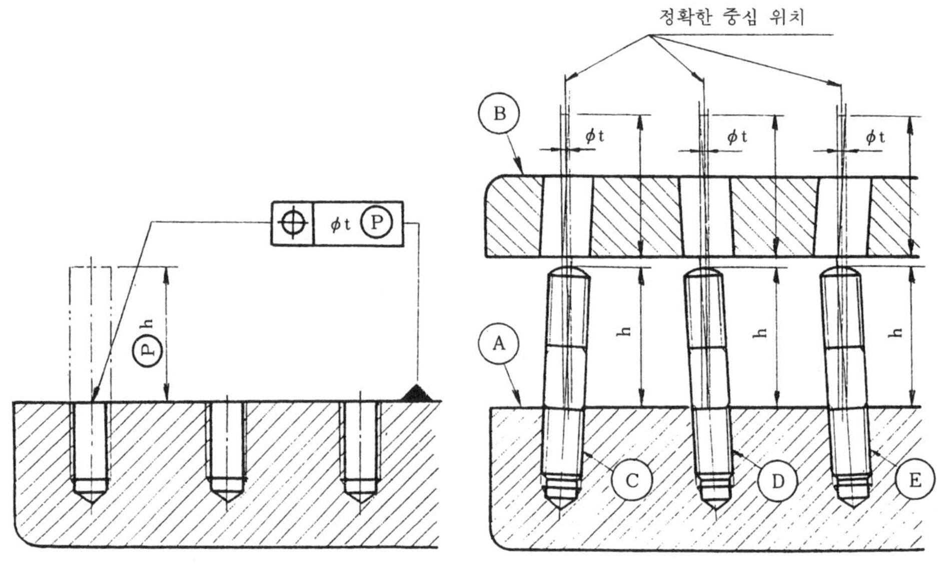

(d) 부품 A에 돌출 공차역 적용 예

(e) 공차역 설명도

그림 1-97 돌출 공차역으로 규제된 두 부품과 결합 상태

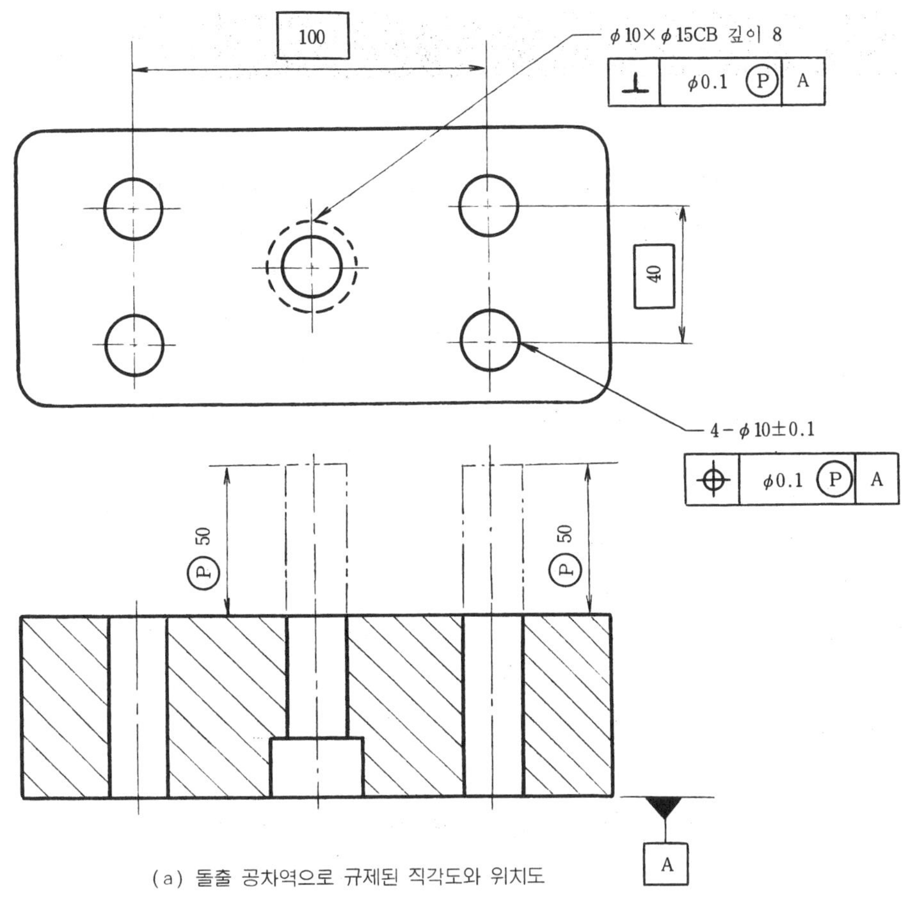

(a) 돌출 공차역으로 규제된 직각도와 위치도

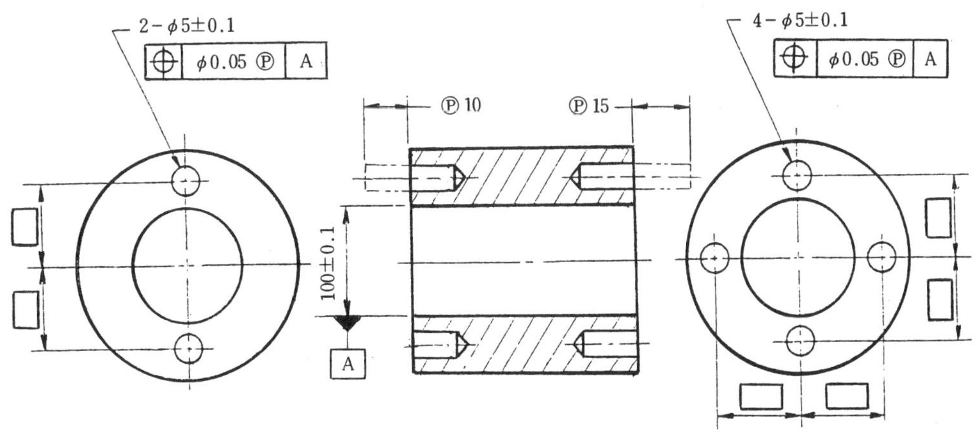

(b) 돌출 공차역으로 규제된 위치도

그림 1-98 돌출 공차역 규제 예

8 보통 기하 공차

치수 공차만으로 규제된 도면은 기하 공차를 규제할 수 없어 도면상의 해석이 불분명하다. 따라서 치수 공차만으로 규제된 형체도 기하 공차 적용의 필요성이 요구된다.

보통 기하 공차는 개별적인 기하 공차의 지시가 없는 형체에 규제되는 공차로 기하학적 특성에 따라 적용되는 보통 기하 공차가 KS에 규격으로 정해져 있다.

모든 구성 부품의 형체는 치수 및 형상을 갖고 있다. 치수 공차 및 기하 공차가 어떤 한계를 초과하면 부품의 기능상 문제가 생기므로 각 부품 특성에 맞는 공차를 규제해 주어야 한다. 보통 기하 공차는 치수 공차만으로 규제되어 있고 기하 공차가 규제되어 있지 않은 부품에 적용되는 공차로 원통도, 윤곽도, 경사도, 동축도, 위치도, 온흔들림을 제외한 모든 기하 특성에 적용된다.

보통 기하 공차는 KS B－0147에 의거 도면상에 개개로 지정된 치수 및 기하 특성에 대한 요구 사항은 그들간에 특별한 관계가 지정되지 않는 한 치수 공차와 기하 공차는 독립적으로 적용한다. 그러므로 아무 관계가 지정되어 있지 않은 경우에는 기하 공차는 형체의 치수에 관계없이 적용한다.

1 진직도 및 평면도에 대한 보통 기하 공차

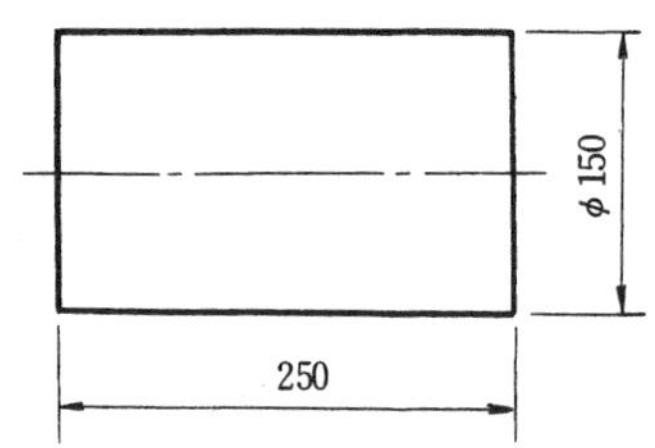

(a) 치수만으로 규제된 도면

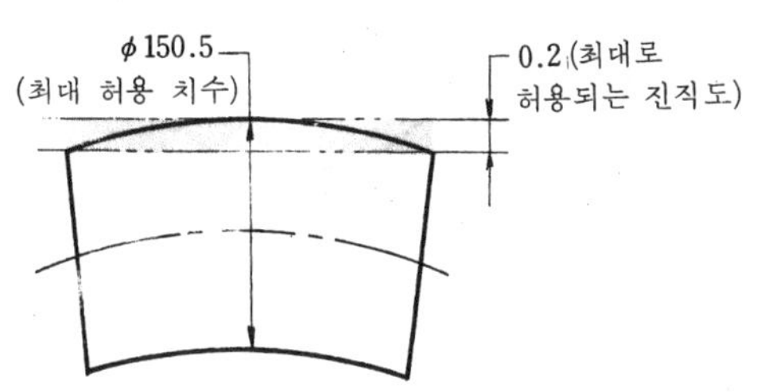

(b) 허용되는 진직도에 대한 보통 기하 공차

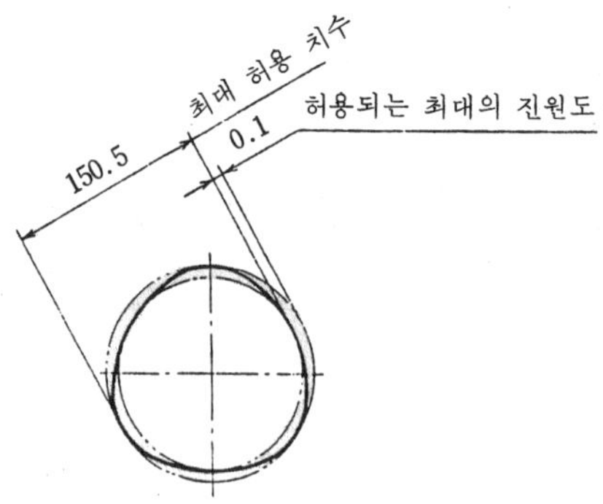

(c) 허용되는 진원도에 대한 보통 기하 공차

그림 1-99 보통 기하 공차 적용 예

그림 1-99는 길이 250 mm, 지름 150 mm인 핀에 치수 공차 및 기하 공차가 지시되어 있지 않은 도면에 보통 기하 공차와 보통 치수 공차가 적용된 예를 설명한다.

길이 250 mm에 대한 진직도 공차는 **표 1-4**에서 호칭 길이 구분 100 초과 300 이하에 적용되는 공차 등급이 H급이라면 진직도 공차가 0.2이다. 지름 150 mm에 대한 보통 치수 공차는 KS B-0412의 보통 공차 규격에 의해 150±0.5(보통급)이므로 상한 치수가 ϕ150.5이다. 또한, 진원도에 대한 보통 기하 공차는 **표 1-6**에서 공차 등급 H급이라면 진원도에 대한 보통 기하 공차는 0.1이다.

따라서 치수 공차와는 별개로 기하 공차가 적용되며 치수 150에 대한 진직도 공차는 0.2범위 내에 있어야 하고 또한 ϕ150에 대한 진원도 공차는 0.1 내에 있어야 한다.

진직도 또는 평면도와 관계가 있는 형체에 치수공차만으로 규제되어 있고 진직도나 평면도가 규제되어 있지 않은 형체에 대한 보통 기하공차는 다음 **표 1-4**에 따른다.

공차를 이 표에 따를 때 진직도의 경우에는 해당하는 선의 길이를, 평면도의 경우에는 직사각형인 경우에는 진쪽변의 길이를, 원형인 경우에는 지름을 각각 기준으로 한다.

표 1-4 진직도 및 평면도의 보통 공차

(단위 : mm)

공차 등급	호칭 길이의 구분					
	10 이하	10 초과 30 이하	30 초과 100 이하	100 초과 300 이하	300 초과 1000 이하	1000 초과 3000 이하
	진직도 공차 및 평면도 공차					
H	0.02	0.05	0.1	0.2	0.3	0.4
K	0.05	0.1	0.2	0.4	0.6	0.8
L	0.1	0.2	0.4	0.8	1.2	1.6

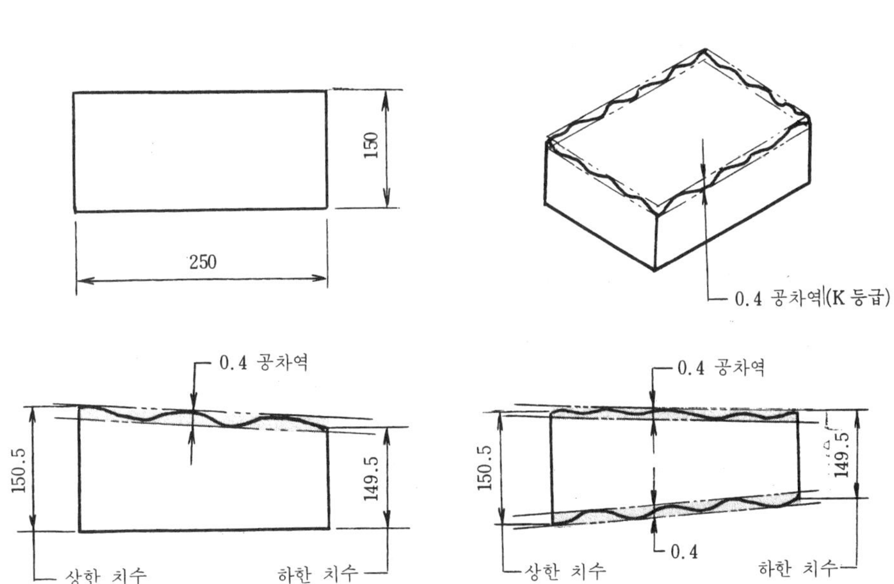

그림 1-100 평면도에 대한 보통 공차 적용 예

그림 1-100은 250 mm 표면에 평면도에 대한 보통 기하 공차 적용 예를 나타낸 그림이다. 윗면과 밑면의 치수 150 mm의 보통 치수 공차는 150±0.5(보통급)로 상한 치수 150.5에서 하한 치수 149.5 범위 내에 있어야 하며 양 표면의 평면도에 대한 보통 기하공차는 **표 1-4**에서 치수 구분 100 초과 300 이하의 K등급의 보통 기하 공차를 적용하면 보통 기하 공차는 0.4이다. 따라서 양 표면은 0.4 mm 범위 내에서 평면이 되어야 한다.

2 진원도에 대한 보통 기하 공차

진원도에 대한 보통 기하 공차는 지름의 치수 공차값과 같게 하는데 **표 1-6**의 반지름 방향의 원주 흔들림 보통 기하 공차값을 초과해서는 안된다.

진원도의 보통 기하 공차는 도면상에 다음과 같이 지시한다.

직경에 대한 보통 치수 공차(KS B-0412)를 적용하지 않는 경우에는 보통 기하 공차 등급만 지시하고 보통 치수 공차와 함께 지시하는 경우에는 표제란이나 그 부근에 보통 치수 공차 등급과 보통 기하 공차 등급을 함께 지시한다.

그림 1-101의 (a)의 경우 $\phi 25^{\ 0}_{-0.1}$ 의 공차 지시가 있는 경우에는 공차값 0.1이 진원도에 대한 보통 기하 공차이며, 그림 (b)의 경우 ϕ25에 공차 지시가 없는 경우에는 도면에 지시된 보통 치수 공차가 m급으로 ±0.2 mm이다. 이 허용차 0.4가 진원도가 아니고 공차 등급 K급(**표 1-6**)으로 0.2가 진원도에 적용되는 보통 기하 공차이다.

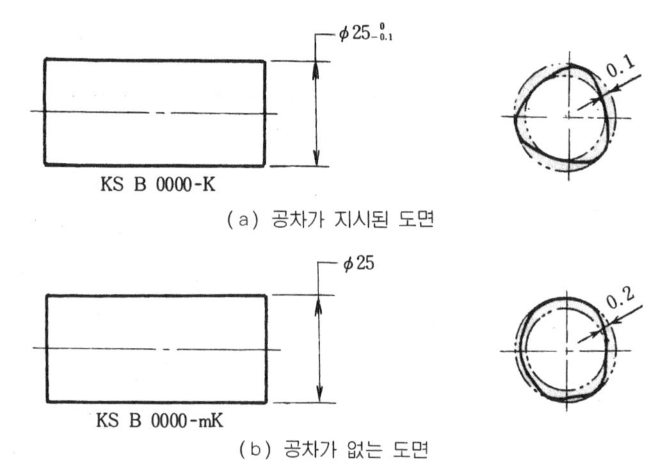

그림 1-101 진원도의 보통 기하 공차

3 평행도에 대한 보통 기하 공차

평행도의 보통 기하 공차는 치수 공차 범위 내에서 제한된다.

2개의 형체 중 긴쪽을 데이텀으로 하며 그들 형체가 호칭 길이가 같은 경우에는 어느 형체를 데이텀으로 해도 좋다.

그림 1-102(a)에서 치수 30 mm는 치수 공차가 지시되지 않아 보통 치수 공차가 적용된다. 30 mm에 대한 보통 치수 공차는 30±0.2(보통급)이다. 따라서 0.4 mm 범위 내에서 윗면이나 아랫면을 기준으로 평행하면 된다.

그림 1-102(b)에 밑면을 기준으로 윗면의 평행도는 치수 공차(±0.2) 범위 내에서 제한되므로 0.4 mm 이내에서 평행해야 한다.

그림 1-102(c)는 치수 100 mm에 대한 진직도의 보통 기하 공차는 **표 1-4**에서 K등급으로 0.2 mm로 규제되어 있으므로 0.2 mm 이내에서 진직해야 한다. 즉, 치수 100×30으로 규제된 도면은 평행도 0.4 진직도나 평면도 0.2 mm 이내여야 한다.

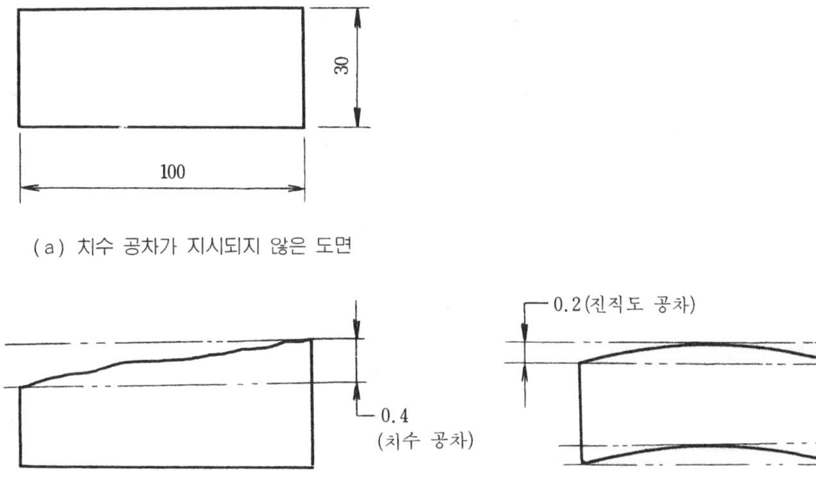

(a) 치수 공차가 지시되지 않은 도면

(b) 치수 공차와 평행도

(c) 진직도

그림 1-102 평행도에 대한 보통 기하 공차

4 직각도에 대한 보통 기하 공차

직각도에 대한 보통 기하 공차는 다음 **표 1-5**에 따른다. 직각을 형성하는 2변 중 긴 쪽의 변을 데이텀으로 하고 2개의 변이 같은 호칭 길이인 경우는 어느쪽 변을 데이텀으로 해도 좋다.

표 1-5 직각도의 보통 공차

(단위 : mm)

공 차 등 급	짧은 쪽 변의 호칭 길이 구분			
	100 이하	100 초과 300 이하	300 초과 1000 이하	1000 초과 3000 이하
	직각도 공차			
H	0.2	0.3	0.4	0.5
K	0.4	0.6	0.8	1
L	0.6	1	1.5	2

다음 **그림 1-103**에 치수로만 지시된 부품에 치수에 따라 직각도에 대한 보통 기하 공차 적용 예를 그림으로 나타냈다.

그림 A는 200에 대한 110의 직각도 보통 기하 공차는 **표 1-5**에서 H급으로 0.3이고, **그림** B는 200에 대한 70과 80은 적용되는 직각도가 0.2이고 150에 대한 직각도는 0.3이다. **그림** C에서 90에 대한 축의 중심은 0.2, **그림** D에서 120에 대한 구멍 중심의 직각도는 0.3이다.

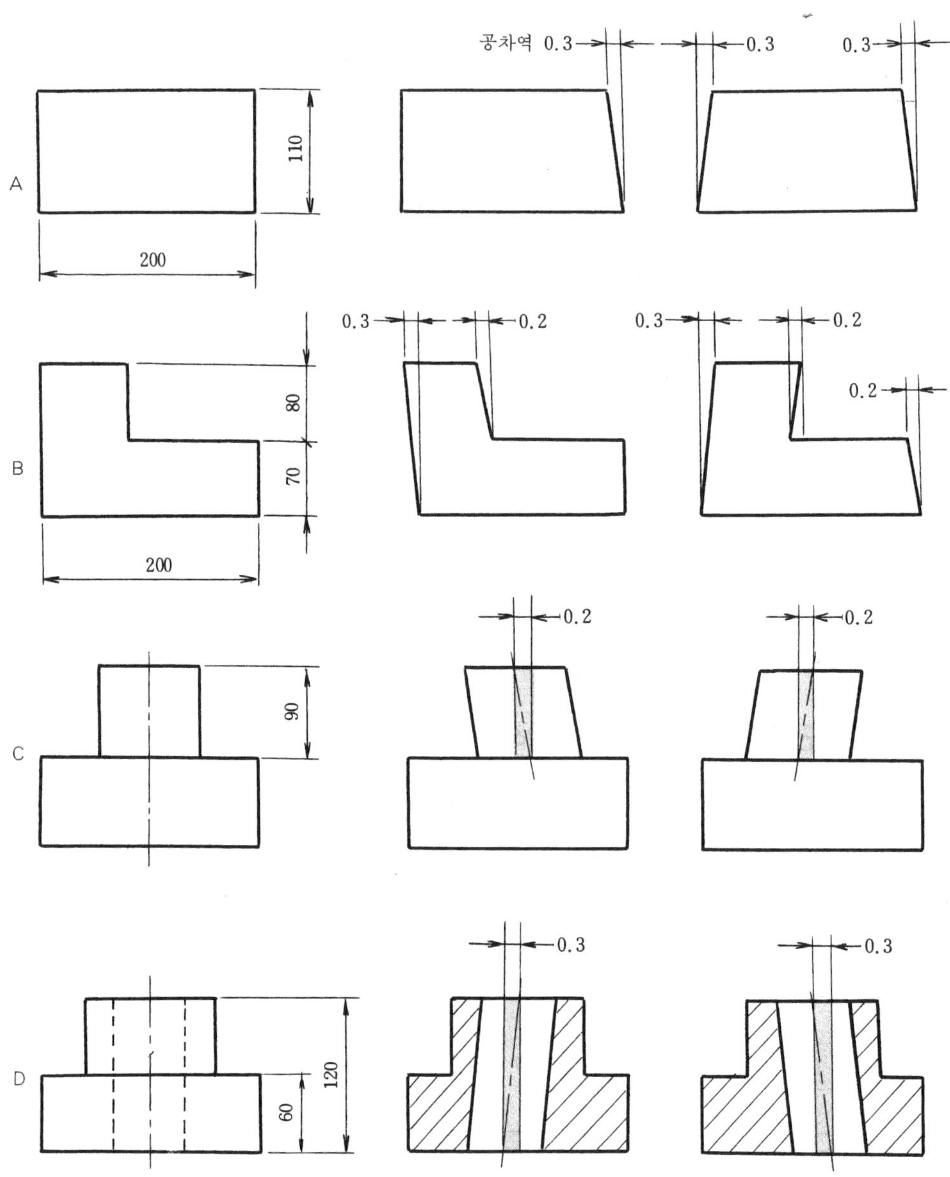

그림 1-103 직각도에 대한 보통 기하 공차 (H급)

5 원주 흔들림에 대한 보통 기하 공차

원주 흔들림(반지름 방향, 축과 직각 방향 및 경사 법선 방향)의 보통 기하 공차는 **표 1-6**에 따른다.

원주 흔들림의 보통 기하 공차에 대해서는 도면상에 데이텀이 지정된 경우에는 그 형체를 데이텀으로 하고 데이텀이 지시되어 있지 않을 경우에는 반지름 방향의 원주 흔들림에 대하여 직경이 다른 2개의 형체 중 긴 쪽을 데이텀으로 하고 2개의 형체의 호칭 길이가 같을 경우에는 어느 형체를 데이텀으로 해도 좋다.

표 1-6 흔들림의 보통 공차 (단위 : mm)

공차 등급	흔들림 공차
H	0.1
K	0.2
L	0.5

그림 1-104에 반지름 방향, 축과 직각 방향 및 경사 방향에 대하여 적용되는 원주 흔들림 보통 기하 공차에 대하여 설명한 그림이다.

원주 흔들림의 보통 기하 공차는 **표 1-6**에서와 같이 호칭 길이 구분 없이 공차 등급만 규격으로 되어 있어 호칭 길이와 관계 없이 공차 등급만 적용된다. 다음 그림에 나타낸 공차 0.2는 공차 등급 K등급 적용 예이다.

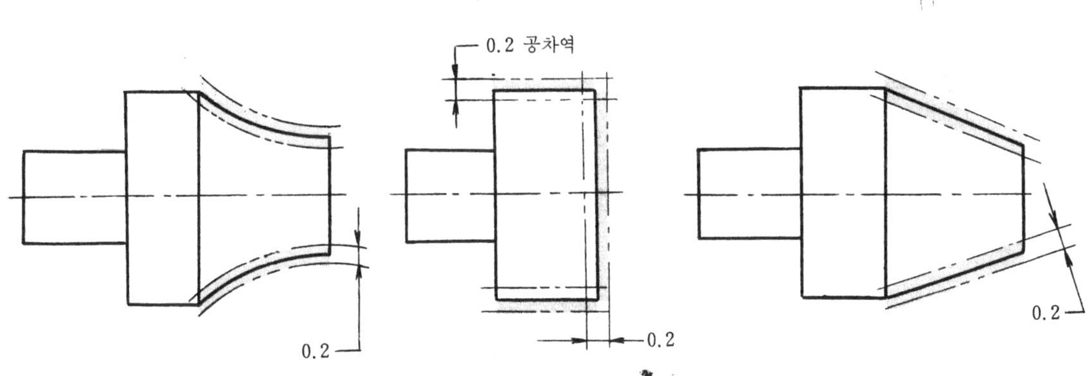

그림 1-104 원주 흔들림의 보통 기하 공차(K급)

6 대칭도에 대한 보통 기하 공차

대칭도에 대한 보통 기하 공차는 **표 1-7**에 따른다. 2개의 형체 중 긴쪽을 데이텀으로 하고 이들 형체가 같은 호칭 길이인 경우에는 어느 형체를 데이텀으로 해도 좋다.

대칭도의 보통 기하 공차는 2개의 형체 중 1개가 중심 평면을 가질 때나 2개의 축선이 서로 직각일 때 적용한다.

그림 1-105는 **표 1-7**에 따른 호칭 길이와 관계 없이 공차 등급 H급의 공차값 0.5가 적용된 그림을 나타냈다.

표 1-7 대칭도의 보통 공차

(단위 : mm)

공차 등급	호칭 길이의 구분			
	100 이하	100 초과 300 이하	300 초과 1000 이하	1000 초과 3000 이하
	대칭도 공차			
H	0.5			
K	0.6		0.8	1
L	0.6	1	1.5	2

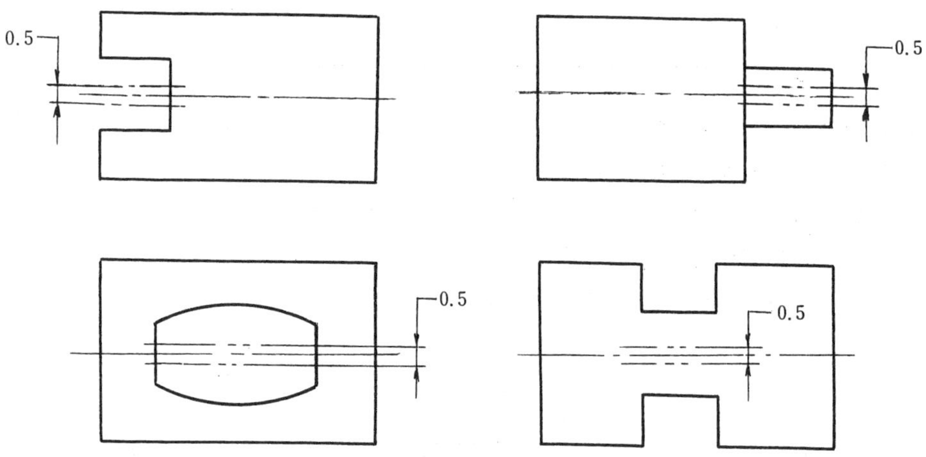

그림 1-105 대칭도의 보통 기하 공차 (H급)

그림 1-106은 길이가 긴 쪽을 데이텀으로 대칭도의 보통 공차 적용 예를 그림으로 나타냈다.

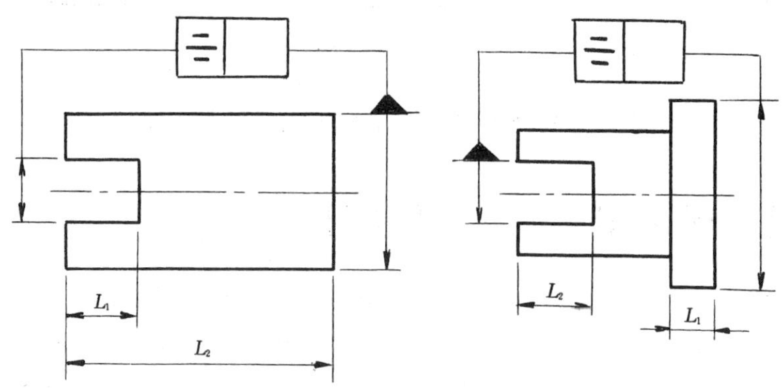

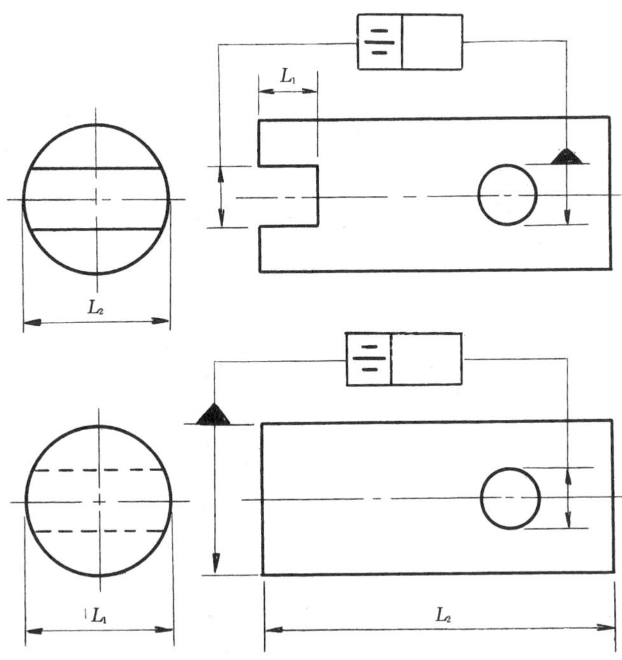

그림 1-106 길이가 긴 쪽을 데이텀으로 적용한 대칭도의 보통 기하 공차

다음 **그림 1-107**은 도면상에 지시된 사항과 그 도면에 적용되는 보통 치수 공차와 보통 기하 공차의 적용 예를 나타낸 그림이다.

도면 설명에서 가는 2점 쇄선으로 나타낸 것은 보통 치수 공차와 보통 기하 공차의 적용 예를 나타낸 그림이다.

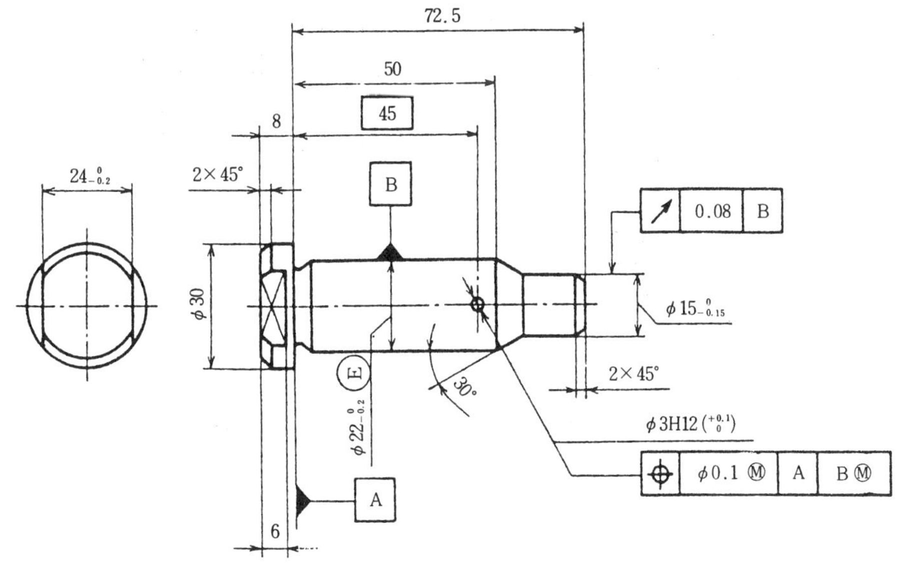

(a) 도면상의 지시

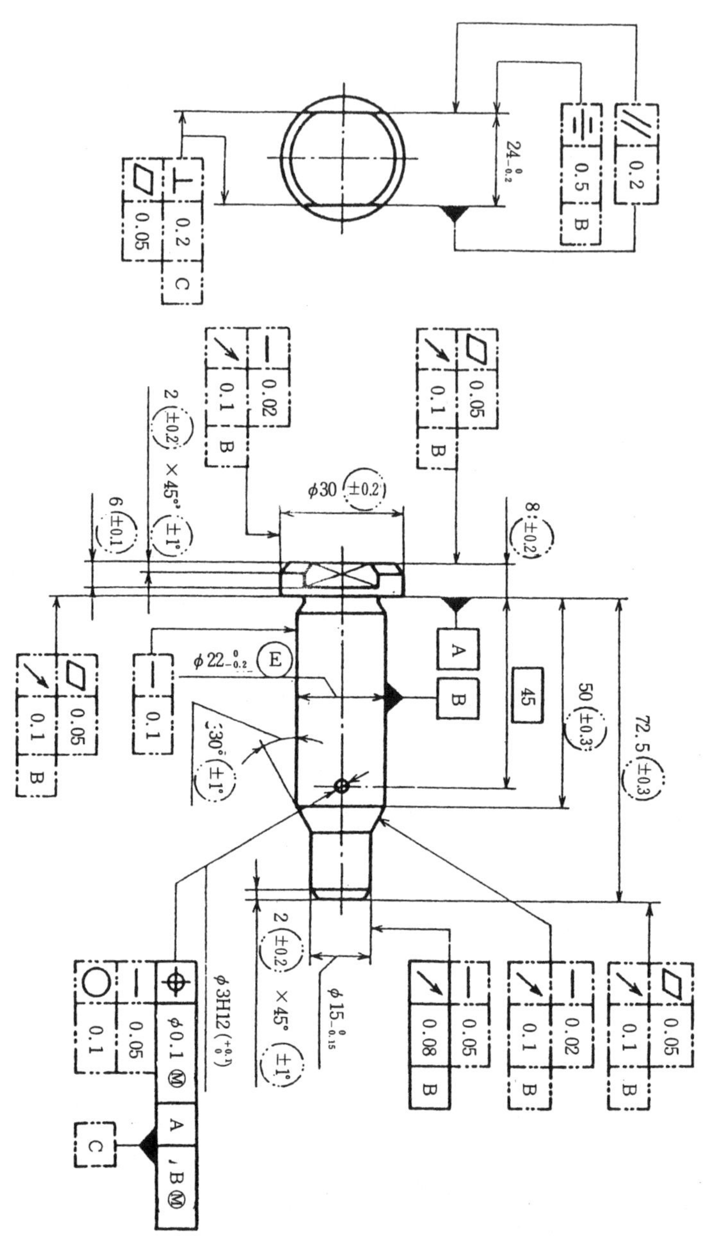

(b) 도면 설명

그림 1-107 보통 치수 공차와 보통 기하 공차 적용 예

9 제도-공차 표시 방식의 기본 원칙

제도-공차 표시 방식의 기본 원칙은 치수 공차(길이 치수 및 각도 치수)와 기하 공차 사이의 관계에 대한 원칙을 규정한 것으로 KS B 0147에 규격으로 정해져 있다.

이 규격의 적용 분야는 도면에 지시하는 길이 치수 및 그 공차와 각도 치수 및 그 공차, 기하 공차에 대하여 적용한다.

1 길이에 대한 치수 공차

길이에 대한 치수 공차는 형체의 실체 치수(2점 측정에 따른다)만을 규제하고 기하 공차는 규제하지 않는다.

2 각도에 대한 치수 공차

각도의 단위로 지정한 각도의 치수 공차는 선 또는 표면을 구성하고 있는 선분에 대한 각도를 규제하며 실제의 표면에서 얻어지는 선의 일반적인 자세는 이상적인 기하학적 모양의 접촉선 자세로 결정된다

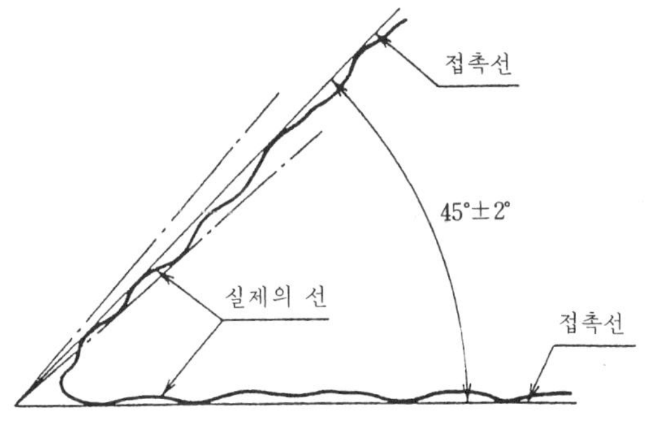

그림 1-108 각도 치수 공차

3 기하 공차

기하 공차는 형체의 치수에 관계없이 그 형체의 이론적으로 정확한 모양, 자세, 위치 또는 흔들림에서의 편차를 규제한다. 그러기 때문에 기하 공차는 개개 형체의 국부 실체 치수와는 독립적으로 적용한다. 기하 편차는 그 형체의 가로 단면이 최대 실체 치수인지의 여부에 관계없이 최대치를 채택할 수가 있다.

예를 들면, 어떤 임의의 가로 단면에서 최대 실체 치수를 갖는 원통축은 진원도 공차 내에서 변형된 형태의 편차를 가질 수 있고 또 진직도 공차의 크기만큼 굽은 것도 허용된다.

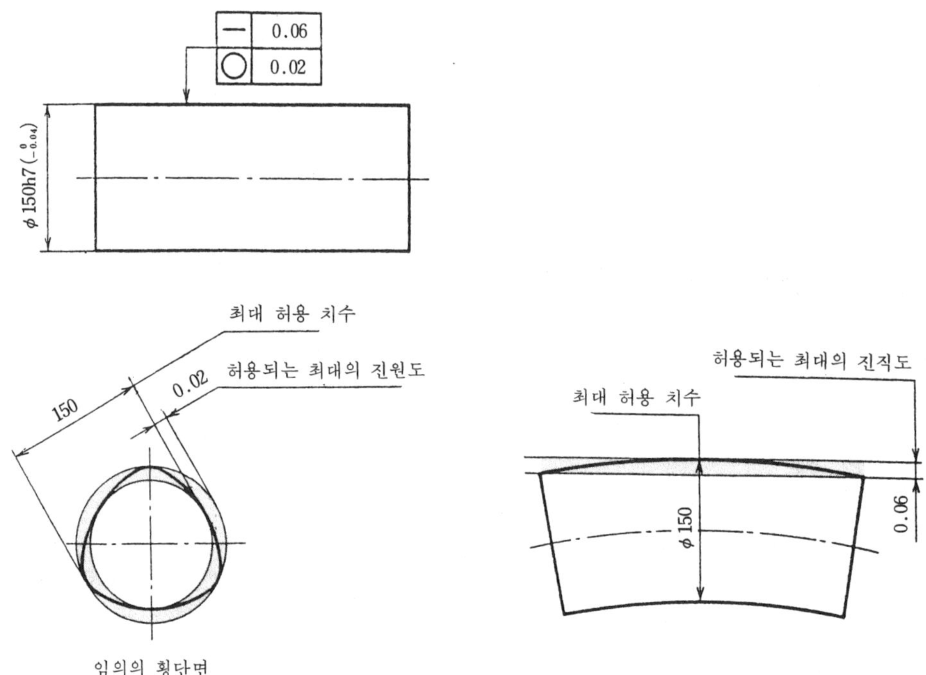

그림 1-109 치수 공차와 기하 공차

4 포락의 조건

치수와 기하 특성의 상호 의존성은 포락의 조건을 사용하여 지시할 수가 있다. 포락의 조건은 단독 형체, 막힘 원통면 또는 평행하는 그 평면에 의해 정해지는 1개의 형체에 대하여 적용한다.

이 조건은 형체가 그 최대 실체 치수에서 완전한 모양의 포락면을 넘어서는 안된다는 것을 의미하고 있다.

포락 조건의 기호는 Ⓔ로 치수 공차 뒤에 기호를 부기한다.

다음 **그림 1-110**과 **그림 1-111**에 포락의 조건을 도면에 지시하는 방법과 그 내용을 설명한다. **그림 1-110**(a)와 **그림 1-111**(a)는 포락 조건을 지시한 도면이다.

이 도면에서 포락 조건은 원통 형체의 표면은 최대 실체 치수 φ150의 완전한 모양의 포락면을 넘어서는 안된다. 즉, 최대 실체 치수 150일 때는 핀의 모양이 정확한 원통 모양이어야 하며 최대 치수 150에서 최소 치수로 핀 직경이 작아지면 그 치수의 여분 범위 내에서 모양의 변형이 허용된다.

그림 1-111의 구멍에 포락 조건이 규제된 경우 최대 실체 치수 ϕ150일 때 구멍 형상은 완전해야 하며 150보다 구멍 직경이 커지면 커진 치수 여분 범위 내에서 형상 변형이 허용된다.

(a) 포락 조건으로 규제된 도면

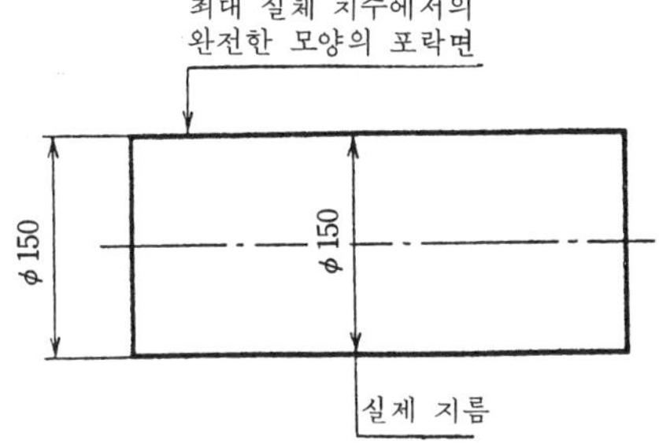

(b) 최대 실제 치수일 때의 완전한 형상

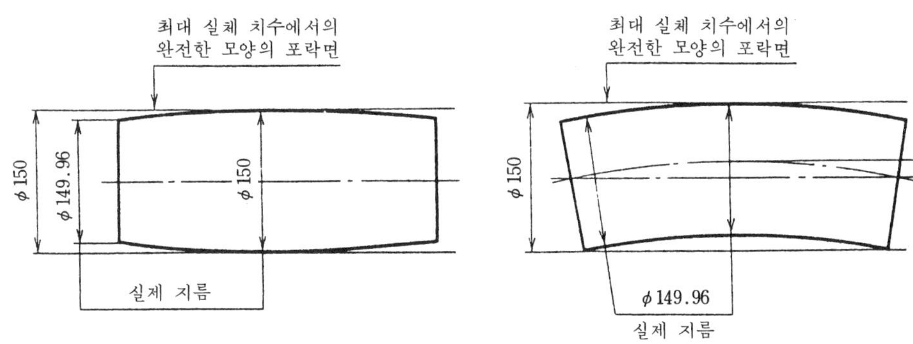

(c) 포락면 내에서 변형될 수 있는 형상

그림 1-110 포락 조건으로 규제된 축

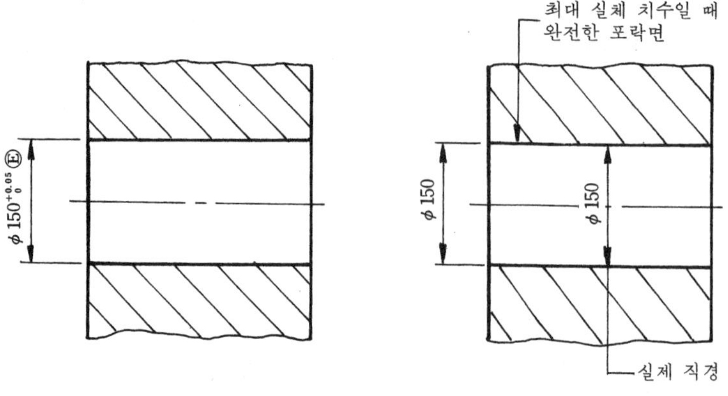

(a) 포락 조건으로 규제된 구멍

(b) 최대 실체 치수일 때 완전한 형상

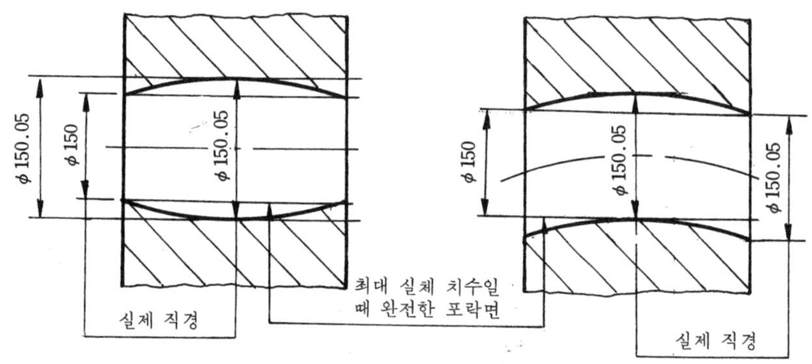

(c) 포락면 내에서의 변형될 수 있는 형상

그림 1-111 포락 조건으로 규제된 구멍

제 2 장

모양공차

1 진직도(眞直度) STRAIGHTNESS —

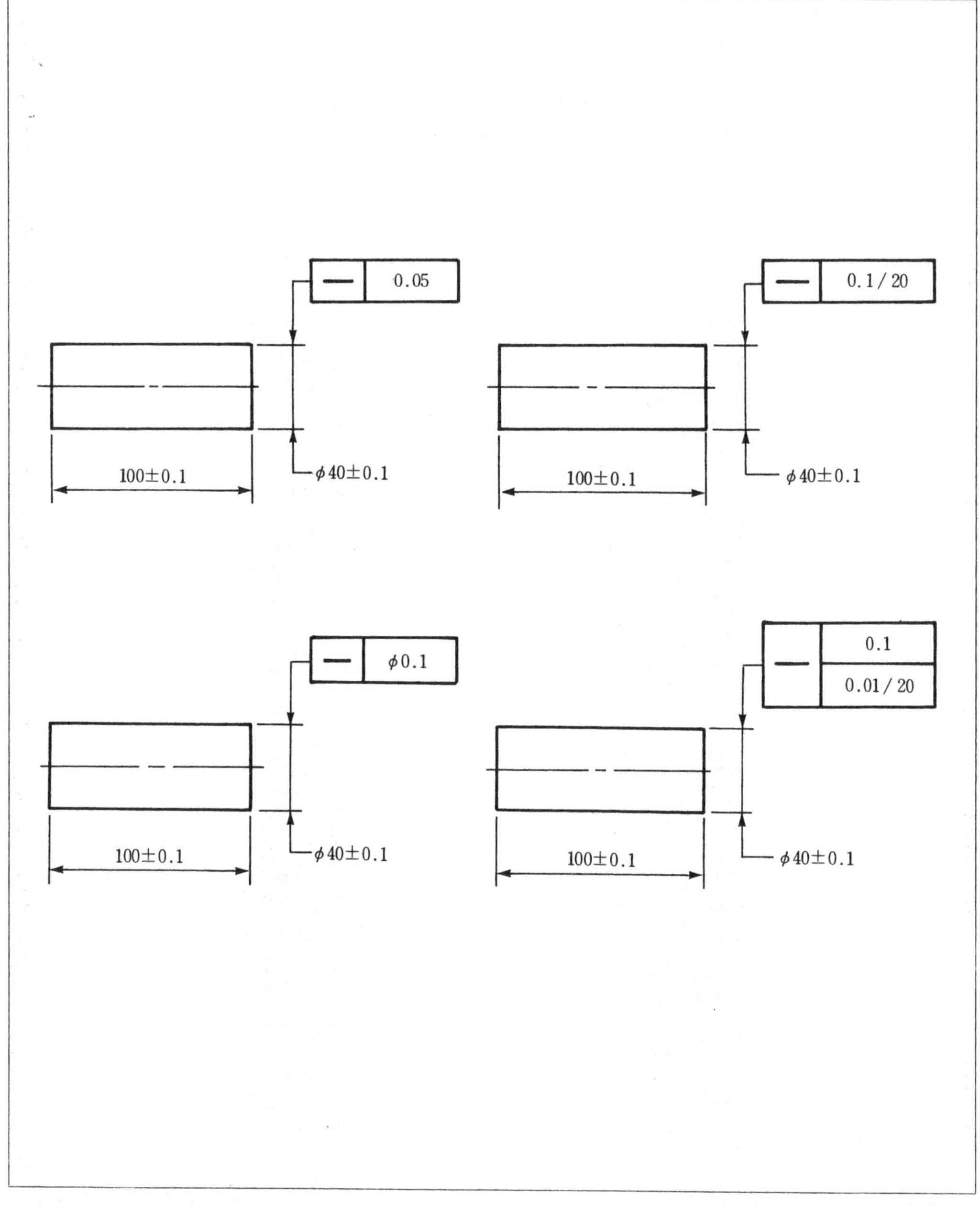

1 진직도 공차

진직도 공차는 직선 형체의 기하학적으로 정확한 직선으로부터의 벗어남의 크기이며 치수 공차 범위 내에서 진직도가 규제된다.

2 평탄한 표면의 진직도

평탄한 표면에 대한 진직도는 가로 방향으로 전표면이 지시된 공차, 0.1 mm 만큼 떨어진 두 개의 평행한 평면 사이에 있어야 한다.

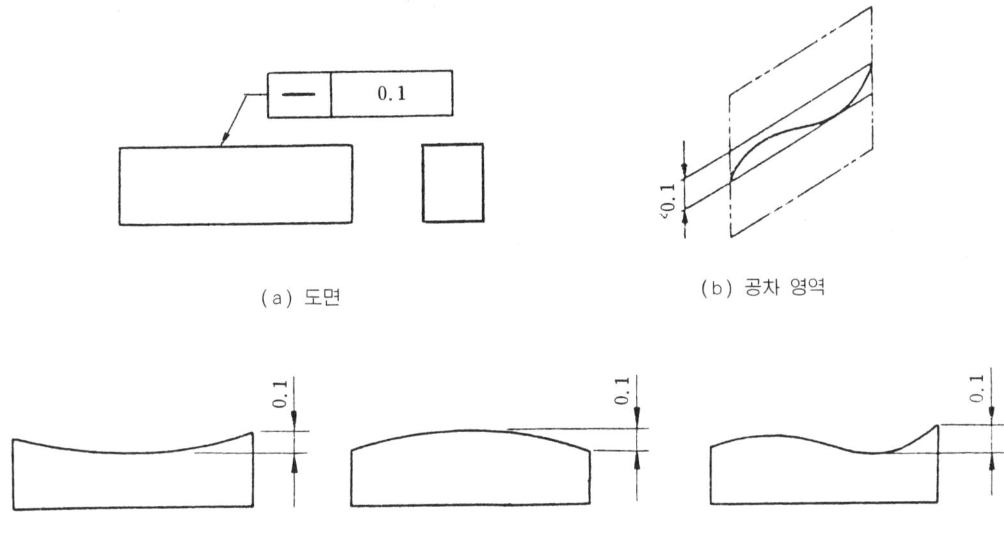

그림 2-1 평탄판 표면의 진직도

하나의 표면에 두 방향의 진직도가 다르게 규제될 경우에는 정면도와 측면도에 각각 다음 그림과 같이 진직도를 규제한다.

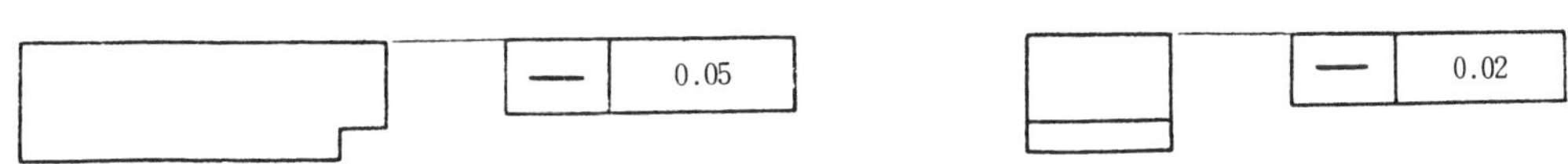

그림 2-2 두 방향이 다른 진직도

평면도상에서 가로 방향의 진직도와 세로 방향의 진직도가 같을 경우에는 평면도로 규제하는 것이 바람직하다.

다음 **그림 2-3**은 치수 공차와 진직도 공차를 나타낸 그림이다.

평면도가 0.04인 표면은 진직도가 0.04보타 작을 수도 있다.

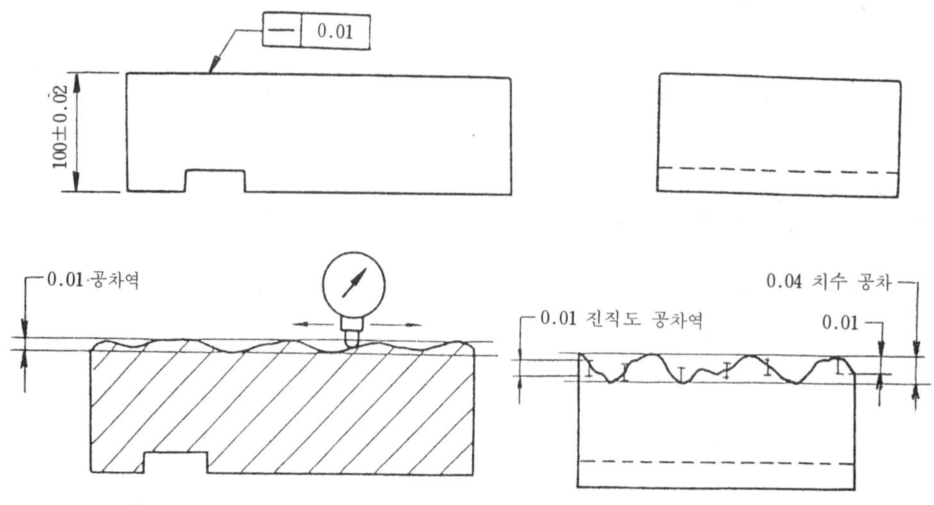

그림 2-3 치수 공차 범위 내의 진직도

3 원통 형체의 진직도

원통 형체에 대한 진직도는 **그림 2-4**의 도면과 같이 규제된 경우에는 원통 전표면에 대한 진직도로 길이 방향의 원통 전표면은 0.01 mm 만큼 떨어진 두 개의 평행한 직선 사이에 있어야 한다. 진직도 공차 0.01은 원통의 직경 공차 범위 내에서 직경 공차와는 관계없이 원통이 어떤 직경으로 되든 진직도 공차 0.01은 별도로 규제된다.

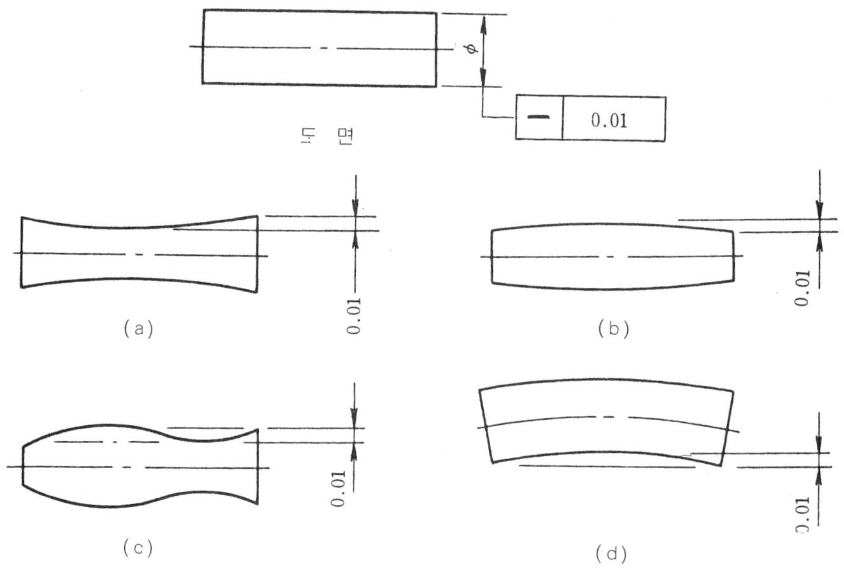

그림 2-4 원통 표면에 규제된 진직도

그림 2-5는 베어링을 끼우는 전동축일 경우에 직경 공차역으로 진직도를 규제한 예이다.

여기에 직경 공차역으로 진직도 공차를 규제한 목적은 축이 굽어짐에 따른 불균형을 제한하기 위한 것이다. 원통 축선은 지름 0.05 mm 범위 내에서 진직해야 한다.

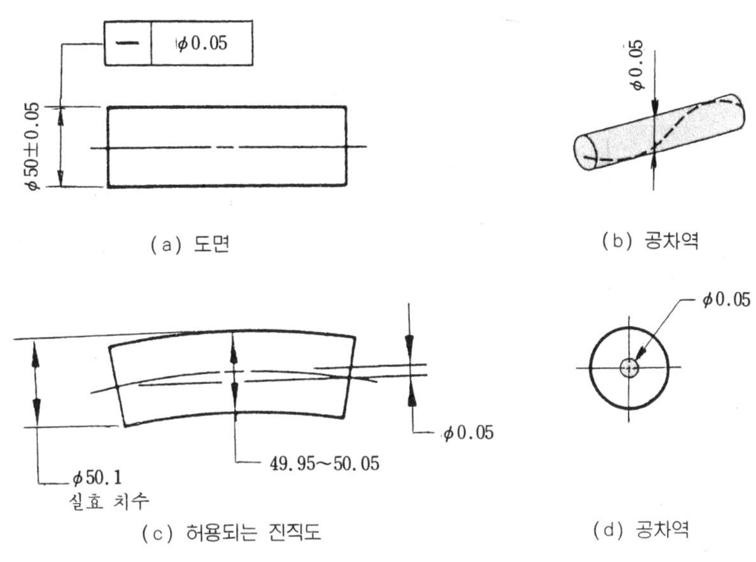

그림 2-5 직경 공차역으로 규제된 진직도

4 최대 실체 공차 방식으로 규제된 진직도

진직도가 최대 실체 공차 방식으로 규제될 경우에 진직도 공차 값 뒤쪽에 기호 Ⓜ을 부기하여 나타낸다.

그림 2-6의 도면에 지시된 진직도 공차 ϕ0.05는 축의 직경이 최대 실체 치수 ϕ50.05일 때 허용되는 공차이다.

축의 직경이 최대 실체 치수(ϕ50.05)에서 최소 실체 치수(ϕ49.95)로 직경이 작아지면 작아진 크기만큼 진직도 공차가 추가 허용된다.

그림 2-6 (b)는 축직경이 최대 실체 치수(ϕ50.05)일 때 허용되는 진직도 공차 0.05 범위 내에서의 축의 형상이며 **그림** 2-6(c)의 경우는 축 직경이 최소 실체 치수(ϕ49.95)로 작아졌을 때 허용되는 진직도 공차 ϕ0.15 범위 내에서의 축의 형상이다.

이 축에 결합되는 상대방의 구멍은 축 직경이 최대 실체 치수일 때 진직도 공차 ϕ0.05가 허용되었을 때가 최악의 결합 조건이 된다. 이 때 ϕ50.1의 구멍은 진직도가 0이어야 결합이 된다. 축에 결합되는 구멍을 **그림** 2-6 (d)에 나타냈다.

그림 2-6에 지시된 진직도 공차는 축의 직경이 상한 치수에서 하한 치수로 치수가 작아지면 작아진 만큼 추가 공차가 다음 **표** 2-1과 같이 허용된다.

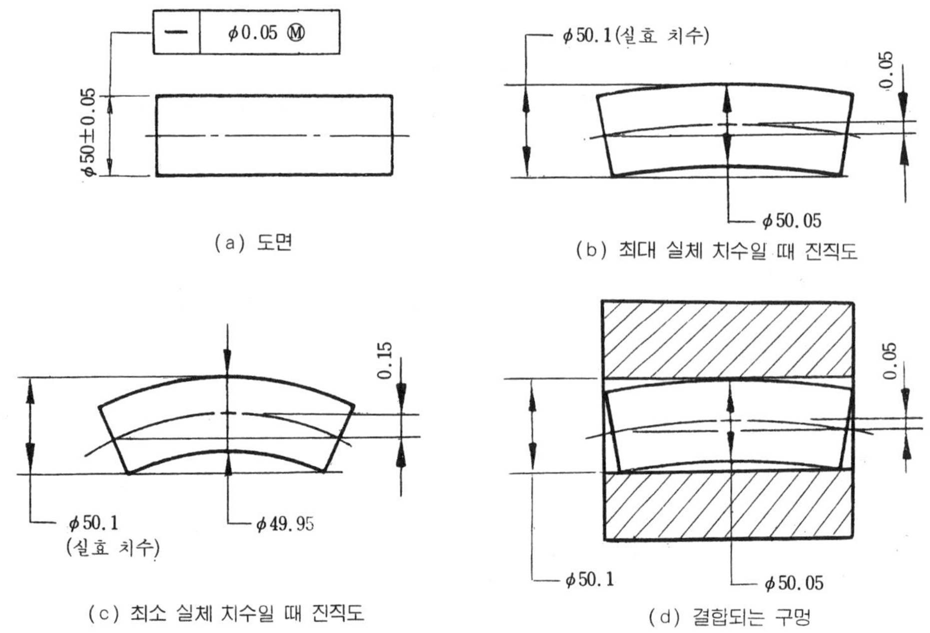

그림 2-6 최대 실체 공차 방식으로 규제된 축의 진직도

표 2-1 실제 축 직경에 따라 허용되는 진직도

실제 축직경	허용되는 진직도 공차
50.05	0.05
50.04	0.06
50.03	0.07
50.02	0.08
50.01	0.09
50	0.1
49.99	0.11
49.98	0.12
49.97	0.13
49.96	0.14
49.95	0.15

그림 2-7은 구멍에 최대 실체 공차 방식으로 규제되었을 때 허용되는 진직도 공차에 의한 구멍의 형상과 구멍에 결합되는 상대 부품 축의 결합 상태를 그림으로 나타냈다.

구멍에 지시된 진직도 공차 φ0.05는 구멍의 직경이 최대 실체 치수(φ49.8)일 때 적용되는 진직도 공차가 φ0.05이다.

공차역 0.05 직경 범위 내에서 **그림 2-7** (b)와 같이 구멍의 형상이 구부러질 수 있으며 구멍의 직경이 최소 실체 치수(φ50.2)로 커지면 커진 치수(0.4)만큼 추가 공차가 허용되어 φ0.45까지 진직도가 허용된다.

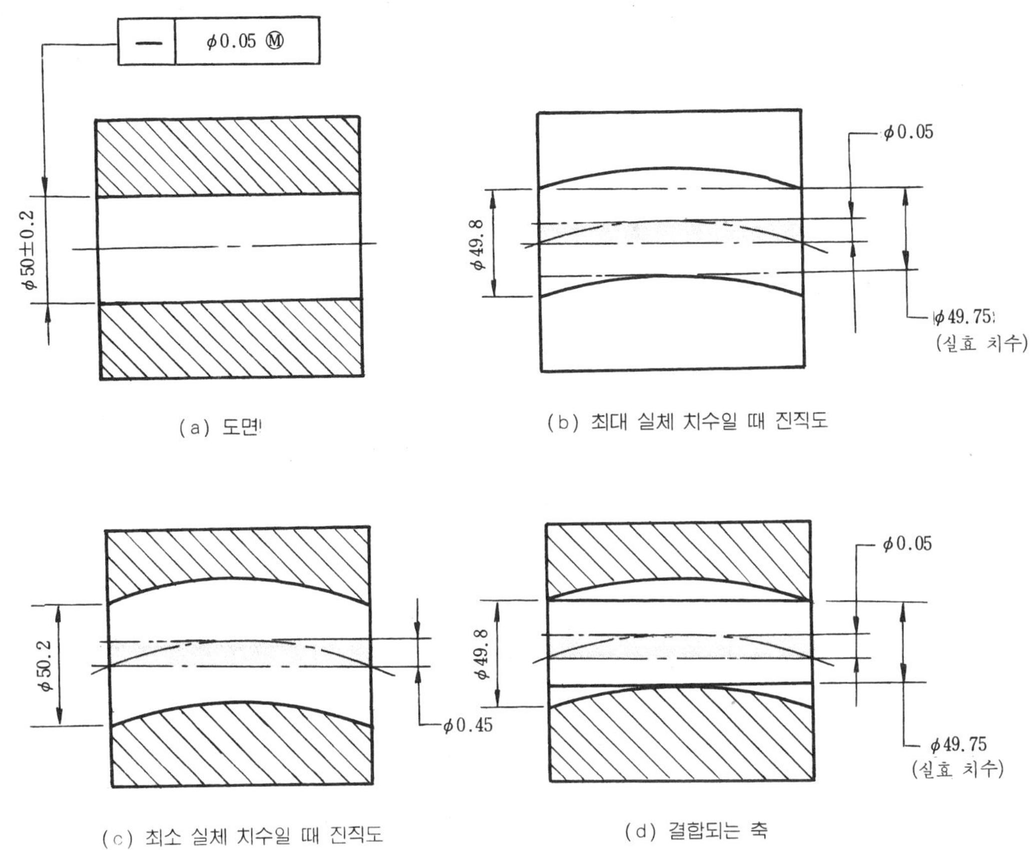

그림 2-7 최대 실체 공차 방식으로 규제된 구멍의 진직도

그림 2-7 (c)에 최소 실체 치수일 때 허용되는 진직도 공차 0.45 범위 내에서의 구멍의 형상을 나타낸 그림이며 구멍이 최대 실체 치수(ϕ49.8)일 때 진직도 공차 ϕ0.05가 적용되었을 때(**그림 2-7** (b))가 상대방 결합되는 축과 최악의 결합 상태가 된다. 이 때 결합되는 상대방 축의 최대 직경은 실효 치수 ϕ49.75이다.

구멍 직경이 최소 실체 치수(ϕ50.2)일 때 진직도 공차 ϕ0.45가 적용되었을 때(**그림 2-7** (c))도 실효 치수 즉 구멍에 결합되는 축의 최대 치수(ϕ49.75)는 마찬가지이다.

결합되는 축의 최대 치수 ϕ49.75일 때 이 축의 진직도는 0이어야 결합이 된다.

표 2-2 실제 구멍 직경에 따라 허용되는 진직도

실제 구멍 직경	허용되는 진직도
49.8	0.05
49.9	0.15
50	0.25
50.1	0.35
50.2	0.45

그림 2-7 (a) 도면에서 최대 실체 치수(ϕ49.8)일 때 허용되는 진직도가 ϕ0.05로 지시되어 있고 구멍 직경이 최소 실체 치수(ϕ50.2)로 치수 변화에 다른 진직도 공차를 표 2-2에 나타냈다. 표에서 실제 구멍 직경이 ϕ50일 경우에 허용되는 진직도는 최대 실체 치수(ϕ49.8)에서 커진 치수 0.4와 지시된 직각도 공차 0.05를 포함하여 0.45까지 진직도가 허용된다.

5 단위 진직도

진직도를 단위 길이에 대하여 임의의 위치에서 특정한 길이마다에 대하여 진직도를 규제할 수 있다. 이 경우에는 공차값 뒤에 사선을 긋고 그 길이를 기입하여 나타낸다.

예를 들어, 길이가 긴 평탄한 표면이나 봉에 대해 단위 길이당 진직도를 규제할 수 있다. 단위 길이당 진직도를 규제하는 이유는 한 부분에서의 전체 진직도 오차가 허용되는 것을 방지하기 위해서다.

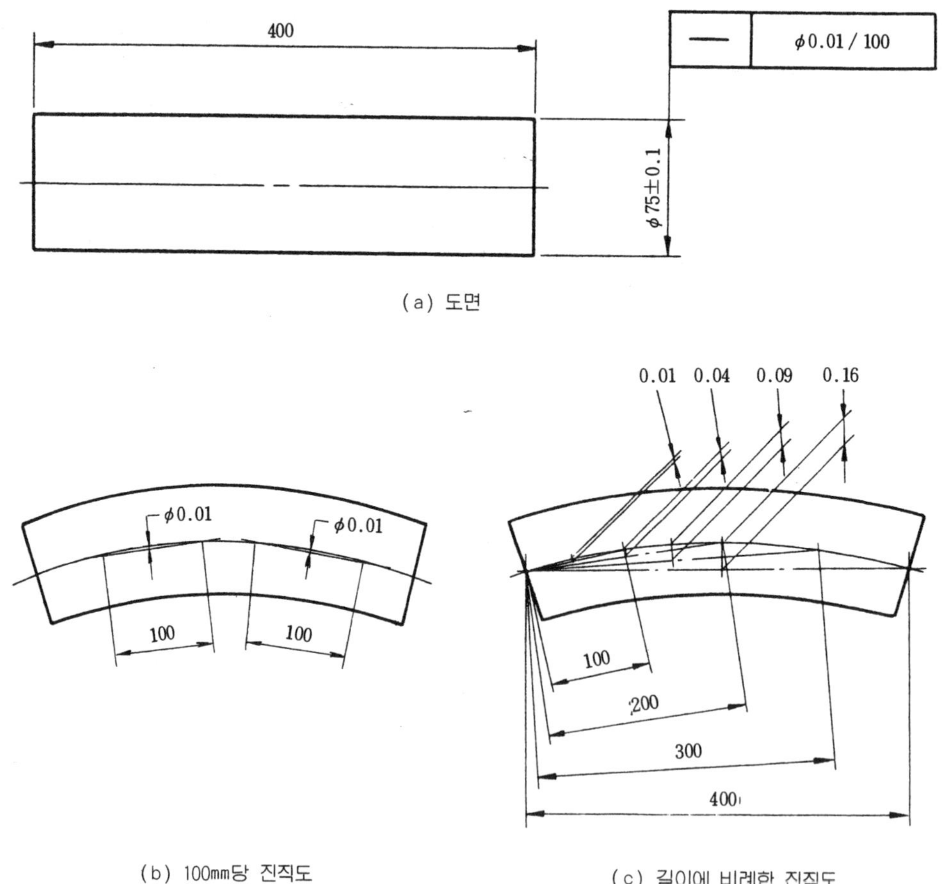

그림 2-8 단위 길이당 진직도

그림 2-8의 (a)도면에 지시된 단위 진직도는 어느 부분이든 임의의 100 mm 길이에 대한 진직도는 ϕ0.01 범위 내에서 진직해야 한다. 100 mm에 대해 0.01의 진직도가 같은 비율로 전길이에 대해 적용될 경우에 **그림 2-8**의 (c) 그림과 같이 전길이에 허용되는 진직도는 0.16까지 허용된다. 이 경우의 진직도는 현에 대한 호의 높이이므로 현에 대한 호의 높이는 현 길이의 제곱에 비례하기 때문이다.

단위 길이에 대한 진직도와 전길이에 대한 진직도를 동시에 규제할 경우에는 전 길이에 대한 진직도를 위쪽에, 단위 길이당 진직도를 아래쪽에 기입하고 칸막이 상하를 가로선으로 구획을 짓는다.

그림 2-9의 (a) 도면에 지시된 단위 진직도와 전 진직도는 **그림 2-9**의 (b)에서와 같이 임의의 길이 100 mm당 진직도는 0.05이고 전체 길이에 허용되는 진직도는 0.1 범위 내에서 진직해야 한다.

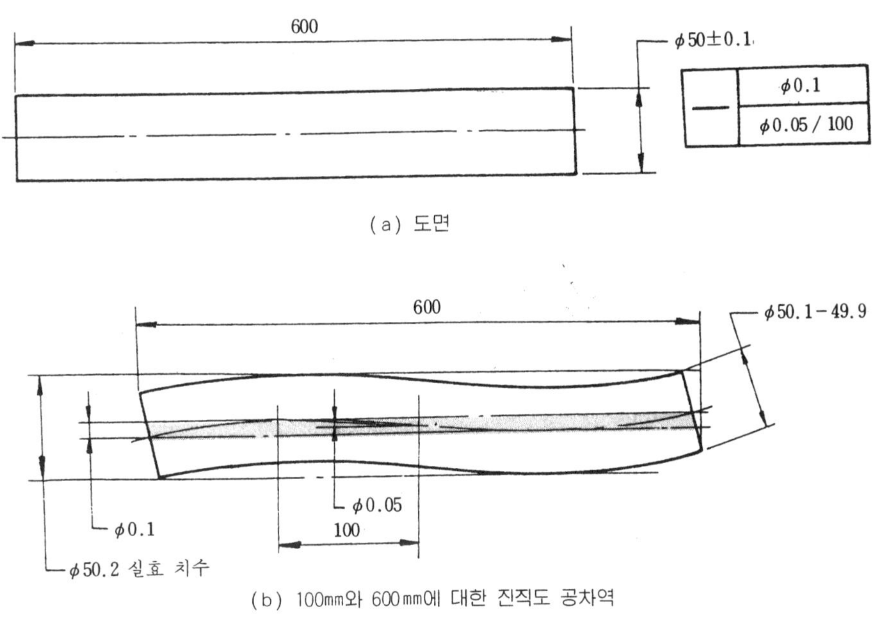

그림 2-9 단위 진직도와 전 진직도

2 평면도(平面度)

FLATNESS

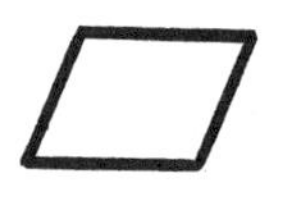

0.05

0.05 / 100

0.1

0.05 / 100

// 0.1 A

0.05

A

⊥ 0.1 A

0.03 A

0.05

A

⊥ 0.1 A A

A

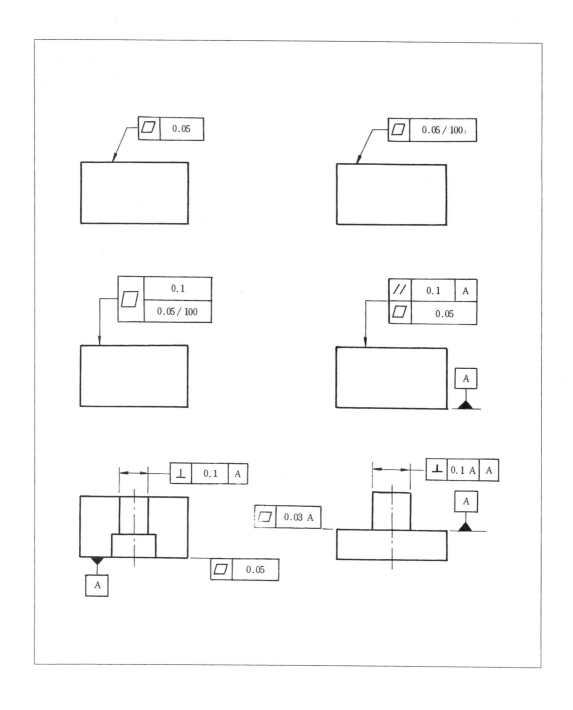

1 평면도 공차역

평면도 오차는 한 평면상에 있는 모든 표면이 정확한 평면으로부터 얼마만큼 벗어나 있는가 하는 측정치이다.

진직도의 경우에는 표면이 한 방향으로 영향을 미치나 평면도는 모든 방향으로 영향을 미친다. 하나의 표면은 한 방향으로 진직할 수 있으나 전 표면은 평탄하지 않을 수도 있다.

그림 2-10 (a) 도면에 규제된 평면도 공차 0.05는 전 표면이 치수 공차 15±0.05 범위 내에서 평면이 되어야 한다.

그림에서 상한치수 15.05일 때 평면도 공차 0.05를 만족시키려면 하하 치수는 15가 되어야 한다. 평면도 공차역은 두 평행 평면 사이의 간격이다.

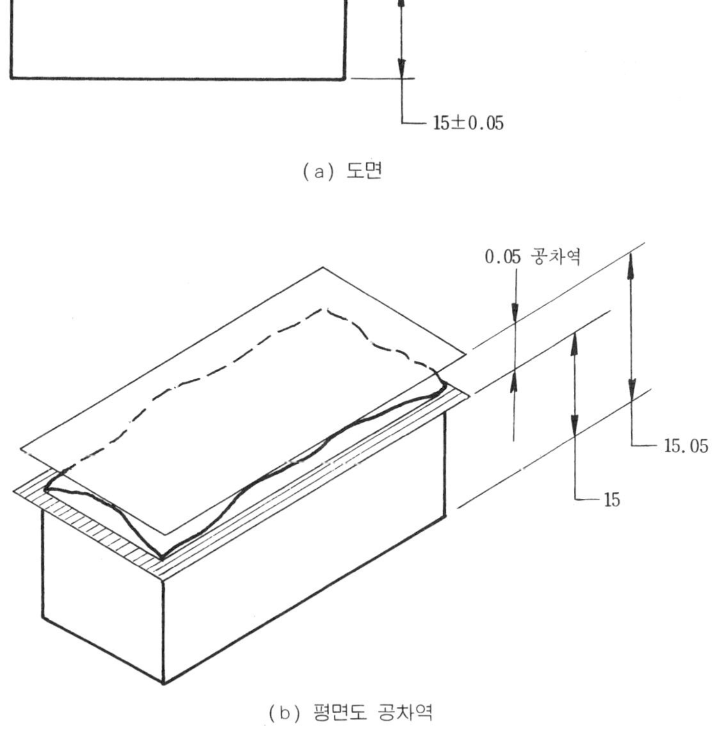

그림 2-10 평면도에 대한 공차역

그림 2-11에 치수 공차 범위 내에서 허용되는 평면도를 그림으로 나타냈다. 평면도 공차는 단독 형상에 대한 모양 공차이므로 아래 면과는 관계없이 윗면이 평면도 공차 내에서 평면이 되면 된다. 평면도 공차는 치수 공차 범위 내에서 규제되어야 하며 필요에 따라 "볼록해서는 안된다" 또는 "오목해서는 안된다"라는 주기를 부기할 수도 있다.

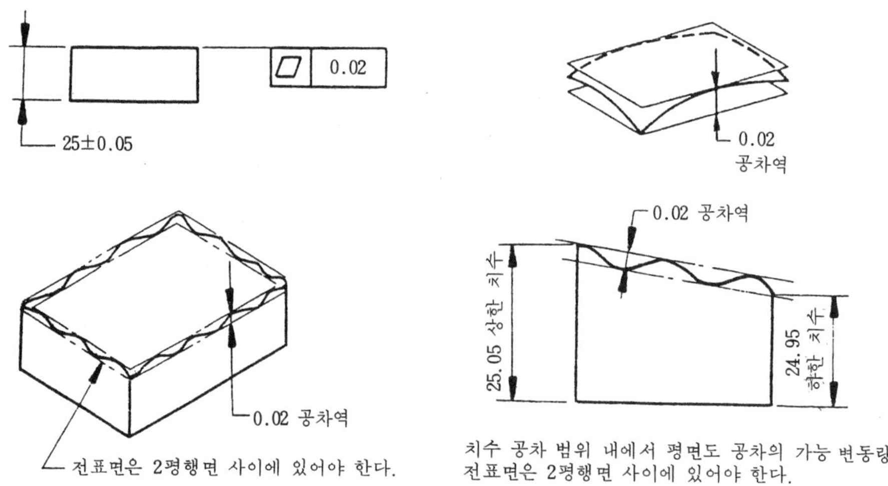

그림 2-11 평면도 규제와 공차역

2 단위 평면도

단위 평면도는 진직도와 같이 단위 기준으로 평면도를 규제할 수 있다. 단위 평면도로 규제하면 한 곳에서 전체의 평면도 오차가 생기지 않게 된다.

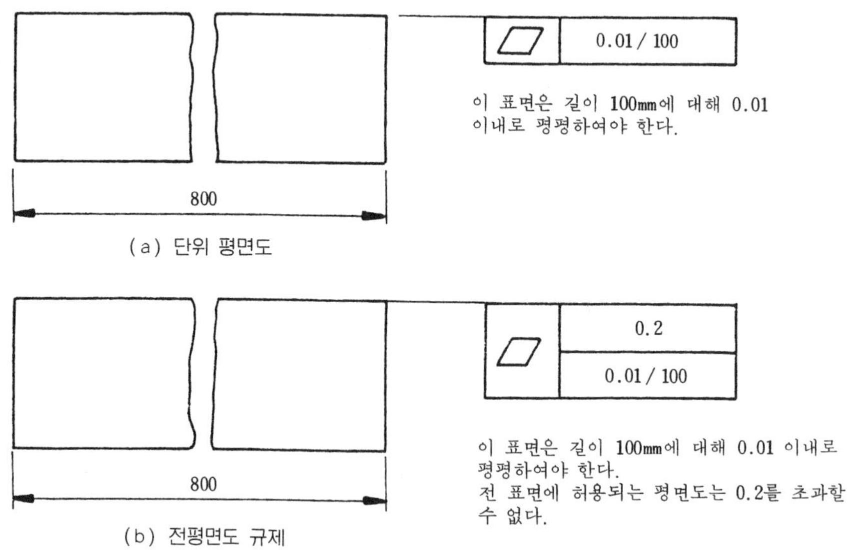

그림 2-12 단위 평면도와 전 평면도

다음 **그림 2-12**에 단위 기준으로 규제된 평면도와 전체 평면도를 규제한 예를 그림으로 나타냈고 **그림 2-13**에서는 전체 평면도를 규제할 필요 없이 부분적으로 평면도를 지시할 경우 평면도로 규제되는 부분을 가상선으로 햇칭 표시하여 그 치수를 나타내서 표시한다.

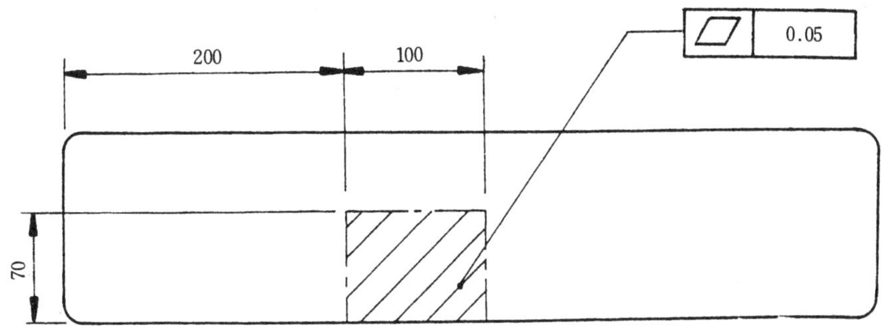

그림 2-13 규정 부분에 적용한 평면도

3 진원도(眞圓度)

ROUNDNESS

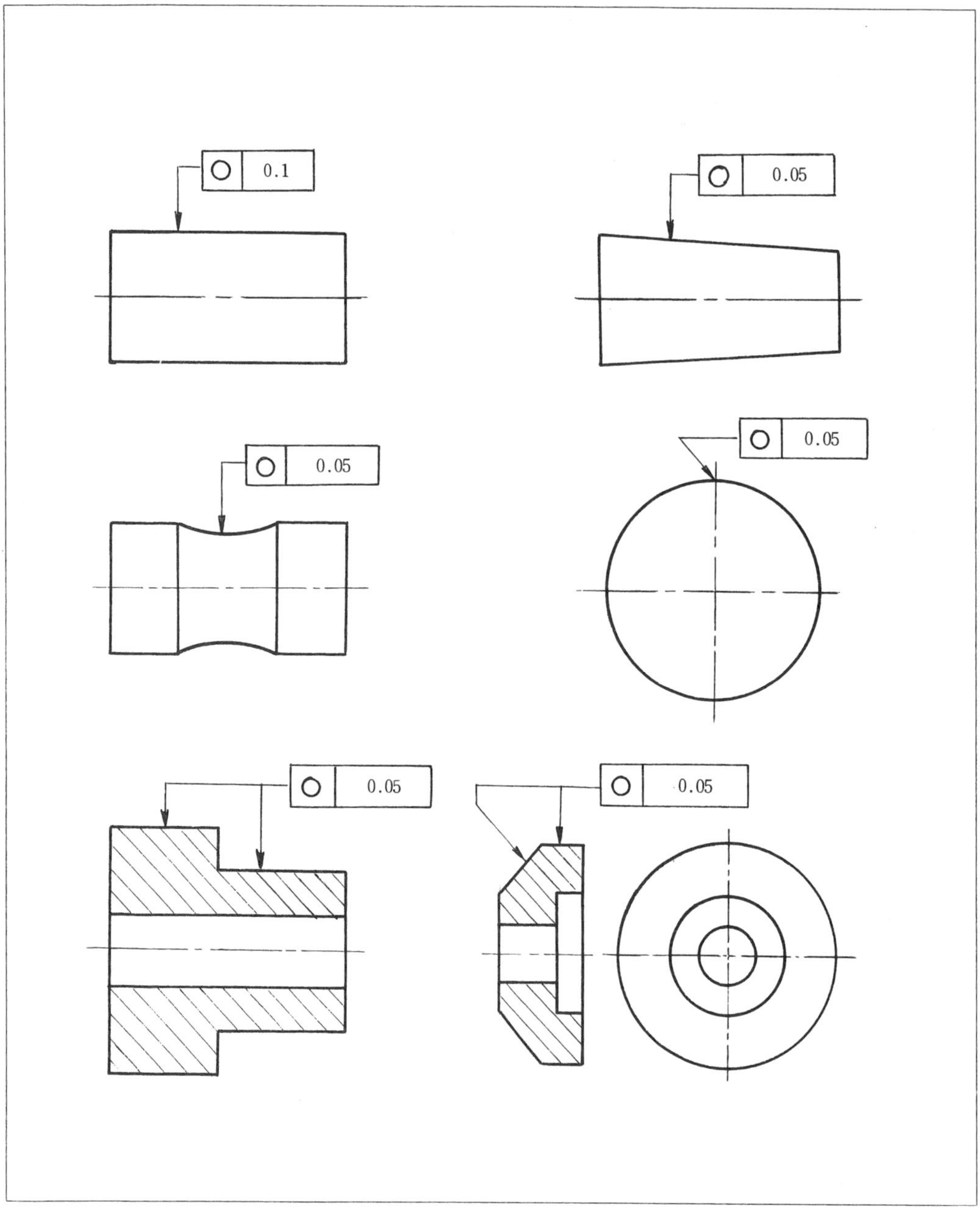

1 진원도 공차역

원은 하나의 중심으로부터 모든 점이 같은 거리에 있는 곡선이다.

이 중심으로부터 같은 거리에 있는 모든점이 원에서 얼마만큼 벗어났는가 하는 측정값이 진원도이다. 진원도는 원의 표면의 모든 점이 들어가야 하는 두 개의 완전한 동심원 사이의 반경상의 거리이다.

그림 2-14에 나타낸 그림은 가상선으로 나타낸 두 개의 동심원 사이에 실제의 불완전한 원을 나타냈다. 진원도는 이 두 개의 가상원상의 반경상의 오차다.

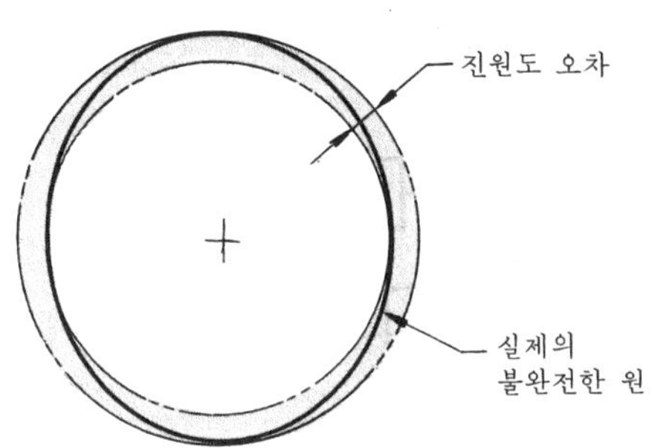

그림 2-14 진원도 공차역

2 진원도 규제 형체와 공차역

진원도로 규제되는 형체는 직경이 같은 원통 형체 또는 직경이 다른 원추 형체와 직경 변화가 있는 원통 형체 또는 구에 진원도를 규제한다. 진원도 공차는 중심을 기준으로 수직한 표면의 반경상의 공차이다. 진원도 공차는 직경 공차 범위 내에서 규제되어야 하며 직경 공차보다 크게 규제하지 않는다.

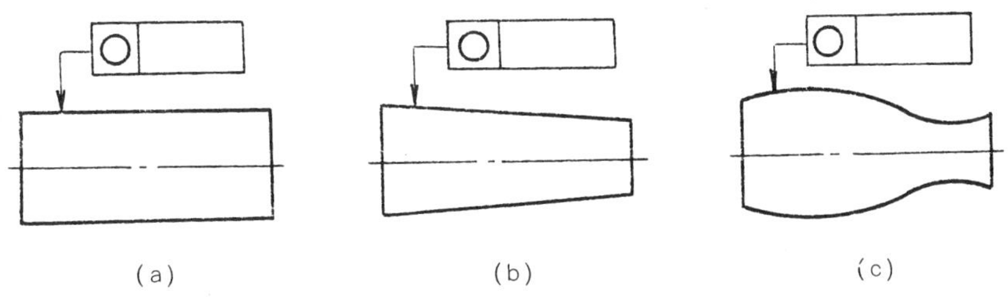

그림 2-15 진원도로 규제되는 형체

그림 2-16에 진원도로 규제된 형체의 실치수에 따른 반경상의 진원도 공차를 나타냈다. 두 개의 동심원에서 하한 치수 29.95와 상한 치수 30.05와의 사이에 반경상의 공차 0.05가 진원도 공차이다.

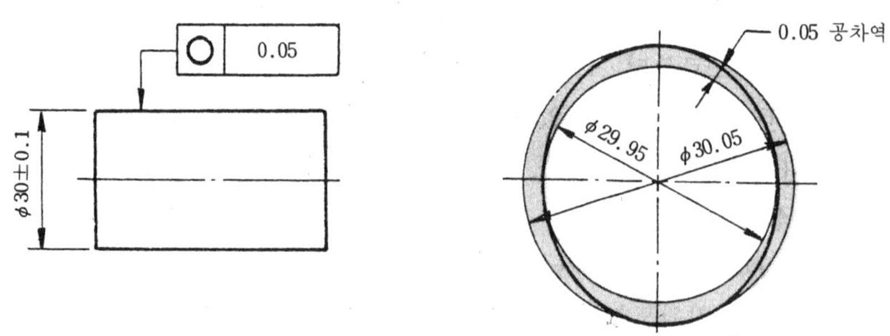

그림 2-16 진원도 규제 예와 공차역

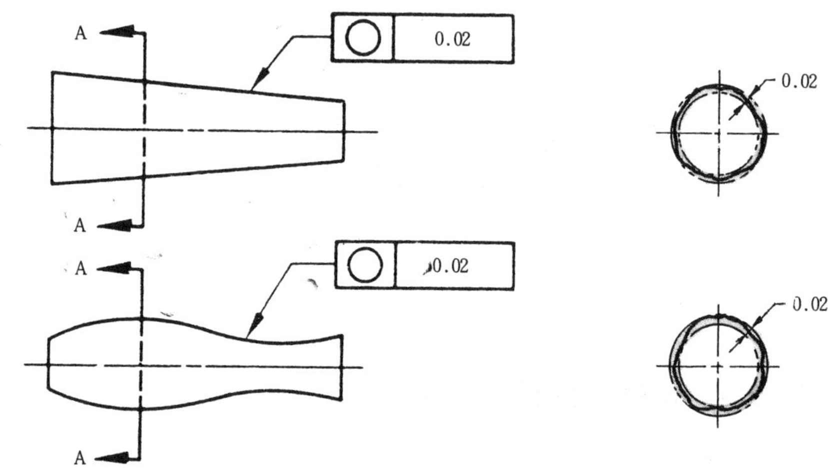

그림 2-17 직경이 다른 형체의 진원도

3 진원도 측정

진원도를 정확히 측정하는 데는 부품 표면의 외주를 원 중심에서 완전한 기하학적 형상의 원과 비교하여 검토하지 않으면 안된다. 진원도 측정법은 여러 가지가 있으나 현장에서 쉽고 간단히 측정하는 V 블럭에 의한 측정법과 양 센터에 지지하여 측정하는 방법을 그림으로 간단히 설명한다.

V 블럭 위에 측정물을 올려 놓고 회전시켜 다이얼 게이지나 테스트 인디케이터에 의해 측정할 경우 인디케이터 바늘이 움직인 수치의 1/2이 진원도 공차이며 양 센터에 공작물을 지지하여 측정하는 경우에는 인디케이터 바늘이 움직인 전량이 진원도 공차다. 그림에 나타낸 TIR은 인니케이터 움직임 전량(Total Indicator Reading)을 나타내는 약자이다.

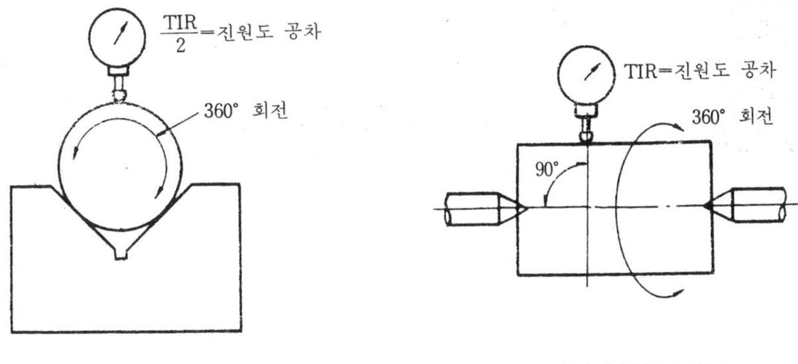

그림 2-18 진원도 측정 예

4 원통도(圓筒度)

CYLINDRICITY

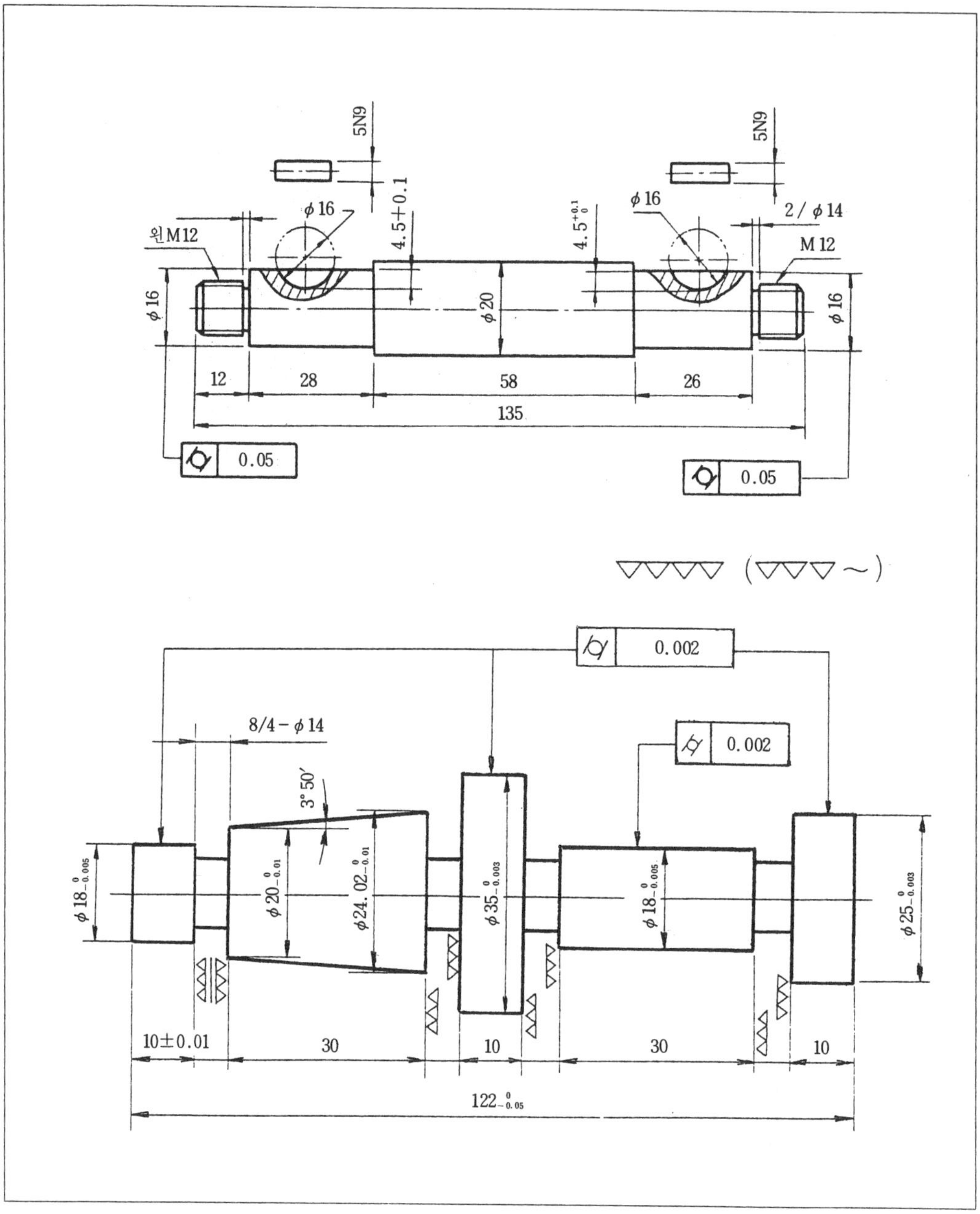

원통도는 원통 형체의 모든 표면이 두 개의 동심 원통 사이에 들어가야 하는 공차역으로 두 원통의 반지름 차로 표시한다. 원통도는 축선 방향과 축선과 수직 방향의 공차역이다. 원통도 공차는 원통 형체의 직경 공차 범위 내에서 규제되어야 한다. **그림 2-19**에 원통도 공차역을 그림으로 나타냈다.

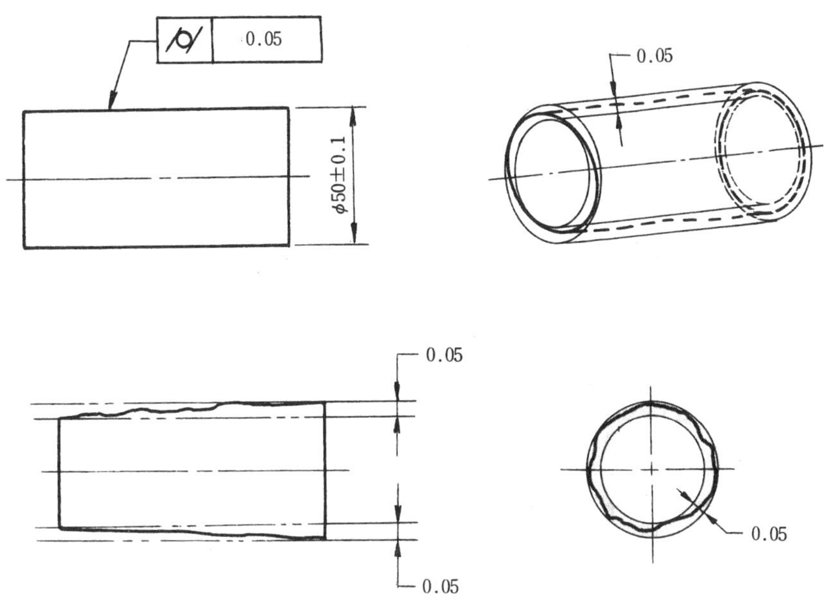

그림 2-19 원통 형체의 원통도 공차역

그림 2-20에 원통 직경에 따른 원통도 공차역을 그림으로 나타냈다.

원통 직경이 ϕ50±0.05에서 최대 직경이 ϕ50.03이면 원통도 공차 0.03을 만족시키기 위해서는 최소 원통 직경은 ϕ49.97이어야 한다. 최대 직경이 ϕ50.05일 때 최소 직경은 49.99이어야 반경상의 원통도 공차 0.03을 만족시킬 수 있다.

원통도를 점검 또는 측정하는 방법은 진원도 측정법과 같다. 다만 원통도의 경우에는 전표면의 길이 방향에 걸쳐 균일한 두께의 원통 모양 공차역을 대상으로 하는 것이며 단일 치수를 그 측정 기준으로 하는 진원도와는 다르다.

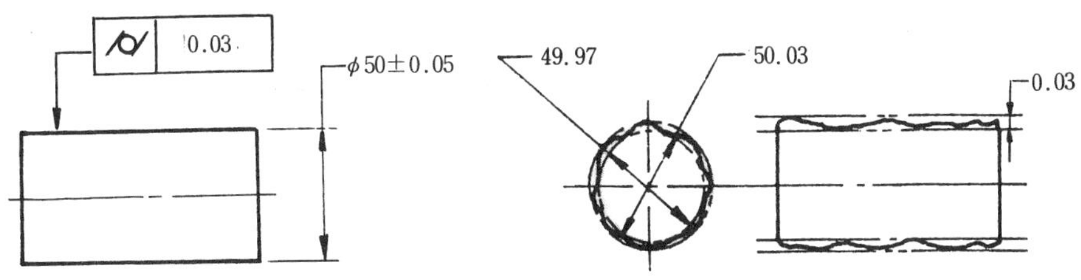

그림 2-20 원통도 공차역

5 윤곽도 공차(輪廓度公差)

PROFILE TOLERANCE

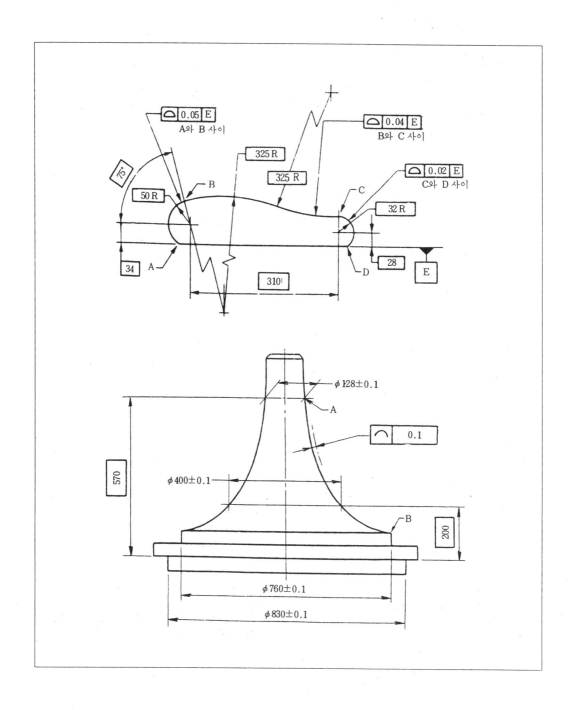

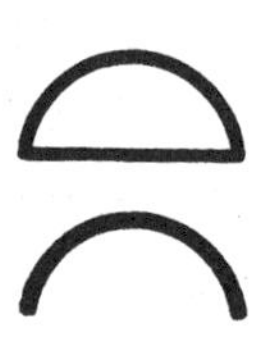

윤곽은 물체의 외곽의 형상으로 원호의 조합일 수도 있고 운형자로 그린 것같이 불규칙한 곡선일 수도 있다. 윤곽의 형태는 진직도나 평행도, 진원도 및 원통도로 규제할 수 없는 것들이다. 윤곽도 공차는 기준 윤곽에서의 벗어난 크기로 면의 윤곽도와 선의 윤곽도로 구분된다. 윤곽도에 대한 공차역은 양측 공차의 경우에는 평행한 두 줄의 가상선으로 편측 공차의 경우는 한 줄의 가상선에 의해 나타내며 두 줄의 가상선을 표시하지 않은 경우에는 양측 공차로 생각하면 된다.

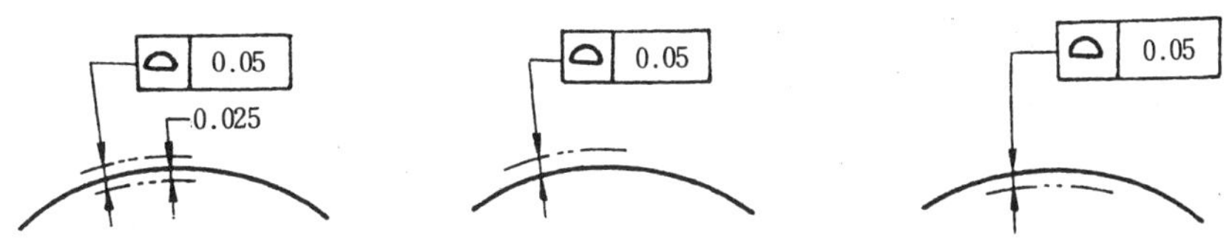

그림 2-21 양측 공차와 편측 공차 표시법

1 면의 윤곽도

면의 윤곽도는 규제되는 임의의 면의 전표면이 기준 윤곽에서 벗어난 크기이며 면의 윤곽도에 대한 공차역은 규제된 윤곽 표면에 평행한 두 개의 가상 평면이나 가상 곡면 사이의 간격이다.

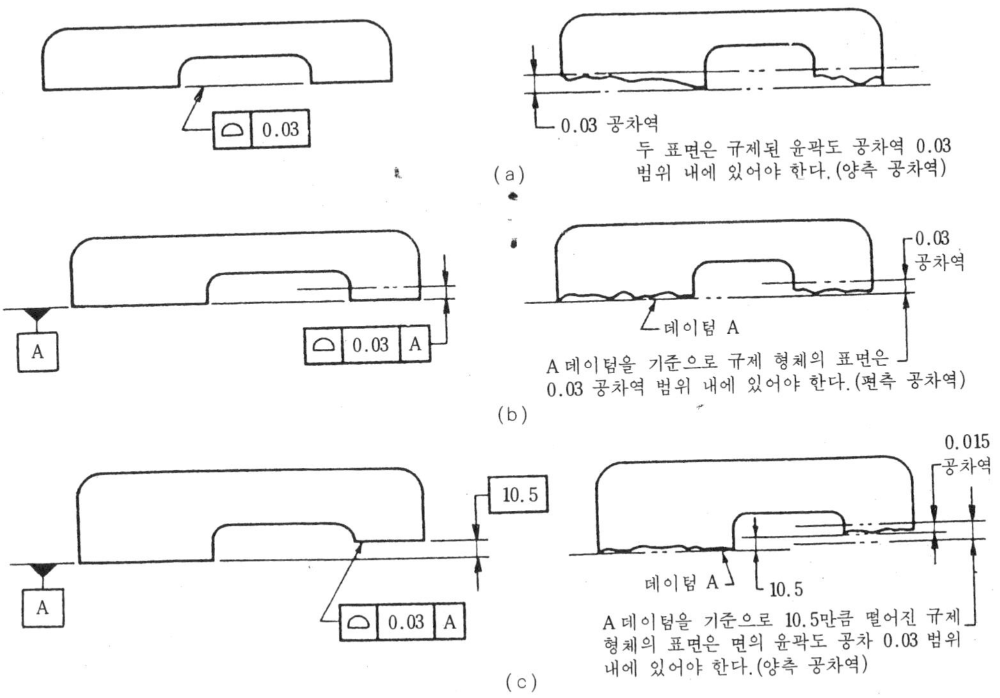

그림 2-22 면의 윤곽도와 공차역

면의 윤곽도 규제는 단독 형상에 규제할 수 있으며 데이텀을 기준으로 규제할 수도 있다. **그림 2-22**에 면의 윤곽도 규제 예를 그림으로 나타냈다.

그림 2-23에 규제된 면의 윤곽도의 경우 도면상에 가상선이 표시되어 있지 않은 경우에 적용되는 공차역은 양측 공차로 생각하면 된다. 편측 공차의 경우에는 기준 윤곽 안쪽이나 바깥쪽에 가상선 표시를 하여야 한다.

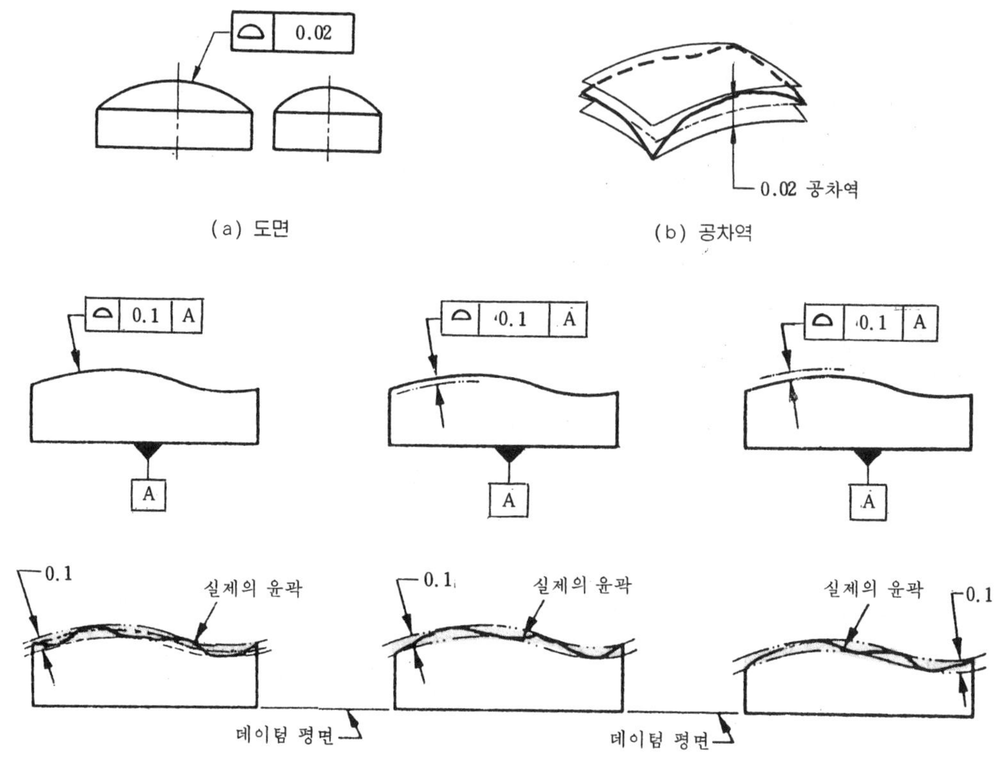

그림 2-23 양측 공차와 편측 공차역

2 선의 윤곽도

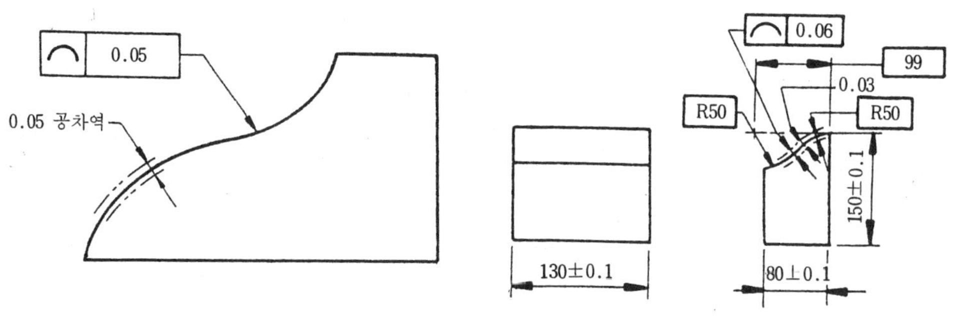

그림 2-24 선의 윤곽도

선의 윤곽도는 진직도가 평면이나 원통 형체의 표면에 대한 한 방향으로 규제되는 것과 같이 선의 윤곽도는 곡면에 대한 한 방향의 선의 윤곽에 대한 공차다.

곡면을 따르는 진직도로 생각하면 된다. 선의 윤곽도에 대한 공차역은 선의 기준 윤곽에 평행한 두 개의 가상 곡선 사이의 거리이다.

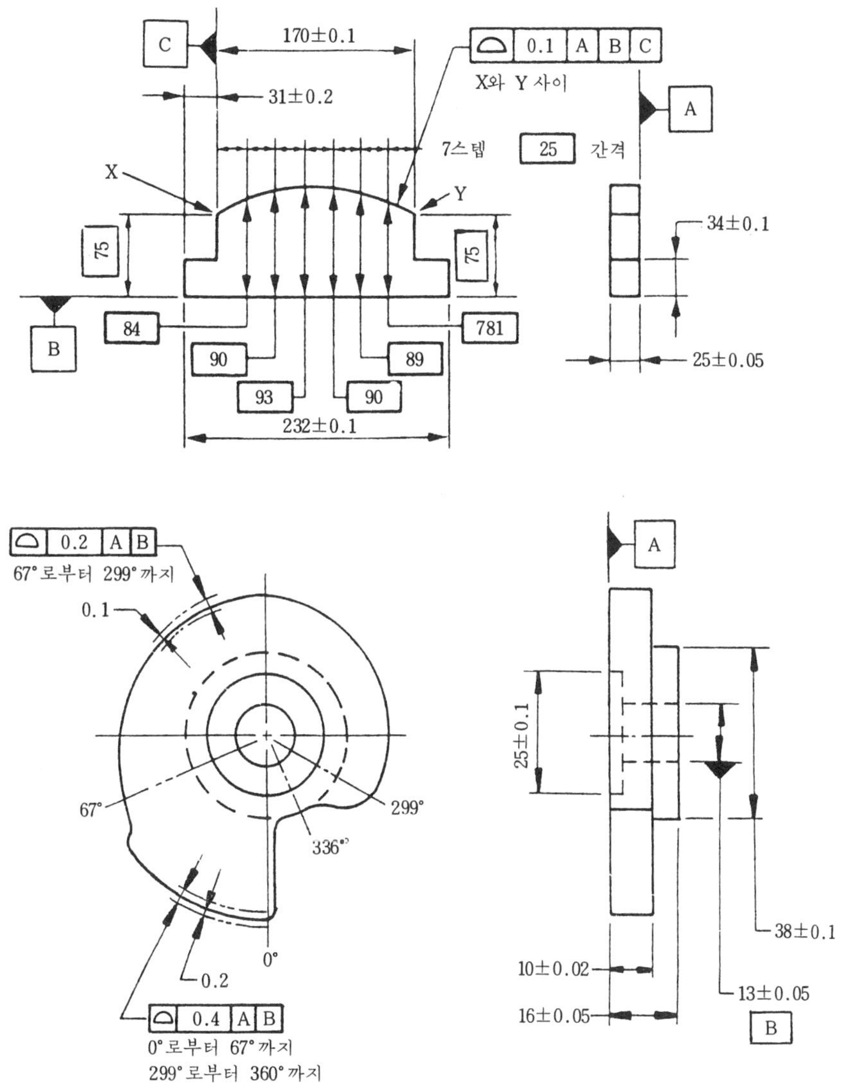

그림 2-25 윤곽도 공차 규제 예

제 3 장

자세공차

// ⊥ ∠

1 평행도(平行度)

PARALLELISM

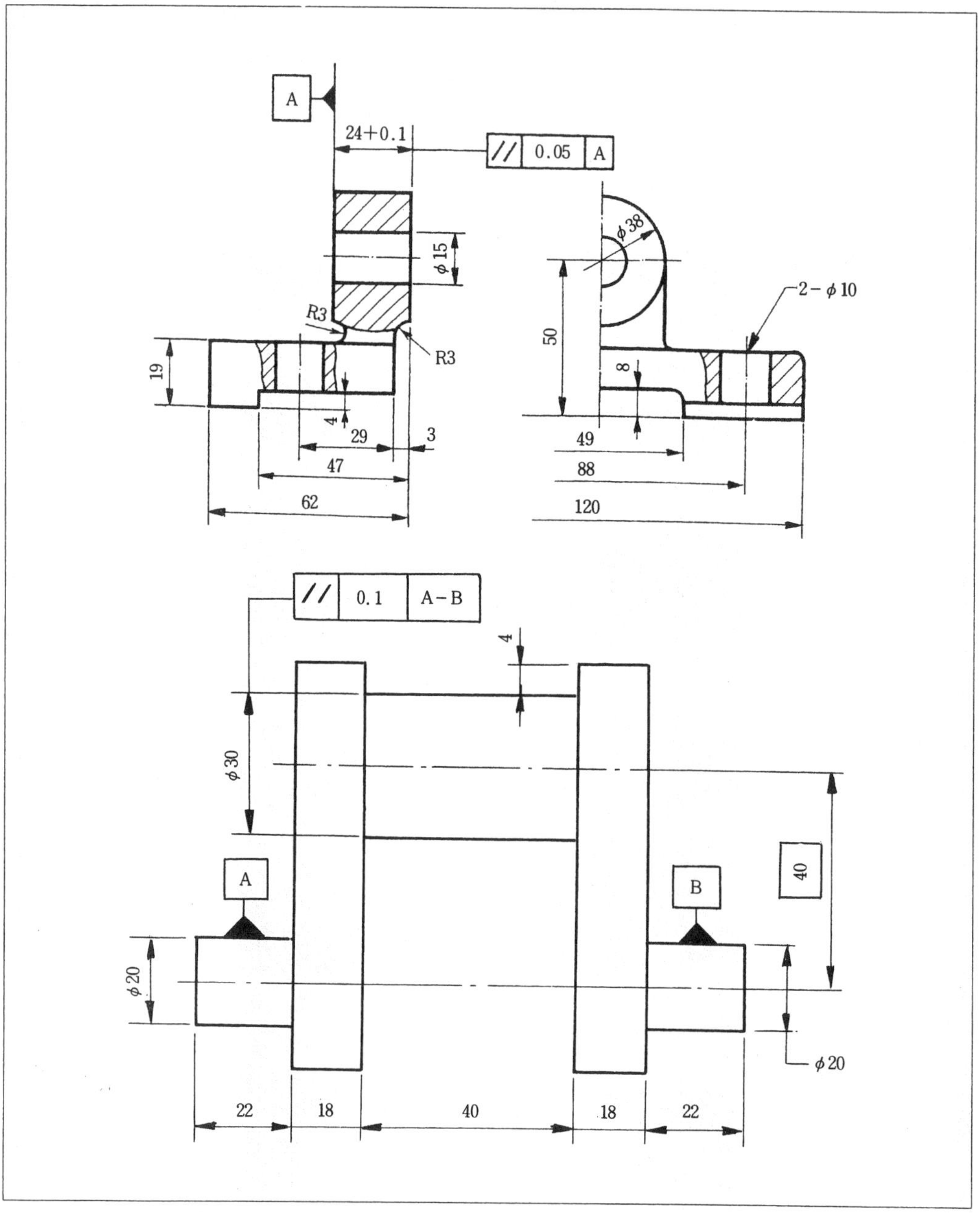

평행도는 데이텀 축직선 또는 데이텀 평면에 대하여 규제 형체의 표면 또는 축직선의 어긋남의 크기를 말한다.

평행도는 다음과 같은 경우에 규제된다.

① 두 개의 평면
② 하나의 평면과 축직선 또는 중간면
③ 두 개의 축직선이나 중간면

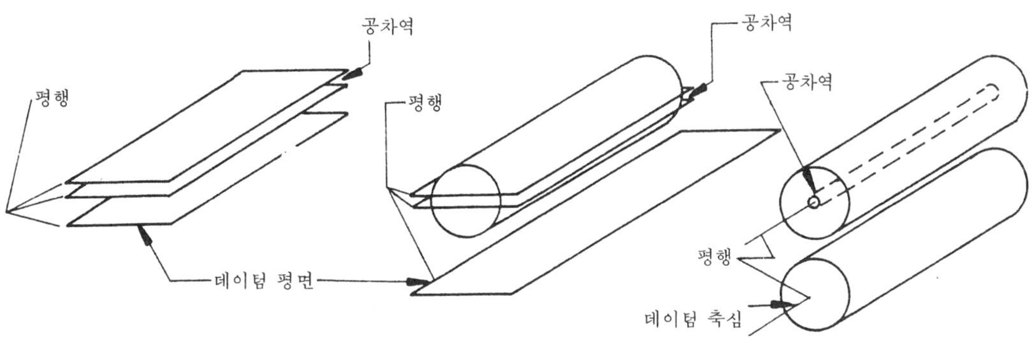

그림 3-1 평행도 규제 형체

1 두 개의 평면에 대한 평행도

두 개의 평면에 대하여 평행도를 규제할 경우에 하나의 평면은 데이텀이 되어 데이텀 표시를 해야 하며 데이텀 표시가 없을 경우에는 긴 쪽을 데이텀으로 하고 길이가 같을 경우에는 어느 형체를 데이텀으로 해도 좋다. 길이가 같은 표면 형체는 어느 쪽을 데이텀으로 해도 결과는 마찬가지이지만 길이가 다른 형체는 어느 쪽을 데이텀으로 했느냐에 따라 평행도 공차값이 달라진다.

따라서 어느 쪽을 데이텀으로 해야 하느냐는 설계상 대상물에 요구할 기능적인 조건에 따라 데이텀을 결정해야 한다.

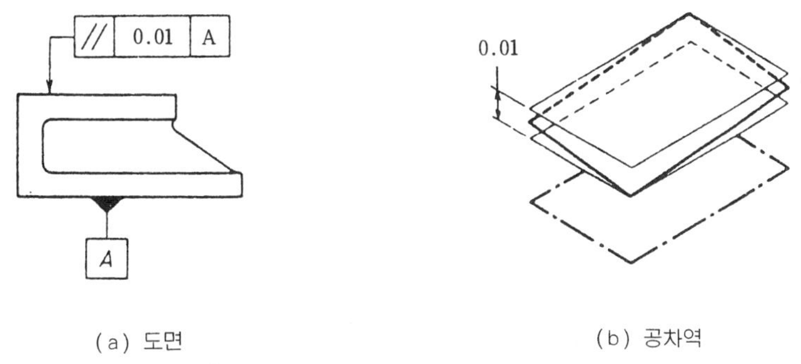

(a) 도면 (b) 공차역

그림 3-2 평면에 대한 평행도 공차역

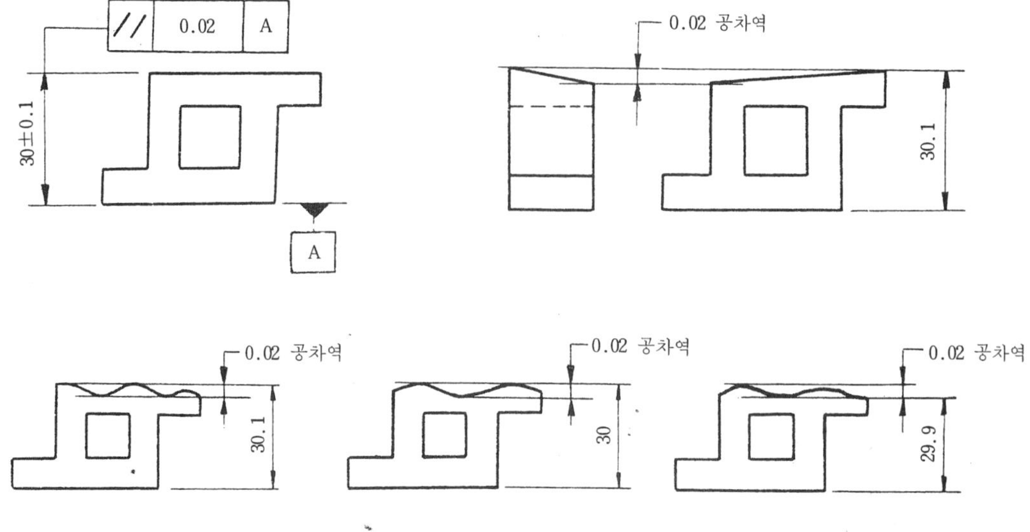

그림 3-3 두 개의 평면에 대한 평행도

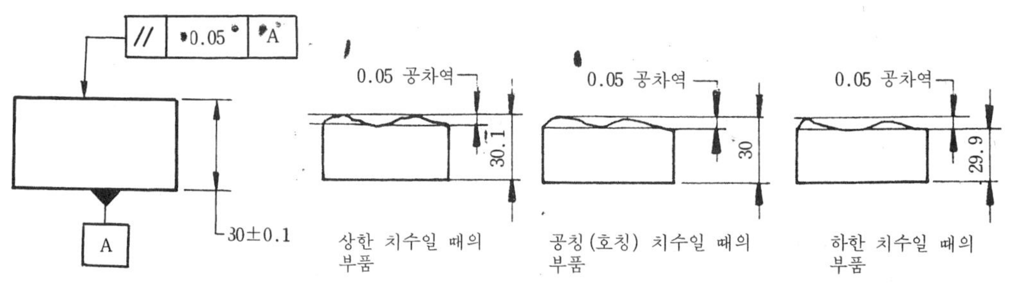

그림 3-4 치수 공차 범위 내에서의 평행도 공차

2 하나의 평면과 중심을 갖는 형체의 평행도

하나의 평면과 중심을 갖는 형체에 평행도가 규제될 경우에는 두 개의 형체 중 기능에 따라 하나의 형체는 데이텀이 되어야 한다.

다음 **그림** 3-5에 하나의 표면이 데이텀이 되어 구멍의 중심에 평행도를 규제한 예이며 **그림** 3-6에는 구멍의 중심이 데이텀이 되어 표면에 평행도를 규제한 예이다.

다음 **그림** 3-7은 A데이텀을 기준으로 구멍의 위치가 [40]인 구멍의 중심에 평행도를 규제한 예이다.

[40]을 기준으로 평행도 공차 0.1 범위 내에서 구멍의 위치가 40.05에서 39.95로 **그림** (b)와 같이 기울어질 수 있으며 **그림** (c)와 같이 **그림** (b)와 반대 방향으로 기울어질 수도 있다.

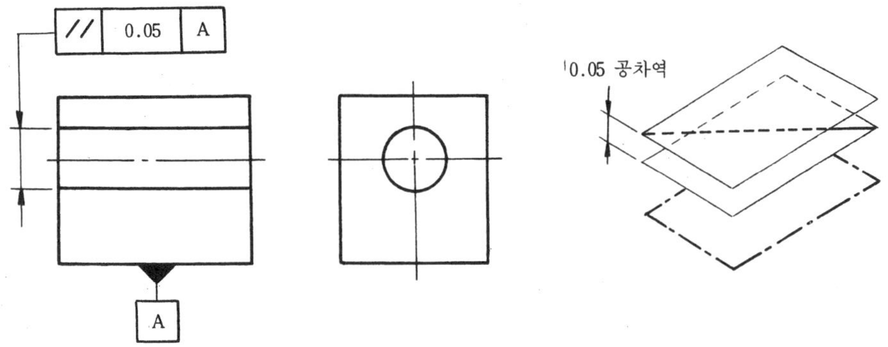

그림 3-5 표면을 데이텀으로 구멍에 규제된 평행도

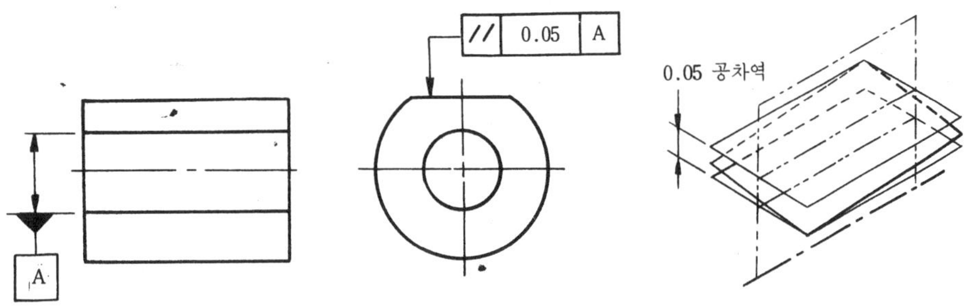

그림 3-6 구멍을 데이텀으로 표면에 규제된 평행도

평행도 공차 0.1은 구멍의 직경 공차와는 관계없이 적용된다. 즉 구멍 직경이 하한 치수 ϕ19.9일 때나 상한 치수 ϕ20.1일 경우에도 평행도 공차는 변동 없이 0.1 범위 내에서 평행해야 한다.

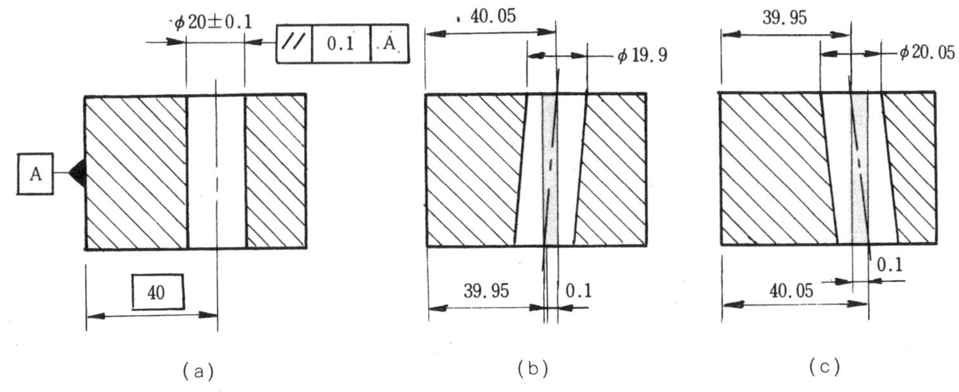

그림 3-7 치수 공차와 관계없이 규제된 평행도

다음 **그림 3-8**의 경우에는 최대 실체 공차 방식으로 평행도가 규제된 예이다. 이 경우에는 구멍의 직경이 최대 실체 치수(ϕ19.8)일 때 평행도 공차 0.1이 적용되어 **그림** (b)와 같이 A데이텀에서 [40]을 기준으로 평행도 공차 0.1 범위 내에서 40.05와 39.95로 기울어질 수 있으며 구멍의 직경이 최소 실체 치수로 커지면서 추가 공차가 허용된다.

그림 (c)는 실제 구멍의 직경이 최소 실체 치수(ϕ20.2)일 때 치수 공차 0.4(±0.2)만큼 추가되어 평행도 공차가 0.5까지 허용될 때 [40]을 기준으로 구멍의 위치가 40.25와 39.75로 기울어진 상태의 그림이다.

그림 (b)와 **그림** (c)의 경우 실효 치수(19.7)는 동일하다.

그림 (d)는 실제 구멍이 **그림** (b), (c)와 같이 제작된 상태가 이 부품에 상대방 부품이 결합될 때 최악의 결합 상태가 된다.

이 경우에 결합되는 상대방 부품과 결합되는 결합 상태를 나타낸 그림이다. **표 3-1**은 구멍의 실제 직경이 직경 공차 범위 내에서 최대 실체 치수에서 최소 실체 치수로 커지면서 추가되는 평행도 공차를 나타낸 표이다.

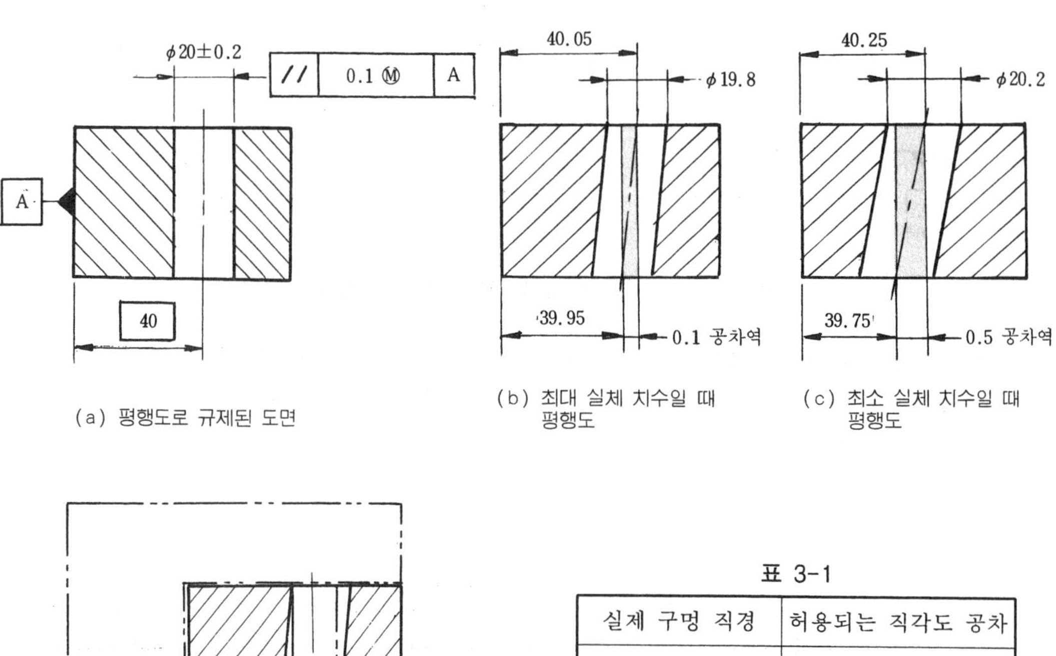

표 3-1

실제 구멍 직경	허용되는 직각도 공차
19.8	0.1
19.9	0.2
20	0.3
20.1	0.4
20.2	0.5

그림 3-8 최대 실체 공차 방식으로 규제된 평행도

3 두 개의 중심을 갖는 형체의 평행도

데이텀과 규제 형체가 각각 원통형체일 경우 데이텀 축직선을 기준으로 규제 형체의 축직선은 규제된 평행도 공차 범위 내에 있어야 한다.

공차역은 평행도 공차 수치 앞에 ϕ가 붙어 있지 않을 경우에는 폭 공차역이며 공차 수치 앞에 ϕ가 붙어 있으면 공차역은 직경 공차역이다.

그림 3-9의 (a)에 직경 공차역으로 규제된 평행도를 그림으로 나타냈다.

A데이텀 중심을 기준으로 위쪽 구멍 중심은 직경 0.05 범위 내에서 평행해야 한다. 구멍 직경 공차와는 관계없이 규제된 평행도 공차 범위 내에 있어야 한다.

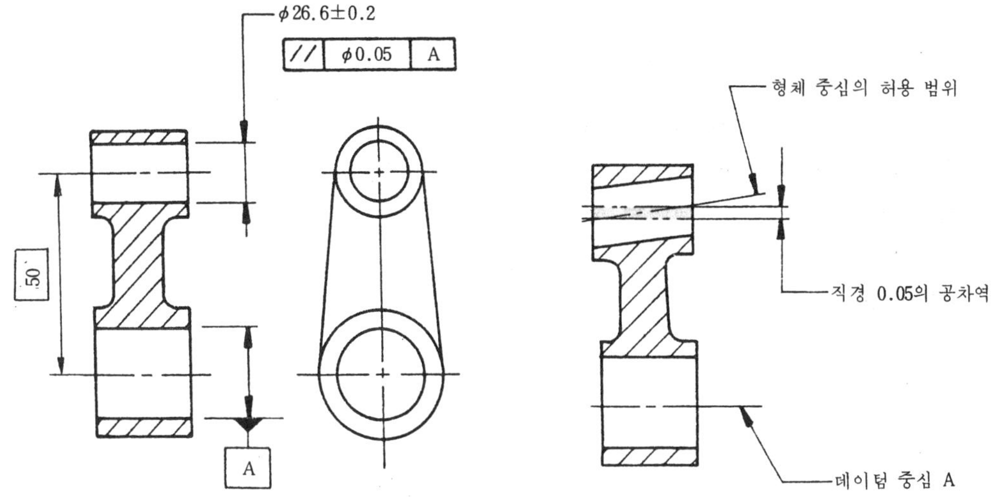

(a) 직경 공차역으로 규제된 구멍의 평행도

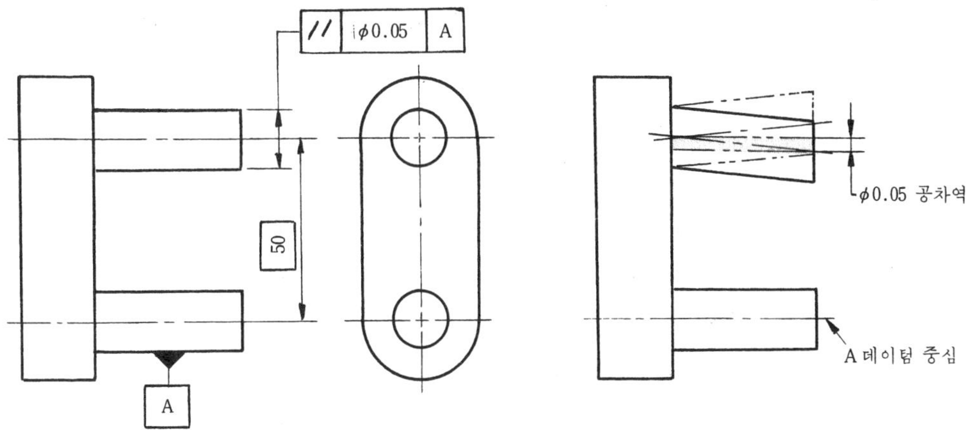

(b) 직경 공차역으로 규제된 축의 평행도

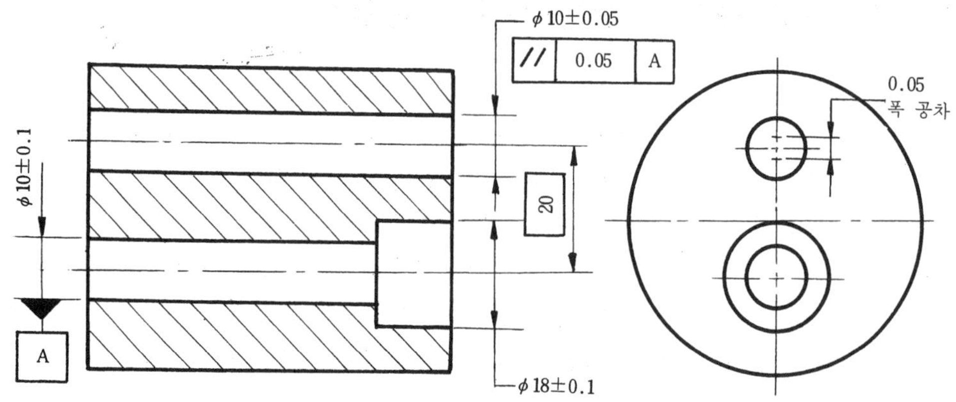

(c) 폭 공차역으로 규제된 구멍의 평행도

그림 3-9 직경 공차와 폭공차역으로 규제된 평행도

즉, 구멍 직경이 φ26.8이나 φ26.4일 때도 평행도 공차 0.05에 추가 공차가 허용되지 않는다. **그림 3-9**의 (b)에 직경 공차역으로 축에 규제된 평행도를 도시하였다.

그림 3-9(c)의 경우는 A 데이텀 중심을 기준으로 규제 형체 구멍의 중심은 아래 위쪽으로 0.05의 폭공차역으로 평도가 규제된 예이다.

(1) 평행도 공차역

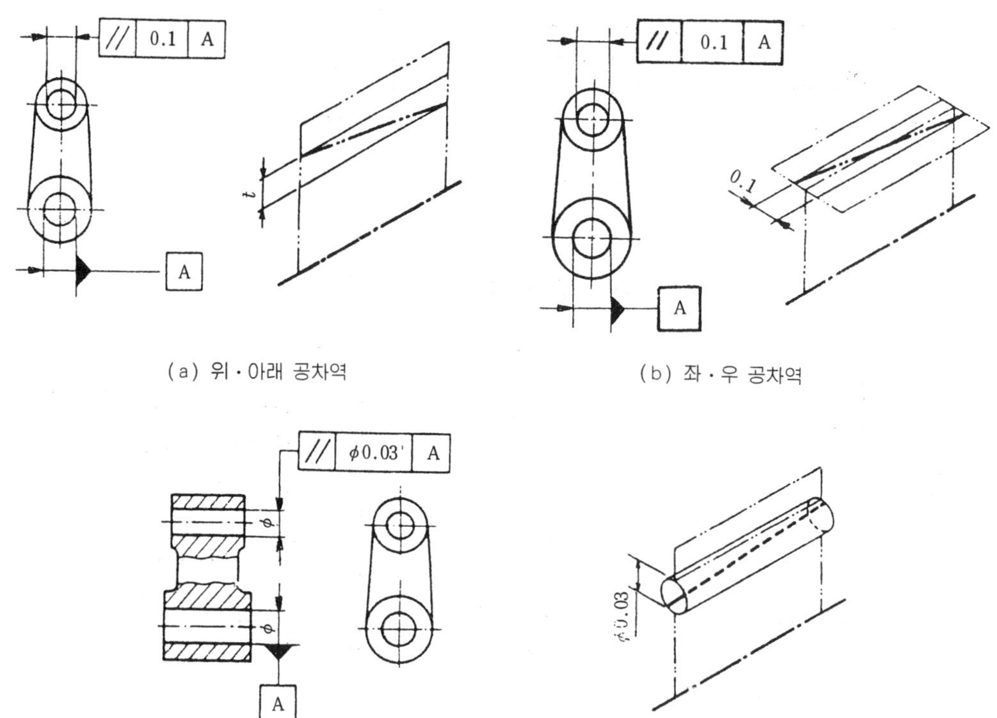

(a) 위·아래 공차역

(b) 좌·우 공차역

(c) 직경 공차역

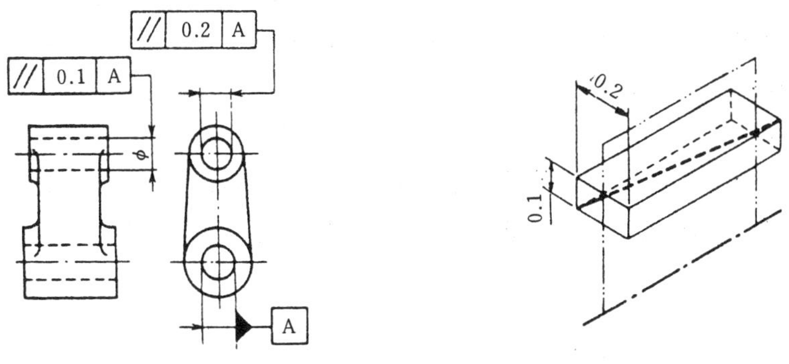

(d) 직육면체 공차역

그림 3-10 지시 조건에 따른 평행도 공차역

그림 3-10은 기하 공차를 어떻게 지시했느냐에 따른 공차역을 나타낸 그림이다. 부품 특성에 따라 요구되는 평행도의 공차역을 어느 쪽으로 하느냐 하는 것은 부품의 기능에 따라 다음과 같이 공차역을 지시할 수가 있다. **그림** (a)는 데이텀 A를 기준으로 A에 평행한 아래쪽과 위쪽으로 0.1 범위 내에서 평행한 공차역이고 **그림** (b)는 A데이텀을 기준으로 좌우쪽으로 0.1의 공차역이며 **그림** (c)는 A데이텀을 기준으로 직경 공차역 φ0.03의 공차역이며 **그림** (d)는 좌우, 상하 직육면체 내에서 평행해야 한다.

(2) 최대 실체 공차 방식으로 규제된 평행도

그림 3-11은 최대 실체 공차 방식으로 평행도가 규제된 예이다. 이 경우 A데이텀을 기준으로 규제 형체 구멍의 중심은 최대 실체 치수(φ26.4)일 때 지시된 평행도 공차가 φ0.2이다. 구멍이 직경 공차 범위 내에서 최소 실체 치수로 커지면서 추가 공차가 허용된다. 실제 구멍의 직경에 따라 허용되는 추가 공차를 다음 그림에 수치로 나타냈다.

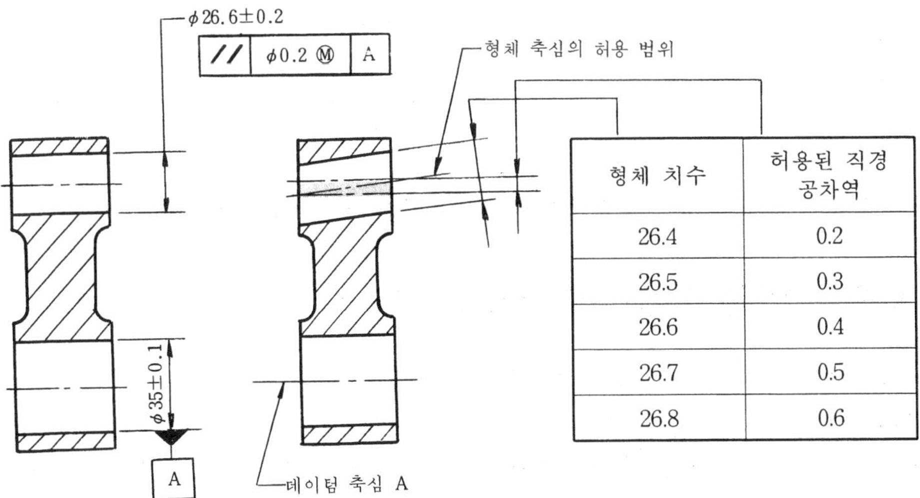

형체 치수	허용된 직경 공차역
26.4	0.2
26.5	0.3
26.6	0.4
26.7	0.5
26.8	0.6

그림 3-11 최대 실체 공차 방식으로 규제된 평행도

그림 3-12는 A데이텀 구멍과 규제 형체 구멍에 각각 최대 실체 공차 방식을 지시한 예이다. 부품 특성에 따라 데이텀에도 최대 실체 공차 방식을 적용할 수가 있다.

이 경우에 지시된 평행도 공차 0.1은 A데이텀 구멍이 최대 실체 치수 ϕ29.8 규제 형체 구멍이 최대 실체 치수 ϕ19.8일 때 평행도 공차가 0.1이고 A데이텀 구멍과 규제 형체 구멍의 직경이 커지면서 추가 공차가 허용된다. 두 개의 구멍의 실제 직경에 따라 허용되는 평행도는 다음과 같다. **그림 3-12**에 두 개 구멍의 실제 직경에 따라 허용되는 평행도를 나타냈다.

① 데이텀 구멍이 최대 실체 치수(ϕ29.8)
규제 형체 구멍이 최대 실체 치수(ϕ19.8) } 허용되는 평행도 0.1

② 데이텀 구멍이 최대 실체 치수(ϕ29.8)
규제 형체 구멍이 최소 실체 치수(ϕ20.2) } 허용되는 평행도 0.5

③ 데이텀 구멍이 최소 실체 치수(ϕ30.2)
규제 형체 구멍이 최대 실체 치수(ϕ19.8) } 허용되는 평행도 0.5

④ 데이텀 구멍이 최소 실체 치수(ϕ30.2)
규제 형체 구멍이 최소 실체 치수(ϕ20.2) } 허용되는 평행도 0.9

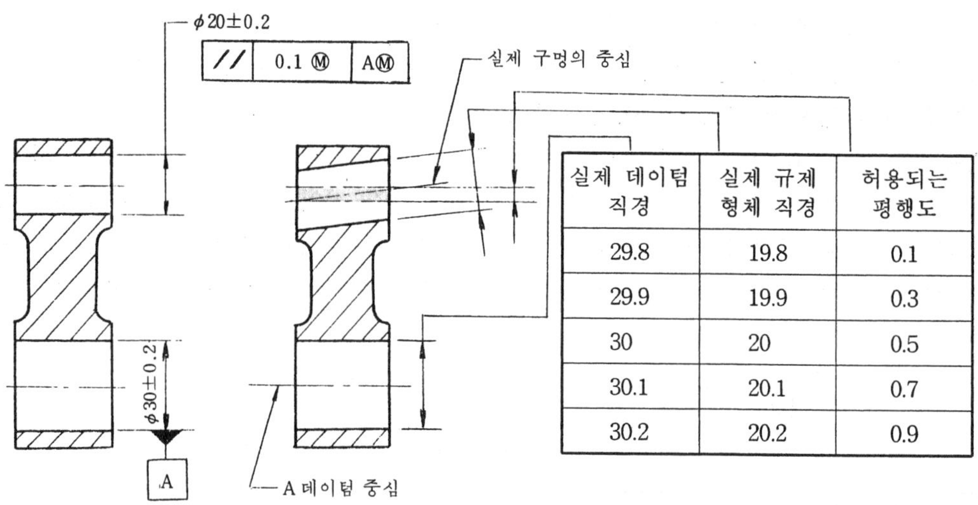

실제 데이텀 직경	실제 규제 형체 직경	허용되는 평행도
29.8	19.8	0.1
29.9	19.9	0.3
30	20	0.5
30.1	20.1	0.7
30.2	20.2	0.9

그림 3-12 데이텀과 규제 형체가 최대 실체 공차 방식으로 규제된 평행도

4 단위 길이와 전길이에 규제된 평행도

부품의 특성에 따라 단위 길이당 평행도와 전길이에 대한 평행도를 규제할 필요가 있을 때는 다음 **그림 3-13**과 같이 규제할 수가 있다.

그림 3-13의 경우에는 전체 길이에 평행도가 규제되는 것이 아니고 어느 부분이든 100 mm에 해당되는 부분은 평행도 공차 0.05 범위 내에 있어야 한다.

도면상에 특정 길이에 대한 평행도 공차를 지시할 경우 평행도 공차값 뒤에 사선을 긋고 단위 길이를 기입한다. 단위 길이에 대한 공차값과 전길이에 대한 공차를 동시에 지시할 경우에는 **그림 3-14**에서와 같이 단위 길이에 대한 공차값 표시 위에 전길이에 대한 공차값을 칸막이를 이중으로 설치하여 표시한다.

이 경우에는 어느 부분이든 100 mm에 해당되는 부분의 평행도는 0.05 범위 내에 있어야 하고 전체 길이에 적용되는 평행도는 0.1 범위 내에서 평행해야 한다.

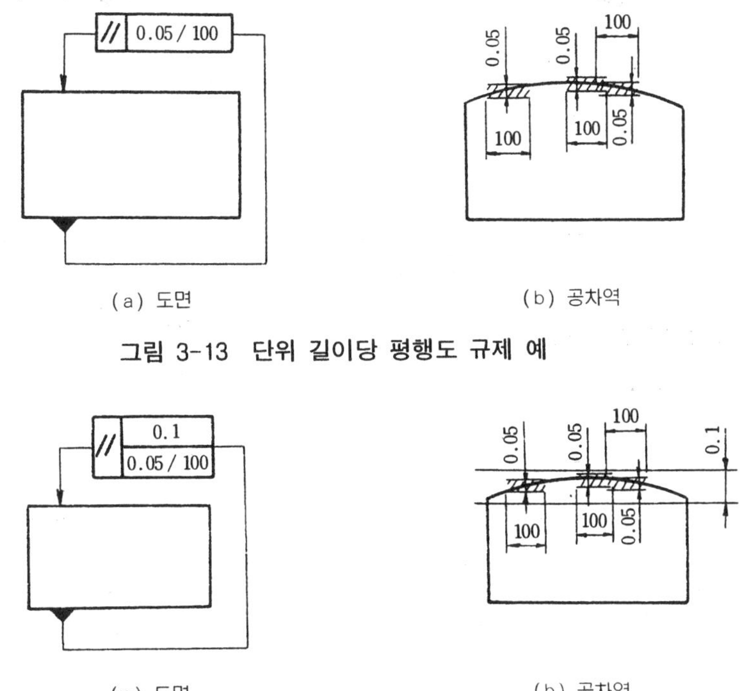

그림 3-13 단위 길이당 평행도 규제 예

(a) 도면 (b) 공차역

그림 3-14 단위 길이와 전길이에 대한 평행도 규제 예

5 부분적인 길이에 대한 평행도

규제하고자 하는 형체의 전체에 공차를 적용시킬 필요가 없고 어느 한정된 범위 안에서만 공차를 적용시킬 경우에는 **그림 3-15**에서와 같이 형체를 나타내는 선에 평행하게 그은 굵은 일점 쇄선으로 나타내고 그 일점 쇄선으로 나타낸 범위를 치수로 나타낸다.

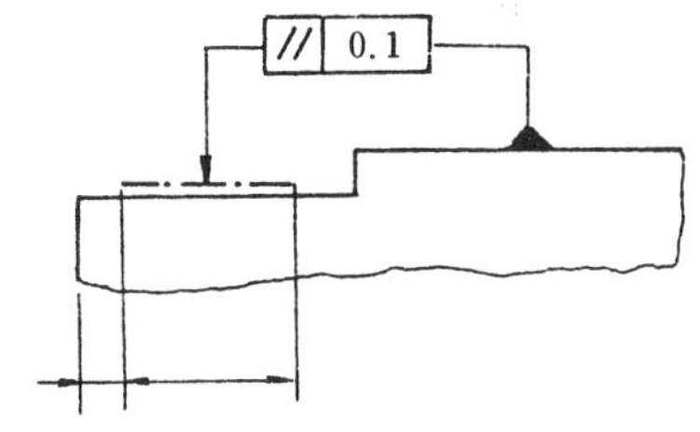

그림 3-15 한정된 범위의 평행도 규제

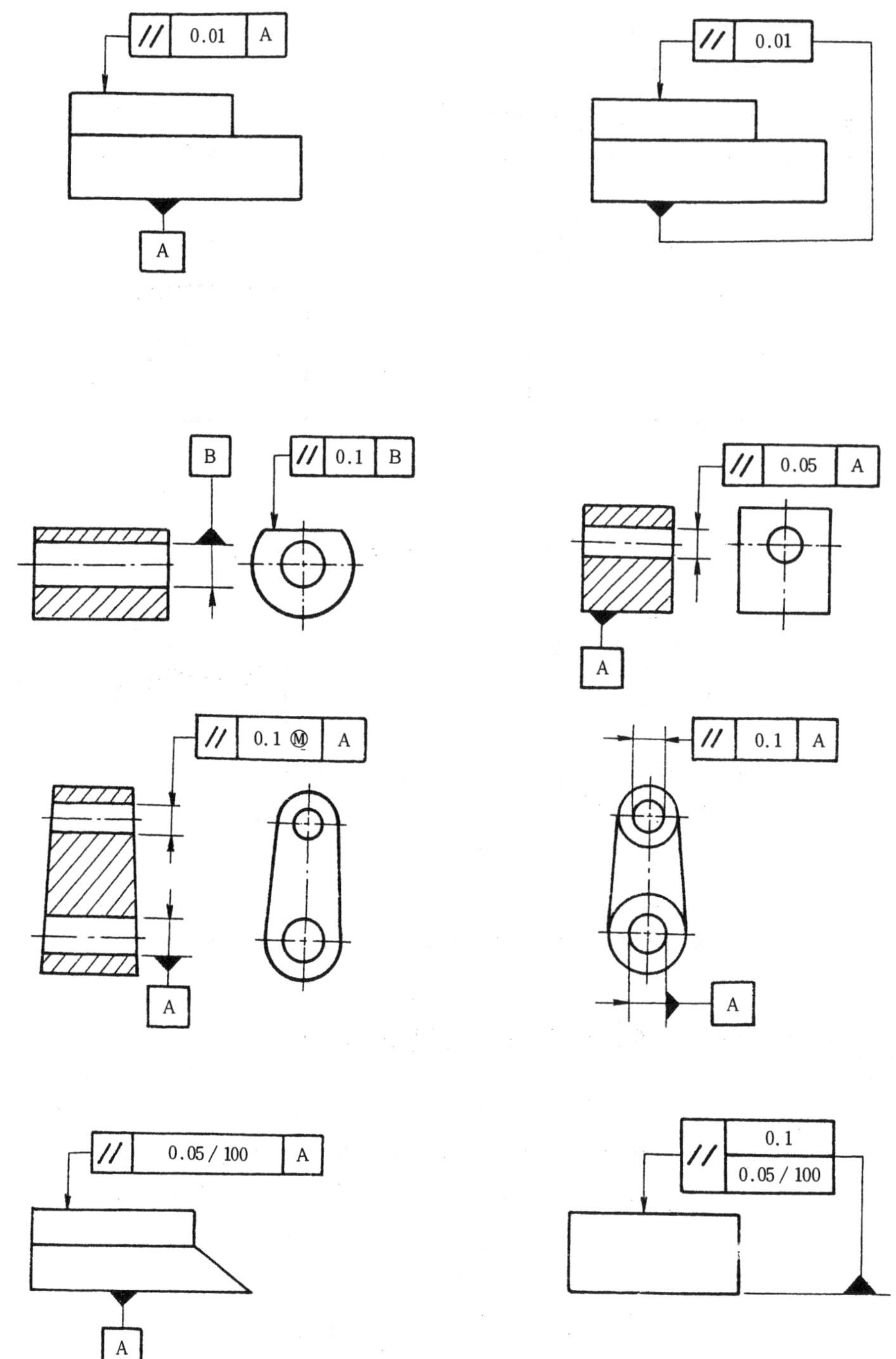

그림 3-16 평행도 규제 예

2 직각도(直角度)

SQUARENESS

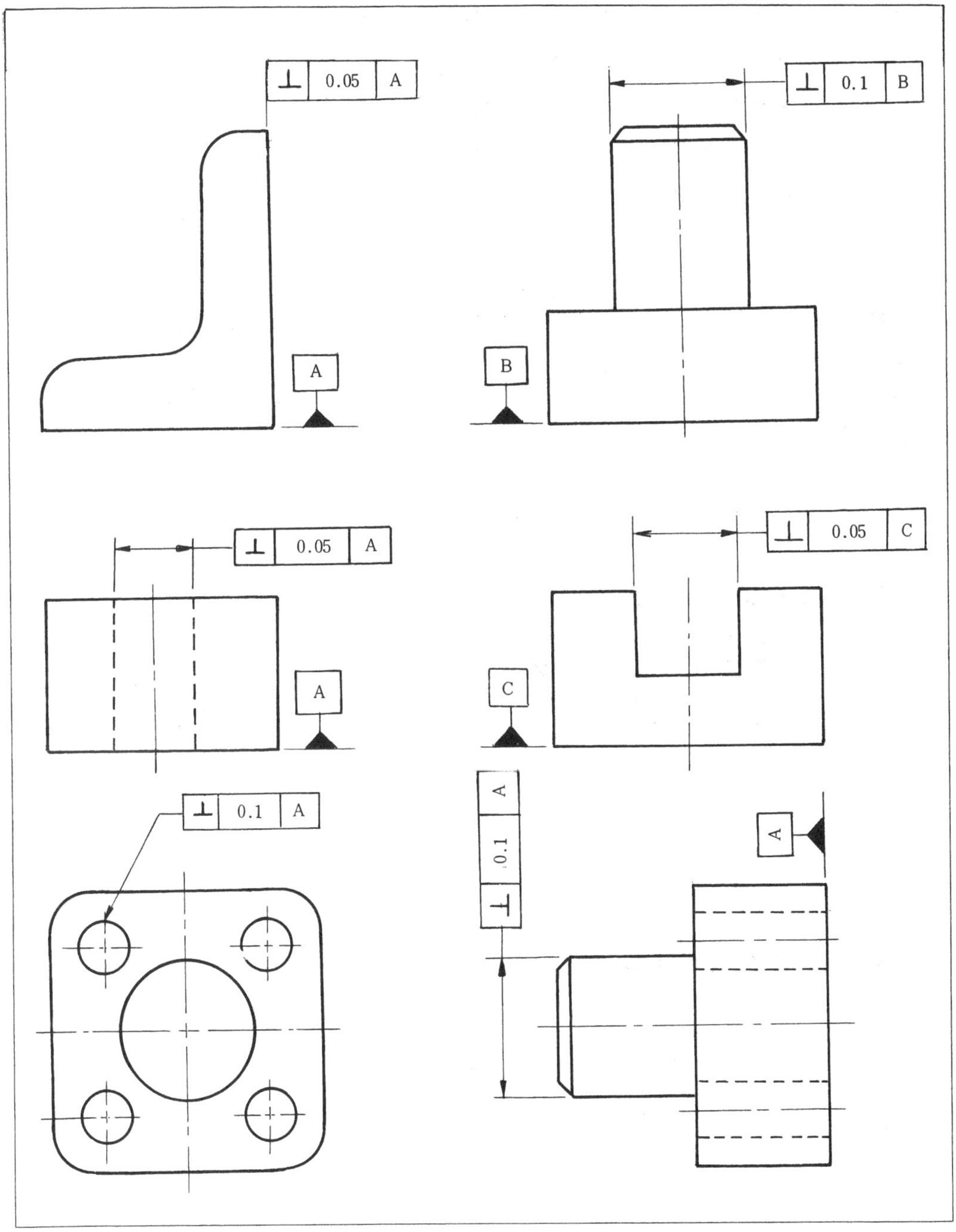

직각도는 대상이 되는 형체의 기준, 즉 데이텀을 기준으로 규제 형체의 평면이나 축직선이 90°를 기준으로한 완전한 직각으로부터 벗어난 크기로 각도에 대한 공차가 아니고 폭 공차나 직경 공차로 규제된다.

1 직각도로 규제되는 형체

직각도로 규제되는 형체는 규제 형체와 데이텀에 따라 다음과 같은 경우에 규제된다.

① 데이텀 평면에 수직한 평면 형체

② 데이텀 평면에 수직한 중심을 갖는 형체

③ 데이텀 중심에 수직한 중심을 갖는 형체

④ 데이텀 중심에 수직한 반경을 갖는 형체

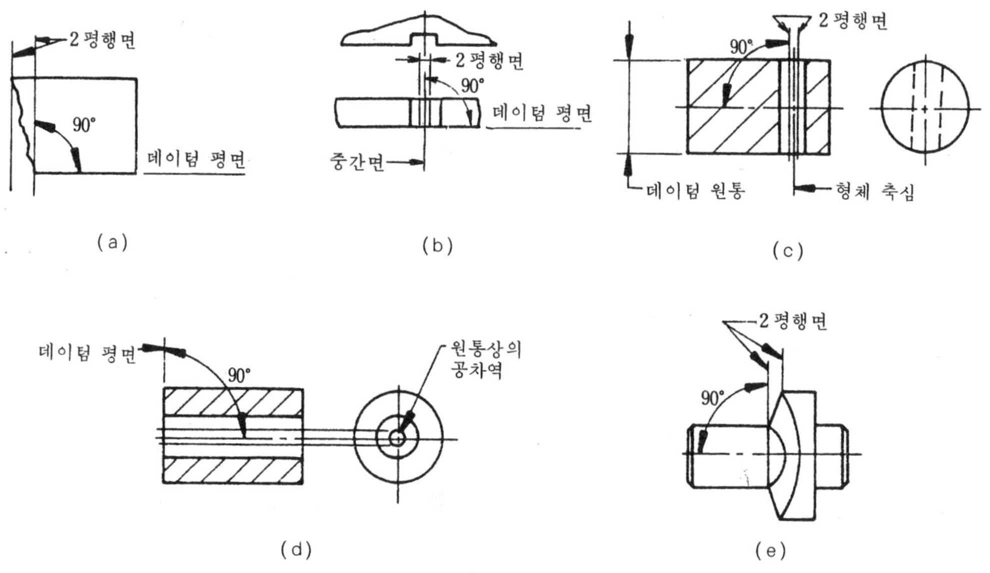

그림 3-17 직각도 규제 형체와 공차역

2 두 개의 평면에 대한 직각도

데이텀 평면을 기준으로 규제 형체의 평면에 대한 직각도는 90°를 기준으로 주어진 직각도 공차 범위 내에서 두 개의 평행한 평면 사이의 폭공차역이다.

다음 **그림** 3-18에 데이텀 평면을 기준으로 규제 형체의 평면에 0.05의 직각도 공차 규제 예와 공차역을 그림으로 나타냈다.

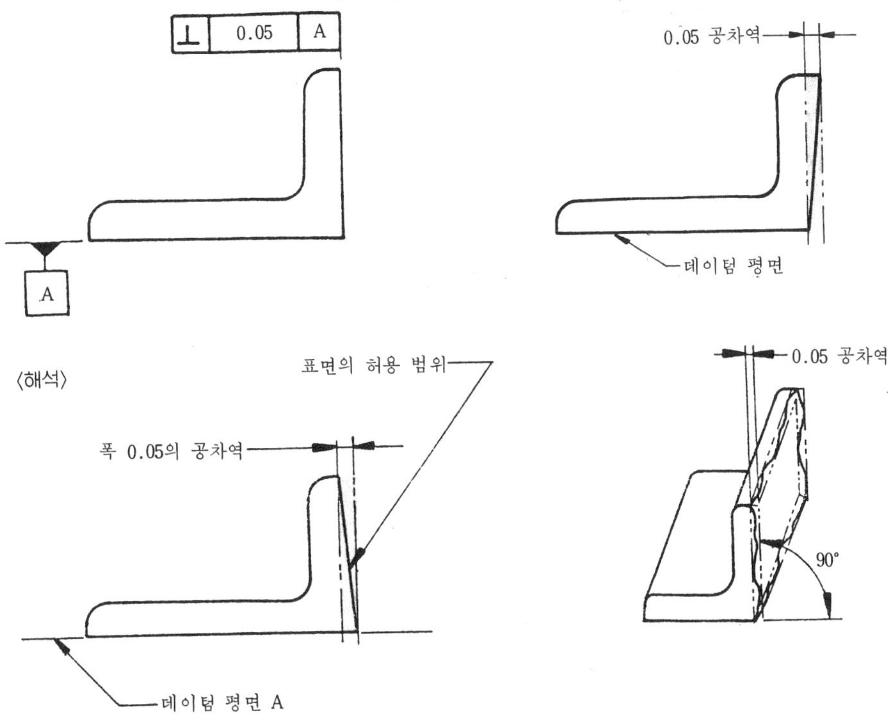

그림 3-18 두 개의 평면에 대한 직각도

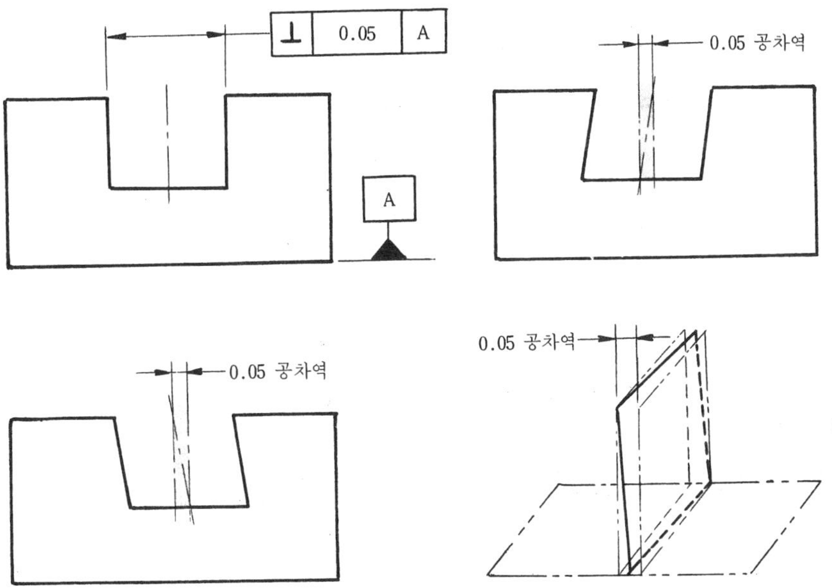

그림 3-19 하나의 표면과 중간면에 대한 직각도

3 하나의 평면과 중간면에 대한 직각도

하나의 평면이 데이텀이 되고 중간면을 갖는 홈에 대한 직각도 공차는 A데이텀 면에 수직인 두 개의 평면 사이의 간격 0.05 내에서 직각이 되어야 한다.

그림 3-19에 규제 예와 공차역을 그림으로 나타냈다.

4 하나의 평면과 중심에 대한 직각도

데이텀 평면을 기준으로 원통 형체에 직각도가 규제될 경우에 데이텀 평면에 수직한 공차역으로 **그림 3-20**의 (a)의 경우에는 좌우 0.1이 되는 폭공차역이며, **그림 3-20**의 (b)의 경우 직각도 공차값 앞에 ϕ가 붙어 있으면 직경 공차역이다.

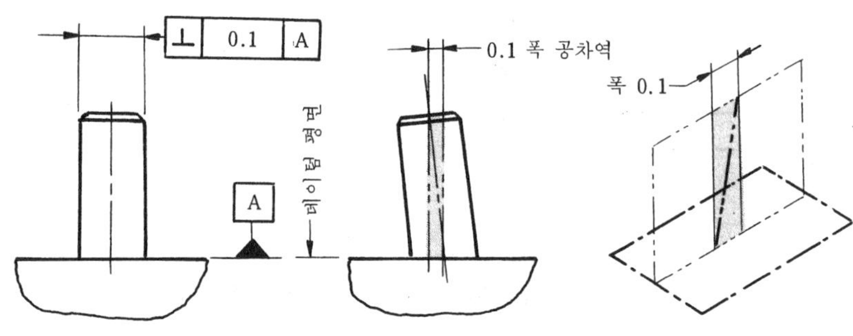

(a) 폭 공차로 규제된 직각도

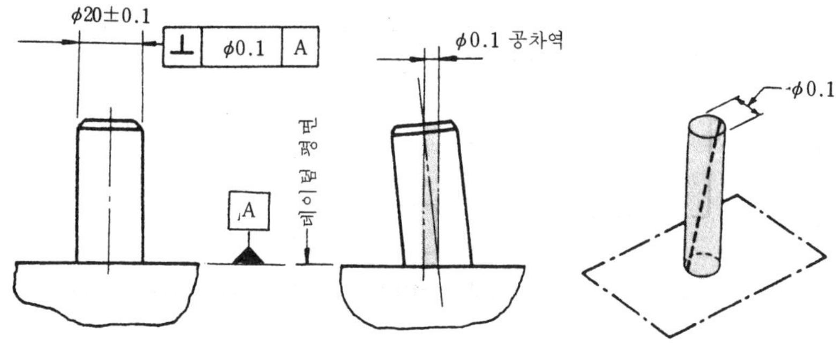

(b) 직경 공차역으로 규제된 직각도

그림 3-20 하나의 평면과 중심에 대한 직각도

5 MMS로 규제된 원통 형체의 직각도

원통 형체가 데이텀 평면을 기준으로 규제 형체에 대한 직각도를 MMS 조건으로 규제할 경우 규제 형체의 치수 공차 크기에 따라 추가 공차가 허용된다.

그림 3-21에 치수 변화에 따라 허용되는 직각도 공차를 나타낸다.

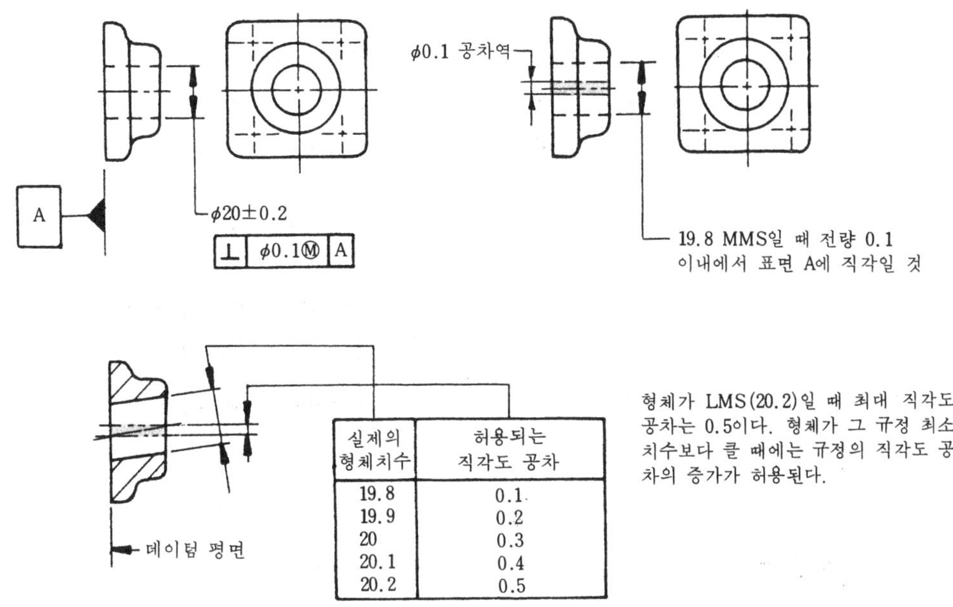

실제의 형체치수	허용되는 직각도 공차
19.8	0.1
19.9	0.2
20	0.3
20.1	0.4
20.2	0.5

그림 3-21 MMS로 규제된 직각도

6 MMS로 규제된 직각도와 동적 공차 선도

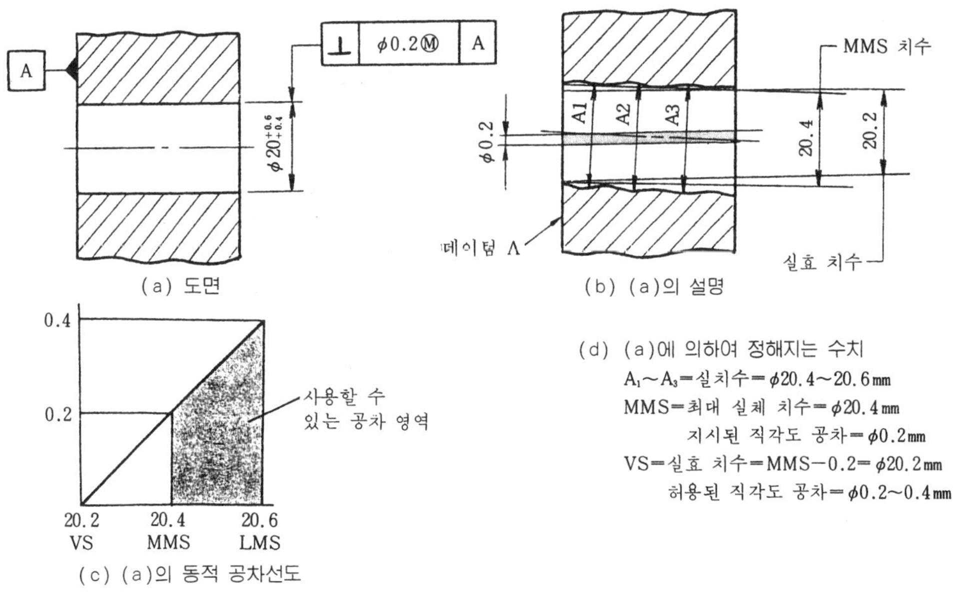

그림 3-22 MMS로 규제된 구멍

다음 **그림 3-22**는 MMS로 규제된 구멍의 직각도 규제 예로 최대 실체 치수, 실효 치수 및 동적 공차 선도를 그림으로 도해하였다.

그림 3-23은 A데이텀을 기준으로 구멍이 최대로 기울어졌을 경우에 결합되는 상대방 부품 축을 그림으로 나타냈다. **그림** (b)는 최대 실체 치수(ϕ20.4)일 때 직각도 공차 0.2 범위 내에서 최대로 기울어진 상태이다. **그림** (b)와 (c)에서 실효 치수 ϕ20.2는 동일하다. 따라서 구멍이 최악의 경우에도 결합되는 상대방 축의 최대 직경은 실효 치수(ϕ20.2)로 마찬가지이다.

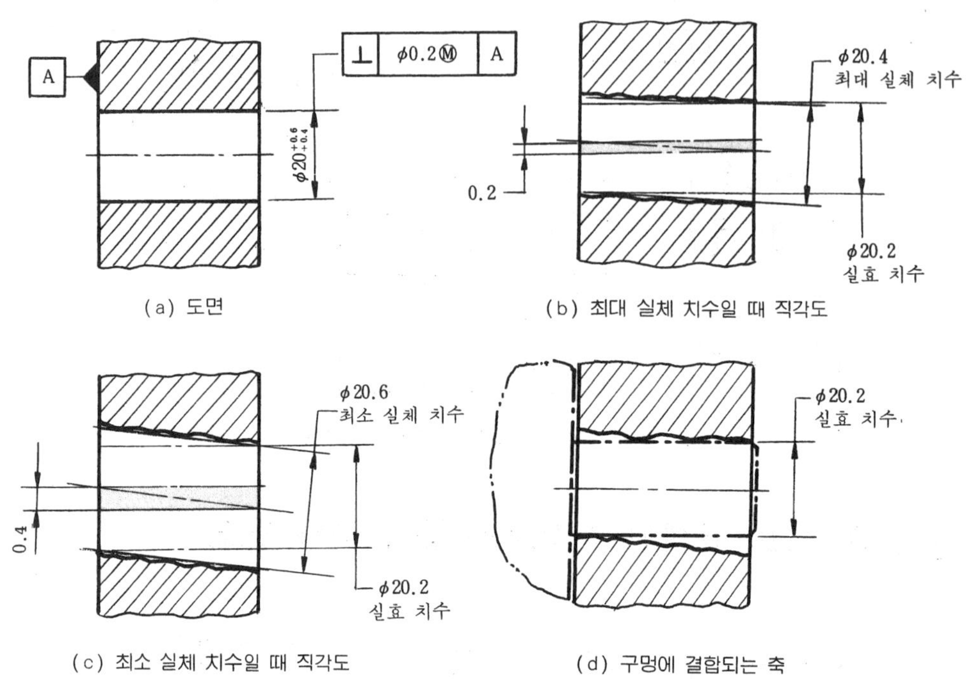

(a) 도면 (b) 최대 실체 치수일 때 직각도

(c) 최소 실체 치수일 때 직각도 (d) 구멍에 결합되는 축

그림 3-23 구멍과 축의 결합 상태

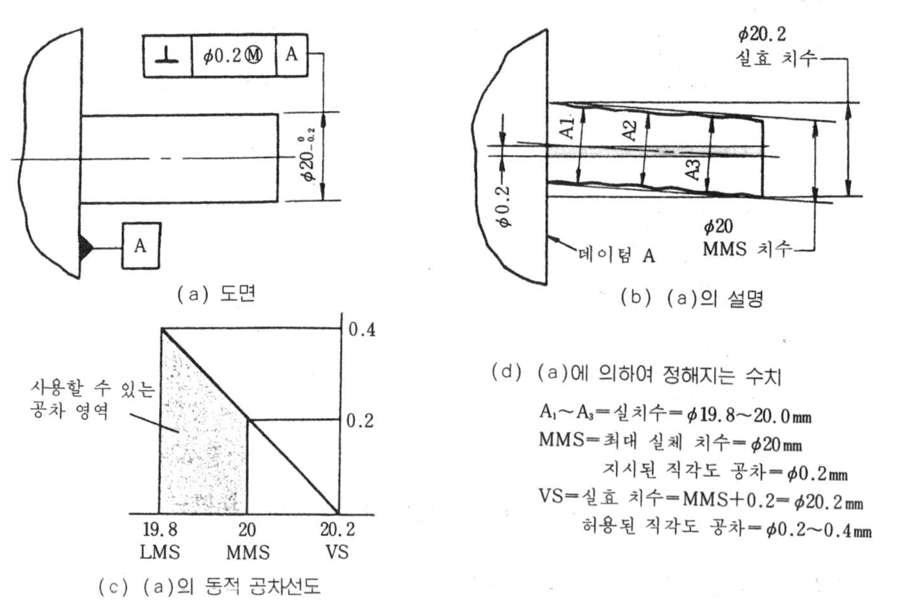

(a) 도면 (b) (a)의 설명

(c) (a)의 동적 공차선도

(d) (a)에 의하여 정해지는 수치

A_1～A_3=실치수=ϕ19.8～20.0mm
MMS=최대 실체 치수=ϕ20mm
지시된 직각도 공차=ϕ0.2mm
VS=실효 치수=MMS+0.2=ϕ20.2mm
허용된 직각도 공차=ϕ0.2～0.4mm

그림 3-24 MMS로 규제된 축

그림 3-24는 축에 최대 실체 공차 방식으로 규제된 직각도를 나타낸 그림으로 직각 상태에 따라서 정해지는 치수와 동적 공차 선도를 나타낸 그림이다.

다음 **그림** 3-25는 축에 규제된 직각도 공차 범위 내에서 축 중심이 최대로 기울어졌을 때 결합되는 상대방 부품 구멍을 나타낸 그림이다.

그림 (b)는 최대 실체 치수(φ20)일 때 축 중심이 최대로 기울어진 상태와 실효 치수를 나타냈고 **그림** (c)는 축 직경이 최소 실체 치수(φ19.8)일 때 축 중심이 최대로 기울어진 상태와 실효 치수를 나타낸 그림이고, **그림** (d)는 축에 결합되는 구멍의 치수를 나타낸 그림이다.

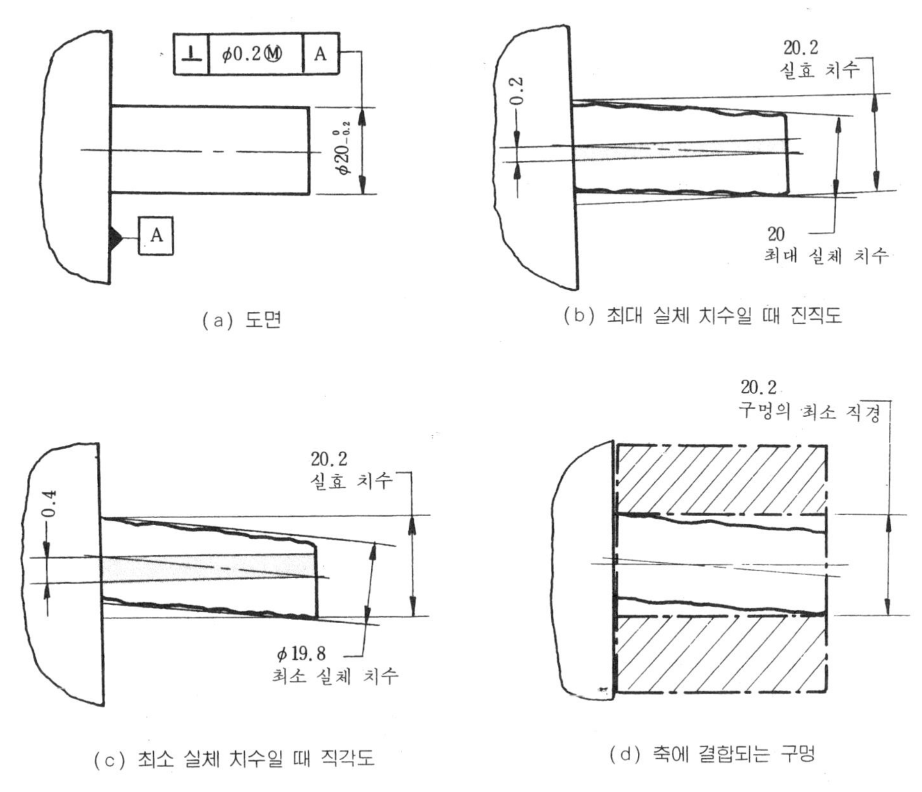

(a) 도면

(b) 최대 실체 치수일 때 진직도

(c) 최소 실체 치수일 때 직각도

(d) 축에 결합되는 구멍

그림 3-25 축에 결합되는 구멍과 실효 치수

7 두 개의 원통 형체에 규제되는 직각도

규제되는 형체와 데이텀이 각기 원통 형체일 때 데이텀 축심을 기준으로 규제 형체의 중심이 평행한 두 개의 평면 사이에 있어야 한다.

A데이텀의 직경 공차와 규제 형체의 직경 공차와는 관계없이 규제된 직각도 공차 0.12 범위 내에서 직각이어야 한다.

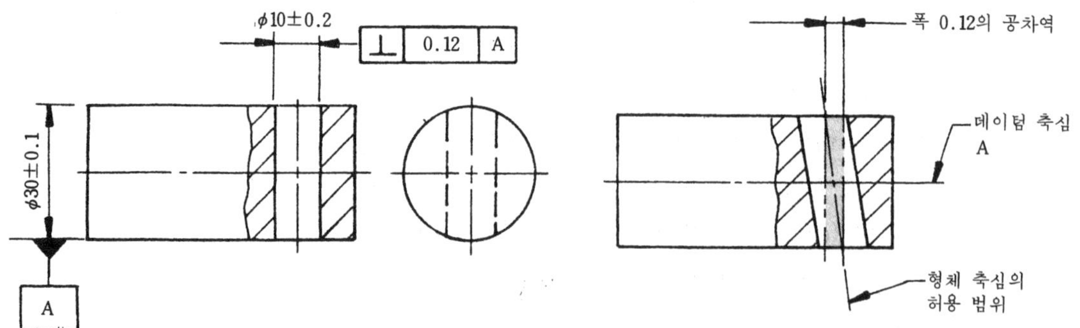

형체의 중심은 규정된 직각도 공차 내에 있어야 하고 형체 치수와 관계없이 데이텀 축심과 직각인, 0.12㎜ 떨어진 두 개의 평행 평면 사이에 들어가야 한다.

그림 3-26 두 개의 원통 형체의 직각도

8 MMS로 규제된 0공차

데이텀을 기준으로 규제 형체에 MMS에서 0공차로 규제하는 것이 바람직한 경우, 즉 결합 부품 상호간에 틈새가 적은 결합 상태로 형체의 크기 치수와 형상 및 위치의 상호 관계에 있어서 기능상 호환성 및 치수 공차를 최대로 이용할 수 있는 이점을 필요로 하는 경우에 적용한다.

다음 **그림** 3-27에 0공차 규제 예와 치수 변화에 따른 허용 직각도 공차를 나타낸다. 구멍이 MMS 치수 19.8일 때는 형상이 완전해야 한다는 단점은 있지만 MMS 치수 19.8로 가공된다는 것은 쉽지 않으므로 공차가 주어진다거나 다름없다.

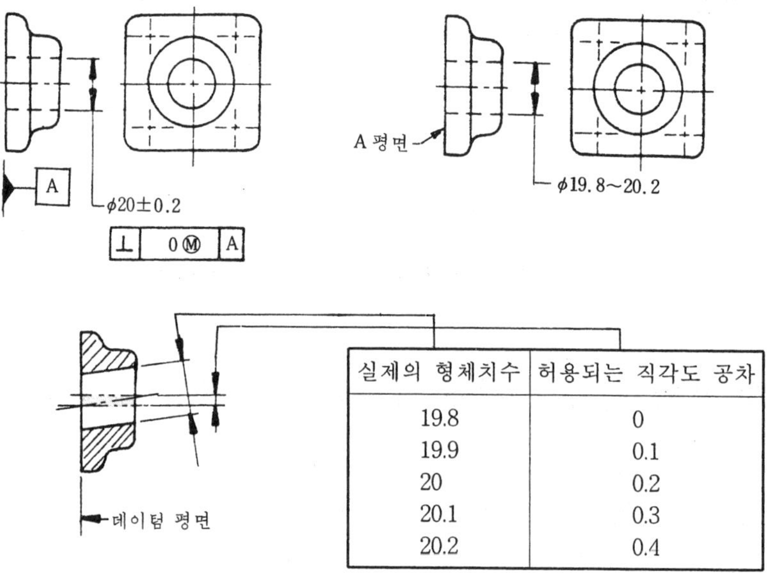

실제의 형체치수	허용되는 직각도 공차
19.8	0
19.9	0.1
20	0.2
20.1	0.3
20.2	0.4

그림 3-27 MMS일 때 0공차

0공차는 정확·정밀을 요하는 부품에 적용되며 0공차로 규제된 형체는 MMS 치수가 실효 치수이며 이 때의 공차역은 0이다.

9 최대 허용 공차를 규제한 MMS일 때의 0공차

부품의 기능에 따라 정확 정밀하게 규제할 필요가 있을 경우에는 최대 실체 치수일 때 0공차를 지시하고 치수 공차 전체를 추가 공차로 허용하지 않고 어느 한계까지 규제할 필요가 있는 경우에는 그 한계의 공차를 **그림 3-28**과 같이 0.02MAX를 0공차 다음 칸막이에 지시한다.

이 경우에는 MMS일 때 0공차가 적용되고 구멍이 커져도 최대로 0.02를 초과할 수 없다.

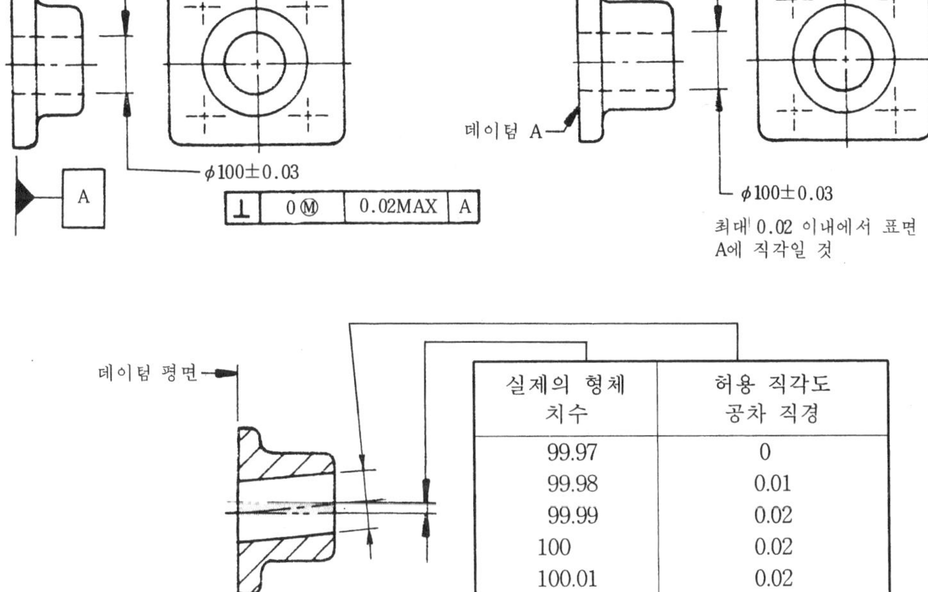

실제의 형체 치수	허용 직각도 공차 직경
99.97	0
99.98	0.01
99.99	0.02
100	0.02
100.01	0.02
100.02	0.02
100.03	0.02

그림 3-28 최대 허용 공차를 규제한 직각도

10 반경상에 규제된 직각도

데이텀 축 직선을 기준으로 반경상에 직각도를 규제할 필요가 있을 때는 **그림 3-29**와 같이 반경상의 표면에 대한 직각도를 규제할 수 있다.

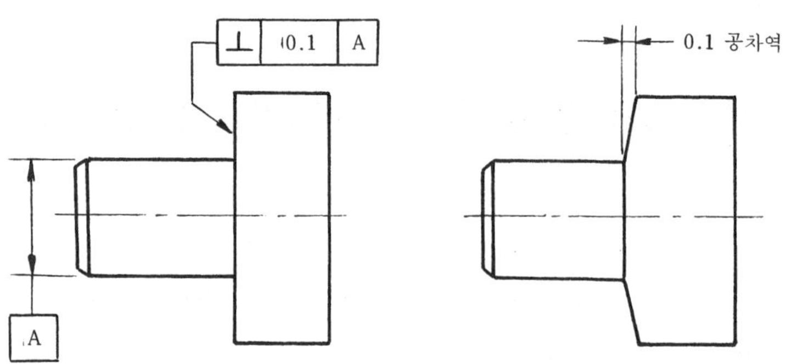

그림 3-29 반경상은 직각도

11 최대 실체 공차 방식으로 규제된 직각도와 치수 공차의 관계

최대 실체 공차 방식으로 규제된 2개의 부품이 결합될 때 직각도 공차 또는 치수 공차의 관계와 결합 상태 및 동적 공차 선도에 대하여 설명하고자 한다.

치수 공차와 직각도 공차를 설명하기 위해 **그림 3-30**에 $\phi 20.5 \pm 0.1$의 구멍과 $\phi 20^{\ 0}_{-0.2}$ 직경을 갖는 핀이 결합되는 부품이다.

그림 3-30 (a)의 경우, $\phi 0.2$의 직각도 공차는 구멍이 최대 실체 치수 $\phi 20.4$일 때 적용되는 직각도 공차이며 구멍 직경이 $\phi 20.4$보다 클 때는 커진 양만큼 직각도 공차가 추가된다. 동적공차 선도에서 보는 바와 같이 구멍이 커지면 허용역이 확대되어 제작 공차를 크게 이용할 수가 있어 가공이 수월해진다. 즉, 구멍 직경이 최소 실체 치수 $\phi 20.6$일 경우 $\phi 0.4$의 직각도가 허용된다.

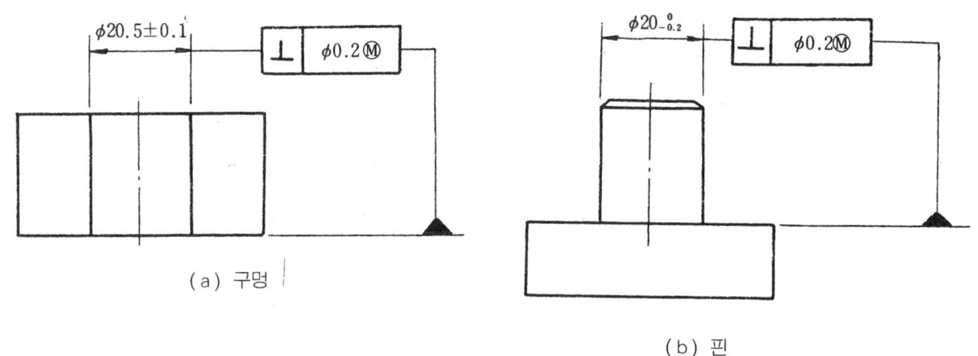

그림 3-30 구멍과 핀에 MMS로 규제된 직각도

그림 3-30 (b)의 경우, 핀의 직경이 $\phi 20$(최대 실체 치수)일 때 허용되는 직각도가 $\phi 0.2$이다. 핀의 직경이 $\phi 19.8$(최소 실체 치수)일 때는 $\phi 0.4$의 직각도가 허용된다.

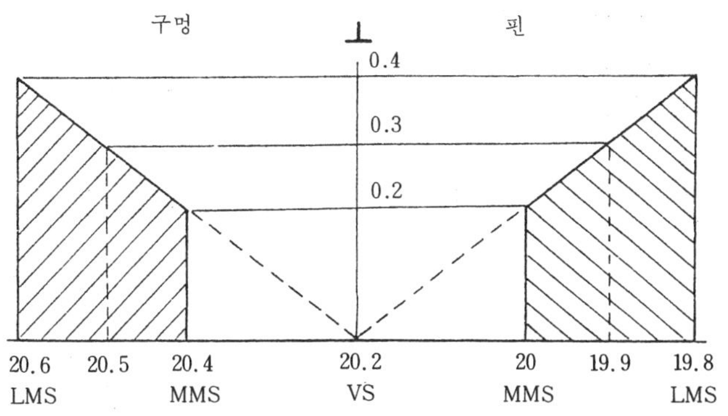

그림 3-31 구멍과 핀의 동적 공차 선도

그림 3-30 (a)와 (b) 두 부품이 결합될 때 구멍이 최대 실체 치수, 핀의 최대 실체 치수일 때가 최악의 결합 상태가 된다.

이 때 구멍과 핀 사이에 치수 공차상 핀보다 구멍이 얼마만큼 크게 치수를 주었느냐에 따라서 2개의 부품에 직각도가 결정된다.

즉, 구멍의 MMS 치수 ϕ20.4－ϕ20 핀의 MMS 치수＝0.4, 구멍과 핀이 각각 MMS 치수일 때 0.4의 여우가 생긴다.

두 부품은 0.4 범위 내에서 형상의 변형이 가능하고 0.4를 초과할 수 없다. 0.4의 범위 내에서 구멍과 핀에 각각 직각도 공차를 0.2씩 주었다.

그림 3-32에 최대 실체 조건으로 규제된 두 개의 부품이 결합되는 결합 상태를 나타냈다. **그림** (a)는 MMS일 때 ϕ0.2 직각도 공차 범위 내에서 최대로 기울어진 상태를 나타냈고, **그림** (b)는 핀이 MMS일 때 ϕ0.2 범위 내에서 최대로 기울어진 상태를 나타냈다. **그림** (c)는 구멍에 결합되는 핀의 치대 치수 ϕ20.2(실효 치수)를 나타냈다. 구멍에 결합되는 핀의 최대 치수는 ϕ20.2를 초과할 수 없다.

그림 (d)는 핀에 결합되는 구멍의 최소 치수 ϕ20.2(실효 치수)를 나타냈다. 핀에 결합되는 구멍의 최소 치수는 ϕ20.2를 초과할 수 없다.

그림 (e)는 구멍이 최대 실체 치수 ϕ20.4, 핀의 최대 실체 치수 ϕ20일 때 두 부품이 결합되는 최악의 결합 상태의 치수이다.

이 때 여유가 0.4이다. 이 두 부품은 0.4 범위 내에서 직각도 공차가 허용되며 두 부품의 직각도 공차합이 0.4를 초과할 수 없다.

그림 (g)는 구멍과 핀이 각각 ϕ0.2 직각도 범위 내에서 두 부품 중심이 반대 방향으로 기울어져도 틈새가 0.4이기 때문에 결합이 보증된다.

그림 (f)는 구멍과 핀이 각각 최소 실체 치수(구멍 : ϕ20.6, 핀 ϕ19.8)일 때 0.8의 여유가 생긴다.

이 0.8 범위 내에서 두 부품이 0.4만큼 두 부품 중심이 반대 방향으로 기울어져도 결합이 보장된다(**그림** (h)).

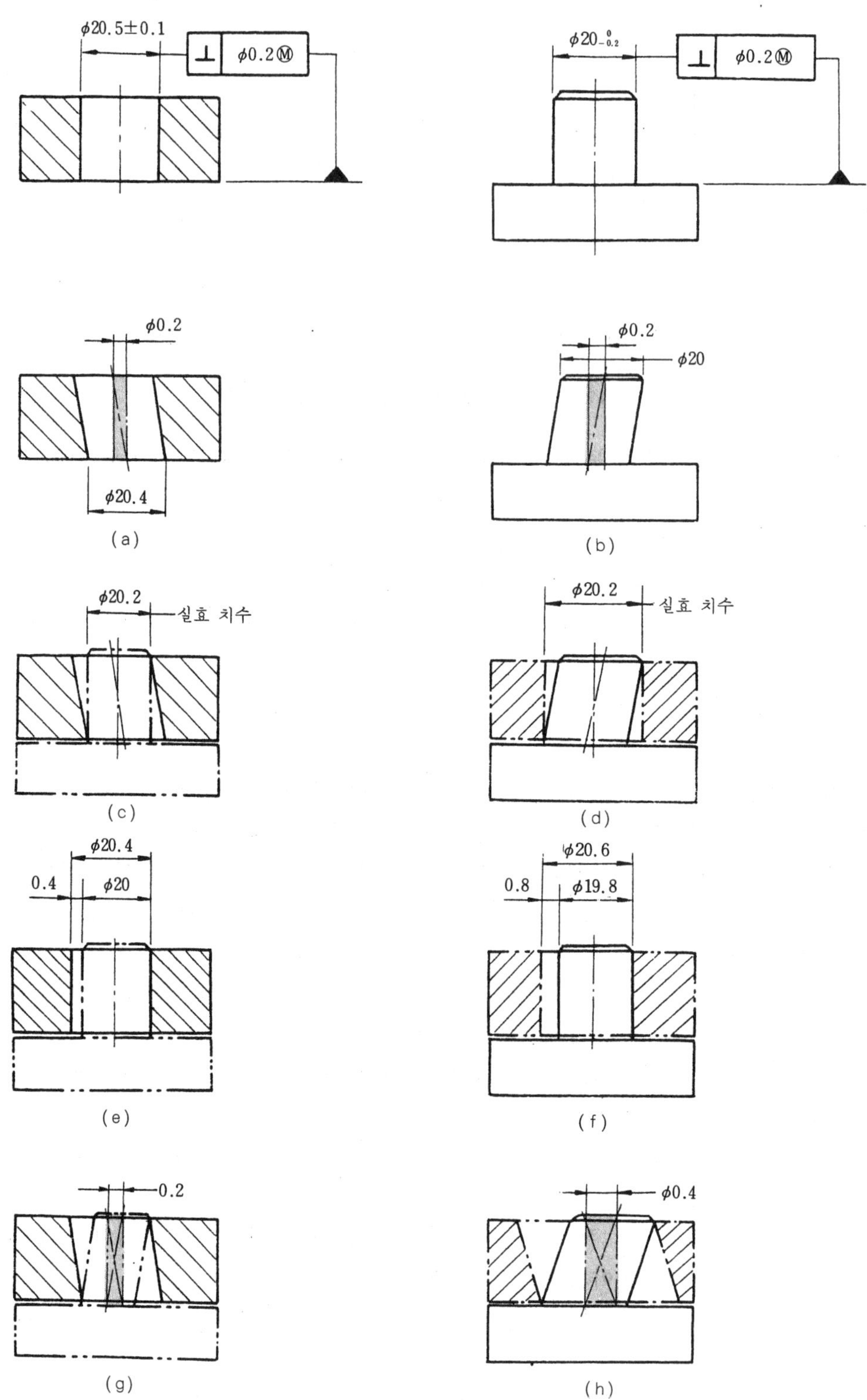

그림 3-32 MMS로 규제된 결합 부품

3 경사도(傾斜度) ANGULARITY ∠

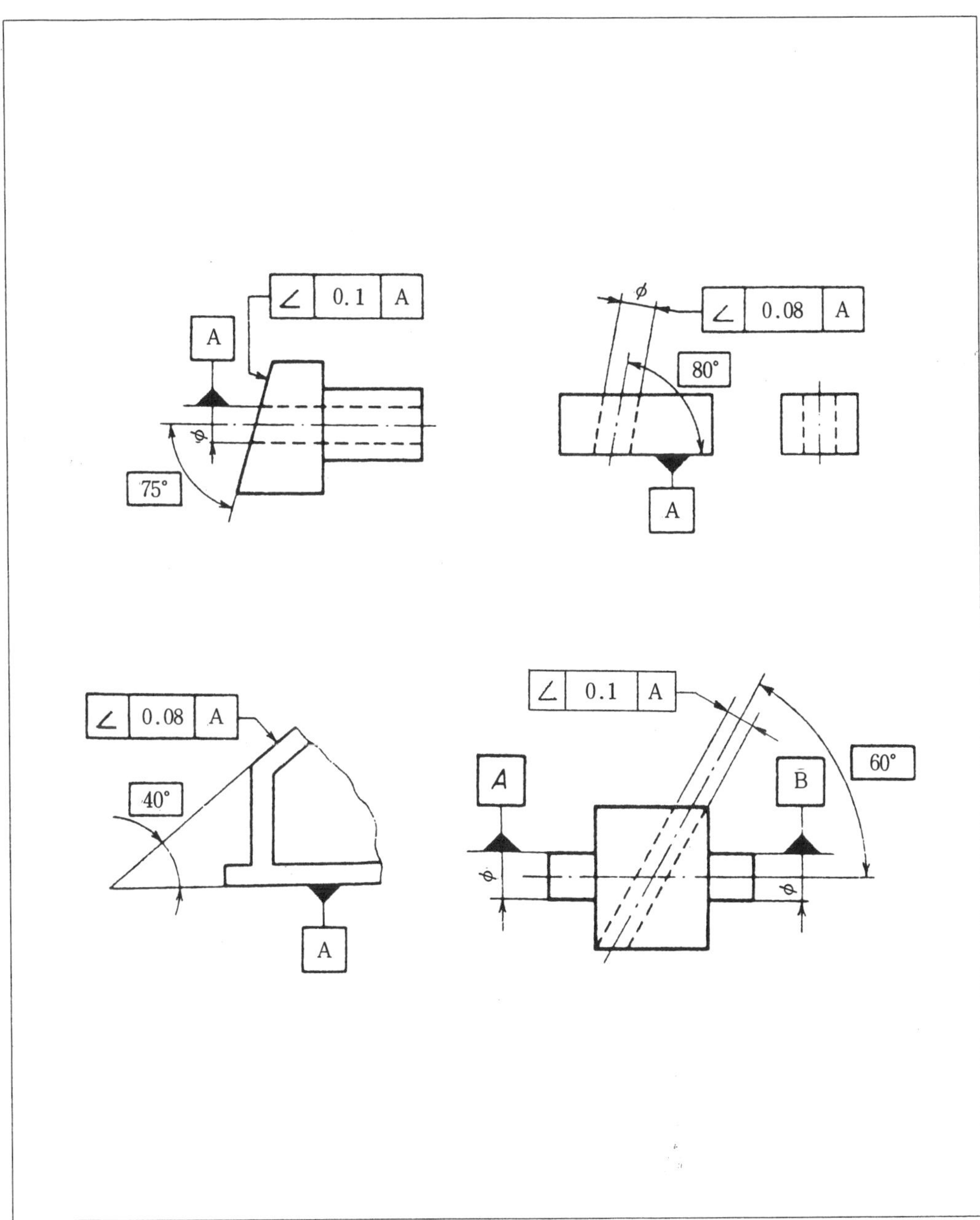

1 경사도

경사도는 90°를 제외한 임의의 각도를 갖는 표면이나 형체의 중심이 임의의 각도로 주어진 규제 형체가 데이텀을 기준으로 주어진 경사도 공차 내에서의 폭공차를 규제하는 것이다. 각도로 표시된 공차는 **그림 3-33**과 같이 부채꼴의 공차역이 된다. 실제로 공차는 정점에서 0이며 각도 표면의 길이에 따라 증가한다.

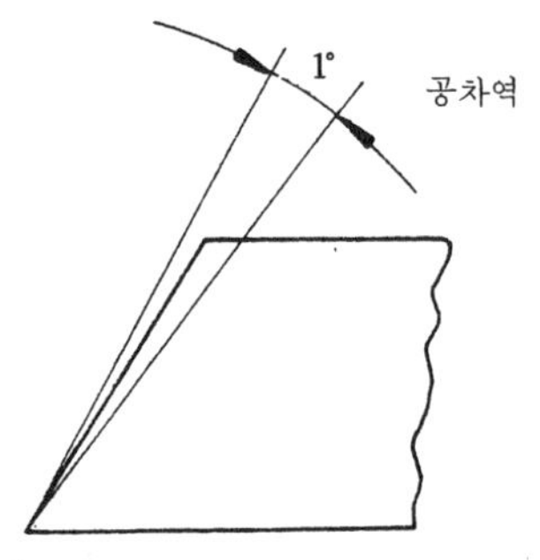

그림 3-33 각도의 공차역

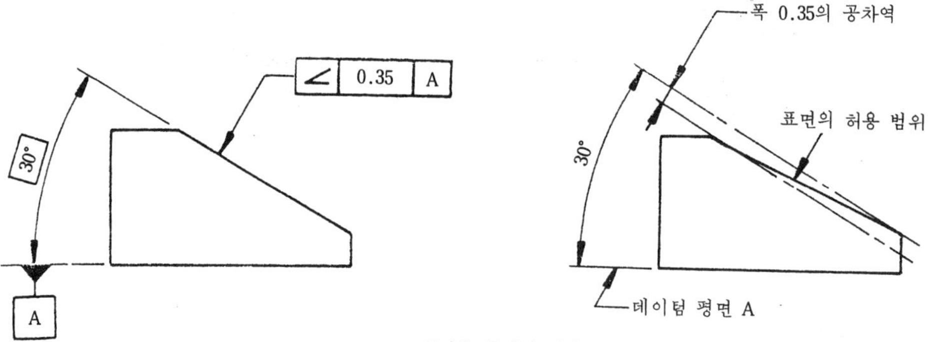

표면은 규정된 치수 공차 내에 있어야 하고 데이텀에 대해 30°로 경사진 0.35 떨어진 두 개의 평행한 평면 사이에 들어가야 한다.

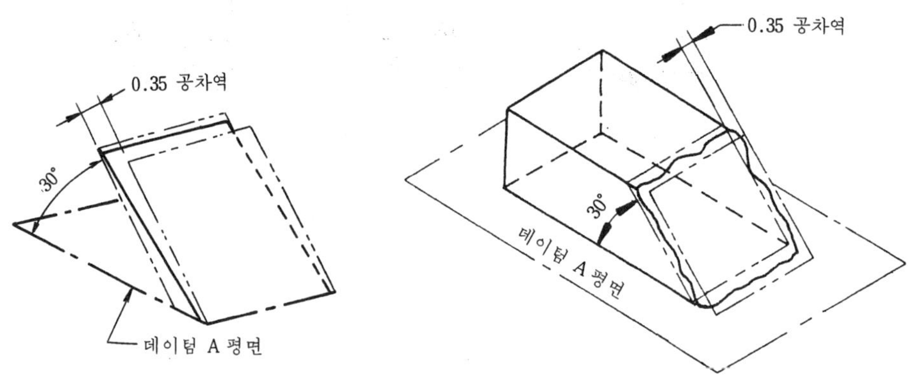

그림 3-34 표면에 대한 경사도

경사도 공차역은 각도의 공차가 아니고 규정된 각도의 기울기를 갖는 두 평면 사이의 간격이고 규제된 공차는 규제 형체의 표면, 축심 또는 중심면이 공차 범위 내에 있지 않으면 안된다.

규제 형체는 평면이나 원통형체 또는 홈이나 돌출부가 될 수도 있다.

그림 3-34에 경사도 공차 규제예와 공차역을 그림으로 나타냈다. 경사진 표면은 이론적으로 정확한 치수 30°을 기준으로 규제된 경사면의 공차역은 각도에 대한 공차가 아니고 폭 0.35의 두 평행 평면 사이의 폭 공차역이다. 데이텀 A를 무시하면 경사 표면은 평면도 공차 0.35와 같다.

2 구멍 중심에 대한 경사도

그림 3-35는 A데이텀 평면을 기준으로 구멍 중심에 경사도 공차가 규제된 경우이다. 이 경우에 60°를 기준으로 구멍 중심은 0.05의 폭 공차역이다. 구멍 직경 공차와는 관계없이 규제된 경사도 공차 0.05 범위 내에 있어야 한다.

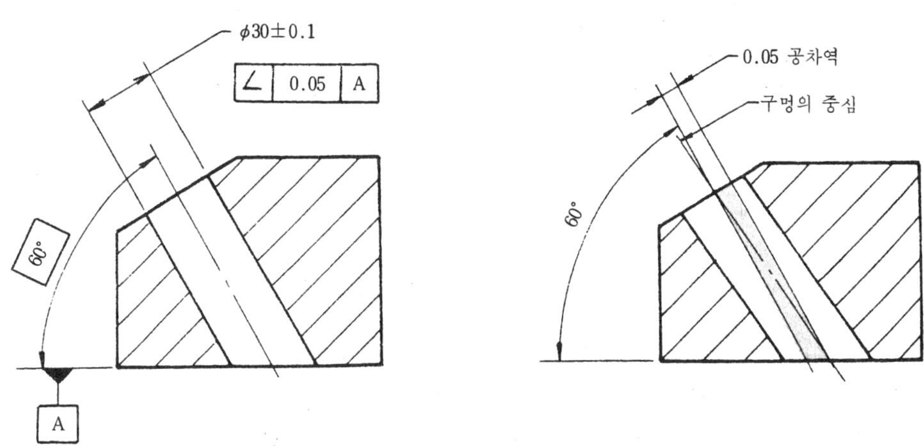

그림 3-35 구멍 중심에 규제된 경사도

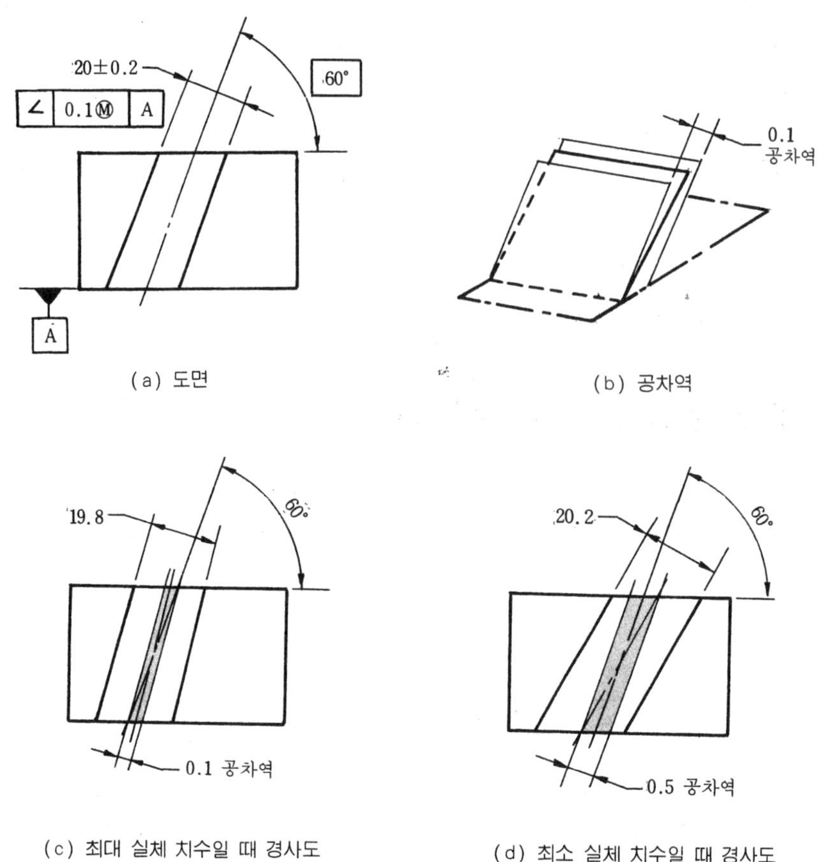

그림 3-36 경사도 규제 예와 공차역

경사도는 필요에 따라 최대 실체 공차 방식으로 규제될 수가 있다. **그림 3-36**에 최대 실체 공차 방식으로 규제된 경사도를 나타냈다.

그림 (b)는 경사도 공차 영역이며 **그림** (c)는 최대 실체 치수(19.8)일 때 경사도 공차 0.1 범위 내에서의 홈 중심의 변위를 나타낸 그림이고 **그림** (d)는 홈이 최소 실체 치수(20.2)일 때 0.5의 경사도 공차가 적용되었을 때의 홈 중심의 변위를 나타냈다.

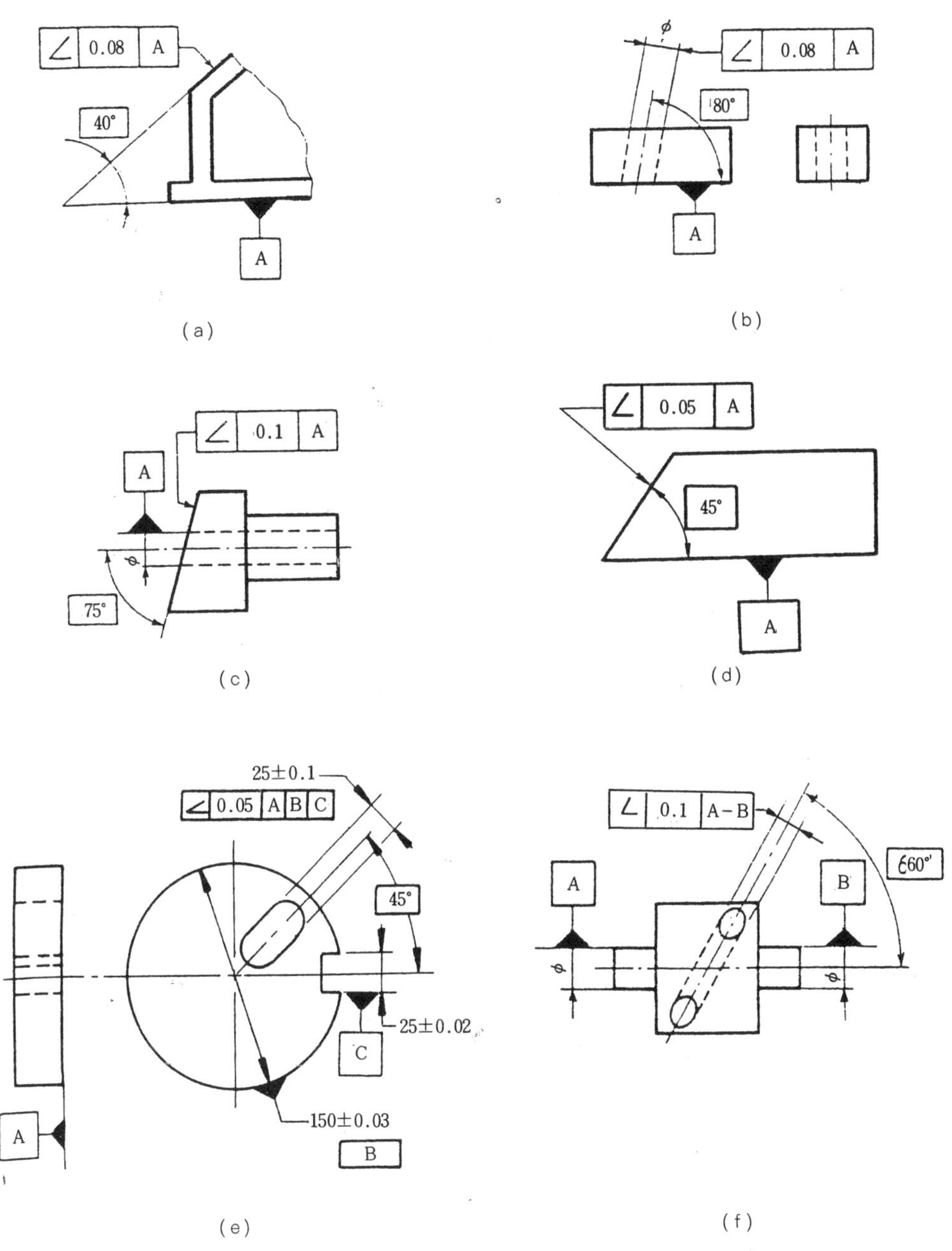

그림 3-37 경사도 규제 예

제 4 장

흔들림 공차

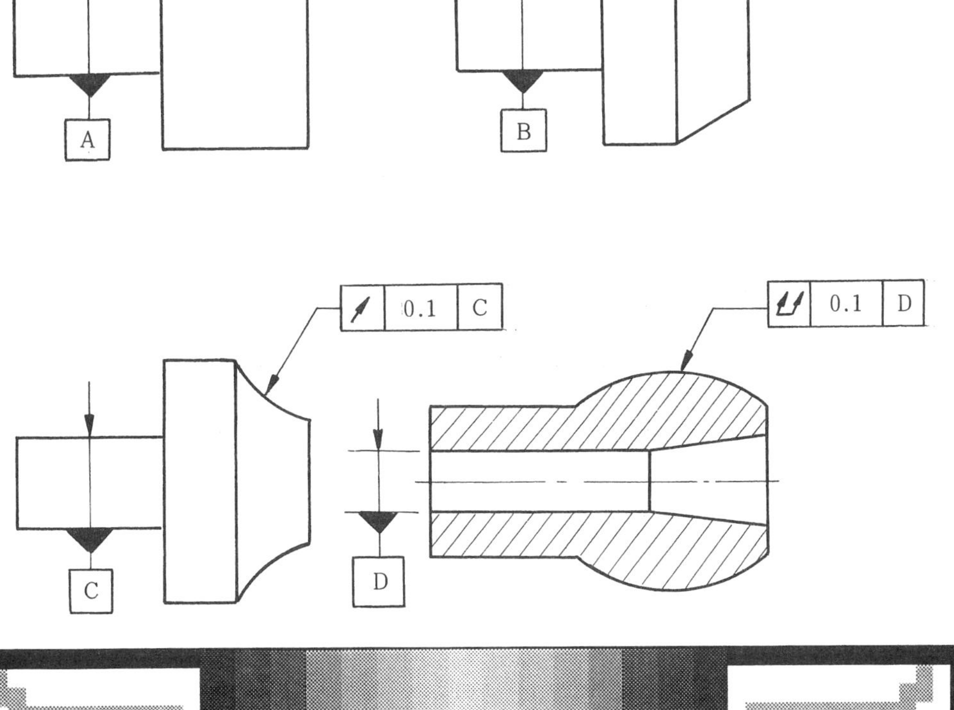

1 원주 흔들림(圓周振動)

CIRCULAR RUNOUT

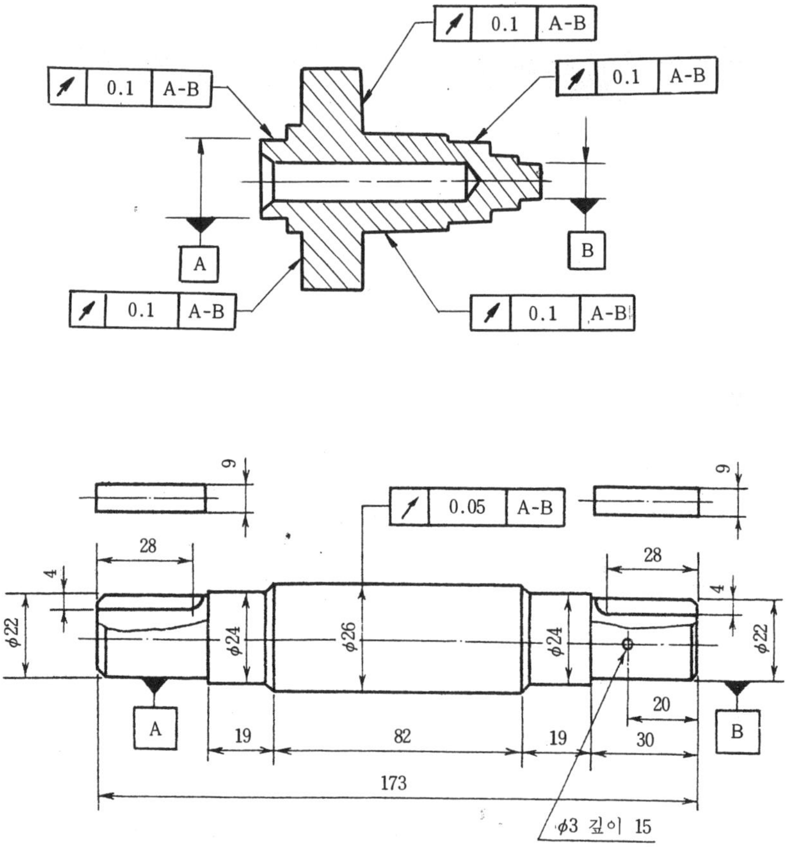

0.1 A-B
0.1 A-B
0.1 A-B
A
B
0.1 A-B
0.1 A-B

9
0.05 A-B
9
28
28
4
4
φ22
φ24
φ26
φ24
φ22
A
B
20
19
82
19
30
173
φ3 깊이 15

흔들림은 데이텀을 기준으로 원통, 원추, 평면, 호 등의 표면에 규제되는 공차로 원주 흔들림과 온 흔들림으로 구분된다. 흔들림 공차는 형상에 따라 진원도, 진직도, 원통도, 직각도 등의 오차를 포함하는 복합 공차로 반드시 데이텀을 기준으로 규제되며 단독 형상에는 규제되지 않는다.

원주 흔들림은 원통이나 원추 및 곡면 윤곽과 같은 데이텀 주위의 어떤 표면에도 규제될 수 있으며 축직선을 기준으로 직각인 표면에도 규제될 수 있다.

원주 흔들림은 데이텀을 기준으로 원주 표면의 정확한 형상으로부터 벗어난 크기로 규제 형체의 치수 공차와는 관계없이 규제된다.

다음 **그림 4-1**에 원주 흔들림의 규제 형체를 그림으로 나타냈다.

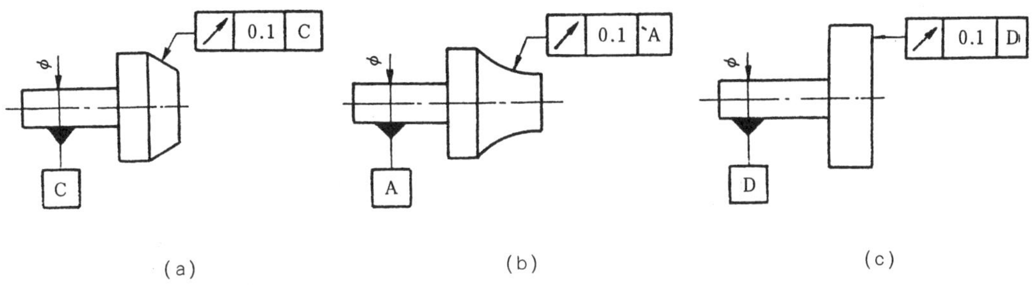

그림 4-1 원주 흔들림 규제 예

원주 흔들림은 부품 특성에 따라 다른 기하 공차와 복합적으로 규제될 수도 있다.

다음 **그림 4-2**에 원통도와 원주 흔들림을 복합적으로 규제한 예로써 A데이텀을 기준으로 흔들림 공차와 A데이텀과는 관계없이 규제 형체 단독으로 원통도를 규제할 수 있다.

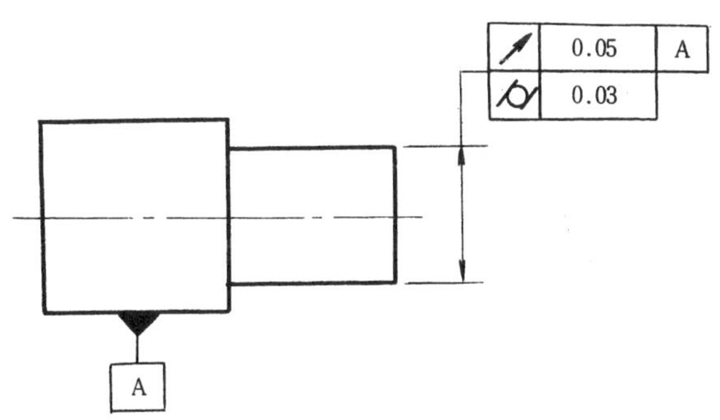

그림 4-2 원주 흔들림과 원통도 규제 예

다음 **그림 4-3**에 원주 흔들림에 대한 규제 예와 공차역을 나타냈다.

그림 4-3의 (a)의 경우 공차역은 A데이텀에 수직한 표면은 축직선과 일치하는 축선을 갖는 측정 원통의 축 방향으로 0.1만큼 떨어진 두 개의 원 사이에 끼인 영역이다.

그림 4-3의 (b)의 경우 공차역은 축직선과 일치하는 축선을 갖는 라운드 진 면은 그 면을 따라 0.1만큼 떨어진 두 개의 원 사이에 끼인 영역이다. **그림** 4-3의 (c)의 경우에는 데이텀 축직선에 수직한 임의의 측정면 위에서 데이텀 축직선과 일치하는 중심의 반지름 방향으로 0.1 만큼 떨어진 두 개의 동심원 사이의 영역이다.

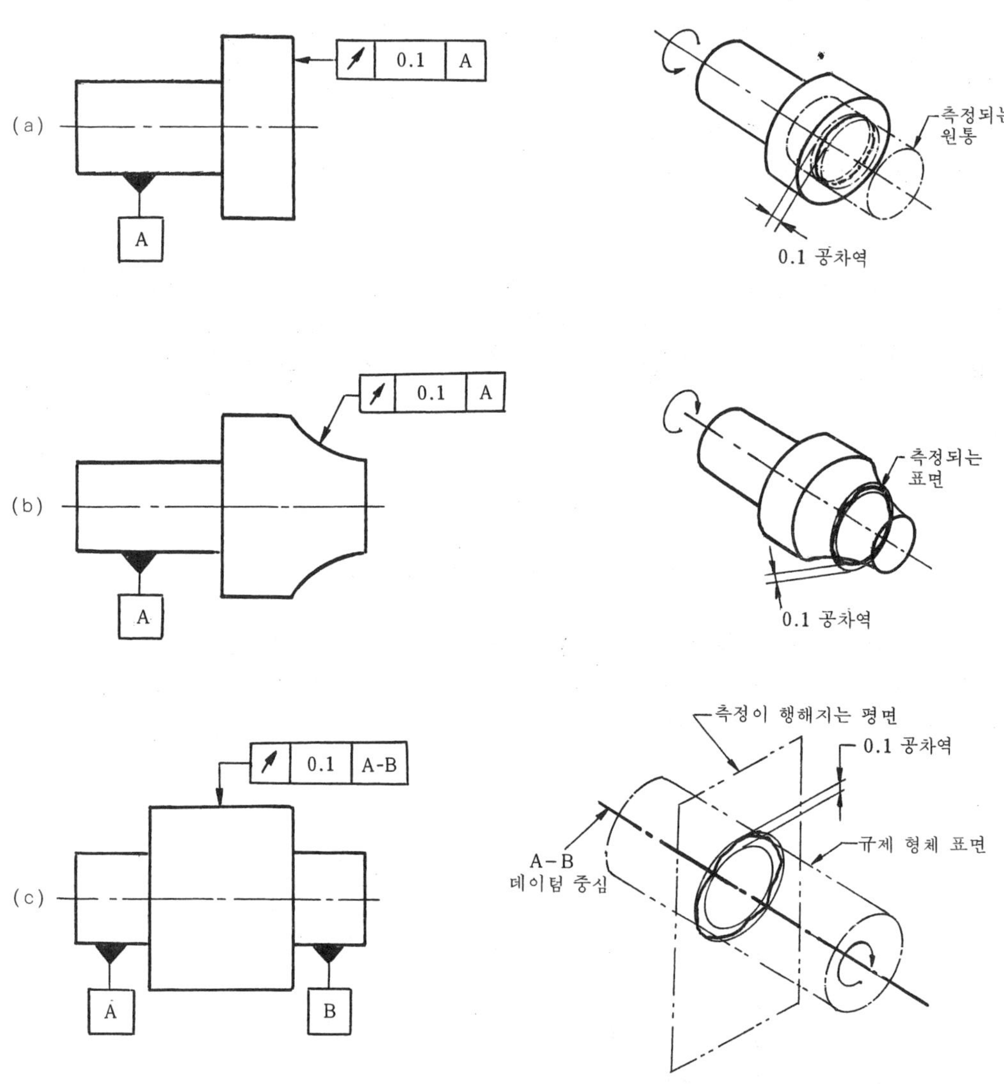

그림 4-3 원주 흔들림의 공차역

2 온 흔들림(全振動)

TOTAL RUNOUT

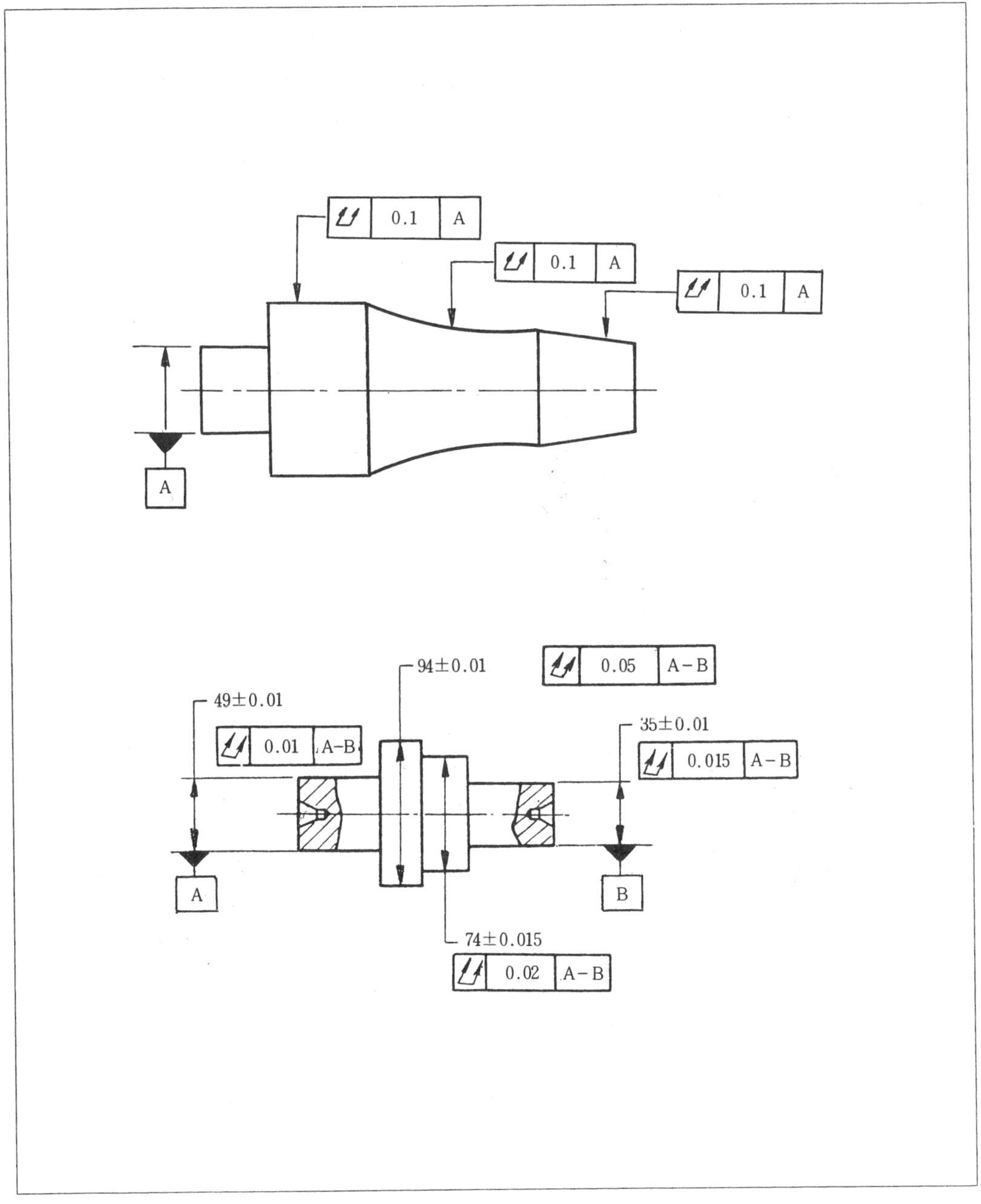

온 흔들림은 데이텀을 기준으로 규제 형체 표면에 두 방향에 적용되는 공차이다. 즉 원형 방향과 직선 방향 모두에 적용되는 공차다.

다음 그림에 온 흔들림에 대한 공차역을 그림으로 나타냈다. 그림 4-4(a) 그림에서 규제 형체의 표면은 원통 표면 부분과 측정 기구 사이에 축직선과 직각 방향에서 회전시켰을 때의 공차역과 원통 표면에서 축선 방향으로 이동시키면서 측정한 측정치가 0.1을 벗어나서는 안된다.

그림 4-4 (b)의 경우에는 데이텀 축직선과 수직한 표면에 온 흔들림 공차가 규제된 경우의 공차역을 그림으로 나타냈다.

데이텀에 수직한 표면과 측정 기구 사이에서 반지름 방향으로 상대 이동시키면서 데이텀 축직선에 관하여 원통 측면을 회전시켰을 때 원통 측면의 임의의 점에서 0.1mm를 초과해서는 안된다.

공차역은 데이텀 축직선에 수직하고 데이텀 축직선 방향으로 0.1만큼 떨어진 두 개의 평행 평면 사이에 끼인 영역이다.

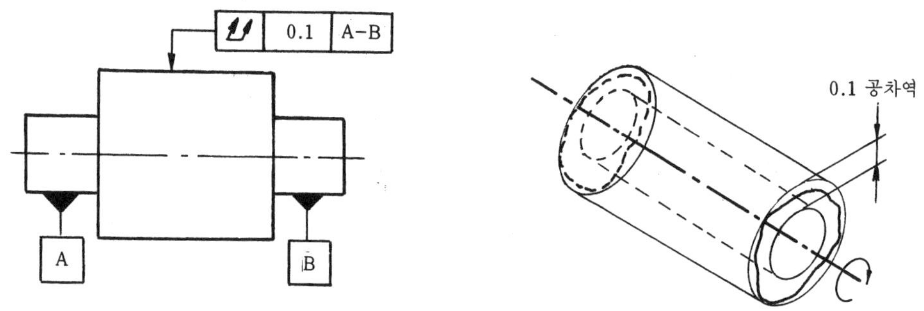

(a) A-B 데이텀을 기준으로 규제된 온 흔들림

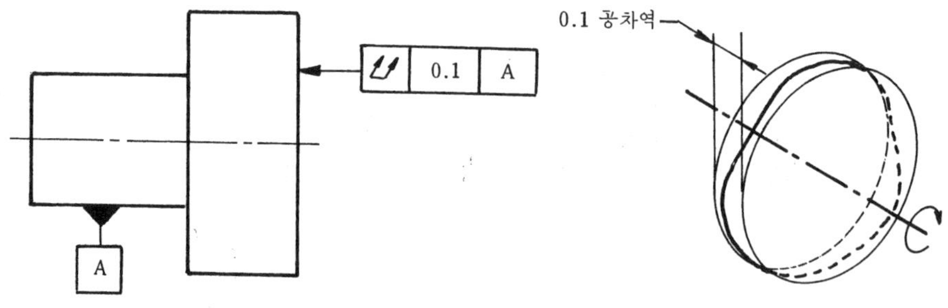

(b) 데이텀과 수직한 표면에 규제된 온 흔들림

그림 4-4 온 흔들림과 공차역

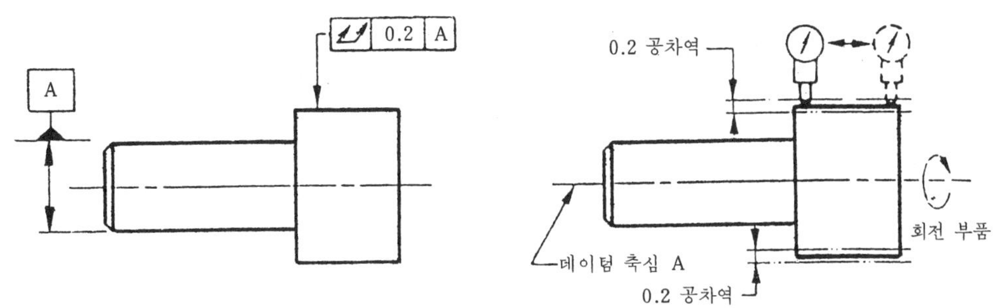

그림 4-5 데이텀과 동심인 원통 표면의 온 흔들림

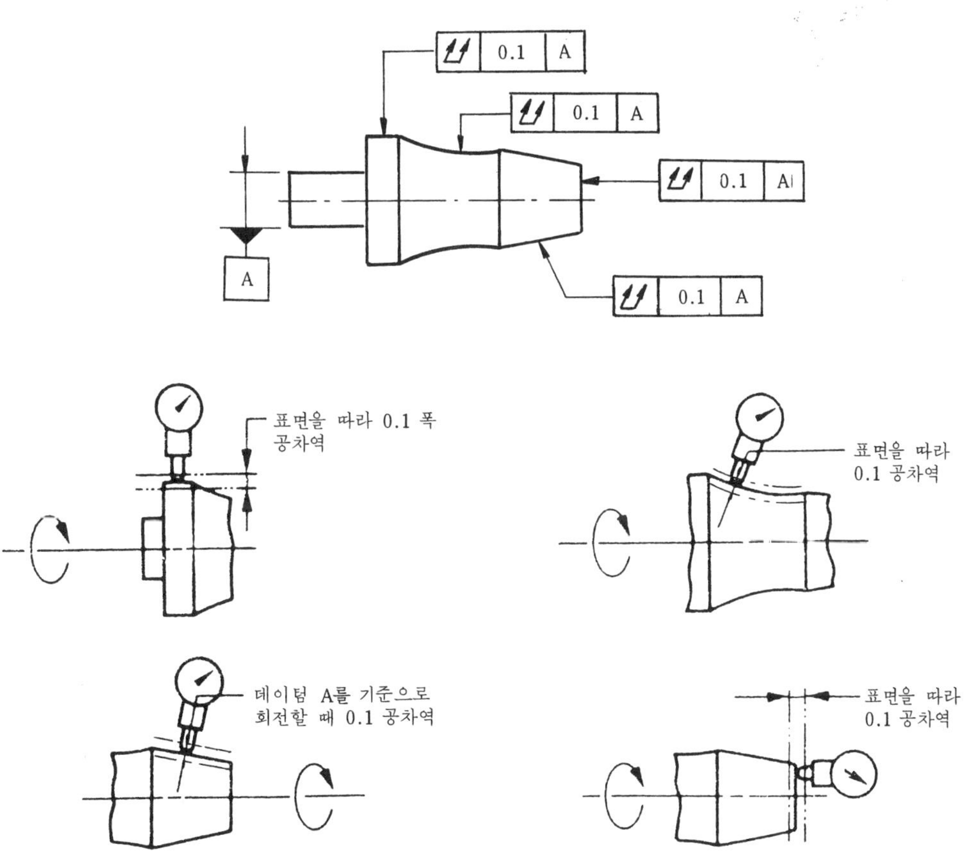

그림 4-6 온 흔들림과 공차역

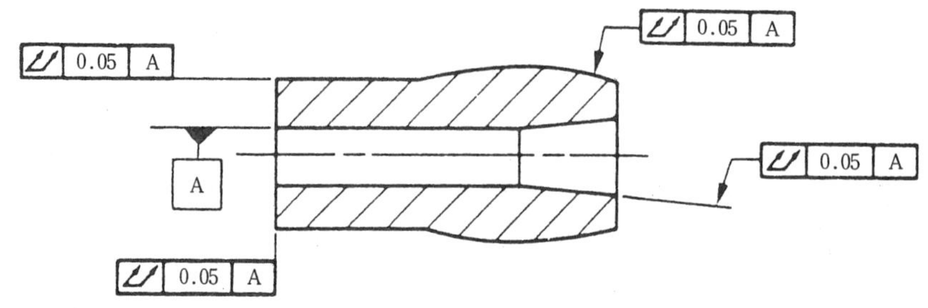

(a) 온 흔들림으로 규제된 부품

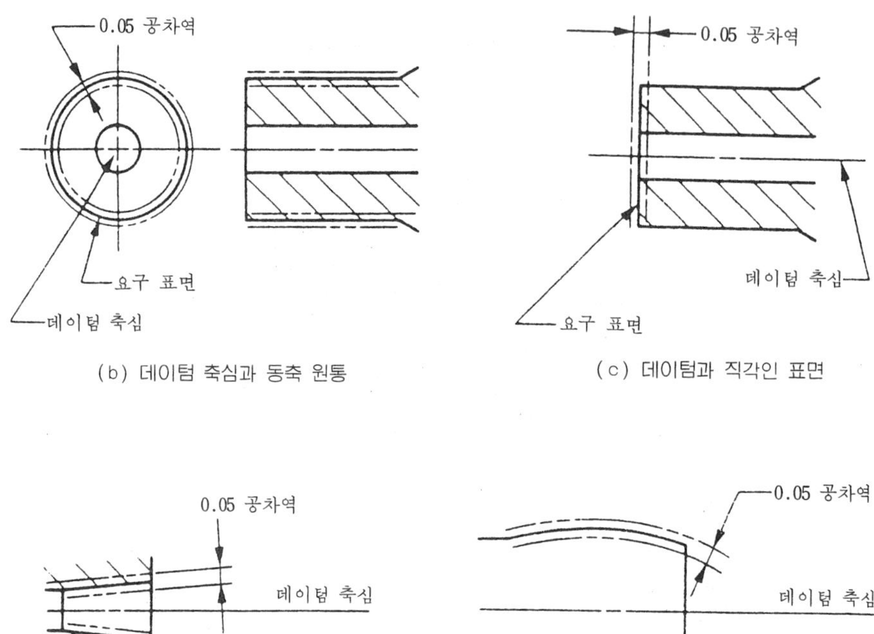

(b) 데이텀 축심과 동축 원통

(c) 데이텀과 직각인 표면

(d) 데이텀 축심에 동축인 원추

(e) 데이텀 축심에 동축인 곡면

그림 4-7 온 흔들림과 공차역

제 5 장

위치공차

1 동심도(同心度) CONCENTRICITY

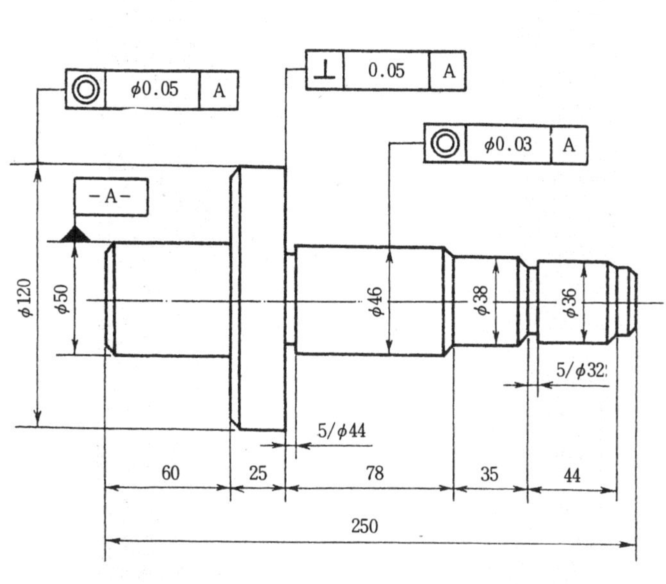

동심도 공차는 데이텀 축심을 기준으로 규제 형체의 축심이 일직선상에서 벗어난 크기이다. 두 개의 원통이 동일한 축심을 가지거나 하나의 직선상에 있으면 동축이다. 동심도 공차역은 데이텀 축심을 기준으로 규제 형체의 축심에 직경 공차역의 가상 원통이다. 데이텀 축심을 기준으로 직경 공차역 범위 내에서 기울어질 수도 있다.

실제로 데이텀 축심을 기준으로 규제 형체의 축심이 기울어져 있으면 이것은 동심도 오차가 아니고 평행도 오차라 할 수 있다. 그러나 기울어진 오차는 동심도 오차로 취급된다. 동심도는 반드시 데이텀을 기준으로 규제되며 단독 형상으로 규제될 수는 없다. 동심도에 대한 데이텀은 제품의 기능을 고려하여 기능적인 형체를 데이텀으로 설정해야 하며 데이텀을 기준으로 규제 형체의 편심량을 규제할 때 적용된다.

1 동심도 공차역

동심도 공차역의 형태는 원통이므로 동심도 공차 앞에 직경 기호 ϕ를 표시해야 하며 데이텀과 규제 형체의 치수 공차와는 관계없이 규제된 동심도 공차만 적용된다. **그림 5-1**에 동심도 공차역을 그림으로 나타냈다.

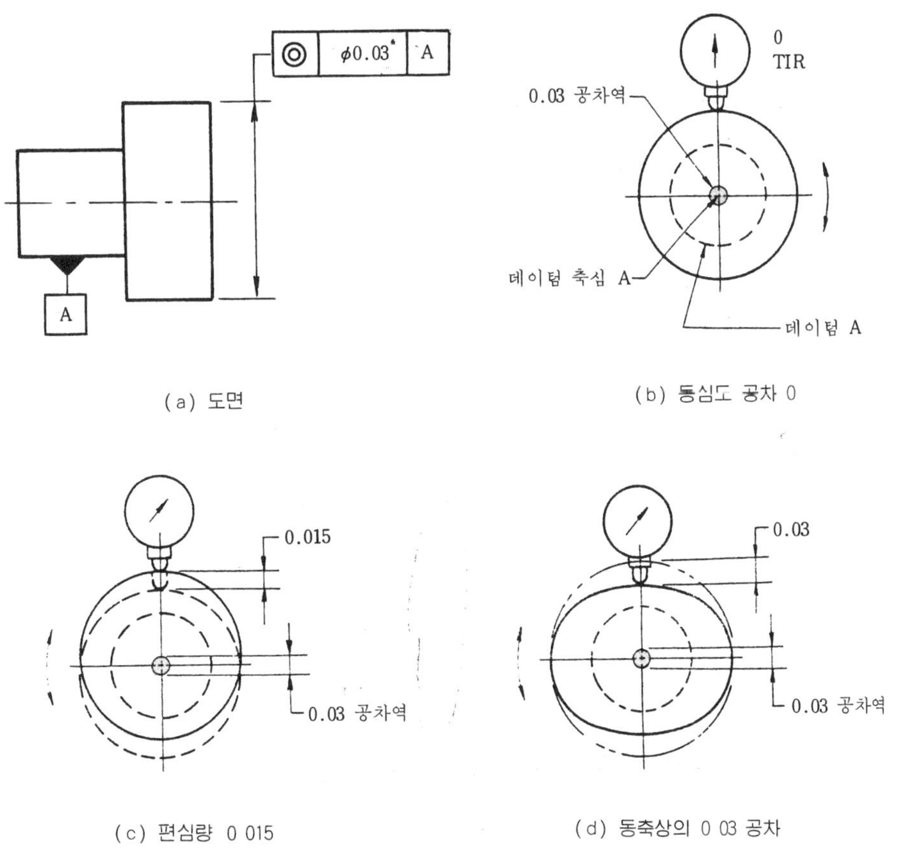

그림 5-1 동심도 규제와 공차역

그림 (b)의 경우는 동심도가 0인 상태의 그림이고, **그림** (c)는 규제 형체가 0.015 편심된 그림이며 **그림** (d)는 데이텀 중심과 규제 형체 중심은 동축상에 있지만 규제 형체 표면이 타원으로 되어 있어 0.03의 공차가 나타난 상태의 그림이다.

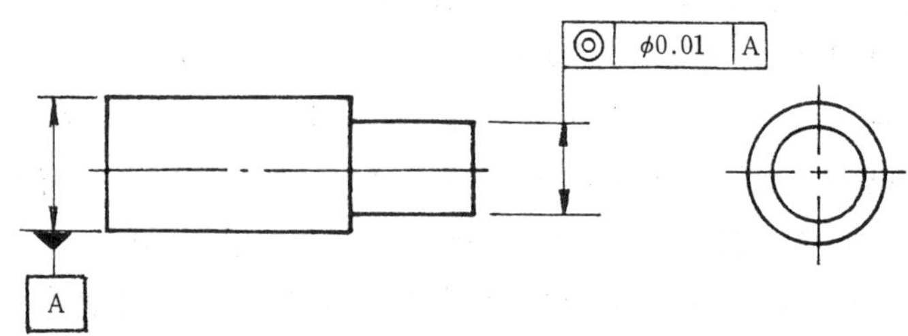

(a) 동심도로 규제된 도면

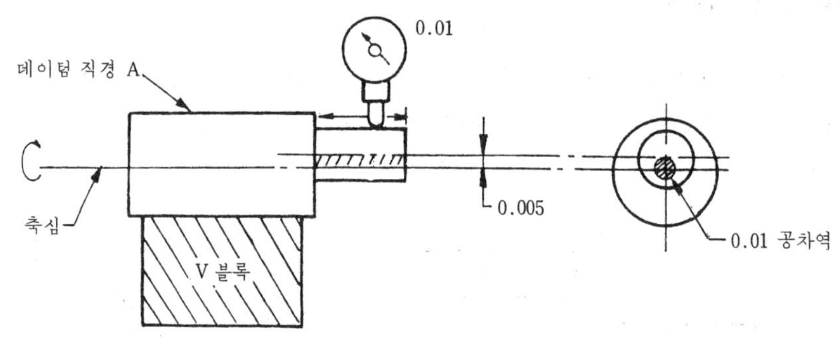

(b) 데이텀 중심에서 윗쪽으로 편심

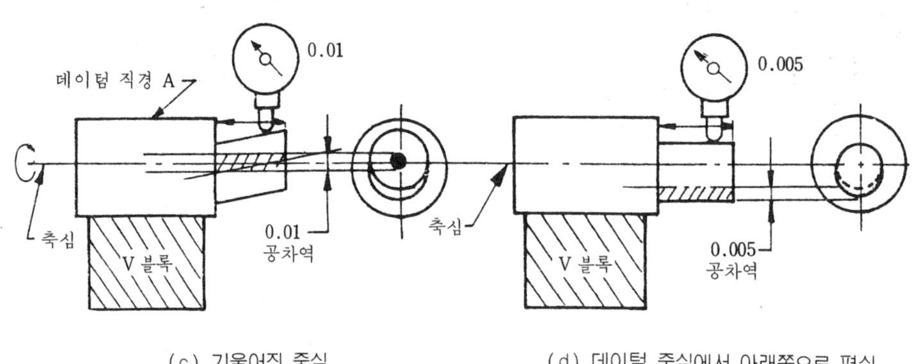

(c) 기울어진 중심

(d) 데이텀 중심에서 아래쪽으로 편심

그림 5-2 동심도 규제 예와 공차역

2 두 개의 데이텀을 기준으로 규제된 동심도

다음 **그림** 5-3은 두 개의 데이텀을 기준으로 동심도가 규제된 예이다. A, B 데이텀 중심을 기준으로 중앙에 규제 형체의 중심은 ϕ0.04 범위 내에 있어야 한다. **그림** (b)는 동심도 공차역을 나타낸 그림이고 **그림** (c)는 두 개의 데이텀을 기준으로 규제 형체 중심의 편위를 나타낸 그림이다. 동심도 측정은 A와 B데이텀을 V 블럭 위에 올려놓고 공작물을 회전시켜 다이얼 게이지와 테스트 인디케이터에 의해 **그림** (b)와 같이 측정할 수 있다.

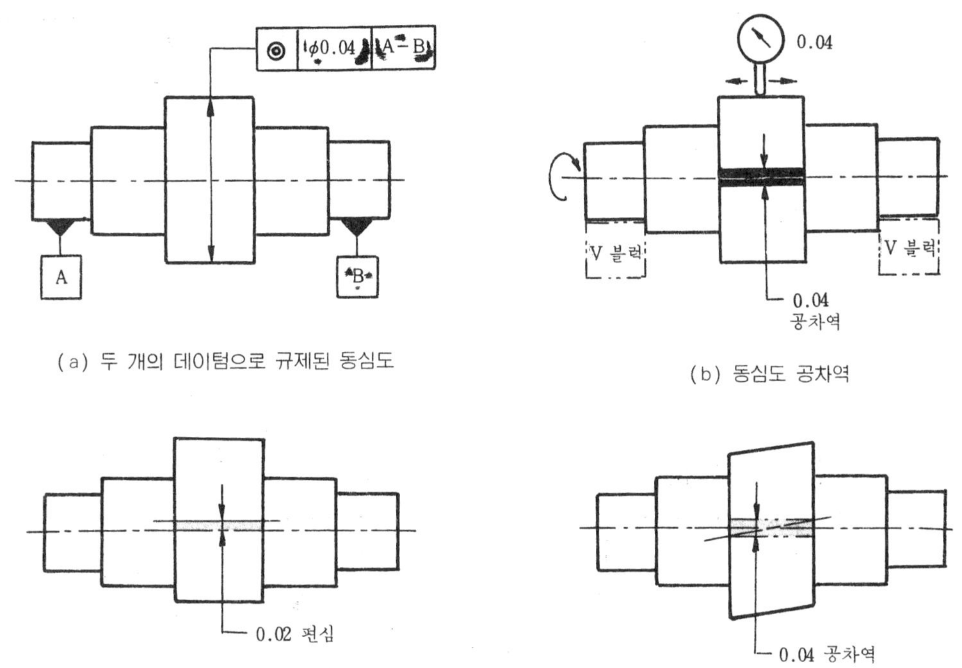

(a) 두 개의 데이텀으로 규제된 동심도

(b) 동심도 공차역

(c) 규제 형체 중심의 편위

그림 5-3 두 개의 데이텀에 의한 동심도

3 축직선에 규제된 동심도

A데이텀을 기준으로 직경이 서로 다른 중심 전체에 동심도를 규제할 경우 축직선 중심선에 동심도를 지시하여 나타낼 수 있으며 3개의 직경이 다른 형체의 중심 전체에 공차역이 적용된다.

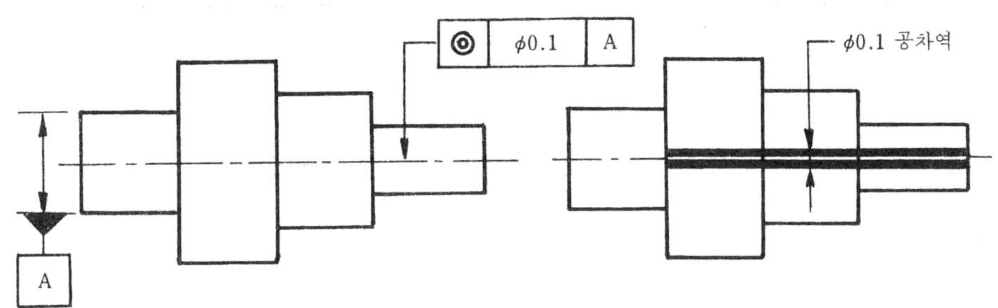

그림 5-4 축 직선에 규제된 동심도

2 대칭도(對稱度) SYMMETRY

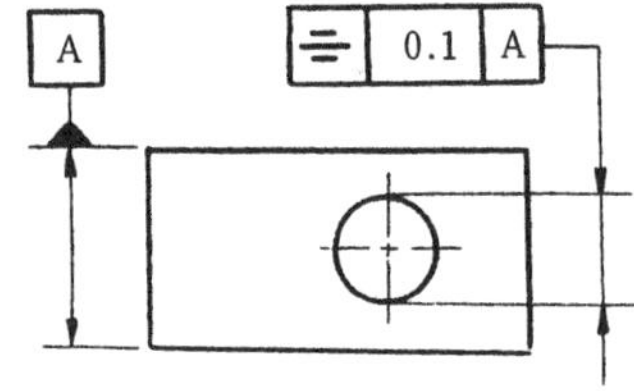

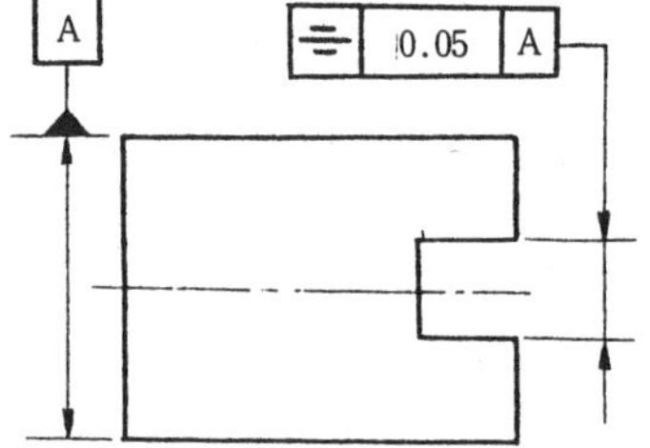

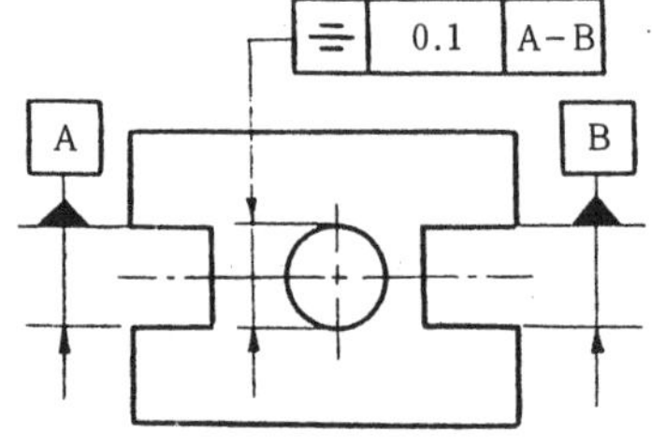

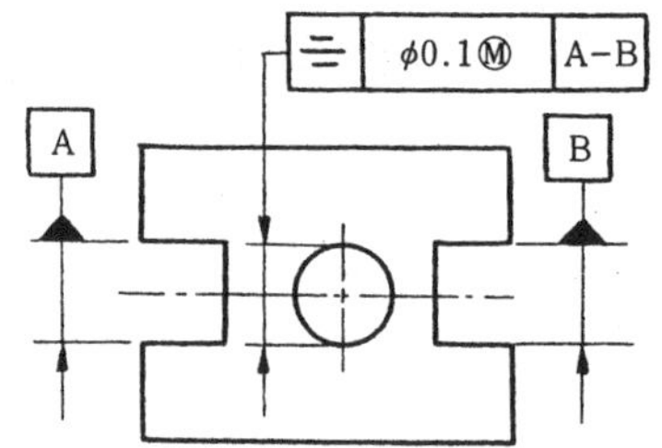

대칭도는 데이텀 축직선 또는 중간면을 기준으로 규제 형체의 축직선 또는 중간면이 서로 대칭이어야 할 위치로부터 어긋남의 크기를 말한다.

1 데이텀 중간면에 대한 면의 대칭도

다음 **그림** 5-4에 A데이텀 중간면에 대한 홈의 중간면은 규제된 대칭도 공차 0.04 범위 내에 있어야 한다. 공차역은 데이텀 중간면에 대하여 홈의 중간면은 0.04만큼 떨어진 두 개의 평행한 평면 사이에 끼인 영역이다.

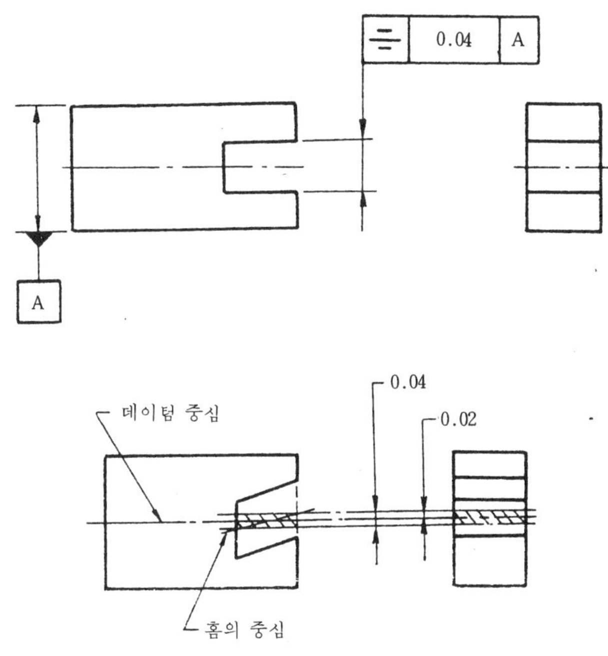

그림 5-4 대칭도와 공차역

2 데이텀 직선에 대한 면의 대칭도

그림 5-5 (a)에 지시선의 화살표로 나타낸 중심면은 데이텀 축직선 A에 대칭으로 0.1 mm의 간격을 갖는 평행한 두 개의 평면 사이에 있어야 한다.

3 데이텀 중심 평면에 대한 면의 대칭도

그림 5-5 (b)에 지시선의 화살표로 나타낸 축선은 데이텀 중심평면 A−B에 대칭으로 0.08 mm의 간격을 갖는 평행한 두 개의 평면 사이에 있어야 한다.

4 데이텀 직선에 대한 선의 대칭도

그림 5-5(c)에 나타낸 지시선의 화살표로 나타낸 축선은 데이텀 중심 평면 A－B에 대칭으로 0.08 mm 데이텀 중심 평면 C에 대칭으로 0.1 mm의 간격을 갖는 두 쌍의 평행한 두 개의 평면으로 둘러싸인 직육면체 안에 있어야 한다.

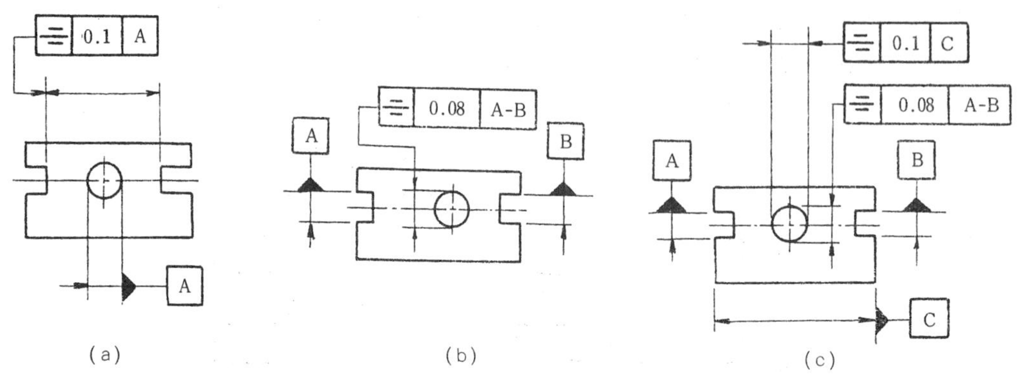

그림 5-5 대칭도 규제 예

3 위치도(位置度)

POSITION

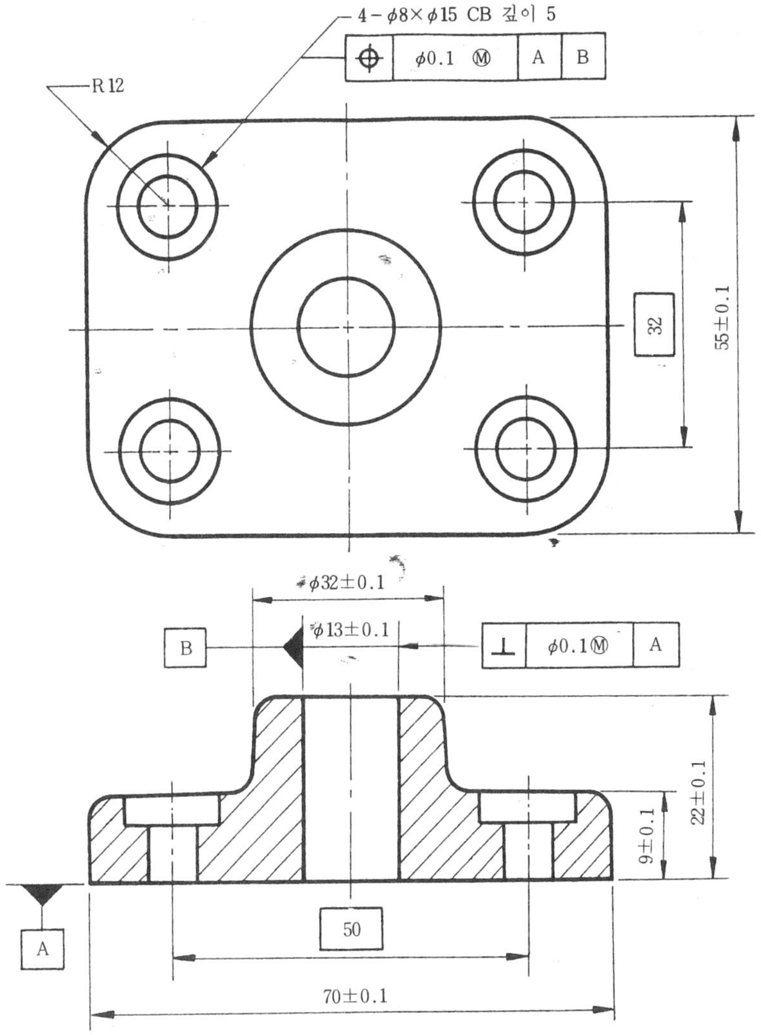

4 − ϕ8 × ϕ15 CB 깊이 5

⌖	ϕ0.1 Ⓜ	A	B

R12

32

55±0.1

ϕ32±0.1

ϕ13±0.1

B

⊥	ϕ0.1Ⓜ	A

22±0.1

9±0.1

A

50

70±0.1

위치도는 위치도 공차로 규제된 형체가 다른 형체나 데이텀에 관계된 형체의 정확한 위치에서부터의 점, 축직선, 중간면의 어긋남의 크기를 말한다. 위치도 공차는 복합 공차로써 규제 형체의 형상에 따라 진직도, 평행도, 진원도 및 직각도가 암시되어 규제되며 기하학적 특성 중 가장 다양하고 가장 널리 사용되고 있다.

위치도가 적용되는 형체는 주로 기능 및 호환성이 고려되어야 하는 결합 부품에 적용되고 있다.

1 위치도 이론

(1) 치수 공차만으로 규제된 위치

다음 **그림 5-6**에 치수 공차만으로 규제된 구멍의 위치 관계를 3가지 치수 기입법에 따라 그림으로 나타냈다.

그림과 같이 위치를 갖는 형체에 치수 공차만으로 규제하면 공차 누적이 생기는 수가 많으며 기준으로 삼는 위치에 따라 해석도 달라지며 일관성이 전혀 없다.

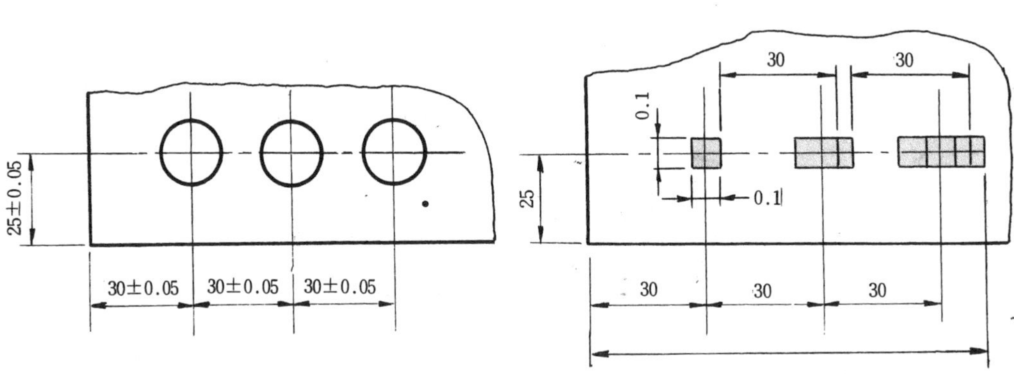

(a) 직렬식 치수 기입법

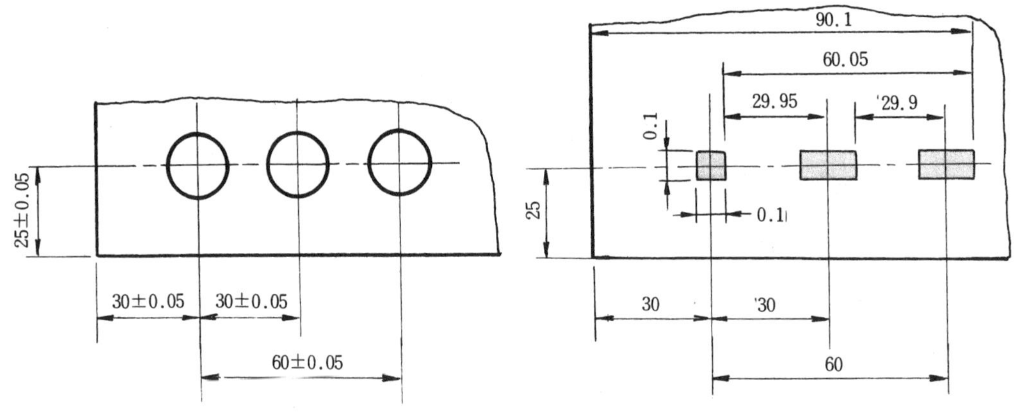

(b) 기준 구멍식 치수 기입법

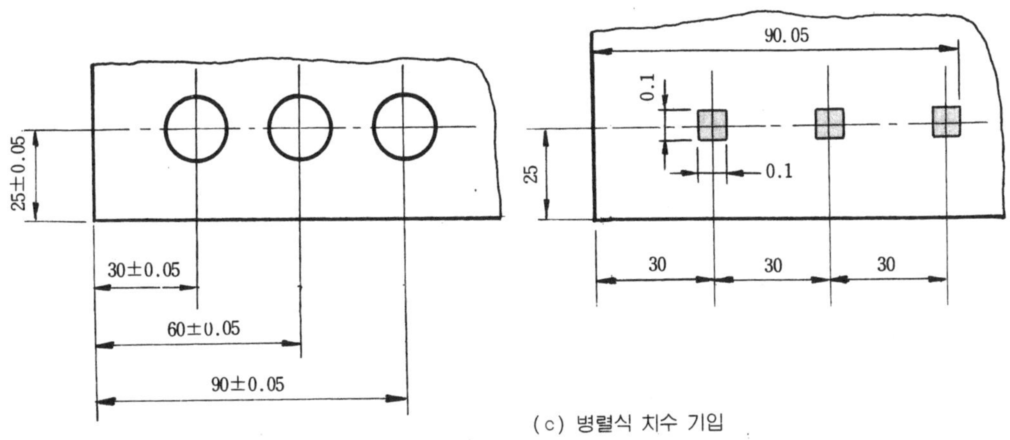

(c) 병렬식 치수 기입

그림 5-6 치수 공차만으로 규제된 구멍의 위치

그림 5-6의 (a) 그림에서 첫 번째 구멍은 공차 누적이 없으나 두번째와 세번째 구멍에는 공차 누적이 발생되게 되며 **그림** 5-6의 (b)의 경우에도 두번째와 세번째 구멍에 공차 누적이 생기게 된다. 공차 누적이 없고 통일된 해석이 가능한 방법은 **그림** 5-6의 (c)의 병렬식 치수 기입뿐이다.

(2) 치수 공차와 위치도 공차 비교

① 공차역의 비교

그림 5-7의 (a) 그림과 같이 구멍의 위치를 치수 공차만으로 지시했을 경우 **그림** 5-7의 (b)와 같이 0.1×0.1 되는 사각형의 공차역이 형성된다.

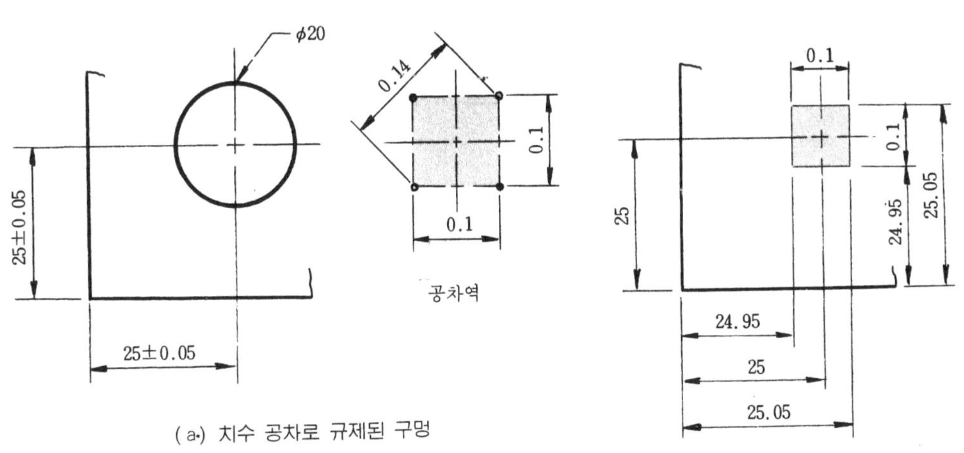

(a) 치수 공차로 규제된 구멍

(b) 4각형의 공차역에 의한 구멍의 위치

그림 5-7 사각형의 공차역으로 규제된 직교 좌표 공차 방식

이 경우에 실제 구멍의 중심에서 모서리 부분(흑점)까지의 거리 0.07 위치에 구멍의 중심이 있으면 (모서리 4개 흑점) 합격이나 실제 구멍의 중심에서 모서리 부분까지의 거리 0.07과 같은 거리에 모서리 부분을 제외한 나머지 부분에 구멍의 중심이 오면 공차역을 벗어나 전부 불합격이다. 따라서 실제 구멍의 중심에서 같은 거리에 구멍의 중심이 오면 전부 합격이 되도록 해야만 타당성이 있다고 생각된다. 그러나 공차영역이 사각형으로 형성되어 있기 때문에 이러한 문제점이 있다.

실제 구멍의 중심에서부터 같은 거리에 있으면 전부 공차역 범위 내에서 합격이 될 수 있으려면 공차역을 사각형이 아닌 직경 공차역으로 해야 한다.

그림 5-7의 (a) 그림의 사각형의 공차역 0.1×0.1을 직경 공차로 하려면 대각선의 직경 ϕ0.14가 된다.

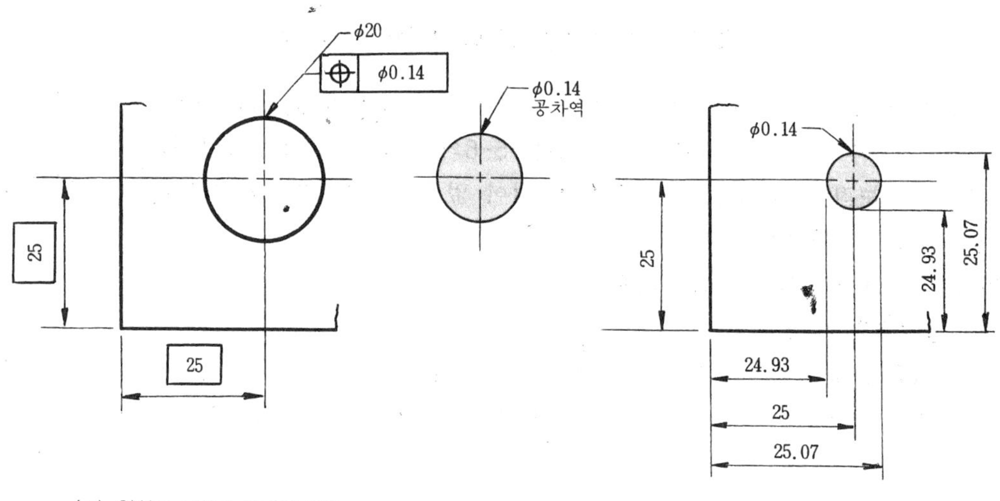

(a) 위치도 공차로 규제된 구멍

(b) 직경 공차역에 의한 구멍의 위치

그림 5-8 직경 공차역으로 규제된 위치도 공차 방식

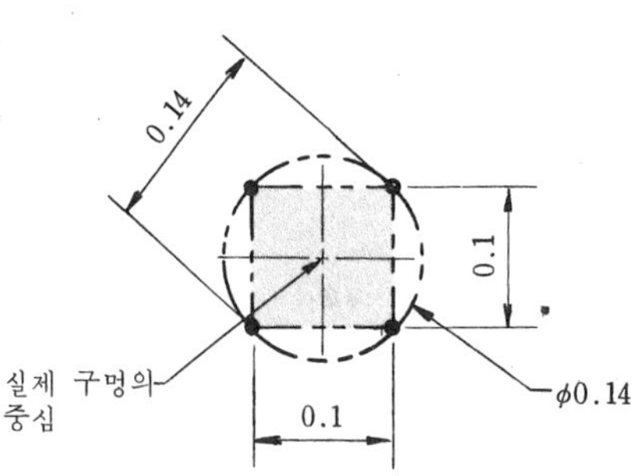

그림 5-9 사각형과 직경 공차역

그림 5-8의 (a) 그림에 구멍의 위치를 이론적으로 정확한 치수 25로 지시하고 구멍에 공차역을 직경 공차역인 ϕ0.14로 규제한 위치도 공차를 나타낸 도면이다. 이 경우에는 실제 구멍의 중심에서 같은 거리에 (0.07) 구멍의 중심이 오면 공차역 범위 내에 있으므로 전부 합격이 될 수 있다. **그림 5-9**는 0.1×0.1의 사각형 공차역을 대각선의 직경 ϕ0.14로 나타낸 그림이다.

② 치수 공차로 규제된 도면 분석

다음 **그림 5-10**에 치수 공차로 규제된 도면에 대하여 해설하기로 한다. **그림 5-10**의 (a) 도면은 3개의 구멍에 대한 위치를 병렬 치수 기입법으로 지정하였다. 각각의 구멍의 공차역은 0.2×0.2되는 정사각형의 공차역이다(**그림 5-10** (b)).

그림 5-10의 (c) 그림은 구멍의 위치를 0.2×0.2 공차역 범위 내에서 극한 상태의 구멍 위치를 나타낸 그림이고, 구멍의 직경이 최소 직경 ϕ19.9일 때 이 부품이 상대방 부품과 결합될 때 최악의 상태가 된다. 이 경우에 결합되는 상대방 부품의 치수를 결정해 주려면 최악의 경우에 결합이 될 수 있도록 계산해서 핀과 핀 사이의 치수 공차와 핀의 직경 공차를 결정해야 한다.

그림 5-10의 (c) 그림과 같이 제작된 부품에 **그림 5-10**의 (d)와 같이 핀 사이의 거리를 직렬 치수 기입으로 치수를 지정하고 핀의 직경 공차를 주었을 때 **그림** (c) 부품에 **그림** (d) 부품이 결합이 되지 않는다. 결합이 되려면 핀과 핀 사이의 위치에 대한 치수가 정확하게 치수 공차없이 30이 되고 핀의 직경이 최대 직경 ϕ19.7이면 결합이 가능하게 된다. 그러나 치수 30±0.1의 공차를 주면 공차 누적이 생겨 결합이 이루어지지 않는다. **그림 5-10**의 (e) 그림에 핀과 핀 사이의 거리를 병렬 치수 기입법으로 **그림 5-10**의 (a) 도면과 같이 핀의 위치를 지시했을 경우 핀의 최대 직경이 ϕ19.5보다 커서는 결합이 되지 않는다.

그림 (a) 부품과 **그림** (e) 부품이 결합될 때 **그림** (a) 부품의 구멍이 최소 직경이 ϕ19.9이고 **그림** (e) 부품 핀의 최대 직경이 ϕ19.5로 구멍과 핀 직경 사이에 0.4 mm라는 큰 여유를 주어야만 계산상으로 결합이 가능하다. 따라서 치수 공차로만 규제된 부품은 상대방 결합되는 부품에 치수를 결정해 주기가 용이하지 않으며 불량율이 많을 수가 있다.

③ 위치도 공차로 규제된 도면 분석

그림 5-11에 위치도 공차로 규제된 두 부품의 결합 상태를 그림으로 도해하였다. **그림 5-11**의 (a)와 (b)는 구멍과 핀의 위치를 이론적으로 정확한 치수 [30]으로 지시하고 위치도 공차를 직경 공차역으로 지정하였다. **그림** (c)는 **그림** (a) 부품이 위치도 공차 ϕ0.1 범위 내에서 극한 상태를 나타낸 그림이고, **그림** (d)는 핀에 지시된 위치도 공차 ϕ0.1 범위 내에서 극한 상태를 나타낸 그림이다.

그림 (e)는 **그림** (c)와 같은 극한 상태의 구멍에 결합되는 핀을 나타낸 그림이다. 이 때 핀의 최대 직경은 ϕ19.8보다 커서는 안되며 핀과 핀 사이의 중심 위치는 정확하게 30이어야 한다.

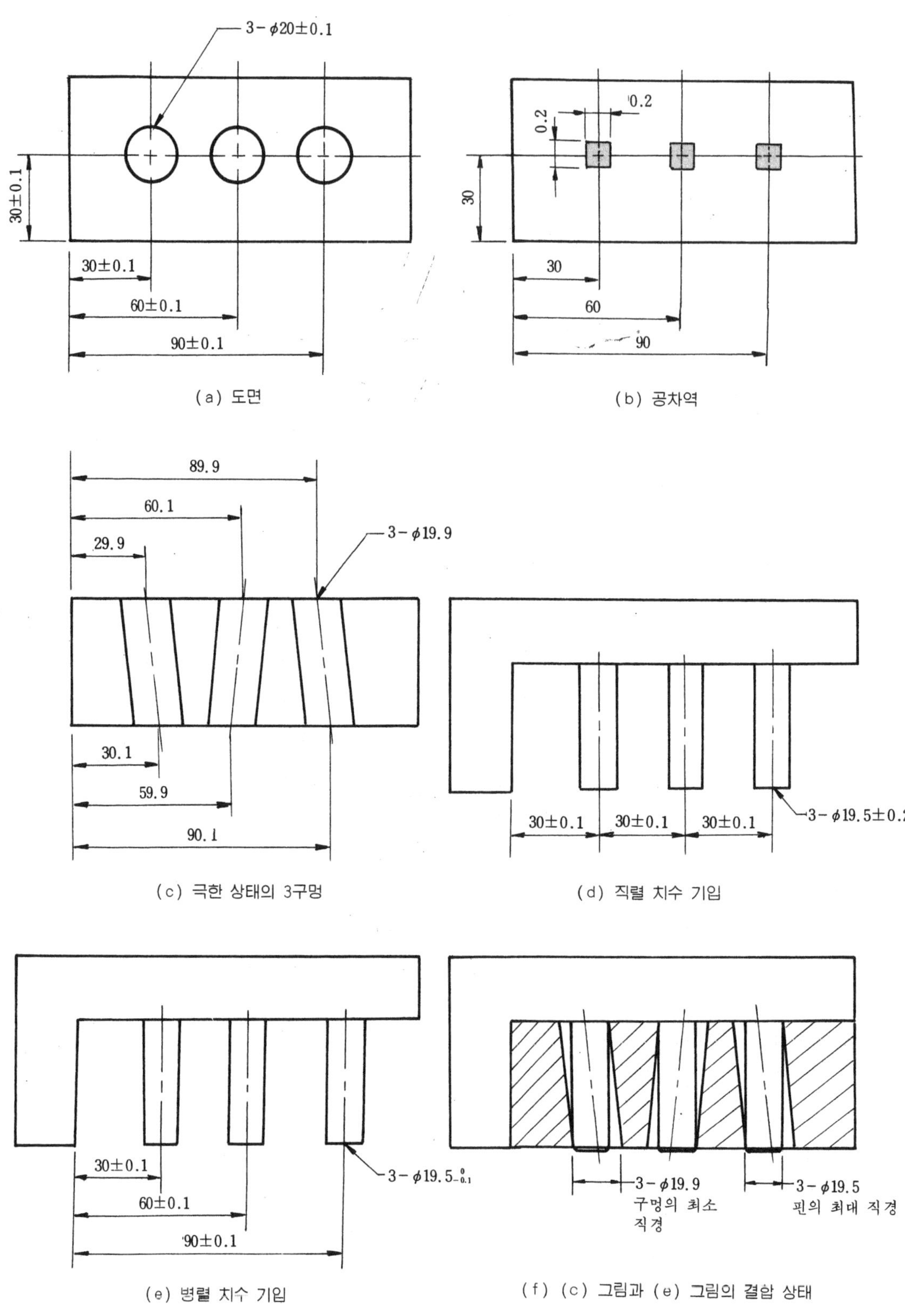

그림 5-10 치수 공차로 규제된 구멍과 핀의 결합 상태

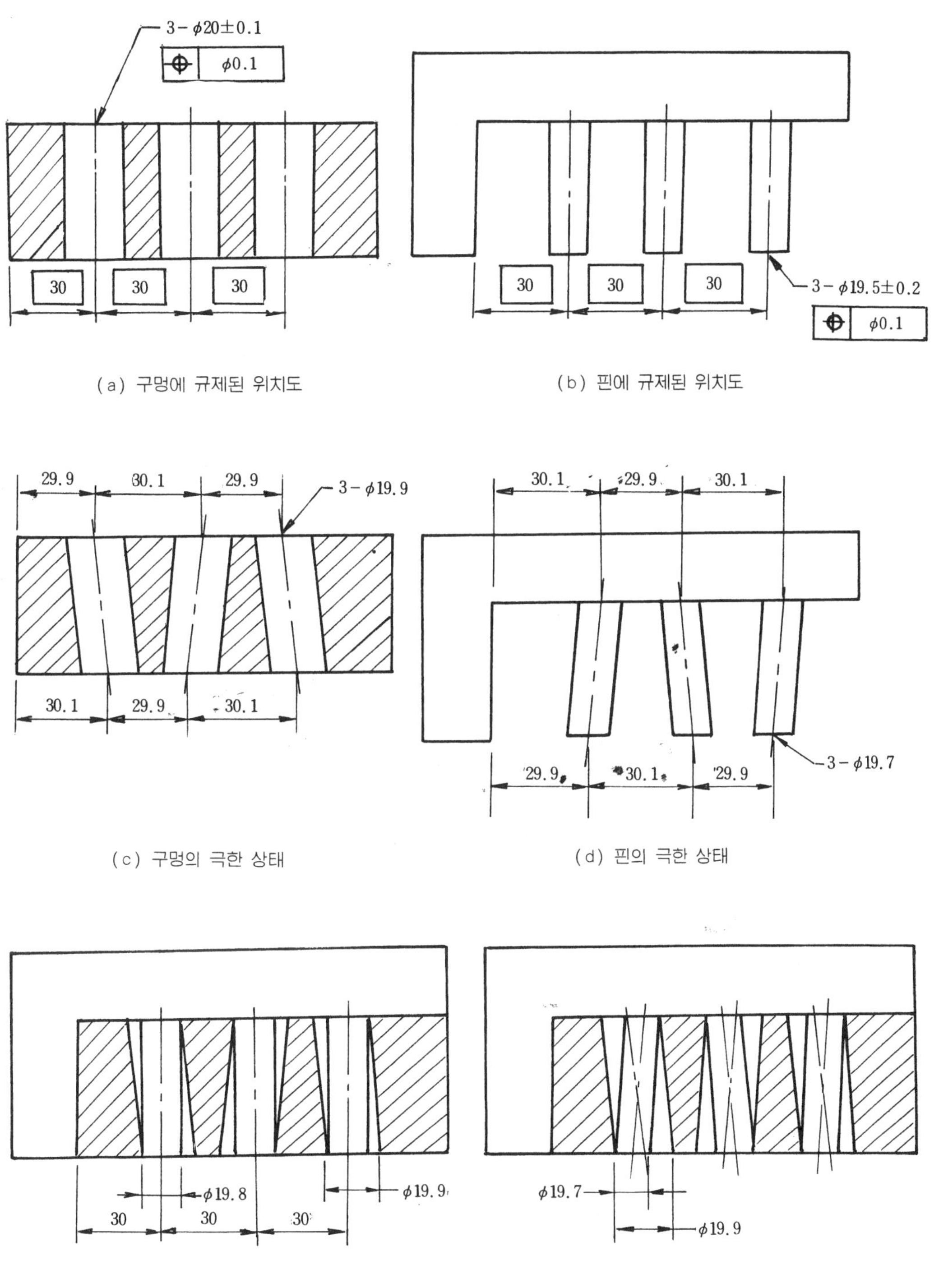

(a) 구멍에 규제된 위치도

(b) 핀에 규제된 위치도

(c) 구멍의 극한 상태

(d) 핀의 극한 상태

(e) 구멍이 기울어졌을 때 결합되는 핀

(f) 구멍과 핀이 기울어진 최악의 결합 상태

그림 5-11 위치도 공차로 규제된 구멍과 핀의 결합 상태

즉, 위치도 공차가 0이어야 결합이 가능하다. **그림** (f)는 **그림** (c)와 **그림** (d)와 같이 극한 상태에 두 부품이 결합되는 결합 상태를 그림으로 나타냈다.

따라서 이론적으로 정확한 치수와 위치도 공차로 규제하면 설계상에서 치수를 쉽게 결정할 수 있고 치수 공차만으로 규제했을 때의 문제점을 해결할 수 있으며 불량률을 줄이고 효율적인 검사, 측정으로 생산성을 향상시킬 수가 있다.

2 직경 공차역으로 규제된 위치도

8개 구멍의 위치를 위치도 공차로 규제한 도면을 다음 **그림 5-12** (a)에 나타냈고 **그림** (b)에 8 개의 구멍에 직경 공차역으로 규제된 공차역을 나타냈다.

구멍의 위치를 이론적으로 정확한 치수로 지정하고 구멍의 위치도 공차를 직경 공차역으로 지정하면 실제 중심에서 같은 거리에 구멍의 중심이 있으면 전부 합격이 될 수 있고 공차 누적이 생기지 않으며 공차 영역이 넓어진다.

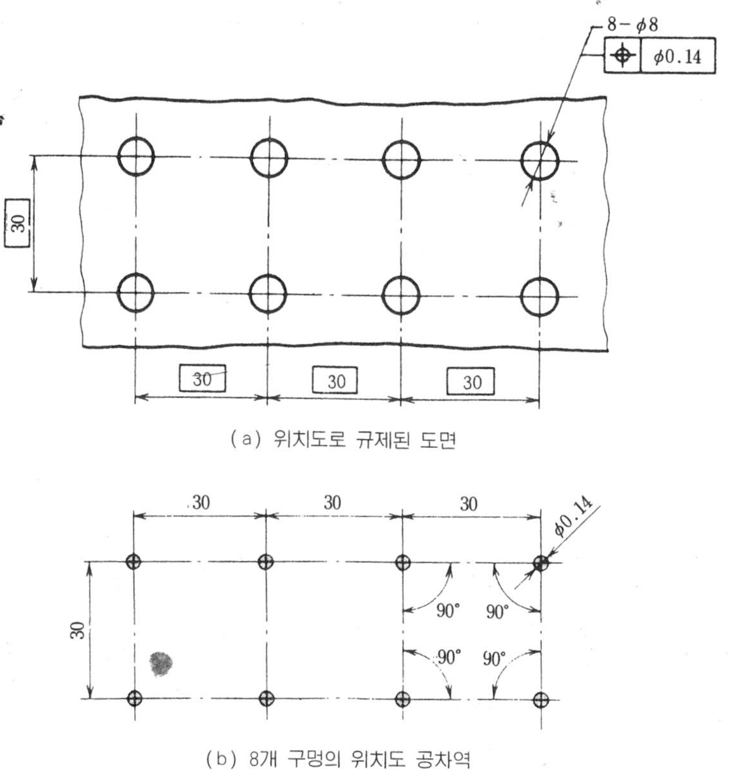

그림 5-12 직경 공차역으로 규제된 위치도

3 직경 공차역

직경 공차역으로 규제된 형체에 적용되는 공차역은 **그림 5-13**과 같이 공차역 범위 내에서 구멍의 위치 및 형상이 다음과 같이 변동될 수 있다.

① 구멍 중심이 정확한 위치의 축선과 동축인 경우
② 구멍 중심이 공차역 범위 내에서 좌측으로 이동된 경우
③ 구멍 중심이 공차역 범위 내에서 극한 위치까지 기울어진 경우
④ 구멍 중심이 공차역 범위 내에서 구부러진 경우

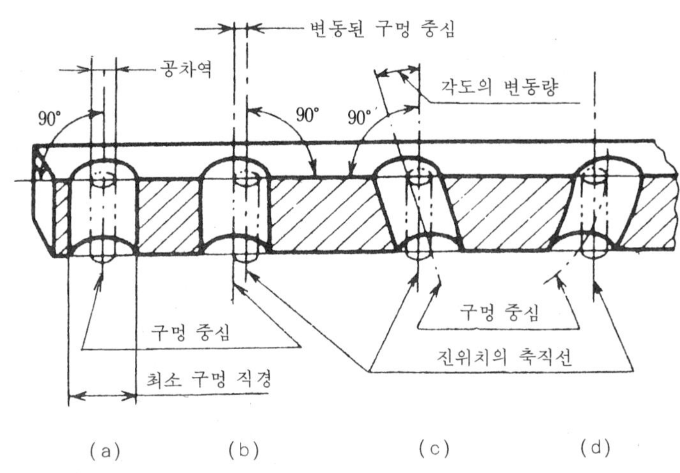

그림 5-13 공차역 범위 내에서의 위치 변동

4 직교 좌표 공차와 위치도 공차역의 비교

그림 5-14 (a)는 직교 좌표 방식에 의하여 규제된 부품을 4개의 구멍과 구멍의 위치를 나타내는 치수에 공차를 주어 4개의 구멍에 적용된 4각형의 공차역을 나타낸 그림이고, **그림 5-14** (c)는 구멍과 구멍간의 지수를 공차가 없는 기준 치수로 규제하고 4개의 구멍에 위치도 공차 ϕ0.07에 의해 4개의 구멍에 대한 직경 공차역을 나타낸 그림이며, **그림 5-14**(b)는 4각형의 공차역과 직경 공차를 비교하여 나타낸 그림이다.

두 그림을 비교할 때 다음과 같은 차이점이 있다.

① 구멍 중심에 대한 공차역에 있어서 직교 좌표 방식은 정사각형이고 위치도 공차 방식에 의한 공차역은 직경이다.
② 구멍 중심간의 치수에서 직교 좌표 방식에서는 치수 공차(175±0.05, 200±0.05)로 표시되고 있고, 위치도 공차 방식에서는 기준 치수 [175], [200]으로 표시되었다.
③ 구멍에 대해서 직교 좌표 방식에서는 치수 공차만으로 표시되었으나 위치도 공차 방식에서는 구멍에 치수 공차와 위치도 공차를 규제하였다.

이 비교에서 0.05의 직교 좌표 공차역은 4각형의 대각선의 직경 ϕ0.07의 직경 공차역으로 바꿀 수 있다.

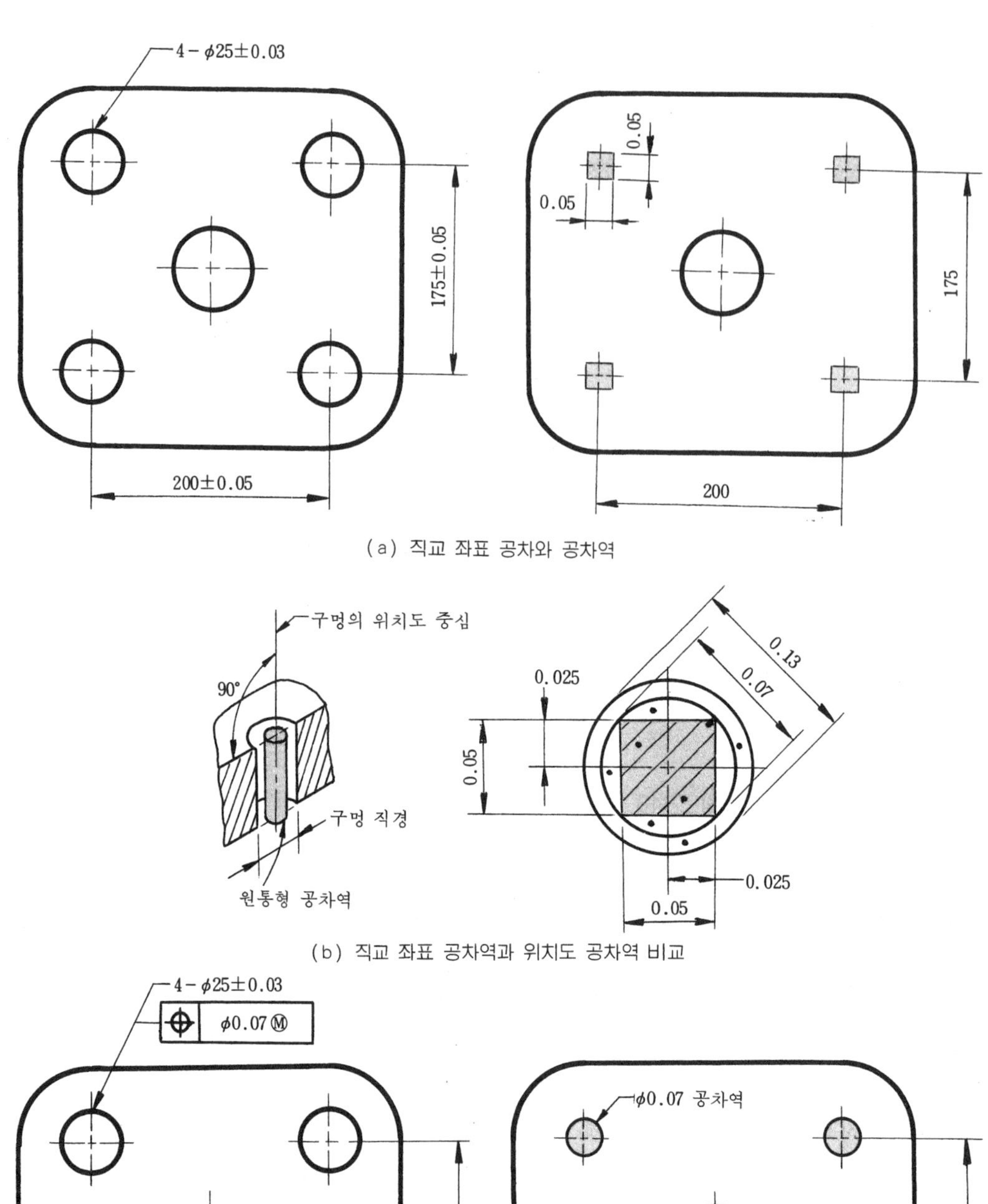

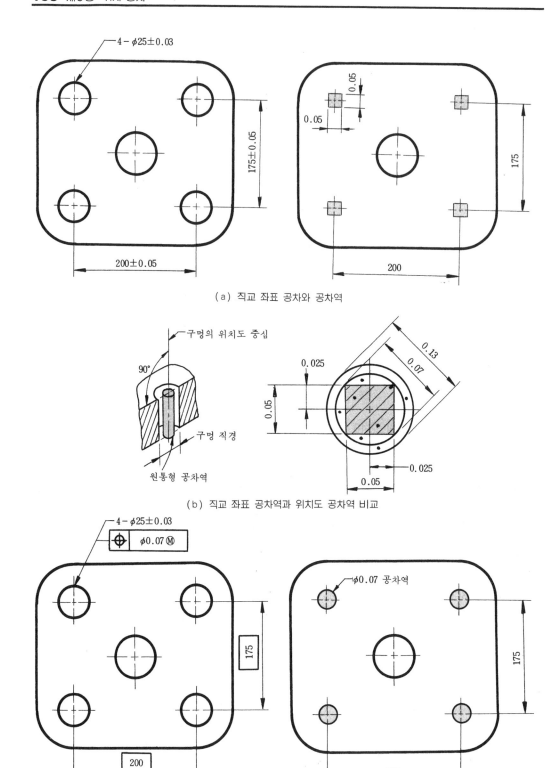

(a) 직교 좌표 공차와 공차역

(b) 직교 좌표 공차역과 위치도 공차역 비교

(c) 위치도 공차와 공차역

그림 5-14 직교 좌표 공차와 위치도 공차의 비교

해칭(hatching)을 한 정사각형이 직교 좌표 방식에 의한 하나의 구멍의 공차역이고 작은 원 0.07이 위치도 공차 방식에 의해 규제된 최대 실체 조건(MMS)일 때 규제된 위치도 공차역이고, 큰 원 0.13은 최소 실체 조건(LMS)일 때, 즉 구멍이 상한 치수로 가장 크게 가공되었을 때 적용될 수 있는 최대 위치도 공차역이다. 8개의 흑점(·)은 구멍 중심을 검사할 때 중심 위치로 될 수 있는 가능성의 분포를 나타낸 것이다.

만약 직교 좌표 방식을 적용하면 8개 부품중 3개만이 합격이 될 것이다. 그러나 위치도 공차 방식을 적용했을 때는 8개중 6개는 합격이 될 수 있다.

정사각형 영역 우측 위에 있는 흑점(·)과 중심선상의 좌측에 있는 흑점과는 실제로 구멍 중심으로부터 같은 거리에 있다. 그럼에도 불구하고 정사각형의 직교 좌표를 보면 왼쪽의 구멍은 공차 범위를 벗어나 불합격이고 대각선상의 위쪽 흑점은 합격이 된다.

결론적으로 직교 좌표 방식에서 구멍 중심으로부터 벗어남이 대각선 방향에서는 수평 방향이나 수직 방향보다 큰 공차를 취할 수 있음을 말한다.

따라서 구멍이 상대 부품과 결합되는 형체라고 하면 직교 좌표에 위한 정사각형의 제한은 비합리적이라고 할 수 있고 보다 큰 공차를 허용할 수 있는 위치도 공차의 직경 공차역은 실용적이라 할 수 있다.

위치도 공차는 설계 요구 조건에 의해 결정되어야 하며 직교 좌표로부터 환산하는 것은 아니다.

그림 5-14 (c)에서 위치도 공차 ϕ0.07은 구멍이 MMS(24.97)일 때에 적용되는 공차역이고 구멍이 MMS 크기로부터 LMS(25.03)로 커짐에 따라 ϕ0.13까지 허용이 가능하다.

ϕ0.07에서 ϕ0.13까지 허용되는 위치도 공차는 구멍의 치수 공차에 따라 실제 구멍의 가공된 치수에 의해 위치도 공차가 결정되며 4개의 구멍에 전부 적용된다. 위치도 공차 방식은 기능 및 호환성이 고려되어야 하는 결합 부품 상호간에 적용한다.

이는 설계 요구 조건을 만족시키고 보다 큰 제작 공차를 허용하며 요구되는 실제 기능 검사를 할 수 있는 이점이 있다. 위치도 공자는 위치 공차이면서 또한 복합된 형상 공차의 요소를 포함한다. 예를 들면, **그림 5-14** (c)에서 구멍의 깊이 방향은 표면에서부터 직각도까지 규제되며 4개의 각 구멍은 위치도 공차 내에서 다른 구멍에 평행하여야 한다.

그림 5-15는 위치도의 이론을 보다 명백히 하기 위하여 **그림 5-14**의 부품에서 4개의 구멍 중 2개의 구멍에 대하여 구멍의 크기 치수 변화에 따라 허용되는 위치 관계를 도해한 그림이다.

그림 5-15 (a)는 기준 치수 200을 기준으로 구멍의 치수 공차 25±0.03에 위치도 공차 ϕ0.07로 규제된 2개의 구멍의 중심에 적용된 위치도 공차의 적용 예로써 구멍이 MMS(24.97)일 때 적용된 위치도 공차 0.07의 공차역과 구멍을 검사하기 위한 기능 게이지 치수 (24.9)와 MMS 구멍(24.97)을 도시한 그림으로 MMS일 때 완전한 구멍 위치를 나타내고 있다.

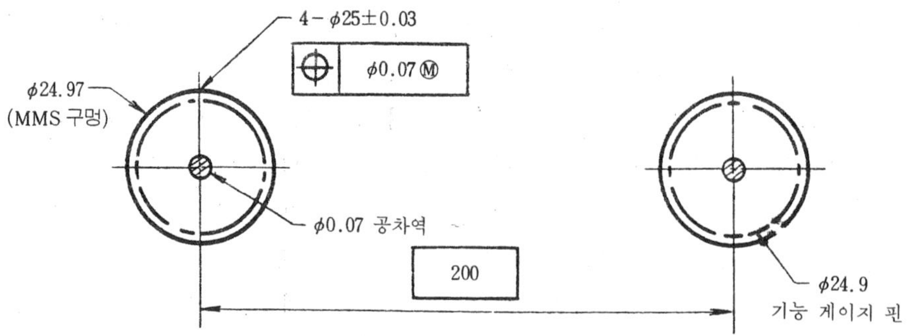

(a) MMS일 때 완전한 구멍 위치

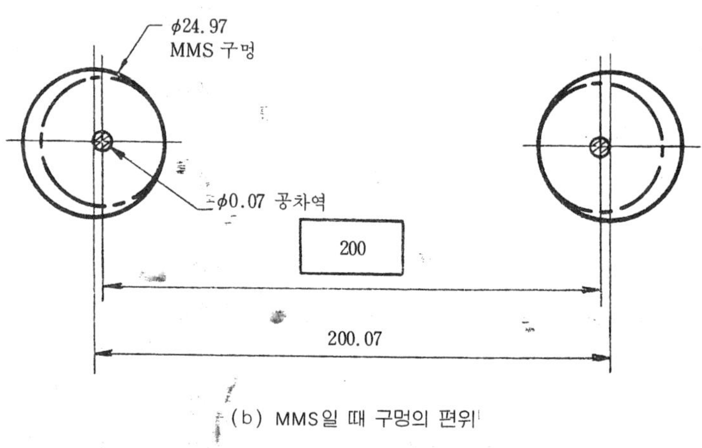

(b) MMS일 때 구멍의 편위

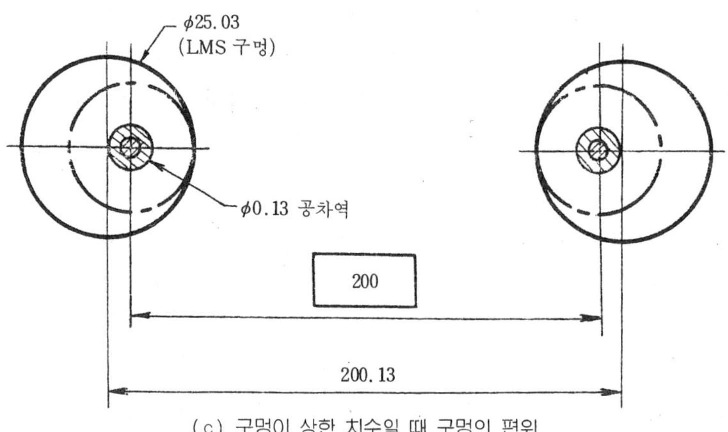

(c) 구멍이 상한 치수일 때 구멍의 편위

그림 5-15 구멍의 직경에 따른 위치 관계

그림 (b)는 기준 치수 200을 기준으로 한 두개의 구멍이 MMS(24.97)일 때 적용된 ϕ0.07 위치도 공차 범위 이내에서 최대로 편위된 상태를 도시한 것으로 최악의 상태이다. 게이지핀은 구멍 내벽에 접촉된 상태이다.

즉 실제 구멍의 중심이 ϕ0.07 위치도 공차 범위 내에서 최악의 경우 구멍의 실제 중심이 200.07일 경우 게이지핀이 통과될 수 있다. 또 반대로 안쪽으로 구멍의 중심이 가공되었을 경우 199.93 위치에 있을 때에도 게이지핀이 통과된다.

그림 (c)는 기준 치수 200을 기준으로 2 개의 구멍이 최소 실체 치수(구멍이 상한 치수 ϕ25.03)일 때 최대로 허용되는 위치도 공차는 MMS일 때 규제된 0.07에서 구멍이 커진 크기만큼 위치도 공차가 추가되어 최대로 0.13까지 허용이 가능하다.

이 때 ϕ0.13 위치도 공차 범위 내에서 최악의 경우, 즉 구멍 중심이 200.13일 때의 그림이다.

예에서는 두 개의 구멍에 대하여 설명하였지만 같은 이론이 전 구멍에 적용된다. 구멍의 치수 공차는 한계 게이지(limit gage)에 의해 검사되어야 하고 위치도 공차는 기능 게이지(Functional gage)에 의해 분리 검사되어야 한다.

5 치수 공차와 관계없이 규제된 위치도

다음 **그림 5-16**은 위치도 공차로 규제된 구멍(**그림** (a))과 핀(**그림** (b))을 나타낸 그림이다.

도면상에 지시된 위치도 공차 ϕ0.1은 구멍과 핀의 직경 공차와는 관계없이 규제된 것이다.

즉 구멍이나 핀이 상한 치수나 하한치수로 되어도 치수 공차와 관계없이 이론적으로 정확한 치수 [80]을 기준으로 위치도 공차는 ϕ0.1만 적용되면 된다.

(a)부품과 (b)부품이 결합이 될 때 4 개의 구멍 위치와 4 개의 핀 위치는 이론적으로 정확한 위치에 있는 기준 패턴으로 정해진다. 여기에서 구멍의 직경 공차와 핀의 직경 공차는 위치도 공차를 줄 수 있는 크기만큼 계산상으로 결정해야 한다.

즉, 구멍의 최소 직경과 핀의 최대 직경과의 차이만큼을 위치도 공차로 구멍과 핀에 분배하여야 한다. 즉 구멍의 최소 직경과 핀의 최대 직경의 차이만큼을 위치도 공차로 이용할 수 있는 것이다. 구멍과 핀에 위치도 공차 ϕ0.1씩 분배한 것은 다음 계산으로 결정된다.

구멍의 최소 직경 = ϕ20 mm
편의 최대 직경 = ϕ19.8 mm
구멍의 최소 직경 − 핀의 최대 직경 = 0.2 mm

즉, 0.2 mm를 구멍과 핀에 각각 위치도 공차로 ϕ0.1씩 분배하였다.

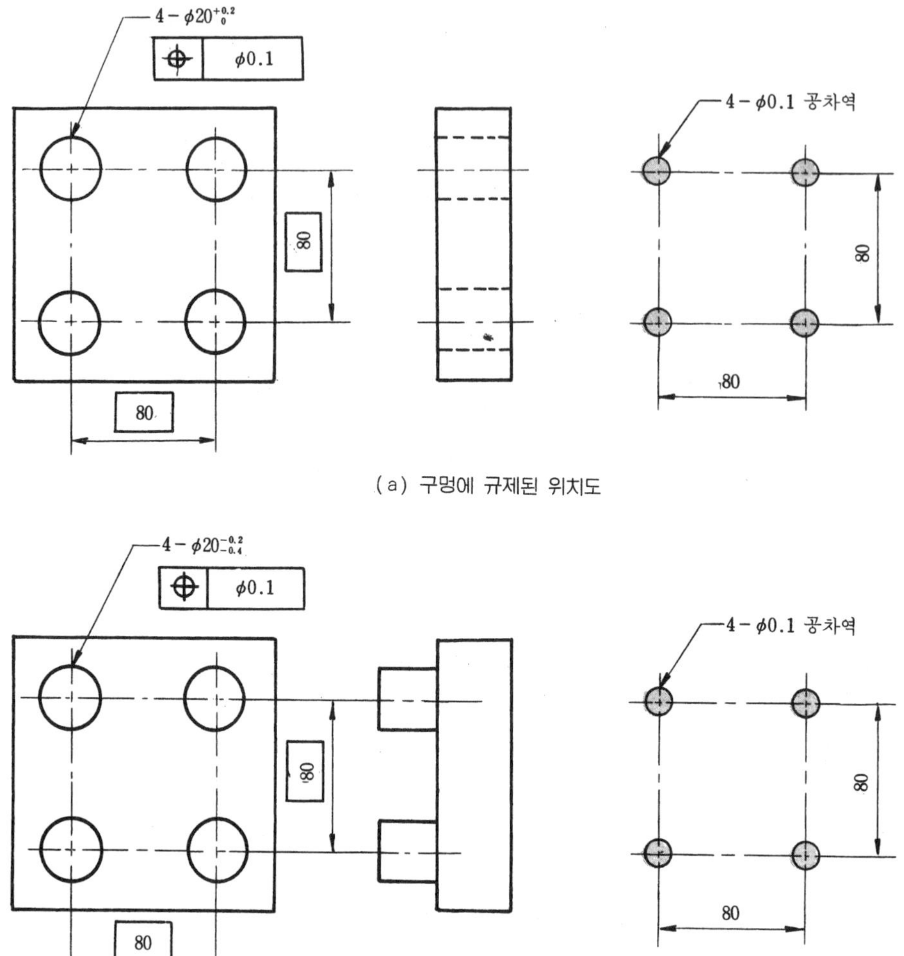

(a) 구멍에 규제된 위치도

(b) 핀에 규제된 위치도

그림 5-16 치수 공차와 관계없이 규제된 위치도

6 최대 실체 공차 방식으로 규제된 위치도

다음 **그림** 5-17에 최대 실체 공차 방식으로 구멍과 핀에 위치도가 규제된 예를 그림으로 나타냈다.

그림 5-17의 (a) 구멍에 규제된 위치도 공차 φ0.1은 구멍의 직경이 최대 실체 치수(φ20)일 때 적용되는 위치도 공차이며 구멍 직경이 커지면 커진 크기만큼 위치도 공차가 추가된다.

구멍의 직경이 φ20.2일 때는 최대 실체 치수 20에서 커진 크기 0.2만큼 추가되어 0.3까지 위치도 공차가 추가된다.

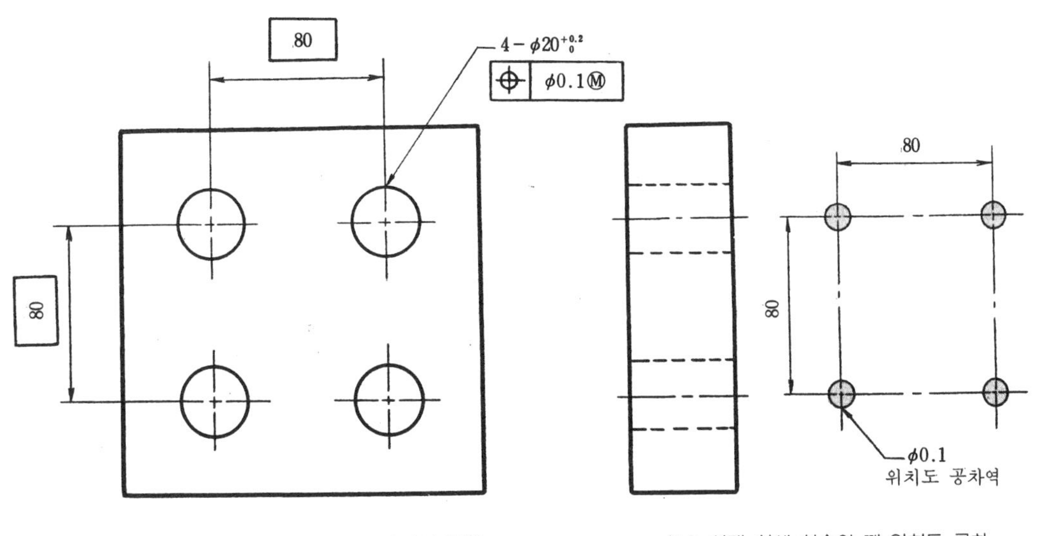

(a) 최대 실체 공차 방식으로 규제된 구멍

(b) 최대 실체 치수일 때 위치도 공차

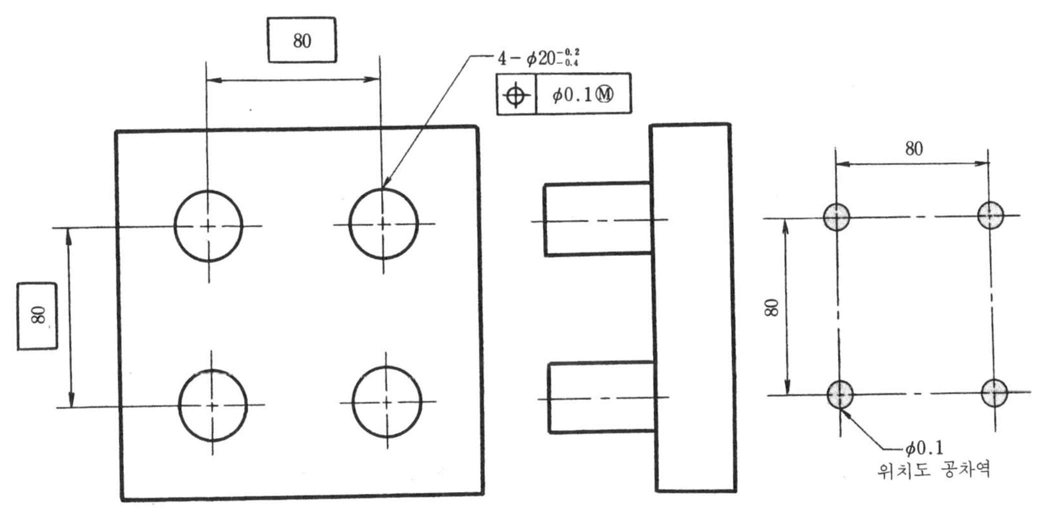

(c) 최대 실체 공차 방식으로 규제된 핀

(d) 최대 실체 치수일 때 위치도 공차

그림 5-17 최대 실체 공차 방식으로 규제된 위치도

그림 5-17의 (b) 그림의 핀의 경우 핀 직경이 최대 실체 치수 ϕ19.8일 때 적용되는 위치도 공차가 ϕ0.1이다. 핀 직경이 최소 직경 ϕ19.6으로 작아지면 작아진 크기 0.2만큼 추가되어 주어진 위치도 공차 0.1에 추가되어 0.3까지 허용된다.

구멍과 핀에 규제된 위치도 공차 0.1은 구멍과 핀이 최대 실체 치수일 때 여유분을 양쪽에 나누어 준 공차다.

구멍과 핀이 각각 최소 실체 치수(구멍 : ϕ20.2, 핀 : ϕ19.6)일 때 각각 허용되는 위치도 공차는 0.3씩이다. 즉 구멍의 최대 직경(ϕ20.2)－핀의 최소 직경(ϕ19.6)=0.6이 구멍과 핀의 여유분 0.6 범위 내에서 각각 0.3씩 허용된다.

구멍의 실치수가 ϕ20.2일 때 허용되는 위치도 공차 ϕ0.3 범위 내에서 어디에 있든 구멍의 실효 치수 ϕ19.9의 실효 원통 밖에 존재하며 핀의 경우 핀의 실치수가 ϕ19.6일 때 허용되는 위치도 공차 ϕ0.3 범위 내에서 핀 중심이 어디에 있든 핀의 실효 치수 ϕ19.9의 실효 원통 내에 존재하기 때문에 구멍과 핀이 호환성 있게 결합이 보장된다.

그림 5-18은 **그림** 5-17의 두 부품 구멍과 핀의 실효 치수를 그림으로 나타냈다. **그림** 5-18의 (a)는 구멍이 최대 실체 치수 ϕ20일 때 허용되는 위치도 공차 ϕ0.1 범위 내에서 실제 구멍 중심이 존재할 수 있는 가는 실선의 원에 내접하는 원통이 구멍의 실효 치수이며 이 실효 치수 ϕ19.9의 경계를 구멍 표면이 침범할 수는 없다.

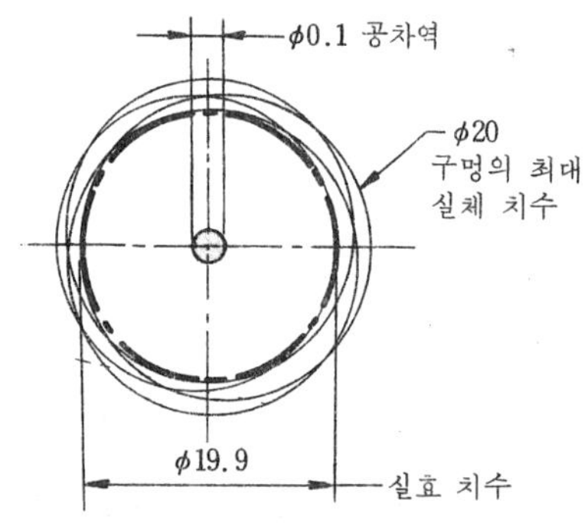

(a) 구멍의 최대 실체 치수일 때 실효 치수

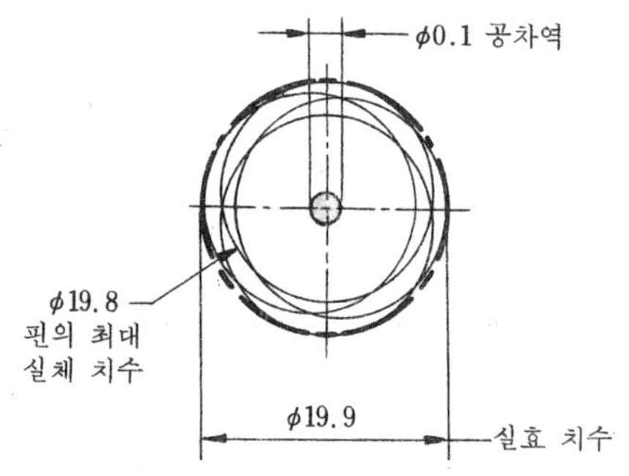

(b) 핀이 최대 실체 치수일 때 실효 치수

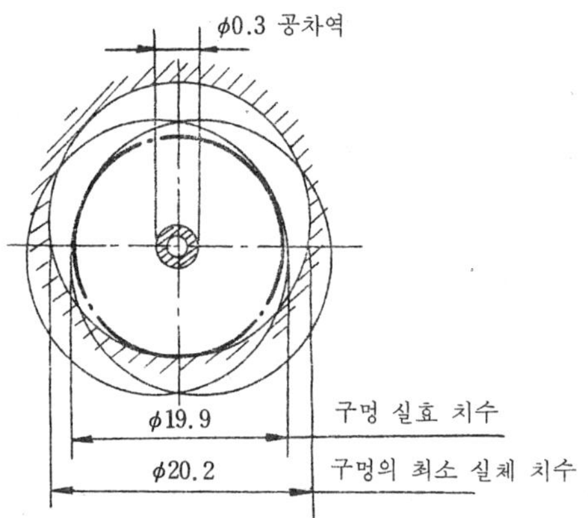

(c) 구멍이 최소 실체 치수인 경우

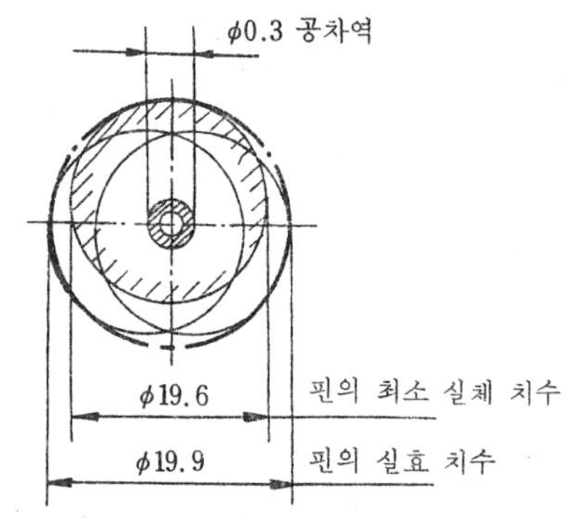

(d) 핀이 최소 실체 치수인 경우

그림 5-18 구멍과 핀의 실효 치수

그림 5-18의 (b)의 경우 핀 직경이 최대 실체 치수 ϕ19.8일 때 허용되는 위치도 공차 ϕ0.1 범위 내에서 실제 핀 중심이 존재할 수 있는 가는 실선의 원에 외접하는 원통이 핀의 실효 치수이며 이 실효 치수 ϕ19.9의 경계를 핀 표면이 침범할 수는 없다.

그림 5-18의 (c)와 (d)는 구멍과 핀이 최소 실체 치수(구멍 : ϕ20.2, 핀 : ϕ19.6)일 때 허용되는 위치도 공차 ϕ0.3 범위 내에서 구멍과 핀의 실효 원통을 굵은 일점쇄선으로 나타냈다.

따라서, 구멍에 결합되는 상대방 부품 핀은 실효 치수 ϕ19.9보다 커서는 안되며 핀에 결합되는 상대방 부품 구멍은 실효 치수 ϕ19.9보다 작아서는 안된다. 구멍이나 핀이 실효 치수일 때 위치도 공차는 0이어야 하며 이 실효 치수를 기준으로 상대방 부품의 공차를 결정한다.

7 동축 형체에 규제된 위치도

그림 5-19에 동축 형체인 축과 구멍에 데이텀을 기준으로 위치도 공차가 규제된 예를 그림으로 도해하였다.

<부품 1>과 <부품 2>는 각각 규제 형체와 데이텀에 최대 실체 공차 방식을 적용시킨 두 부품이 결합되는 부품이다.

그림 (b)의 <부품 1>은 데이텀이 MMS(ϕ100) 규제 형체가 MMS(ϕ50)일 때 지시된 위치도 공차 ϕ0.1 범위 내에서 축심의 편위를 나타낸 그림이고, **그림** (b)의 <부품 2>는 A데이텀 구멍이 MMS(ϕ100.2) 규제 형체가 MMS(ϕ50.1)일 때 지시된 위치도 공차 ϕ0.2 범위 내에서 구멍 중심이 <부품 1>의 축 중심과 반대 방향으로 편위되었을 때 축과 구멍의 결합 상태를 나타낸 그림이다.

그림 (c)의 <부품 1>의 경우는 <부품 1>의 데이텀이 LMS(ϕ99.9), 규제 형체가 LMS(ϕ49.8)일 때 데이텀의 치수 공차 0.1과 규제 형체의 치수 공차 0.2가 추가되어 ϕ0.4까지 위치도 공차가 적용되었을 경우 데이텀 축심을 기준으로 규제 형체 중심이 0.2만큼 아래쪽으로 편위된 상태의 그림이다.

그림 (c)의 <부품 2>의 경우 <부품 2>의 데이텀 구멍이 LMS(ϕ100.4), 규제 형체 구멍이 LMS(ϕ50.3)일 때 허용되는 위치도 공차는 데이텀의 직경 공차 0.2와 규제 형체 구멍의 직경 공차 0.2가 추가되어 0.6까지 위치도 공차가 허용될 때 데이텀 구멍 중심에서 0.3만큼 규제 형체 구멍 중심이 윗쪽으로 편위되었을 때 <부품 1>과 결합 상태를 나타낸 그림이다.

그림 (d)와 (e), (f) 그림은 축 방향에서 본 결합 상태를 그림으로 나타냈다. <부품 1>과 <부품 2>는 치수 공차 범위 내에서 또 위치도 공차 범위 내에서 제작되었다면 어떤 상황이든 결합이 가능하다.

<부품 1>에 위치도 공차 ϕ0.1과 <부품 2>에 위치도 공차 0.2는 다음 계산식에 위해 결정되었다.

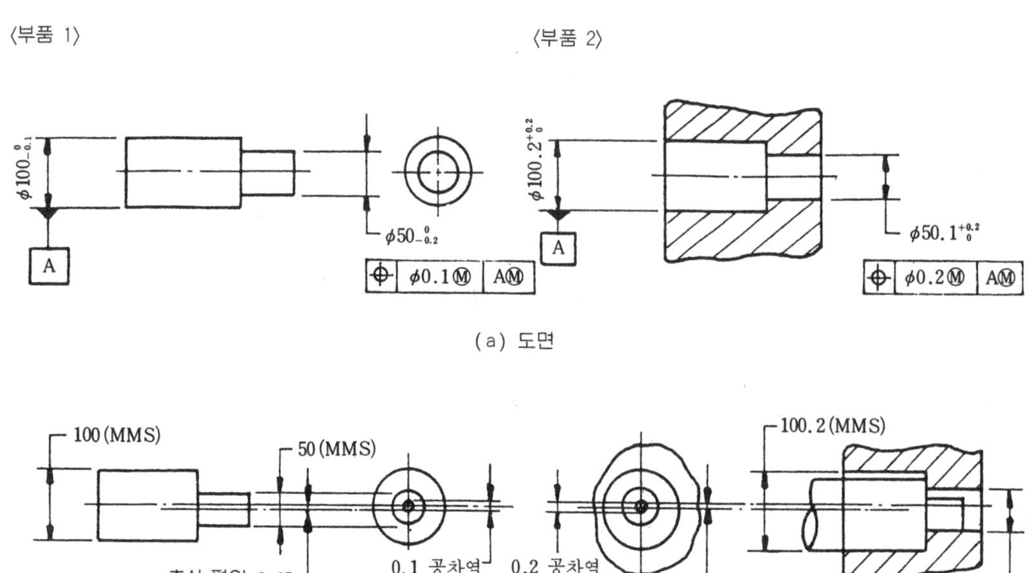

(a) 도면

(b) MMS일 때 위치도 공차역

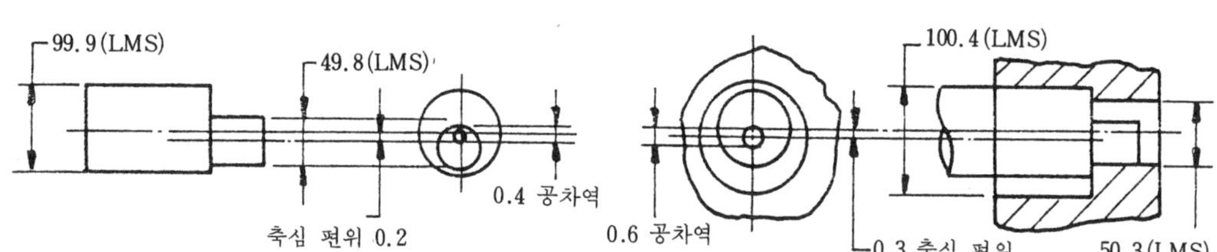

(c) LMS일 때 위치도 공차역

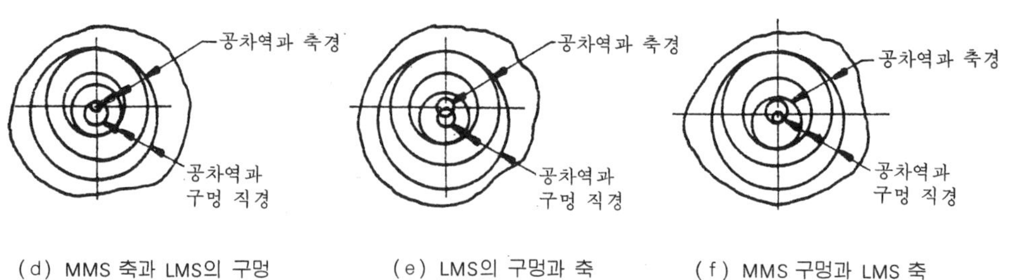

(d) MMS 축과 LMS의 구멍 (e) LMS의 구멍과 축 (f) MMS 구멍과 LMS 축

그림 5-19 동축 형체의 위치도

<부품 2>의 A데이텀의 MMS	100.2	
<부품 1>의 A데이텀의 MMS	−100	
	0.2	
<부품 2>의 규제 형체의 MMS	50.1	
<부품 1>의 규제 형체의 MMS	−50	0.2
	0.1	+0.1
		0.3

즉, 두 부품에 적용될 수 있는 위치도 공차 전량이 0.3이다. 이 0.3의 위치도 공차를 양 부품에 나누어 준다. 위치도 공차 0.3 범위 내에서 양쪽에 각각 0.15씩 줄 수 있으며 부품 1에 0.1 부품 2에 0.2를 줄 수도 있다.

두 부품에 위치도 공차를 다르게 줄 경우에는 부품을 가공할 때 가공 난이도에 따라 가공하기 어려운 쪽에 위치도 공차를 많이 주고 가공하기 쉬운 쪽에 위치도 공차를 적게 준다. <부품 1>과 <부품 2>의 각 치수가 MMS에서 LMS로 치수 변화에 따른 최대 허용 되는 위치도 공차는 다음과 같다.

<부품 1>

부품 1의 축의 각 치수가 MMS에서 LMS로 작아졌을 때 허용되는 위치도 공차

- 데이텀과 규제 형체가 각각 MMS일 때 위치도 공차 0.1
- 규제 형체가 ϕ50(MMS)에서 ϕ49.8(LMS)로 작아진 크기 .... +0.2
- 데이텀이 ϕ100(MMS) 규제 형체가 ϕ49.8(LMS)일 때 위치도 공차 0.3
- 데이텀이 ϕ100(MMS)에서 ϕ99.9(LMS)로 작아진 크기 .... +0.1
- 데이텀이 ϕ99.9(LMS) 규제 형체가 ϕ49.8(LMS)일 때 위치도 공차 0.4

<부품 2>

부품 2의 각 치수가 MMS에서 LMS로 커졌을 때 허용되는 위치도 공차

- 데이텀과 규제 형체가 각각 MMS일 때 위치도 공차 0.2
- 규제 형체가 ϕ50.1(MMS)에서 ϕ50.3(LMS)로 커진 크기 .... +0.2
- 데이텀이 ϕ100.2(MMS) 규제 형체가 ϕ50.3(LMS)일 때 위치도 공차 0.4
- 데이텀이 ϕ100.2(MMS)에서 ϕ100.4(LMS)로 커진 크기 .... +0.2
- 데이텀이 ϕ100.4(LMS) 규제 형체가 ϕ50.3(LMS)일 때 허용되는 위치도 공차 0.6

8 동축 형체에 복합적으로 규제된 위치도

둘 또는 그 이상의 기하학적 형상이 동축이거나 축심이 일직선상에 있을 때 동축이라고 한다. 동축에 대한 위치도 공차역은 데이텀 축심에 완전히 동축인 가상 원통이며 공

차앞에 기호 ϕ로 나타낸다.

다음 **그림 5-20**은 4개의 동축 구멍에 대한 위치도 공차 규제 예를 나타낸 그림이다. 4개의 구멍 중심은 구멍이 MMS일 때 4개 구멍 전체의 중심을 기준으로 ϕ0.25 공차역(동축도 공차) 범위 내에 있어야 하며 동시에 하나하나의 구멍은 MMS일 때 ϕ0.15 공차역 범위 내에서 진위치에 있어야 한다. 이 경우는 위치 공차만으로는 동축도의 규제를 할 수 없을 경우에 사용된다.

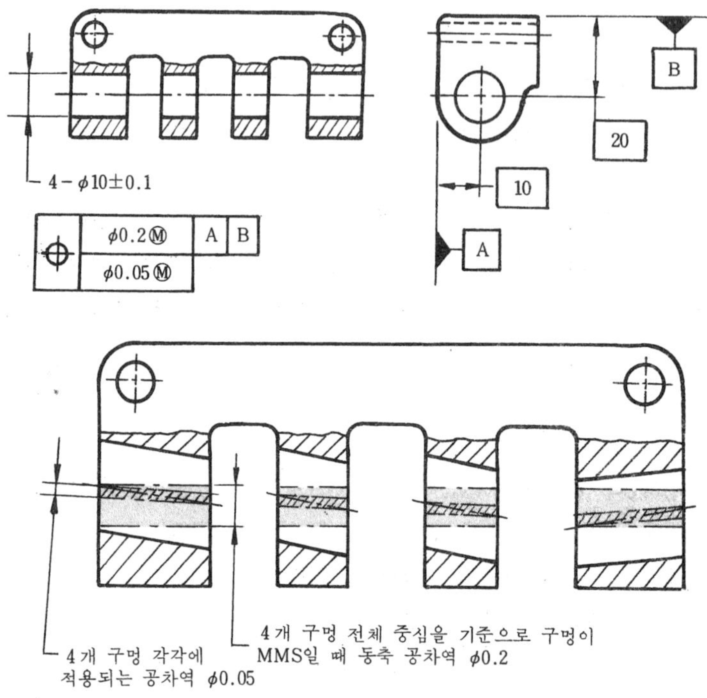

그림 5-20 동축 형체의 위치도

9 동축 형체의 적절한 규제

상호 관계가 있는 형체가 기본적으로 동축일 때에는 그 부품의 기능에 따라 다음 세 가지 방법 중 한 가지로 규제된다.

(1) **흔들림**

동축 형체를 갖는 형체가 데이텀을 기준으로 형체의 표면 형상의 복합적인 오차의 허용 변동이 형체 치수 무관계로 규제되는 경우에 흔들림 공차로 규제한다.

(2) **위치도**

동축 형체를 갖는 형체가 결합되는 부품일 경우, 기능적인 관계에서 호환성을 요하고 형체와 데이텀이 최대 실체 조건으로 규제되어 추가 공차 허용이 바람직하면, 위치도 공차로 규제한다.

(3) 동심도

동축 형체의 규제 형체가 데이텀을 기준으로 규제형체 위치의 오차가 데이텀 형체 축심의 편심(偏心) 또는 편위(偏位)량을 규제할 필요가 있을 경우에 동심도로 규제한다. 같은 형상이지만 그 부품의 기능이나 특성에 따라 적절하게 규제한다.

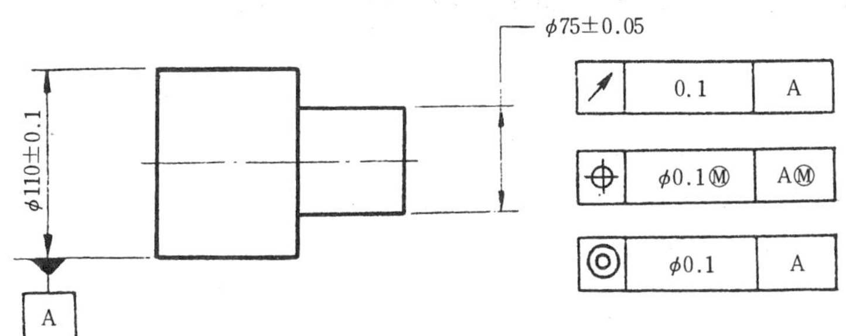

그림 5-21 동축 형체의 규제 예

10 위치도 공차 범위 내에서 직각도 규제

구멍을 갖는 부품이 결합되는 볼트나 핀과 간섭이 생기거나 볼트의 머리 부분이 기울어지는 경우에는 위치도 공차 범위 내에서 보다 정확한 직각도를 복합적으로 규제하는 것이 바람직할 경우가 있어 이 경우 위치도 공차와 직각도 공차를 동시에 규제할 수 있다.

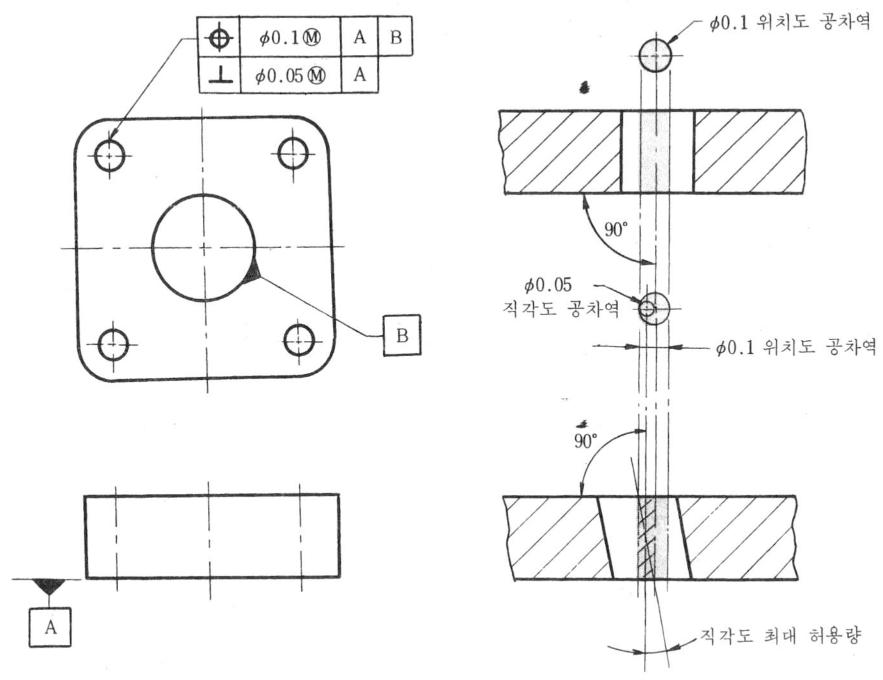

그림 5-22 위치도와 직각도 공차

위치도 공차 0.1은 A데이텀을 기준으로 직각도까지 암시되어 규제되며 4개 구멍의 위치에 대한 공차이며 직각도 공차 0.05는 A데이텀을 기준으로 4개 구멍의 각각에 대한 개별 공차이다.

11 외곽에서 크게 허용되는 위치도 공차

위치를 나타내는 치수를 이론적으로 정확한 치수로 묶어 놓지 않고 일반 치수 공차로 지정하고 위치도 공차를 규제하는 경우가 있다.

다음 **그림 5-23**에 외곽에서 구멍의 위치를 일반 치수 공차로 지정했을 때에 외곽에서 구멍 중심까지의 위치를 그림으로 나타냈다. 외곽에서 구멍 중심까지 좌측면에서 24.8~25.2, 밑면에서 19.8~20.2까지 공차역이 0.4×0.4되는 정사각형이 된다.

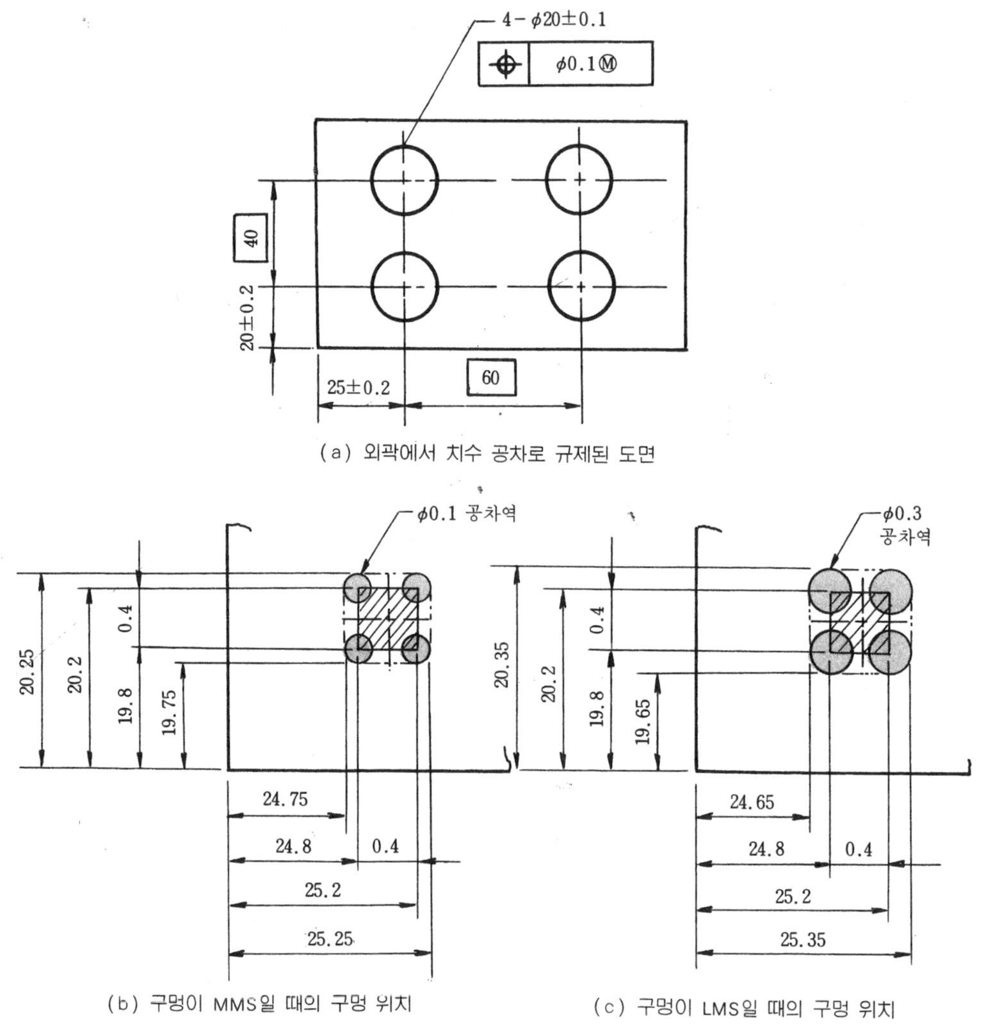

(a) 외곽에서 치수 공차로 규제된 도면

(b) 구멍이 MMS일 때의 구멍 위치

(c) 구멍이 LMS일 때의 구멍 위치

그림 5-23 외곽에서 크게 허용되는 구멍의 위치

여기에 구멍에 위치도 공차 ϕ0.1이 최대 실체 공차 방식으로 규제되어 있어 0.4×0.4 공차역에 ϕ0.1의 위치도 공차가 추가되어 **그림** (b)와 같이 구멍 중심의 공차역이 넓어진다. 즉, 0.4×0.4 공차역 범위 내에서 위치도 공차 ϕ0.1의 중심이 있으면 된다. 따라서 구멍의 중심은 좌측면에서 일반 치수 공차의 하한 치수 24.8을 벗어나 24.75 위치에 구멍의 중심이 있을 수 있고, 상한 치수 25.2를 벗어나 25.25 위치에 구멍의 중심이 있을 수 있다. 또, 멀면에서 구멍 중심까지 하한 치수 19.8을 벗어나 19.75 위치와 상한 치수 20.2를 벗어나 20.25 위치에 구멍 중심이 있을 수 있다(**그림 5-23** (b)).

그 다음 구멍은 첫 번째 구멍 중심 위치에서 이론적으로 정확한 치수 [60]과 [40]을 지켜주고 위치도 공차 ϕ0.1 범위 내에 구멍 중심이 있으면 된다. 따라서 외곽에서부터 4 개의 구멍 패턴까지의 위치가 중요하지 않고 여유가 있을 때 일반 치수 공차로 규제한다. 4 개의 구멍 패턴 자체에는 이론적으로 정확한 치수 [60]과 [40]을 기준으로 허용되는 위치도 공차 ϕ0.1만 적용된다. 또한 4 개의 구멍이 최소 실체 치수(ϕ15.1)일 때 허용되는 위치도 공차는 ϕ0.3이다. 이 경우에는 일반 치수 공차 영역 0.4×0.4에다 위치도 공차역 ϕ0.3까지 추가되어 외곽에서 구멍 중심까지의 위치 관계가 더 크게 허용된다(**그림 5-23** (c)).

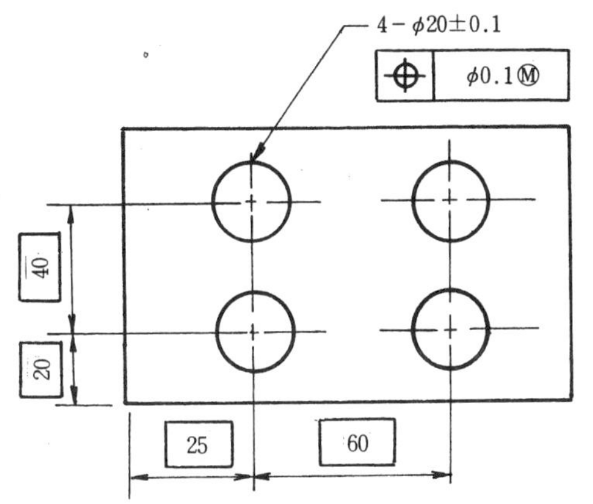

(a) 외곽에서 이론적으로 정확한 치수로 규제된 도면

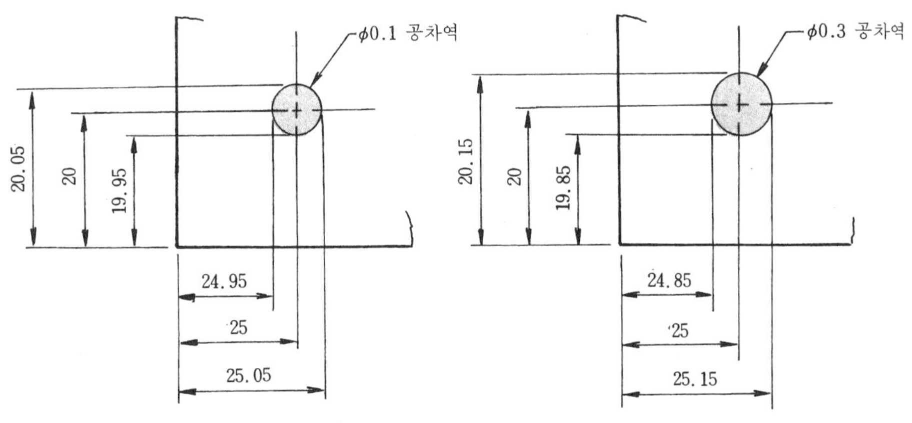

(b) 구멍이 MMS일 때의 구멍 위치

(c) 구멍이 LMS일 때의 구멍 위치

그림 5-24 이론적으로 정확한 치수로 규제된 구멍의 위치

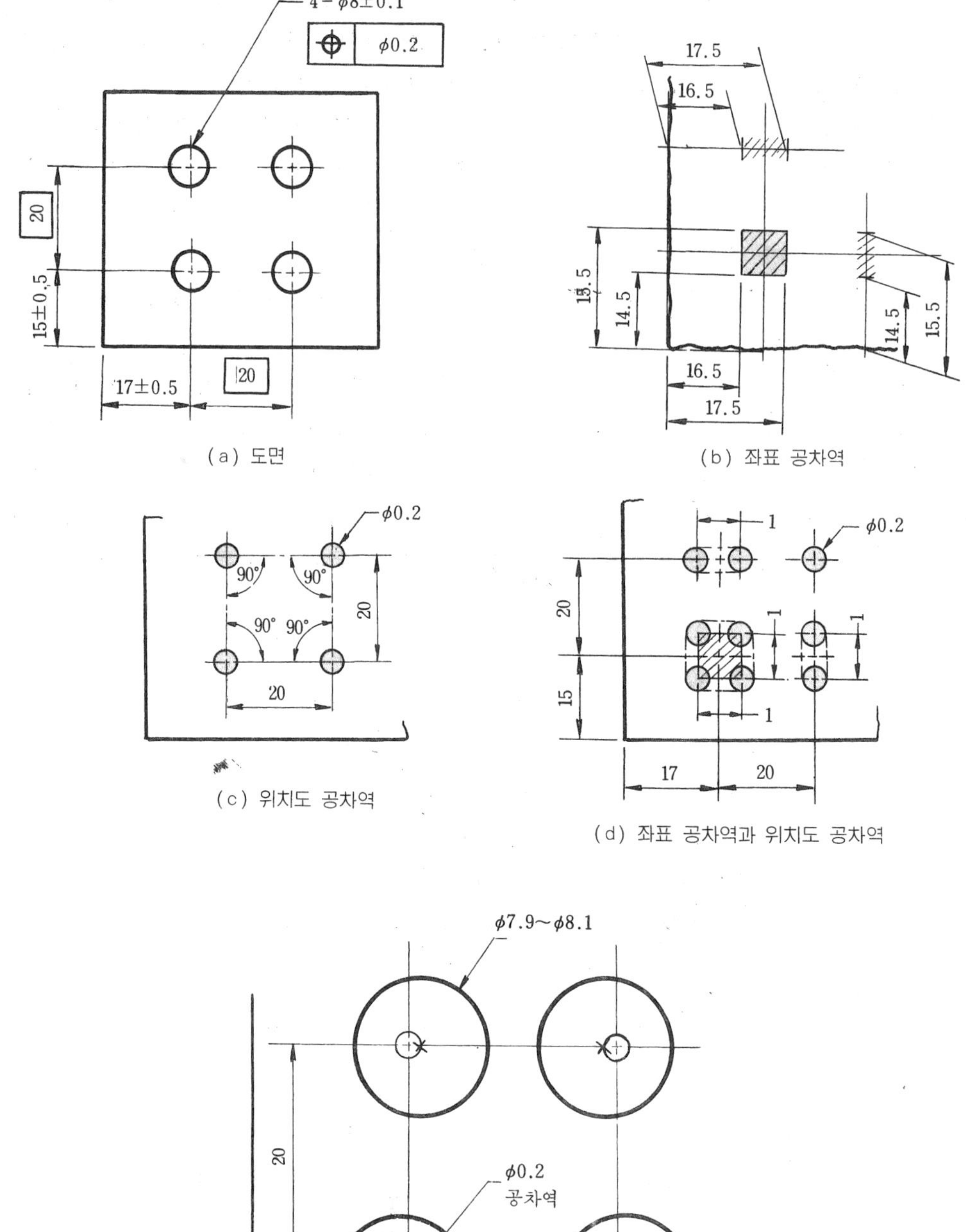

(a) 도면

(b) 좌표 공차역

(c) 위치도 공차역

(d) 좌표 공차역과 위치도 공차역

(e) 4개 구멍의 실제 구멍 위치

그림 5-25 외곽에서 크게 허용되는 4개의 구멍 위치

그림 5-24에 **그림 5-23**의 부품과 같은 형체의 부품에 외곽에서부터 일반 치수 공차로 규제하지 않고 이론적으로 정확한 치수로 규제했을 때 구멍의 위치 관계를 그림으로 나타냈다. **그림 5-24**의 (b) 그림은 구멍의 직경이 최대 실체 치수 ϕ19.9일 때 위치도 공차 ϕ0.1이 적용되었을 때, 이론적으로 정확한 치수 [20]과 [25]를 기준으로 위치 관계를 나타낸 그림이고, **그림 5-24**의 (c) 그림은 구멍의 직경이 최소 실체 치수 ϕ20.1일 때 허용되는 위치도 공차 ϕ0.3이 적용되었을 때 구멍의 위치 관계를 나타낸 그림이다.

그림 5-23과 **그림 5-24**는 같은 부품이지만 치수를 어떻게 지정하느냐에 따라 위치 관계가 달라진다. 다음 **그림 5-25**는 외곽에서 4개의 구멍 패턴까지 일반 치수 공차로 지시하고 4개의 구멍에 위치도 공차를 규제한 부품도에 의한 공차 영역을 그림으로 나타냈다. **그림** (b)는 좌표 공차에 의한 공차 영역을 나타낸 그림이고 **그림** (c)는 위치도 공차역을 나타낸 그림이다. **그림** (d)는 좌표 공차역과 위치도 공차역을 동시에 나타낸 그림이며, **그림** (e)는 4개의 구멍이 외곽에서 크게 허용되는 범위에서 위치도 공차에 의한 4개의 실제 구멍 위치를 나타낸 그림이다.

[12] 원추형으로 규제된 위치도

길게 관통된 구멍에 구멍 양단에서 서로 다른 위치도 공차를 규제하는 것이 바람직할 경우 그림과 같이 D 표면에서 위치도 공차 0.2 C 표면에서 위치도 공차 0.1로 규제할 수 있다.

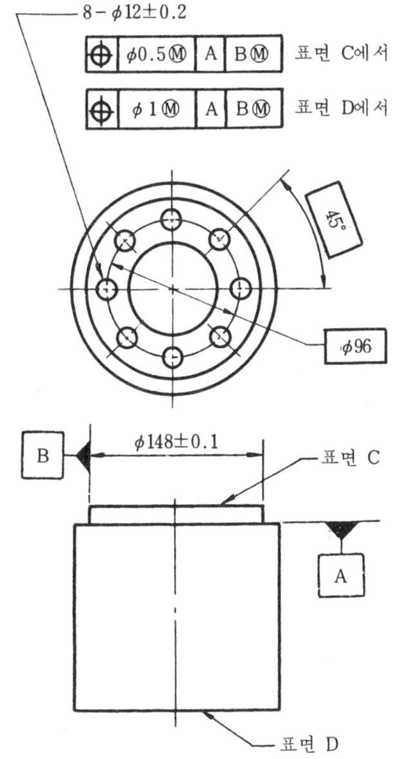

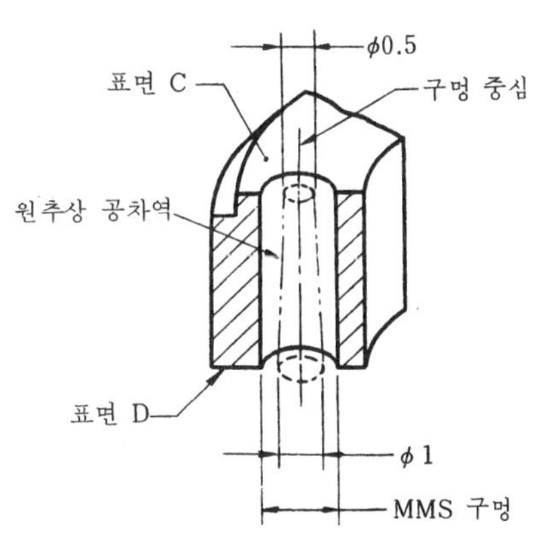

그림 5-26 원추형의 위치도

13 하나의 구멍에 두 개의 위치도 공차 규제

다음 **그림 5-26**에 하나의 구멍에 두 개의 위치도 공차가 규제된 구멍을 나타낸 그림이다.

<부품 1>과 <부품 2>가 볼트에 의해 결합될 때 <부품 1>의 홈의 수평한 중심을 기준으로는 여유가 있고 수직한 중심의 경우는 여유가 적다. 따라서 수평한 중심에 0.3 수직한 중심을 기준으로 0.1의 위치도 공차를 직사각형의 공차역으로 규제할 수 있다.

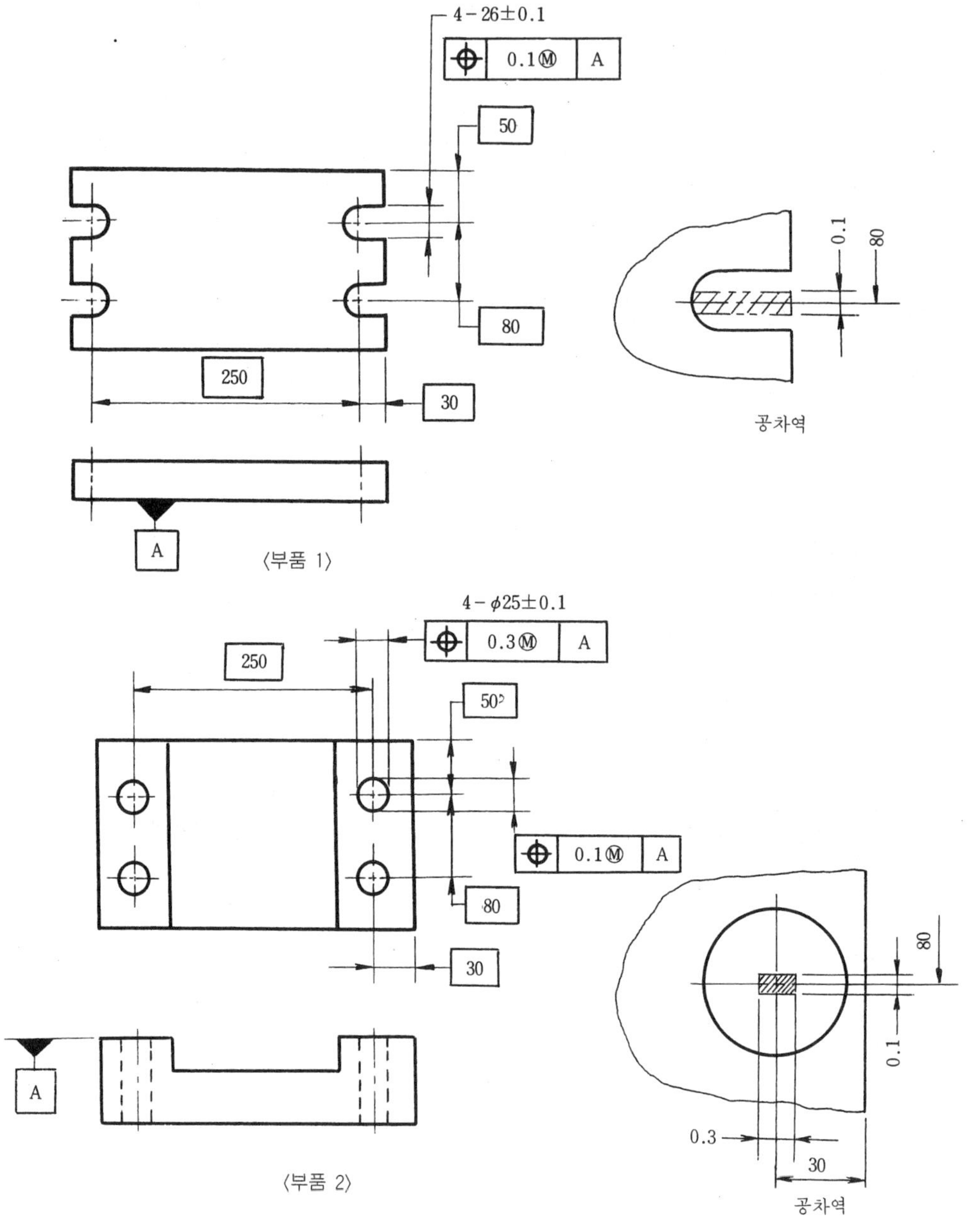

그림 5-27 하나의 구멍에 두 개의 위치도 공차로 규제된 구멍

14 비원형 형상에 규제된 위치도

규제하는 형체가 원형 형상이 아니고 비원형 형상(홈 또는 돌출부)인 경우에 위치도 공차를 규제했을 때 공차역은 직경 공차역이 아니고 폭 공차역이다. 즉, 중간면을 갖는 사각형의 돌출부나 홈의 경우 중간면에 정확한 위치로부터 같은 거리에 있는 두 개의 가상 평면 사이에 있어야 한다.

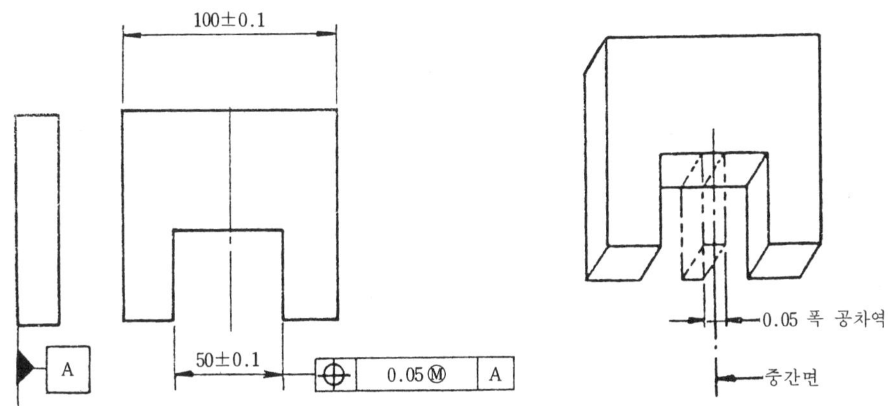

그림 5-28 비원형 형상의 폭 공차역

(1) 한 방향으로 규제된 위치도

다음 **그림 5-29**는 한 방향으로 규제된 폭 공차를 나타낸 그림이다.

등간격으로 홈이 나 있는 부품에 위치도 공차가 규제된 경우 화살표로 표시된 위치도 공차의 지시선 방향으로 폭 0.02의 폭 공차로 이론적으로 정확한 위치도부터 0.02 mm 떨어진 평행한 두 직선 사이의 공차역이다.

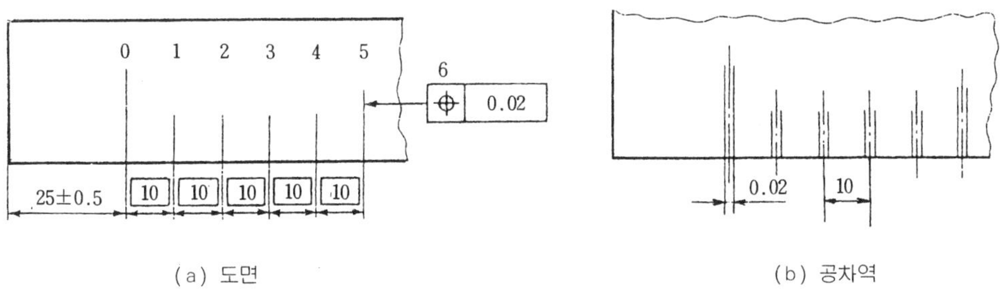

그림 5-29 한 방향으로 규제된 폭 공차

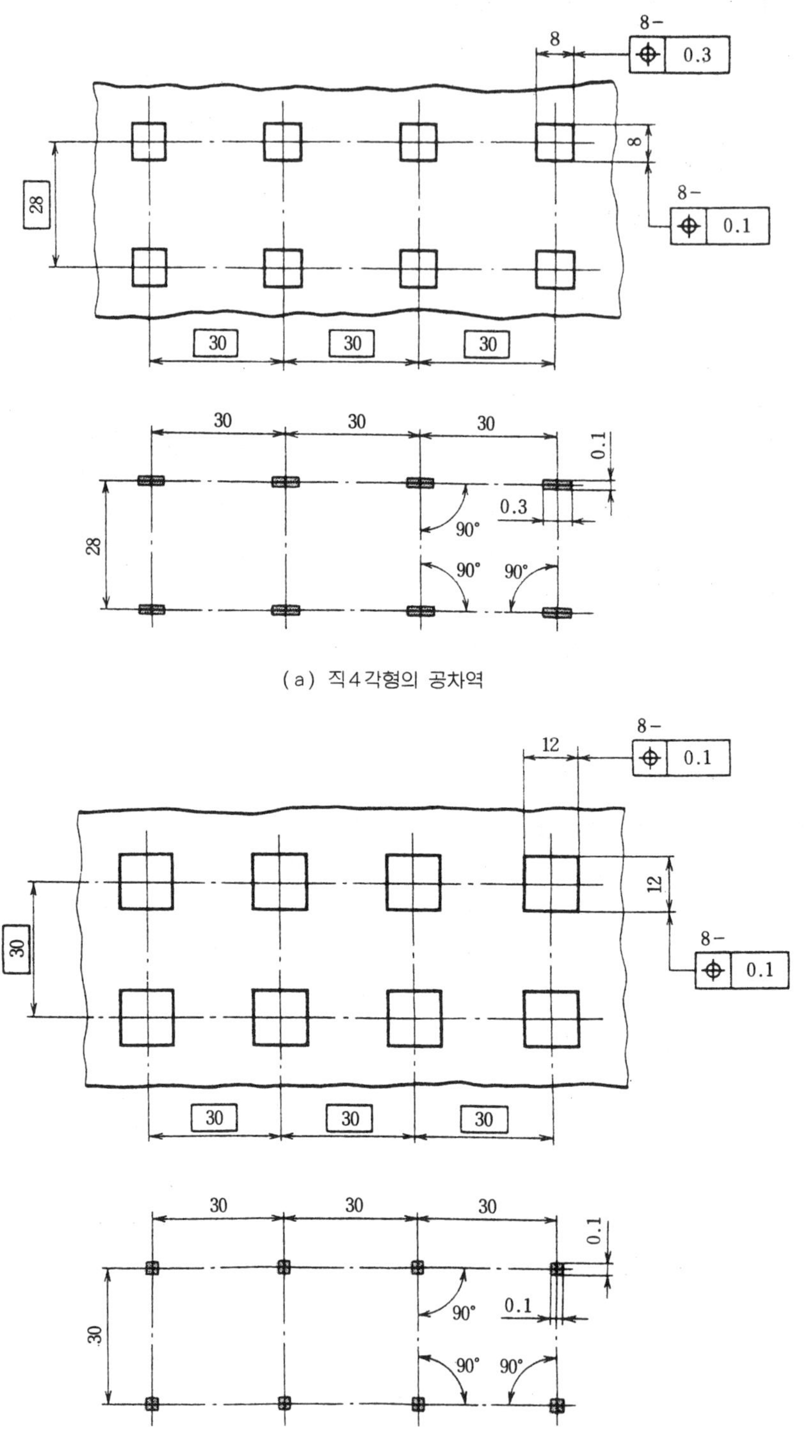

그림 5-30 직사각형과 정사각형의 공차역

(2) 두 방향으로 규제된 위치도

그림 5-30은 사각형의 구멍에 수직한 중심과 수평한 중심에 각각 다른 위치도 공차를 두 방향으로 규제한 위치도 공차역을 나타낸 그림이다.

이 경우 사각형의 홈이나 돌기 부분의 공차역은 가로 방향 0.3, 세로 방향 0.1 되는 직사각형이 사각형 중심에 대한 공차 영역이다.

그림 5-30의 (b)의 경우는 수직한 방향과 수평한 방향으로 각각 0.1의 위치도 공차가 규제된 예로 공차역은 0.1×0.1 되는 정사각형이 사각형 중심에 대한 공차 영역이다.

(3) 비원형 형체의 위치도와 결합 부품

규제 형체의 중간면을 기준으로 폭 공차역으로 규제된 비원형 형체의 공차역과 결합 상태를 **그림 5-31**에 나타냈다.

<부품 1>의 홈에 <부품 2>의 돌기 부분이 결합될 때 <부품 1> 홈의 최대 실체 치수(29.95)와 <부품 2>의 돌기 부분의 최대 실체 치수(29.85)와의 차이 0.1을 양 부품에 각각 0.05씩 위치도 공차를 주었다.

이 때 두 부품에 주어진 공차값은 두 부품의 위치도 공차 합계가 0.1을 넘게 줄 수는 없다.

두 부품이 MMS일 때 치수의 여분 범위 내에서 위치도 공차를 주어야 한다. **그림** (b)는 두 부품의 공차역을 나타낸 그림이고, **그림** (c)는 두 부품이 위치도 공차 0.05 범위 내에서 극한 상황에 결합되는 결합 상태를 그림으로 나타냈다.

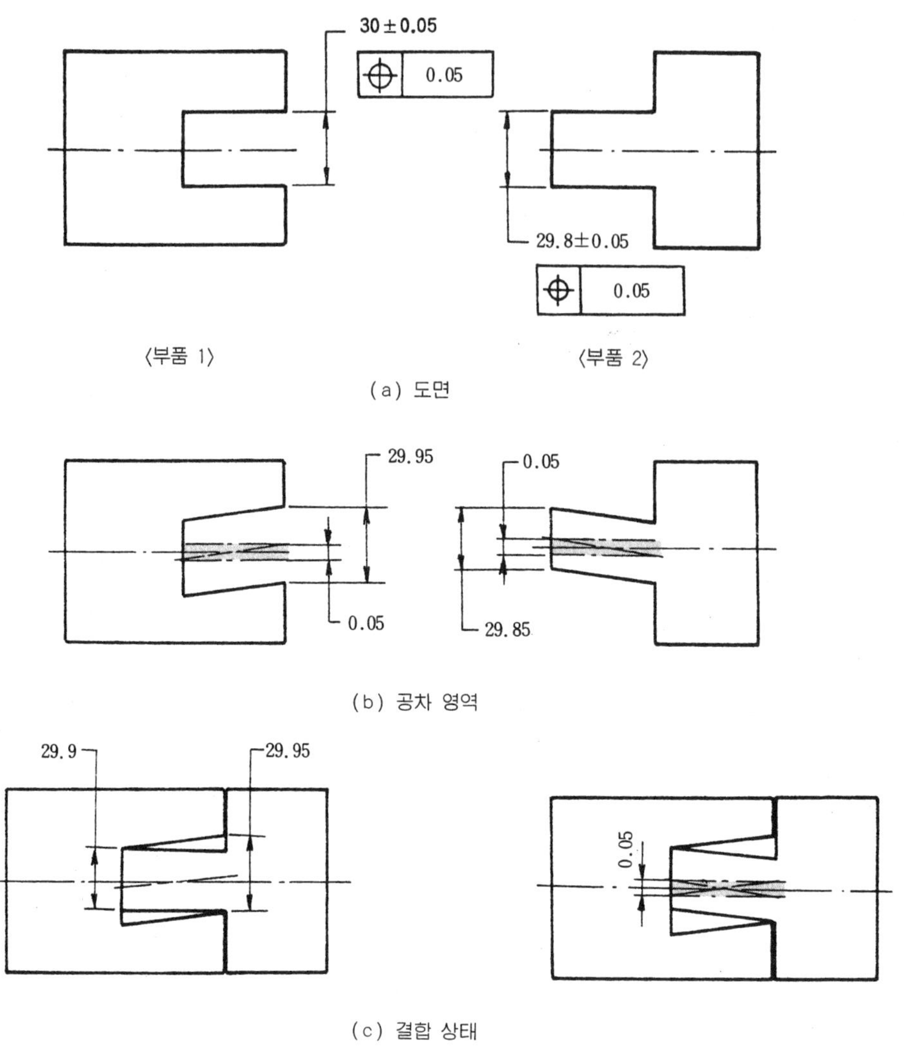

그림 5-31 비원형 형체의 위치도와 결합 상태

15 최대 실체 공차 방식으로 규제된 비원형 형체의 위치도

그림 5-32는 비원형 형체로 위치도 공차가 규제된 결합 부품이다.

<부품 1>의 데이텀 A($100.1^{+0.1}_{0}$)와 <부품 2>의 데이텀 A($100.1^{+0.1}_{0}$)과 결합되고 동시에 부품 1의 $50^{+0.2}_{0}$ 홈은 부품 2의 돌출부 $49.9^{0}_{-0.2}$에 결합된다.

<부품 1>은 데이텀과 규제 형체가 각각 MMS일 때 0.1의 위치도 공차가 규제되었다.

<부품 2>는 데이텀 A홈과 돌기 부분의 규제 형체가 각각 MMS일 때 0.1의 위치도 공차가 규제되었다. 여기서 두 개의 부품이 MMS일 때의 결합 상태를 **그림** (b)에 나타냈다. **그림** (c)는 <부품 1>의 홈형 부품이 MMS 크기일 때 0.1 공차역에서 데이텀

A의 중간면을 기준으로 0.05의 범위 내에서 편위될 수 있음을 설명하였다.

또한 **그림** (d)의 돌출부는 MMS 크기일 때 0.1 공차 범위 내에서 반대 방향으로 0.05 편위될 수 있음을 나타냈다. **그림** (d)는 두 부품의 결합을 나타내고 있다. 이들 두 부품은 지금까지 설명한 최악의 조건하에서도 완전히 결합이 이루어지고 있다. **그림** (e)는 규제 형체의 크기가 MMS로부터 LMS로 치수가 변화할 때 0.5까지 위치도 공차가 추가된 예를 나타냈다. 즉 데이텀이 LMS(99.8), 규제 형체가 LMS(50)일 때 0.5 범위 내에서 0.25의 편위량을 나타냈다.

<부품 1>에서 최대 허용 위치도 공차가 0.1에서 0.5로 증가되고 <부품 2>에서 최대 허용 위치도 공차가 0.1에서 0.4까지 증가된다. **그림** (f)에서 LMS 조건하에서 0.5와 0.4 위치도 공차가 허용되었을 때에 결합 상태를 나타냈다.

위에서 설명한 것으로부터 위치도의 MMS 적용은 보다 큰 공차와 결합을 보장할 수 있다. 두 부품의 위치도 공차 계산은 다음과 같이 결정한다.

MMS 크기의 슬롯부(부품 1)=	50		
MMS 크기의 돌출부(부품 2)=	−49.9		
	0.1	0.1	
MMS 크기의 데이텀 돌출부(부품 2)=	100.1	+0.1	
MMS 크기의 데이텀 돌출부(부품 1)=	100	0.2	← 각 부품에 필요로 하는 위치도 공차를 설정하기 위하여 공차 전량을 희망에 따라 분할한다. 합계가 0.2로 되도록 임의로 조합한다. 예를 들면, 부품 1에 0.1 또는 부품 2에도 0.1을 선택한다.
	0.1		

부품 1과 부품 2에 최대 허용되는 위치도 공차는 다음과 같다.

<부품 1>

부품 1의 데이텀 A가 100(MMS)에서 99.8(LMS)로 규제 형체 홈이 50(MMS)에서 50.2(LMS)로 치수 변환에 따라 허용되는 최대 위치도 공차

데이텀과 규제 형체가 각각 MMS일 때 지정된 위치도 공차 0.1
규제 형체 홈이 50(MMS)에서 50.2(LMS)로 홈의 커신 크기 .... +0.2
데이텀이 100(MMS)이고 홈이 50.2(LMS)일 때 허용되는 위치도 공차 0.3
데이텀이 100(MMS)에서 99.8(LMS)로 작아진 크기 .... +0.2
데이텀이 99.8(LMS) 홈이 50.2(LMS)일 때 허용되는 위치도 공차 0.5

<부품 2>

부품 2의 데이텀 A가 100.1(MMS)에서 100.2(LMS)로 규제 형체 돌기 부분이 49.9(MMS)에서 49.7(LMS)로 치수 변화함에 따라 허용되는 최대 위치도 공차

데이텀과 규제 형체가 각각 MMS일 때 지정된 위치도 공차 0.1
규제 형체 돌기 부분이 49.9(MMS)에서 49.7(LMS)로 작아진 크기 .... +0.2
데이텀이 100.1(MMS) 돌기 부분이 49.7(LMS)일 때 허용되는 위치도 공차 ... 0.3
데이텀이 100.1(MMS)에서 100.2(LMS)로 커진 크기 .... +0.1
데이텀이 100.2(LMS) 돌기 부분이 49.7(LMS)일 때 허용되는 위치도 공차 ... 0.4

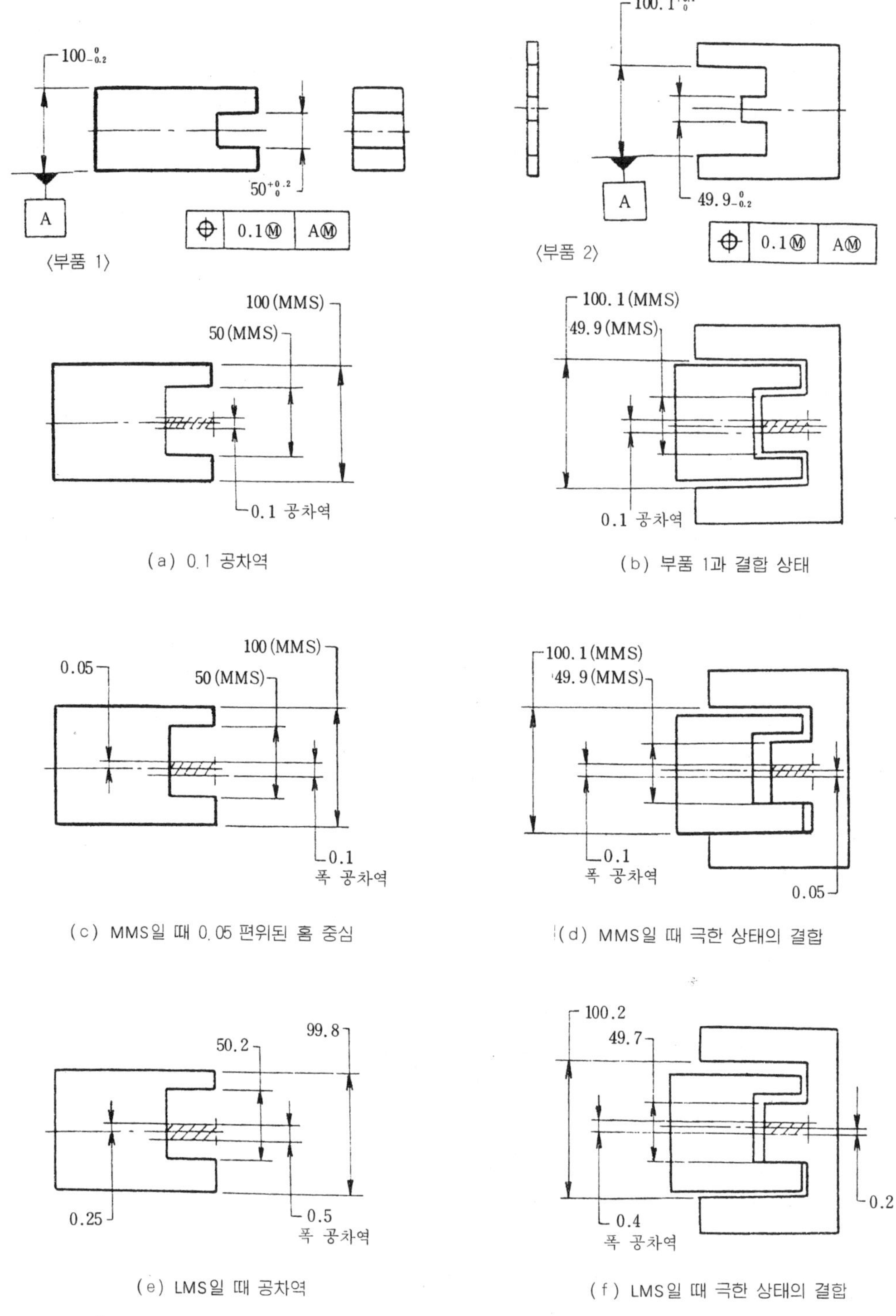

그림 5-32 최대 실체 공차 방식으로 규제된 비원형 형체의 위치도

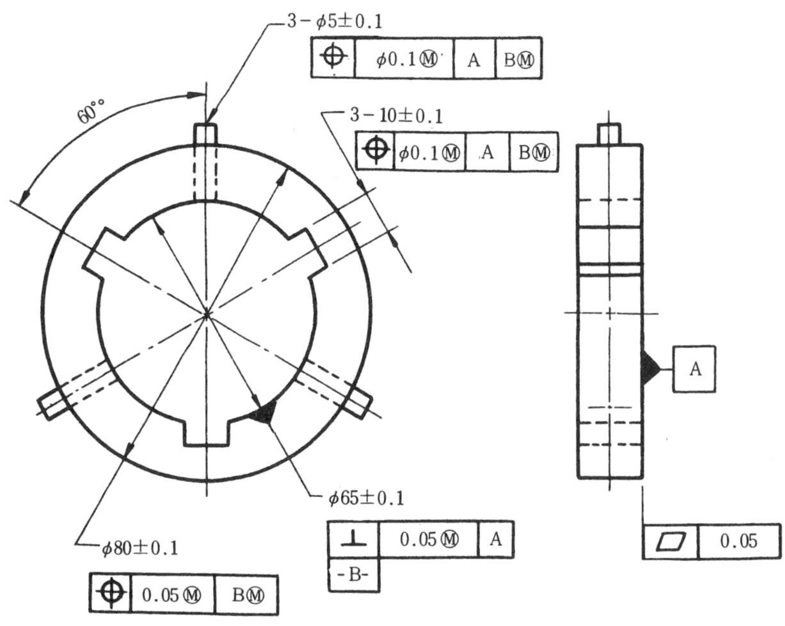

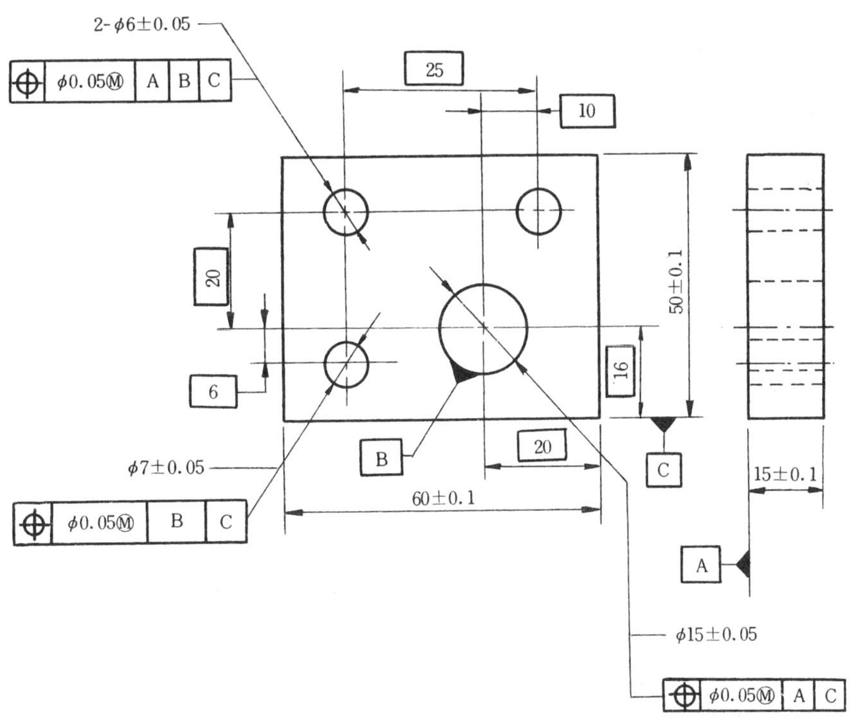

그림 5-33 각종 위치도 규제 예

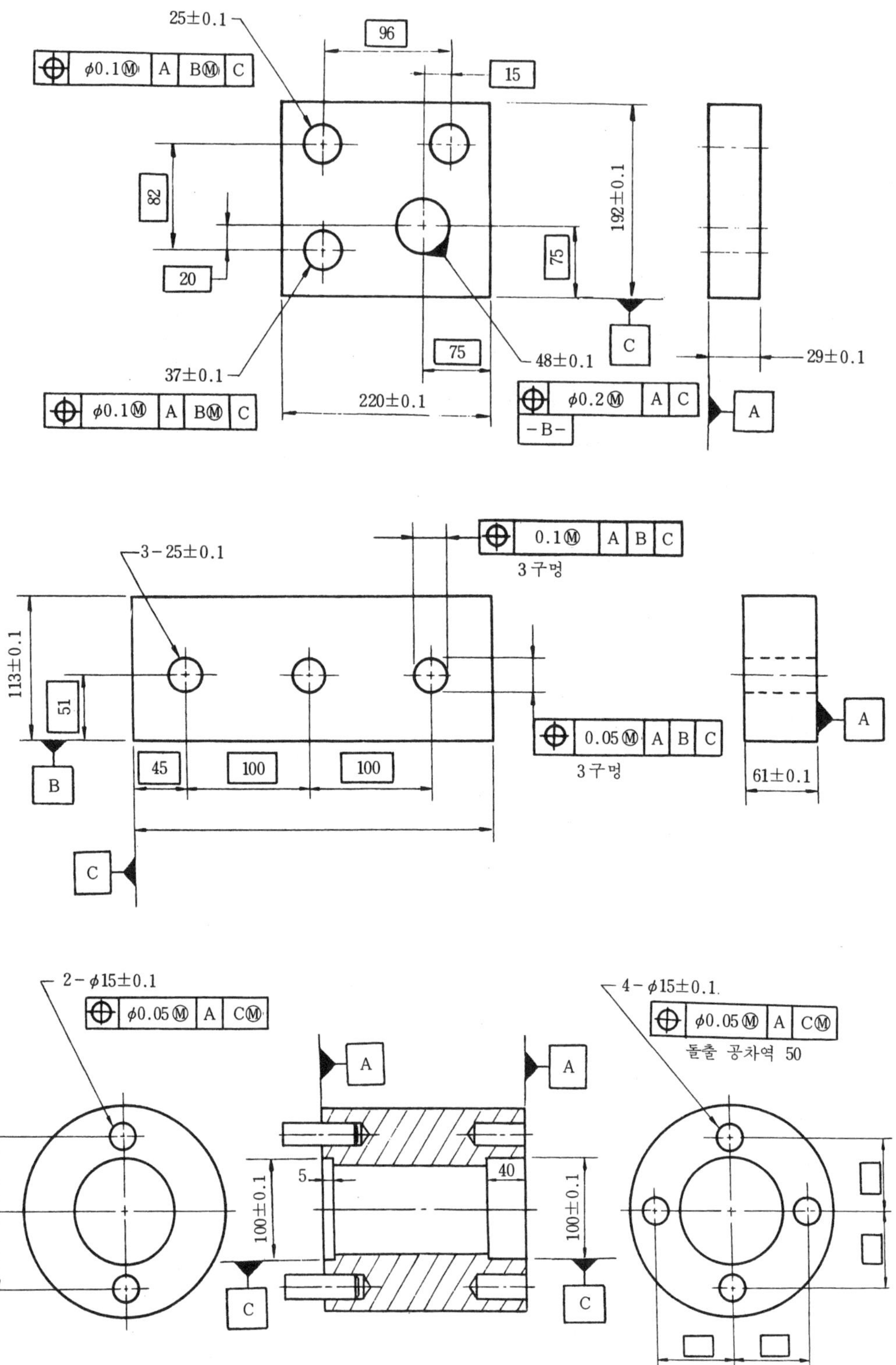

그림 5-34 각종 위치도 규제 예

16 결합 부품의 위치도 공차의 계산

두 개 이상의 부품이 결합될 때 두 부품 각각에 위치도 공차를 주기 위하여 결합 상태에 따라 위치도 공차 계산을 다음과 같이 결정한다.

(1) 부동 체결 방식

구멍이 뚫인 두 부품을 볼트와 너트로 체결할 때 볼트 자체는 위치를 갖지 않는 부품이고 구멍이 있는 부품은 그 구멍이 위치를 갖는다. 이러한 구멍을 갖는 두 개의 부품을 볼트 너트에 의해 체결하는 경우의 결합 상태를 부동 체결 방식이라 한다.

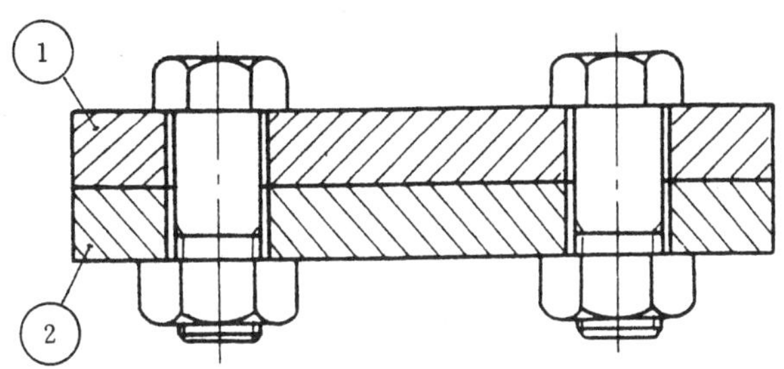

그림 5-35 부동 체결 방식

그림 5-35와 같은 결합 상태에서 두 부품 구멍에 대한 위치도 공차는 다음과 같이 결정한다.

$T = H - F$

T : 위치도 공차

H : 구멍의 최대 실체 치수

F : 볼트의 최대 실체 치수

그림 5-35의 경우 구멍의 직경 공차와 위치도 공차에 의해 결합되는 볼트의 직경을 결정할 수 있고 볼트의 직경에 따라 구멍의 치수 공차와 위치도 공차를 결정할 수 있다. 위치도의 계산은 구멍과 볼트의 최대 실체 치수를 기준으로 한다.

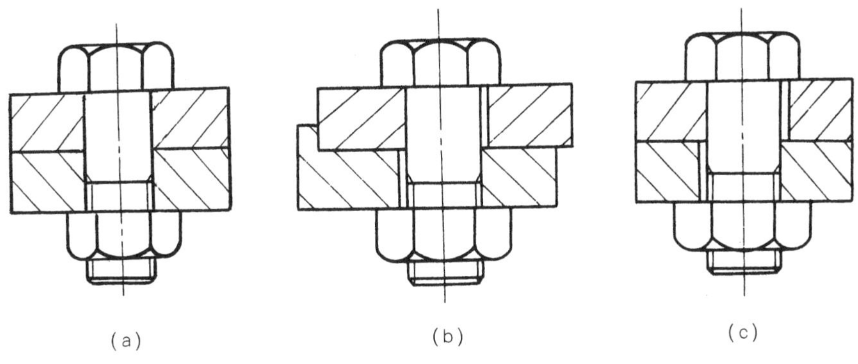

그림 5-36 두 개의 부품을 볼트 너트로 체결한 예

그림 5-36 (a)는 구멍의 최대 실체 치수와 구멍의 최대 실체 치수가 같을 경우에 틈새가 없기 때문에 위치도 공차를 줄 수 없으며 **그림** (b)와 (c)에서와 같이 볼트의 최대 실체 치수와 구멍의 최대 실체 치수 사이에 틈새가 있을 때, 즉 구멍의 최소 직경과 볼트의 최대 직경 사이에 여유가 있을 때 그 여유분 만큼을 위치도 공차로 줄 수 있다.

다음 **그림** 5-37에 구멍이 뚫인 두 개의 부품을 볼트와 너트로 체결할 때 구멍의 직경과 볼트의 호칭 직경에 따라 위치도 공차 결정 예를 그림으로 나타냈다.

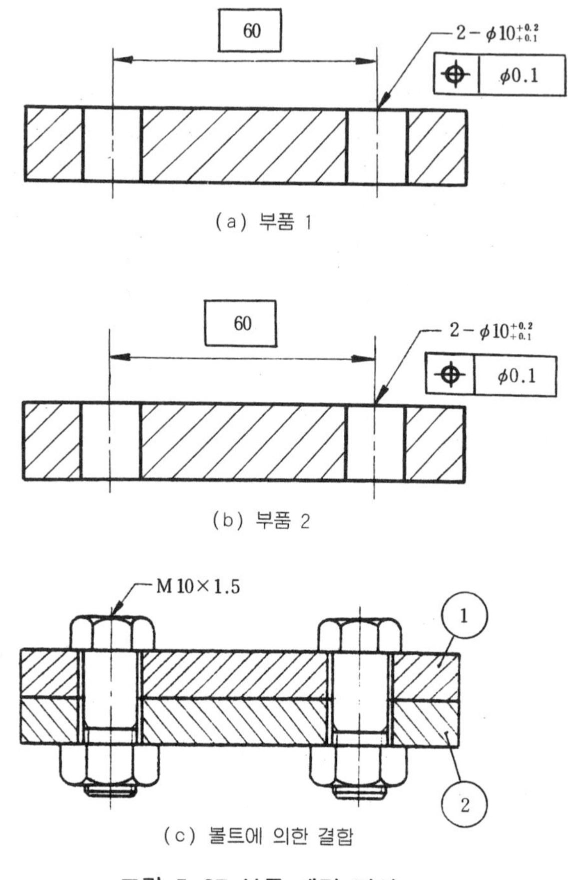

그림 5-37 부동 체결 방식

두 개의 부품 구멍의 최대 실체 치수 ϕ10.1일 때 위치도 공차가 주어지지 않았다면 두 개의 부품을 볼트와 너트로 체결시킬 때 볼트의 최대 직경도 ϕ10.1이면 결합이 가능하다. 이 경우에 결합 조건은 구멍의 위치가 정확해야 한다. 즉, 위치도 공차가 0이어야 한다.

구멍에 결합되는 볼트의 최대 직경을 ϕ10으로 했다면 구멍의 최소 직경 ϕ10.1과 볼드의 최대 식경 ϕ10 사이에 치수 공차상으로 0.1의 여유 치수가 생긴다. 이 여유 치수 0.1을 위치도 공차로 이용할 수가 있다. 즉, <부품 1> 구멍과 <부품 2> 구멍에 각각 0.1의 위치도 공차를 줄 수 있다.

다음 **그림 5-38**은 4개의 구멍이 뚫인 두 개의 부품을 볼트에 의해 체결하는 부동 체결 방식의 결합 상태에 위치도 공차와 볼트의 직경 관계를 나타낸 그림이다.

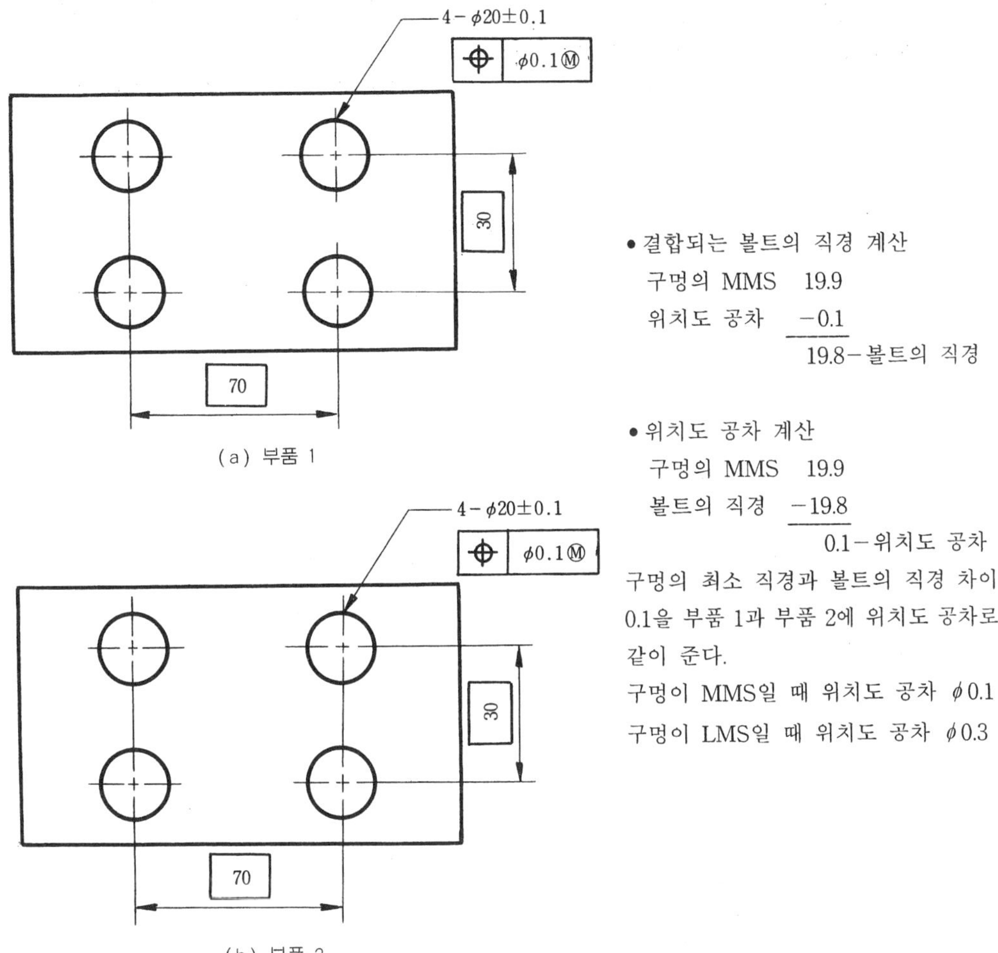

그림 5-38 부동 체결 방식의 위치도

(2) 고정 체결 방식

고정 체결 방식은 나사 구멍에 스터트 볼트가 끼워진 상태나 또는 나사 구멍에 볼트가 끼워진 상태나 한 끝에 끼워맞춤한 다우엘 핀과 같은 부품에 구멍을 갖는 부품이 결합되는 상태를 고정 체결 방식이라 한다.

부동 체결 방식에서는 구멍의 최대 실체 치수와 볼트의 직경과의 치수 차를 두 개의 부품 구멍에 같이 위치도 공차를 주었으나 고정 체결 방식의 경우에는 구멍이나 홈의 최대 실체 치수와 구멍이나 홈에 결합되는 볼트나 핀의 최대 실체 치수와의 치수차를 양 부품에 나누어 위치도 공차로 준다.

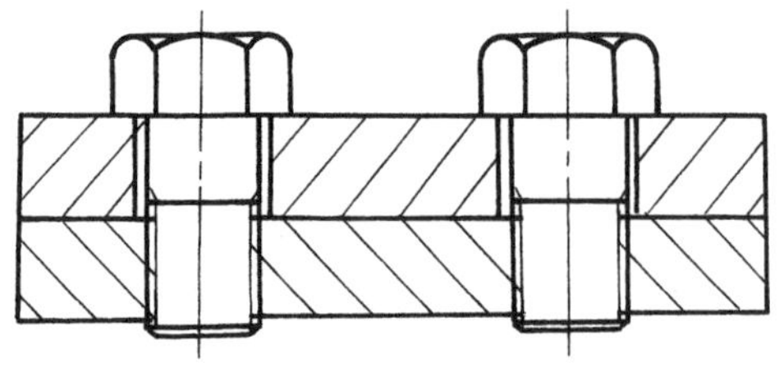

(a) 나사 구멍에 볼트 체결

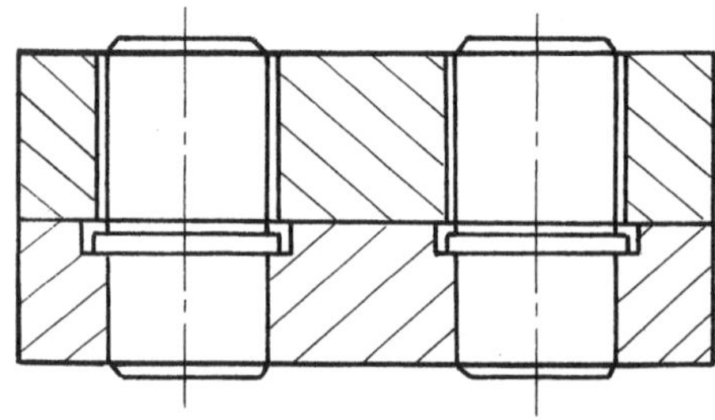

(b) 다우엘 핀에 의한 체결

그림 5-39 고정 체결 방식의 결합 상태

고정 체결 방식의 위치도 공차 계산은 다음 계산식으로 결정된다.

$$T=\frac{H-F}{2}$$

T : 위치도 공차

H : 구멍의 최대 실체 치수

F : 볼트의 호칭 직경(핀의 최대 직경)

다음 **그림 5-40**은 두 개의 구멍이 나 있는 <부품 1>과 두 개의 나사 구멍이 나있는 <부품 2>가 볼트에 의해 체결되는 고정 체결 방식을 그림으로 나타냈다.

이 경우에 <부품 1>과 <부품 2>에 위치도 공차를 결정하는 방법은 위에서 설명한 계산식으로 결정된다.

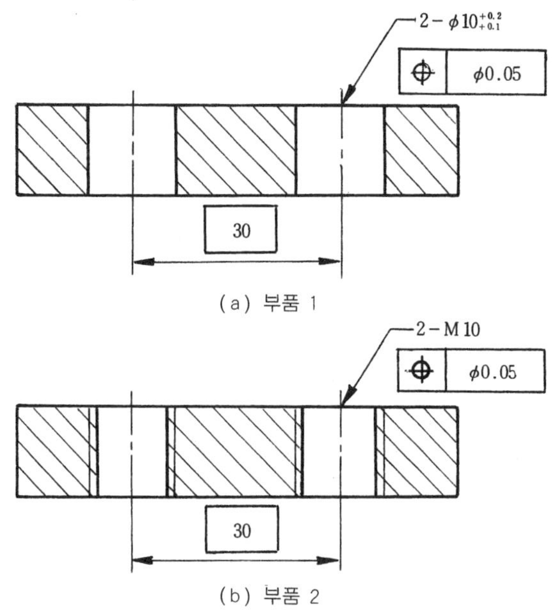

(a) 부품 1

(b) 부품 2

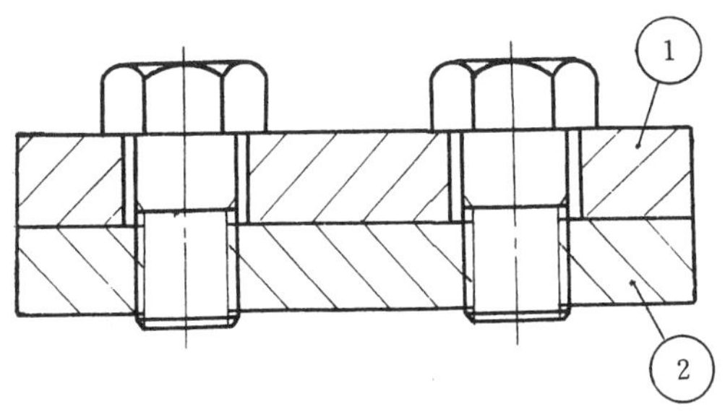

(c) 볼트에 의한 체결

그림 5-40 고정 체결 방식의 위치도

즉, <부품 1> 구멍의 최대 실체 치수와 볼트의 호칭 직경 사이에 치수 여유분을 양 부품에 나누어 준다.

$$T=\frac{H-F}{2}=\frac{10.1-10}{2}=0.05$$

두 개의 부품은 치수 여유분 0.1을 양쪽에 0.05씩 나누어 위치도 공차를 주었다. 두 개의 부품에 줄 수 있는 위치도 공차는 두 부품의 치수 여유분 0.1을 초과할 수는 없다. 다음 **그림 5-41**은 두 개의 구멍이 나있는 <부품 1>과 다우엘 핀이 끼워맞춤된 <부품 2>와 결합되는 고정 체결 방식에 위치도 공차 결정 예를 그림으로 나타냈다. 이 경우에 두 부품에 위치도 공차 계산은 다음과 같다.

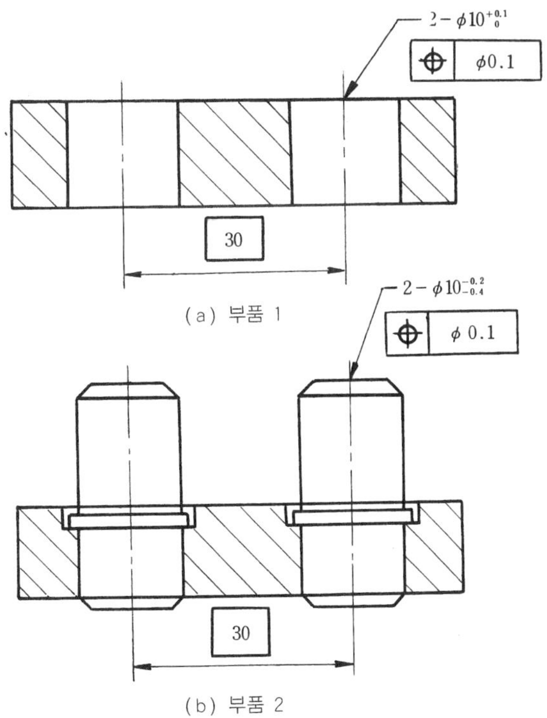

(a) 부품 1

(b) 부품 2

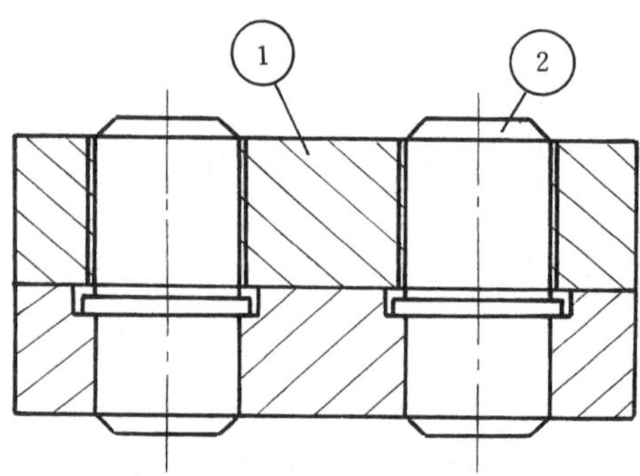

(c) 다우엘 핀에 의한 결합

그림 5-41 고정 체결 방식의 위치도

$$T=\frac{H-F}{2}=\frac{10-9.8}{2}=0.1$$

즉, 구멍의 최대 실체 치수 ϕ10과 다우엘 핀의 최대 실체 치수 ϕ9.8과의 치수차 0.2를 양 부품에 0.1씩 나누어 주었다.

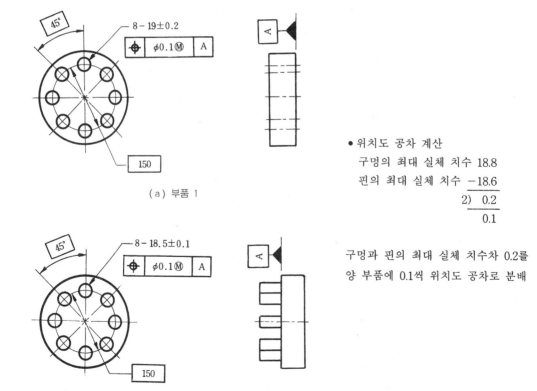

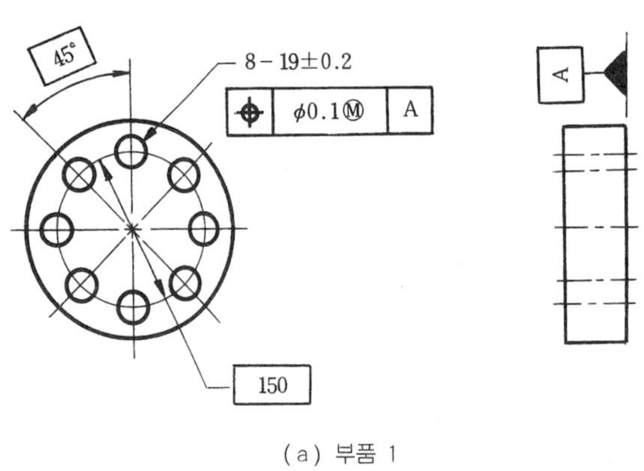

(a) 부품 1

• 위치도 공차 계산

구멍의 최대 실체 치수 18.8

핀의 최대 실체 치수 −18.6

2) 0.2

0.1

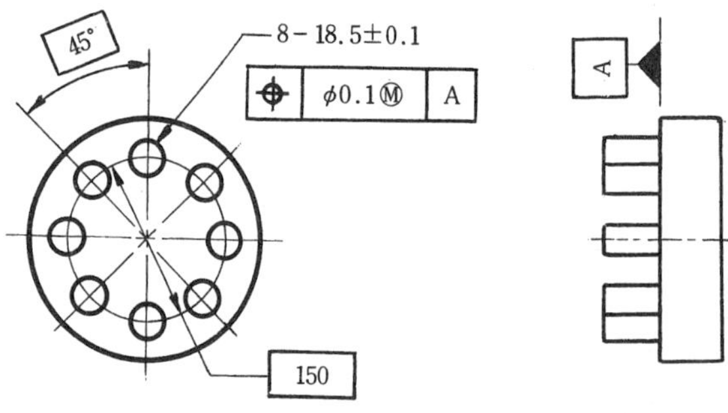

구멍과 핀의 최대 실체 치수차 0.2를 양 부품에 0.1씩 위치도 공차로 분배

(b) 부품 2

그림 5-42 고정 체결 방식의 위치도

치수차 0.2 범위 내에서 제작이 어려운 쪽에 0.15 제작이 쉬운 쪽에 0.05를 줄 수도 있다. 치수 공차값의 크기와 위치도 공차 값의 크기는 부품 특성에 따라 기능상 하자가 없는 범위 내에서 최대로 많이 주도록 해야 하며 부품 특성이나 결합 상태에 따라 설계상에서 결정한다.

그림 5-42는 8개의 구멍을 갖는 <부품 1>과 8개의 핀이 달린 <부품 2>가 결합되는 부품이다. 이 경우에 각 부품의 위치도 공차는 구멍의 MMS 치수와 핀의 MMS 치수차 0.2를 각 부품이 0.1씩 분배하였다.

그림 5-43의 경우에는 4개의 구멍에 4개의 핀이 달린 부품이 고정 체결 방식으로 결합되는 결합 상태의 부품이다.

각 부품의 위치도 공차는 4개 구멍의 MMS 치수와 4개 핀의 MMS 치수와의 치수 여분을 각 부품에 나누어 위치도 공차로 분배하였다.

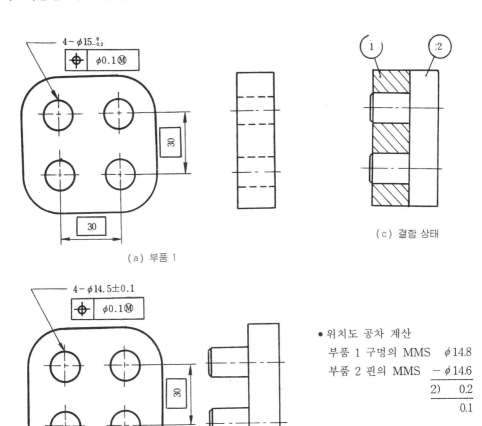

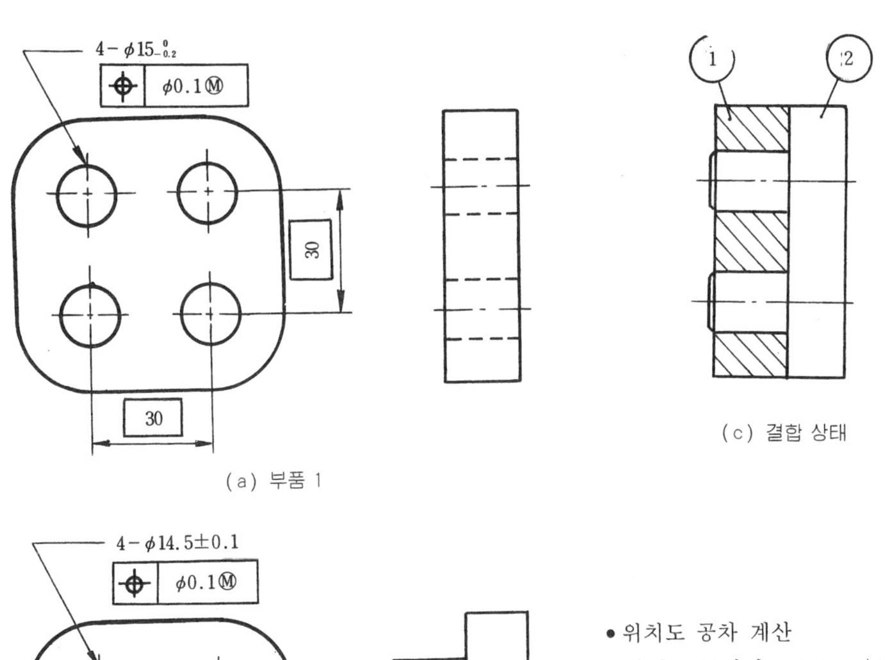

(a) 부품 1

(c) 결합 상태

4-φ14.5±0.1

⌖ φ0.1Ⓜ

30

30

(b) 부품 2

- 위치도 공차 계산

부품 1 구멍의 MMS	φ14.8
부품 2 핀의 MMS	− φ14.6
	2) 0.2
	0.1

핀과 구멍의 MMS 치수차 0.2를 양 부품에 0.1씩 분배

그림 5-43 고정 체결 방식의 위치도

(3) 데이텀과 데이텀이 결합되는 부품의 위치도

데이텀을 기준으로 위치도 공차가 규제된 형체가 데이텀과 규제 형체 서로가 결합될 때 위치도 공차 계산은 다음과 같이 결정한다.

다음 **그림 5-44**에서 <부품 2>의 A데이텀과 <부품 1>의 A데이텀의 치수차와 <부품 2>의 규제 형체 홈과 <부품 1>의 돌기 부분의 치수차를 합친 치수를 양쪽 부품에 위치도 공차로 나누어 준다.

위치도 공차=(부품 2의 A데이텀 MMS : 100.3
−부품 1 A데이텀 MMS : 100.1)+(부품 2 홈 MMS : 36.8
−부품 1 돌기 MMS : 36.6)/2

$$\text{위치도 공차} = \frac{(100.3-100.1)+(36.8-36.6)}{2} = 0.2$$

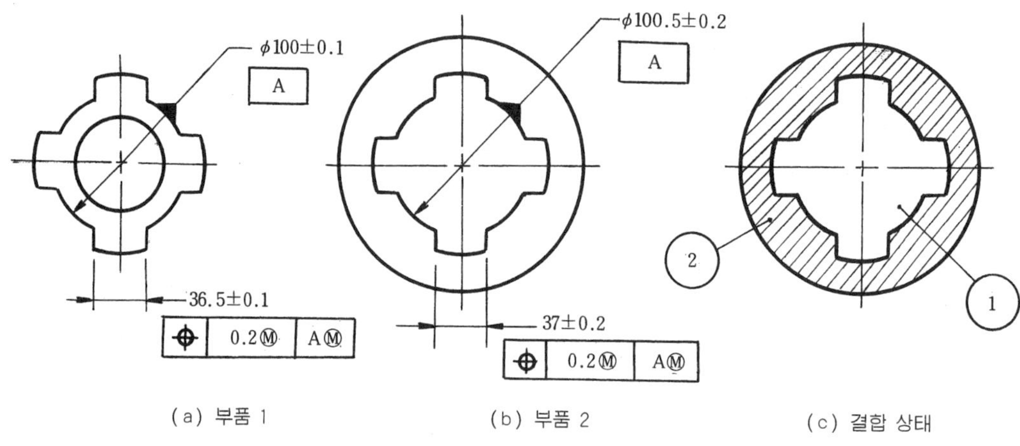

(a) 부품 1　(b) 부품 2　(c) 결합 상태

그림 5-44 데이텀과 데이텀이 결합되는 부품의 위치도

(4) 3개의 부품이 결합된 형체의 위치도

3개의 부품이 결합될 때 위치도 공차 결정은 다음 **그림 5-45**에서 설명한다.

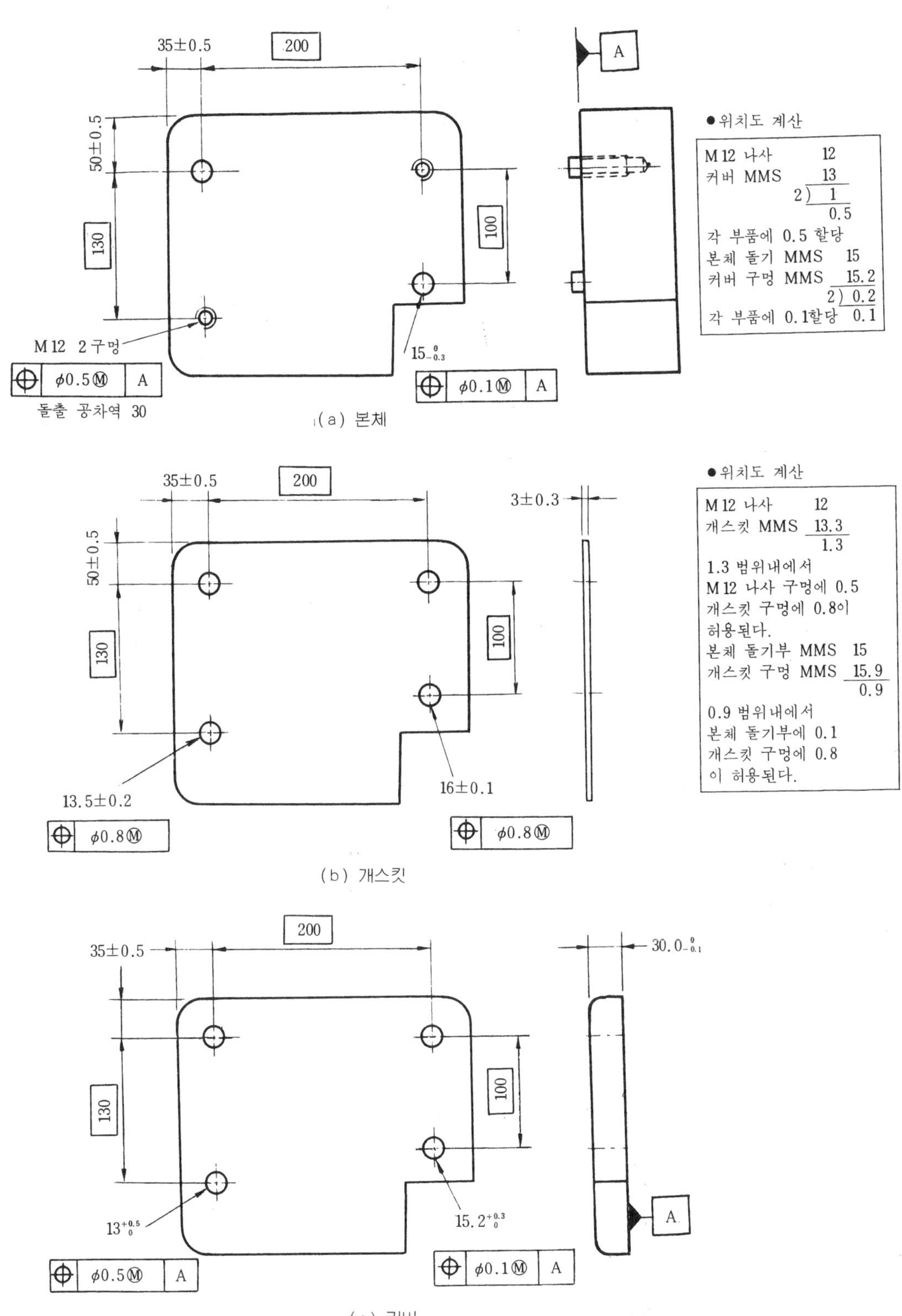
35±0.5
200
A
50±0.5
130
100
M12 2구멍
15$_{-0.3}^{0}$
ϕ0.5Ⓜ A
ϕ0.1Ⓜ A
돌출 공차역 30
●위치도 계산
M12 나사 12
커버 MMS 13
2) 1
0.5
각 부품에 0.5 할당
본체 돌기 MMS 15
커버 구멍 MMS 15.2
2) 0.2
각 부품에 0.1할당 0.1
(a) 본체
35±0.5
200
3±0.3
50±0.5
130
100
13.5±0.2
16±0.1
ϕ0.8Ⓜ
ϕ0.8Ⓜ
●위치도 계산
M12 나사 12
개스킷 MMS 13.3
1.3
1.3 범위내에서
M12 나사 구멍에 0.5
개스킷 구멍에 0.8이
허용된다.
본체 돌기부 MMS 15
개스킷 구멍 MMS 15.9
0.9
0.9 범위내에서
본체 돌기부에 0.1
개스킷 구멍에 0.8
이 허용된다.
(b) 개스킷
200
35±0.5
30.0$_{-0.1}^{0}$
130
100
13$^{+0.5}_{0}$
15.2$^{+0.3}_{0}$
A
ϕ0.5Ⓜ A
ϕ0.1Ⓜ A
(c) 커버

그림 5-45 3개의 결합 부품에 대한 위치도

제 6 장

기능 게이지

(Functional gage)

부품을 제작하여 제작된 부품이 도면상에 규제된 규제 조건대로 제작되었나를 검사 측정을 하게 된다.
검사할 부품의 수량이 소량일 경우에는 단능 검사 장치로 검사를 하지만 다량일 경우에는 게이지에 의해 검사가 이루어져야 한다.
다음에 기하 공차로 규제된 부품을 검사하는 기능 게이지에 대해서 설명한다.

1 직각도로 규제된 구멍과 축의 기능 게이지

구멍에 직경 공차와 직각도로 규제된 부품을 도면에 지시된 조건대로 제작되었나를 검사할 때 일차적으로 ϕ20±0.1의 직경 공차 범위 내에 들어있나를 한계 게이지에 의해 통과측 정지측 게이지에 의해 검사하고 그 다음 규제된 직각도 범위 내에 들어 있나를 기능 게이지에 의해서 검사해야 한다.

그림 6-1의 (a) 도면에서 구멍에 규제된 직각도 공차는 구멍이 최대 실체 치수(ϕ19.9)일 때 ϕ0.1의 직각도 공차가 지시되어 있다. 구멍의 최소 직경 ϕ19.9일 때 ϕ0.1 직각도 범위 내에서 최대로 기울어진 상태를 **그림** (b)에 나타냈고, 이 때 결합되는 상대방 부품 핀의 최대 직경은 ϕ19.8이며 이 ϕ19.8이 직각도를 검사하는 기능 게이지의 기본 치수이다.

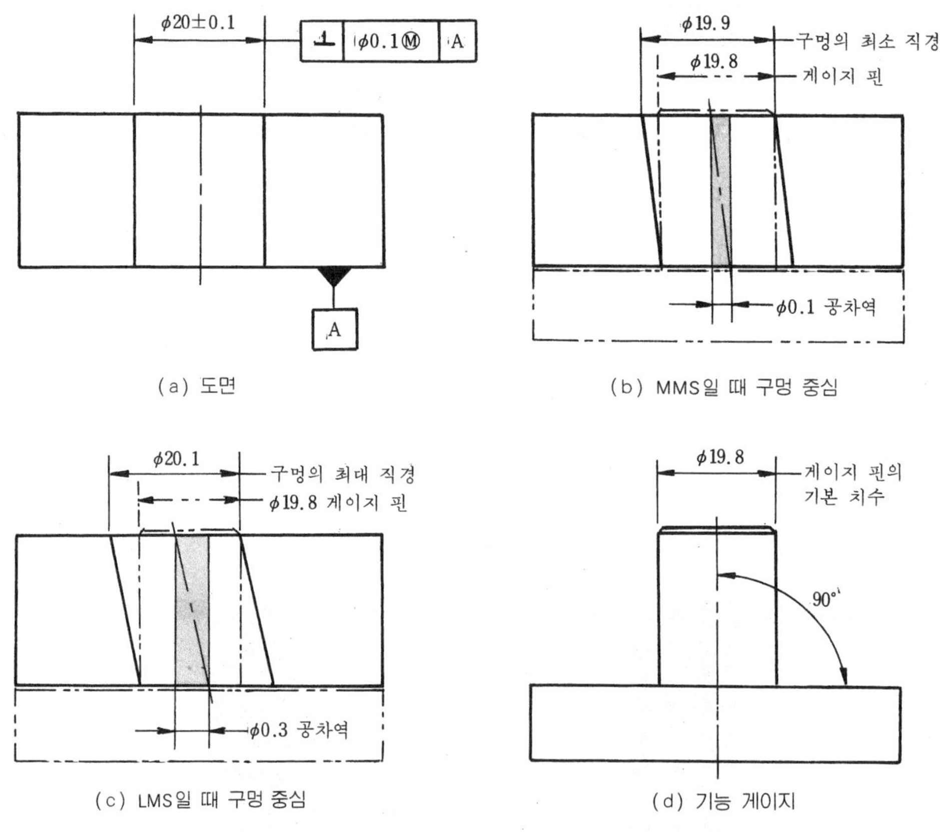

그림 6-1 직각도 검사 기능 게이지 핀

그림 (c)는 구멍이 최대 직경(ϕ20.1)일 때 직각도가 0.3까지 허용된다. 이 때 구멍의 중심이 직각도 공차 0.3 범위 내에서 그림과 같이 최대로 기울어졌을 경우에 결합되는 핀의 최대 직경도 ϕ19.8이며 직각도를 검사하는 기능 게이지 핀의 기본 치수이다.

기능 게이지의 기본 치수(ϕ19.8)=구멍의 MMS(ϕ19.9)−직각도 공차(0.1)

그림 (d)에 기능 게이지를 나타낸 그림이다. 기능 게이지의 기본 치수 ϕ19.8일 때 핀 중심은 밑면을 기준으로 정확하게 직각이어야 한다. 게이지 기본 치수 ϕ19.8에 대해서는 ϕ19.8±0으로 제작할 수는 없으므로 제작 공차를 주어야 하는데 제작 공차는 게이지를 제작하는 회사 자체에서 주어야 한다.

그림 6-2에 축에 직경 공차와 직각도 공차로 규제된 부품에 대한 기능 게이지를 그림으로 나타냈다.

그림 (a)의 도면에 규제된 직각도는 축의 직경이 최대 실체 치수(ϕ20.1)일 때 허용되는 직각도 공차가 ϕ0.1이다.

그림 (b)에 축직경이 최대 ϕ20.1일 때 0.1 직각도 공차 범위 내에서 축 중심이 최대로 기울어진 상태를 나타냈고, **그림** (c)에 축직경이 최소 ϕ19.9일 허용되는 직각도 공차 ϕ0.3 범위 내에서 축 중심이 최대로 기울어진 상태를 나타냈고, 이 때 결합되는 상대방 부품 구멍의 최소 치수가 ϕ20.2이다. 이 ϕ20.2가 실효 치수이며 축을 검사하는 기능 게이지 구멍의 기본 치수이다. 기능 게이지 구멍의 직경이 ϕ20.2일 때 구멍 중심은 정확하게 직각이어야 한다.

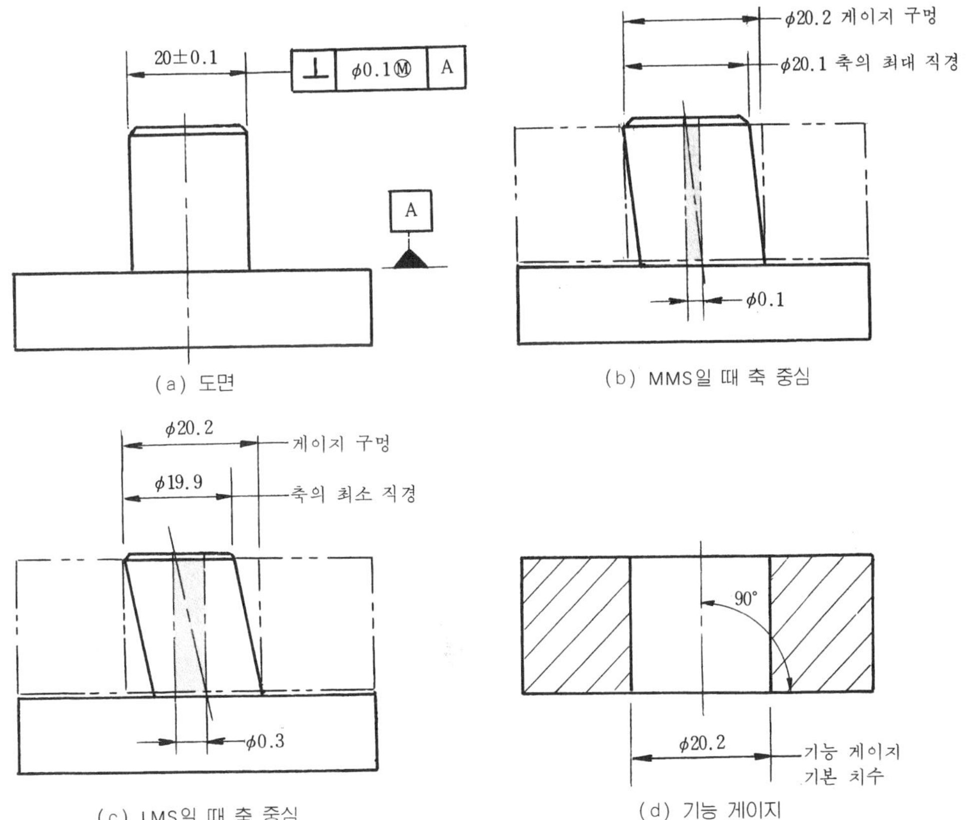

그림 6-2 직각도 검사 기능 게이지 구멍

2 위치도 공차로 규제된 부품의 기능 게이지

다음 **그림** 6-3 은 A데이텀과 B데이텀을 기준으로 4 개의 구멍에 위치도 공차를 규제한 도면과 이 부품을 검사하는 기능 게이지를 나타낸 그림이다. B데이텀 구멍 검사용 게이지 핀의 기본 치수는 구멍의 최대 실체 치수 φ25이다.

4 개 구멍 검사용 게이지핀의 기본 치수는 다음과 같다.

구멍의 최대 실체 치수 φ20－위치도 공차 φ0.1＝19.9

φ19.9가 구멍의 실효 치수이며 구멍에 결합되는 핀의 최대 직경이며 구멍 검사용 기능 게이지핀의 기본 치수이다.

다음 **그림 6-4**는 **그림** 6-3의 (a) 도면과 같은 부품으로 **그림** 6-3의 (a) 도면에서는 위치도 공차 φ0.1로 규제된 것은 B데이텀과 4 개의 구멍이 최대 실체 공차 방식으로 규제된 도면에 대한 기능 게이지이고, **그림 6-4**는 4 개의 구멍만 최대 실체 공차 방식으로 규제된 도면에 대한 기능 게이지를 나타낸 그림이다.

데이텀 B구멍 검사용 게이지 핀은 구멍의 하한 치수 φ25와 상한 치수 φ25.03의 테이퍼로 그림과 같이 축 방향으로 이동 가능하게 제작하고 4 개 구멍 검사용 게이지 핀의 기본 치수는

구멍의 최대 실체 치수 φ20－위치도 공차 φ0.1＝φ19.9

φ19.9가 실효 치수, 구멍에 결합되는 핀의 최대 치수, 기능 게이지 핀의 기본 치수이다. **그림 6-4**의 (b) 그림에 기능 게이지 기본 치수만 나타냈고 게이지 제작 공차는 생략했다.

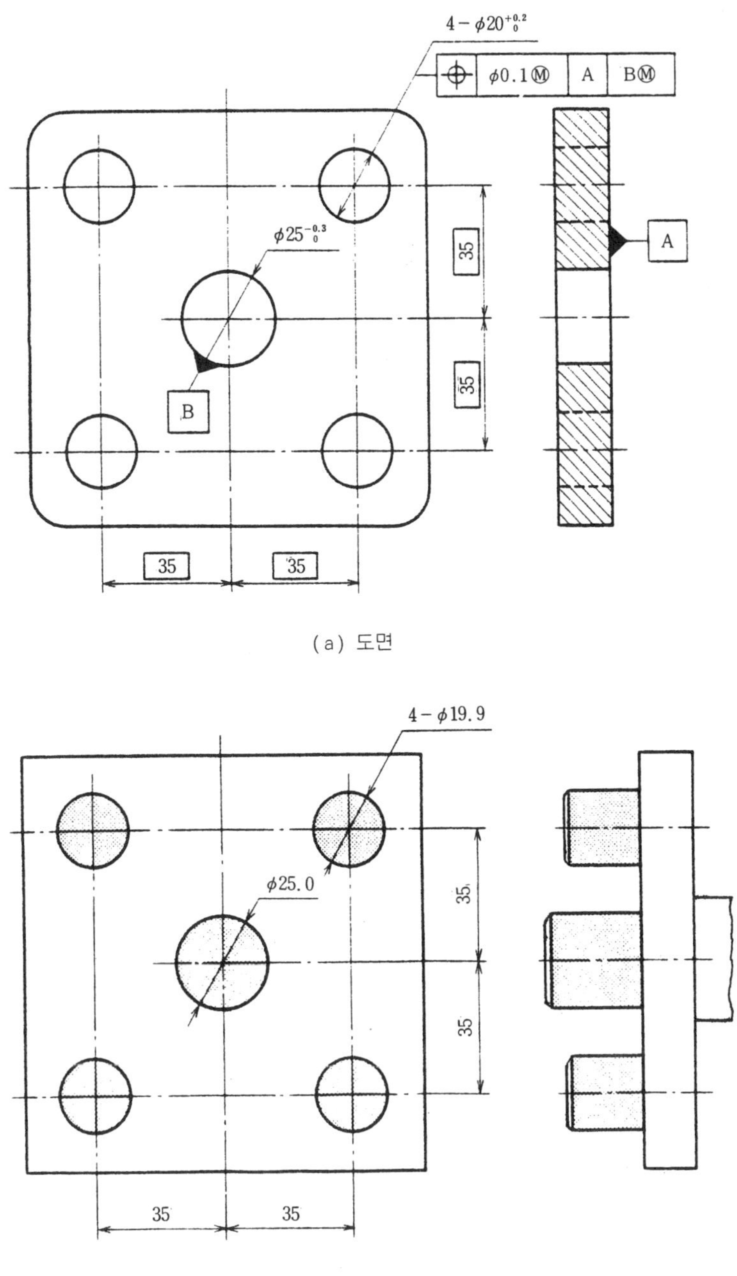

(a) 도면

(b) 기능 게이지

그림 6-3 데이텀과 규제 형체가 Ⓜ으로 규제된 부품과 기능 게이지

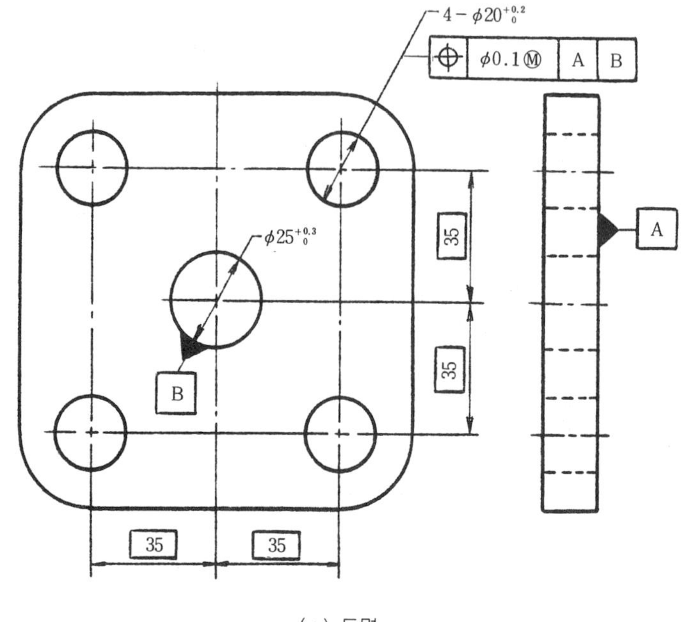

(a) 도면

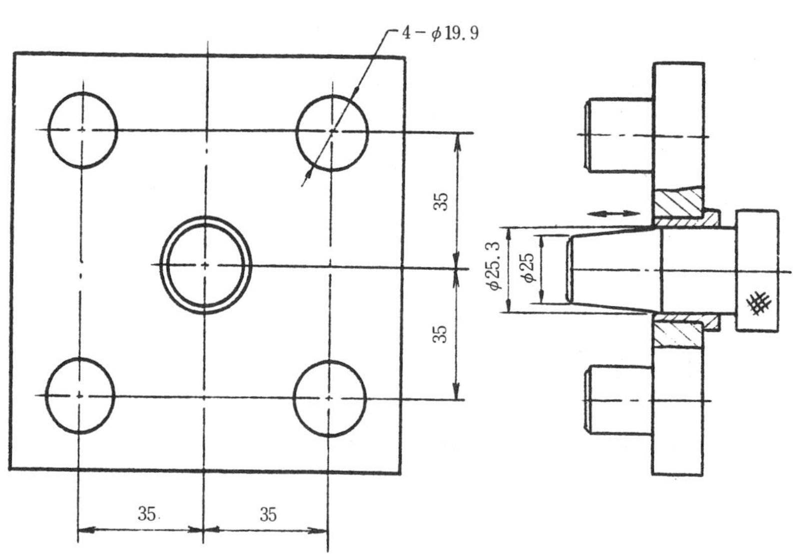

(b) 기능 게이지

그림 6-4 4개 구멍이 Ⓜ으로 규제된 부품과 기능 게이지

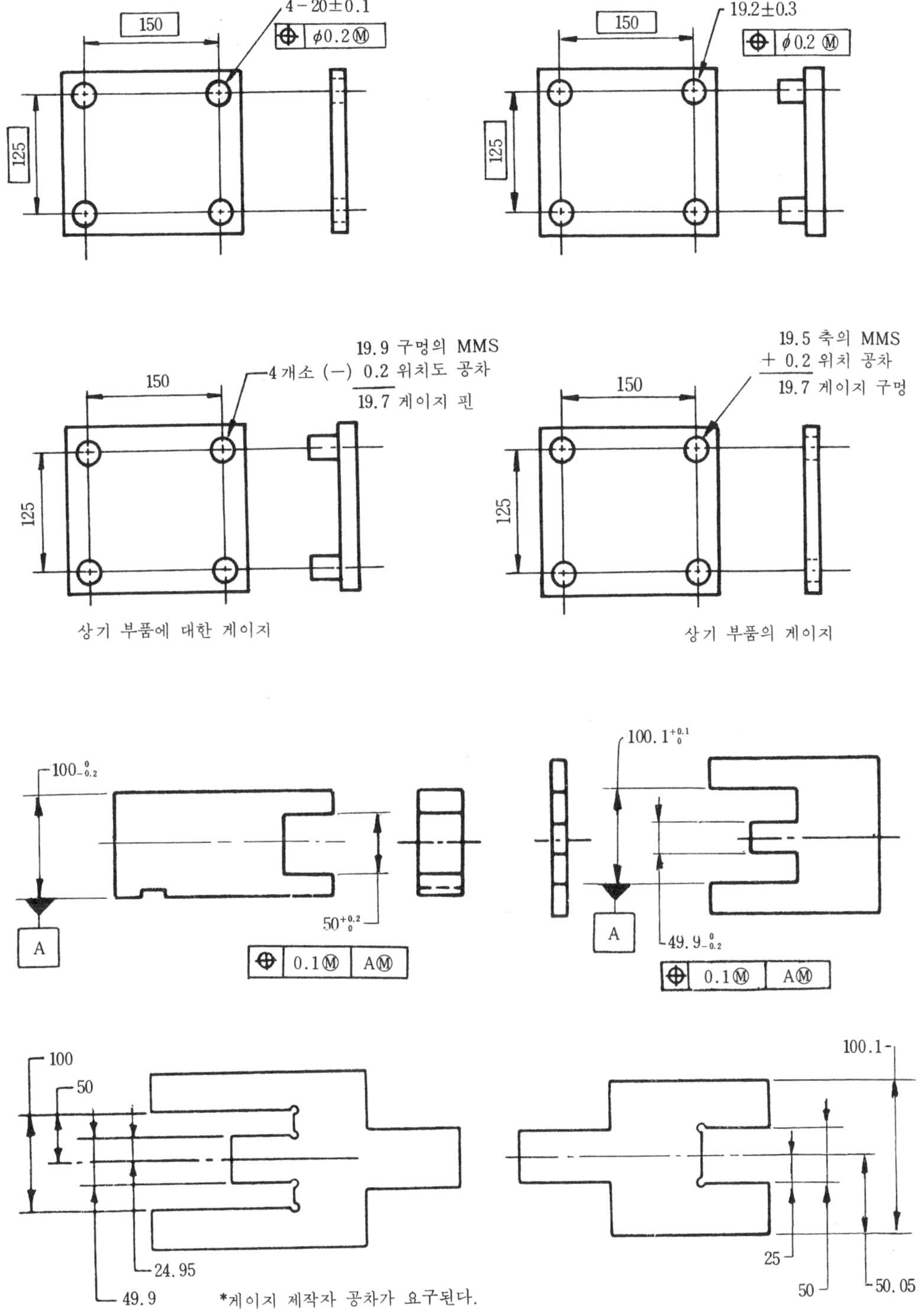

그림 6-5 각종 기능 게이지

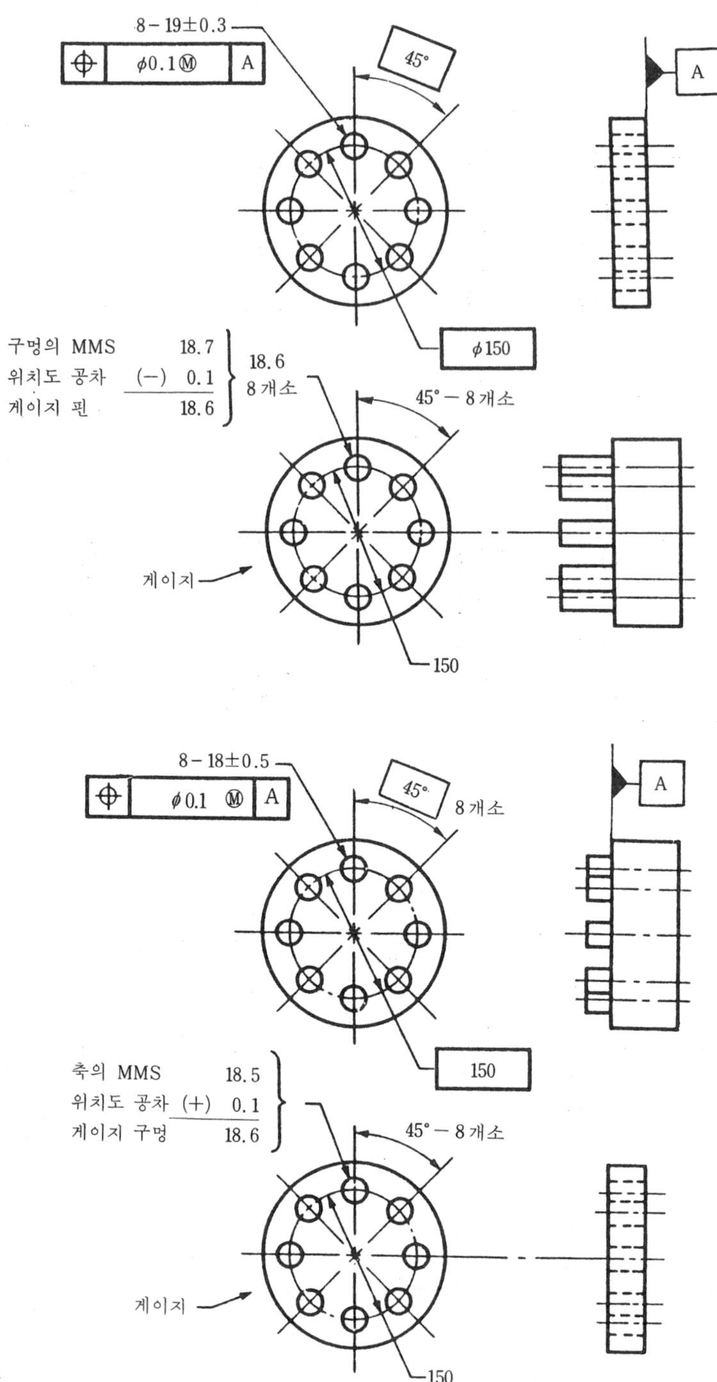

그림 6-6 각종 기능 게이지

3 위치도 공차 검사

다음 표는 직교 좌표 공차역과 위치도의 직경 공차역을 계산해 놓은 표이다. 예를 들어, 부품을 게이지에 의해 검사하지 않고 단능 검사 장치에 의해 위치도를 검사할 때 도면상에 지시된 이론적으로 정확한 치수에서 실제 구멍의 중심까지의 거리를 X축과 Y축에서 측정했을 때 기준 치수에서부터 벗어난 편차를 다음 계산식에 대입하면 Z값이 나온다. 이 Z값이 직경 공차역이다.

예를 들어, X측의 편차가 0.06, Y측의 편차가 0.04일 때 표에서 Z의 값이 0.144이다. 이 0.144가 직경 공차역이다.

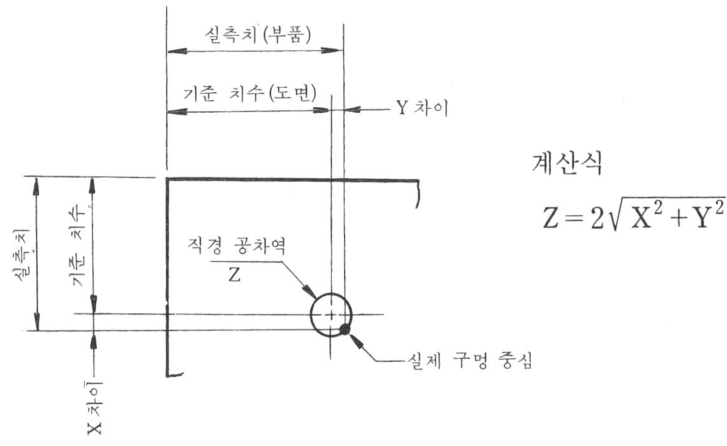

계산식

$$Z = 2\sqrt{X^2 + Y^2}$$

표 6-1 직교 좌표 공차와 위치도 공차 변환표

X \ Y	0.01	0.02	0.03	0.04	0.05	0.06	0.07	0.08	0.09	0.10	0.11	0.12	0.13	0.14	0.15	0.16	0.17	0.18	0.19	0.20
0.20	0.400	0.402	0.404	0.408	0.412	0.418	0.424	0.431	0.439	0.447	0.456	0.466	0.477	0.488	0.500	0.512	0.525	0.538	0.552	0.566
0.19	0.380	0.382	0.385	0.388	0.393	0.398	0.405	0.412	0.420	0.429	0.439	0.449	0.460	0.472	0.484	0.497	0.510	0.523	0.537	0.552
0.18	0.360	0.362	0.365	0.369	0.374	0.379	0.386	0.394	**Z**	0.412	0.422	0.433	0.444	0.456	0.469	0.482	0.495	0.509	0.523	0.538
0.17	0.340	0.342	0.345	0.349	0.354	0.360	0.368	0.376		0.394	0.405	0.416	0.428	0.440	0.453	0.467	0.481	0.495	0.510	0.525
0.16	0.321	0.322	0.325	0.330	0.335	0.342	0.349	0.358	0.367	0.377	0.388	0.400	0.412	0.425	0.439	0.452	0.467	0.482	0.497	0.512
0.15	0.301	0.303	0.306	0.310	0.316	0.323	0.331	0.340	0.350	0.360	0.372	0.384	0.397	0.410	0.424	0.439	0.453	0.469	0.484	0.500
0.14	0.281	0.283	0.286	0.291	0.297	0.305	0.313	0.322	0.333	0.344	0.356	0.369	0.382	0.396	0.410	0.425	0.440	0.456	0.472	0.488
0.13	0.261	0.263	0.267	0.272	0.278	0.286	0.295	0.305	0.316	0.328	0.340	0.354	0.368	0.382	0.397	0.412	0.428	0.444	0.460	0.477
0.12	0.241	0.244	0.247	0.253	0.260	0.268	0.278	0.288	0.300	0.312	0.325	0.339	0.354	0.369	0.384	0.400	0.416	0.433	0.449	0.466
0.11	0.221	0.224	0.228	0.234	0.242	0.250	0.261	0.272	0.284	0.297	0.311	0.325	0.340	0.356	0.372	0.388	0.405	0.422	0.439	0.456
0.10	0.201	0.204	0.209	0.215	0.224	0.233	0.244	0.256	0.269	0.283	0.297	0.312	0.328	0.344	0.360	0.377	0.394	0.412	0.429	0.447
0.09	0.181	0.185	0.190	0.197	0.206	0.216	0.228	0.241	0.254	0.269	0.284	0.300	0.316	0.333	0.350	0.367	0.385	0.402	0.420	0.439
0.08	0.161	0.166	0.171	0.179	0.189	0.200	0.213	0.226	0.241	0.256	0.272	0.288	0.205	0.322	0.340	0.358	0.376	0.394	0.412	0.431
0.07	0.141	0.146	0.152	0.161	0.172	0.184	0.198	0.213	0.228	0.244	0.261	0.278	0.295	0.313	0.331	0.349	0.368	0.386	0.405	0.424
0.06	0.122	0.128	0.134	0.144	0.156	0.170	0.184	0.200	0.216	0.233	0.250	0.268	0.286	0.305	0.323	0.342	0.360	0.379	0.398	0.418
0.05	0.102	0.109	0.117	0.128	0.141	0.156	0.172	0.189	0.206	0.224	0.242	0.260	0.278	0.297	0.316	0.335	0.354	0.374	0.393	0.412
0.04	0.082	0.082	0.100	0.113	0.138	0.144	0.161	0.179	0.197	0.215	0.234	0.253	0.272	0.291	0.310	0.330	0.349	0.369	0.388	0.408
0.03	0.063	0.076	0.085	0.100	0.117	0.134	0.152	0.171	0.190	0.209	0.228	0.247	0.267	0.286	0.306	0.325	0.345	0.365	0.385	0.404
0.02	0.045	0.056	0.072	0.089	0.108	0.126	0.146	0.165	0.184	0.204	0.224	0.243	0.263	0.283	0.303	0.322	0.342	0.362	0.382	0.402
0.01	0.028	0.045	0.063	0.082	0.002	0.122	0.141	0.161	0.181	0.201	0.221	0.241	0.261	0.281	0.301	0.321	0.340	0.360	0.380	0.400

↔ X (rows), Y ↕ (columns)

다음 도면에 이론적으로 정확 치수 [60]과 [75]로 규제된 구멍에 위치도 공차가 주어진 구멍이 허용된 위치도 공차 범위 내에서 구멍 중심이 있는지 계산식과 표에 의해서 알아본다.

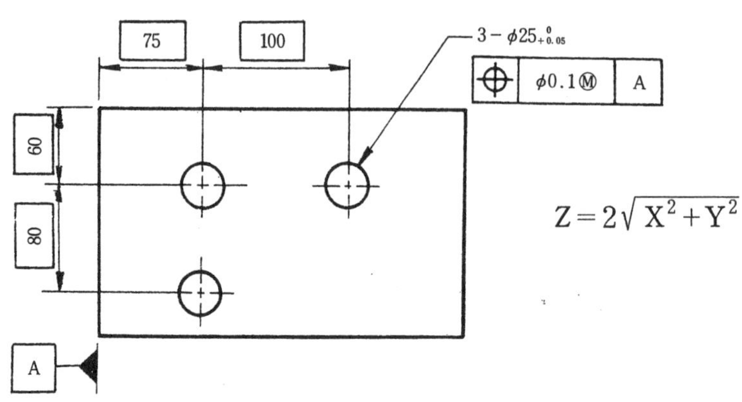

$$Z = 2\sqrt{X^2 + Y^2}$$

● 실제 가공된 구멍의 위치

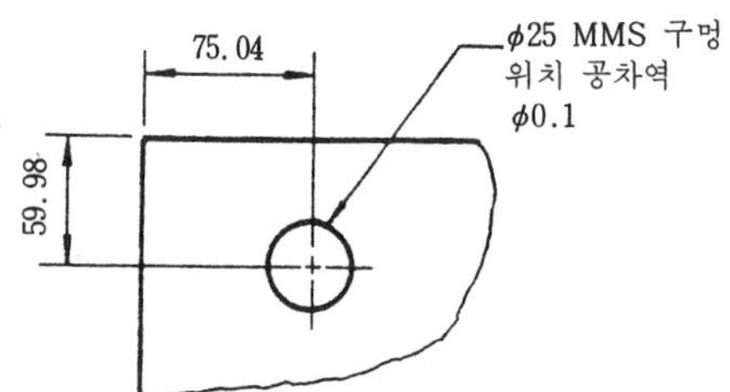

수평 방향 실치수 − 기준 치수 = X

75.04 − 75 = 0.04

수직 방향 기준 치수 − 실치수 = Y

60 − 59.98 = 0.02

위 변환표에서 0.04(X)와 0.02(Y)의 교점 0.098(Z)를 구한다.

구멍의 위치는 위치도 공차 ϕ0.1 범위 내에 있다.

수평 방향 실치수 − 기준 치수 = X

75.06 − 75 = 0.06

수직 방향 기준 치수 − 실치수 = Y

60 − 59.96 = 0.04

위 변환표에서 0.06(X)와 0.04(Y)의 교점 0.144(Z)가 구해진다.

구멍의 위치는 ϕ0.15 위치도 공차 범위 내에 있다.

4 직교 좌표 공차역과 직경 공차역의 변환

다음 표는 직교 좌표 공차역과 직경 공차역의 위치도 공차를 변환하는 표이다. 직교 좌표 공차역으로 주어진 ±0.035를 직경 공차역으로 변환하려면 표에서 우측 하단에 화살표로 지시된 ±0.035 X축과 Y축의 ±0.035와 만나는 점의 직경 ϕ0.10이다. 즉, ±0.035 좌표 공차역을 직경 공차역으로 바꾸면 ϕ0.1의 직경 공차역이다.

위치도 공차 ⇄ 좌표 공차

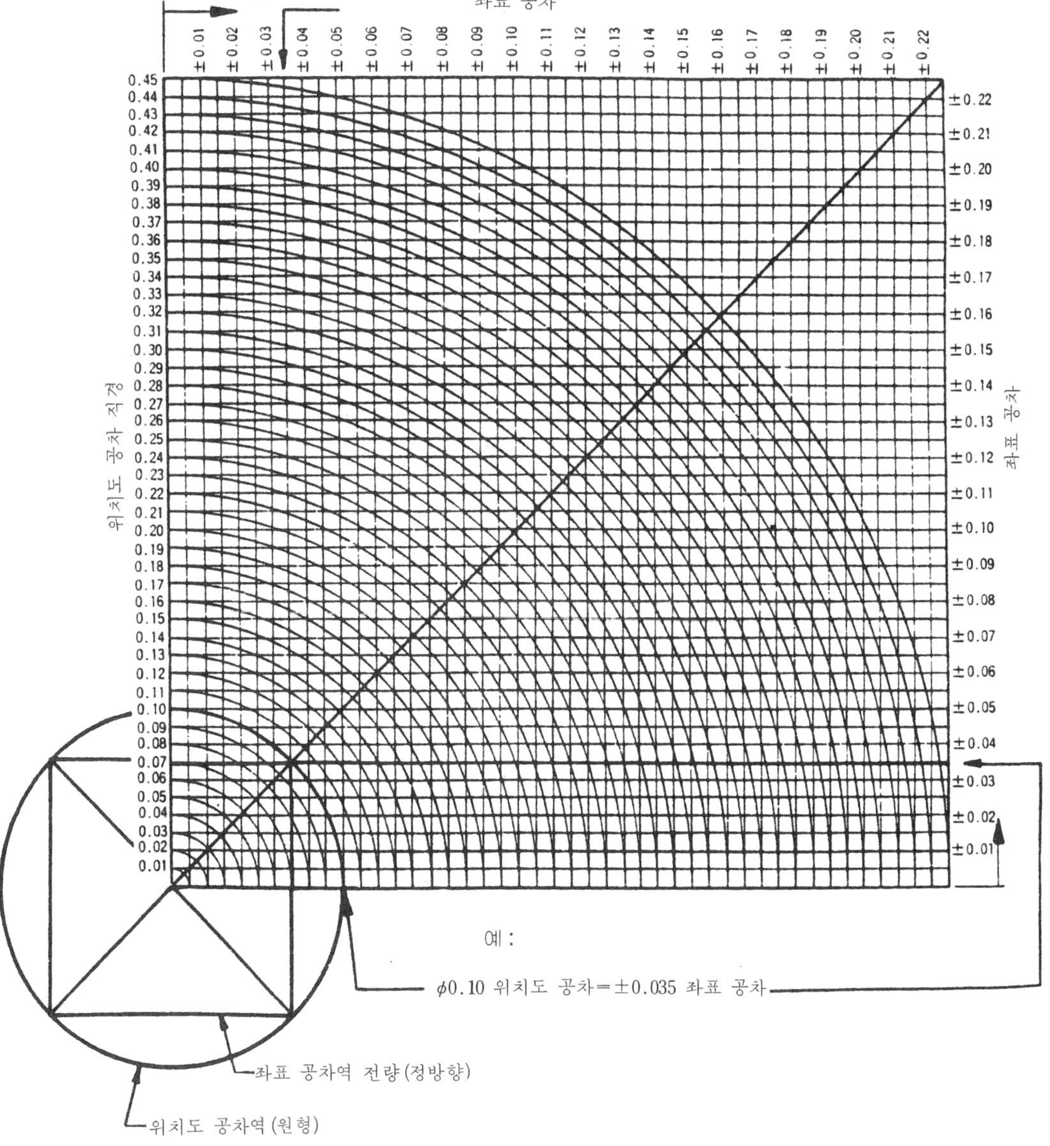

부 록

1. ANSI, ISO, KS 규격 비교
2. 기하 공차 도시 방법
3. 기하 편차의 정의 및 표시
4. 최대 실체 공차 방식
5. 기하 공차를 위한 데이텀
6. 제도-공차 표시 방식의 기본 원칙
7. 제도-기하 공차 표시 방식-위치도 공차 방식
8. 개별적인 공차의 지시가 없는 형체에 대한 기하 공차
9. 기하 공차 측정 방법

1 ANSI, ISO, KS 규격 비교

특 성	ANSI-Y 14, 5M	ISO-1101	KS B 0608
진 직 도	⏤	⏤	⏤
평 면 도	⏥	⏥	⏥
경 사 도	∠	∠	∠
직 각 도	⊥	⊥	⊥
평 행 도	//	//	//
동 심 도	◎	◎	◎
위 치 도	⌖	⌖	⌖
진 원 도	○	○	○
대 칭 도	기호 없음	⌯	⌯
선 의 윤 곽	⌒	⌒	⌒
면 의 윤 곽	⌓	⌓	⌓
원 주 흔 들 림	↗ ↗	↗	↗
온 흔 들 림	⌰ ⌰	⌰	⌰
원 통 도	⌭	⌭	⌭
데 이 텀	-A- A	A	A
최 대 실 체 조 건	Ⓜ	Ⓜ	Ⓜ
최 소 실 체 조 건	Ⓛ	기호 없음	기호 없음
형체 치수 무관계	Ⓢ 1992폐지	기호 없음	기호 없음
데 이 텀 목 표	A_1 $\phi 10$ A_1	A_1 $\phi 10$ A_1	A_1 $\phi 10$ A_1
돌 출 공 차 역	Ⓟ	Ⓟ	Ⓟ
기 준 치 수	50	50	50

2 기하 공차의 도시 방법

KS B 0608 (1987)

Indications of Geometrical Tolerances on Drawings

1. 적용 범위

이 규격은 도면에 있어서 대상물의 모양, 자세, 위치 및 흔들림의 공차(이하 이들을 총칭하여 기하공차라 한다. 또, 혼동되지 않을 때에는 단순히 공차라 한다)의 기호에 의한 표시와 그들의 도시방법에 대하여 규정한다.

2. 용어의 뜻

이 규격에서 사용하는 주요한 용어의 뜻은 KS B 0243(기하 공차를 위한 데이텀) 및 KS B 0425(기하 편차의 정의 및 표시)에 따르는 이외에 다음에 따른다.

(1) **기하 공차** : 기하 편차의 허용값

<비고> 기하 편차의 정의 및 표시에 대하여는 KS B 0425에 따른다.

(2) **공차역** : 기하 공차에 의하여 규제되는 형체(이하 공차붙이 형체라 한다)에 있어서, 그 형체가 기하학적으로 옳은 모양, 자세 또는 위치로부터 벗어나는 것이 허용되는 영역

3. 일반 사항

기하 공차를 지정할 때의 일반 사항은 다음에 따른다.

(1) 도면에 지정하는 대상물의 모양, 자세 및 위치의 편차, 그리고, 흔들림의 허용값에 대하여는 원칙적으로 기하 공차에 의하여 도시한다.

(2) 형체에 지정한 치수의 허용 한계는 특별히 지시가 없는 한, 기하 공차를 규제하지 않는다.

(3) 기하 공차는 기능상의 요구, 호환성 등에 의거하여 불가결한 곳에만 지정한다.

(4) 기하 공차의 지시는 생산 방식, 측정 방법 또는 검사 방법을 특정한 것에 한정하지 않는다. 다만, 특정한 경우에는 별도로 지시한다.

<비고> 특정한 측벙 방법 또는 검사 방법이 별도로 지시되어 있지 않는 경우에는, 대상으로 하는 공차역의 정의에 대응하는 한, 임의의 측정 방법 또는 검사 방법을 선택할 수 있다.

4. 기하 공차의 종류와 그 기호

기하 공차의 종류와 그 기호는 **표** 1에 따른다. 또, 기하 공차에 부수하여 사용하는 부가 기호는 **표** 2에 따른다.

5. 공차역에 관한 일반 사항

공차붙이 형체가 포함되어 있어야 할 공차역은 다음에 따른다.

(1) 형체(점, 선, 축선, 면 또는 중심면)에 적용하는 기하 공차는 그 형체가 포함되어야 할 공차역을 정한다.

(2) 공차의 종류와 그 공차값의 지시방법에 의하여 공차역은 **표** 3에 나타내는 공차역 중의 어느 한 가지로 된다.

(3) 공차역이 원 또는 원통인 경우에는 공차값 앞에 기호 ϕ를 붙이고(**그림** 3), 공차역이 구인 경우에는 기호 Sϕ를 붙여서 나타낸다(**부표**의 10.1의 도시 보기 참조).

표 1 기하 공차의 종류와 그 기호

적용하는 형체	공차의 종류		기 호	비 고
단독 형체	모양 공차	진직도 공차	—	부표의 1. 참조
		평면도 공차	⏥	부표의 2. 참조
		진원도 공차	○	부표의 3. 참조
		원통도 공차	⌭	부표의 4. 참조
단독 형체 또는 관련 형체		선의 윤곽도 공차	⌒	부표의 5. 참조
		면의 윤곽도 공차	⌓	부표의 6. 참조
관련 형체	자세 공차	평행도 공차	//	부표의 7. 참조
		직각도 공차	⊥	부표의 8. 참조
		경사도 공차	∠	부표의 9. 참조
	위치 공차	위치도 공차	⌖	부표의 10. 참조
		동축도 공차 또는 동심도 공차	◎	부표의 11. 참조
		대칭도 공차	⌯	부표의 12. 참조
	흔들림 공차	원주 흔들림 공차	↗	부표의 13. 참조
		온 흔들림 공차	⌰	부표의 14. 참조

표 2 부가 기호

표시하는 내용		기 호 (1)	비고(참조 항목)
공차붙이 형체	직접 표시하는 경우	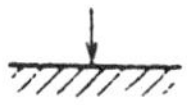	6.3
	문자 기호에 의하여 표시하는 경우	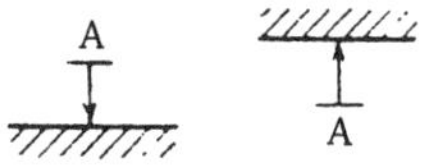 A A	6.3(4)
데이텀	직접 표시하는 경우		8.2(4)
	문자 기호에 의하여 표시하는 경우	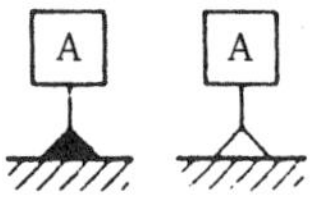 A A	8.2
데이텀 타깃 기입틀		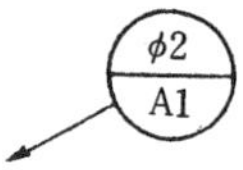 ϕ2 / A1	KS B 0243
이론적으로 정확한 치수		50	10.
돌출 공차역		Ⓟ	11.
최대 실체 공차 방식		Ⓜ	12.

주(1) 기호란 중의 문자 기호 및 P, M을 제외하고 한 보기를 나타낸다.

- **관련 규격** : KS B 0001 기계 제도
  KS B 0242 최대 실체 공차 방식
  KS B 0243 기하 공차를 위한 데이텀
  KS B 0425 기하 편차의 정의 및 표시
  ISO/DIS 1101 Technical drawings-Geometrical tolerancing-Tolerances of form, orientation, location and run-out-Generalities, defini- tions, symbols, indications on drawings
  ISO 1101/Ⅱ Technical drawings-Tolerances of form and of position-Part Ⅱ : Maximum material principle
  ISO 5459 Technical drawings Geometrical tolerancing-Datums and datum -systems for geometrical tolerances
  ISO 7083 Technical drawings-Symbols for geometrical tolerancing-Proportions and dimensions

표 3 공차역과 공차값

	공 차 역	공 차 값	비 고
(1)	원 안의 영역	원의 지름	**부표**의 10.1 참조
(2)	두 개의 동심원 사이의 영역	동심원의 반지름의 차	**부표**의 3. 참조
(3)	두 개의 등간격의 선 또는 두 개의 평행한 직선 사이에 끼인 영역	두 선 또는 두 직선의 간격	**부표**의 1.2 참조
(4)	구 안의 영역	구의 지름	**부표**의 10.1 참조
(5)	원통 안의 영역	원통의 지름	**부표**의 1.3 참조
(6)	두 개의 동축의 원통 사이에 끼인 영역	동축 원통의 반지름의 차	**부표**의 4. 참조
(7)	두 개의 등거리의 면 또는 두 개의 평행한 평면 사이에 끼인 영역	두 면 또는 두 평면의 간격	**부표**의 1.1 참조
(8)	직육면체 안의 영역	직육면체의 각 변의 길이	**부표**의 1.3 참조

(4) 공차붙이 형체에는 기능상의 이유로 두 개 이상의 기하 공차를 지정하는 수가 있다(**그림** 5). 또 기하 공차 중에는 다른 종류의 기하 편차를 동시에 규제하는 것도 있다(보기를 들면, 평행도를 규제하면, 그 공차역 내에서는 선의 경우에는 진직도, 면의 경우에는 평면도도 규제한다). 반대로 기하 공차 중에는 다른 종류의 기하 편차를 규제하지 않는 것도 있다(보기를 들면, 진직도 공차는 평면도를 규제하지 않는다).

(5) 공차붙이 형체는 공차역 내에 있어서 어떠한 모양 또는 자세라도 좋다. 다만, 보충의 주기(**그림** 42, **그림** 43)나, 더욱 엄격한 공차역의 지정(**그림** 41)에 의하여 제한이 가해질 때에는 그 제한에 따른다.

(6) 지정한 공차는 대상으로 하고 있는 형체의 온 길이 또는 온 면에 대하여 적용된다. 다만, 그 공차를 적용하는 범위가 지정되어 있는 경우에는 그것에 따른다(**그림** 39, **그림** 46).

(7) 관련 형체에 대하여 지정한 기하 공차는 데이텀 형체 자신의 모양 편차를 규정하지 않는다. 따라서, 필요에 따라 데이텀 형체에 대하여 모양 공차를 지시한다.

<비고> 데이텀 형체의 모양은 데이텀으로서의 목적에 어울리는 정도로 충분히 기하 편차가 작은 것이 좋다.

6. 공차의 도시 방법

6.1 도시 방법 일반

도시 방법에 관한 일반적인 사항은 다음에 따른다.

(1) 단독 형체에 기하 공차를 지시하기 위하여는, 공차의 종류와 공차값을 기입한 사각형의 틀(이하 공차 기입틀이라 한다)과 그 형체를 지시선으로 연결해서 도시한다.

(2) 관련 형체에 기하 공차를 지시하기 위하여는 데이텀에 데이텀 삼각 기호(직각 이등변 삼각형으로 한다)를 붙이고, 공차 기입틀과 관련시켜서 (1)에 준하여 도시한다(8. 참조).

6.2 공차 기입틀에의 표시 사항

6.2.1 공차에 대한 표시 사항은 공차 기입틀을 두 구획 또는 그 이상으로 구분하여, 그 안에 기입한다. 이들 구획에는 각각 다음의 내용을 (1)~(3)의 순서로 왼쪽에서 오른쪽으로 기입한다(**그림** 1, **그림** 2, **그림** 3).

(1) 공차의 종류를 나타내는 기호(**그림** 1, **그림** 2, **그림** 3)

(2) 공차값(**그림** 1, **그림** 2, **그림** 3)

(3) 데이텀을 지시하는 문자 기호(**그림** 2, **그림** 3)

또한, 규제하는 형체가 단독 형체인 경우에는 문자 기호를 붙이지 않는다(**그림** 1).

<비고> 데이텀이 복수인 경우의 데이텀을 지시하는 문자 기호의 기입순서에 대하여는 8.3 (3), (4)를 참조할 것.

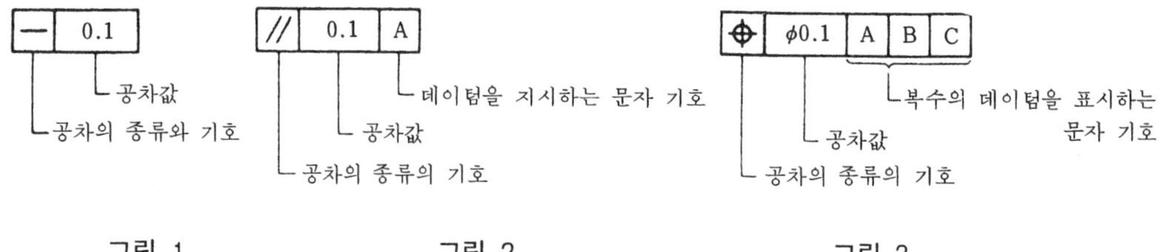

그림 1 **그림** 2 **그림** 3

6.2.2 "6구멍", "4면"과 같은 공차붙이 형체에 연관시켜서 지시하는 주기는 공차 기입틀의 위쪽에 쓴다(**그림** 4).

6.2.3 한 개의 형체에 두 개 이상의 종류의 공차를 지시할 필요가 있을 때에는 이들의 공차 기입틀을 상하로 겹쳐서 기입한다(**그림** 5).

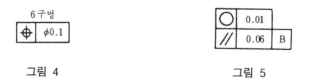

그림 4 **그림** 5

6.3 공차에 의하여 규제되는 형체의 표시 방법

공차에 의하여 규제되는 형체는 공차 기입틀로부터 끌어내어, 끝에 화살표를 붙인 지시선에 의하여 다음의 규정에 따라 대상으로 하는 형체에 연결해서 나타낸다.

또한, 지시선에는 가는 실선을 사용한다.

(1) 선 또는 면 자체에 공차를 지정하는 경우에는 형체의 외형선 위 또는 외형선의 연장선 위에(치수선의 위치를 명확하게 피해서) 지시선의 화살표를 수직으로 한다(**그림** 6, **그림** 7). 다만, 7.3의 경우는 제외한다.

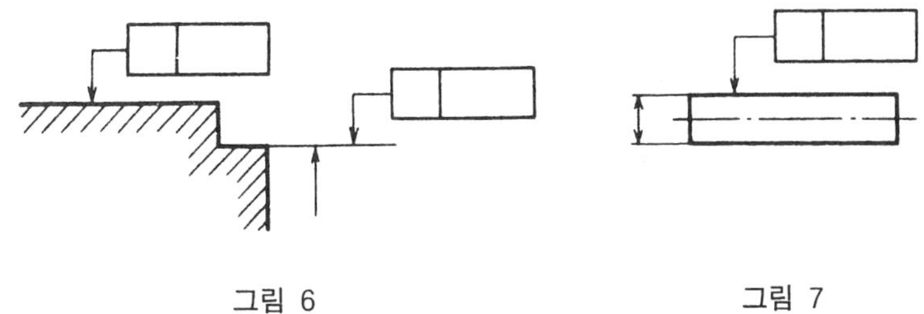

그림 6　　　　그림 7

(2) 치수가 지정되어 있는 형체의 축선 또는 중심면에 공차를 지정하는 경우에는 치수선의 연장선이 공차 기입틀로부터의 지시선이 되도록 한다(**그림** 8, **그림** 9, **그림** 10).

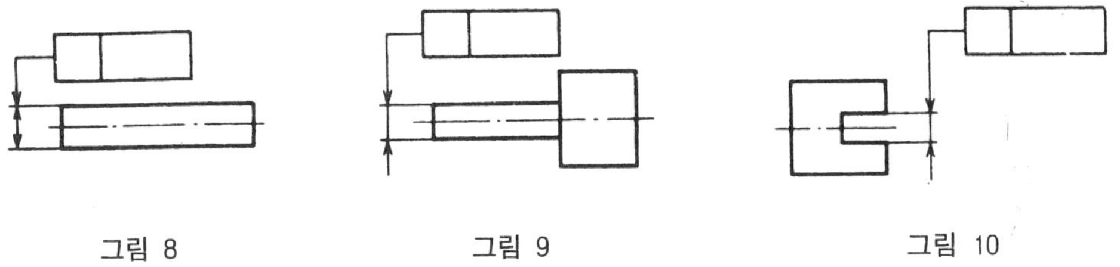

그림 8　　　　그림 9　　　　그림 10

(3) 축선 또는 중심면이 공통인 모든 형체의 축선 또는 중심면에 공차를 지정하는 경우에는 축선 또는 중심면을 나타내는 중심선에 수직으로, 공차 기입틀로부터의 지시선의 화살표를 댄다(**그림** 11, **그림** 12, **그림** 13).

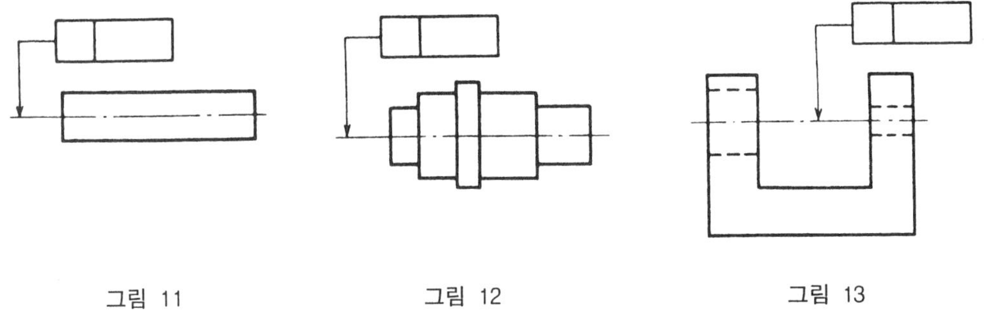

그림 11　　　　그림 12　　　　그림 13

(4) 여러개의 떨어져 있는 형체에 같은 공차를 지정하는 경우에는 개개의 형체에 가가 공차 기입틀로 지정하는 대신에 공통의 공차 기입틀로부터 끌어낸 지시선을 각각의 형체에 분기([2])해서 대거나(**그림** 14), 각각의 형체를 문자 기호로 나타낼 수 있다(**그림** 15).

주([2]) 지시선의 분기점에는 둥근 흑점을 붙인다.

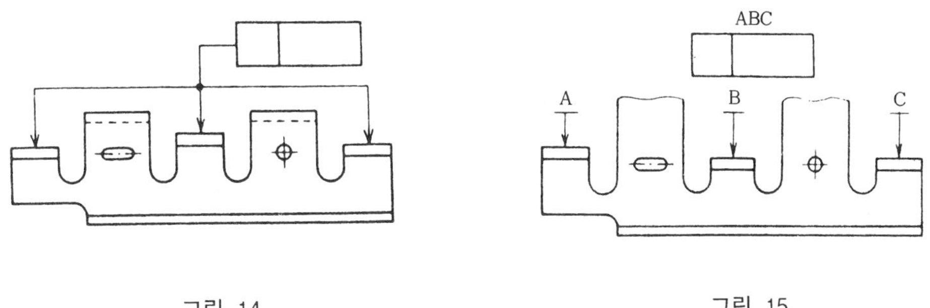

그림 14　　　　그림 15

7. 도시 방법과 공차역의 관계

7.1 공차역은 공차값 앞에 기호 ϕ가 없는 경우에는 공차 기입틀과 공차붙이 형체를 연결하는 지시선의 화살방향에 존재하는 것으로서 취급한다(**그림** 16), 기호 ϕ가 부기되어 있는 경우에는 공차역은 원 또는 원통의 내부에 존재하는 것으로서 취급한다(**그림** 17).

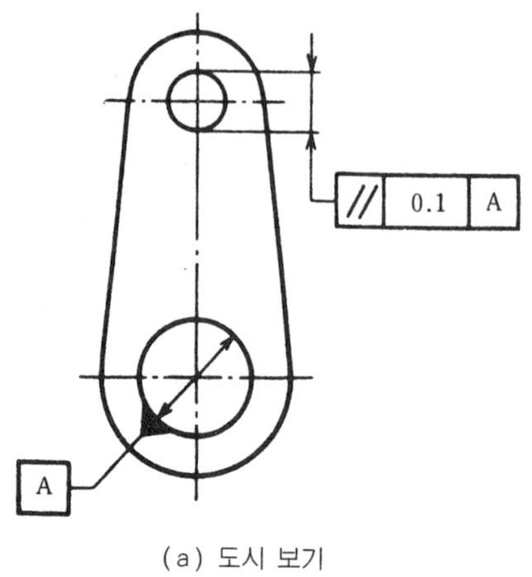

(a) 도시 보기

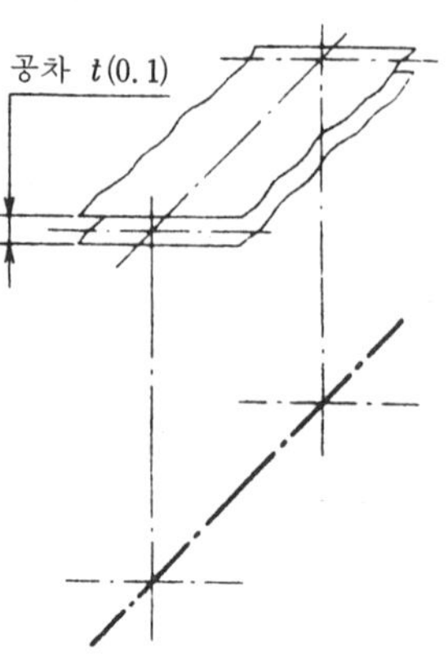

(b) (a)의 경우의 공차역 방향

그림 16

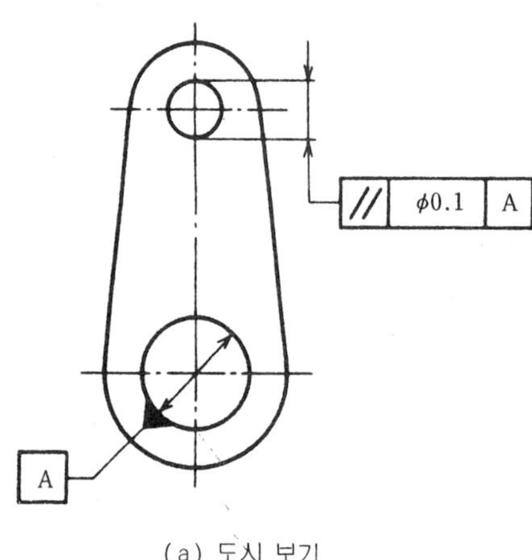

(a) 도시 보기

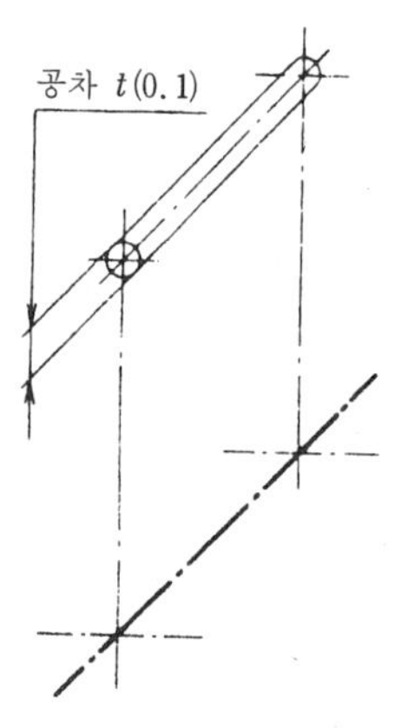

(b) (a)의 경우의 공차역

그림 17

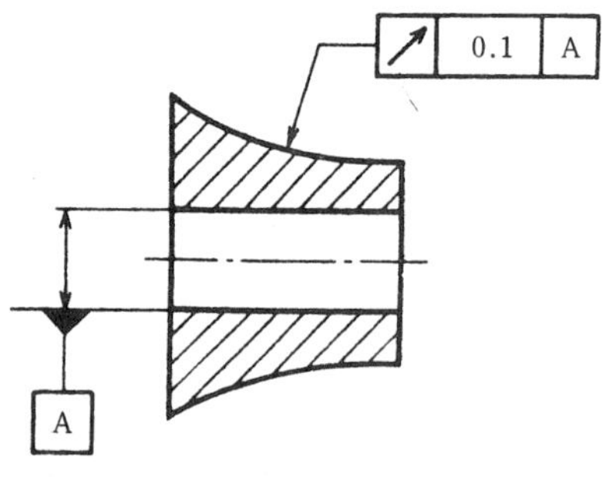

(a) 도시 보기

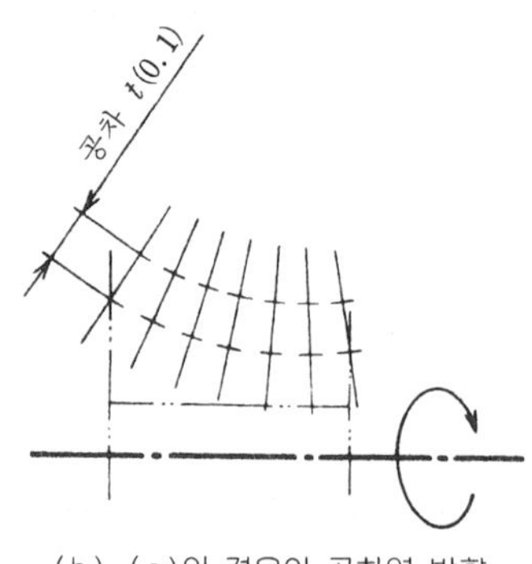

(b) (a)의 경우의 공차역 방향

그림 18

7.2 공차역의 나비는 원칙적으로 규제되는 면에 대하여 법선 방향에 존재하는 것으로서 취급한다(**그림** 18).

7.3 공차역을 면의 법선 방향이 아니고 특정한 방향에 지정하고 싶을 때에는, 그 방향을 지정한다(**그림** 19).

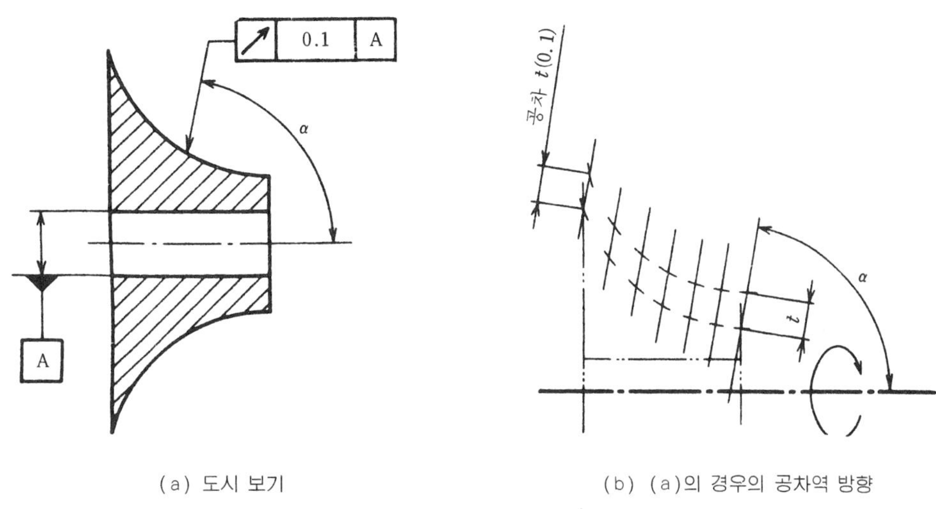

(a) 도시 보기

(b) (a)의 경우의 공차역 방향

그림 19

7.4 여러개의 떨어져 있는 형체에 같은 공차를 공통인 공차 기입틀을 사용하여 지정하는 경우에는, 특별히 지정하지 않는 한 각각의 형체마다 지정하는 공차역을 적용한다(**그림** 20, **그림** 21).

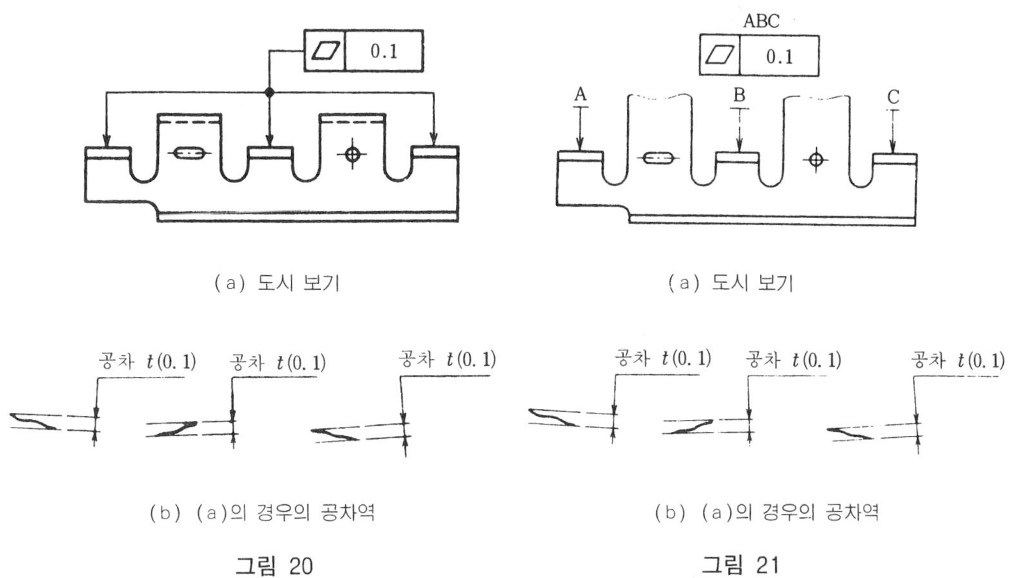

(a) 도시 보기

(a) 도시 보기

(b) (a)의 경우의 공차역

(b) (a)의 경우의 공차역

그림 20

그림 21

7.5 여러개의 떨어져 있는 형체에 공통의 영역을 갖는 공차값을 지정하는 경우에는 공통의 공차 기입틀의 위쪽에 "공통 공차역"이라고 기입한다(**그림** 22, **그림** 23).

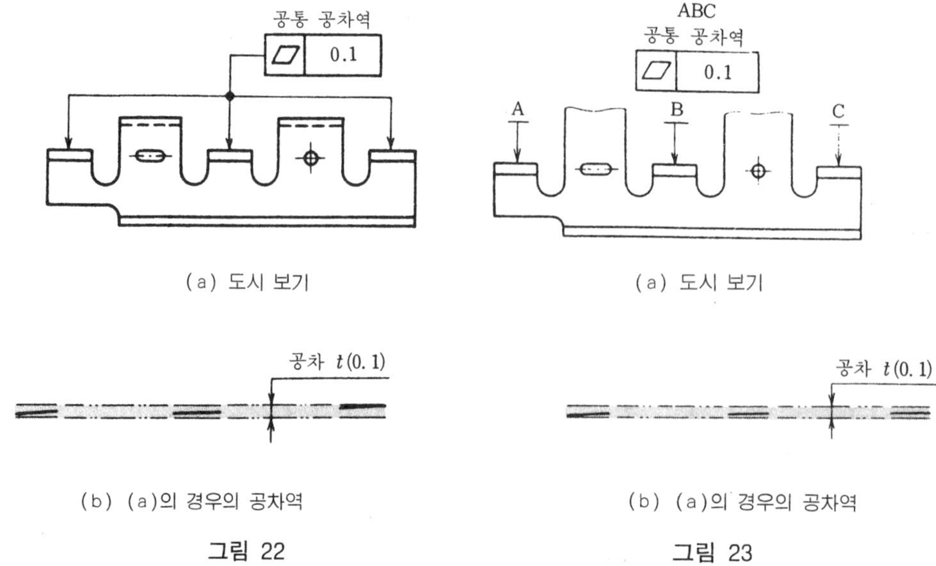

(a) 도시 보기 (a) 도시 보기

(b) (a)의 경우의 공차역 (b) (a)의 경우의 공차역

그림 22 그림 23

8. 데이텀의 도시 방법

8.1 형체에 지정하는 공차가 데이텀과 관련되는 경우에는 데이텀은 원칙적으로 데이텀을 지시하는 문자 기호에 의하여 나타낸다. 데이텀은 영어의 대문자를 정사각형으로 둘러싸고, 이것과 데이텀이라는 것을 나타내는 데이텀 삼각 기호를 지시선을 사용하여 연결해서 나타낸다. 데이텀 삼각 기호는 빈틈없이 칠해도 좋고, 칠하지 않아도 좋다(**그림** 24, **그림** 25).

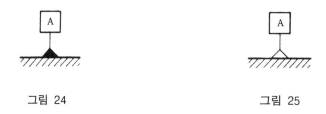

그림 24 그림 25

8.2 데이텀을 지시하는 문자에 의한 데이텀의 표시 방법은 다음에 따른다.

(1) 선 또는 면 자체가 데이텀 형체인 경우에는 형체의 외형선 위 또는 외형선을 연장한 가는선 위에(치수선의 위치를 명확히 피해서) 데이텀 삼각 기호를 붙인다(**그림** 26).

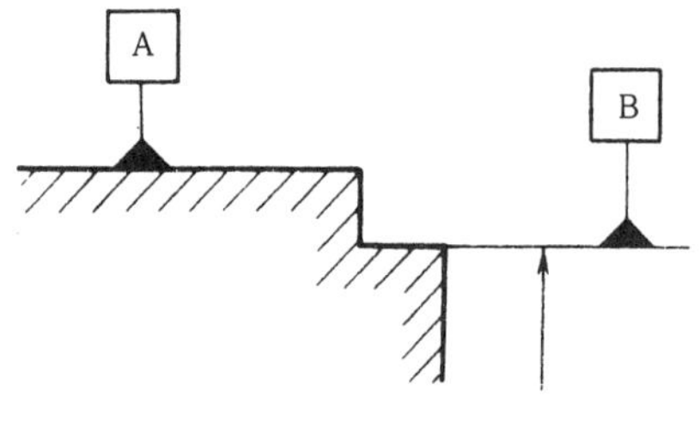

그림 26

(2) 치수가 지정되어 있는 형체의 축직선 또는 중심 평면이 데이텀인 경우에는 치수선의 연장선을 데이텀의 지시선으로서 사용하여 나타낸다[**그림** 27(a), (b), **그림** 28].

<비고> 치수선의 화살표를 치수 보조선 또는 외형선의 바깥쪽으로부터 기입한 경우에는 그 한쪽을 데이텀 삼각 기호로 대용한다(**그림** 28, **그림** 29).

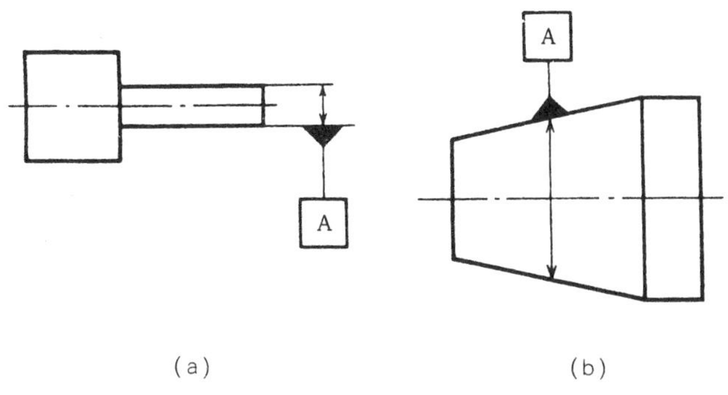

(a) (b)

그림 27

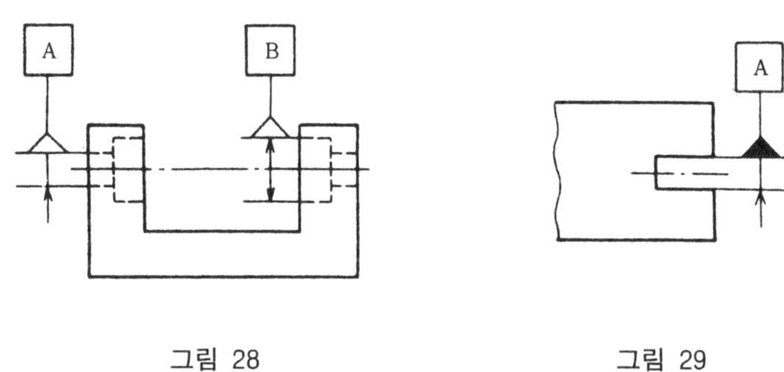

그림 28 그림 29

(3) 축직선 또는 중심 평면이 공통인 모든 형체의 축직선 또는 중심 평면 데이텀인 경우에는 축직선 또는 중심 평면을 나타내는 중심선에 데이텀 삼각 기호를 붙인다(**그림** 30, **그림** 31, **그림** 32).

<비고> 다른 형체가 3개 이상 연속하는 경우, 그 공통 축직선을 데이텀에 지정하는 것은 피하는 것이 좋다.

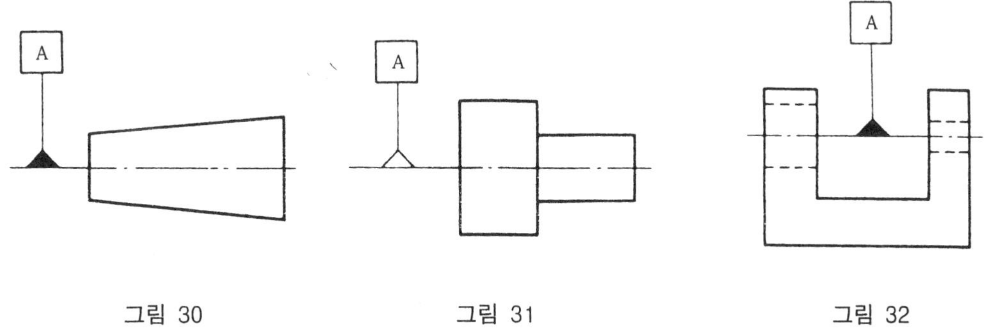

그림 30 그림 31 그림 32

(4) 잘못 볼 염려가 없는 경우에는 공차 기입틀과 데이텀 삼각 기호를 직접 지시선에 의하여 연결하므로써 데이텀을 지시하는 문자 기호를 생략할 수 있다(**그림** 33, **그림** 34).

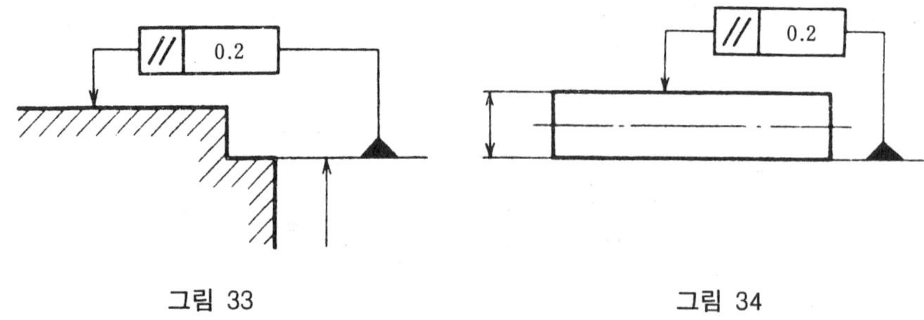

그림 33 그림 34

8.3 데이텀을 지시하는 문자 기호를 공차 기입틀에 기입할 때에는 다음에 따른다.

(1) 한 개의 형체에 의하여 설정하는 데이텀은 그 데이텀을 지시하는 한 개의 문자기호로 나타낸다(**그림** 35).

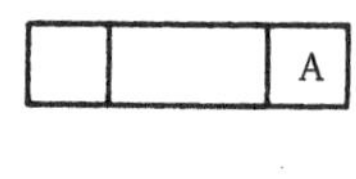

그림 35

(2) 두 개의 데이텀 형체에 의하여 설정하는 공통 데이텀은 데이텀을 지시하는 두 개의 문자 기호를 하이픈으로 연결한 기호로 나타낸다(**그림** 36).

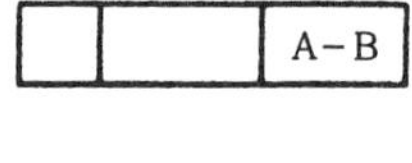

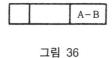

그림 36

(3) 두 개 이상의 데이텀이 있고, 그들 데이텀에 우선 순위를 지정할 때에는 우선 순위가 높은 순서로 왼쪽에서 오른쪽으로 데이텀을 지시하는 문자 기호를 각각 다른 구획에 기입한다(**그림** 37).

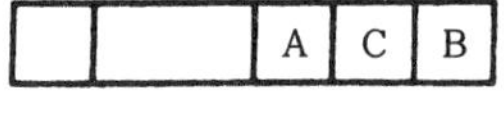

그림 37

(4) 두 개 이상의 데이텀이 있고 그들 데이텀의 우선 순위를 문제삼지 않을 때에는 데이텀을 지시하는 문자 기호를 같은 구획내에 나란히 기입한다(**그림** 38).

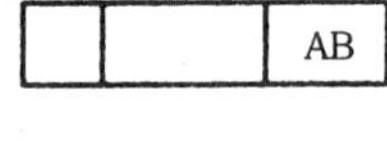

그림 38

9. 공차 적용의 한정

9.1 선 또는 면의 어느 한정된 범위에만 공차값을 적용하고 싶을 경우에는, 선 또는 면에 따라 그린 굵은 1점 쇄선으로 한정하는 범위를 나타내고([3]) 도시한다(**그림** 39).

주([3]) KS B 0001(기계 제도)의 4. 참조

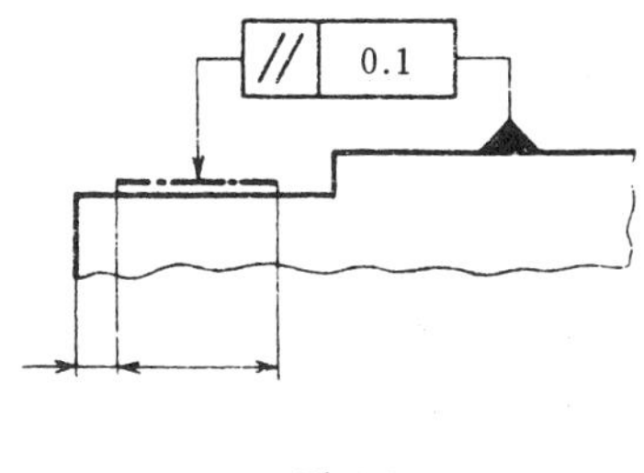

그림 39

9.2 대상으로 한 형체의 임의의 위치에서 특정한 길이마다에 대하여 공차를 지정하는 경우에는 공차값 뒤에 사선을 긋고 그 길이를 기입한다(**그림** 40).

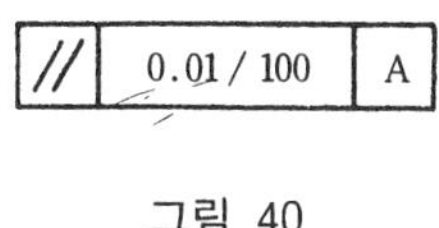

그림 40

9.3 대상으로 한 형체의 전체에 대한 공차값과 그 형체의 어느 길이마다에 대한 공차값을 동시에 지정할 때에는 전자를 위쪽에, 후자를 아래쪽에 기입하고, 상하를 가로선으로 구획짓는다(**그림** 41).

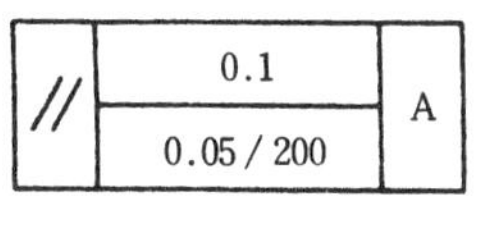

그림 41

9.4 공차역 내에서의 형체의 성질을 특별히 지시하고 싶을 때에는 공차 기입틀 근처에 요구사항을 기입하거나 또는 이것을 인출선으로 연결한다(**그림** 42, **그림** 43).

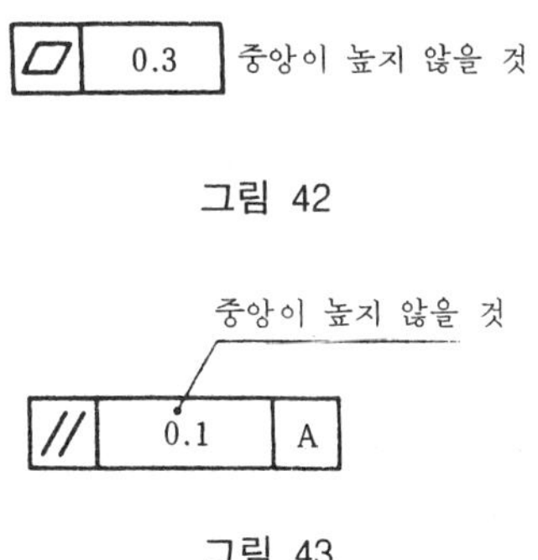

그림 42

그림 43

10. 이론적으로 정확한 치수의 도시 방법

위치도, 윤곽도 또는 경사도의 공차를 형체에 지정하는 경우에는 이론적으로 정확한 위치, 윤곽 또는 각도를 정하는 치수를 30과 같이 사각형 틀로 둘러싸서 나타낸다(**그림** 44, **그림** 45).

<비고> 이와 같은 사각형 틀 내에 나타내는 치수를 이론적으로 정확한 치수라 하고, 그 자체는 치수 허용차를 갖지 않는다.

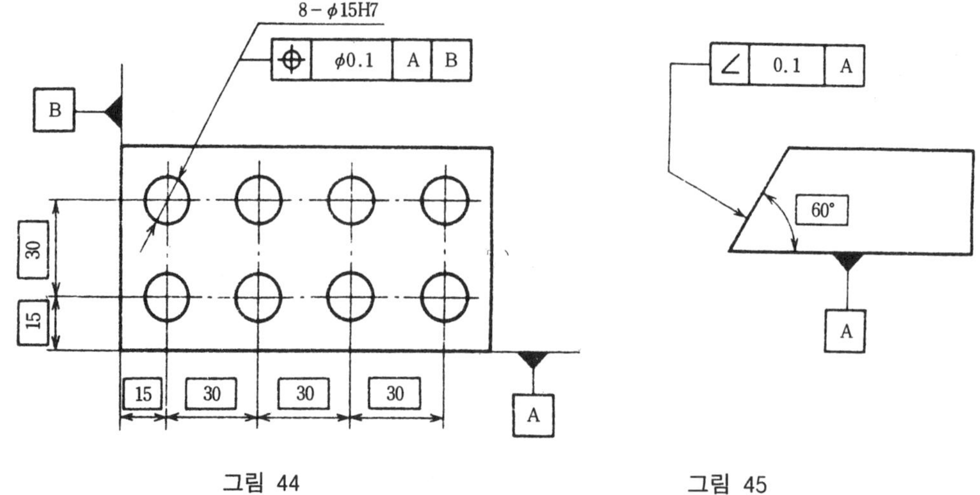

그림 44 그림 45

11. 돌출 공차역의 지시 방법

공차역을 그 형체 자체의 내부가 아니고, 그 외부에 지정하고 싶을 경우에는 그 돌출부를 가는 2점 쇄선으로 표시하고, 그 치수 숫자 앞 및 공차값 뒤에 기호 Ⓟ를 기입한다(**그림 46**).

<비고> 이와 같은 지시에 의하여 정해지는 공차역을 돌출 공차역이라 하며, 이것은 자세 공차 및 위치 공차에 적용할 수 있다.

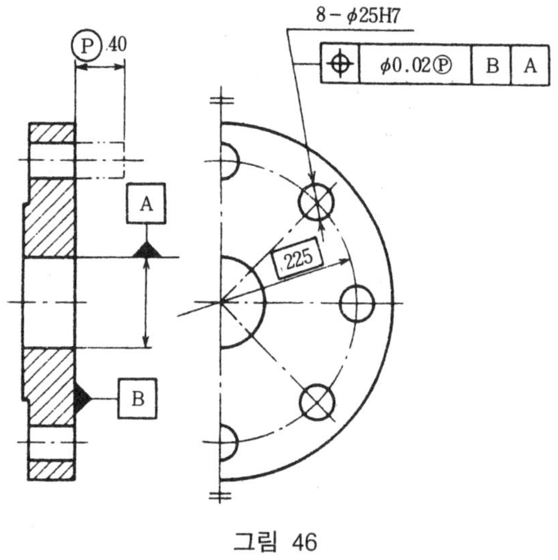

그림 46

12. 최대 실체 공차 방식의 적용을 지시하는 방법

12.1 최대 실체 공차방식을 적용하는 것을 지시하기 위하여는 최대 실체 공차 방식을 공차의 대상으로 된 형체, 데이텀 형체 또는 그 양자에 적용하는가에 따라 기호 Ⓜ을 사용하여 각각 다음과 같이 나타낸다.

(1) 공차붙이 형체에 적용하는 경우에는 공차값 뒤에 Ⓜ을 기입한다(**그림 47**).

(2) 데이텀 형체에 적용하는 경우에는 데이텀을 나타내는 문자 기호 뒤에 Ⓜ을 기입한다(**그림 48**).

(3) 공차붙이 형체와 그 데이텀 형체의 양자에 적용하는 경우에는 공차값 뒤와 데이텀을 나

타내는 문자 기호 뒤에 Ⓜ을 기입한다(**그림** 49).

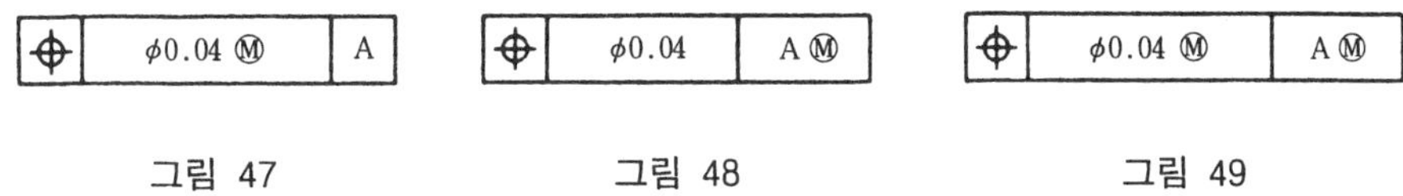

그림 47　　**그림** 48　　**그림** 49

12.2 데이텀이 데이텀을 지시하는 문자 기호에 의하여 표시되어 있지 않은 경우에 최대 실체 공차 방식을 적용하는 것을 지시하기 위하여는 공차 기입틀의 세 번째의 구획에 기호 Ⓜ을 기입한다(**그림** 50, **그림** 51).

<비고> 최대 실체 공차방식의 적용에 대하여는 KS B 0242(최대 실체 공차 방식)에 따른다.

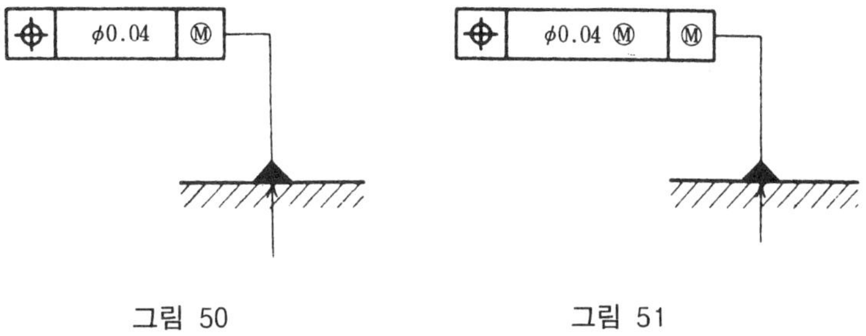

그림 50　　**그림** 51

13. 공차역의 정의, 도시 보기와 그 해석

기하 공차의 공차역의 정의, 도시 보기 및 그 해석을 부표에 나타낸다.

<비고> 1. 부표는 기하 공차의 공차역의 정의를 나타냄과 동시에 대표적인 도시 보기와 그 해석을 설명도와 함께 도시하였다. 또한, 설명도에서는 그 공차가 취급하고 있는 편차에 대해서만 나타낸다.

2. 한 방향만의 선 또는 축선의 진직도의 공차역은 설명도에서는 다음의 어느 한 가지에 의하여 나타낸다.

(1) 공차 t 만큼 떨어진 2개의 평행 평면에 의함(**그림** 52).

(2) 공차 t 만큼 떨어진 2개의 평행 직선에 의함(**그림** 53).

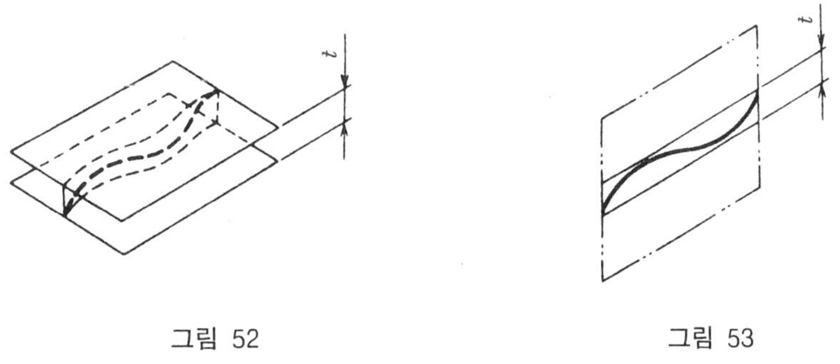

그림 52　　**그림** 53

그림 52는 3차원 도시 방법이며, **그림** 53은 그것을 평면에 투상한 그림이다. 이 두 개의 표현 방법에는 그 뜻을 나타내는데 다음이 없다. 이 부표의 공차역의 설명도에서는 되도록 그 설명의 뜻을 이해하기 쉬운 그림이 선택되어 있다.

3. **부표**중의 도시 보기에서 치수선에 ϕ를 붙인 것은 원 또는 원통이라는 것을 표시한다.

부 표 기하 공차의 공차역의 정의 및 도시 보기와 그 해석

공차역의 정의란에서 사용하고 있는 선은 다음의 뜻을 나타내고 있다.

굵은 실선 또는 파선 : 형체	가는 1점 쇄선 : 중심선
굵은 1점 쇄선 : 데이텀	가는 2점 쇄선 : 보충하는 투상면 또는 절단면
가는 실선 또는 파선 : 공차역	굵은 2점 쇄선 : 보충하는 투상면 또는 절단면에의 형체의 투상

공차역의 정의	도시보기와 그 해석
1. 진직도 공차	
1.1 선의 진직도 공차	
공차역은, 한 개의 평면에 투상되었을 때에는, t 만큼 떨어진 두 개의 평행한 직선 사이에 끼인 영역이다. 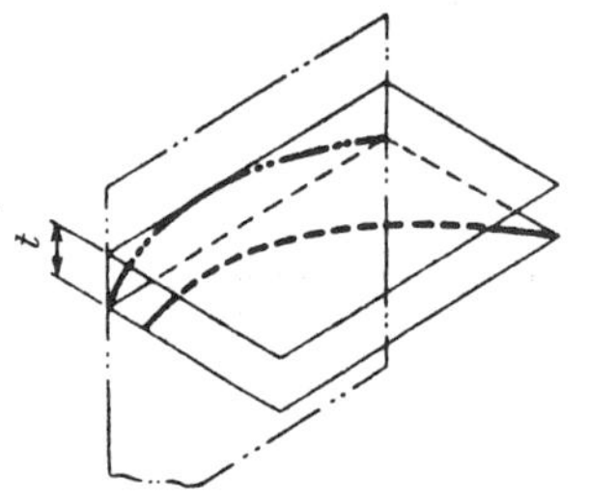 	지시선의 화살표로 나타낸 직선은, 화살표 방향으로 0.1mm만큼 떨어진 두 개의 평행한 평면 사이에 있어야 한다. 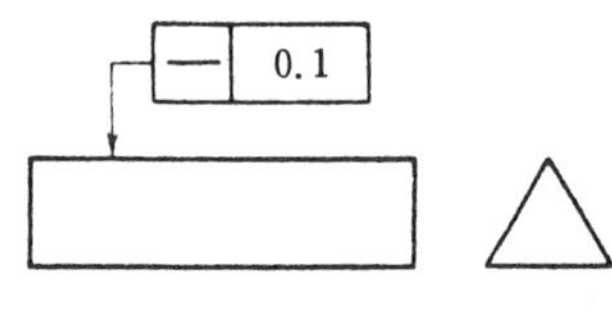
1.2 표면의 요소로서의 선의 진직도 공차	
공차역은, 지정된 방향의 절단면 내에서 t 만큼 떨어진 두 개의 평행한 직선 사이에 끼인 영역이다. 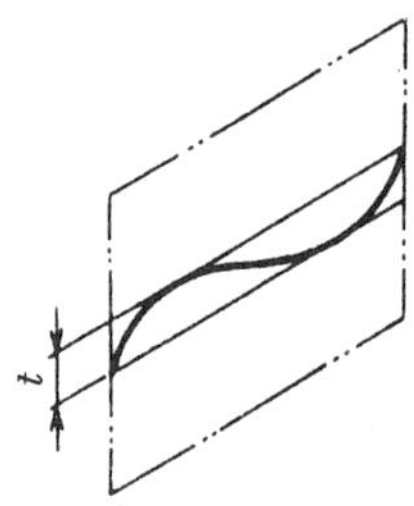 특히 대칭물의 형체에 대해서는, 그 축선을 포함하는 평면 위에 있어서의 것이다. 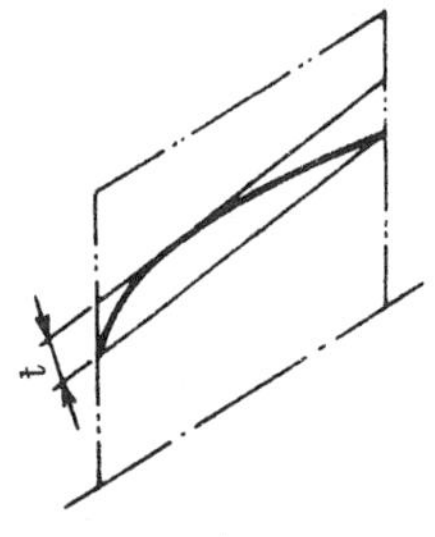 	지시선의 화살표로 나타낸 면을, 공차 기입틀을 표시한 도형의 투상면에 평행한 임의의 평면으로 절단했을 때, 그 절단면에 나타난 선이, 화살표 방향으로 0.1mm 만큼 떨어진 두 개의 평행한 직선 사이에 있어야 한다. 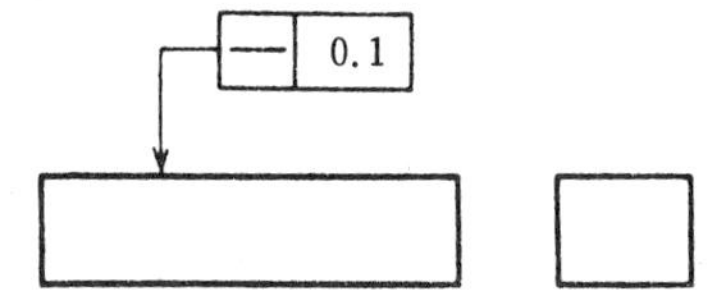 지시선의 화살표로 나타내는 원통면 위의 임의의 모선은, 그 원통의 축선을 포함하는 평면내에 있어서 0.1mm 만큼 떨어진 두 개의 평행한 직선 사이에 있어야 한다. 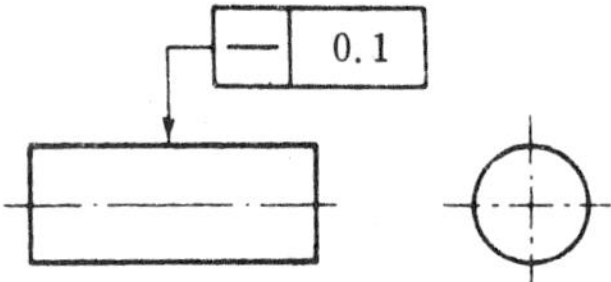 지시선의 화살표로 나타내는 원통면의 임의의 모선 위에서 임의로 선택한 길이 200mm의 부분은 축선을 포함하는 평면내에 있어서 0.1mm만큼 떨어진 두 개의 평행한 직선 사이에 있어야 한다. 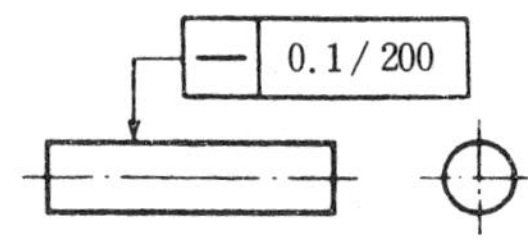

부 표 (계속)

공차역의 정의	도시보기와 그 해석
1. 진직도 공차(계속)	
1.3 축선의 진직도 공차	
공차역의 지정이 서로 직각인 두 방향에서 실시되고 있는 경우에는, 이 공차역은 단면 $t_1 \times t_2$ 의 직육면체안의 영역이다. 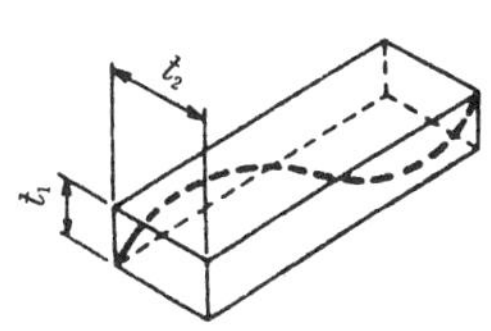 공차역을 표시하는 수치 앞에 기호 ϕ가 붙어있는 경우에는 이 공차역은 지름 t 의 원통안의 영역이다. 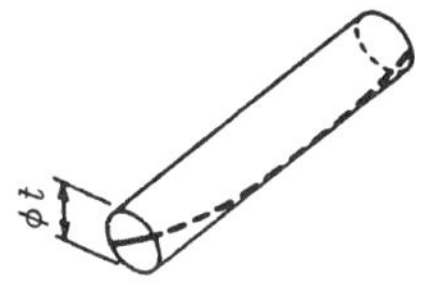	이 각봉의 축선은, 지시선의 화살표로 나타내는 방향으로 각각 0.1mm 및 0.2mm의 나비를 갖는 직육면체 내에 있어야 한다. 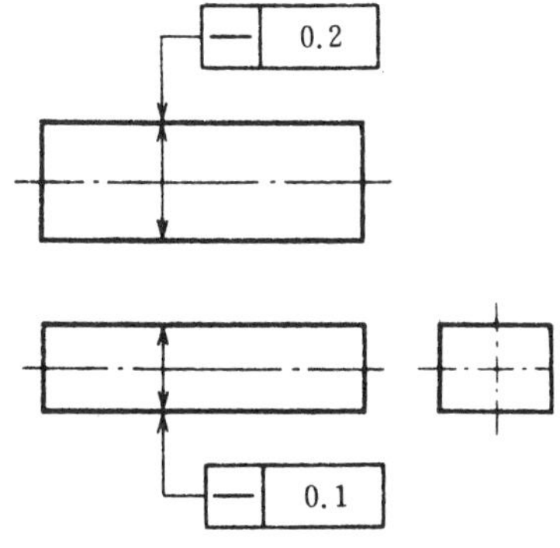 원통의 지름을 나타내는 치수에 공차 기입틀이 연결되어 있는 경우에는 그 원통의 축선의 지름 0.08mm의 원통 내에 있어야 한다. 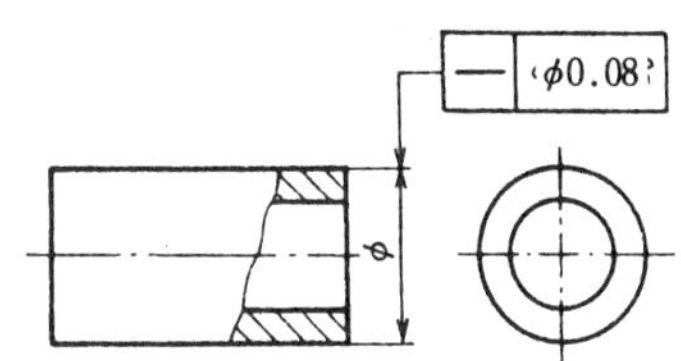
2. 평면도 공차	
공차역은 t 만큼 떨어진 두 개의 평행한 평면 사이에 끼인 영역이다. 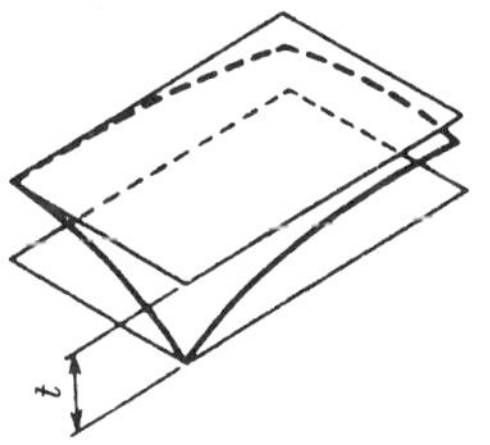	이 표면은 0.08mm만큼 떨어진 두 개의 평행한 평면 사이에 있어야 한다. 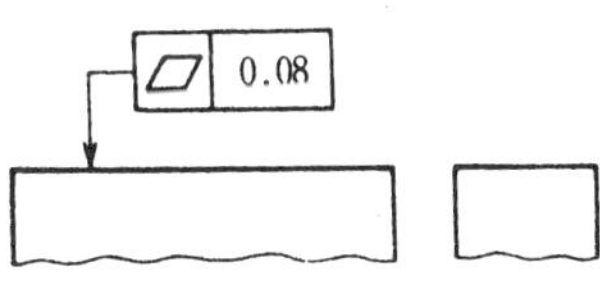
3. 진원도 공차	
대상으로 하고 있는 평면 내에서의 공차역은 t 만큼 떨어진 두 개의 동심원 사이의 영역이다. 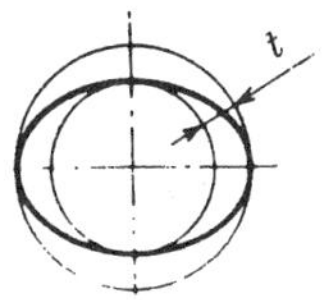	바깥지름면의 임의의 축직각 단면에 있어서의 바깥둘레는, 동일 평면 위에서 0.03mm만큼 떨어진 두 개의 동심원 사이에 있어야 한다. 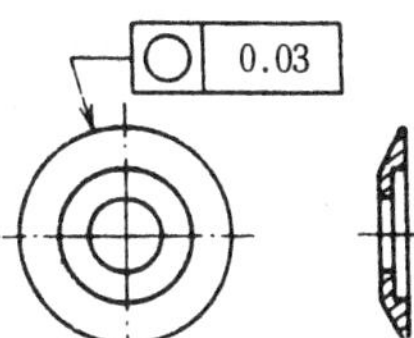

부 표 (계속)

공차역의 정의	도시보기와 그 해석
3. 진원도 공차(계속)	
	임의의 축직각 단면에 있어서의 바깥 둘레는 동일 평면위에서 0.1mm만큼 떨어진 두 개의 동심원 사이에 있어야 한다. 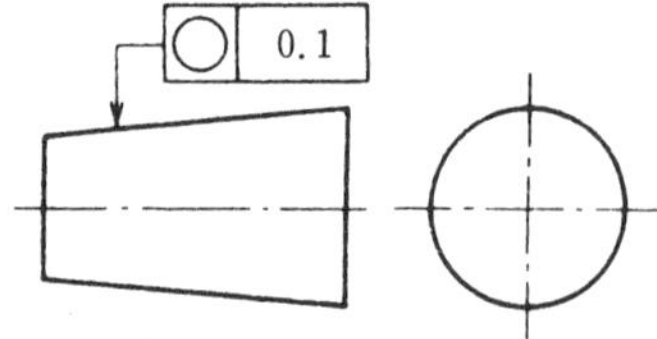
4. 원통도 공차	
공차역은 t만큼 떨어진 두 개의 동축원통면 사이의 영역이다. 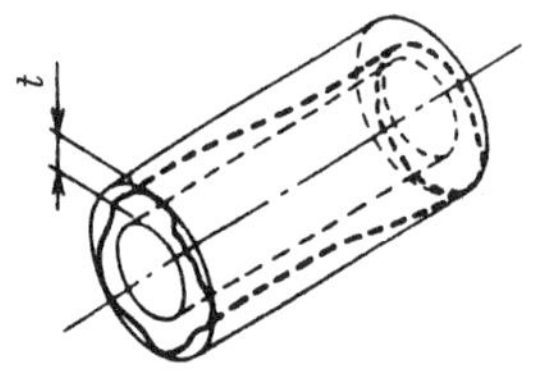 	대상으로 하고 있는 면은, 0.1mm만큼 떨어진 두 개의 동축원통면 사이에 있어야 한다. 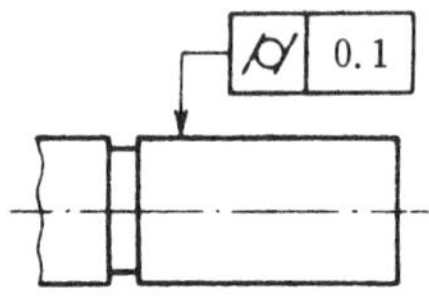
5. 선의 윤곽도 공차	
5.1 단독 형체의 선의 윤곽도 공차	
공차역은, 이론적으로 정확한 윤곽선 위에 중심을 두는 지름 t 의 원이 만드는 두 개의 포락선 사이에 끼인 영역이다.  	투상면에 평행한 임의의 단면에서 대상으로 하고 있는 윤곽은, 이론적으로 정확한 윤곽을 갖는 선 위에 중심을 두는 지름 0.04mm의 원이 만드는 두 개의 포락선 사이에 있어야 한다. 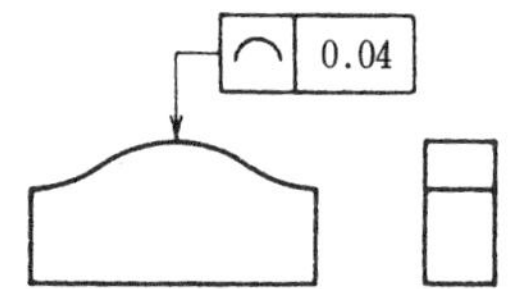
5.2 관련 형체의 선의 윤곽도 공차	
공차역은 데이텀에 관련하여 이론적으로 정확한 윤곽선 위에 중심을 두는 지름 t 의 원이 만드는 두 개의 포락선 사이에 끼인 영역이다. 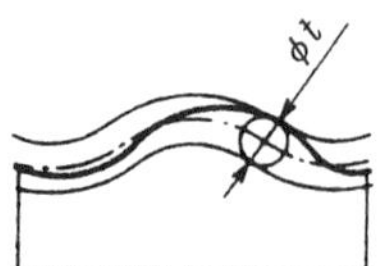 	투상면에 평행한 임의의 단면에서 대상으로 하고 있는 윤곽은, 데이텀 평면 A에 관련하여 이론적으로 정확한 윤곽을 갖는 선 위에 중심을 두는 지름 0.04mm의 원이 만드는 두 개의 포락선 사이에 있어야 한다. 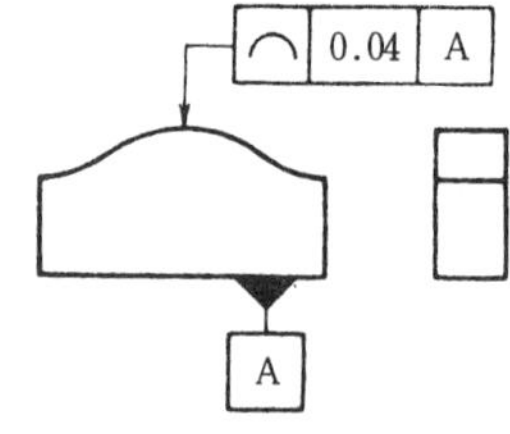

부 표 (계속)

공차역의 정의	도시보기와 그 해석
6. 면의 윤곽도 공차	
6.1 단독 형체의 면의 윤곽도 공차	
공차역은 이론적으로 정확한 윤곽면 위에 중심을 두는 지름 t의 구가 만드는 두 개의 포락면 사이에 끼인 영역이다. 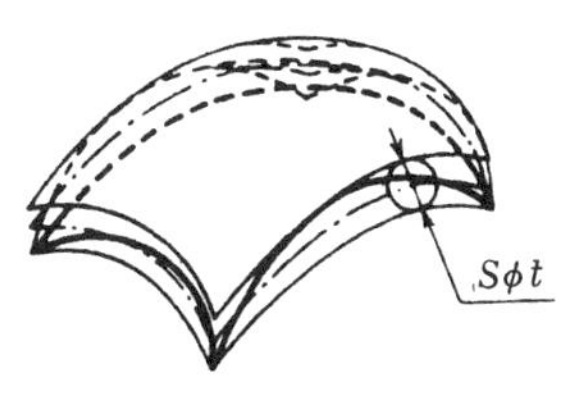 	대상으로 하고 있는 면은, 이론적으로 정확한 윤곽을 갖는 면 위에 중심을 두는 지름 0.02mm의 구가 만드는 두 개의 포락면 사이에 있어야 한다. 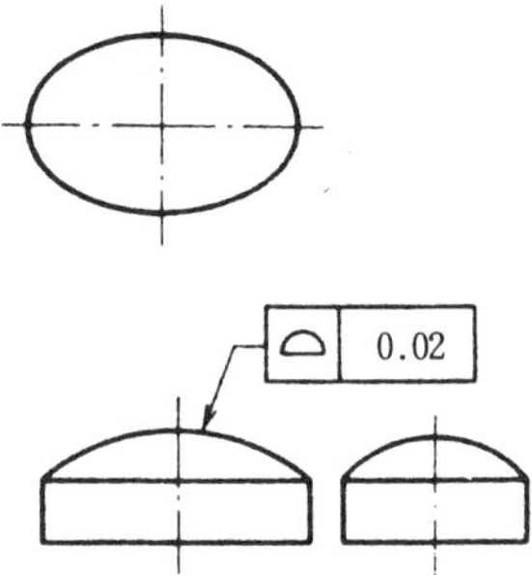
6.2 관련 형체의 면의 윤곽도 공차	
공차역은 데이텀에 관련하여 이론적으로 저확한 윤곽면 위에 중심을 두는 지름 t의 구가 만드는 두 개의 포락면 사이에 끼인 영역이다. 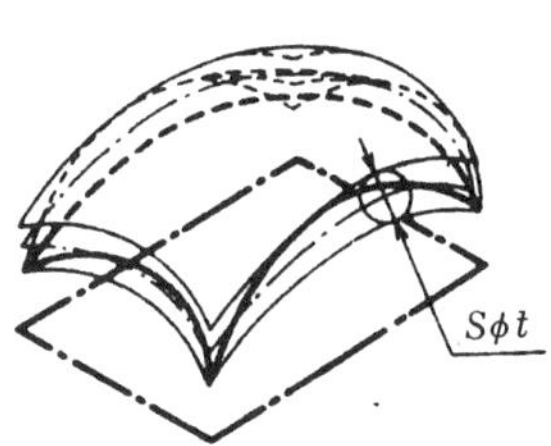 	대상으로 하고 있는 면은, 데이텀 A에 관련하여 이론적으로 정확한 윤곽을 갖는 면 위에 중심을 두는 지름 0.02mm의 구가 만드는 두 개의 포락면 사이에 있어야 한다. 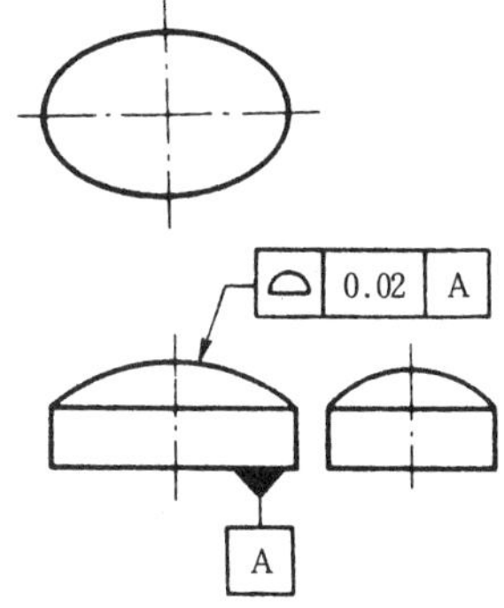
7. 평행도 공차	
7.1 데이텀 직선에 대한 선의 평행도 공차	
공차역은, 한 개의 평면에 투상되었을 때에는 데이텀 직선에 평행하고 t만큼 떨어진 두 개의 평행한 직선 사이에 끼인 영역이다. 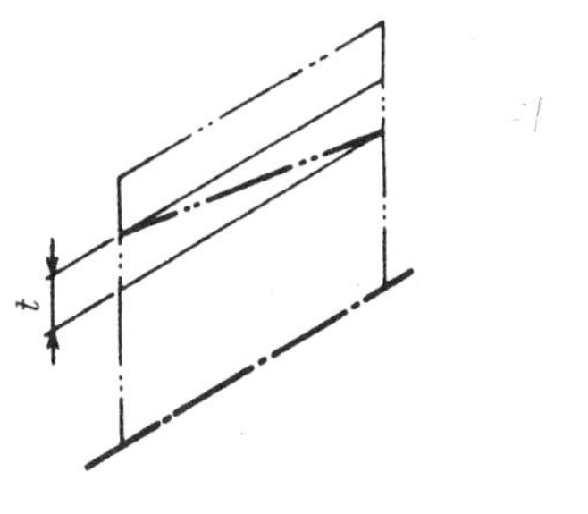 	지시선의 화살표로 나타내는 축선은, 데이텀 축직선 A에 평행하고 또한, 지시선의 화살표 방향(수직한 방향)에 있는 0.1mm만큼 떨어진 두 개의 평면 사이에 있어야 한다. 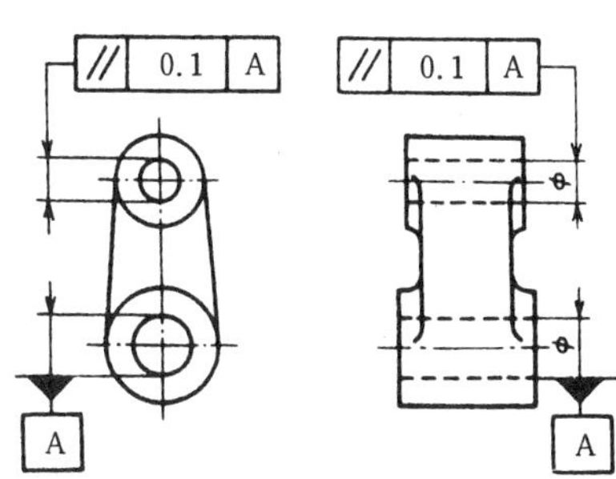

부 표 (계속)

공차역의 정의	도시보기와 그 해석

7. 평행도 공차(계속)

7.1 데이텀 직선에 대한 선의 평행도 공차

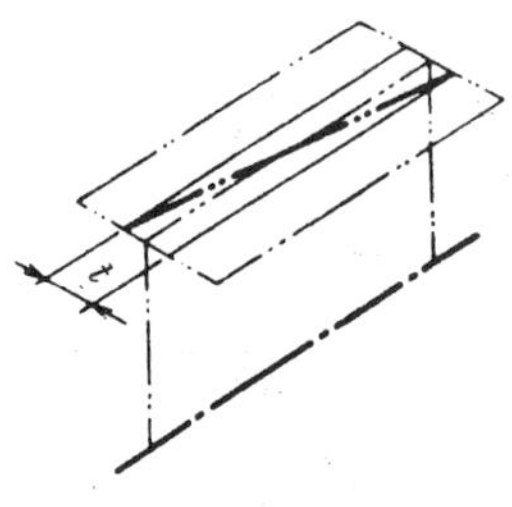

지시선의 화살표로 나타내는 축선은, 데이텀 축직선 A에 평행하고 또한, 지시선의 화살표 방향(수평한 방향)에 있는 0.1mm만큼 떨어진 두 개의 평면 사이에 있어야 한다.

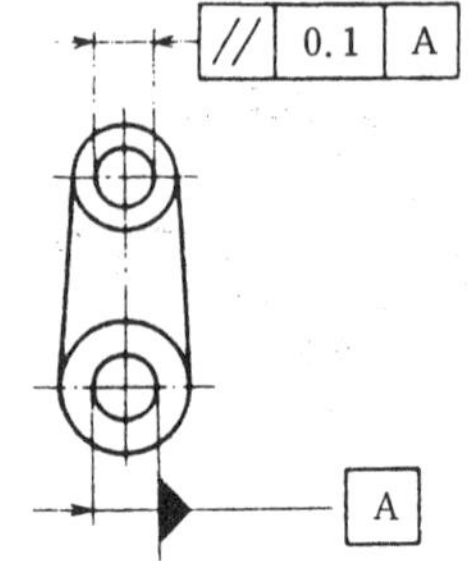

공차의 지정이 서로 직각인 두 개의 평면에 실시되고 있는 경우에는 이 공차역은 단면이 $t_1 \times t_2$이고, 데이텀 직선에 평행한 직육면체 안의 영역이다.

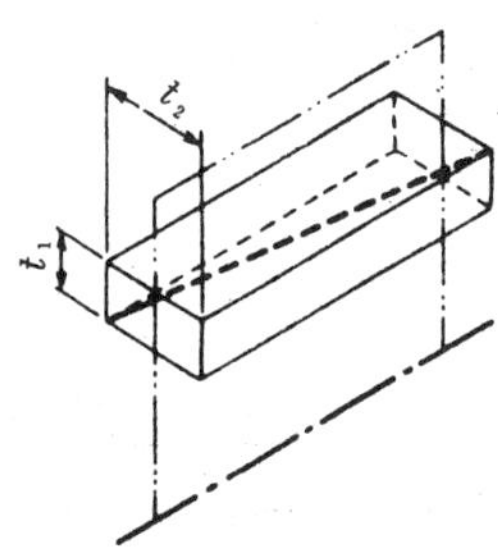

지시선의 화살표로 나타내는 축선은 각각의 지시선의 화살표 방향, 즉 수평방향으로 0.2mm, 수직방향으로 0.1mm의 나비를 갖고 데이텀 축직선 A에 평행한 직육면체 내에 있어야 한다.

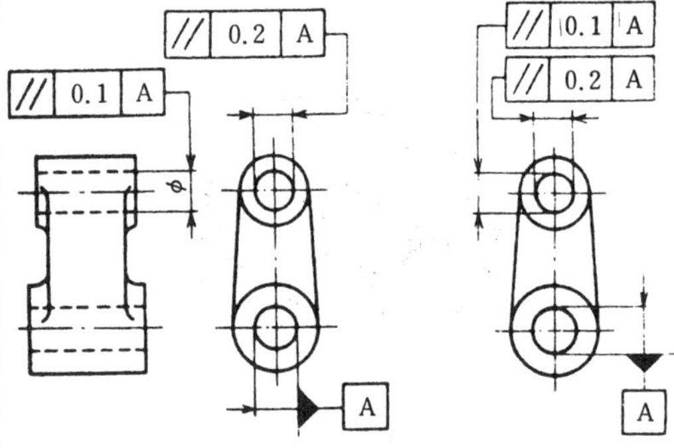

공차를 나타내는 수치 앞에 기호 ϕ가 붙어 있는 경우에는 이 공차역은 데이텀 직선에 평행한 지름 t의 원통 안의 영역이다.

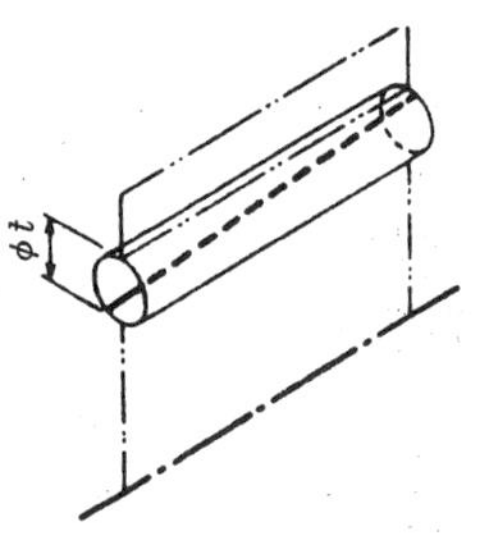

지시선의 화살표로 나타내는 축선은 데이텀 축직선 A에 평행한 지름 0.03mm의 원통내에 있어야 한다.

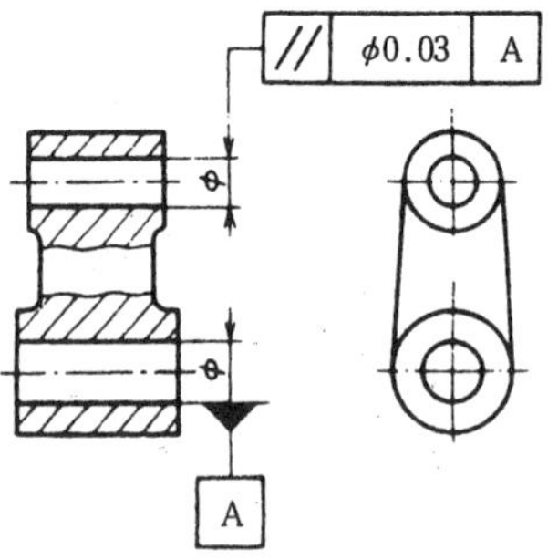

부 표 (계속)

공차역의 정의	도시보기와 그 해석
7. 평행도 공차(계속)	
7.2 데이텀 평면에 대한 선의 평행도 공차	
공차역은 데이텀 평면에 평행하고 서로 t 만큼 떨어진 두 개의 평행한 평면 사이에 끼인 영역이다. 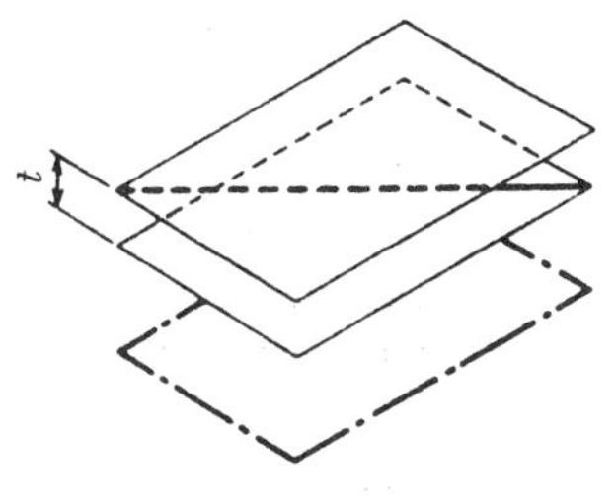 	지시선의 화살표로 나타내는 축선은 데이텀 평면 B에 평행하고 또한, 지시선의 화살표 방향으로 0.01mm만큼 떨어진 두 개의 평면 사이에 있어야 한다. 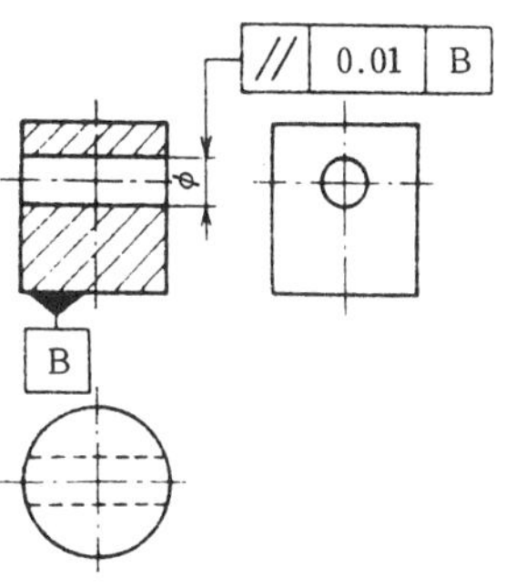
7.3 데이텀 직선에 대한 면의 평행도 공차	
공차역은 데이텀 직선에 평행하고 t 만큼 떨어진 두 개의 평행한 평면 사이에 끼인 영역이다. 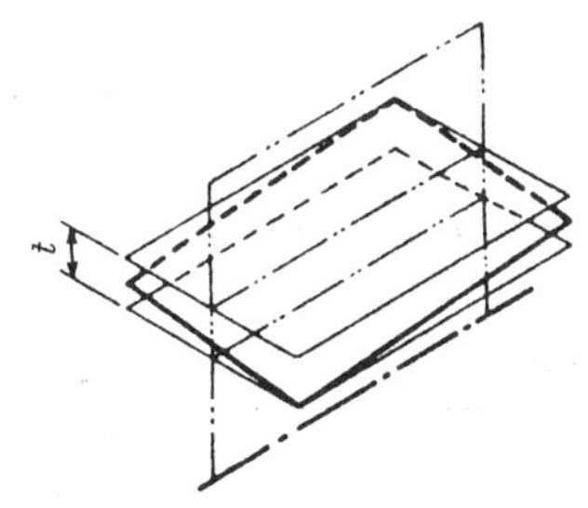 	지시선의 화살표로 나타내는 면은 데이텀 축직선 C에 평행하고 또한, 지시선의 퐈사표 방향으로 0.1mm만큼 떨어진 두 개의 평면 사이에 있어야 한다. 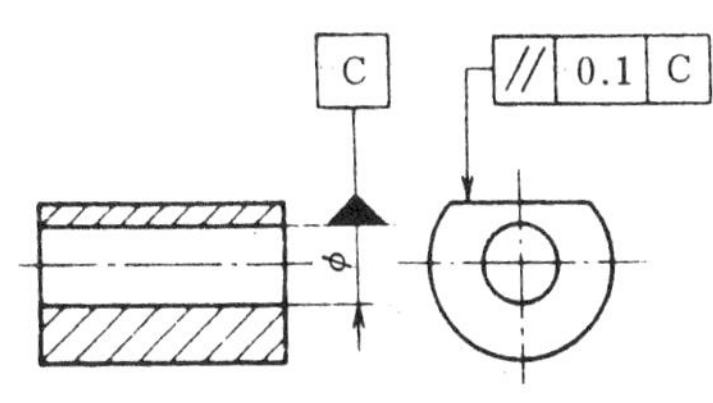
7.4 데이텀 평면에 대한 면의 평행도 공차	
공차역은 데이텀 평면에 평행하고 t 만큼 떨어진 두 개의 평행한 평면 사이에 끼인 영역이다. 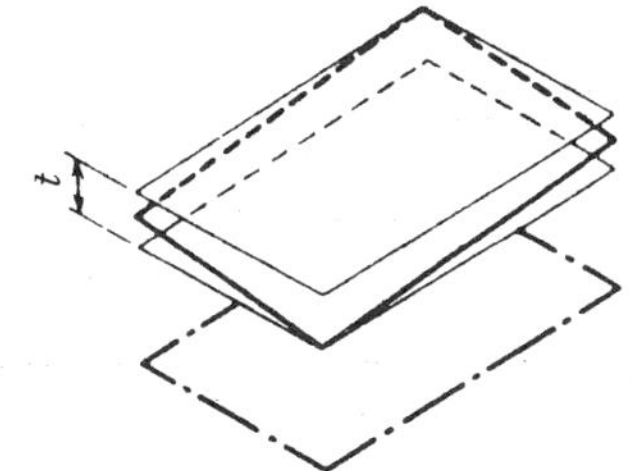 	지시선의 화살표로 나타내는 면은 데이텀 평면 A에 평행하고 또한, 지시선의 화살표 방향으로 0.01mm만큼 떨어진 두 개의 평면 사이에 있어야 한다. 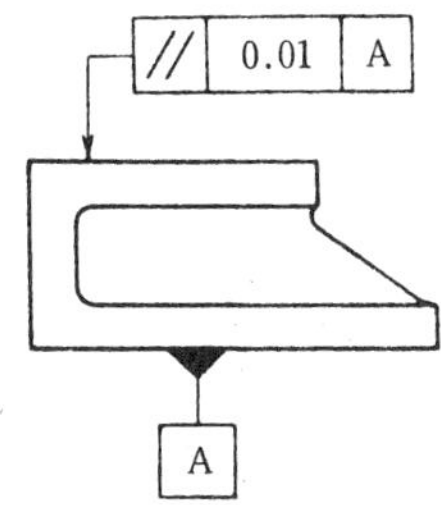

부 표 (계속)

공차역의 정의	도시보기와 그 해석
7. 평행도 공차(계속)	
7.4 데이터 평면에 대한 면의 평행도 공차(계속)	
	지시선의 화살표로 나타내는 면위에서 임의로 선택한 길이 100mm위의 모든 점은 데이텀 평면 A에 평행하고 또한, 지시선의 화살표 방향으로 0.01mm만큼 떨어진 두 개의 평면 사이에 있어야 한다. 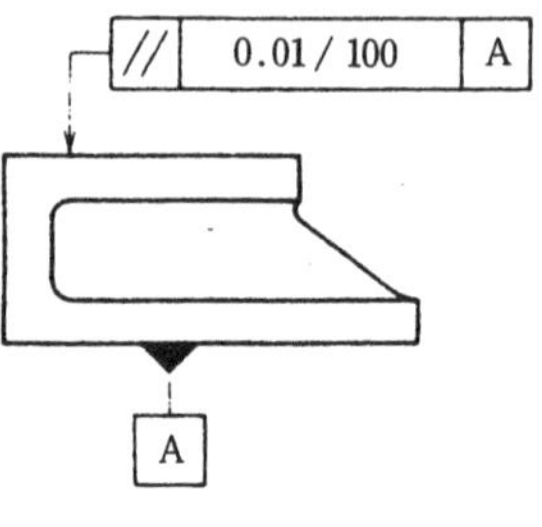
8. 직각도 공차	
8.1 데이텀 직선에 대한 선의 직각도 공차	
공차역은 한 평면에 투상되었을 때에는 데이텀 직선에 수직하고 t 만큼 떨어진 두 개의 평행한 직선 사이에 끼인 영역이다. 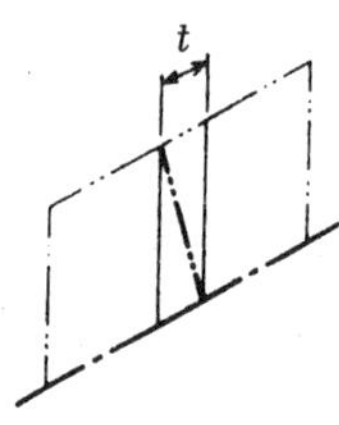	지시선의 화살표로 나타내는 경사진 구멍의 축선은, 데이텀 축직선 A에 수직하고 또한, 지시선의 화살표 방향으로 0.06mm만큼 떨어진 두 개의 평행한 평면 사이에 있어야 한다. 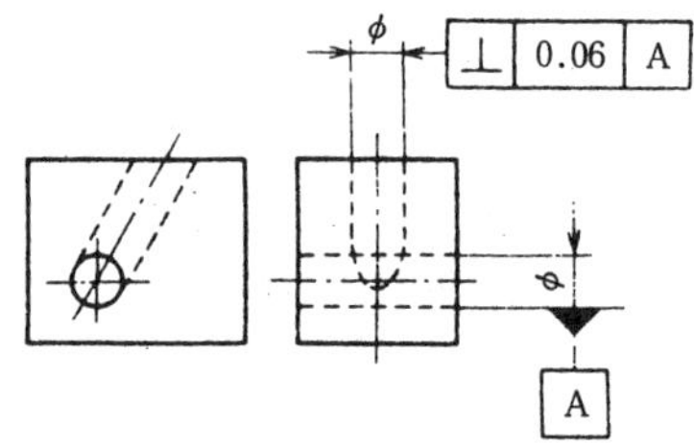
8.2 데이텀 평면에 대한 선의 직각도 공차	
공차의 지정이 한 방향에만 실시되어 이는 경우에는, 한 평면에 투상된 공차역은 데이텀 평면에 수직하고 t 만큼 떨어진 두 개의 평행한 직선 사이에 끼인 영역이다. 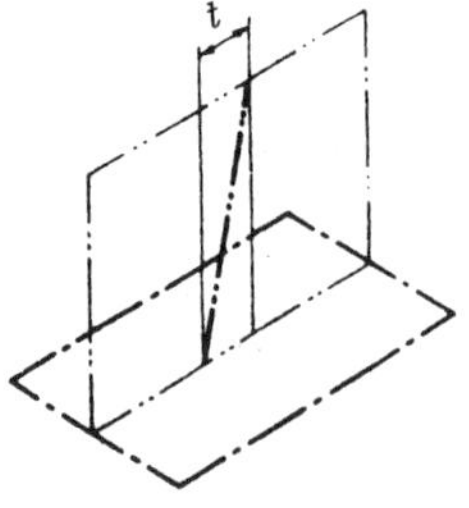	지시선의 화살표로 나타내는 원통의 축선은 데이텀 평면에 수직하고 또한, 지시선의 화살표 방향으로 0.2mm만큼 떨어진 두 개의 평행한 평면 사이에 있어야 한다. 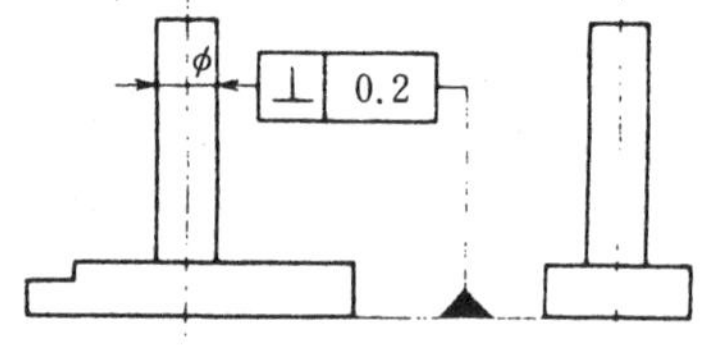

부 표 (계속)

공차역의 정의	도시보기와 그 해석
8. 직각도 공차(계속)	
8.2 데이텀 평면에 대한 선의 직각도 공차(계속)	
공차의 지정이 서로 직각인 두 방향으로 실시되어 있는 경우에는, 이 공차역은 단면이 $t_1 \times t_2$ 이고 데이텀 평면에 수직한 직육면체 안의 영역이다. 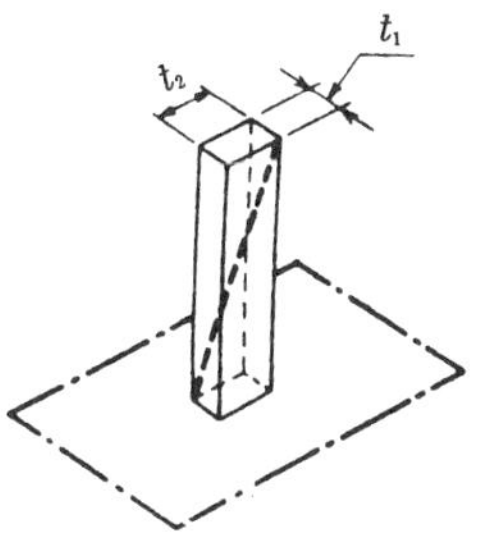	지시선의 화살표로 나타내는 원통의 축선은, 각각의 지시선의 화살표 방향으로 각각 0.2mm, 0.1mm의 나비를 갖고 데이텀 평면에 수직한 직육면체 내에 있어야 한다. 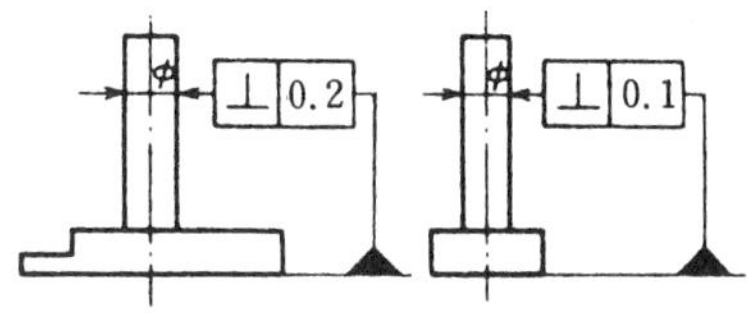
공차를 나타내는 수치앞에 기호 ϕ가 붙어 있는 경우에는, 이 공차역은 데이텀 평면에 수직한 지름 t의 원통안의 영역이다. 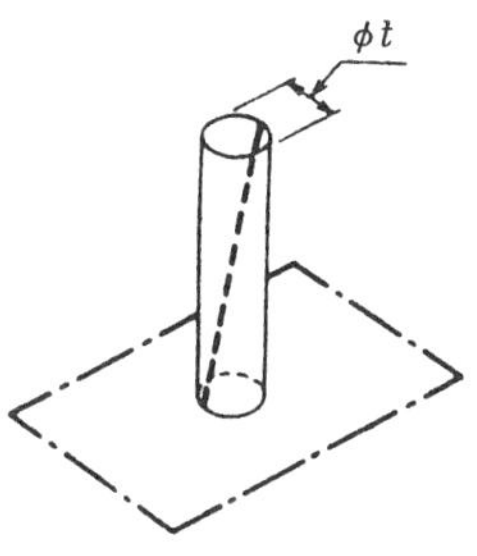	지시선의 화살표로 나타내는 원통의 축선은 데이텀 평면 A에 수직한 지름 0.01mm의 원통 내에 있어야 한다. 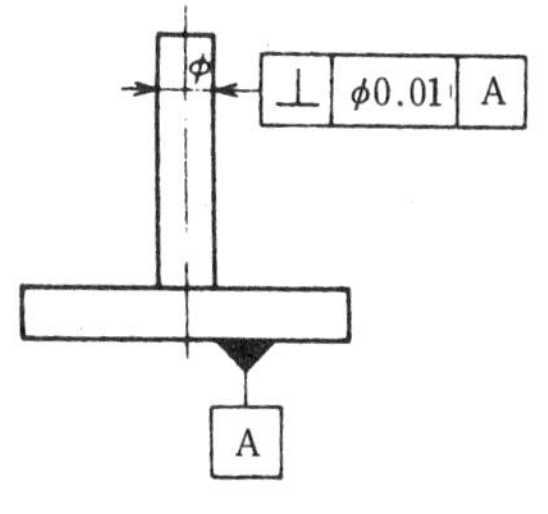
8.3 데이텀 직선에 대한 면의 직각도 공차	
공차역은 데이텀 직선에 수직하고 t 만큼 떨어진 두 개의 평행한 평면 사이에 끼인 영역이다. 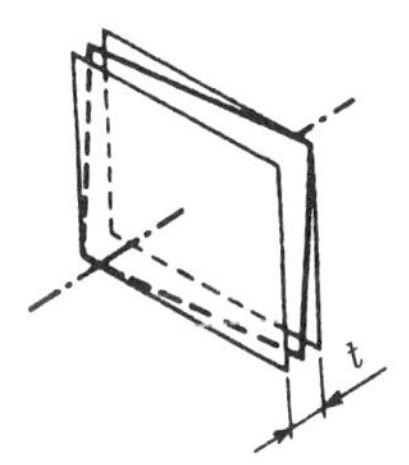	지시선의 화살표로 나타내는 면은 데이텀 축직선 A에 수직하고 또한, 지시선의 화살표 방향으로 0.08mm만큼 떨어진 두 개의 평행한 평면 사이에 있어야 한다. 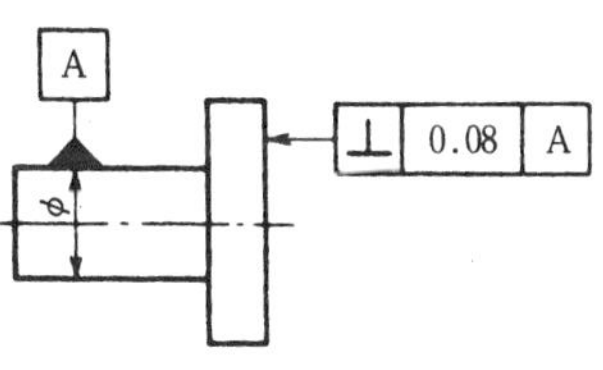
8.4 데이텀 평면에 대한 면의 직각도 공차	
공차역은 데이텀 평면에 수직하고 t 만큼 떨어진 두 개의 평행한 평면 사이에 끼인 영역이다. 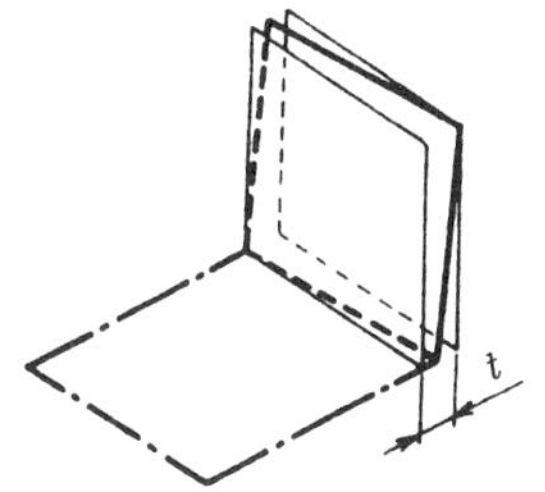	지시선의 화살표로 나타내는 면은, 데이텀 평면 A에 수직하고 또한, 지시선의 화살표 방향으로 0.08mm만큼 떨어진 두 개의 평행한 평면 사이에 있어야 한다. 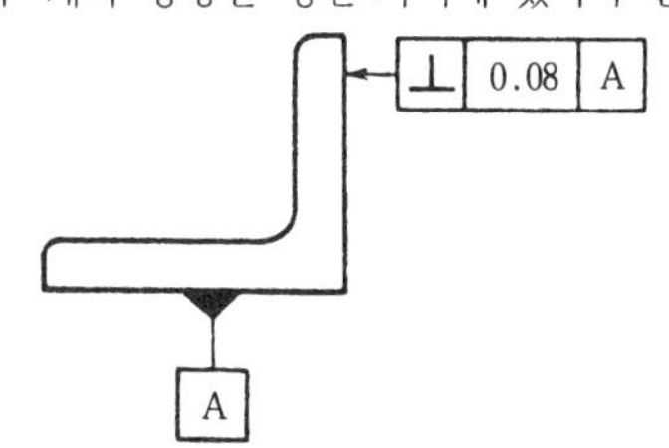

부 표 (계속)

공차역의 정의	도시보기와 그 해석
9. 경사도 공차	
9.1 데이텀 직선에 대한 선의 경사도 공차	
(a) 동일 평면내의 선과 데이텀 직선 한 평면에 투상되었을 때의 공차역은 데이텀 직선에 대하여 지정된 각도로 기울고, t 만큼 떨어진 두 개의 평행한 직선 사이에 끼인 영역이다. 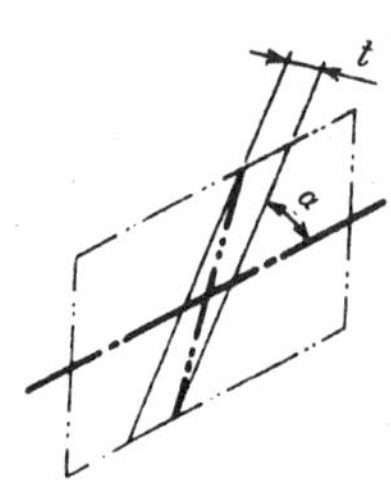 	지시선의 화살표로 나타낸 구멍의 축선은, 데이텀 축직선 A−B에 대하여 이론적으로 정확하게 60° 기울고, 지시선의 화살표 방향으로 0.08mm만큼 떨어진 두 개의 평행한 평면 사이에 있어야 한다. 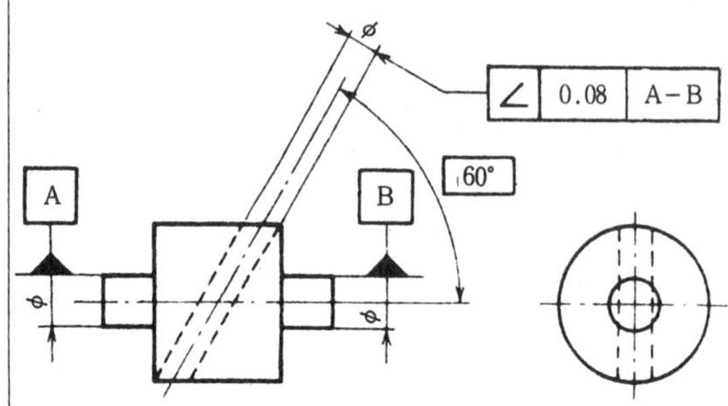
(b) 동일 평면내에 있지 않는 선과 데이텀 직선 대상으로 하고 있는 선과 데이텀 직선이 동일 평면 위에 있지 않는 경우에는, 이 공차역은 데이텀 직선을 포함하고 대상으로 하고 있는 선을 투상했을 때, 데이텀 직선에 대하여 지정된 각도로 기울고, t 만큼 떨어진 두 개의 평행한 직선사이에 끼인 영역이다. 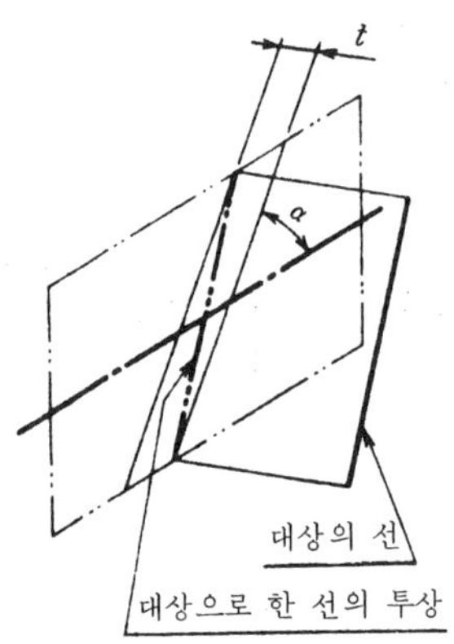 	데이텀 축직선 A−B를 포함하고 지시선의 화살표로 나타낸 구멍의 축선에 평행한 평면에의 구멍의 축선의 투상은, 데이텀 축직선 A−B에 대하여 이론적으로 정확하게 60° 기울고, 지시선의 화살표 방향으로 0.08mm만큼 떨어진 두 개의 평행한 직선 사이에 있어야 한다. 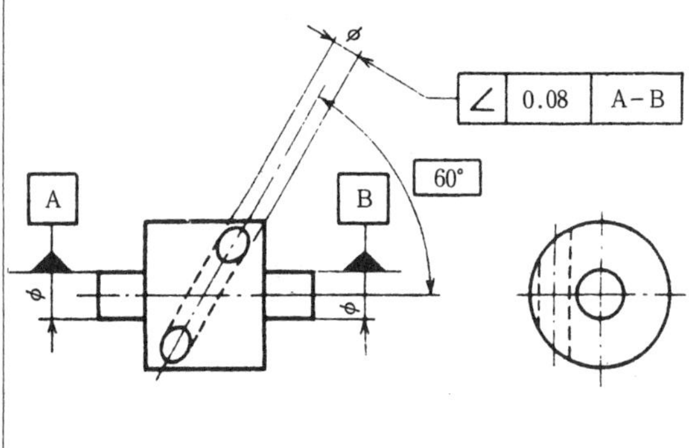

부 표 (계속)

공차역의 정의	도시보기와 그 해석
9. 경사도 공차(계속)	
9.2 데이텀 평면에 대한 선의 경사도 공차	
한 평면에 투상된 공차역은, 데이텀 평면에 대하여 지정된 각도로 기울고, t 만큼 떨어진 두 개의 평행한 직선 사이에 끼인 영역이다. 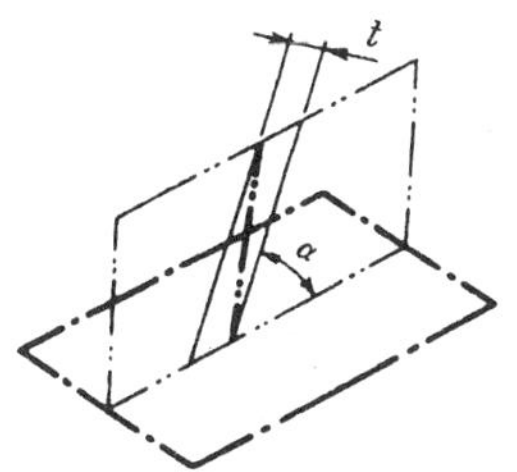	지시선의 화살표로 나타내는 원통의 축선은, 데이텀 평면에 대하여 이론적으로 정확하게 80° 기울고, 지시선의 화살표 방향으로 0.08mm만큼 떨어진 두 개의 평행한 평면사이에 있어야 한다. 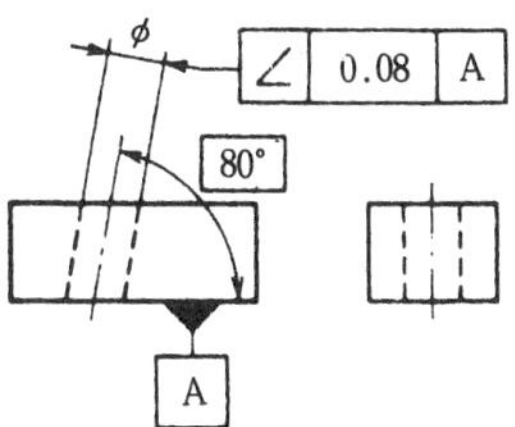
9.3 데이텀 직선에 대한 면의 경사도 공차	
공차역은, 데이텀 직선에 대하여 지정된 각도로 기울고, t 만큼 떨어진 두 개의 평행한 평면사이에 끼인 영역이다. 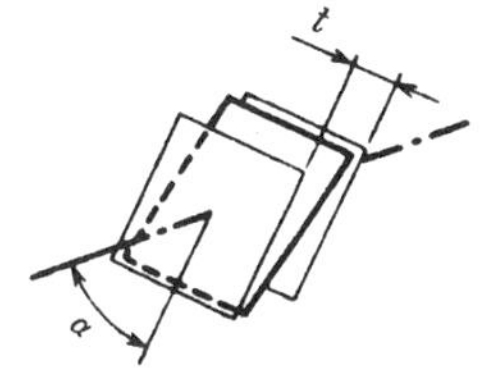	지시선의 화살표로 나타내는 면은 데이텀 축직선 A에 대하여 이론적으로 정확하게 75°기울고, 지시섯의 화살표 방향으로 0.1mm만큼 떨어진 두 개의 평행한 평면사이에 있어야 한다. 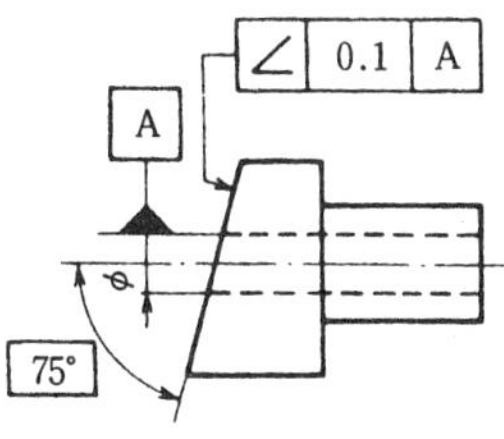
9.4 데이텀 평면에 대한 면의 경사도 공차	
공차역은, 데이텀 평면에 대하여 지정된 각도로 기울고, 서로 t 만큼 떨어진 두 개의 평행한 평면사이에 끼인 영역이다. 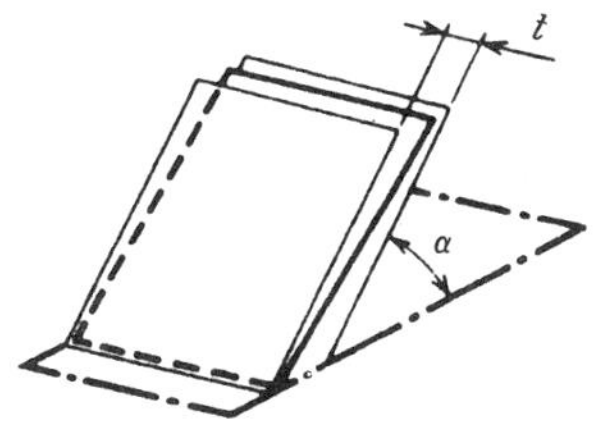	지시선의 화살표로 나타내는 면은, 데이텀 평면 A에 대하여 이론적으로 정확하게 40° 기울고, 지시선의 화살표 방향으로 0.08mm만큼 떨어진 두 개의 평행한 평면사이에 있어야 한다. 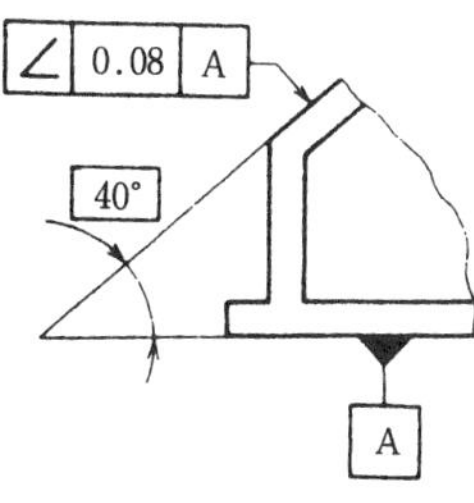

부 표 (계속)

<table>
<tr><th>공차역의 정의</th><th>도시보기와 그 해석</th></tr>
<tr><td colspan="2">10. 위치도 공차</td></tr>
<tr><td colspan="2">10.1 점의 위치도 공차</td></tr>
<tr><td>공차역은 대상으로 하고 있는 점의 이론적으로 정확한 위치(이하 진위치라 한다)를 중심으로 하는 지름 t 의 원 안 또는 구 안의 영역이다.
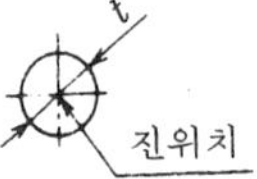

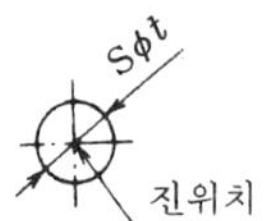
</td><td>지시선의 화살표로 나타낸 점은, 데이텀 직선 A로부터 60mm, 데이텀 직선 B로부터 100mm 떨어진 진위치를 중심으로 하는 지름 0.03mm의 원 안에 있어야 한다. 또한, 이 그림 보기의 경우는 데이텀직선 A, B의 우선 순위는 없다.
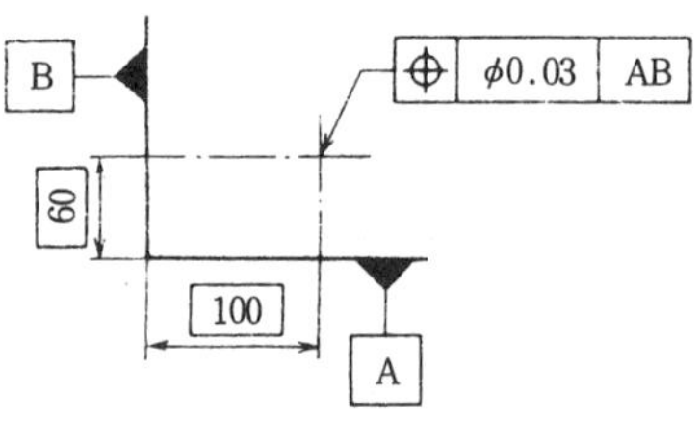

<비고> 그림에 나타나 있는 면에 수직 방향의 두께를 고려할 때에는 여기에 설명한 원은 원통이 되고, 점은 선이 된다.
지시선의 화살표로 나타낸 구의 중심은, 데이텀 축직선 A의 선위에서 데이텀 평면 B로부터 14mm 떨어진 진위치에 중심을 갖는 지름 0.3mm의 구안에 있어야 한다.
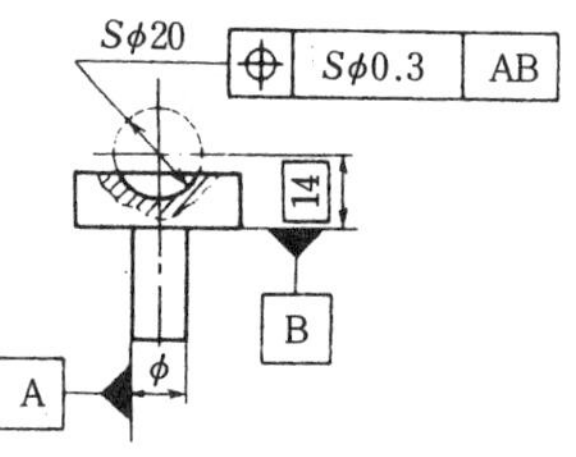
</td></tr>
<tr><td colspan="2">10.2 선의 위치도 공차</td></tr>
<tr><td>공차의 지정이 한 방향에만 실시되어 있는 경우의 선의 위치도의 공차역은, 진위치에 대하여 대칭으로 배치하고 t 만큼 떨어진 두 개의 평행한 직선 사이 또는 두 개의 평행한 평면 사이에 끼인 영역이다.
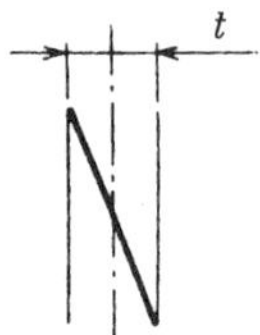
</td><td>지시선의 화살표로 나타낸 각각의 선은, 그들 직선의 진위치로서 지정된 직선에 대하여 대칭으로 배치되고 0.05mm의 간격을 갖는 두 개의 평행한 직선 사이에 있어야 한다.
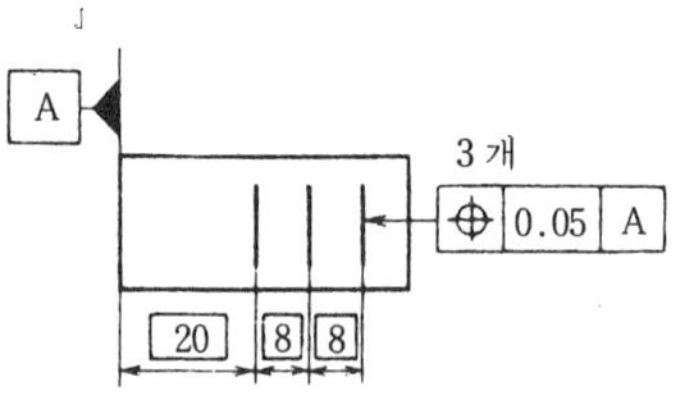
</td></tr>
</table>

부 표 (계속)

공차역의 정의	도시보기와 그 해석

10. 위치도 공차(계속)

10.2 선의 위치도 공차(계속)

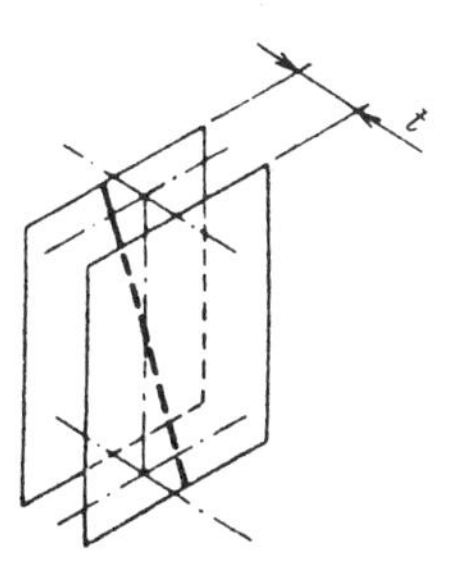

지시선의 화살표로 나타낸 축선은, 데이텀 평면 A로부터 100mm만큼 떨어진 진위치에 있어서 지시선의 화살표로 나타낸 방향에 대칭으로 0.08mm의 간격을 갖는 평행한 두 개의 평면 사이에 있어야 한다.

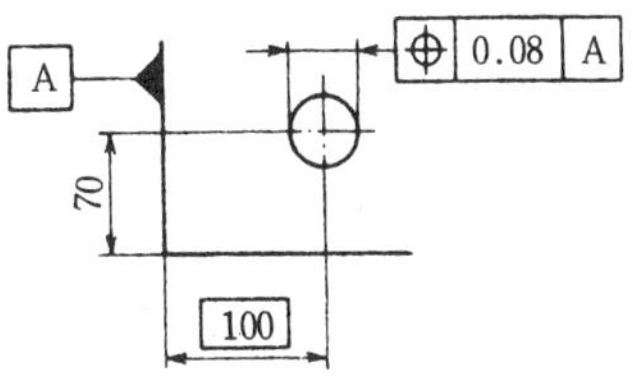

차역의 지정이 서로 직각인 두 방향으로 실시되어 있는 경우의 선의 위치도 공차역은, 진위치를 축선으로 하는 단면 $t_1 \times t_2$ 인 직육면체 안의 영역이다.

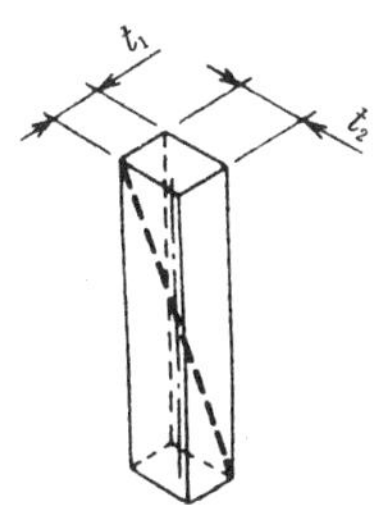

지시선의 화살표로 나타낸 축선은 데이텀 평면 A로부터 100mm, 데이텀 평면 B로부터 85mm 떨어진 진위치에 있어서 지시선의 화살표로 나타낸 방향에 대칭으로 0.05mm, 및 0.02mm의 간격을 갖는 두 쌍의 평행한 두 개의 평면으로 둘러싸인 직육면체 안에 있어야 한다.

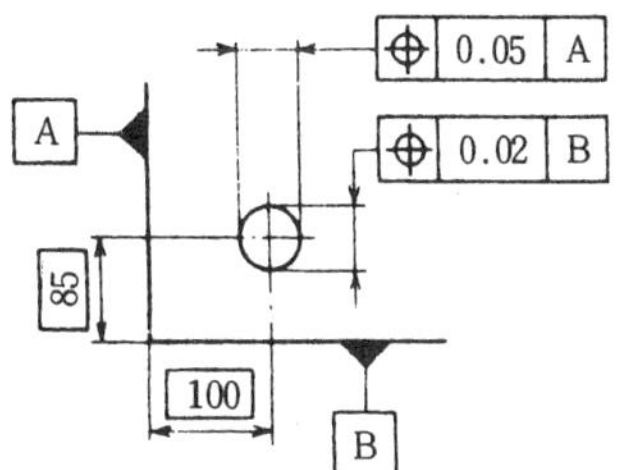

공차를 나타내는 수치앞에 기호 ϕ가 붙어있는 경우의 선의 위치도의 공차역은 진위치를 축선으로 하는 지름 t인 원통안의 영역이다.

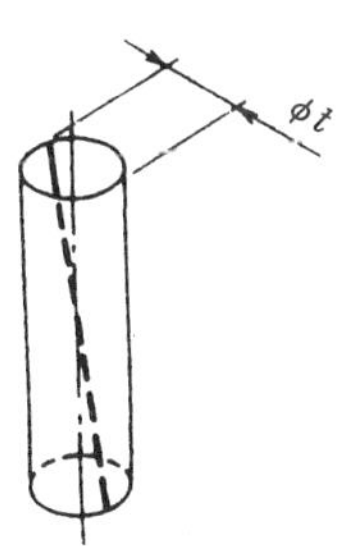

지시선의 화살표로 나타낸 축선은 데이텀 평면 A위에 있어서, 데이텀 평면 B로부터 85mm, 데이텀 평면 C로부터 100mm의 진위치를 지나고, 데이텀 평면 A에 수직한 직선을 축선으로 하는 지름 0.08mm인 원통 안에 있어야 한다.

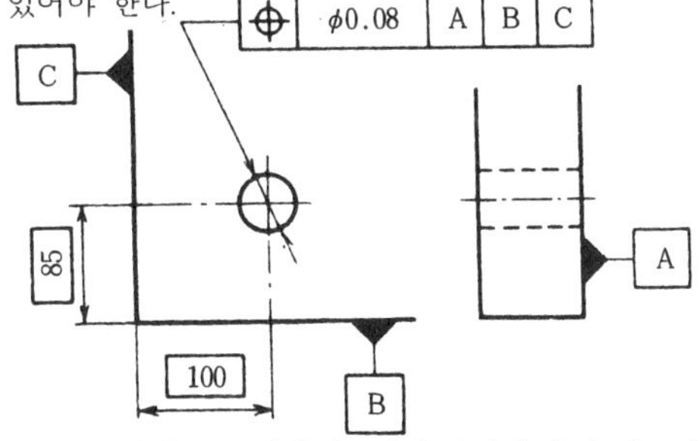

지시선의 화살표로 나타낸 8개의 구멍의 축선 상호간의 관계위치는 서로 30mm 떨어진 진위치를 축선으로 하는 지름 0.08mm인 원통안에 있어야 한다.

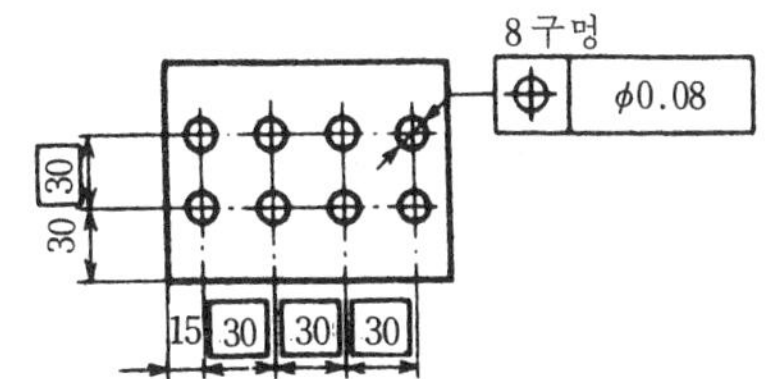

부 표 (계속)

공차역의 정의	도시보기와 그 해석
10. 위치도 공차	
10.3 면의 위치도 공차	
공차역은 대상으로 하고 있는 면의 진위치에 대하여 대칭으로 배치되고, t만큼 떨어진 두 개의 평행한 평면사이에 끼인 영역이다. 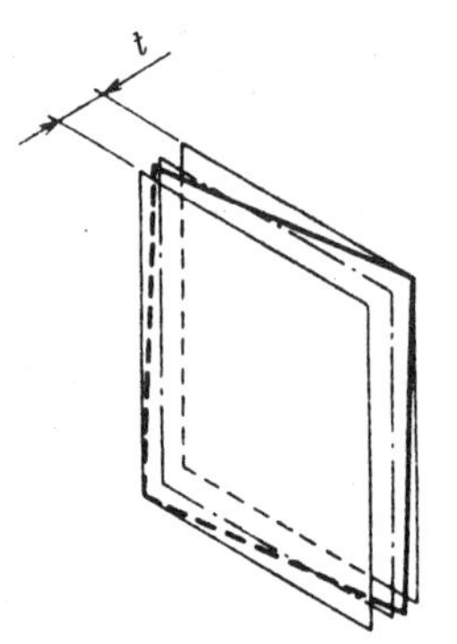 	지시선의 화살표로 나타낸 평면은, 데이텀 축직선 B의 선위에서 데이텀 평면 A로부터 35mm 떨어진 위치에 있어서, 데이텀 축직선 B에 대하여 105° 기울어진 진위치에 대하여 지시선의 화살표 방향에 대칭으로 0.05mm의 간격을 갖는 평행한 두 개의 평면 사이에 있어야 한다. 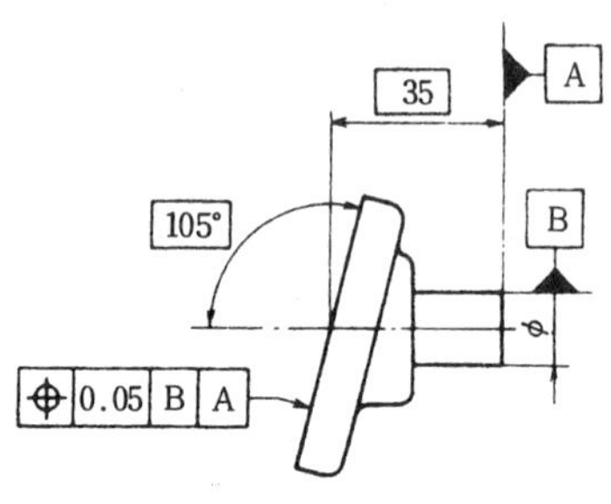
11. 동축도 공차 또는 동심도 공차	
11.1 동축도 공차	
공차를 나타내는 수치앞에 기호 ϕ가 붙어 있는 경우에는 이 공차역은 데이텀 축직선과 일치한 축선을 갖는 지름 t인 원통안의 영역이다. 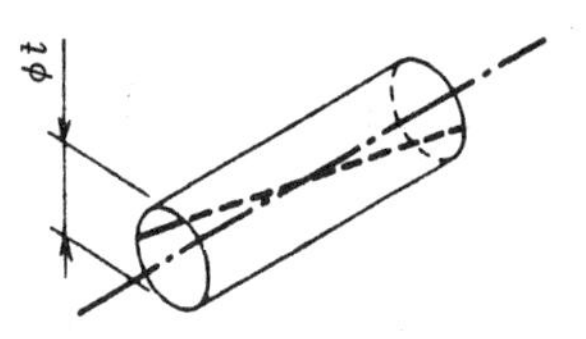 	지시선의 화살표로 나타낸 축선은 데이텀 축직선 A-B를 축선으로 하는 지름 0.08mm인 원통안에 있어야 한다. 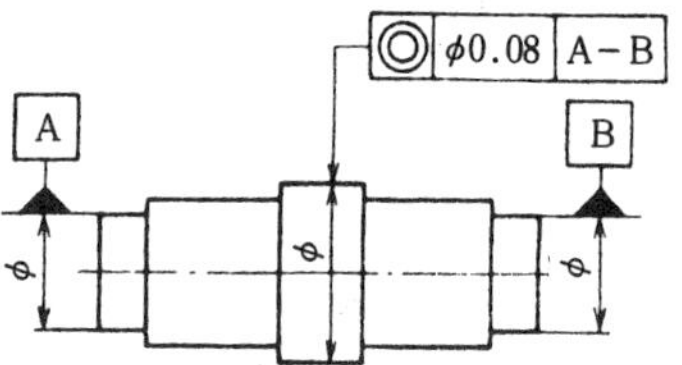
11.2 동심도 공차	
공차역은 데이텀점과 일치하는 점을 중심으로 한 지름 t인 원안의 영역이다. 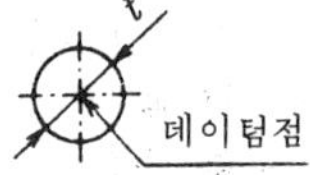 	지시선의 화살표로 나타낸 원의 중심은 데이텀 점 A를 중심으로 하는 지름 0.01mm인 원안에 있어야 한다. 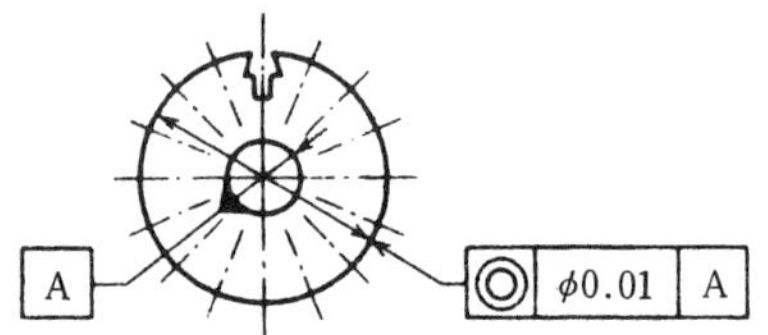

부 표 (계속)

공차역의 정의	도시보기와 그 해석
12. 대칭도 공차	
12.1 데이텀 중심 평면에 대한 면의 대칭도 공차	
공차역은 데이텀 중심 평면에 대하여 대칭으로 배치되고, 서로 t 만큼 떨어진 두 개의 평행한 평면사이에 끼인 영역이다. 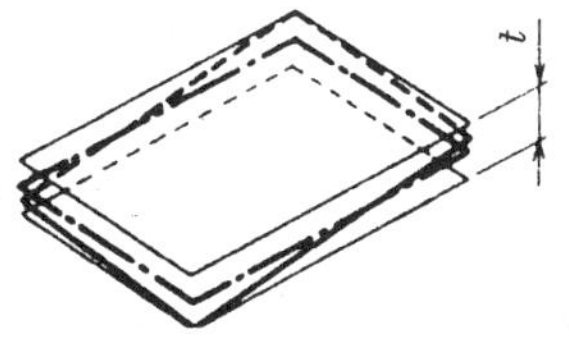	지시선의 화살표로 나타낸 중심면은 데이텀 중심 평면 A에 대칭으로 0.08mm의 간격을 갖는 평행한 두 개의 평면 사이에 있어야 한다. 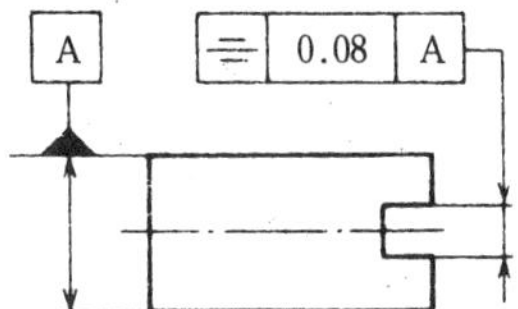
12.2 데이텀 중심 평면에 대한 선의 대칭도 공차	
공차의 지정이 한 방향에만 실시되어 있는 경우에는, 이 공차역은 데이텀 중심 평면에 대하여 대칭으로 배치되고 서로 t 만큼 떨어진 두 개의 평행한 평면 사이에 끼인 영역이다. 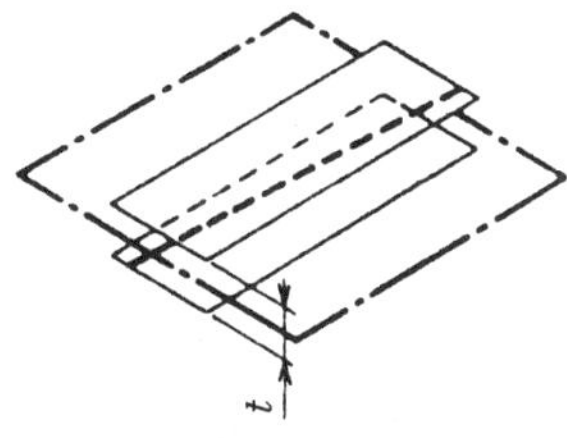	지시선의 화살표로 나타낸 축선은 데이텀 중심 평면 A－B에 대칭으로 0.08mm의 간격을 갖는 평행한 두 개의 평면 사이에 있어야 한다. 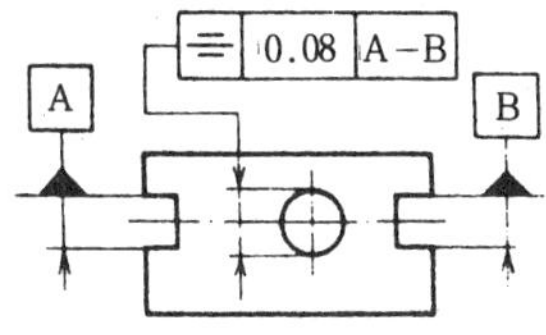
12.3 데이텀 직선에 대한 면의 대칭도 공차	
공차역은 데이텀 직선에 대하여 대칭으로 배치되고, t 만큼 떨어진 두 개의 평행한 평면사이에 끼인 영역이다. 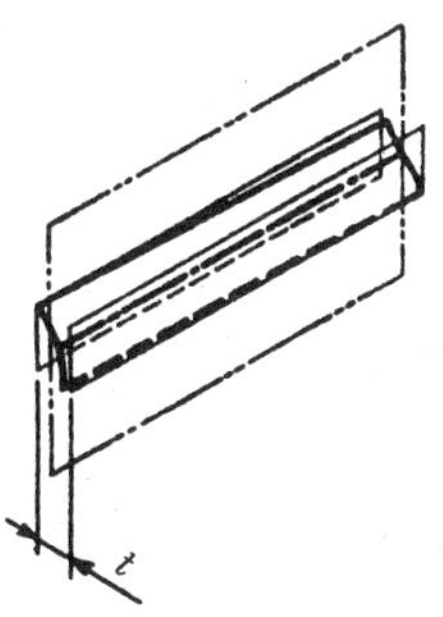	지시선의 화살표로 나타낸 중심면은, 데이텀 축직선 A에 대칭으로 0.1mm의 간격을 갖는 평행한 두 개의 평면 사이에 있어야 한다. 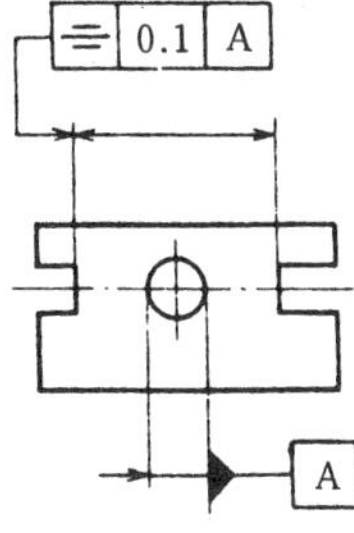

부 표 (계속)

공차역의 정의	도시보기와 그 해석
12. 대칭도 공차(계속)	
12.4 데이텀 직선에 대한 선의 대칭도 공차	
공차의 지정이 서로 직각인 두 방향으로 실시되어 있는 경우에는, 이 공차역은 데이텀 직선(보기를 들면 두 개의 데이텀 평면의 교선)과 일치하는 선을 축선으로 한 단면 $t_1 \times t_2$의 직육면체 안의 영역이다. 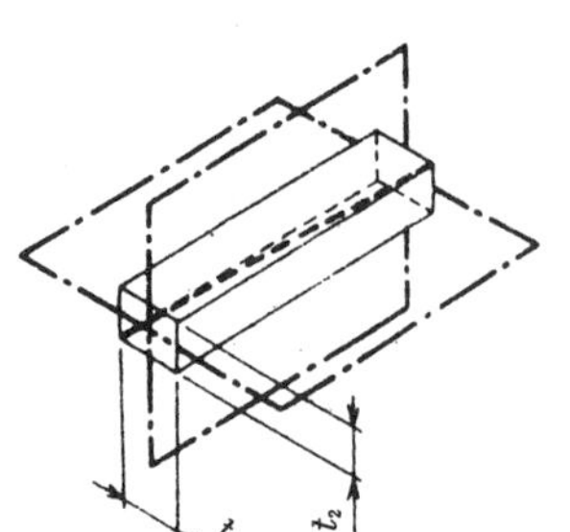	지시선의 화살표로 나타낸 축선은 데이텀 중심 평면 A−B에 대칭으로 0.08mm, 데이텀 중심 평면 C에 대칭으로 0.1mm의 간격을 갖는 두 쌍의 평행한 두 개의 평면으로 둘러싸인 직육면체안에 있어야 한다. 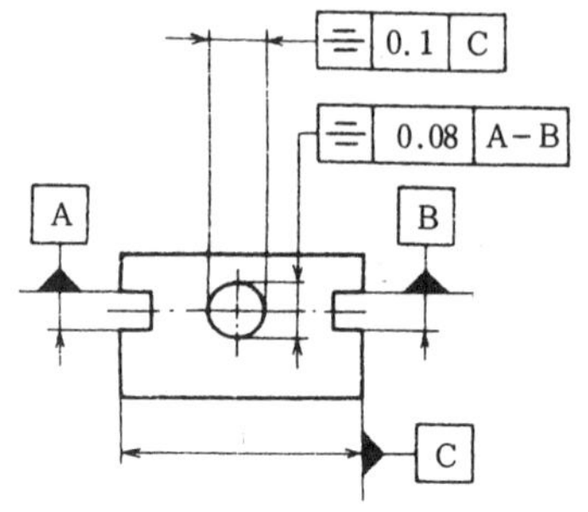
13. 원주 흔들림 공차	
13.1 반지름 방향의 원주 흔들림 공차	
공차역은 데이텀 축직선에 수직한 임의의 측정 평면 위에서 데이텀 축직선과 일치하는 중심을 갖고, 반지름 방향으로 t만큼 떨어진 두 개의 동심원 사이의 영역이다. 흔들림은 일반으로는 축선의 둘레의 완전한 1회전에 대하여 적용되나, 1회전 중의 일부분에 적용을 한정할 수도 있다. 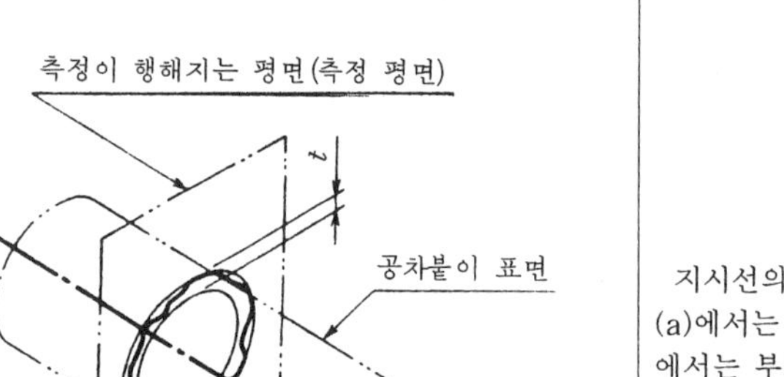	지시선의 화살표로 나타내는 원통면의 반지름 방향의 흔들림은, 데이텀 축직선 A−B에 관하여 1회전 시켰을 때, 데이텀 축직선에 수직한 임의의 측정 평면위에서 0.1mm를 초과해서는 안된다. 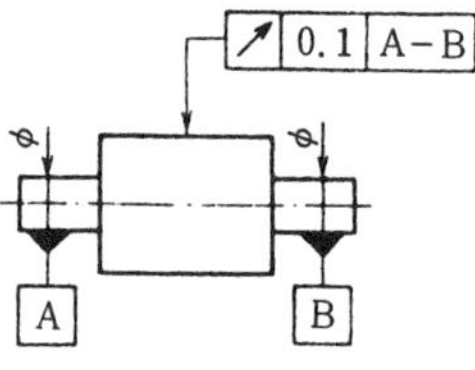 지시선의 화살표로 나타내는 원통면의 일부분 [그림 (a)에서는 굵은 1점 쇄선으로 나타내는 범위, 그림 (b)에서는 부채꼴의 원통부분]의 반지름 방향의 흔들림은, 공차붙이 형체부분을 데이텀 축직선 A에 관하여 회전 시켰을 때, 데이텀 축직선에 수직한 임의의 측정 평면 위에서 0.2mm를 초과해서는 안된다. 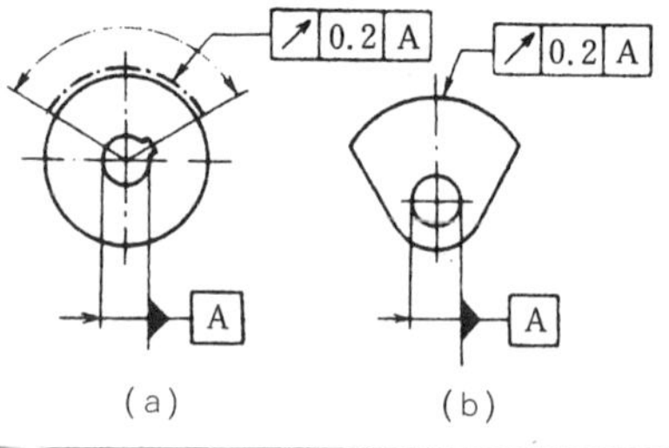

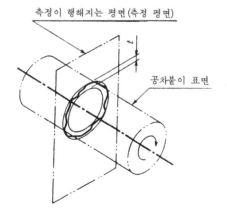

부 표 (계속)

공차역의 정의	도시보기와 그 해석
13. **원주 흔들림 공차**(계속)	
13.2 축방향의 원주 흔들림 공차	
공차역은 임의의 반지름 방향의 위치에 있어서 데이텀 축직선과 일치하는 축선을 갖는 측정 원통위에 있고, 축 방향으로 t 만큼 떨어진 두 개의 원사이에 끼인 영역이다. 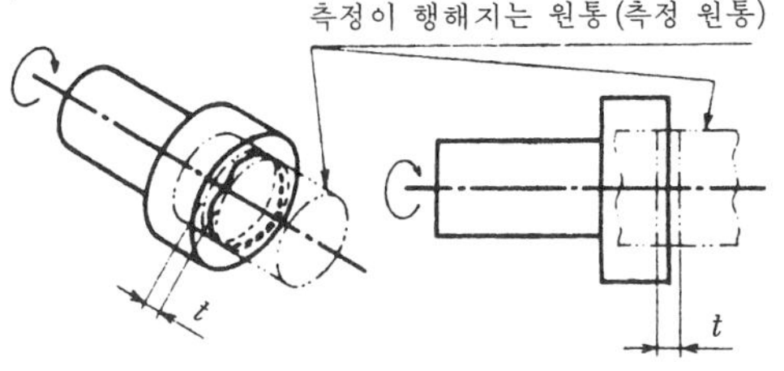	지시선의 화살표로 나타내는 원통측면의 축방향의 흔들림은, 데이텀 축직선 D에 관하여 1회전 시켰을 때, 임의의 측정위치(측정 원통면)에서 0.1mm를 초과해서는 안된다. 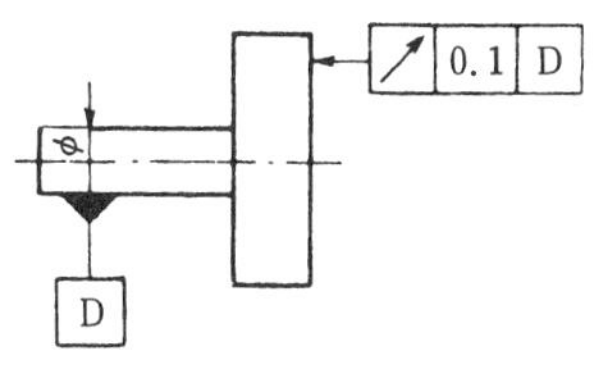
13.3 경사진 법선 방향의 원주 흔들림 공차	
공차역은 데이텀 축직선과 일치하는 축선을 가지며, 그 원추면이 공차붙이 형체면과 직교하는 임의의 측정 원추면 위에 있고, 면에 따라 t 만큼 떨어진 두 개의 원사이에 끼인 영역이다. 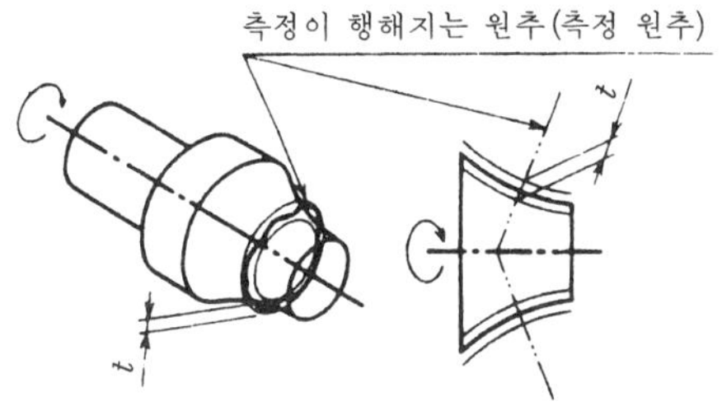 <비고> 특별히 지시선에 의하여 측정방향의 지정이 없는 경우에 적용하며, 측정 방향은 표면에 대하여 수직 방향이다.	지시선의 화살표로 나타내는 방향의 이 원추면의 흔들림은, 데이텀 축직선 C에 관하여 1회전 시켰을 때, 임의의 측정 원추면 위에서 0.1mm를 초과해서는 안된다. 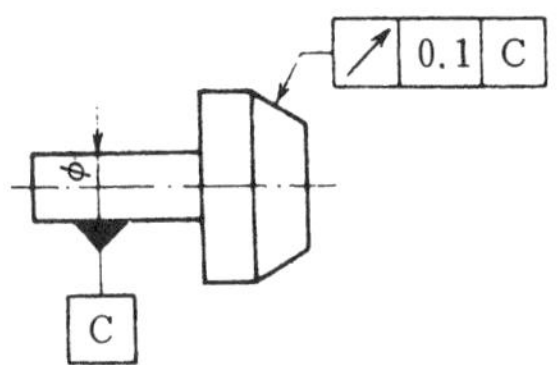 곡면 위의 모든 점의 접선에 수직한 방향의 이 곡면의 흔들림은 데이텀 축직선 C에 관하여 1회전 시켰을 때, 임의의 측정 원추면 위에서 0.1mm를 초과해서는 안된다. 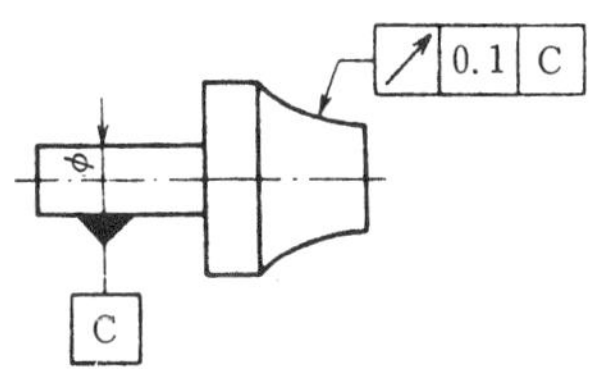
13.4 지정 방향의 원주 흔들림 공차	
공차역은 데이텀 축직선과 일치하는 축선을 가지며, 그 원추면이 지정된 방향을 갖는 임의의 측정 원추면 위에 있고, 면에 따라 t 만큼 떨어진 두 개의 원 사이에 끼인 영역이다.	데이텀 축직선과 α의 각도를 이루는 방향의 이 곡면의 흔들림은 데이텀 축직선 C에 관하여 1회전 시켰을 때, 임의의 측정 원추면 위에서 0.1mm를 초과해서는 안된다. 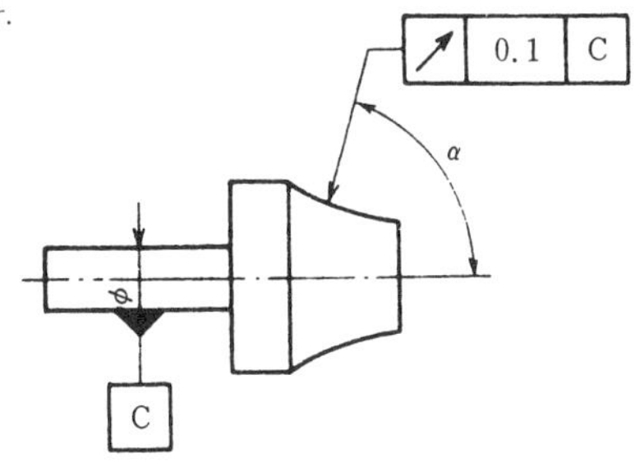

부 표 (계속)

공차역의 정의	도시보기와 그 해석
14. 온 흔들림 공차	
14.1 반지름 방향의 온 흔들림 공차	
공차역은 데이텀 축직선과 일치하는 축선을 갖고, 반지름 방향으로 t 만큼 떨어진 두 개의 동축 원통사이의 영역이다. 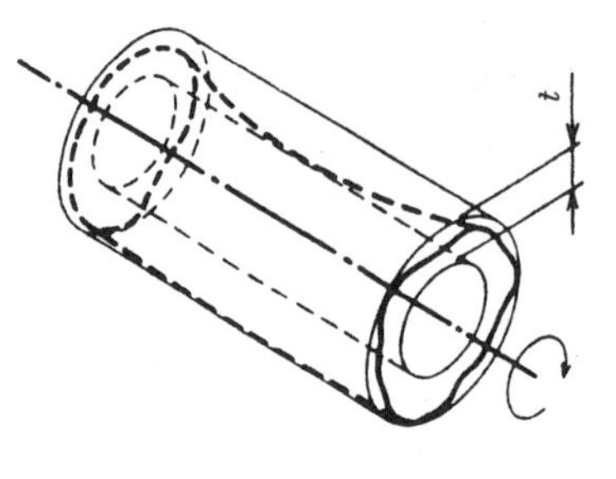	지시선과 화살표로 나타낸 원통면의 반지름 방향의 온 흔들림은, 이 원통부분과 측정기구 사이에서 축선 방향으로 상대 이동시키면서, 데이텀 축직선 A−B에 관하여 원통 부분을 회전시켰을 때, 원통 표면위의 임의의 점에서 0.1mm를 초과해서는 안된다. 측정기구 또는 대상물의 상대 이동은, 이론적으로 정확한 윤곽선에 따르고, 데이텀 축직선에 대하여 정확한 위치에서 실시되어야 한다. 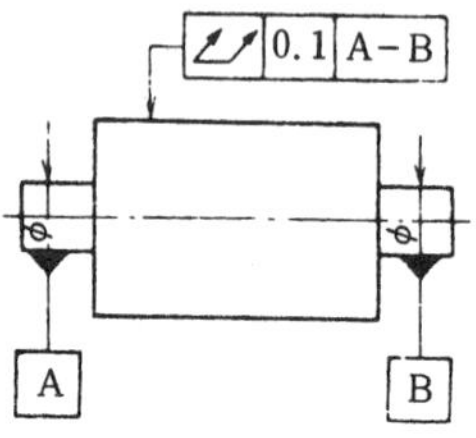
14.2 축방향의 온 흔들림 공차	
공차역은 데이텀 축직선에 수직하고, 데이텀 축직선 방향으로 t 만큼 떨어진 두 개의 평행한 평면 사이에 끼인 영역이다. 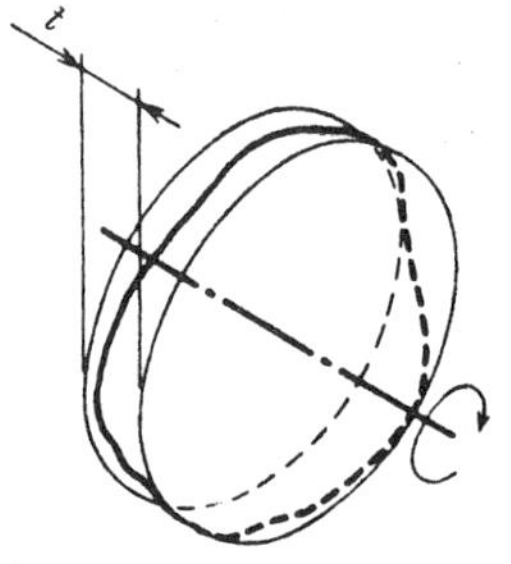	지시선의 화살표로 나타낸 원통 측면의 축방향의 온 흔들림은, 이 측면과 측정기구 사이에서 반지름 방향으로 상대 이동시키면서, 데이텀 축직서 D에 관하여 원통 측면을 회전시켰을 때, 원통 측면위의 임의의 점에서 0.1mm를 초과해서는 안된다. 측정기구 또는 대상물의 상대 이동은 이론적으로 정확한 윤곽선에 따르고, 데이텀 축직선에 대하여 정확한 위치에서 실시되어야 한다. 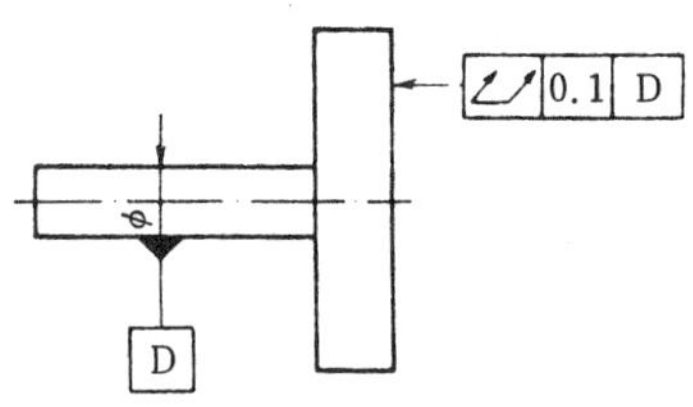

3 기하 편차의 정의 및 표시

KS B 0425 (1986)

Definition and Designations of Geometrical Deviations

1. 적용 범위

이 규격은 대상물의 모양 편차, 자세 편차, 위치 편차 및 흔들림(이하 이것을 총칭하여 기하 편차라고 한다)의 정의 및 표시에 대하여 규정한다.

<비고> 기하 편차의 허용치인 기하 공차의 기호에 의한 표시 및 그 표시 방법에 대해서는 KS B 0608(모양 및 위치의 정밀도 허용치 도시 방법)에 따른다.

2. 용어의 뜻

이 규격에서 사용하는 주요한 용어의 뜻은 다음에 따른다.

(1) **형　　체** : 기하 편차의 대상이 되는 점, 선, 축선, 면 또는 중심면.

(2) **단독 형체** : 데이텀에 관련없이 기하 편차가 정하여지는 형체.

(3) **관련 형체** : 데이텀에 관련하여 기하 편차가 정하여지는 형체.

(4) **데 이 텀** : 형체의 자세 편차, 위치 편차, 흔들림 등을 정하기 위해 설정된 이론적으로 정확한 기하학적 기준.

보기로서 기하학적 기준이 점, 직선, 축직선([1]), 평면 및 중심 평면인 경우에는 각각 데이텀점, 데이텀 직선, 데이텀 축직선, 데이텀 평면 및 데이텀 중심 평면이라 한다.

주([1]) 축직선이란, 모양 편차가 없는 축선, 즉, 기하학적으로 바른 직선인 축선을 말한다.

<비고> 데이텀에 관한 상세는 기하 공차를 위한 데이텀에 따른다.

(5) **직선 형체** : 기능상 직선이 되도록 지정된 형체. 보기로서 평면 형체를 그것에 수직인 평면으로 절단하였을 때 절단면에 나타나는 단면 윤곽선, 축선, 원통의 모선 나이프 에지의 앞끝 등.

(6) **축　　선** : 직선 형체 중 원통 또는 직방체가 되도록 지정된 대상물의 각 횡단면에 있어서의 단면 윤곽선의 중심([2])을 연결하는 선.

주([2]) 단면 윤곽선의 중심이란 원통이 되도록 지정된 대상물에서는 그 단면 윤곽선에 외접하는 최소의 기하학적으로 정확한 원(축의 경우) 또는 내접하는 최대의 기하학적으로 정확한 원(구멍의 경우)의 중심을 말한다.

또한, 직육면체로 지정된 대상물에서는, 그 단면 윤곽선에 외접하는 최소의 기하학적으로 정확한 직사각형(축의 경우) 또는 내접하는 최대의 기하학적으롲 정확한 직사각형(구멍의 경우)의 중심을 말한다.

(7) **평면 형체** : 기능상 평면이 되도록 지정된 형체.

(8) **중 심 면** : 평면 형체 중 서로 면대칭이어야 할 2개의 면위에서 대응하는 2개의 점을 연결하는 직선의 중점을 포함하는 면.

(9) **원형 형체** : 기능상 원이 되도록 지정된 형체. 보기로서 평면도형으로서의 원이나 회전면의 원형 단면.

(10) **원통 형체** : 기능상 원통면이 되도록 지정된 형체.

(11) **선의 윤곽** : 기능상 정하여진 모양을 작도록 지정된 표면의 요소로서의 외형선.

(12) **면의 윤곽** : 기능상 정하여진 모양을 갖도록 지정된 표면.

3. 기하 편차의 종류

기하 편차의 종류는 **표**에 따른다.

표 기하 편차의 종류

<table>
<tr><th colspan="2">종 류</th><th>적용되는 형체</th></tr>
<tr><td rowspan="2">모 양 편 차</td><td>직 진 도
평 면 도
진 원 도
원 통 도</td><td>단 독 형 체</td></tr>
<tr><td>선 의 윤 곽 도
면 의 윤 곽 도</td><td>단독 형체 또는 관련 형체</td></tr>
<tr><td>자 세 편 차</td><td>평 행 도
직 각 도
경 사 도</td><td rowspan="3">관 련 형 체</td></tr>
<tr><td>위 치 편 차</td><td>위 치 도
동축도 및 동심도
대 칭 도</td></tr>
<tr><td>흔 들 림</td><td>원 주 흔 들 림
온 흔 들 림</td></tr>
</table>

4. 정 의

4.1 **진직도** : 진직도란, 직선 형체의 기하학적으로 정확한 직선(이하 기하학적 직선이라 한다)으로부터의 어긋남의 크기를 말한다.

4.2 **평면도** : 평면도란, 평면 형체의 기하학적으로 정확한 평면(이하 기하학적 평면이라 한다)으로부터의 어긋남의 크기를 말한다.

4.3 **진원도** : 진원도란, 원형 형체의 기하학적으로 정확한 원(이하 기하학적 원이라 한다)으로부터의 어긋남의 크기를 말한다.

4.4 **원통도** : 원통도란, 원통 형체의 기하학적으로 정확한 원통(이하 기하학적 원통이라 한다)으로부터의 어긋남의 크기를 말한다.

4.5 **선의 윤곽도** : 선의 윤곽도란, 이론적으로 정확한 치수에 의하여 정해진 기하학적으로 정확한 윤곽(이하 기하학적 윤곽이라 한다)으로부터의 선의 윤곽의 어긋남의 크기를 말한다. 또한, 데이텀에 관련하는 경우와 관련하지 않는 경우가 있다.

4.6 **면의 윤곽도** : 면의 윤곽도란, 이론적으로 정확한 치수에 의하여 정해진 기하학적 윤곽으로부터의 면의 윤곽의 어긋남의 크기를 말하다. 또한, 데이텀에 관련하는 경우와 관련하지 않는 경우가 있다.

4.7 **평행도** : 평행도란, 데이텀 직선 또는 데이텀 평면에 대하여 평행인 기하학적 직선 또는 기하학적 평면으로부터의 평행이어야 할 직선 형체 또는 평면 형체의 어긋남의 크기를 말한다.

4.8 **직각도** : 직각도란, 데이텀 직선 또는 데이텀 평면에 대하여 직각인 기하학적 직선 또는 기하학적 평면으로부터의 직각이어야 할 직선 형체 또는 평면 형체의 어긋남의 크기를 말한다.

4.9 **경사도** : 경사도란, 데이텀 직선 또는 데이텀 평면에 대하여 이론적으로 정확한 각도를 갖

는 기하학적 직선 또는 기하학적 평면으로부터의 이론적으로 정확한 각도를 가져야 할 직선 형체 또는 평면 형체의 어긋남의 크기를 말한다.

4.10 **위치도** : 위치도란, 데이텀 또는 기타의 형체에 관려하여 정해진 이론적으로 정확한 위치로부터의 점, 직선 형체 또는 평면 형체의 어긋남의 크기를 말한다.

4.11 **동축도** : 동축도란, 데이텀 축직선과 동일 직선 위에 있어야 할 축선의 데이텀 축직선으로부터의 어긋남의 크기를 말한다.

<비고> 평면 도형의 경우에는 데이텀 원의 중심에 대한 기타의 원형 형체의 중심 위치의 어긋남의 크기를 동심도라 말한다.

4.12 **대칭도** : 대칭도란, 데이텀 축직선 또는 데이텀 중시 평면에 관해서 서로 대칭이어야 할 형체의 대칭 위치로부터의 어긋남의 크기를 말한다.

4.13 **원주 흔들림** : 원주 흔들림이란, 데이텀 축직선을 축으로 하는 회전면을 가져야 할 대상물 또는 데이텀 축직선에 대하여 수직인 원형 평면이어야 할 대상물을 데이텀 축직선의 둘레에 회전했을 때 그 표면이 지정된 위치 또는 임의의 위치로 지정된 방향([3])으로 변위하는 크기를 말한다.

주([3]) 지정된 방향이란, 데이텀 축직선과 교차하고 데이텀 축직선에 대하여 수직인 방향(반지름 방향), 데이텀 축직선에 평행인 방향(축 방향) 또는 데이텀 축직선과 교차하고 데이텀 축직선에 대하여 경사 방향(경사 법선 방향 및 경사 지정 방향)을 말한다.

4.14 **온 흔들림** : 온 흔들림이란, 데이텀 축직선을 축으로 하는 원통면을 가져야 할 대상물 또는 데이텀 축직선에 대하여 수직인 원형 평면이어야 할 대상물을 데이텀 축직선의 둘레에 회전했을 때, 그 표면이 지정된 방향([4])으로 변위하는 크기를 말한다.

주([4]) 지정된 방향이란, 데이텀 축직선과 교차하고 데이텀 축직선에 대하여 수직인 방향(반지름 방향) 또는 데이텀 축직선에 평행인 방향(축 방향)을 말한다.

5. 표 시

5.1 **진직도** : 진직도란, 직선 형체가 차지하는 영역의 크기에 따라 다음에 표시함과 같이 나타내고, 진직도__mm 또는 진직도__μm로 표시한다.

(1) **한 방향의 진직도** : 한 방향의 진직도는, 그 방향에 수직이고 기하학적으로 바른 평행한 2평면(이하, 기하학적 평행 2평면이라 한다)으로 그 직선 형체(L)를 끼웠을 때, 평행 2평면의 간격이 최소가 되는 경우의 2평면의 간격(f)로 표시한다(**그림** 1).

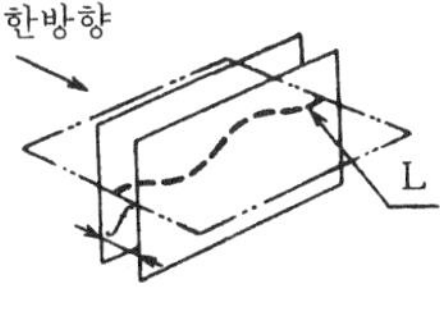

그림 1

<비고> 그 방향이 보기로서 수평 방향 또는 연직 방향인 경우에는, 각각을 수평 방향의 진직도 또는 연직 방향의 진직도라 부른다.

(2) **서로 직각인 2방향의 진직도** : 서로 직각인 2방향[보기를 들면, 5.1(1)의 비고의 수평 방향 및 연직 방향]의 진직도는, 그 2방향에 각각 수직인 2짝의 기하학적 평행 2평면으로 그 직선 형체(L)를 사이에 끼웠을 때, 2짝의 평행 2평면의 각각의 간격이 최소가 되는 경우의 2평면의 간격(f_1, f_2)(즉, 2짝의 평행 2평면으로 잘라지는 직육면체의 2변의 길이)으

로 표시한다(**그림** 2).

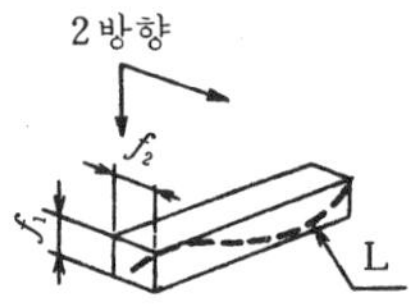

그림 2

(3) **방향을 정하지 않은 경우의 진직도** : 방향을 정하지 않은 경우(보기를 들면, 원통의 축선 등)의 진직도는, 그 직선 형체(L)를 모두 포함하는 기하학적 원통 중에서 가장 지름이 작은 원통의 지름(f)으로 표시한다(**그림** 3).

그림 3

(4) **표면의 요소로서의 직선 형체의 진직도** : 표면의 요소로서의 직선 형체(회전면의 모선이나, 평면 형체의 표면에서 수직인 평면에 의한 단면 윤곽선 등)의 진직도는, 기하학적으로 정확한 평행인 2직선(이하 기하학적 평행 2직선이라 한다)으로, 그 직선 형체(L)를 사이에 끼웠을 때, 평행 2직선의 간격이 최소가 되는 경우의 2직선의 간격(f)으로 표시한다(**그림** 4).

그림 4

5.2 **평면도** : 평면도는 평면 형체(P)를 기하학적 평행 2평면으로 사이에 끼웠을 때, 평행 2평면의 간격이 최소가 되는 경우의, 2평면의 간격(f)으로 나타내고(**그림** 5), 평면도 __mm 또는 평면도 μm로 표시한다.

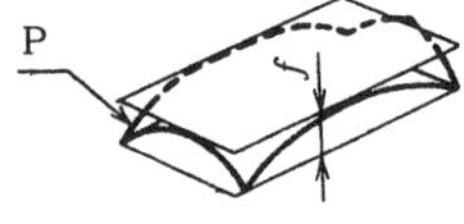

그림 5

5.3 **진원도** : 진원도는 원형 형체(C)를 2개의 동심인 기하학적 원 사이에 끼웠을 때, 동심 2원의 간격이 최소가 되는 경우의, 2원의 반지름의 차(f)로 표시하고(**그림** 6), 진원도 __mm 또는 진원도 __μm로 표시한다.

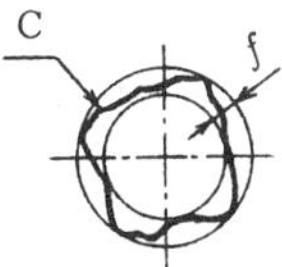

그림 6

5.4 **원통도** : 원통도는 원통 형체(Z)를 2개의 동축인 기하학적 원통 사이에 끼웠을 때, 동축 2 원통의 간격이 최소가 되는 경우의, 2원통의 반지름의 차(f)로 표시하고(**그림** 7), 원통도 __mm 또는 원통도 __μm로 표시한다.

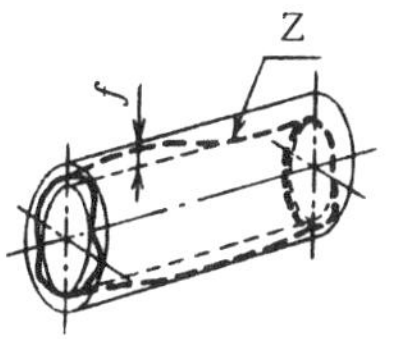

그림 7

<참고> 원통 형체의 기하 편차는, 축선에 직각인 단면에 있어서의 윤곽선의 편차(진원도)와 축선을 포함하는 단면에 있어서의 윤곽선의 편차(모선의 진직도와 평행도)로 나누어 생각할 수도 있다.

5.5 **선의 윤곽도** : 선의 윤곽도는 이론적으로 정확한 치수에 의하여 정해진 기하학적 윤곽선(K_T) 위에 중심을 갖는 동일한 지름의 기하학적 원의 2개의 포락선으로 그 선의 윤곽(K)를 끼웠을 때의 2포락선의 간격(f)(원의 지름)으로 표시하고(**그림** 8), 선의 윤곽도 __mm 또는 선의 윤곽도 __μm로 표시한다. 다만, 이론적으로 정확한 치수는 데이텀 선 또는 데이텀 면에 관하여 주는 경우와, 그들과 관계없이 주는 경우가 있다.

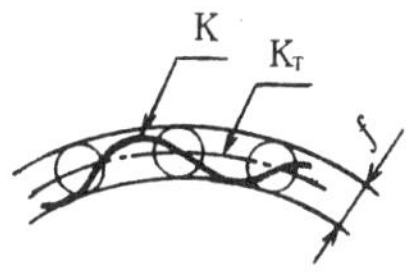

그림 8

5.6 **면의 윤곽도** : 면의 윤곽도란, 이론적으로 정확한 치수에 따라 정해진 기하학적 윤곽면(F_T) 위에 중심을 갖는 동일한 지름의 기하학적으로 정확한 구(球)(이하 기하학적 구라 한다)의 2개의 포락면으로 그 면의 윤곽(F)을 사이에 끼웠을 때, 2포락면의 간격(f)(구의 지름)으로 표시하고(**그림** 9), 면의 윤곽도 __mm 또는 면의 윤곽도 __μm로 표시한다. 다만, 이론적으로 정확한 치수는 데이텀 면에 관하여 주는 경우와, 그들과 관계치 않고 주는 경우가 있다.

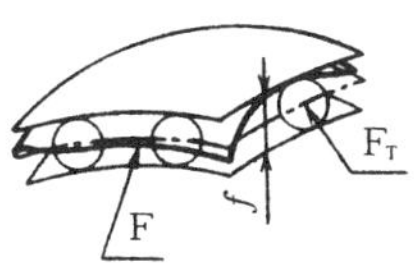

그림 9

5.7 **평행도** : 평행도는 직선 형체 또는 평면 형체가, 데이텀 직선 또는 데이텀 평면에 대하여 수직인 방향에 있어서 차지하는 영역의 크기에 따라, 다음에 표시하는 바와 같이 나타내고, 평행도 __mm 또는 평행도 __μm로 표시한다.

(1) **직선 형체의 데이텀 직선에 대한 평행도**

(a) **한 방향의 평행도** : 한 방향의 평행도는 그 방향에 수직이고 데이텀 직선(L_D)에 평행인 기하학적 평행 2평면으로 그 직선 형체(L)를 사이에 끼웠을 때, 2평면의 간격(f)으로 표시한다(**그림** 10).

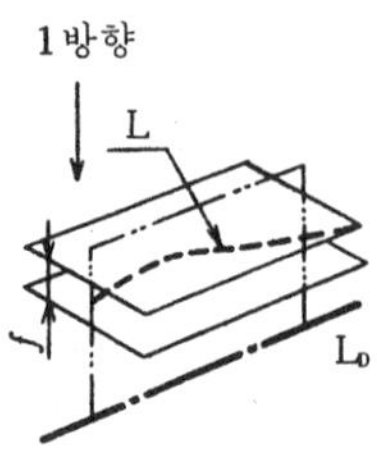

그림 10

(b) **서로 직각인 2방향의 평행도** : 서로 직각인 2방향의 평행도는, 그 2방향에 각각 수직인 데이텀 직선(L_D)에 평행인 2짝의 기하학적 평행 2평면으로 그 직선 형체(L)를 사이에 끼웠을 때, 2평면의 간격(f_1, f_2)(즉, 2짝의 평행 2평면으로 구절되는 직방체의 2변의 길이)으로 표시한다(**그림** 11).

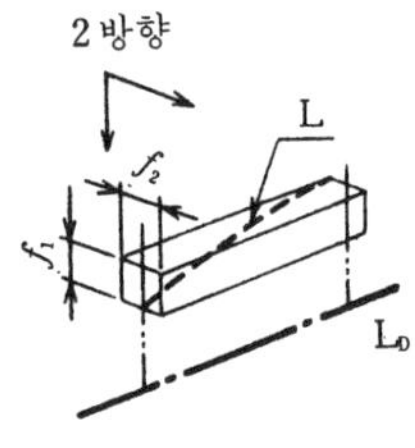

그림 11

(c) **방향을 정하지 않을 경우의 평행도** : 방향을 정하지 않을 경우의 평행도는 데이텀 직선(L_D)에 평행이고, 그 직선 형체(L)를 포함하는 기하학적 원통 중에서 가장 작은 지름의 원통의 지름(f)으로 표시한다(**그림** 12).

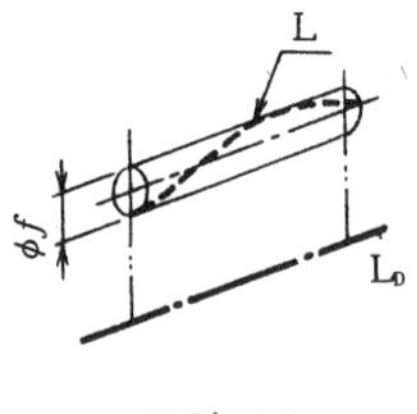

그림 12

(2) **직선 형체 또는 평면 형체의 데이텀 평면에 대한 평행도** : 직선 형체 또는 평면 형체의 데이텀 평면에 대한 평행도는, 데이텀 평면(P_D)에 평행한 기하학적 평행 2평면으로 그 직선 형체(L) 또는 평면 형체(P)를 사이에 끼웠을 때, 2평면의 간격(f)으로 표시한다(**그림** 13, **그림** 14).

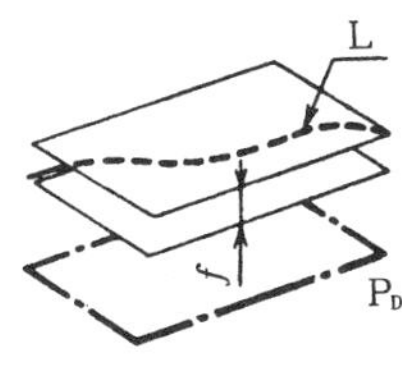

그림 13

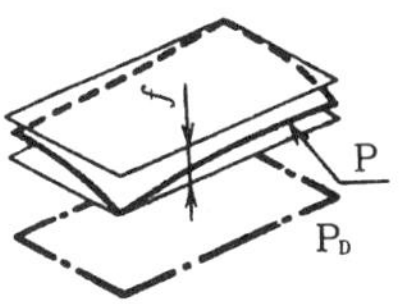

그림 14

(3) **평면 형체의 데이텀 직선에 대한 평행도** : 평면 형체의 데이텀 직선에 대한 평행도는 데이텀 직선(L_D)에 평행인 기하학적 평행 2평면으로 그 평면 형체(P)를 사이에 끼웠을 때, 평행 2평면의 간격이 최소가 되는 경우의 2평면의 간격(f)으로 표시한다(**그림** 15).

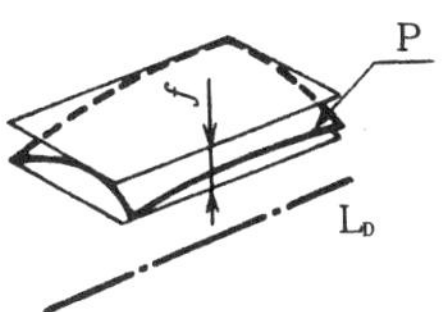

그림 15

5.8 **직각도** : 직각도는 직선 형체 또는 평면 형체가 데이텀 직선 또는 데이텀 평면에 대하여 평행인 방향에서 차지하는 영역의 크기에 따라, 다음에 표시하는 바와 같이 나타내며, 직각도 __mm 또는 직각도 __μm로 표시한다.

(1) **직선 형체 또는 평면 형체의 데이텀 직선에 대한 직각도** : 직선 형체 또는 평면 형체의 데이텀 직선에 대한 직각도는, 데이텀 직선(L_D)에 수직인 기하학적 평행 2평면으로 그 직선 형체(L) 또는 평면 형체(P)를 사이에 끼웠을 때, 2평면의 간격(f)으로 표시한다(**그림** 16, 17).

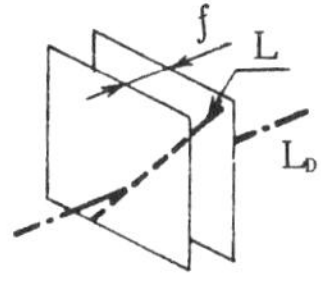

그림 16

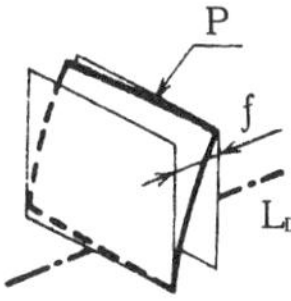

그림 17

(2) **직선 형체의 데이텀 평면에 대한 직각도**

(a) **한 방향의 직각도** : 한 방향의 직각도는, 그 방향과 데이텀 평면(P_D)에 수직인 기하학적 평행 2평면으로 그 직선 형체(L)를 사이에 끼웠을 때, 2평면의 간격(f)으로 표시한다(**그림** 18).

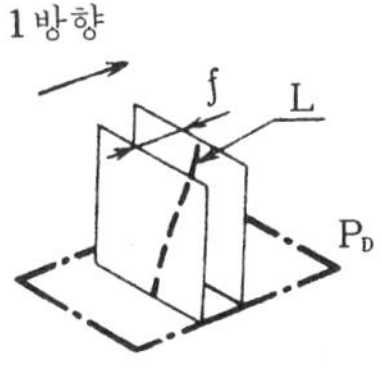

그림 18

(b) **서로 직각인 2방향의 직각도** : 서로 직각인 2방향의 직각도는, 그 2방향과 데이텀 평면(P_D)에 각각 수직인 2짝의 기하학적 평행 2평면으로 그 직선 형체(L)를 사이에 끼웠을 때, 2평면의 간격(f_1, f_2)(즉, 2짝의 평행 2평면으로 구절되는 직립체의 2변의 길이)로 표시한다(**그림** 19).

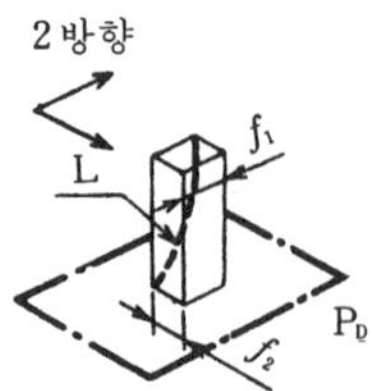

그림 19

(c) **방향을 정하지 않을 경우의 직각도** : 방향을 정하지 않을 경우의 직각도는, 데이텀 평면(P_D)에 수직이고, 그 직선 형체(L)를 모두 포함하는 기하학적 원통 중에서 가장 작은 지름의 원통의 지름(f)으로 표시한다(**그림** 20).

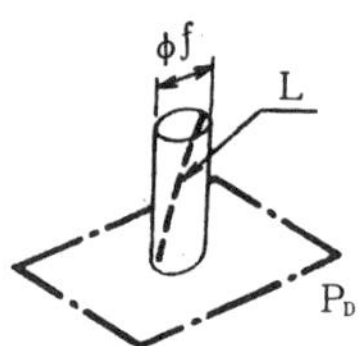

그림 20

(3) **평면 형체의 데이텀 평면에 대한 직각도** : 평면 형체의 데이텀 평면에 대한 직각도는, 데이텀 평면(P_D)에 수직인 기하학적 평행 2평면으로 그 평면 형체(P)를 사이에 끼웠을 때, 평행 2평면의 간격이 최소가 되는 경우의 2평면의 간격(f)으로 표시한다(**그림** 21).

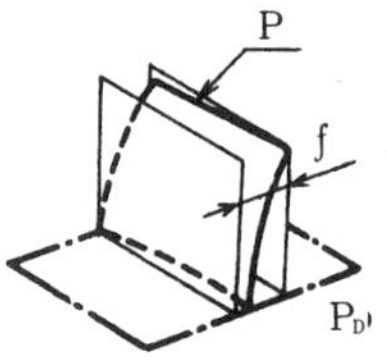

그림 21

5.9 **경사도** : 경사도는 직선 형체 또는 평면 형체가 데이텀 직선 또는 데이텀 평면에 대하여 이론적으로 정확한 각도를 갖는 기하학적 직선 또는 기하학적 평면에 수직인 방향에 있어서 차지하는 영역의 크기에 따라 다음에 표시하는 바와같이 나타내며, 경사도 __mm 또는 경사도 __μm로 표시한다.

(1) **직선 형체의 데이텀 직선에 대한 경사도**

(a) **동일 평면 위에 있는 경우** : 동일 평면 위에 있어야 할 직선 형체의 데이텀 직선에 대한 경사도는, 직선 형체(L)의 어느 한 끝과 데이텀 직선(L_D)을 포함한 기하학적 평면(P_A)에 수직이고, 데이텀 직선(L_D)에 대하여 이론적으로 정확한 각도(α)를 이루는 기

하학적 평행 2평면으로 직선 형체(L)를 사이에 끼웠을 때, 2평면의 간격(f)으로 표시한다(**그림** 22).

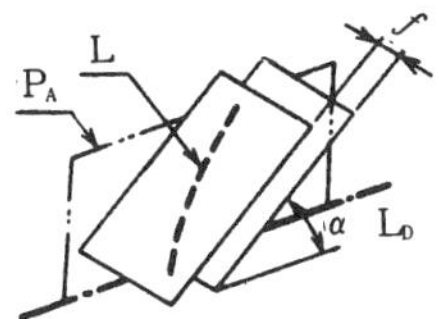

그림 22

(b) **동일 평면 위에 없는 경우** : 동일 평면 위에 없는 직선 형체의 데이텀 직선에 대한 경사도는, 직선 형체(L)의 양 끝을 연결하는 기하학적 직선(L_A)에 평행하고, 데이텀 직선(L_D)을 포함하는 기하학적 평면(P_A)에 수직이며, 데이텀 직선(L_D)에 이론적으로 정확한 각도(α)를 이르는 기하학적 평행 2평면으로 그 직선 형체(L)를 사이에 끼웠을 때, 2평면의 간격(f)으로 표시한다(**그림** 23).

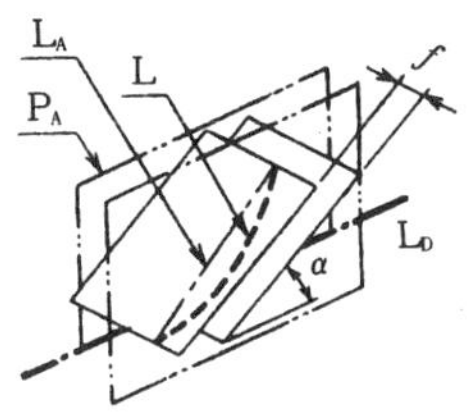

그림 23

(2) **직선 형체의 데이텀 평면에 대한 경사도** : 직선 형체의 데이텀 평면에 대한 경사도는, 직선 형체(L)의 끝을 포함하고 데이텀 평면(P_D)에 수직인 기하학적 평면(P_A)에 수직이며, 데이텀 평면(P_D)에 대하여 이론적으로 정확한 각도(α)를 이루는 기하학적 평행 2평면으로 직선 형체(L)를 사이에 끼웠을 때, 2평면의 간격(f)으로 표시한다(**그림** 24).

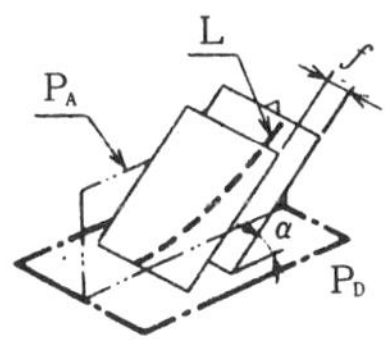

그림 24

(3) **평면 형체의 데이텀 직선 또는 데이텀 평면에 대한 경사도** : 평면 형체의 데이텀 직선 또는 데이텀 평면에 대한 경사도는, 데이텀 직선(L_D) 또는 데이텀 평면(P_D)에 대하여 이론적으로 정확한 각도(α)를 이루는 기하학적 평행 2평면으로 평면 형체(P)를 사이에 끼웠을 때, 평행 2평면의 간격이 최소가 되는 경우의 2평면의 간격(f)으로 표시한다(**그림** 25, 26).

5.10 **위치도** : 위치도는 점, 직선 형체 또는 평면 형체가 이론적으로 정확한 위치에 대하여 차지하는 영역의 크기에 따라, 다음에 표시하는 것과 같이 표시하고 위치도 __mm 또는 위치도 __μm로 표시한다.

그림 25 그림 26

(1) **점의 위치도** : 점의 위치도는 이론적으로 정확한 위치에 있는 점(E_T)을 중심으로 하고, 대상으로 하는 점(E)을 통과하는 기하학적 원 또는 기하학적 구의 지름(f)으로 표시한다(**그림 27**).

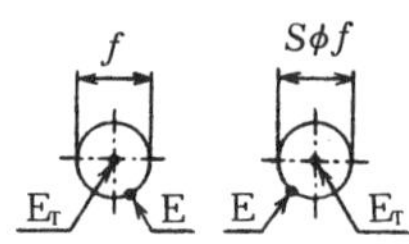

그림 27

(2) **직선 형체의 위치도**

(a) **한 방향의 위치도** : 한 방향의 위치도는 그 방향에 수직이며 이론적으로 정확한 위치에 있는 기하학적 직선([5])에 대하여 대칭인 기하학적 평행 2평면으로 그 직선 형체(L)를 사이에 끼웠을 때, 2평면의 간격(f)으로 표시한다(**그림 28**).

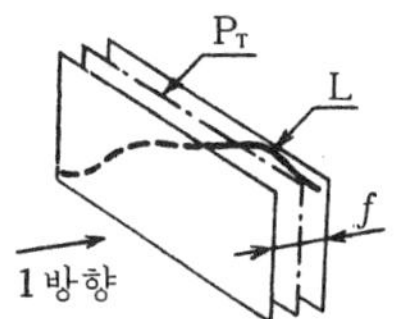

그림 28

주([5]) **그림 28**의 평면(P_T)은 이론적으로 정확한 위치에 있는 기하학적 직선을 포함하고, 그 방향에 수직인 평면을 나타낸다.

<참고> 직선 형체가 한 평면 위에 있는 경우의 직선 형체의 위치도는, 이론적으로 정확한 위치에 있는 기하학적 직선(L_T)에 대하여 대칭인 기하학적 평행 2직선으로 그 직선 형체(L)를 사이에 끼웠을 때, 2직선의 간격(f)으로 표시한다(**참고 그림** 1).

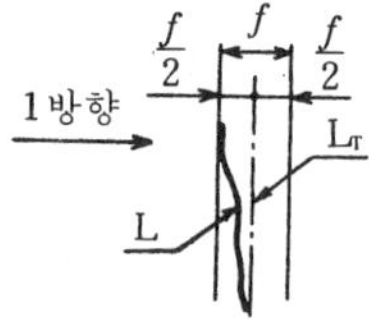

참고 그림 1

(b) **서로 직각인 2방향의 위치도** : 서로 직각인 2방향의 위치도는, 그 2방향이 각각 수직이며 이론적으로 정확한 위치에 있는 기하학적 직선(L_T)에 대하여 대칭인 2짝의 기하

학적 평행 2평면으로 그 직선 형체(L)를 사이에 끼웠을 때, 2평면의 간격(f_1, f_2)(즉, 2짝의 평행 2평면으로 갈라지는 직육면체의 2변의 길이)으로 표시한다(**그림** 29).

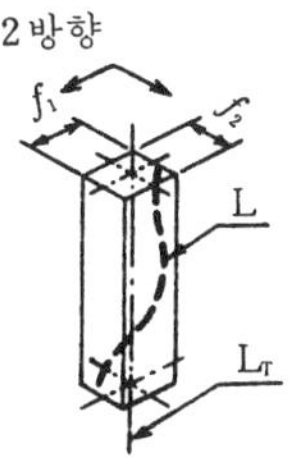

그림 29

(c) **방향을 정하지 않은 경우의 위치도** : 방향을 정하지 않은 경우의 위치도는, 이론적으로 정확한 위치에 있는 기하학적 직선(L_T)를 축으로 하고, 그 직선 형체(L)를 모두 포함하는 기하학적 원통 중에서 가장 지름이 작은 원통의 지름(f)으로 표시한다(**그림** 30).

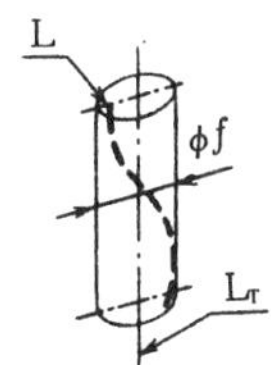

그림 30

(3) **평면 형체의 위치도** : 평면, 형체의 위치도는, 이론적으로 정확한 위치에 있는 기하학적 평면(P_T)에 대하여 대칭인 기하학적 평행 2평면으로 그 평면 형체(P)를 사이에 끼웠을 때, 2평면의 간격(f)으로 표시한다(**그림** 31).

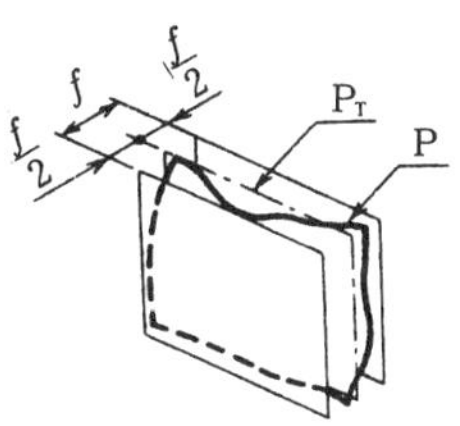

그림 31

5.11 **동축도** : 축선의 데이텀 축직선에 대한 동축도는, 그 축선(A)을 모두 포함하는 데이텀 축직선(A_D)과 동축인 기하학적 원통 중에서 가장 지름이 작은 원통의 지름(f)으로 표시하며(**그림** 32), 동축도 __mm 또는 동축도 __μm로 표시한다.

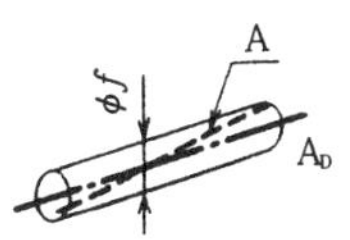

그림 32

<**참고**> 평면 도형으로서의 2개의 원의 동심도는, 데이텀 원의 중심(E_D)과 동심이며, 원형 형체의 중심(E)을 통과하는 기하학적 원의 지름(f)으로 표시한다(**참고 그림** 2).

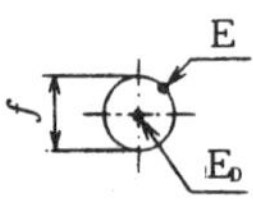

참고 그림 2

여기에서, 원형 형체의 중심이란 2개의 동심의 기하학적 원으로 그 원형 형체를 사이에 끼웠을 때, 2원의 반지름의 차가 최소로 되는 경우의 동심원의 중심을 말한다.

5.12 **대칭도** : 대칭도는 축선 또는 중심면이 데이텀 축직선 또는 데이텀 중심 평면에 대하여 수직인 방향에서 차지하는 영역의 크기에 따라, (1) 또는 (2)에 표시하는 것과 같이 나타내며 대칭도 __mm 또는 대칭도 __μm로 표시한다.

(1) **축선의 대칭도**

(a) **데이텀 중심 평면에 대한 대칭도** : 데이텀 중심 평면에 대한 대칭도는, 데이텀 중심 평면(P_{MD})에 대하여 대칭인 기하학적 평행 2평면으로 그 축선을 사이에 끼웠을 때, 2평면의 간격(f)으로 표시한다(**그림** 33).

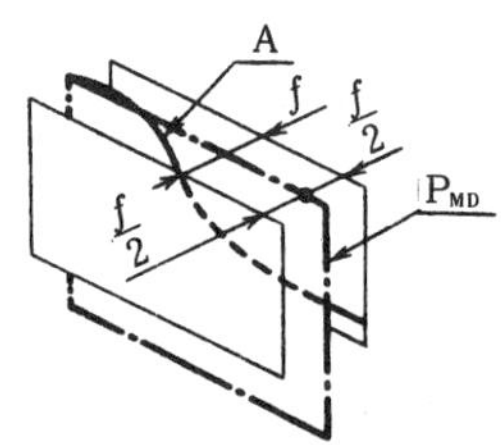

그림 33

(b) **데이텀 축직선에 대한 서로 직각인 2방향의 대칭도** : 데이텀 축직선에 대한 서로 직각인 2방향의 대칭도는, 그 2방향에 각각 수직이며, 데이텀 축직선(A_D)에 대하여 대칭인 기하학적 평행 2평면으로 그 축선(A)을 사이에 끼웠을 때, 2평면의 간격(f_1, f_2)(즉, 2짝의 평행 2평면으로 잘라지는 직육면체의 2변의 길이)으로 표시한다(**그림** 34).

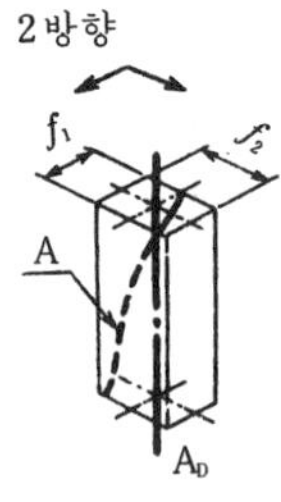

그림 34

(2) **중심면의 대칭도**

(a) **데이터 축직선에 대한 한 방향의 대칭도** : 데이텀 축직선에 대한 한방향의 대칭도는, 그 방향에 수직이며 데이텀 축직선(A_D)에 대하여 대칭인 기하학적 평행 2평면으로 그

중심면(P_M)을 사이에 끼웠을 때, 2평면의 간격(f)으로 표시한다(**그림** 35).

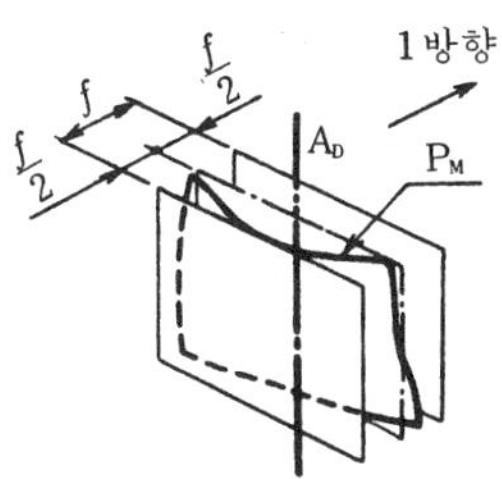

그림 35

(b) **데이텀 중심평면에 대한 대칭도** : 데이텀 중심 평면에 대한 대칭도는, 데이텀 중심 평면(P_{MD})에 대하여 대칭인 기하학적 평행 2평면으로 그 중심면(P_M)을 사이에 끼웠을 때, 2평면의 간격(f)으로 표시한다(**그림** 36).

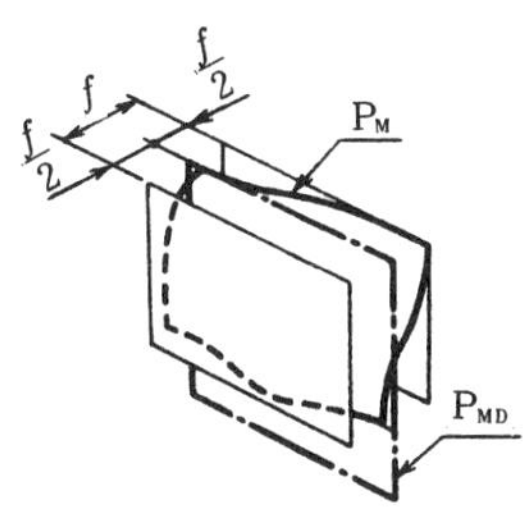

그림 36

5.13 **원주 흔들림** : 원주 흔들림은 지정된 방향에 따라, 각각 다음에 표시하는 것과 같은 대상물의 표면상의 각 위치에 있어서의 흔들림 중에서 그 최대치로 표시하는 것을 원칙으로 하고, 원주 흔들림 __mm 또는 원주 흔들림 __μm로 표시한다.

(1) **반지름 방향의 원주 흔들림** : 반지름 방향의 원주 흔들림은 데이텀 축직선(A_D)에 수직인 한 평면(측정 평면)내에 있어서, 데이텀 축직선으로부터 대상으로한 표면(K)까지의 거리의 최대치와 최소치와의 차(f)로 표시한다(**그림** 37).

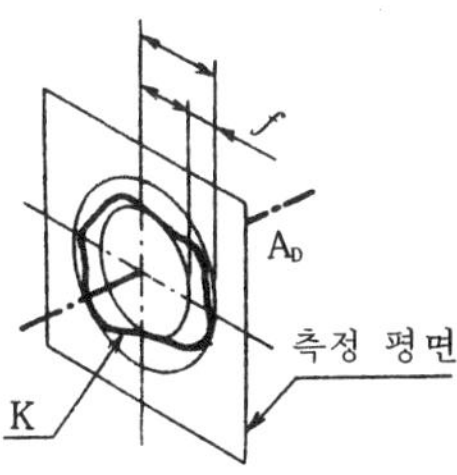

그림 37

(2) **축방향의 원주 흔들림** : 축방향의 원주 흔들림은 데이텀 축직선(A_D)으로부터 일정한 거리에 있는 원통면(측정 원통) 위에 있어서, 데이텀 축직선에 수직인 1개의 기하학적 평면(P_A)에서 대상으로 한 표면(K)까지의 거리의 최대치와 최소차와의 차(f)로 표시한다(**그림** 38).

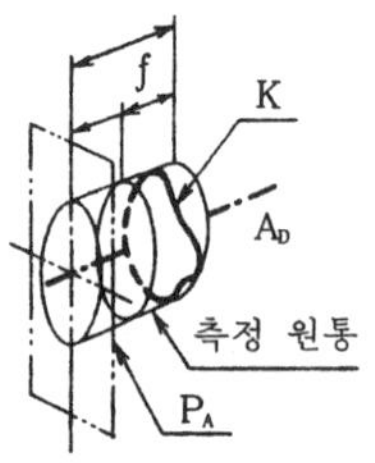

그림 38

(3) **경사법선 방향의 원주 흔들림** : 경사 법선 방향의 원주 흔들림은 대상으로 한 표면에 대한 법선이 데이텀 축직선에 대하여 어느 각도를 갖는 경우, 그 법선을 모선으로 하고 데이텀 축직선(A_D)을 축으로 하는 1개의 원추면(측정 원추) 위에 있어서 정점으로부터 대상으로 한 표면(K)까지의 거리의 최대치와 최소치와의 차(f)로 표시한다(**그림** 39).

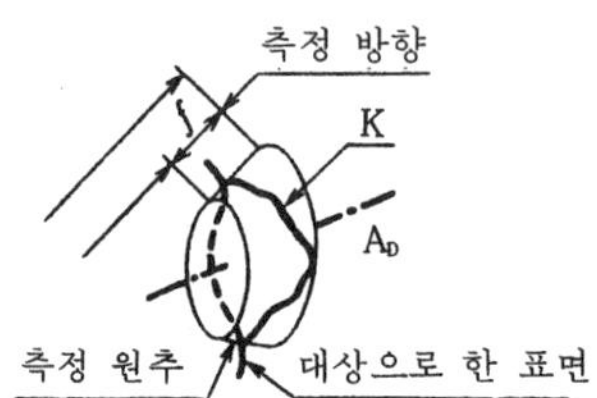

그림 39

(4) **경사 지정 방향의 원주 흔들림** : 경사 지정 방향의 원주 흔들림은, 지정된 방향을 대상으로한 표면의 법선 방향에 관계없이 일정하고, 또 데이텀 축직선(A_D)에 대하여 어느 각도(α)를 갖는 경우, 그 방향을 주는 직선을 모선으로 하고, 데이텀 축직선을 축으로 하는 1개의 원추면(측정 원추) 위에서 정점에서 대상으로 한 표면(K)까지의 거리의 최대치와 최소치와의 차(f)로 표시한다(**그림** 40).

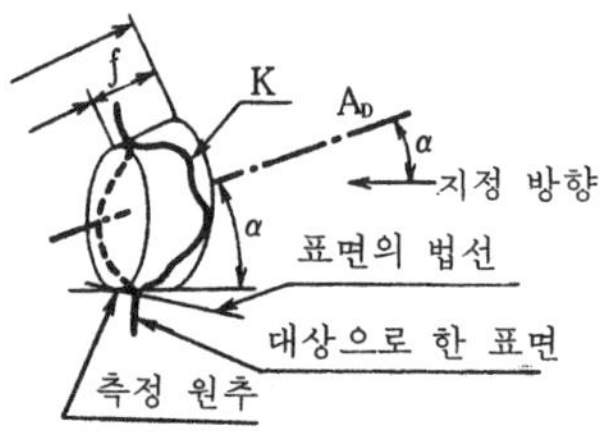

그림 40

5.14 **온 흔들림** : 온 흔들림은 지정된 방향에 따라 각각 (1) 또는 (2)에 나타냄과 같이 표시하고, 온 흔들림 __mm 또는 온 흔들림 __μm로 표시한다.

(1) **반지름 방향의 온 흔들림** : 반지름 방향의 온 흔들림은 데이텀 축직선에 수직인 방향으로 데이텀 축직선으로부터 대상으로한 표면까지 거리의 최대치와 최소치와의 차로 표시한다.

(2) **축 방향의 온 흔들림** : 축방향의 온 흔들림은, 데이텀 축직선에 평행인 방향으로 데이텀 축직선에 수직인 한 개의 기하학적 표면으로부터 대상으로 한 표면까지 거리의 최대치와 최소치와의 차로 표시한다.

 최대 실체 공차 방식

KS B 0242 (1986)

Maximum Material Principle

1. 적용 범위

이 규격은 치수 공차와 지하 공차와의 사이의 상호 의존 관계를, 최대 실체 상태를 기본으로 하여 주어지는 공차 방식(이하 최대 실체 공차 방식이라고 한다)의 적용에 대하여 규정한다.

<비고> 이 공차 방식의 도시 방법에 대해서는 KS B 0608(모양 및 위치의 정밀도 허용치 도시 방법)에 따른다.

2. 용어의 의미

이 규격에서 쓰이는 주된 용어의 뜻은 KS B 0608, KS B 0401(치수 공차 및 끼워 맞춤) 및 KS B 0425(기하 편차의 정의 및 표시)에 따르는 외에 다음에 따른다.

(1) **최대 실체 상태** : 형체의 실체가 최대가 되게끔 허용 한계 치수를 가진 형체의 상태.

(2) **최대 실체 치수**(MMS) : 형체의 최대 실체 상태를 정하는 치수. 즉, 외측 형체(예를 들면 축 등)에 대해서는 최대 허용 치수, 내측 형체(예를 들면 구멍 등)에 대해서는 최소 허용 치수.

(3) **최소 실체 상태** : 형체의 실체가 최소가 되도록 하는 허용 한계 치수를 가지는 형체의 상태.

(4) **최소 실체 치수**(LMS) : 형체의 최소 실체 상태를 정하는 치수. 즉, 외측 형체에 대해서는 최소 서용 치수, 내측 형체에 대해서는 최대 허용 치수.

(5) **실효 상태** : 대상으로 하고 있는 형체의 최대 실체 치수와, 그 형체의 자세 공차 또는 위치 공차와의 종합 효과에 의해 생기는 한계의 상태(**그림 1** 및 **그림 2**).

<비고> 형체가 그룹이 되어 있는 경우에는, 그룹내의 각 형체의 실효 상태는 도시된 조건에 의해 지정되어 있는 것과 같이 서로 정확한 위치에 있다(**부표 1 그림 8**).

(6) **실효 치수**(VS) : 형체의 실효 상태를 정하는 치수. 즉, 외측 형체에 대해서는 최대 허용 치수에 자세 공차 또는 위치 공차를 더한 치수(**그림** 1). 내측 형체에 대해서는 최소 허용 치수로부터 자세 공차 또는 위치 공차를 뺀 치수(**그림** 2).

(7) **동적 공자 선도** : 관련 형체에 있어서 공차붙이 형체의 치수와 기하 공차와의 관계를 나타내는 선도(**그림** 1 및 **그림** 2).

• **관련 규격** : KS B 0401 치수 공차 및 끼워 맞춤
KS B 0425 기하 편차의 정의 및 표시
KS B 0608 모양 및 위치의 정밀도 허영치 도시 방법

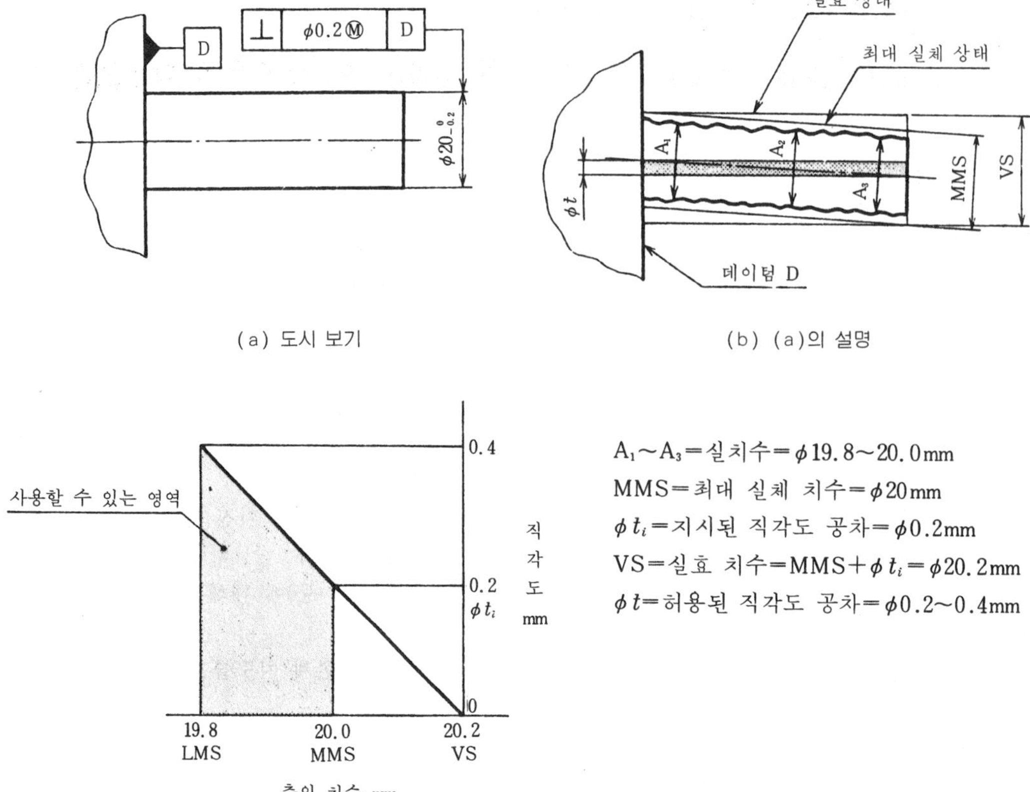

(a) 도시 보기 (b) (a)의 설명

(c) (a)의 동적 공차 선도 (d) (a)에 의하여 정해지는 수치

그림 1

3. 최대 실체 공차 방식의 적용

3.1 **일반 사항** : 최대 실체 공차 방식을 지정할 때의 일반 사항은 다음에 따른다.

(1) 최대 실체 공차 방식은 주로 2개의 형체를 단순히 조립할 필요가 있을 때에, 각각의 형체에 대하여 치수 공차와 자세 공차 또는 위치 공차와의 사이에 상호 의존성을 고려하여, 치수의 여유분을 자세 공차 또는 위치 공차에 부가할 수 있는 경우에 적용한다.

<비고> 운동 기구(예를 들면 기어의 축 사이 거리) 등과 같이 기능상 규정된 위치 공차 또는 자세 공차를 형체의 치수에 불구하고 지키기 않으면 안될 경우에는, 최대 실체 공차 방식을 적용해서는 안된다.

(2) 최대 실체 공차 방식은 축선 또는 중심면을 가지는 관련 형체에 적용한다. 또한, 평면 또는 평면상의 선에는 적용할 수 없다.

(3) 이 공차 방식을 적용할 때에는, 도면에 지시한 자세 공차 또는 위치 공차의 공차값은, 공차붙이 형체가 최대 실체 상태인 때에 대하여 정해진 것이다.

(4) 형체가 허용 한계 내에서 최대 실체 치수로부터 벗어나서 다듬질 되었을 때에는, 그만큼 자세 공차 또는 위치 공차에 부가하는 것이 허용된다.

(5) 이 부가하는 공차는 실효 상태를 넘지 않는 범위에서 주어진다.

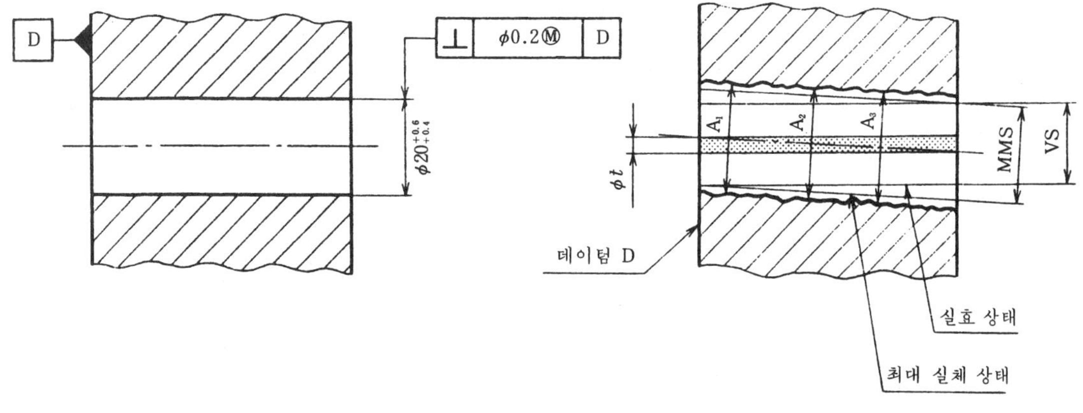

(a) 도시 보기　　　　(b) (a)의 설명

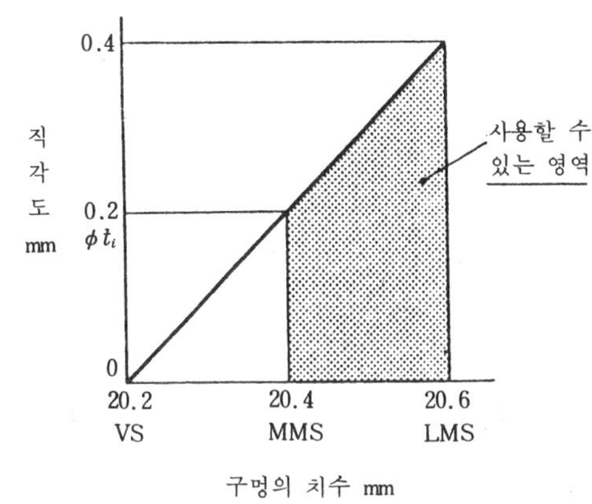

$A_1 \sim A_3$=실치수=ϕ20.4~20.6mm
MMS=최대 실체 치수=ϕ20.4mm
ϕt_i=지시된 직각도 공차=ϕ0.2mm
VS=실효 치수=MMS$-\phi t_i$=ϕ20.2mm
ϕt=허용된 직각도 공차=ϕ0.2~0.4mm

(c) (a)의 동적 공차 선도　　　　(d) (a)에 의하여 정해지는 수치

그림 2

<비고> 실효 상태를 정하는 치수, 즉 실효 치수는 검사용의 기능 게이지의 치수를 나타낸다.

(6) 자세 공차 또는 위치 공차를, 치수 공차를 가지는 데이텀에 관련한 형체에 적용하는 경우에는, 공차붙이 형체와 마찬가지로 데이텀 형체에 대해서도 최대 실체 공차 방식을 적용할 수 있다.

(7) (6)의 경우에는 데이텀 형체가 그의 최대 실체 치수에서 벗어난 값만큼, 데이텀 축 직선이나 데이텀 중심 평면이 부동하는 것을 인정한다.

<비고> 데이텀 형체가 그의 최대 실체 치수로부터 벗어나 있다는 것은, 공차붙이 형체의 공차를 증가하는 것은 아니다. 최대 실체 공차 방식의 구체적인 설명을 참고에 표시한다.

3.2 **최대 실체 공차 방식의 적용 보기** : 최대 실체 공차 방식을 적용하는 경우의 주된 부기를 **부표** 1 및 **부표** 2에 나타낸다. **부표**의 설명란의 그림 중의 (a) 및 (b)는 각각 형체의 최대 실체 상태 및 최소 실체 상태의 경우를 표시하며, 실제로는 형체는 이들 극단인 상태의 중간에 있다.

또한, **부표** 중의 수치의 단위는 mm이다.

부표 1　최대 실체 공차 방식을 공차붙이 형체에 적용하는 경우

도　　시	설　　명

(1) 평행도 공차

기능적 필요 조건

(a) 핀의 지름이 ϕ6.5의 최대 실체 치수인 때에, 축선은 데이텀 평면 A에 평행으로 0.06 떨어진 2개의 평행 평면의 사이에 있어야 한다.

(b) 핀의 실체가 데이텀 평면 A에 평행인 실효 상태(6.56=6.5+0.06)를 넘어서는 안된다.

<비고> **부표 1 그림 1**의 경우에는 공차역은 2개의 평행 평면 사이의 영역이어야 하며, 그의 실효 상태는 2개의 평행 평면 사이의 영역이다.

그 거리는 최대 실체 치수 6.5에 0.06을 더한 6.56이다.

부표 1　그림 1

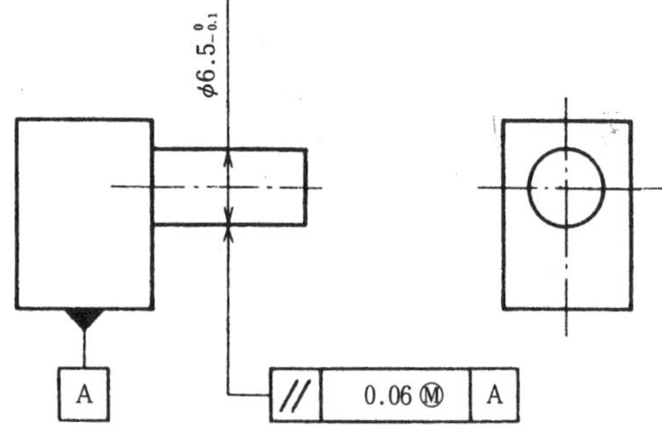

실제의 핀은 다음의 조건에 적합해야 한다.

1. 핀의 지름은 0.1의 치수 공차 내에 있어야 한다. 따라서, ϕ6.5와 ϕ6.4의 사이에서 변동할 수 있다.
2. 핀의 지름이 ϕ6.5의 최대 실체 치수일 때, 축선은 데이텀 평면 A에 평행으로 0.06 떨어진 2개의 평행 평면 사이에 있어야 한다[**부표 1 그림 2**(a)].

   또한, 핀의 지름이 ϕ6.4일 때, 최대 0.16까지의 공차역(2개의 평행 평면의 거리) 내에서 변동할 수 있다[**부표 1 그림 2**(b)].
3. 실제의 핀은, 데이텀 평면 A에 평행으로 6.56 떨어진 2개의 평행 평면에 의해 설정된 실효 상태의 경계를 넘어서는 안된다(**부표 1 그림 2**).

부표 1　그림 2

(a) 최대 실체 상태(핀의 최대 허용 치수)

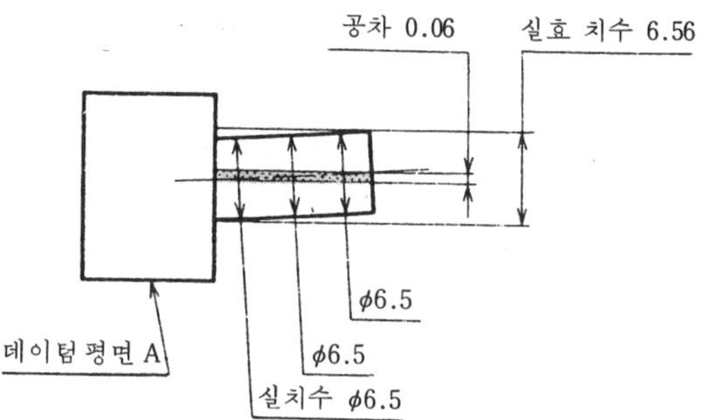

(b) 최소 실체 상태(핀의 최소 허용 치수)

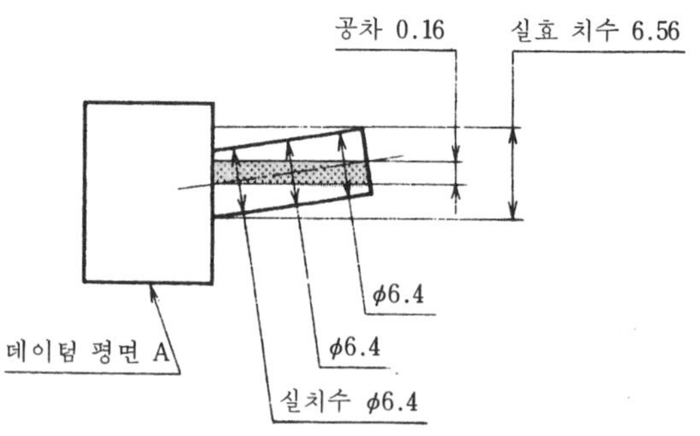

부표 1 (계속)

도　　시	설　　명
(2) **직각도 공차**	
기능적 필요 조건 (a) 구멍의 지름이 최대 실체 치수 ϕ50일 때, 축선은 데이텀 평면 A에 직각으로 ϕ0.08의 공차역 내에 있어야 한다. (b) 구멍의 실체가 데이텀 평면 A에 직각인 실효 상태 [ϕ49.92=ϕ(50−0.08)]를 넘어서는 안된다. **부표 1 그림 3** 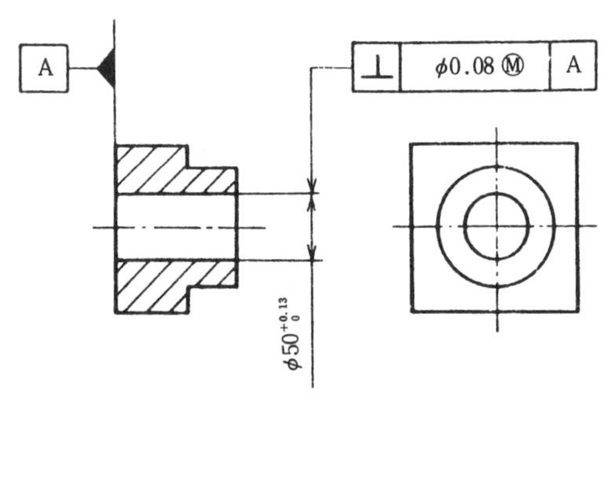	실제의 핀은 다음의 조건에 적합해야 한다. 1. 구멍의 지름은 0.13의 치수 공차내에 있어야 한다. 따라서, ϕ50과 ϕ50.13 사이에서 변동할 수 있다. 2. 구멍의 지름이 ϕ50의 최대 실체 치수일 때, 축선은 데이텀 평면 A에 직각으로 ϕ0.08의 공차역 내에 있어야 한다[**부표 1 그림** 4(a)]. 또한, 구멍의 지름이 ϕ50.13의 최소 실체 치수일 때, 최대 ϕ0.21까지의 공차역 내에서 변동할 수 있다[**부표 1 그림** 4(b)]. 3. 실제의 구멍은 데이텀 평면 A에 직각으로 ϕ49.92의 완전 모양을 가진 내접 원통에 의하여 설정되는 실효 상태의 경계를 넘어서는 안된다(**부표 1 그림** 4).

부표 1 그림 4

(a) 최대 실체 상태(구멍의 최소 허용 치수)

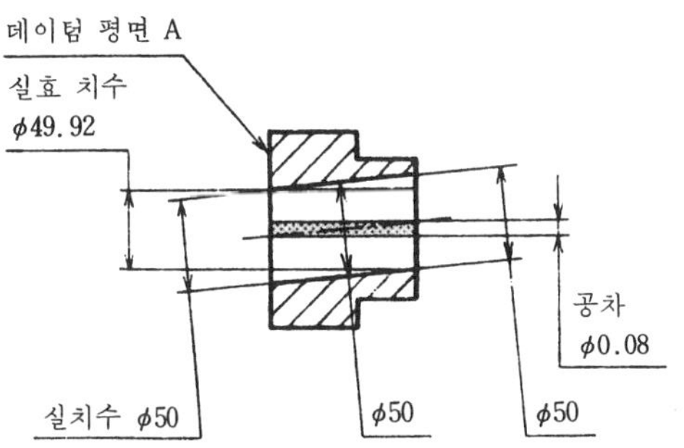

(b) 최소 실체 상태(구멍의 최대 허용 치수)

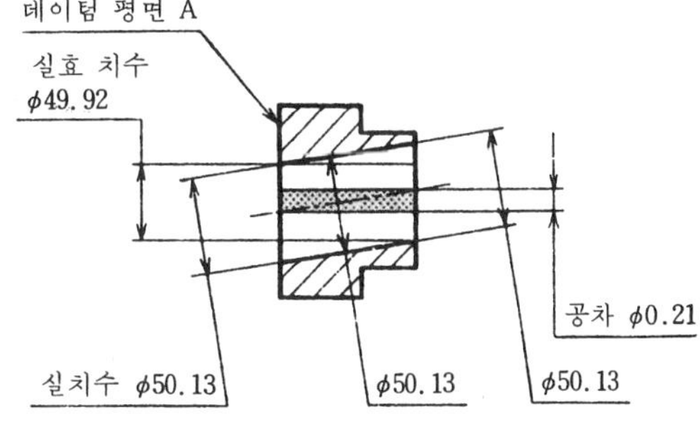

부표 1 (계속)

도 시	설 명

(3) 경사도 공차

기능적 필요 조건

(a) 홈의 나비가 6.32의 최대 실체 치수일 때, 홈의 중심면은 0.13 떨어진 평행 평면 사이에 있고, 데이텀 평면 A에 대하여 규정된 45°의 각도로 기울어져 있어야 한다.

(b) 홈부의 실체가 데이텀 평면 A에 규정된 각도로 기울어진 실효 상태(6.19=6.32−0.13)를 넘어서는 안 된다.

부표 1 그림 5

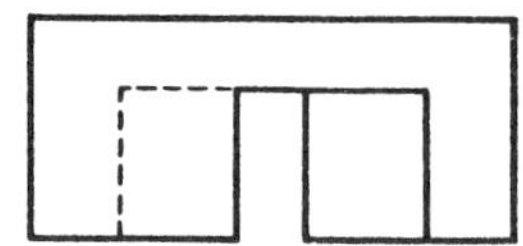

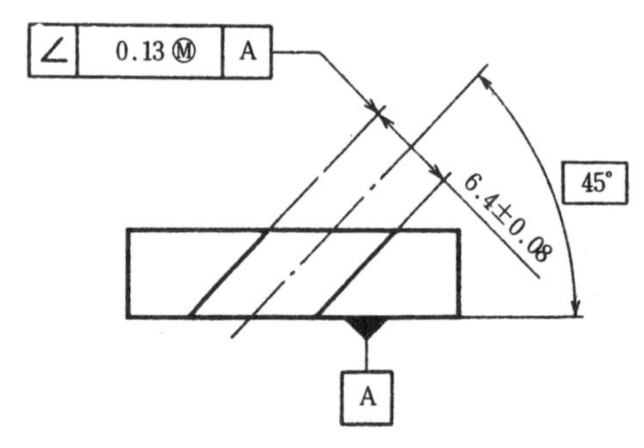

실제의 핀은 다음의 조건에 적합해야 한다.

1. 홈의 나비는 0.16의 치수 공차 내에 있어야 한다. 따라서, 6.32와 6.48 사이에서 변동할 수 있다.
2. 홈의 나비가 6.32의 최대 실체 치수일 때, 홈의 중심면은 데이텀 평면 A에 대하여 규정된 45°의 각도로 기울어지고, 0.13 떨어진 2개의 평행 평면의 사이에 있어야 한다[**부표 1 그림** 6(a)].

   홈의 모든 폭이 6.48의 최소 실체 치수일 때, 홈의 중심면은 최대 0.29까지 공차역 내에서 변동할 수 있다[**부표 1 그림** 6(b)].
3. 실제의 홈은 데이텀 평면 A에 대하여 규정된 45°의 각도로 기울어지고, 6.19 떨어진 2개의 평행 평면에 의하여 설정된 실효 상태의 경계를 넘어서는 안된다(**부표 1 그림** 6).

부표 1 그림 6

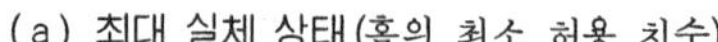

(a) 최대 실체 상태(홈의 최소 허용 치수)

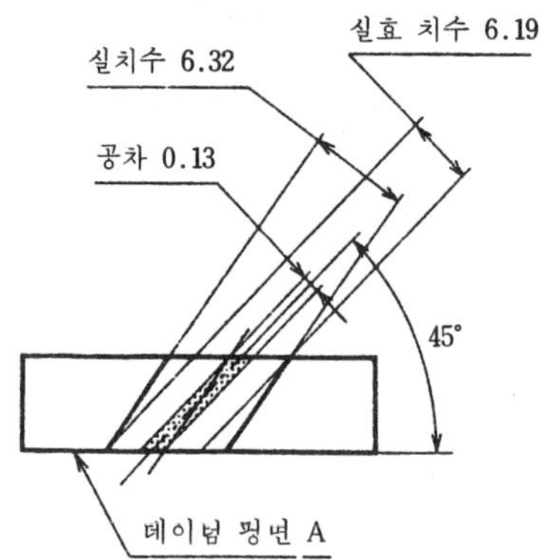

(b) 최소 실체 상태(홈의 최대 허용 치수)

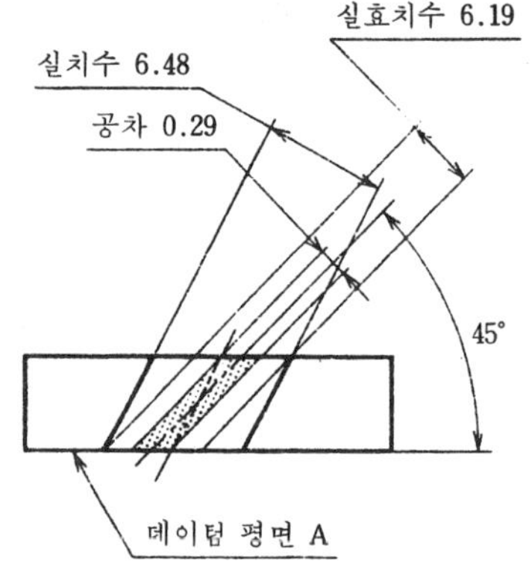

부표 1 (계속)

도 시	설 명
(4) 위치도 공차 **(a) 지시된 위치도 공차가 0이 아닌 경우**	
기능적 필요 조건 (a) 각 구멍의 지름이 최대 실체 치수 ϕ6.5일 때, 4개의 구멍의 축선은 각각 ϕ0.2의 위치도 공차역내에 있어야 한다. (b) 위치도 공차역은 서로 규정된 올바른 위치에 있어야 한다. (c) 각 구멍의 실효 치수는 $\phi6.3=\phi(6.5-0.2)$로서 구멍부의 실체는 이것을 넘어서는 안된다. **부표 1 그림 7** 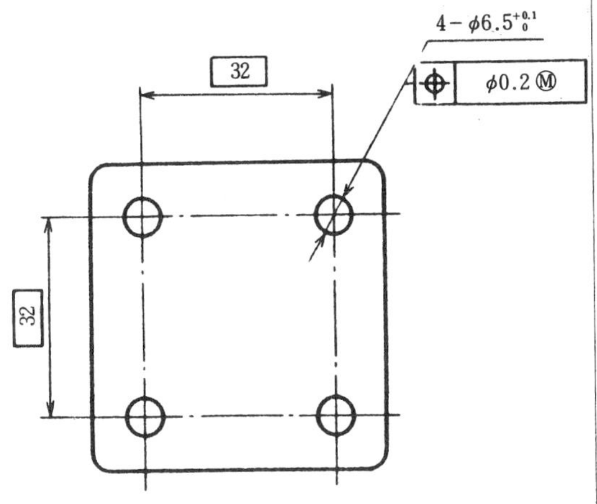	실제의 핀은 다음의 조건에 적합해야 한다. 1. 각 구멍의 지름은 0.1의 치수 공차내에 있어야 한다. 따라서, ϕ6.5와 ϕ6.6 사이에서 변동할 수 있다(**부표 1 그림** 8). 2. 구멍의 지름이 최대 실체 치수 ϕ6.5일 때, 각 구멍의 축선은, ϕ0.2의 위치도 공차역 내에 있어야 한다[**부표 1 그림** 8(a)]. 또한, 구멍의 지름이 최소 실체 치수 ϕ6.6일 때, 각 구멍의 축선은 ϕ0.3의 공차역까지 변동할 수 있다[**부표 1 그림** 8(b)]. 3. 위치도 공차역은 서로 규정된 정확한 위치에 있어야 한다(**부표 1 그림** 8). 4. 4개의 실제의 구멍은 3.에서 말한 바와 같이 규정된 정확한 위치에 있고 ϕ6.3의 완전한 모양의 내접 원통에 의해 설정되는 실효 상태의 경계를 넘어서는 안된다(**부표 1 그림** 8).

부표 1 그림 8

(a) 최대 실체 상태(구멍의 최소 허용 치수)

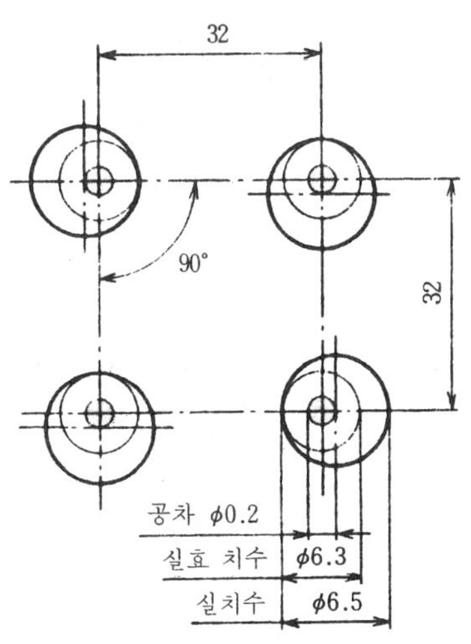

(b) 최소 실체 상태(구멍의 최대 허용 치수)

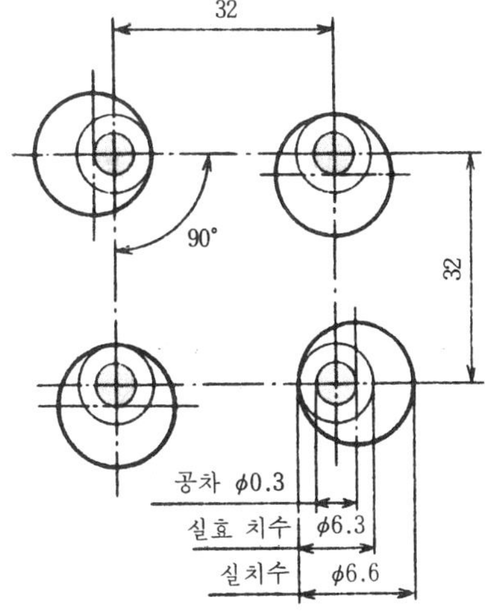

부표 1 (계속)

<table>
<tr><th>도 시</th><th>설 명</th></tr>
<tr><td colspan="2">(4) 위치도 공차
(b) 지시된 위치도 공차가 0인 경우</td></tr>
<tr><td>

기능적 필요 조건

(a) 각 구멍의 지름이 최대 실체 치수 φ6.3일 때, 4개의 구멍의 축선은, 규정된 정확한 위치에 있어야 한다.
(b) 각 구멍의 실효 치수는, φ6.3의 최대 실체 치수에 일치하고, 구멍부의 실체는 이것을 넘어서는 안된다.

부표 1 그림 9

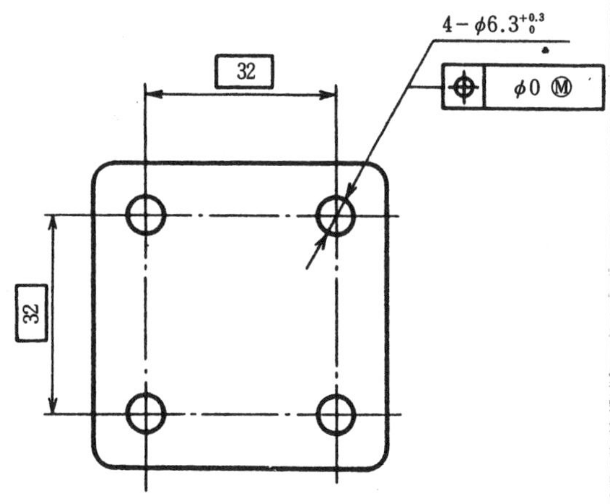

</td><td>

실제의 핀은 다음의 조건에 적합해야 한다.

1. 각 구멍의 지름은 0.3의 치수 공차 내에 있어야 한다. 따라서 φ6.3과 φ6.6 사이에서 변동할 수 있다(**부표 1 그림 10**).
2. 구멍의 지름이 최대 실체 치수 φ6.3일 때, 위치도 공차역은 φ0이고, 각 구멍의 축선은 결정된 정확한 위치에 있어야 한다[**부표 1 그림 10**(a)].
   또한, 구멍의 지름이 최소 실체 치수 φ6.6일 때, 그 추건은 φ0.3의 공차역까지 변동할 수 있다[**부표 1 그림 10**(b)].
3. 위치도 공차역은 서로 규정된 정확한 위치에 있어야 한다(**부표 1 그림 10**).
4. 4개의 실제의 구멍은 3.에서 말한 바와 같이 정해진 정확한 위치에 있고, φ6.3의 완전한 모양의 내접 원통에 의하여 설정되는 실효 상태의 경계를 넘어서는 안된다(**부표 1 그림 10**).

</td></tr>
</table>

부표 1 그림 10

(a) 최대 실체 상태

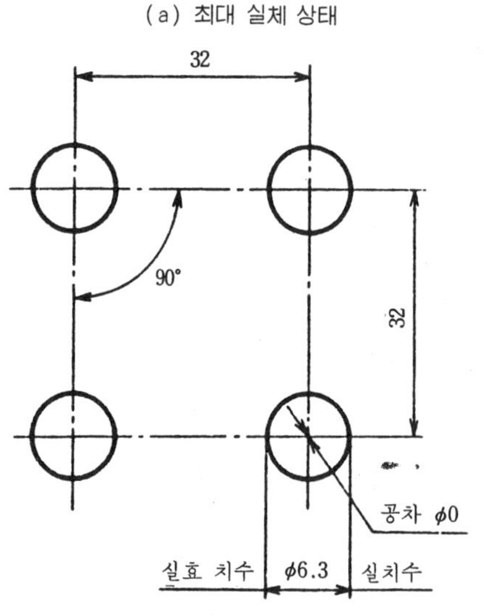

(b) 최소 실체 상태

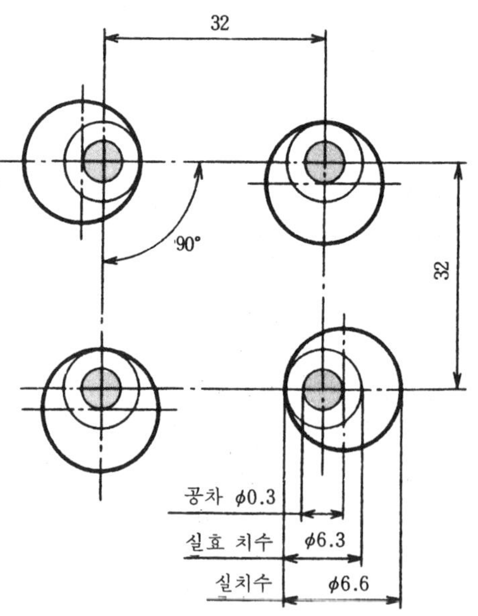

부표 2 최대 실체 공차 방식을 공차붙이 형체와 그의 데이텀 형체의 양자에 적용할 경우

도 시	설 명
기능적 필요 조건 (a) 각 구멍의 지름이 최대 실체 치수 φ6.5일 때, 4개의 구멍의 축선은, φ0.2의 공차역 내에 있어야 한다. (b) 데이텀 구멍의 지름이 최대 실체 치수 φ7일 때, 위치도의 공차역은, 서로 정확한 위치에, 또한, 데이텀 축직선 A에 대해서도 정확한 위치에 있어야 한다. (c) 4개의 각 구멍의 실효 치수는, φ6.3=φ(6.5−0.2)로서, 구멍부의 실체는 이것을 넘어서는 안된다. **부표 2 그림 1** 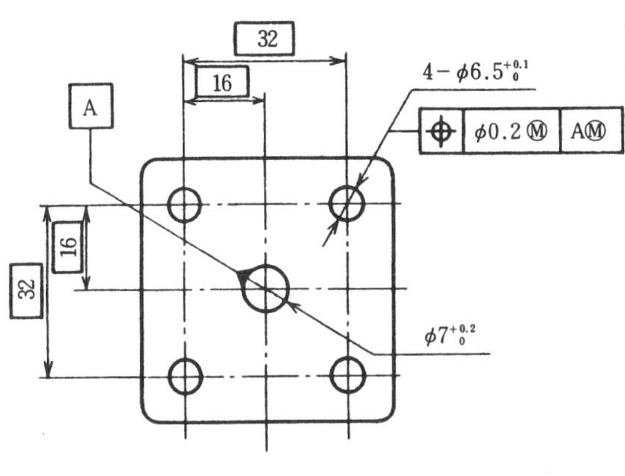 	실제의 핀은 다음의 조건에 적합해야 한다. 1. 각 구멍의 지름은 0.1의 치수 공차 내에 있어야 한다. 따라서 φ6.5와 φ6.6 사이에서 변동할 수 있다(**부표 2 그림 2**). 2. 구멍 지름이 최대 실체 치수 φ6.5일 때, 각 구멍의 축선은, φ0.2의 위치도 공차역 내에 있어야 한다[**부표 2 그림 2**(a)]. 또한, 구멍의 지름이 최소 실체 치수 φ6.6일 때, 각 구멍의 축선은, φ0.3까지 변동할 수 있다[**부표 2 그림** 2(b)]. 3. 위치도 공차역은 서로 정확한 위치에 있어야 한다(**부표 2 그림 2**). 또한, 데이텀 궁의 지름이 최대 실체 치수 φ7일 때는, 데이텀 축직선 A에 대해서도 정확한 위치에 있어야 한다(**부표 2 그림 2**). 4. 데이텀 구멍의 지름이 최소 실체 치수 φ7.2일 때, 데이텀 축직선 A는 φ0.2의 범위에서 부동할 수 있다[**부표 2 그림 2**(b)]. 5. 4개의 실제의 구멍은 3.에서 말한 바와 같이 서로 정확한 위치에 있고, φ6.3의 완전한 모양의 내접 원통에 의하여 설정된 실효 상태의 경계를 넘어서는 안된다(**부표 2 그림 2**)

부표 2 그림 2

(a) 최대 실체 상태

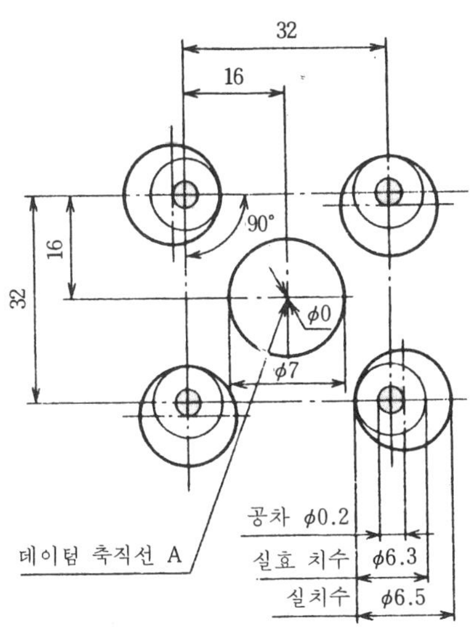

(b) 최소 실체 상태

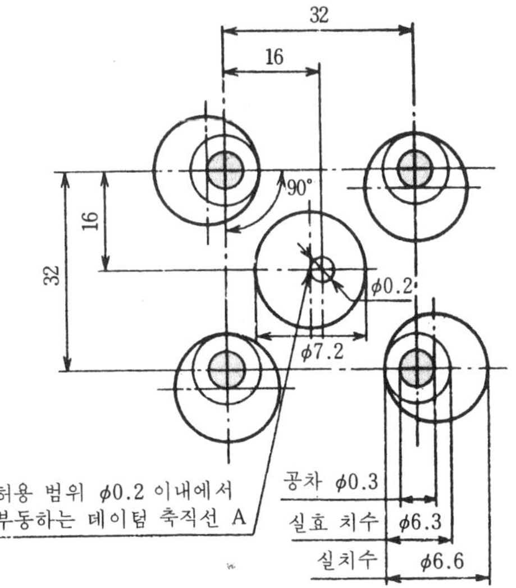

참 고　최대 실체 공차 방식의 설명

최대 실체 공차 방식은 위치도 공차와 같이 사용되는 것이 가장 일반적이므로, 이것에 대해 설명하면 다음과 같다.

또한, 수치의 단위는 mm로 한다.

(1) 일군의 4개의 구멍에 대한 도면상의 지시가, **참고 그림 1**에 표시되어 있다. 그 일군의 구멍에 끼워 맞추는 일군의 4개의 고정 핀에 대한 도면상의 지시가 **참고 그림 3**에 표시되어 있다. 구멍의 최소 허용 치수는 ϕ8.1이다. 이것은 최대 실체 치수이다. 핀의 최대 허용 치수는 ϕ7.9이다. 이것은 최대 실체 치수이다.

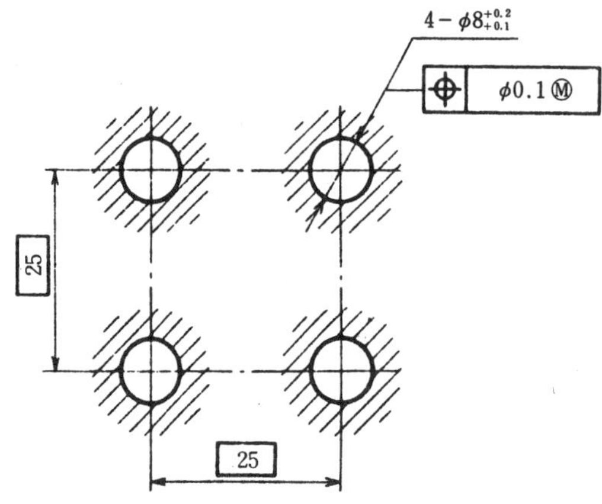

참고 그림 1　구멍의 도면 지시

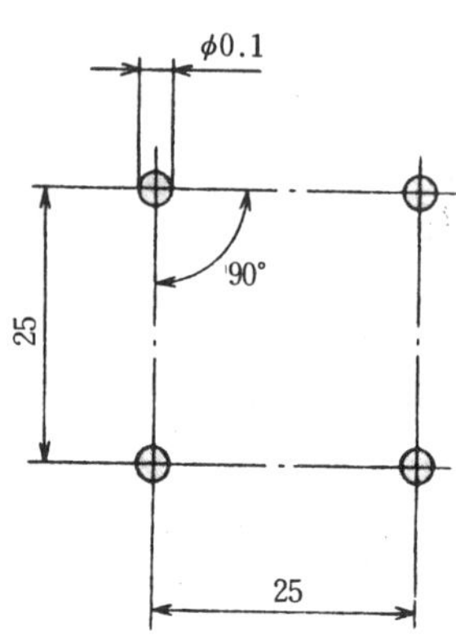

참고 그림 2　구멍의 최대 실체 치수일 때의 공차역

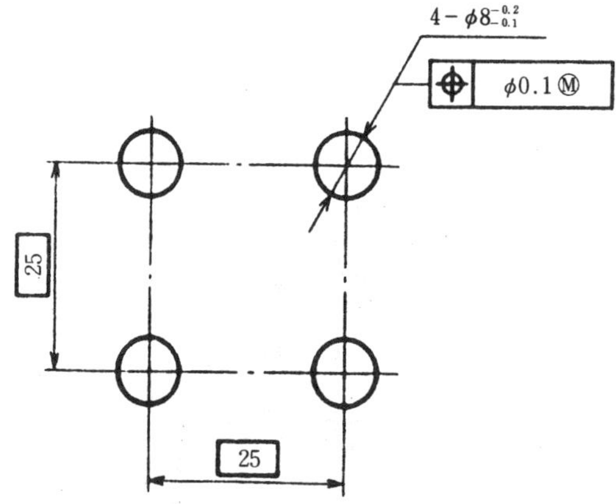

참고 그림 3　핀의 도면 지시

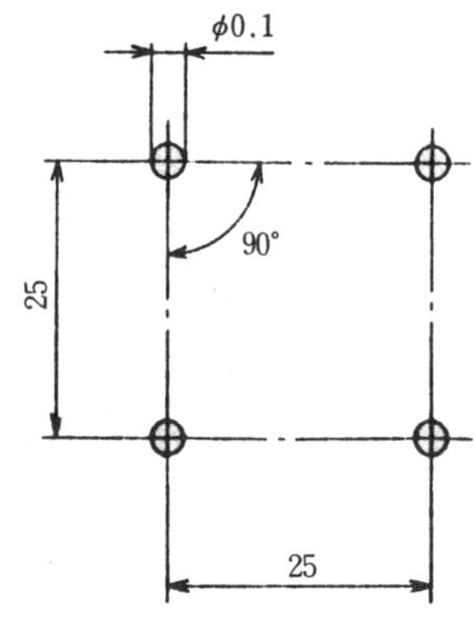

참고 그림 4　핀의 최대 실체 치수일 때의 공차역

(2) 구멍과 핀의 최대 실체 치수의 차는 0.2=8.1−7.9이다. 이 차는 구멍과 핀의 위치도 공차로서 사용할 수 있다. 이 보기에서는 이 공차가 핀과 구멍에 등분으로 배분되고 있다. 즉, 구멍의 위치도 공차는 ϕ0.1이고(**참고 그림 1**), 핀의 위치도 공차도 또한 ϕ0.1이다(**참고 그

림 3). ϕ0.1의 공차역은 각각의 이론적으로 정확한 위치에 위치가 결정된다(**참고 그림** 2 및 **참고 그림** 4).

(3) **참고 그림** 5는 모든 최대 실체 치수이다. 4개의 구멍 각각의 원통면을 표시하고 있다. 구멍의 중심은 공차역 내에서 극한의 위치에 존재하고 있다. **참고 그림** 6은 최대 실체 치수에 있는 대응할 핀을 나타내고 있다. **참고 그림** 5~8에서 가장 좋지 않은 상태에서도 이들의 부품은 조합할 수 있다는 것을 알 수 있다.

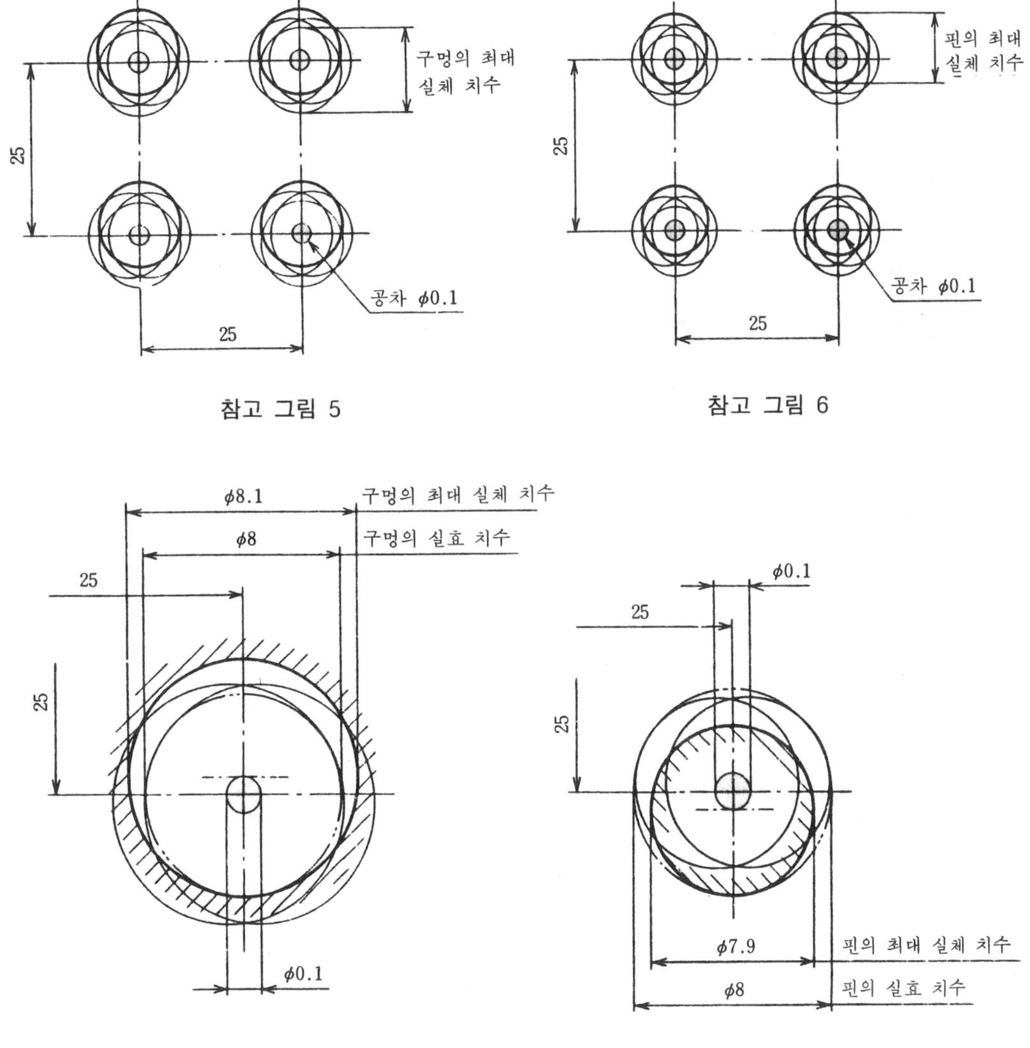

(4) **참고 그림** 5의 4개의 구멍 한 개를 확대하여 **참고 그림** 7에 표시하고 있다. 구멍 중심에 대한 공차역은 ϕ0.1이고, 구멍의 최대 실체 치수는 ϕ8.1이다. 중심이 ϕ0.1의 공차역의 극한의 한계에 위치하는 지름 8.1의 모든 원은, 지름 8인 내접하는 포락 원통을 형성하고 있다.

(5) **참고 그림** 8은 **참고 그림** 6의 4개의 핀의 한 개를 확대하여 표시하고 있다. 핀의 최대 실체 치수는 7.9이다. 핀의 중심에 대한 공차역은 ϕ0.1이다. 중심이 ϕ0.1의 공차역의 극한의 한계에 위치하는 핀의 표면은, ϕ8인 외접하는 포락 원통을 형성하고 있다.

(6) 구멍 치수가 구멍의 최대 실체 치수보다 크고, 또한 핀의 치수가 핀의 최대 실체 치수보다 작을 때는 핀과 구멍 사이의 틈새가 증가하고, 이 틈새는 핀과 구멍의 위치도 공차를 증가시키기 위해 사용할 수 있다. 극한 상태는 구멍의 치수가 최소 실체 치수, 즉 ϕ8.2일 때이다. **참고 그림 9**는 구멍의 중심이 ϕ0.2의 공차역 내의 어느 위치에 있어도 좋다는 것을 표시하고 있다. 구멍의 표면은 실효 치수의 원통을 초과하지 않는다.

참고 그림 10은 핀에 대해서 같은 관계를 표시하고 있다. 핀의 치수가 최소 실체 치수 즉, ϕ7.8일 때, 위치도의 공차역의 지름은 ϕ0.2이다.

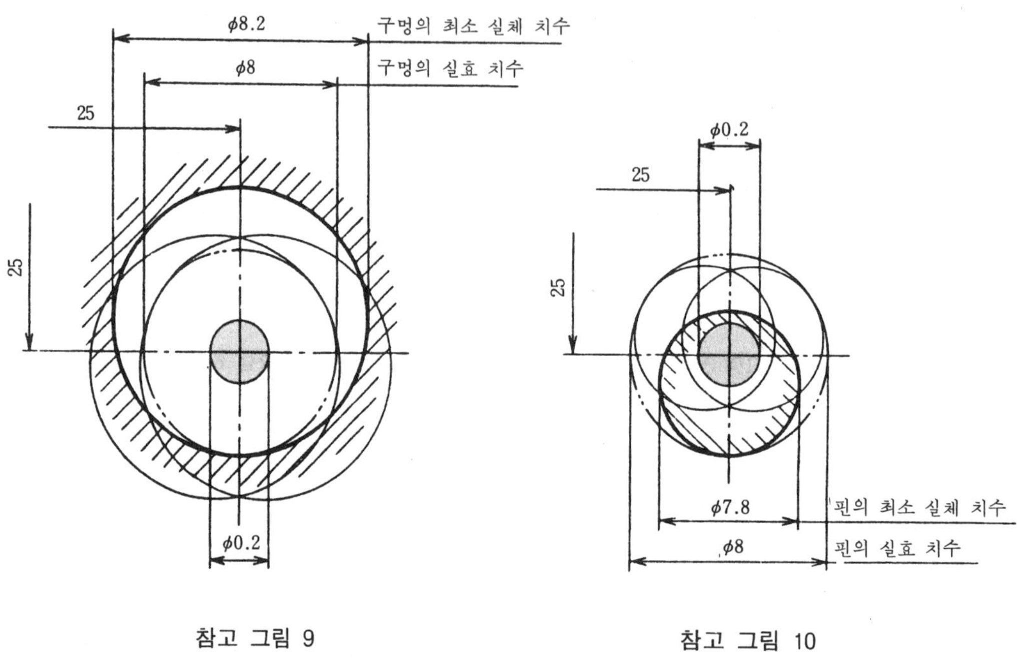

참고 그림 9 **참고 그림** 10

(7) 구멍과 핀의 양쪽의 실효 치수의 계산에서는 구멍과 핀의 모양이 최대 실체 치수이고, 또 완전한 모양인 것을 가정하고 있다.

(8) 전체의 구멍은 실효 원통의 바깥쪽에, 또 모든 핀은 실효 원통의 안쪽에 있고, 또 이들의 실효 원통은 동일의 실효 치수를 갖고, 이론적으로 정확한 위치에 있으므로 호환성이 보증된다. 따라서, 한쪽의 조합 부품의 기하 공차의 증가량은 다른 쪽의 조합 부품의 상태에 의존하지 않는다.

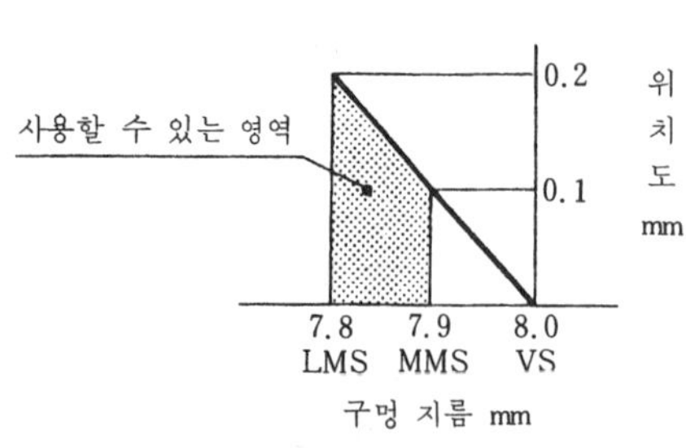

(a) 참고 그림 3에 대응하는 동적 공차 선도

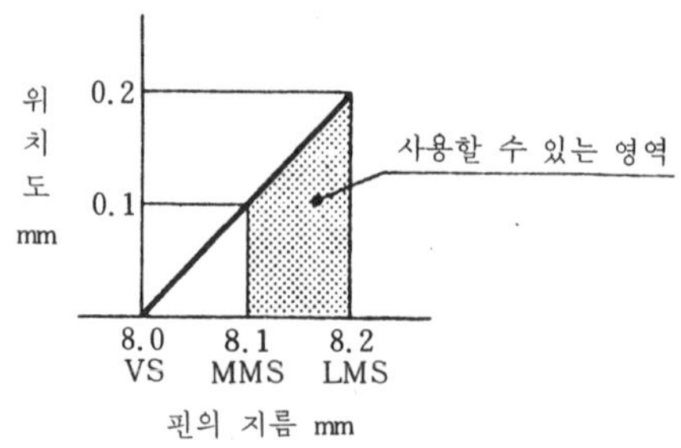

(b) 참고 그림 10에 대응하는 동적 공차 선도

참고 그림 11

(9) **참고 그림** 1 및 **참고 그림** 3에 대한 동적 공차 선도를 **참고 그림** 11에 표시한다.

(10) **참고 그림** 1 및 **참고 그림** 3에서 실효 상태 및 최소 실체 상태를 변경하지 않고 치수 공차를 최대로 하려면, **참고 그림** 12와 같이 최대 실체 상태에서의 위치도 공차를 0으로 하면 좋다. 다만, 최대 실체 치수를 실효 치수와 일치시킨다. 이 경우에 대한 동적 공차 선도를 참고 **그림** 13에 표시한다.

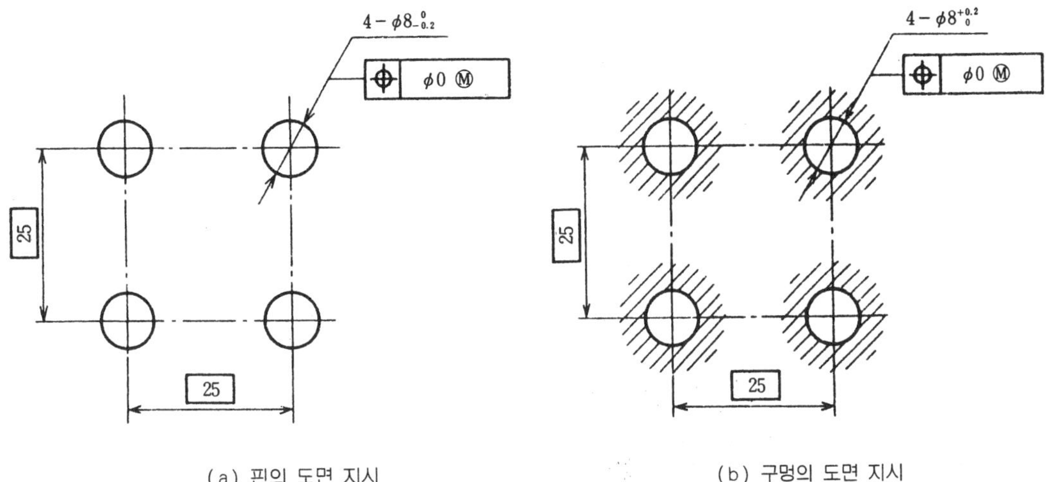

(a) 핀의 도면 지시 (b) 구멍의 도면 지시

참고 그림 12

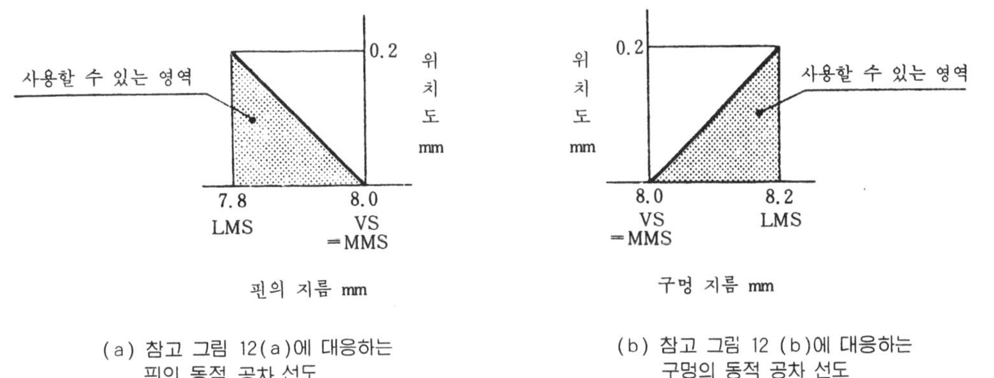

(a) 참고 그림 12(a)에 대응하는 핀의 동적 공차 선도

(b) 참고 그림 12 (b)에 대응하는 구멍의 동적 공차 선도

참고 그림 13

5 기하 공차를 위한 데이텀

KS B 0243 (1987)

Datums and Datum-systems for Geometrical Tolerances

1. 적용 범위

이 규격은 기하 공차를 지시할 때에 사용하는 데이텀 및 데이텀계의 도시 방법 및 설정 방법에 대하여 규정한다.

2. 용어의 뜻

이 규격에서 사용하는 주된 용어의 뜻은 KS B 0608(모양 및 위치의 정밀도의 허용치 도시 방법), KS B 0425(기하 편차의 정의 및 표시)에 따르는 외에 다음에 따른다.

(1) **데이텀** : 관련 형체에 기하 공차를 지시할 때, 그 공차 영역을 규제하기 위하여 설정한 이론적으로 정확한 기하학적 기준(**그림** 1). 보기를 들면 이 기준이 점, 직선, 축 직선, 평면 및 중심 평면인 경우에는 각각 데이텀 점, 데이텀 직선, 데이텀 축 직선, 데이텀 평면 및 데이텀 중심 평면이라고 부른다.

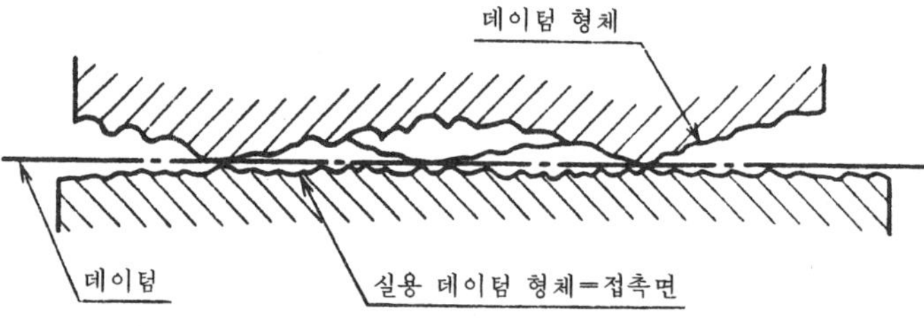

그림 1

(2) **데이텀 형체** : 데이텀을 설정하기 위하여 사용하는 대상물의 실제의 형체(부품의 표면, 구멍 등)(**그림** 1).

<**비고**> 데이텀 형체에는 가공 오차 등이 있으므로, 필요에 따라서 데이텀 형체에 적합한 모양 공차를 지시한다.

(3) **실용 데이텀 형체** : 데이텀 형체에 접하여 데이텀을 설정할 경우에 사용하는, 충분히 정밀한 모양을 갖는 실제의 표면(정반, 베어링, 맨드릴 등)(**그림** 1).

<**비고**> 실용 데이텀 형체는 가공, 측정 및 검사를 할 경우에 지시한 데이텀을 실제로 구체화한 것이다.

(4) **공통 데이텀** : 2가지의 데이텀 형체에 따라서 설정되는 단일의 데이텀.

(5) **데이텀 계** : 공차붙이 형체의 기준으로 하기 위해, 개별로 2가지 이상의 데이텀을 조합시켜서 사용할 경우의 데이텀 그룹.

(6) **데이텀 표적** : 데이텀을 설정하기 위해서 가공, 측정 및 검사용의 장치, 기구 등에 접촉시키는 대상물 위의 점, 선 또는 한정된 영역.

• **관련 규격** : KS B 0425 기하 편차의 정의 및 표시
KS B 0608 모양 및 위치의 정밀도의 허용치 도시 방법

3. 기 호

데이텀 및 데이텀 표적의 기호는 **표 1**에 따른다.

표 1 데이텀 및 데이텀 표적의 기호

사 항		기 호 (1)	참조 항목
데이텀을 지시하는 문자 기호		A	5.
데이텀 삼각 기호(2)			5.
데이텀 표적 기입 테두리		A1 / ϕ2 A1	6.
데이텀 표적 기호	점	X	6.
	선	X—X	
	영 역		

주(1) 문자 기호 및 수치는 한 보기를 표시한다.
(2) KS B 0608 참조.

4. 데이텀 또는 데이텀 계를 지시할 경우의 기본적 사항

4.1 **단일의 데이텀에 의한 지시** : 자세 공차, 흔들림 공차 등은 일반적으로 단일의 데이텀과 관련하여 지시한다.

4.2 **3평면 데이텀계에 의한 지시** : 위치 공차는 일반적으로 서로 직교하는 3개의 데이텀 평면과 관련하여 지시한다. 이들 3평면에 의해 구성되는 데이텀계를 3평면 데이텀계라 한다. 이 경우, 데이텀의 일의성을 고려하여 데이텀의 우선 순위를 정해서 지시한다. 3평면 데이텀계를 구성하는 데이텀 평면은 그 우선 순위에 따라서 각각 제1차 데이텀 평면, 제2차 데이텀 평면 및 제3차 데이터 평면이라고 한다(**그림 2**).

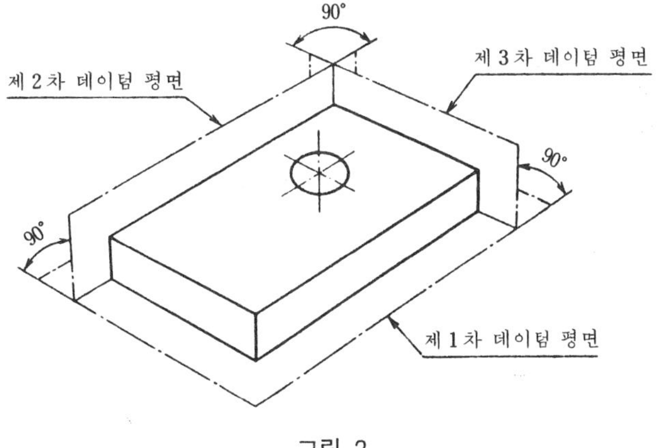

그림 2

이들의 데이터에 대응하는 실용 데이텀 형체는 각각 제1 실용 데이텀 평면, 제2 실용 데이텀 평면 및 제3 실용 데이텀 평면이라고 한다(**그림 3**).

<비고> 원통 모양의 대상물에 3평면 데이텀계를 적용할 경우에는 축 직선을 포함하는 서로 직교하는 2평면과, 축 직선에 직교하는 한 평면으로 3평면을 구성한다(**그림 4**).

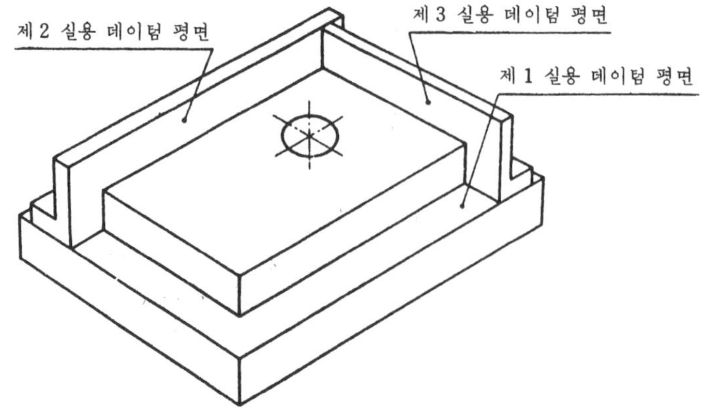

그림 3

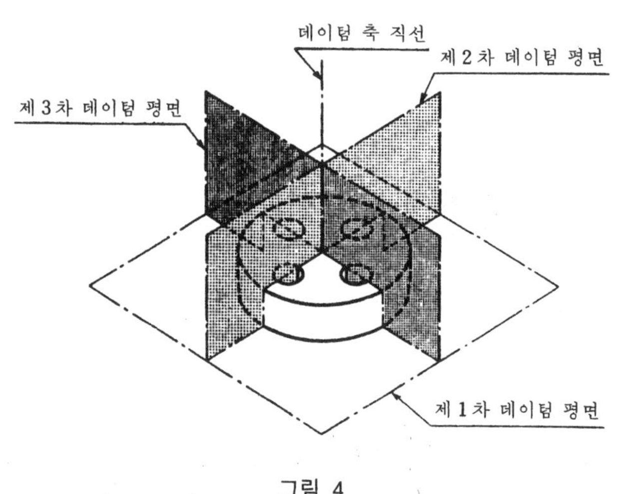

그림 4

5. 데이텀 및 데이텀계의 도시 방법

5.1 **데이텀을 지시하기 위한 도시 방법** : 데이텀을 지시하기 위한 데이텀 기호의 표시 방법은 다음에 따른다.

(1) **데이텀 삼각 기호를 붙이는 방법** : 데이텀 삼각 기호를 붙이는 방법의 상세는 KS B 0608에 따른다(**그림** 5, **그림** 6).

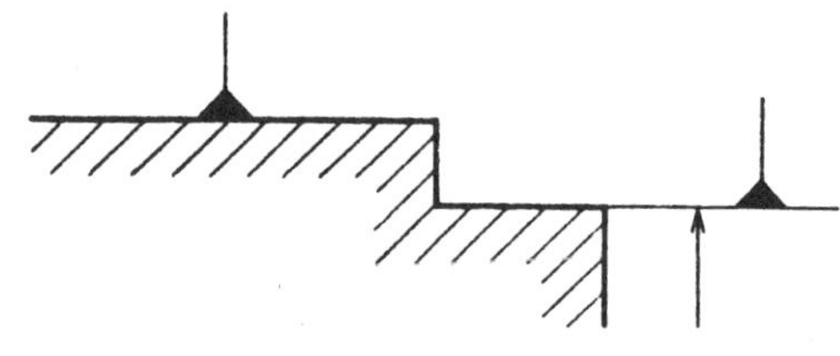

그림 5

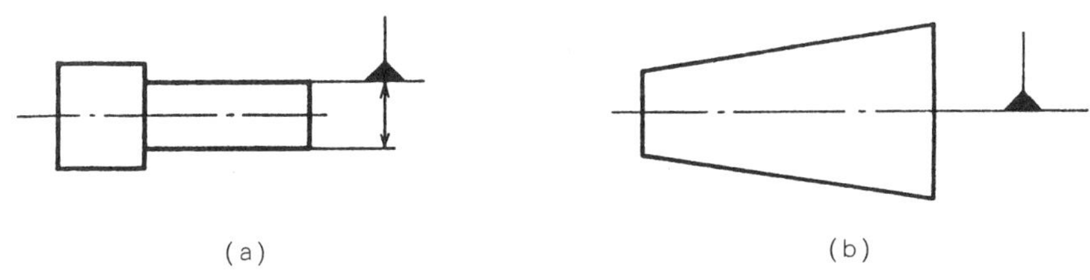

그림 6

(2) **문자 기호에 의한 데이텀의 표시 방법** : 문자 기호에 의한 데이텀의 표시 방법의 상세는 KS B 0608에 따른다(**그림** 7).

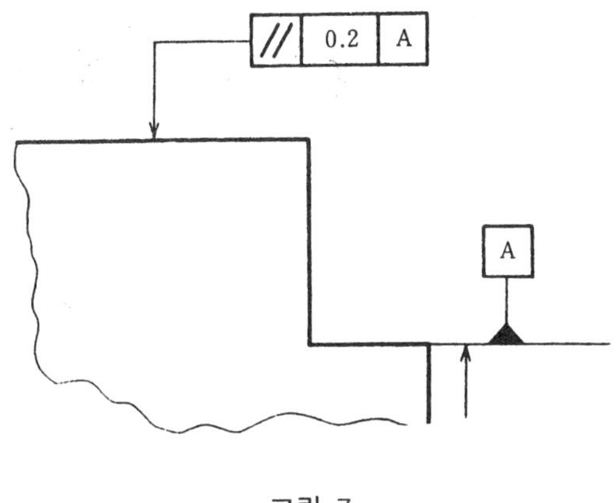

그림 7

5.2 **공차 기입 테두리에 데이텀 문자 기호의 기입 방법** : 데이텀 기호에 의해서 지시한 데이텀과 공차와의 관련을 나타내기 위해서, 공차 기입 테두리에 데이텀 문자 기호를 기입하는 방법은 다음에 따른다.

<비고> 공차 기입 테두리의 왼쪽에서 첫 번째 및 두 번째 구획 속의 기입에 대하여는 KS B 0608에 따른다.

(1) **하나의 데이텀 형체에 의해서 설정하는 데이텀** : 데이텀을 하나의 형체에 의해서 설정할 경우에는 데이텀은 공차 기입 테두리의 왼쪽에서 세 번째 구획 속에 지시한다(**그림** 8).

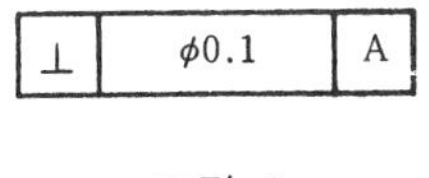

그림 8

(2) **2가지의 데이텀 형체에 의해서 설정하는 공통 데이텀** : 하나의 데이텀을 2가지의 형체에 의해서 설정할 경우에는, 그 데이텀은 하이픈으로 연결한 2개의 문자 기호에 의해서 공차 기입 테두리의 왼쪽에서 세 번째 구획 속에 지시한다(**그림** 9). 도시 보기를 **그림** 10에 나타낸다.

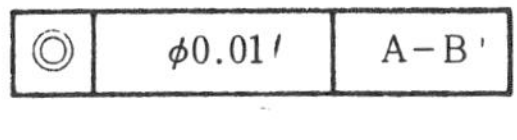

그림 9

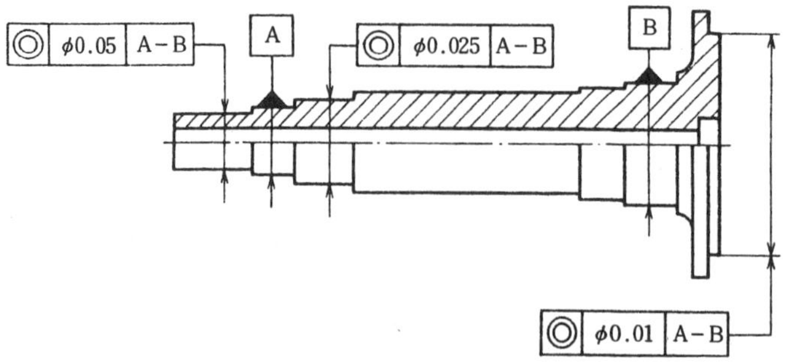

그림 10

(3) **2개 이상의 데이텀에 의해서 설정하는 데이텀계** : 2개 이상의 데이텀을 조합하여 설정하는 데이텀계인 경우에는, 이들의 데이텀은 공차 기입 테두리의 왼쪽에서 세 번째 이후의 구획 속에 우선 순위에 따라 기입한다(**그림** 11). 도시 보기를 **그림** 12에 나타낸다.

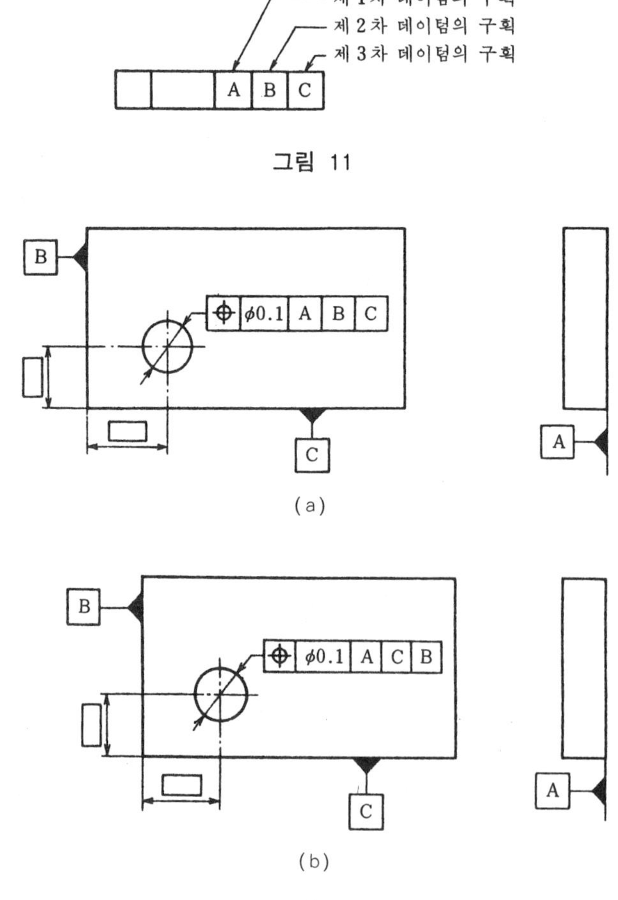

그림 11

그림 12

<비고> 데이텀을 지정할 경우의 순서는 **그림** 13과 같이 공차에 큰 영향을 미치므로 주의할 필요가 있다. 도시 보기를 **그림** 14에 나타낸다.

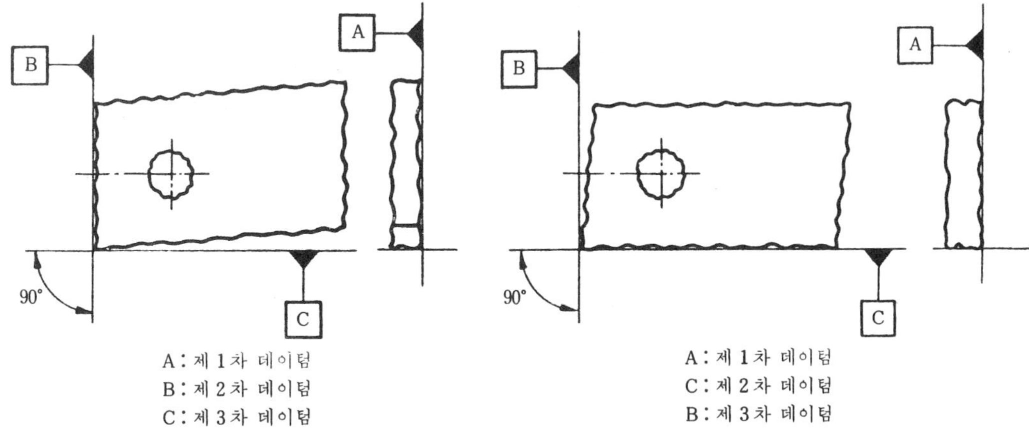

(a) 그림 12(a)의 경우

(b) 그림 12(b)의 경우

그림 13

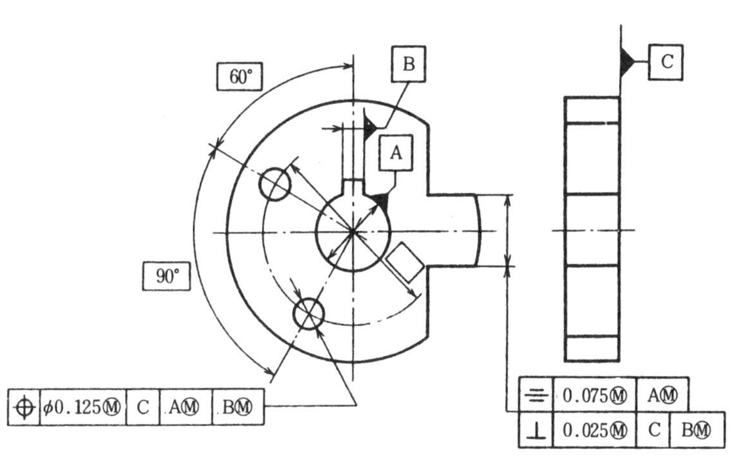

그림 14

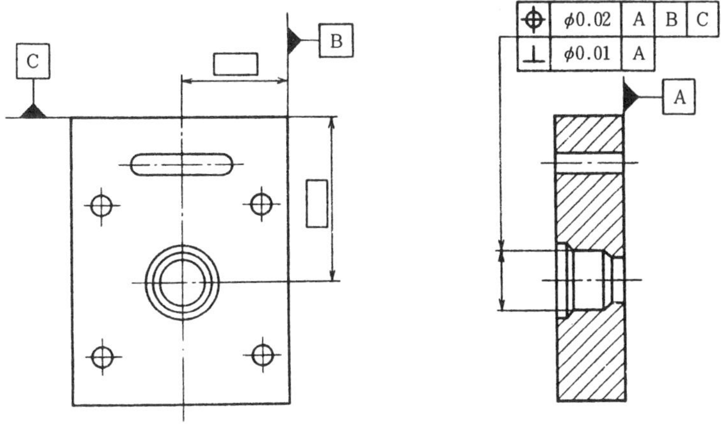

그림 15

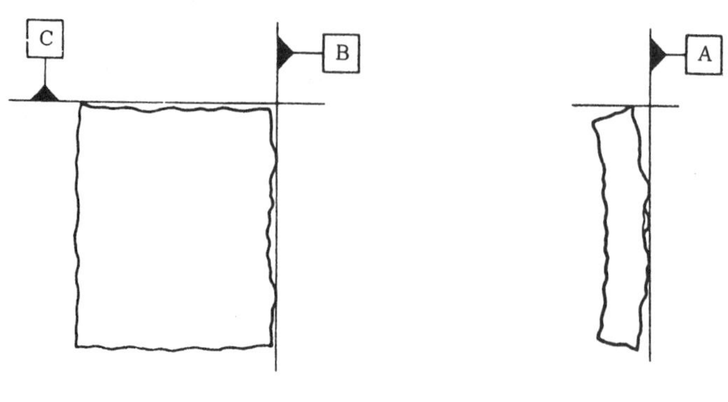

그림 16

6. 데이텀 표적 도시 방법

6.1 **데이텀 표적을 지시할 경우의 기본적 사항** : 데이텀 형체가 면인 경우에는 그 면이 이상적인 모양과 크게 다를 경우가 있다. 이 경우, 온 표면을 데이텀 형체로서 지시하면 가공, 검사 등을 할 때 측정에 큰 오차가 생기거나 또 반복성·재현성이 나빠지는 경우가 있다(**그림** 15 및 **그림** 16). 이들을 방지하기 위해서 데이텀 표적을 지시한다.

<비고> 데이텀 표적을 지시할 경우, 형체의 온 표면을 데이텀으로 하는 대신에, 몇 개의 한정된 데이텀 표적만으로 지시함에 의해서 부품의 기능을 해치는지의 여부를 검토해 둘 필요가 있다. 이 경우에는 모양 편차 및 위치 편차의 영향을 고려하여야 한다.

6.2 **데이텀 표적을 도시할 경우에 사용하는 기호** : 데이텀 표적의 도시는, 다음의 데이텀 표적 기입 테두리, 문자 기호 및 데이텀 표적 기호에 따른다.

(1) **데이텀 표적 기입 테두리 및 문자 기호** : 데이텀 표적은 가로선으로 2개 구분한 원형의 테두리(데이텀 표적 기입 테두리)에 의해 도시한다. 데이텀 표적 기입 테두리 하단에는 형체 전체의 데이텀과 같은 데이텀을 지시하는 문자 기호 및 데이텀 표적의 번호를 나타내는 숫자를 기입한다. 상단에는 보조 사항(보기를 들면 표적의 크기)을 기입한다[**그림** 17(a)].

보조 사항이 데이텀 표적 기입 테두리 속에 다 기입할 수 없을 경우에는, 테두리의 바깥쪽에 표시하고, 인출선을 그어서 테두리와 연결한다[**그림** 17(b)].

데이텀 표적 기입 테두리는 화살표를 붙인 인출선을 그어 데이텀 표적을 지시하는 기호(이하 데이텀 표적 기호라고 한다)와 연결한다. 도시의 보기를 **그림** 21, **그림** 22에 나타낸다.

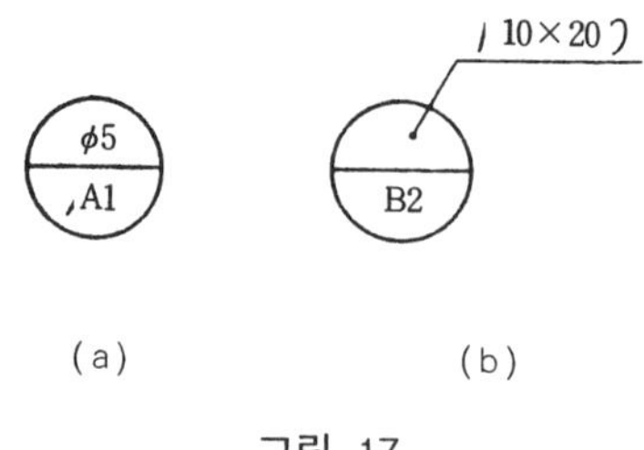

(a) (b)

그림 17

(2) **데이텀 표적 기호** : 데이텀 표적 기호는 **표** 2에 따른다.

표 2

용 도		기 호	비 고
데이텀 표적이 점일 때		X	굵은 실선인 ×표로 한다.
데이텀 표적이 선일 때		X——X	2개의 ×표시를 가는 실선으로 연결한다.
데이텀 표적이 영역일 때	원인 경우	(해칭된 원)	원칙적으로 가는 2점 쇄선으로 둘러싸고 해칭을 한다. 다만, 도시하기 곤란한 경우에는 2점 쇄선 대신에 가는 실선을 사용해도 좋다.
	직사각형인 경우	(해칭된 직사각형)	

<비고> 1. 데이텀 표적 기호는 데이텀 표적을 도시한 표면을 알기 쉬운 투영도로 표시한다.
2. 데이텀 표적의 위치는 주 투영도에 도시하는 것이 좋다(**그림** 18, **그림** 19, **그림** 20).

점의 데이텀 표적

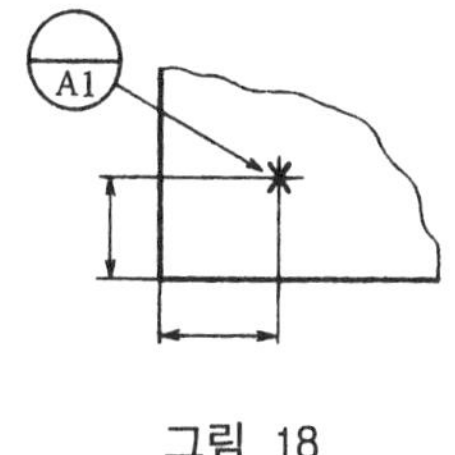

그림 18

영역의 데이텀 표적

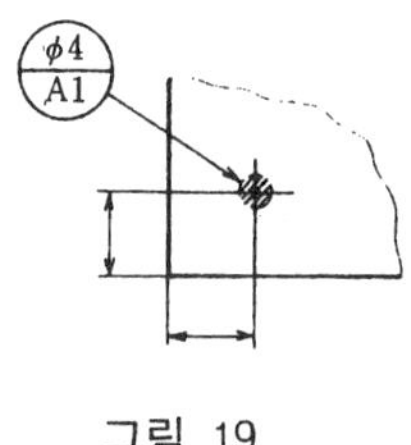

그림 19

전체가 보이도록 도시한 선의 데이텀 표적

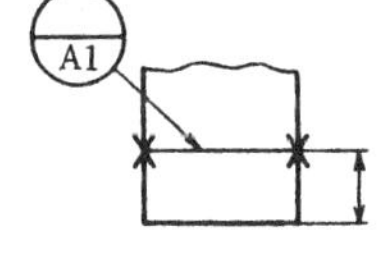

(a)

측면의 가장자리에 도시한 선의 데이텀 표적

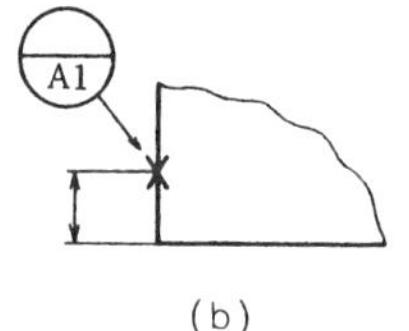

(b)

그림 20

6.3 **데이텀 표적의 도시 보기** : 데이텀 표적의 도시 보기를 **그림** 21 및 **그림** 22에 나타낸다.

<비고> 데이텀 표적 A1, A2, A3에 의해 데이텀 A를 설정한다.
데이텀 표적 B1, B2에 의해 데이텀 B를 설정한다.
데이텀 표적 C1에 의해 데이텀 C를 설정한다.

7. 형체 그룹을 데이텀으로 하는 지시

복수의 구멍과 같은 형체 그룹의 실제의 위치를 다른 형체 또는 형체 그룹의 데이텀으로서 지시할 경우는, **그림** 23과 같이 공차 기입 테두리에 데이텀 삼각 기호를 붙인다.

<비고> 1. 이 도시 보기는 8개의 구멍을 "데이텀 D"로서 지정하고 있다.
2. 6개 구멍의 위치도 공차는 기능 게이지를 사용하여 검사하면 좋다.

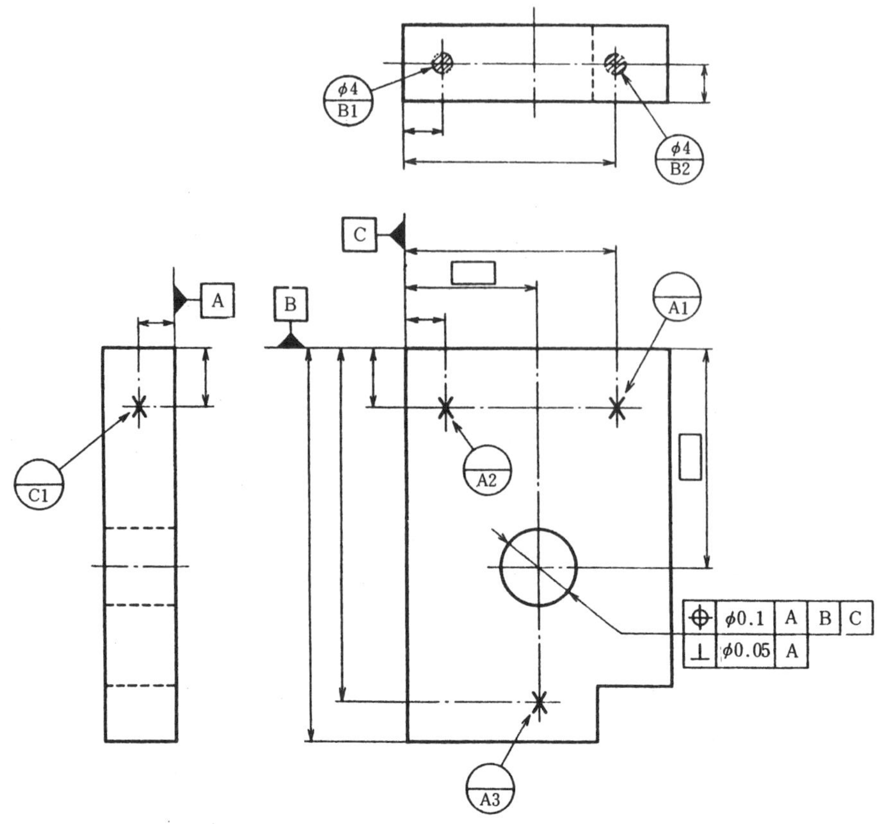
φ4
B1
φ4
B2
C
A
B
A1
C1
A2
φ0.1
A
B
C
φ0.05
A
A3

그림 21

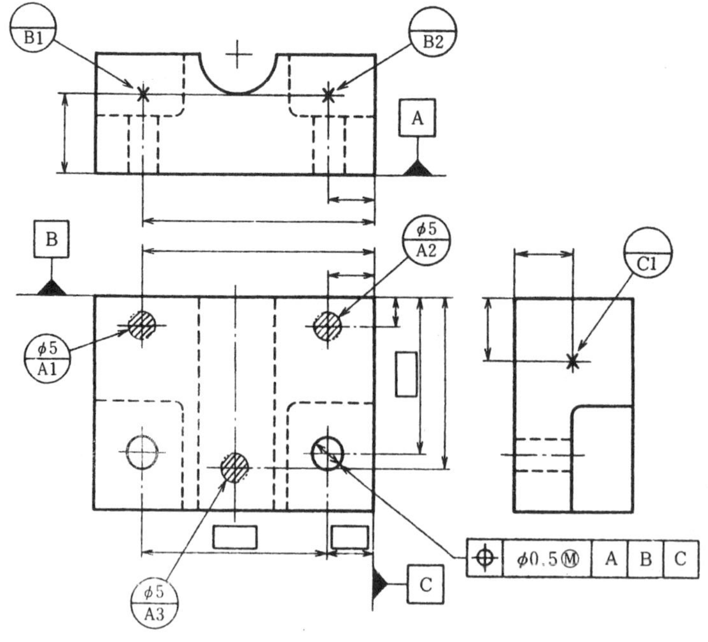
B1
B2
A
B
φ5
A2
C1
φ5
A1
φ0.5Ⓜ
A
B
C
C
φ5
A3

그림 22

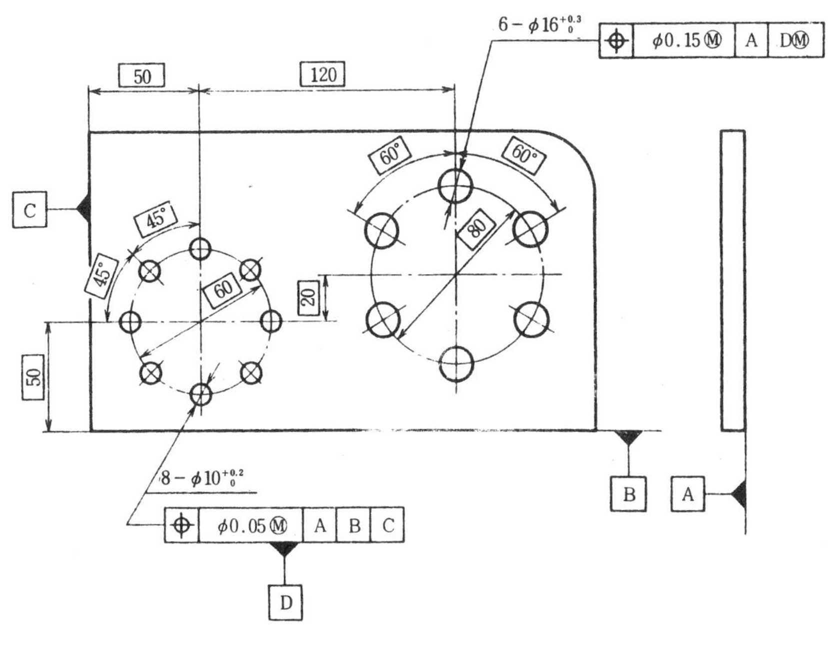

그림 23

8. 데이텀의 설정

데이텀 형체로서 지정된 형체에는, 가공 공정에서 어느 정도의 오차가 생기는 것은 피할 수 없다. 그 형체는 볼록면 모양, 오목면 모양, 원추 모양과 같은 모양이 되는 것이 있으나, 이와 같은 모양에 대하여 데이텀을 설정하는 방법의 보기를 다음에 나타낸다.

(1) **직선 또는 평면의 데이텀** : 직선 또는 평면을 데이텀으로서 지시한 경우, 데이텀 형체를 실용 데이텀 형체와의 최대 간격이 가능한 한 작아지도록 설치하여 데이텀을 설정한다. 데이텀 형체가 실용 데이텀 형체에 대하여 안정되고 있을 경우에는 그대로의 상태에서 데이텀을 설정한다(**그림 1** 참조). 데이텀 형체가 실용 데이텀 형체에 대하여 불안정한 경우에는, 이 틈새가 안정하도록 적당한 간격을 잡아서 받침을 놓고 데이텀을 설정한다. 이 경우, 선이 데이텀 형체에 대하여는 2개의 받침(**그림 24**)을, 평면의 데이텀 형체에 대하여는 3개의 받침을 사용한다.

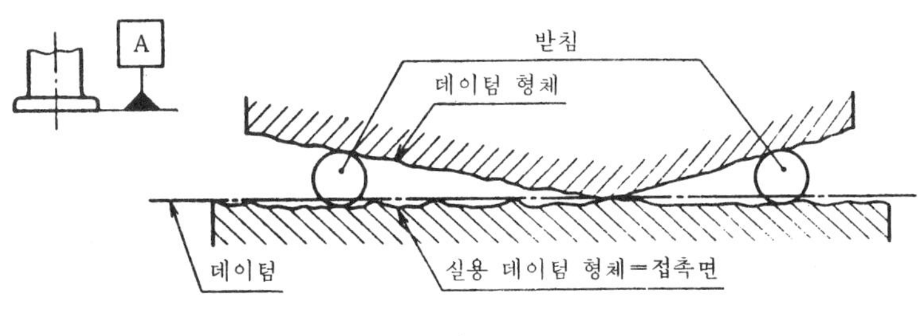

그림 24

(2) **원통 축선의 데이텀** : 원통의 구멍 또는 축의 축선을 데이텀으로서 지시한 경우, 이 데이텀은 구멍의 최대 내접 원통의 축 직선 또는 축의 최소 외접 원통의 축 직선에 의해서 설정한다.

데이텀 형체가 실용 데이텀 형체에 대하여 불안정한 경우에는 이 원통을 어느 방향으로 움직여도 이동량이 같아지는 자세가 되도록 설정한다(**그림** 25).

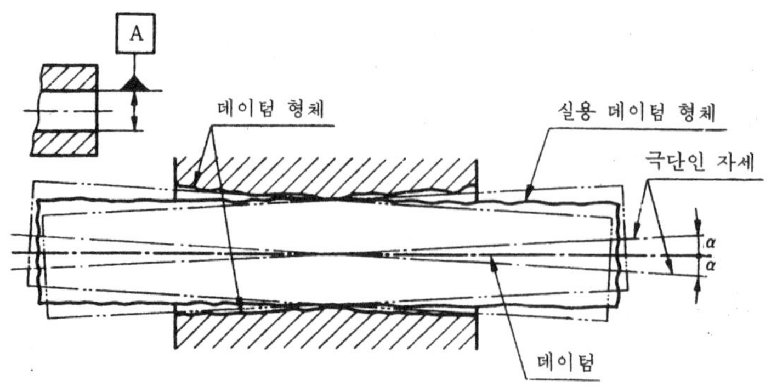

그림 25

(3) **공통 데이텀** : 공통 축 직선 또는 공통 중심 평면의 데이텀은 개개의 데이텀 형체에 대하여, 공통의 실용 데이텀 형체에 의해서 데이텀을 설정한다. 실용 데이텀 형체인 2개의 최소 외접 동축 원통의 축 직선에 의해서 설정한 공통 축 직선의 데이텀의 보기를 **그림** 26에 나타낸다.

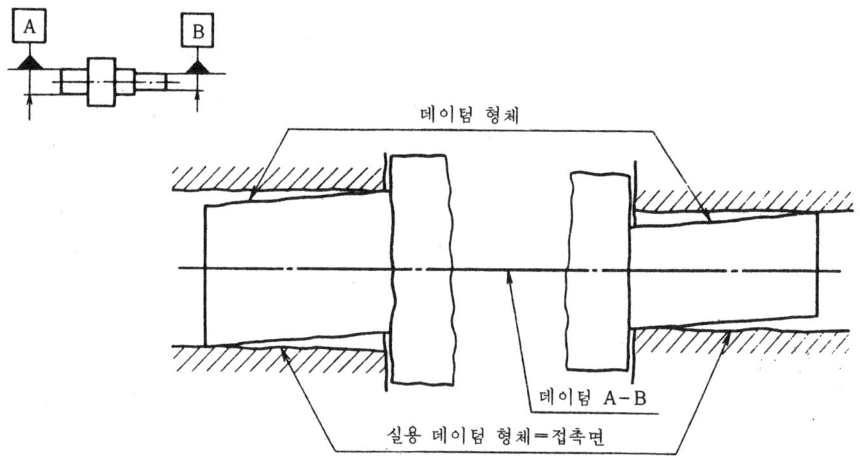

그림 26

(4) **원통의 축선에서 평면에 수직인 데이텀** : 데이텀 A는 데이텀 형체 A에 접하는 평탄한 평면에 의해서 설정한다. 데이텀 B는 데이텀 A에 수직으로 데이텀 형체 B에 내접하는 최대 원통의 축 직선에 의해서 설정한다(**그림** 27).

<비고> 이 보기에서는 데이텀 A가 제1차 데이텀, 데이텀 B가 제2차 데이텀이다.

9. 데이텀의 적용

데이텀 및 데이텀계는 관련되는 형체 사이에 기하학적 관계를 설정하기 위한 기준으로 사용한다. 서로 관련된 데이텀 형체 및 실용 데이텀 형체의 정밀도는 기능상의 요구에 대하여 충분하여야 한다. 따라서, 데이텀 형체에는 모양 공차를 지정하는 것이 바람직하다.

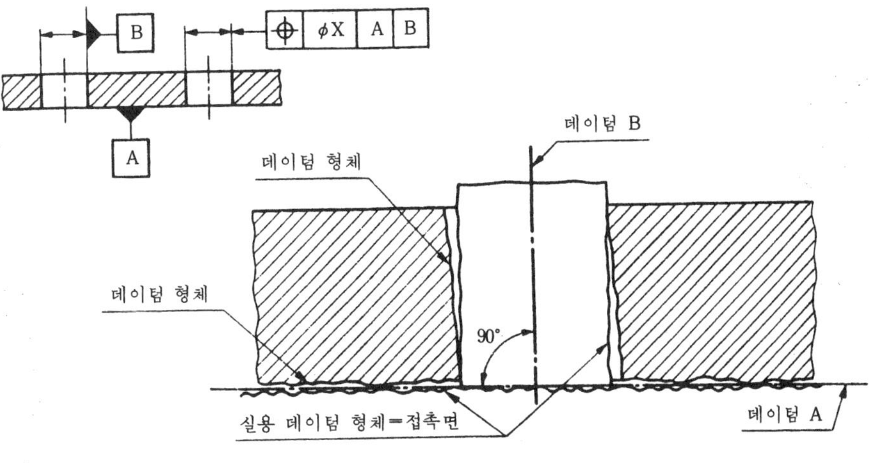

그림 27

데이텀의 도시 방법, 또 그 지정한 데이텀의 데이텀 형체 및 실용 데이텀 형체에 의해서 데이텀을 설정하는 방법의 보기를 **부표**에 나타낸다.

부 표 데이텀의 설정 보기

데이텀의 도시	데이텀 형체	데이텀의 설정
1. 데이텀－점		
1.1 구의 중심 부표 그림 1.1(a) A φS	부표 그림 1.1(b) 실제 표면	부표 그림 1.1(c) 데이텀 =최소 외접구의 중심 실용 데이텀 형체 =V 블럭 위의 4개의 접촉점(최소 외접구에 의하여 표시된다.)
1.2 원의 중심 부표 그림 1.2(a) A	부표 그림 1.2(b) 원의 실제 윤곽	부표 그림 1.2(c) 실용 데이텀 형체 =최대 내접원 데이텀 =최대 내접원의 중심
1.3 원의 중심 부표 그림 1.3(a) A	부표 그림 1.3(b) 원의 실제 윤곽	부표 그림 1.3(c) 실용 데이텀 형체 =최소 외접원 데이텀 =최소 외접원의 중심
2. 데이텀－선		
2.1 구멍의 축선 부표 그림 2.1(a) A	부표 그림 2.1(b) 실제 표면	부표 그림 2.1(c) 실용 데이텀 형체 =최대 내접 원통 데이텀 =최대 내접 원통의 축 직선

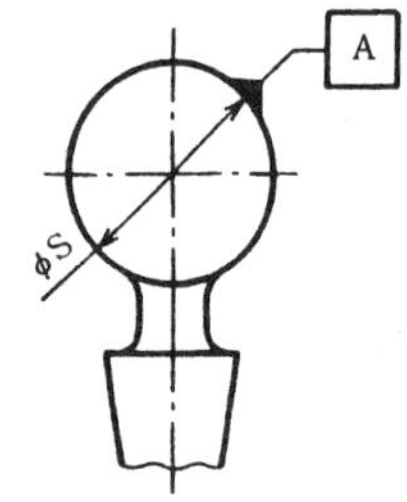

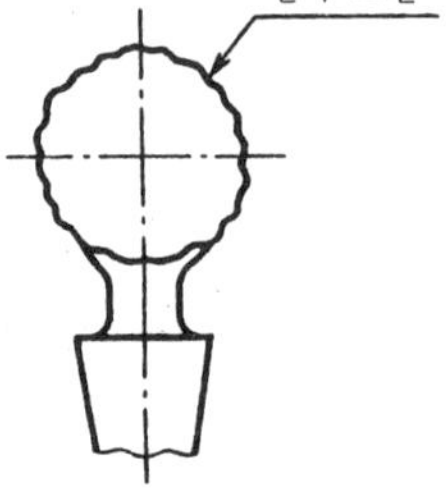

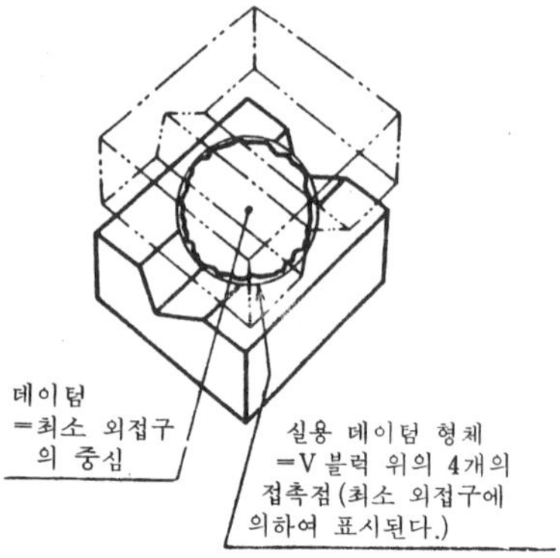

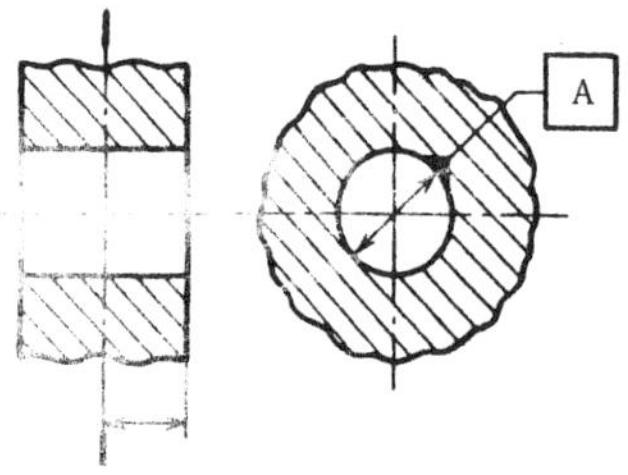

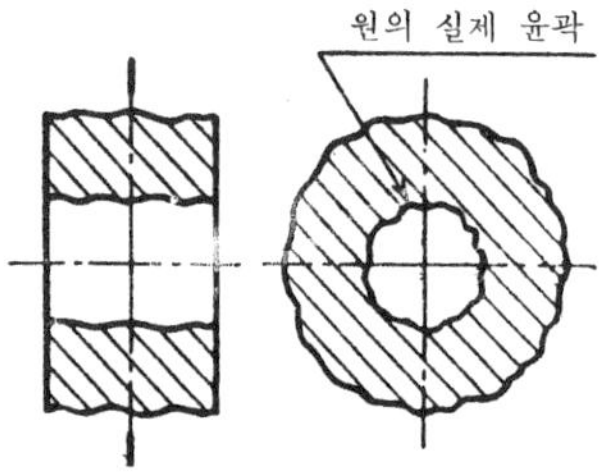

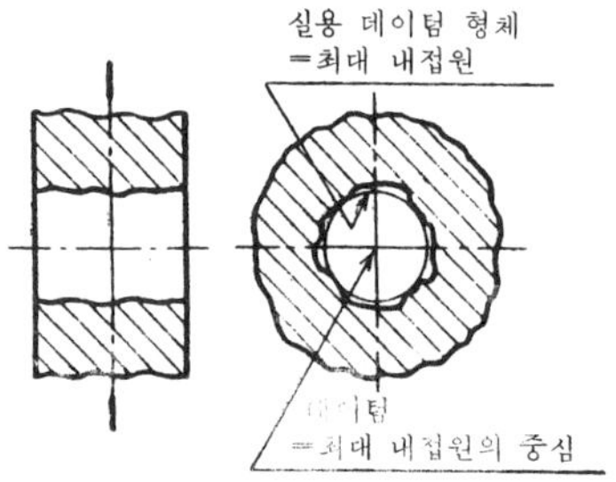

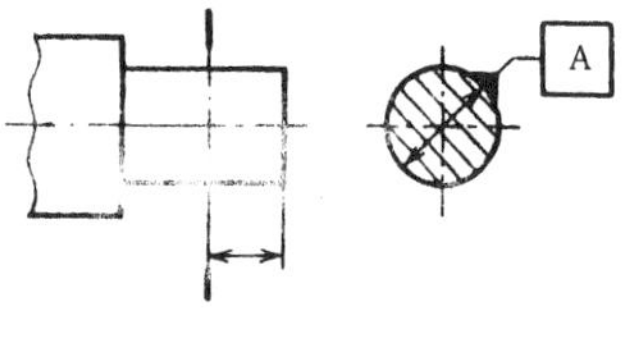

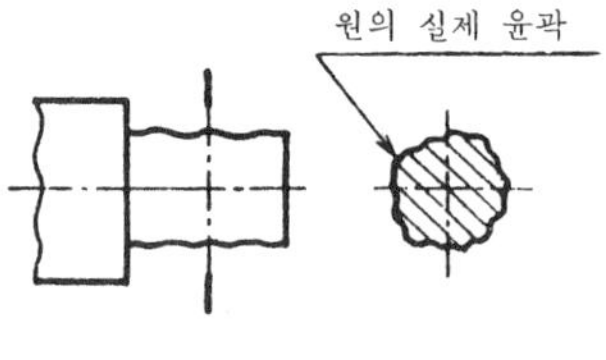

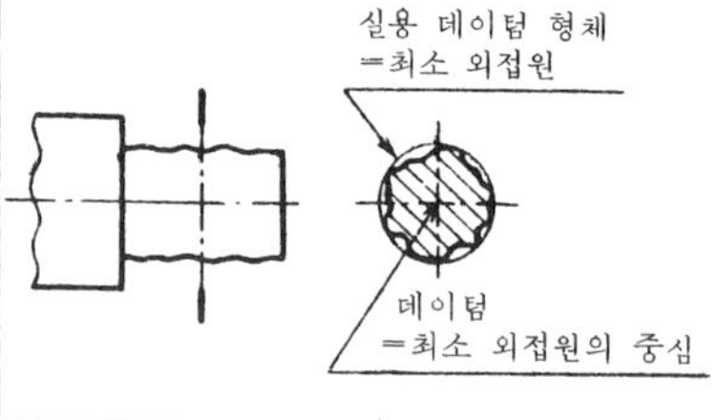

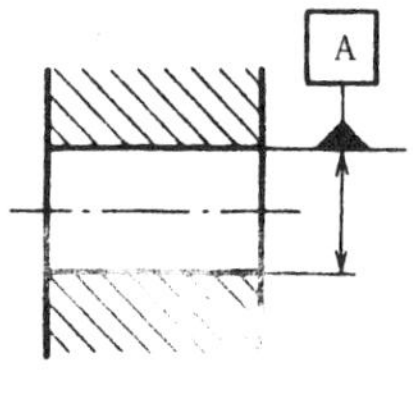

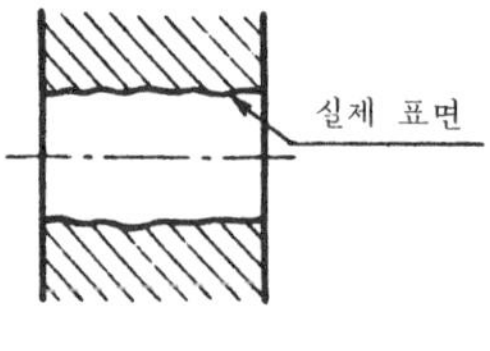

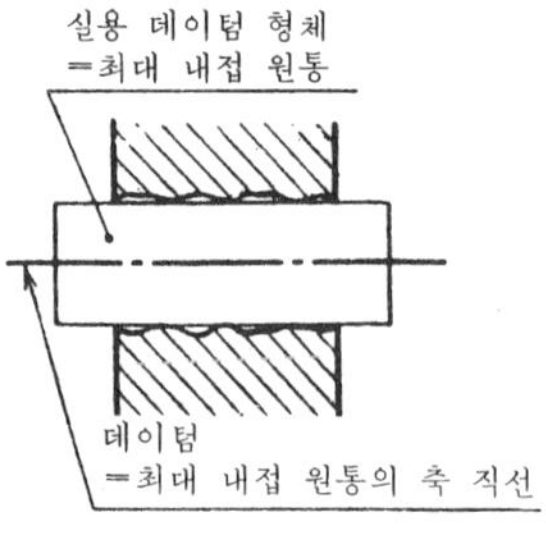

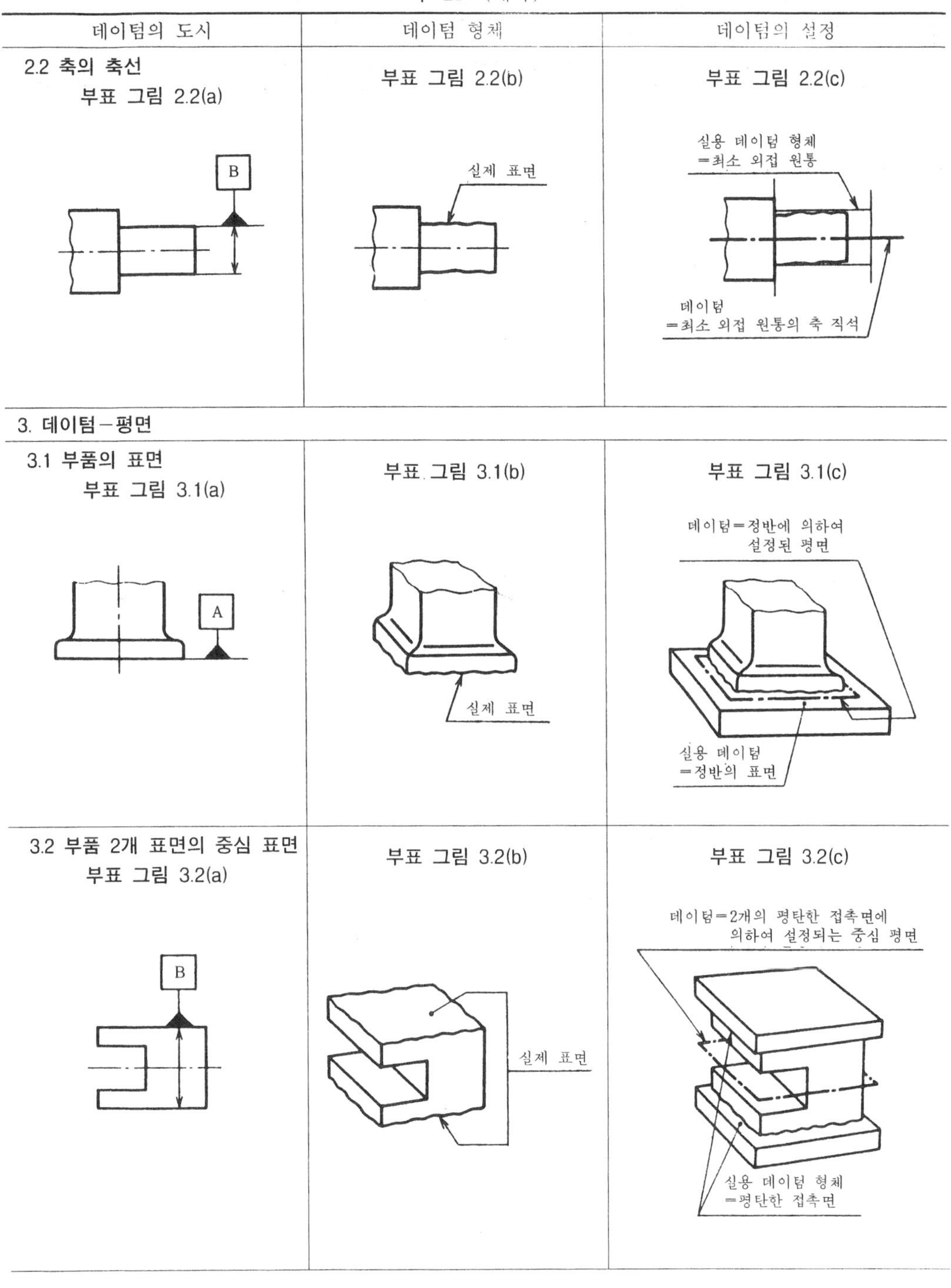

부 표 (계속)

데이텀의 도시	데이텀 형체	데이텀의 설정
2.2 축의 축선 부표 그림 2.2(a) B	부표 그림 2.2(b) 실제 표면	부표 그림 2.2(c) 실용 데이텀 형체 =최소 외접 원통 데이텀 =최소 외접 원통의 축 직선
3. 데이텀－평면		
3.1 부품의 표면 부표 그림 3.1(a) A	부표 그림 3.1(b) 실제 표면	부표 그림 3.1(c) 데이텀=정반에 의하여 설정된 평면 실용 데이텀 =정반의 표면
3.2 부품 2개 표면의 중심 표면 부표 그림 3.2(a) B	부표 그림 3.2(b) 실제 표면	부표 그림 3.2(c) 데이텀=2개의 평탄한 접촉면에 의하여 설정되는 중심 평면 실용 데이텀 형체 =평탄한 접촉면

제도-공차 표시 방식의 기본 원칙

KS B 0147 (1992)

Technical drawings–Fundamental tolerancing principle

1. 규정 범위

이 규격은 치수 공차(길이 치수 및 각도 치수)와 기하 공차 사이의 관계 원칙에 대하여 규정한다.

<비고> 이 규격의 관련 규격은 다음과 같다.

KS B 0242 최대 실체 공차 방식

KS B 0401 치수 공차 및 끼워 맞춤

2. 적용 분야

이 규격에서 규정하는 원칙은 도면 및 그것에 관련되는 기술 문서에서 다음의 항목에 적용한다.

- 길이 치수 및 그 공차
- 각도 치수 및 그 공차
- 기하 공차

이들의 항목은 부품의 개개 형체에 대하여 다음 4가지의 특성을 정한다.

- 치 수
- 모 양
- 자 세
- 위 치

<참고> 여기에서는 모양, 자세 및 위치를 기하 특성(geometry)이라 한다.

3. 참고 규격

ISO 286/1

치수 공차 방식 및 끼워 맞춤 방식－제 1 부 : 공차, 허용차 및 끼워맞춤의 기본(1)

(ISO system of limits and fits－Part 1 : Bases of tolerances, deviations and fits)

ISO 1101

제도－기하 공차 방식－모양, 자세, 위치 및 흔들림의 공차 방식－일반 사항, 정의, 기호, 도면 지시

(Technical drawings－Geometrical tolerances－Tolerancing of form, orientation, location and run－out－Generarities, definitions, symbols, indications on drawings)

ISO 2692

제도－기하 공차 방식－최대 실체 공차 방식(2)

(Technical drawings－Geometrical tolerances－Maximum material principle)

주(1) 현재(1985년) 초안 단계(ISO/R 286-1962의 개정)

주(2) 현재(1985년) 초안 단계(ISO/R 1101/2-1974의 개정)

4. 독립의 원칙

도면 상에 개개로 지정된 치수 및 기하 특성에 대한 요구 사항은 그들 간에 특별한 관계가 지정되지 않는 한 독립적으로 적용한다.

그러므로 아무 관계가 지정되어 있지 않는 경우에는 기하 공차는 형체의 치수에 관계없이 적용하고, 기하 공차와 치수 공차는 관계가 없는 것으로서 취급한다.

따라서 만약,

- 치수와 모양 또는
- 치수와 자세 또는
- 치수와 위치

와의 사이에 특별한 관계가 요구되는 경우에는 그것을 도면 상에 지정하여야 한다(6. 참조).

5. 공 차

5.1 치수 공차

5.1.1 **길이 치수 공차** : 길이 치수 공차는 형체의 실제 치수(actual local size)(2점 측정에 따른다)만을 규제하고, 그 모양 편차(보기를 들면, 원통 형체의 진원도, 진직도 또는 평행하는 2평면 표면의 평면도)는 규제치 않는다(ISO 286/1 참조).

모양 편차는 다음 것으로 규제한다.

- 개개로 지시한 모양 공차
- 보통 기하 공차
- 포락의 조건

<비고> 이 규격에서는 단독 형체는 1개의 원통면 또는 평행하는 2평면의 표면으로 구성되어 있는 것으로 한다. 길이 치수 공차는 개개 형체 사이의 기하학적인 관계는 규제하지 않는다. 보기를 들면, 길이 치수 공차는 정육면체 옆면의 직각도를 규제하지 않으므로 직각도 공차를 설계상의 요구에 따라 지시할 필요가 있다.

5.1.2 **각도 치수 공차** : 각도의 단위로 지정한 각도 치수 공차는 선 또는 표면을 구성하고 있는 선분의 일반적인 자세만을 규제하고, 그들의 모양 편차를 규제하는 것은 아니다(**그림** 1 참조).

실제의 표면에서 얻어지는 선의 일반적인 자세는 이상적인 기하학적 모양의 접촉선 자세로 결정된다(**그림 1** 참조). 이 때 접촉선과 실제 선 사이의 최대 간격은 될 수 있는 한 작은 값이어야 한다.

모양 편차는 다음에 나타내는 공차로 규제한다.

- 개개로 지시한 모양 공차
- 보통 기하 공차

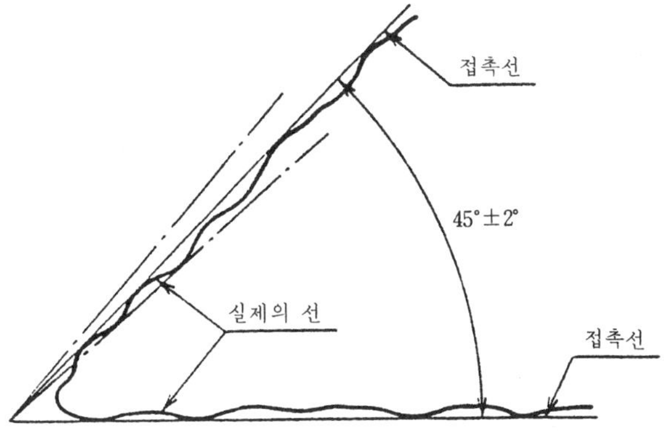

그림 1 각도 치수 공차

5.2 **기하 공차** : 기하 공차는 형체의 치수에 관계없이 그 형체의 이론적으로 정확한

- 모양 또는
- 자세 또는
- 위 치

에서의 편차를 규제한다. 그러기 때문에 기하 공차는 개개 형체의 국부 실체 치수와는 독립적으로 적용한다(**4.** 참조).

기하 편차는 그 형체의 가로 단면이 최대 실체 치수인지의 여부에 관계없이 최대치를 채택할 수가 있다.

보기를 들면, 어떤 임의의 가로 단면에서 최대 실체 치수를 갖는 원통축은 진원도 공차 내에서 변형된 형태의 편차(lobed form deviation)를 가질 수가 있고 또, 진직도 공차의 크기만큼 굽는 것도 허용된다(**그림** 2 (a) 및 **그림** 2 (b) 참조).

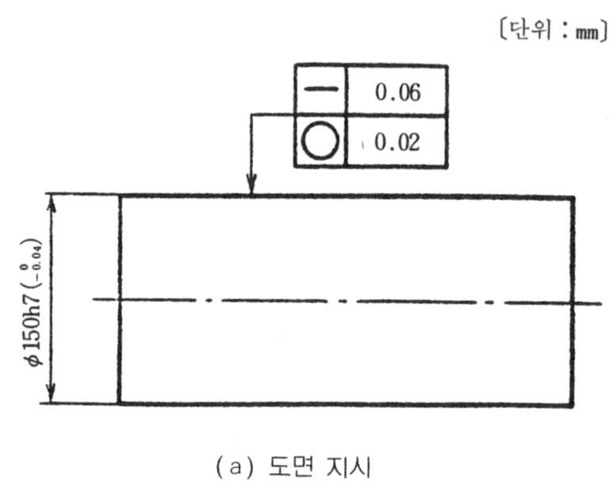

(a) 도면 지시

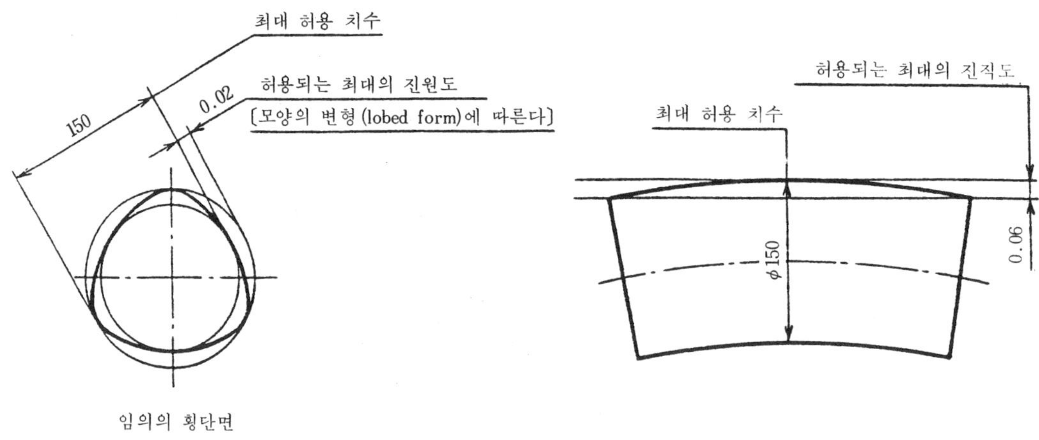

(b) 해석

그림 2 원통축에서의 치수 공차 및 기하 공차

6. 치수와 기하 특성의 상호 의존성

치수와 기하 특성의 상호 의존성은

- 포락의 조건(6.1 참조)

- 최대 실체 공차 방식(6.2 참조)

을 사용하여 지시할 수가 있다.

6.1 **포락의 조건** : 포락의 조건은 단독 형체, 막힘 원통면 또는 평행하는 2평면에 의해 정해지는 1개의 형체[사이즈 형체(feature of size)]에 대하여 적용한다.

이 조건은 형체가 그 최대 실체 치수에서 완전한 모양의 포락면을 넘어서는 안된다는 것을 의미하고 있다.

<참고> 단독 형체에 대하여는 5.1.1의 **비고**를 참조할 것.

포락의 조건은 아래의 어느 것에 따라 지정된다.

- 길이 치수 공차 뒤에 기호 Ⓔ를 부과한다(**그림** 3 (a) 참조).
- 포락의 조건을 규정하고 있는 규격을 참조한다.

<보기> 원통 형체에 적용한 포락의 조건

(a) 도면 표시 도면 표시의 보기를 **그림** 3 (a)에 표시한다.

〔단위 : mm〕

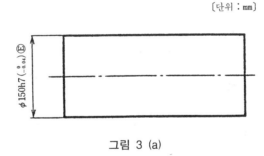

$\phi 150h7\left({}^{\ 0}_{-0.04}\right)$ Ⓔ

그림 3 (a)

(b) 기능상의 요구 사항 **그림** 3 (a)에서 지정되는 기능상의 요구 사항은 다음과 같다.

- 원통 형체의 표면은 최대 실체 치수 ϕ150에 있어서 완전한 모양의 포락면을 넘어서는 안된다.
- 어떠한 실체 치수도 ϕ149.96보다 작아서는 안된다. 이것은 형체의 실제 각 부분이 다음의 요구를 만족시켜야 한다는 것을 의미한다.
- 원통축의 개개 실제 지름은 치수 공차 0.04 내에 들어가 있을 것. 따라서 ϕ149.96에서 ϕ150 사이를 변동할 수 있을 것[**그림** 3 (b) 참조].

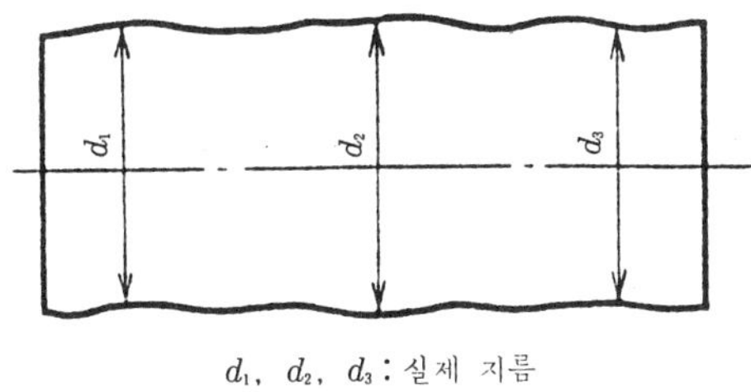

d_1, d_2, d_3 : 실제 지름

그림 3 (b)

- 원통축 전체가 완전한 모양으로 ϕ150인 포락 원통의 경계 내부에 있을 것[그림 3 (c) 및 **그림** 3 (d) 참조].

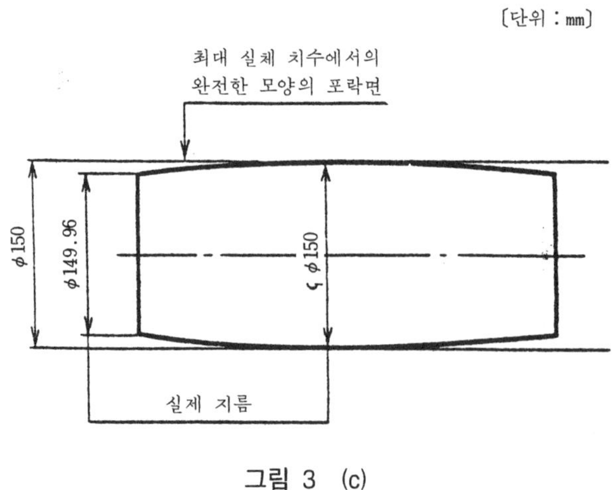

그림 3 (c)

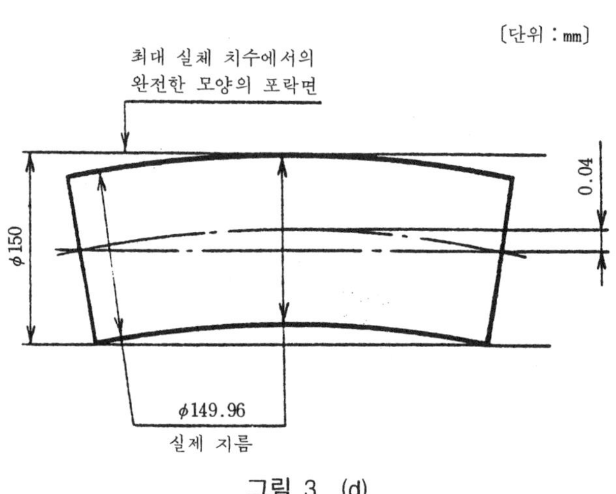

그림 3 (d)

따라서 모든 개개 실제지름이 최대 실체 치수 φ150인 경우에 축은 정확히 원통 모양이어야 한다[**그림** 3 (e) 참조].

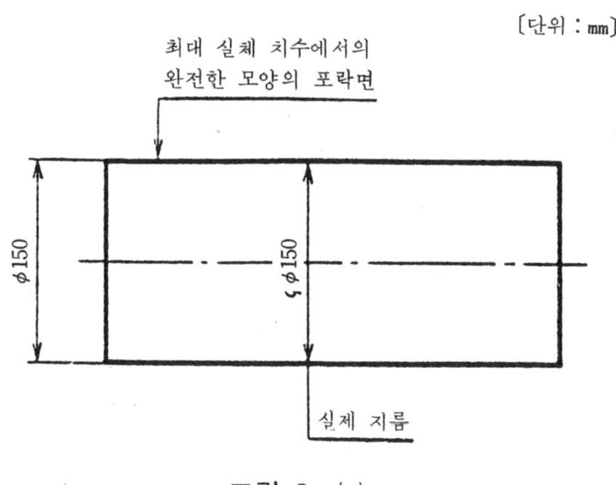

그림 3 (e)

6.2 **최대 실체 공차 방식** : 기능적, 경제적 이유에서 형체(군)의 치수와 자세 또는 위치 사이에 상호 의존성에 대한 요구가 있는 경우는 최대 실체 공차 방식(Ⓜ을 사용하여 표시한다)을 적용한다(ISO 2692 참조).

7. 도면에의 적용

7.1 **도면의 완전성** : 도면에서 부품의 기능을 완전히 검사하기 위하여 필요한 치수 공차 및 기하 공차가 지시되어야 한다.

7.2 **표시 방법** : 독립의 원칙을 적용하는 도면에는 도면의 표제란 중 또는 부근에 다음과 같이 기입해 두어야 한다.

공차 표시 방법 KS B 0000(ISO 8015)

이 지시는 보통 기하 공차에 관한 적절한 규격 또는 다른 관련 문서를 참조하여 보완하여야 한다.

몇 가지의 국가 규격(도면에 인용하여야 한다)에서는 단독 형체에 대하여 포락 조건이 표준이고, 따라서 개개 도면에 지정하지 않는다고 정하고 있는 것도 있다.

7 제도-기하 공차 표시 방식-위치도 공차 방식 KS B 0148 (1992)

Technical, drawings-Geometrical tolerancing-Positional tolerancing

● 서 문

① 이 규격은 ISO 1101에 규정하는 위치도 공차 방식의 개념을 다시 상세히 규정한다.

<참고> ISO 1101에 규정 내용은 KS B 0608(기하 공차의 도시 방법)과 동등하다.

이 규격 중의 그림은 위치도 공차 방식만을 설명하는 것으로서 반드시 완전한 것은 아니니다.

이 규격을 적용할 때에는 최대 실체 공차 방식(ISO 2693), 기하 공차를 위한 데이텀 및 데이텀 방식(ISO 5459) 등 관련되는 규격을 고려하는 것이 좋다.

<참고> ISO 2692 및 ISO 5459의 규정 내용은 각각 KS B 0242(최대 실체 공차 방식) 및 KS B 0243(기하 공차를 위한 데이텀)과 동등하다.

② 이 규격에서는 도면상의 모든 치수 및 공차는 정체의 문자로 표시하고 있다. 이들 지시는 손으로 쓸 때에나 사체 문자라도 그 의미는 변하지 않는다.

<참고> ISO 3098-1의 규정 내용은 KS A 0107(제도에 사용하는 문자)의 숫자·영문자에 대한 규정 내용(다만, J형 사체를 제외한다)과 동등하다.

1. 적용 범위

이 규격은 형체의 위치를 정하기 위한 위치도 공차 방식의 원칙에 대하여 규정함과 동시에 끼워 맞춤 부품에 적합한 위치도의 공차값을 얻기 위한 계산식을 나타낸다. 일반적으로 위치도 공차 방식은 규칙 바른 모양을 갖는 형체 및 규칙적인 모양을 갖는 형체의 양쪽에 적용되지만, 이해하기 쉽게 하기 위하여 이 규격에서는 규칙바른 모양을 갖는 형체인 경우에만 나타낸다.

<비고> 규칙 바른 모양을 갖는 형체란, 보기를 들면 원통(또는 각기둥) 구멍, 볼트, 스터드 볼트 또는 핀, 평면 옆면을 갖는 홈 및 꼭지, 키 및 키 홈이다.

2. 위치도 공차의 설정

2.1 **일반 사항** : 주된 구성 요소는 이론적으로 정확한 치수, 공차역 및 데이텀이다.

2.2 **기본 원칙** : 위치도 공차 방식에서 이론적으로 정확한 치수 및 위치도 공차는 각 형체의 상호 관계 또는 1개 이상의 데이텀과의 관련으로 점, 축선 및 중심면 등의 형체의 위치를 결정한다. 공차역은 논리적으로 정확한 위치에 대하여 대칭으로 둔다.

<비고> 이 원칙에 따라 이론적으로 정확한 치수가 직렬 치수 기입법으로 기입되어 있어도 위치도 공차는 누적되지 않는다(**그림 4** 참조)(이것은 직렬 치수 기입법으로 기입된 치수 공차역의 경우와 다르다). 위치도 공차 방식은 1개 이상의 데이텀에 따라 형체의 공차역을 명확히 할 수가 있다.

2.3 **지정된 데이텀에 관련되는 위치도 공차** : 위치도 공차의 공차역이 지정된 데이텀에 대하여 수직일 때에는 그림에 직각인 것을 지시할 필요는 없다(**그림** 1 참조).

<비고> 해석 (a)~(b)는 개개의 구멍에 적용하여도 좋다.

(a) 이론적으로 정확한 위치에 일치된 구멍의 축선(편차가 0).

(b) 위치도가 최대의 상태이고, 직각도가 0인 경우의 구멍의 축선

(c) 위치도가 최대의 상태이고, 직각도가 최대로 된 경우의 구멍의 축선

(d) 위치도가 최대의 상태이고, 기하편차가 복합된 경우의 구멍의 축선

〈도면 지시〉

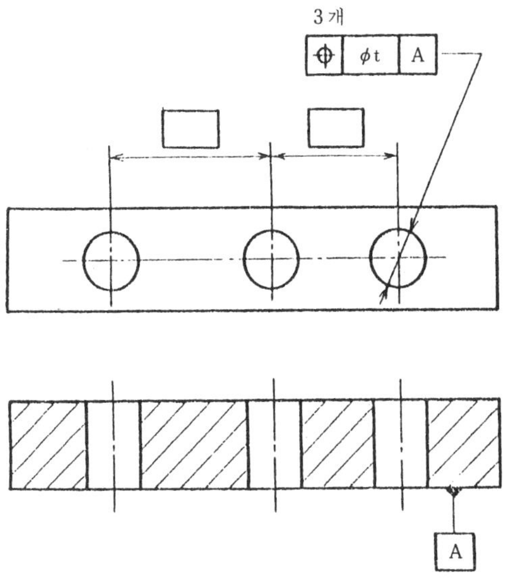

〈해석〉

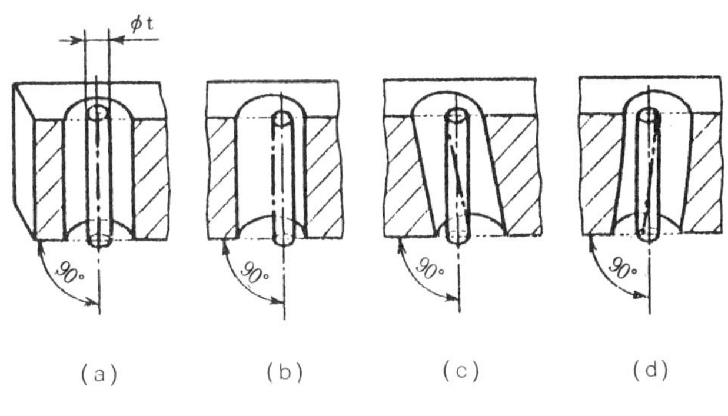

그림 1

2.4 **원둘레상의 위치도 공차** : 원둘레상에 배열된 위치도 공차붙이 형체, 보기를 들면 피치원 상의 복수의 구멍에 대해서는 특별한 지정이 없는 한, 등분에 배치되어 있고, 개개 구멍은 이론적으로 정확한 위치에 있다고 해석한다.

2개 이상의 형체 그룹과 동일 축선 상에 표시되어 있을 때에는 특정 주기에 의한 지정이 없는 한 그들은 1개의 패턴으로서 생각한다[**그림** 2의 (a) 및 (b) 참조].

<비고> 여기에서 말하는 1개의 패턴이란, 2개 이상의 형체 그룹(**그림** 2의 φ8 구멍의 그룹 및 φ15 구멍의 그룹)의 상호 위치 관계를 무너뜨리지 않고, 그림에 표시된 대로의 위치 관계를 유지하는 것을 의미한다.

<참고> **그림** 2(b)의 "4− φ15 구멍의 그룹과의 각도 관계 임의"라고 하는 표현은 하나의 보기이고, 다른 적절한 표현을 하여도 좋다. 원 국제규격에서는 "angular location optional"로 하고 있다.

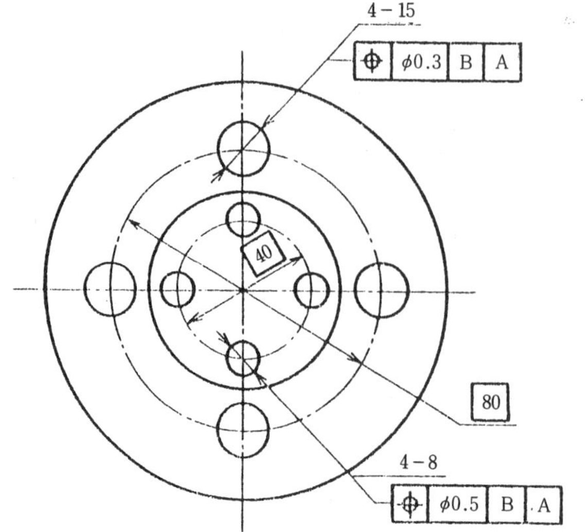

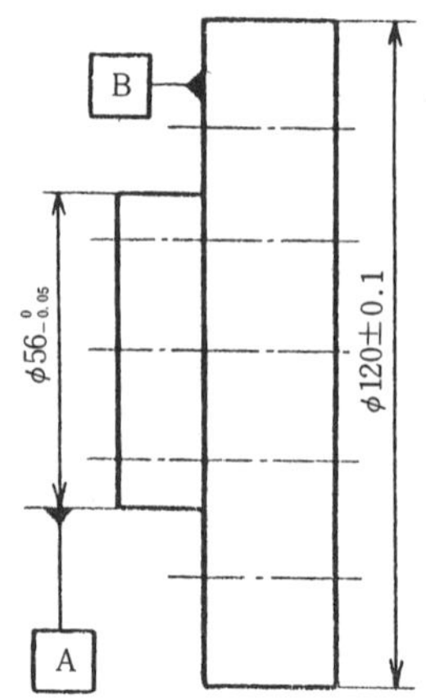

(a) 특정한 주기가 없는 경우의 보기

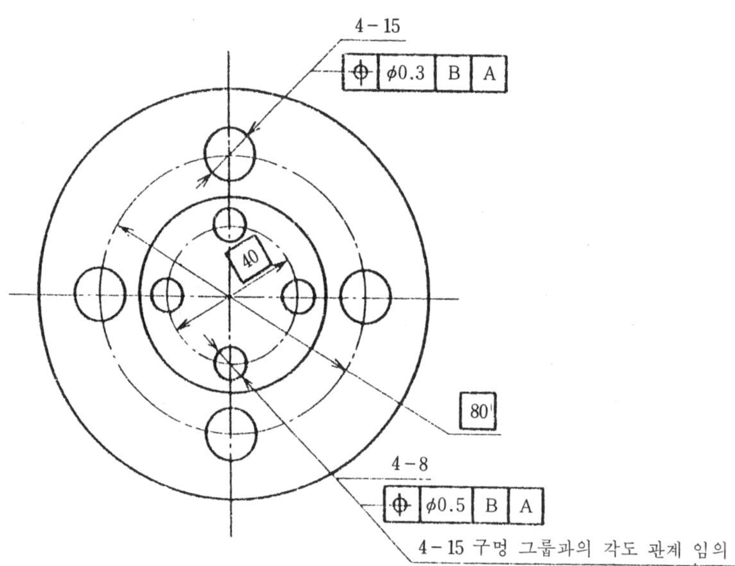

(b) 특정한 주기가 있는 경우의 보기

그림 2

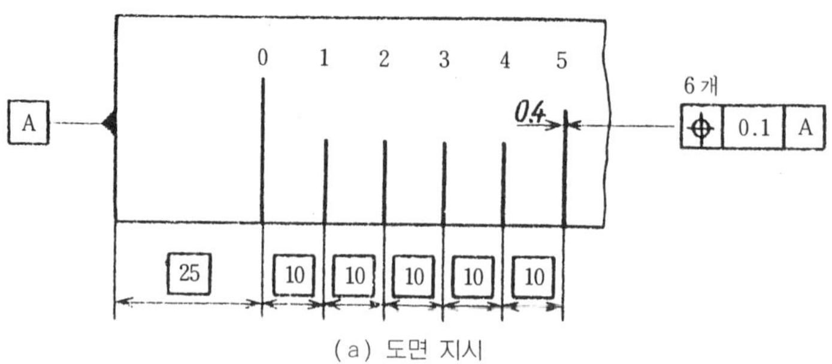

(a) 도면 지시

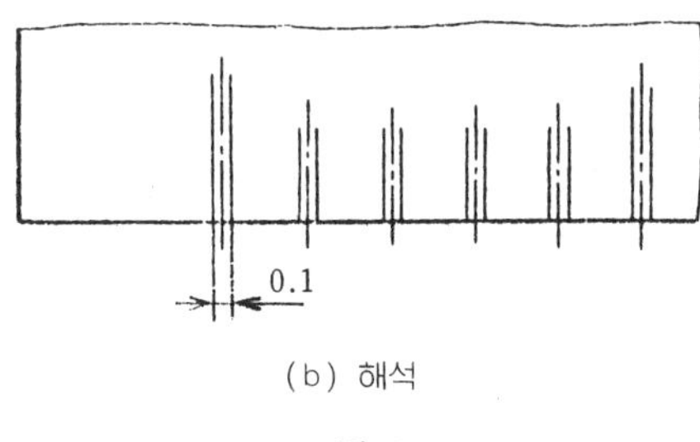

(b) 해석

그림 3

나비 0.4mm인 개개의 눈금선의 중심은 각 눈금선의 이론적으로 정확한 위치에 대하여 대칭이고, 0.1 mm 떨어진 2개의 평행한 직선에 따라 정해지는 공차역 내에 있어야 한다.

2.5 **한 방향의 위치도 공차** : 공차값은 한 방향에만 지정할 수 있다. 그 때의 공차역의 나비는 치수선의 화살표 방향이다[**그림** 3의 (a) 및 (b) 참조].

2.6 **2방향의 위치도 공차** : 공차값은 서로 직각인 2방향으로 지정할 수가 있고, 2방향의 공차값을 다른 값으로 지시하든가[**그림** 4의 (a) 및 (b) 참조] 또는 2방향의 공차값을 같은 값으로 지시한다[**그림** 5의 (a) 및 (b) 참조].

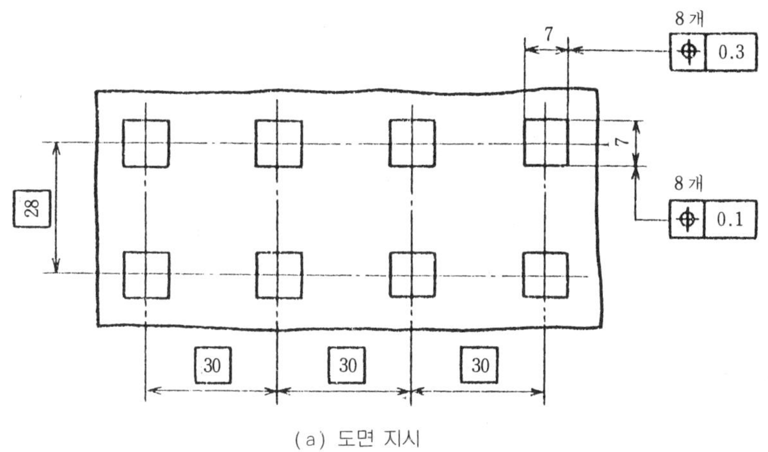

(a) 도면 지시

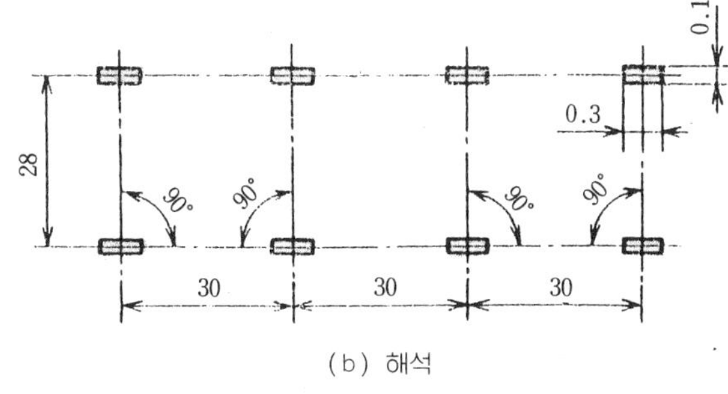

(b) 해석

그림 4

개개 구멍의 축선은 단면 0.3×0.1mm인 직사각형 단면의 직육면체 공차역 내에 있어야 한다. 이 직육면체 공차역의 축 직선은 이론적으로 정확한 치수에 따라 정해진다.

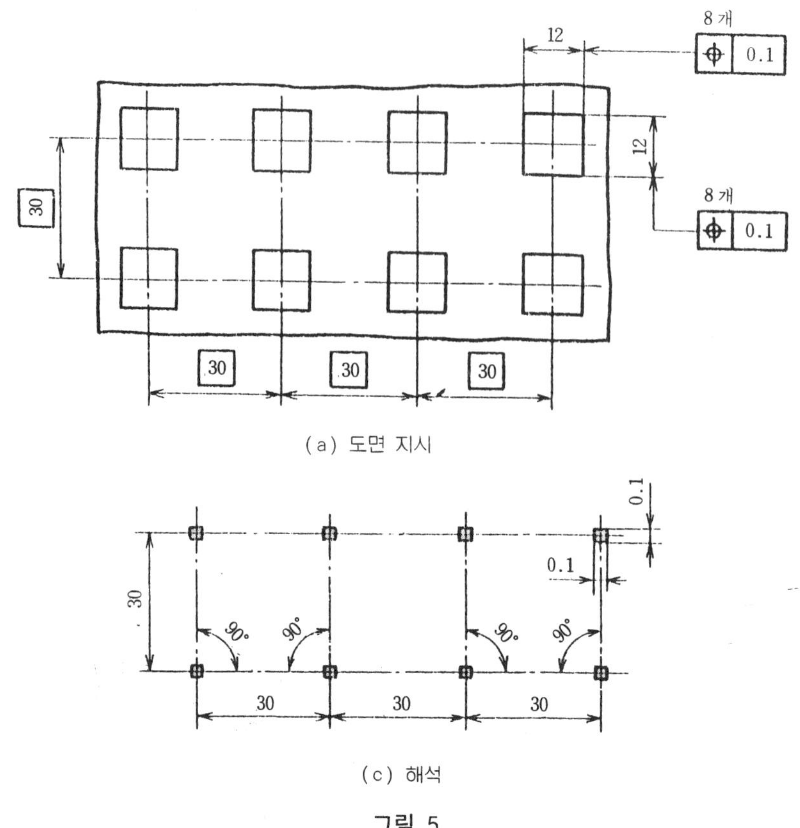

(a) 도면 지시

(c) 해석

그림 5

개개 구멍 축선은 단면 0.1×0.1mm의 정사각형 단면의 직육면체 공차역 내에 있어야 한다. 이 직육면체 공차역의 축 직선은 이론적으로 정확한 치수에 따라 정해진다.

2.7 방향을 정하지 않은 경우의 위치도 공차 : 공차는 원통형의 공차역으로서 지정할 수 있다 [**그림 6**의 (a) 및 (b) 참조].

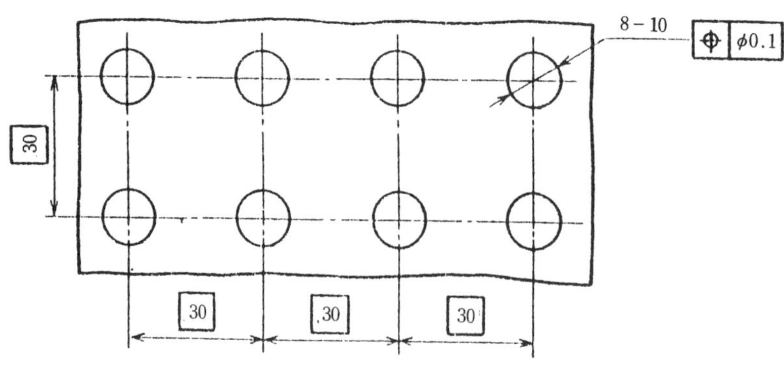

(a) 도면 지시

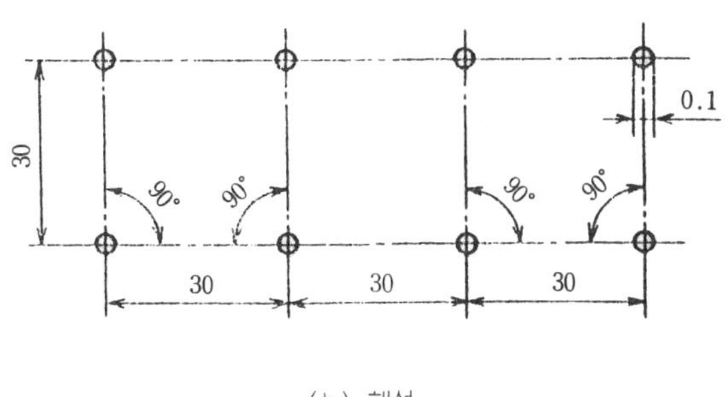

(b) 해석

그림 6

개개의 구멍 축선은 지름 0.1mm인 원통형의 공차역 내에 있어야 한다. 이 원통형 공차역의 축 직선은 이론적으로 정확한 치수에 따라 결정된다.

이 공차 표시에 의한 공차역은 직각 좌표 방식에 따라 형성되는 직육면체의 공차역보다도 커진다[**그림** 7 참조].

<비고> 원통 형체의 끼워 맞춤 부품에 대해서는 통상, 공차는 이론적으로 정확한 위치에서 어느 방향으로도 같으므로 공차역은 원통형이 된다.

<참고> 상기의 "직육면체의 공차역"의 위치는 원 국제규격에서는 "a square(or rectangular) zone"으로 되어 있다.

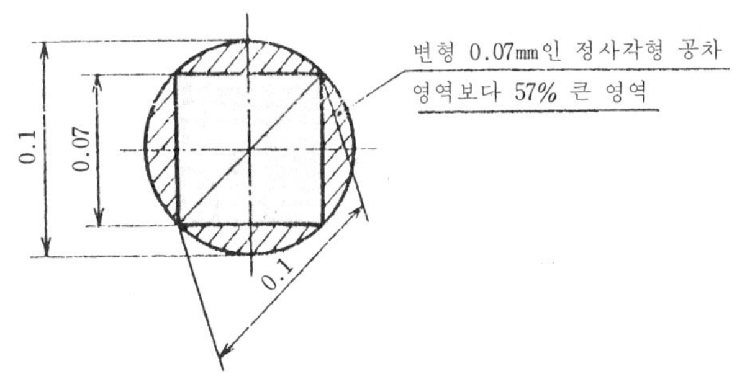

그림 7

3. 공차의 조합

3.1 어떤 형체 그룹을 구성하는 각 형체가 위치도 공차 방식에 따라 개개로 위치가 붙여지고 다시 그 패턴의 위치가 직각 좌표 방식의 공차에 따라 위치가 붙어지게 될 때에는 각각의 요구 사항은 독립으로 충족되어야 한다[**그림** 8의 (a) 참조].

3.1.1 그림에 표시하는 왼쪽의 개개 구멍의 실제 축선과 왼쪽 측면 사이의 거리는 허용 한계 치수 17.5mm, 18.5mm의 사이에 있어야 한다(2점 측정, ISO 8015 참조).

<참고> ISO 8015의 규정 내용은 KS B 0000(제도－공차 표시 방식의 기본 원칙)과 동등하다. 그림에 표시하는 아래쪽의 개개 구멍의 실제 축선과 아래쪽 사이의 거리는 허용 한계 치수 15.5mm와 16.5mm이 사이에 있어야 한다[**그림** 8의 (a) 및 (b) 참조].

3.1.2 개개 구멍의 실제 축선은 그림에 표시하는 대로 지름 0.2mm인 원통형의 공차역 내에 있어야 한다. 또한, 그 위치도의 공차역은 상호간에 이론적으로 정확한 위치에 배치된다[**그림** 8의 (c) 참조].

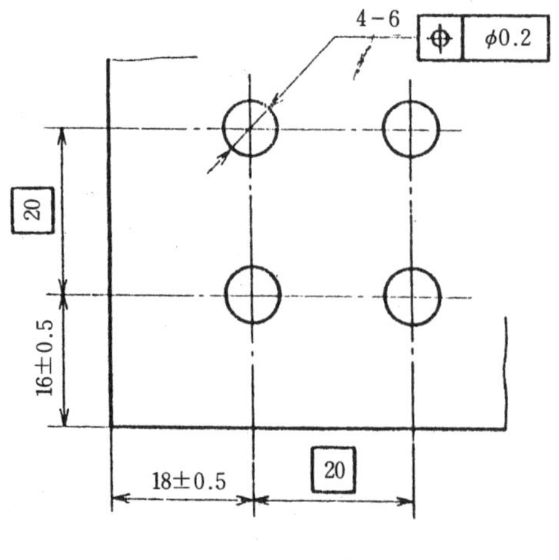

(a) 도면 지시

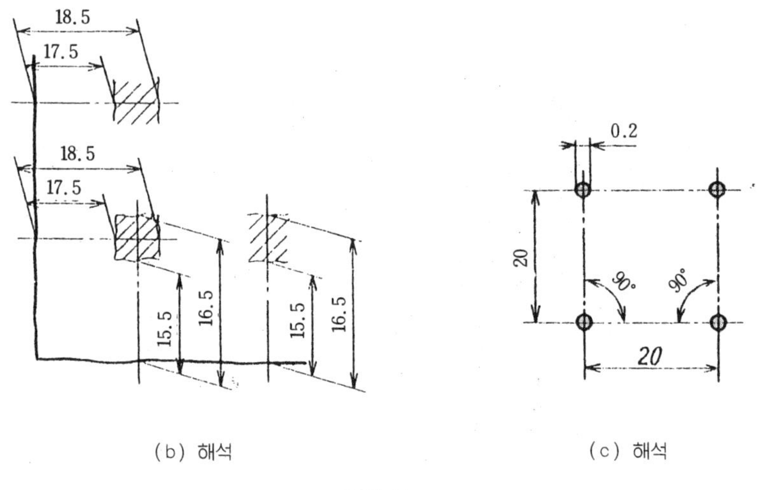

(b) 해석

(c) 해석

그림 8

<비고> 이 방법은 별도 해석이 될 가능성이 있으므로 보다 명확한 해석이 필요한 경우는 치수 공차의 지정을 중지하고, 위치도 공차 방식 및 데이텀의 지시를 하면 좋다(3.2 참조).

3.2 어떤 형태의 그룹을 구성하는 각 형체가 위치도 공차 방식에 따라 개개로 위치가 붙여지고 다시 그 패턴의 위치도 위치도 공차 방식에 따라 위치가 붙여지게 되어 있을 때에는 각 요구 사항은 독립으로 충족되어야 한다[**그림** 9(a) 참조].

3.2.1 그림에 표시하는 4개 구멍의 실제 축선은 지름 0.01mm인 원통형의 공차역 내에 있어야 한다. 또한, 개개 구멍의 위치도 공차역은 서로 이론적으로 정확한 위치에 배치되어 실용 데이텀 A에 대하여 수직이다[**그림** 9(b) 참조].

3.2.2 그림에 표시하는 각 구멍의 실제 축선은 지름 0.2mm인 원통형의 공차역 내에 있어야 한다. 또한, 그 위치도의 공차역은 실용 데이텀 A, Y 및 Z에 대하여 이론적으로 정확한 위치에 있다[**그림** 9(c) 참조].

<비고> 원 국제규격에는 3.2.2의 본문 및 **그림** 9(a)의 위치도 공차 ϕ0.2에 데이텀 A의 지정이 없고, **그림** 9(b) 및 (c)에도 데이텀 A에 관한 도해가 없다.

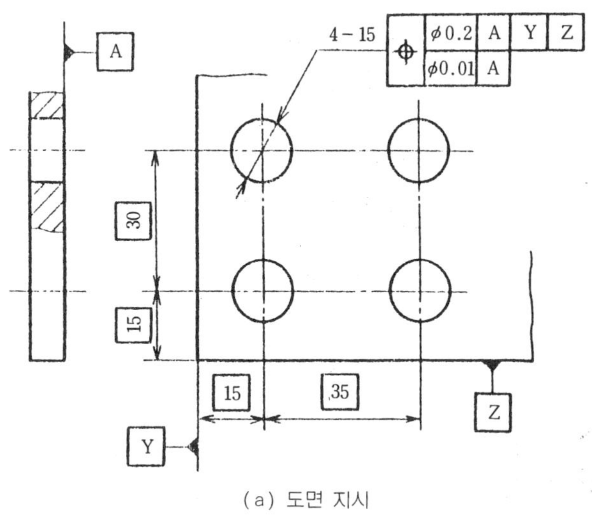

(a) 도면 지시

실용 데이텀 Y

실용 데이텀 A

실용 데이텀 A

실용 데이텀 Z

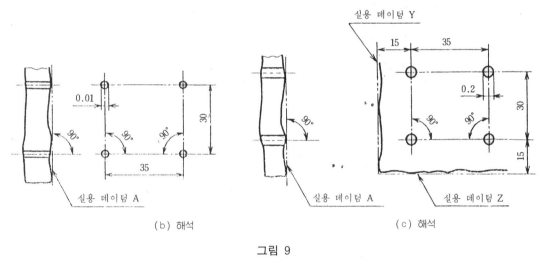

(b) 해석 (c) 해석

그림 9

4. 위치도 공차의 계산

4.1 끼워 맞춤 부품의 안쪽 형체 및 안쪽 형체의 맞붙임을 확보하기 위하여 필요한 위치도 공차를 정하는 계산식을 이 절에서 규정한다.

이 계산에서는 안쪽 형체 및 안쪽 형체의 양쪽이 완전한 모양 및 자세이고, 다시 최대 실체 상태(MMC)로 한다. 이 전제에 비하면 끼워 맞춤 형체가 최대 실체 상태이고, 다시 그들의 위치도 공차역 내에서 가장 나쁜 위치에 있을 때, 이 계산식은 "간섭이 없고, 틈새도 없는 상태"의 끼워 맞춤을 표시한다.

4.2 위치도 공차의 계산에는 다음에 표시하는 2가지의 일반적인 경우가 있다.

(a) **부동 체결 부품** : 볼트 및 너트와 같은 체결 부품으로 2개 이상의 부품이 부착되어서 어느 부품도 볼트 구멍을 갖는 경우(**그림** 10 참조).

(b) **고정 체결 부품** : 스터드 볼트, 나사 구멍에 끼워진 볼트[**그림** 11(a) 참조] 또는 한 끝에 끼워 맞춤을 한 다우엘 핀[**그림** 11(b) 참조]과 같은 체결 부품이 부착되는 부품의 한가지로 구속되어 있는 경우.

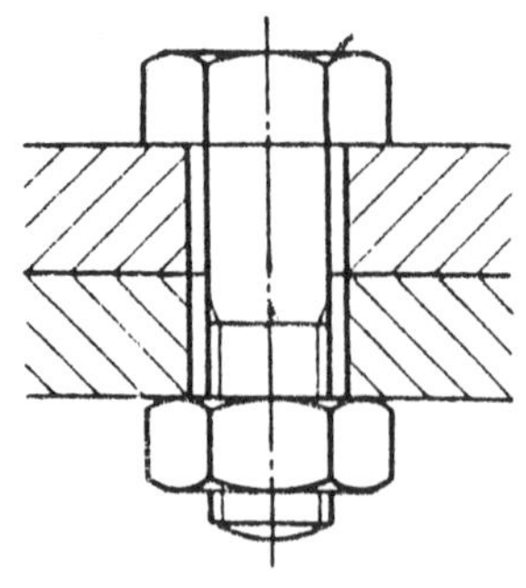

그림 10

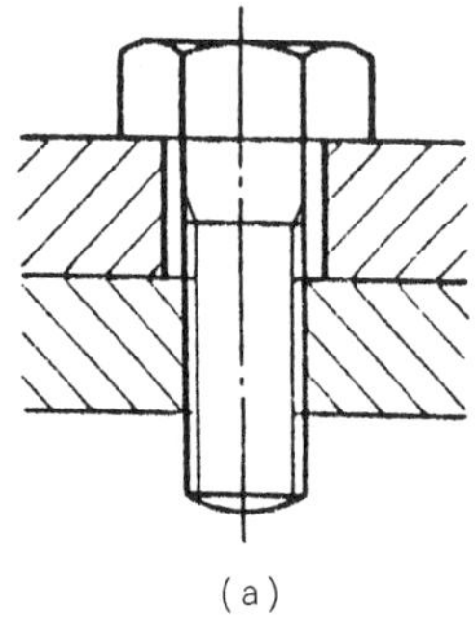

(a)

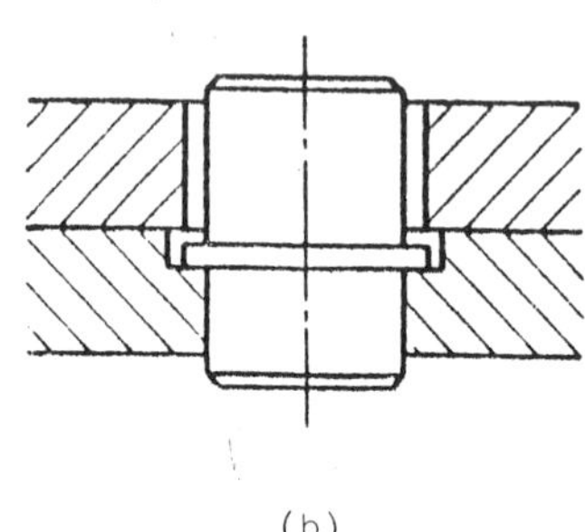

(b)

그림 11

4.3 계산식에 사용하는 기호는 다음에 따른다(**그림** 12 참조).

F : 바깥쪽 형체의 최대 실체 치수, 보기를 들면 체결 부품의 최대 지름

H : 안쪽 형체의 최대 실체 치수, 보기를 들면 체결 부품의 최소 지름

T : 위치도 공차

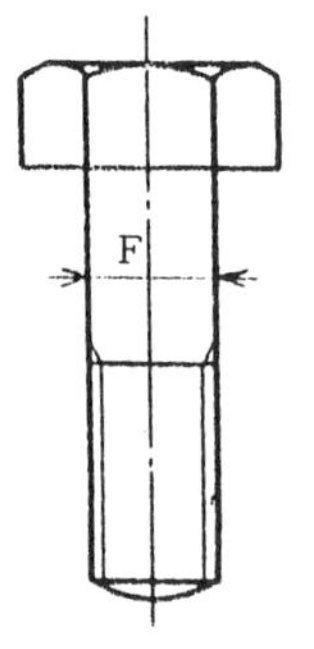

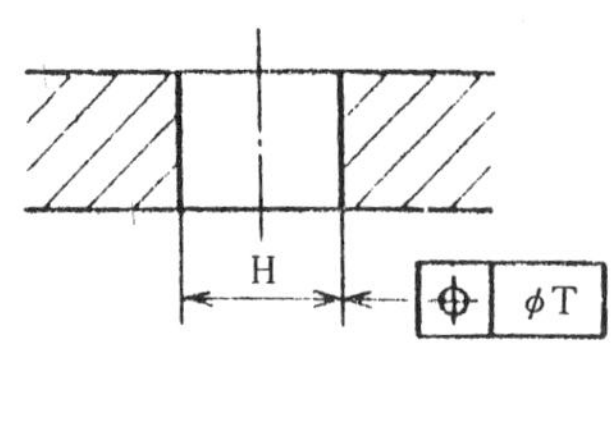

그림 12

4.4 위치도 공차의 값은 다음 식을 사용하여 계산한다.

수동 체결 부품에 대하여 $T=H-F$

고정 체결 부품에 대하여 $T=\dfrac{H-F}{2}$

4.5 **4.4**에 표시하는 식은 키 및 그것에 끼워 맞춘 키 홈에도 적용된다. 슬라이딩 키, 묻힘 키의 어느 쪽도 좋다.

8 개별적인 공차의 지시가 없는 형체에 대한 기하 공차

KS B 0146 (1992)

Geometrical tolerances for features without individual tolerance indications

● 서 문

모든 구성 부품의 형체는 항상 치수 및 기하 형상을 갖고 있다. 치수의 편차 및 기하 특성(모양, 자세 및 위치)의 편차가 어떤 한계를 초과하면 부품의 기능이 손상되므로 이들 편차의 제한이 필요해진다.

도면상의 공차 표시는 모든 형체의 치수와 기하 특성의 요소를 확실하게 규제하기 위하여 완전하여야 한다. 즉 공장 또는 검사 부문에서 채택 여부의 판정이 암묵적 양해 하에 맡겨지는 일이 없도록 하여야 한다.

치수 및 기하 특성에 대한 보통 공차의 사용에 따라 이 필요 조건을 만족하고 있음을 확인하는 업무를 간단히 할 수가 있다.

1. 적용 범위

이 규격은 도면 지시를 간단히 하는 것을 의도하고 개별적으로 기하 공차의 지시가 없는 형체를 규제하기 위한 3개 공차 등급의 보통 기하 공차에 대하여 규정한다.

이 규격은 주로 제거 가공에 의하여 제작한 형체에 적용한다. 다른 가공 방법에 의하여 제작한 형체에 이를 적용할 수가 있으나, 통상의 공장에서 얻어지는 가공 정밀도가 이 규격에 규정된 보통 기하 공차 내에 있는지의 여부를 확인할 필요가 있다.

2. 일반 사항

공차 등급을 선택하는 경우, 개개의 공장에서 통상적으로 얻어지는 가공 정밀도를 고려하여야 한다. 개개의 형체에 대하여 보다 작은 공차가 요구될 때 또는 보다 큰 공차가 허용되고, 또한 그것이 보다 경제적인 경우에는 그러한 공차를 ISO 1101에 따라 직접 지시하는 것이 좋다(부속서 A.2 참조).

<참고> ISO 1101의 규정 내용은 KS B 0608과 동등하다.

이 규격이 6.에 따라 도면 또는 관련 문서에 인용될 때, 이 규격에 의한 보통 기하 공차를 적용한다. 이 보통 기하 공차는 개별적으로 기하 공차가 지시되어 있지 않은 형체에 적용한다.

보통 기하 공차는 원통도, 선의 윤곽도, 면의 윤곽도, 경사도, 동축도, 위치도 및 전체 흔들림을 제외한 모든 기하 특성에 적용한다.

어찌되었든, 이 규격에 따른 보통 기하 공차는 KS B 0000에 의한 공차 표시 방식의 기본 원칙이 사용되고, 도면 상에 지시되었을 때에 사용한다(부속서 B.1 참조).

3. 관련 규격

다음에 표시하는 국제 규격은 이 규격에 인용되므로써 이 규격의 규정을 구성한다. 출판 시점에서는 표시된 판이 유효하다. 모든 규격은 개정되는 것이며, 이 규격에 근거하는 것에 합의한 관계자는 다음에 열거하는 규격의 최신판을 적용할 가능성을 조사하는데 노력하는 것이 좋다. IEC 및 ISO 회원은 현행 국제 규격의 등록부를 유지관리하고 있다.

ISO 1101 : 1983 Technical drawings-Geometrical tolerancign-tolerancing of form, orientation, location and run-out-Generalities, definitions, symbols, indications on drawings

ISO 2768-1 : 1989 General tolerances-Part 1 : Tolerances for linear and angular dimensions without individual tolerance indictions

<비고> KS B 0412(보통 공차-제1부 : 개별적으로 공차의 지시가 없는 길이 치수 및 각도 치수에 대한 공차)가 이 국제 규격과 일치하고 있다.

ISO 5459 : 1981 Technical drawings-Geometrical tolerancing-Datums and datum systems for geometrical tolerances

ISO 8015 : 1985 Technical drawings-Fundametal tolerancing principle

<비고> KS B 0000(제도-공차 표시 방식의 기본 원칙)가 이 국제 규격과 일치하고 있다.

4. 용어의 정의

이 규격의 목적에 대하여 기하 공차 용어의 정의는 ISO 1101 및 ISO 5459에 따른다.

<참고> ISO 1101 및 ISO 5459의 규정 내용은 각각 KS B 0608 및 KS B 0243과 동등하다.

5. 보통 기하 공차(부속서 B.1 참조)

5.1 단독 형체에 대한 보통 공차

5.1.1 진직도 및 평면도 : 진직도 및 평면도의 보통 공차는 **표 1**에 따른다. 공차를 이 표에서 선정할 때는 진직도는 해당하는 선의 길이를, 평면도는 직사각형인 경우에는 긴 쪽 변의 길이를, 원형인 경우는 지름을 각각 기준으로 한다.

표 1 진직도 및 평면도의 보통 공차

(단위 : mm)

공차 등급	호칭 길이의 구분					
	10 이하	10 초과 30 이하	30 초과 100 이하	100 초과 300 이하	300 초과 1000 이하	1000 초과 3000 이하
	진직도 공차 및 평면도 공차					
H	0.02	0.05	0.1	0.2	0.3	0.4
K	0.05	0.1	0.2	0.4	0.6	0.8
L	0.1	0.2	0.4	0.8	1.2	1.6

5.1.2 진원도 : 진원도의 보통 공차는 지름의 치수 공차 값과 같게 취하는데, **표 4**의 반지름 방향의 원둘레 흔들림 공차의 값을 초과해서는 안된다(**부속서 B.2**의 보기 참조).

5.1.3 원통도 : 원통도의 보통 공차는 규정하지 않는다.

<비고> 1. 원통도는 3개의 구성 요소, 즉 진원도, 진직도 및 서로 마주보는 모선의 평행도로 이루어진다. 이들 구성 요소는 각각은 개별적으로 지시한 공차 또는 그 보통 공차에 의해 규제된다.

2. 기능적인 이유로 인하여 원통도가 진원도, 진직도 및 평행도의 보통 공차의 복합 효과(**부속서 B.3** 참조)보다도 작아야 하는 경우에는 ISO 1101에 따라 개별적으로 원통도 공차를 대상으로 하는 형체에 지시하는 것이 좋다.

5.2 관련 형체에 대한 보통 공차

5.2.1 일반 사항 : 5.2.2~5.2.6에 규정하는 공차는 서로 관련되는 형체에서 기하 공차가 개

별적으로 지시되지 않은 모든 형체에 적용한다.

5.2.2 **평행도** : 평행도의 보통 공차는 치수 공차와 평면도 공차·진직도 공차 중 어느 큰 쪽의 값과 같게 한다. 2개의 형체 중, 긴 쪽을 데이텀으로 한다. 그들의 형체가 같은 호칭 길이인 경우에는 어느 형체를 데이텀으로 해도 좋다(**부속서 B.4** 참조)

5.2.3 **직각도** : 직각도의 보통 공차는 **표 2**에 따른다. 직각을 형성하는 2변 중, 긴 쪽의 변을 데이텀으로 한다. 2개의 변이 같은 호칭 길이인 경우는 어느 쪽 변을 데이텀으로 해도 좋다.

표 2 직각도의 보통 공차

(단위 : mm)

공차 등급	짧은 쪽 변의 호칭 길이 구분			
	100 이하	100 초과 300 이하	300 초과 1000 이하	1000 초과 3000 이하
	직각도 공차			
H	0.2	0.3	0.4	0.5
K	0.4	0.6	0.8	1
L	0.6	1	1.5	2

5.2.4 **대칭도** : 대칭도의 보통 공차는 **표 3**에 따른다. 2개의 형체 중, 긴쪽을 데이텀으로 한다. 이들 형체가 같은 호칭 길이인 경우는 어느 형체를 데이텀으로 해도 좋다.

<비고> 대치도의 보통 공차는 다음의 경우에 적용한다(**부속서 B.5**의 **보기** 참조).

- 적어도 2개의 형체 중 1개가 중심 평면을 가질 때
- 2개 형체의 축선이 서로 직각일 때

표 3 대칭도의 보통 공차

(단위 : mm)

공차 등급	호칭길이의 구분			
	100 이하	100 초과 300 이하	300 초과 1000 이하	1000 초과 3000 이하
	대칭도 공차			
H	0.5			
K	0.6		0.8	1
L	0.6	1	1.5	2

5.2.5 **동축도** : 동축도의 보통 공차는 규정하지 않는다.

<비고> 동축도는 반지름 방향의 원둘레 흔들림이 동축도와 진원도로 이루어지므로 극단적인 경우에는 **표 4**에 표시하는 원둘레 흔들림 공차의 값과 같은 크기라도 좋다.

5.2.6 **원둘레 흔들림** : 원둘레 흔들림(반지름 방향, 축 방향 및 경사법선 방향)의 보통 공차는 **표 4**에 따른다.

원둘레 흔들림의 보통 공차에 대하여는 도면상에 지지면이 지정된 경우에는 그 면을 데이텀으로 한다. 지지면이 지정되어 있지 않을 경우에는 반지름 방향의 원둘레 흔들림에 대하여 2개의 형체 중 긴 쪽을 데이텀으로 한다. 2개 형체의 호칭 길이가 같을 경우에는 어느 형체를 데이텀으로 해도 좋다.

표 4 원둘레 흔들림의 보통 공차

(단위 : mm)

공차 등급	원둘레 흔들림 공차
H	0.1
K	0.2
L	0.5

6. 도면상의 지시

6.1 이 규격에 따른 보통 공차를 KS B 0412에 의한 보통 공차와 함께 적용하는 경우에는 다음 사항을 표제란 속 또는 그 부근에 지시한다.

(a) "KS B 0000"

(b) KS B 0412에 의한 공차 등급

(c) 이 규격에 의한 공차 등급

<보기> KS B 0000-mK

<참고> ISO 2768-2에서는 "KS B 0000"을 "ISO 2768"로 표시하고 있다.
이 경우, 암시되고는 있으나 각도 수치가 지시되어 있지 않은 직각(90°)에 대하여는 KS B 0412에 의한 각도 치수에 대한 보통 공차는 적용하지 않는다.

6.2 보통 치수 공차(공차 등급 m)를 적용하지 않을 경우에는 도면 상에 지시하는 표시에서 그 기호를 제외한다.

<보기> KS B 0000-K

6.3 모든 단일 사이즈 형체([1])(feture of size)에 포락의 조건 Ⓔ를 적용하는 경우에는 6.1에 규정한 표시에 기호 "E"를 추가한다.

<보기> KS B 0000-mK-E

<비고> 포락의 조건 Ⓔ는 형체의 치수 공차보다도 큰 진직도 공차를 개별적으로 지시한 형체, 보기를 들면 소형재(stock materal)에는 적용할 수 없다.

주([1]) 이 규격에서는 단일 사이즈 형체는 1개의 원통면 또는 평행 2평면으로 되는 것으로 한다.

7. 채택 여부

특별히 명시한 경우를 제외하고는 보통 기하 공차를 초과한 공작물에서도 공작물의 기능이 손상되지 않을 경우에는 자동적으로 불채용으로 하여서는 안된다(부속서 A.4 참조).

부속서 A 기하 특성에 대한 보통 공차 표시 방식의 배경에 있는 개념(참고)

A.1

보통 공차는 본체 6.에 근거하여 이 규격을 인용함으로써 도면 상에 지시하는 것이 좋다.

보통 공차의 값은 공장이 통상적인 가공 정밀도의 정도에 대응한 것이며, 적절한 공차 등급을 선정하여 도면상에 지시된다.

A.2

공장의 통상적인 가공 정밀도에 대응하는 공차값을 초과하여 공차를 크게 하여도 통상 생산의 경제성에 있어서 이익은 얻지 못한다. 어쨌든, 공장의 기계 및 보통의 기능에 의하면 통상 큰 편차를 가지는 형체를 제조하는 일은 없다. 보기를 들면, KS B 0000-mH와 같든가 또는 그보다 나은 통상의 가공 정밀도를 갖는 공장에서 제조한 길이 80 mm, 지름 25 mm±0.1 mm의 형체는 기하 편차가 진원도에 대하여는 0.1 mm 이내에, 모선의 진직도에 대하여는 0.1 mm 이내에, 반지름 방향의 원둘레 흔들림에 대하여는 0.1 mm 이내에 잘 들어 있다(이들 수치는 이 규격으로부터 채용하고 있다). 보다 큰 공차를 지시했다고 해도 그 특정 공장에 이익을 가져오는 일은 없다.

그러나 기능적 이유로 형체에 "보통 공차"보다도 작은 공차값을 요구하는 경우에는 그 특정 형체에 대하여 개별적으로 인접하여 보다 작은 공차를 지시한다. 이런 종류의 공차는 보통 공차의 적용 범위 밖이다.

형체의 기능이 보통 공차의 값과 같든가 또는 그보다 큰 기하 공차를 허용할 경우에는 공차를 개별적으로 지시하지 않고, 본체 6.에 규정한 것 같이 도면 상에 명시하는 것이 좋다. 이 종류의 공차는 보통 기하 공차 방식의 개념을 최대한으로 사용할 수 있다.

기능이 보통 공차보다 큰 공차를 허용하고, 또한 보다 큰 공차가 생산상의 경제성을 가져오는 경우에는 "규칙의 예외"가 있다. 이들의 특별한 경우에는 보다 큰 기하 공차를 그 특정 형체에 인접하여 개별적으로 지시하는 것이 좋다. 보기를 들면, 큰 지름의 얇은 링의 진원도 공차가 그 보기이다.

A.3

보통 기하 공차의 적용에는 다음의 이점이 있다.

(a) 도면을 쉽게 읽을 수 있고, 정보 전달이 도면 사용자에게 보다 효과적이 된다.

(b) 제도자는 기능이 보통 공차와 같든가 또는 그보다 큰 공차를 허용하는 것만을 알면 충분하므로 상세한 공차의 산정을 피함으로써 시간을 절약할 수 있다.

(c) 도면은 어느 형체가 통상적인 공정 능력으로 생산할 수 있는지를 쉽게 지시할 수 있고, 이는 또, 검사 수준을 낮춤으로써 품질 관리 업무를 돕는다.

(d) 개별적으로 지시한 기하 공차를 가진 나머지 형체는 대부분은 그 기능상 상대적으로 작은 공차가 요구되며, 그런 까닭에 제조에서 특별한 노력이 요구되는 형체를 규제하는 것이다. 이것은 제조 계획에 도움이 되고 검사 요구 사항을 해석할 때 품질 관리 업무에 도움을 준다.

(e) 발주 및 수주 계약의 기술자는 계약이 성립되기 전에 "공장의 통상적인 가공 정밀도"를 알 수 있으므로 쉽게 주문을 결정할 수가 있다. 이것은 또 도면이 완전할 것을 기대하고 있으므로 인수·인도 당사자간의 인도에 있어서의 마찰을 피할 수가 있다.

이들의 이점은 보통 공차를 초과하지 않는다는 충분한 신뢰성이 있을 때, 즉 특정 공장의 통상적인 가공 정밀도가 도면 상에 지시된 보통 공차와 같든가 또는 그보다 가공 정밀도가 좋을 때만 얻어진다.

그러기 위하여 공장에서는 다음의 일을 실행하는 것이 좋다.

- 측정에 의하여 공장의 통상적인 가공 정밀도를 파악한다.
- 보통 공차가 공장의 통상적인 가공 정밀도와 같든가 또는 그보다 공차가 큰 도면만을 받아들인다.
- 공장의 통상적인 가공 정밀도가 저하되지 않았음을 샘플링 검사로 조사하여 둔다.

모든 불확정성이나 생각의 차이가 있는 막연한 "좋은 기능"을 의뢰하는 것은 보통 기하 공차의 개념에 따라 이제 더 이상 필요없게 된다. 보통 기하 공차는 "좋은 기능"이 요구되는 정밀도를 명확하게 하고 있다.

A.4

기능에 따라 허용되는 공차는 보통 공차보다도 큰 경우가 흔히 있다. 그 때문에 공작물의 어느 형체에서 보통 공차를(때로) 초과하여도 부품의 기능이 반드시 손상된다고 볼 수는 없다. 보통 공차로부터 이탈하여 기능을 손상받을 때에만 그 공작물을 불채용으로 한다.

부속서 B 추가 정보(참고)

B.1 보통 기하 공차(본체 5. 참조)

독립의 원칙(KS B 0000 참조)에 따라 보통 기하 공차는 공작물 형체의 기본적인 실체 치수와는 관계없이 적용한다. 따라서 보통 기하 공차는 형체가 어디에 있어도 그 최대 실체 치수에 있을 때라도 사용해도 된다(**그림 1** 참조).

포락의 조건 Ⓔ가 형체에 개별적으로 지시되든가 본체 6.에 따른 지시방법으로 모든 사이즈 형체에 일괄하여 지시되는 경우에는 이 요구에도 따르는 것이 좋다.

〔단위 : mm〕

공차 표시 방식 KS B 0000
보 통 공 차 KS B 0000-mH

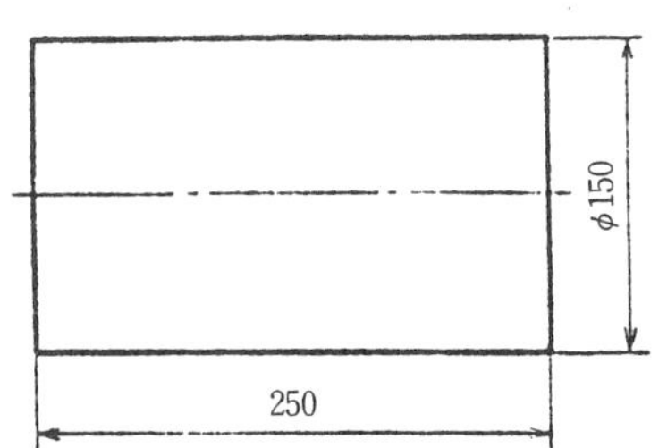

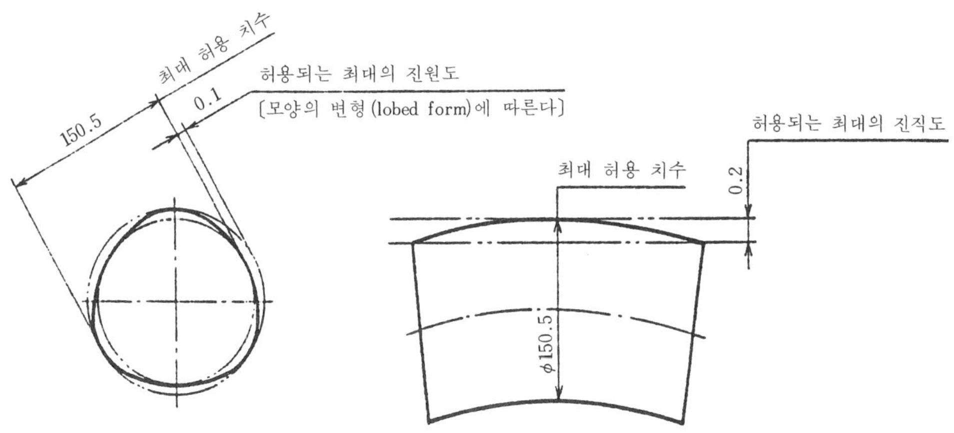

그림 1 독립의 원칙, 동일 형체상의 허용되는 최대의 모양 편차

B.2 진원도(본체 5.1.2 참조)-적용 보기

<보기> 1. (부속서 B 그림 2 참조)

지름의 치수 허용차를 도면에 직접 지시한다. 진원도에 관한 보통 공차는 지름 공차의 값과 같다.

<보기> 2. (부속서 B 그림 2 참조)

KS B 0000-mK란 지시에 따른 보통 공차를 적용한다. 25 mm의 지름에 대한 허용차는 ±0.2 mm이다. 이 허용차로부터 공차는 본체 **표 4**의 값 0.2 mm보다도 큰 값 0.4 mm가 된다. 따라서, 그 값 0.2 mm를 진원도 공차에 대하여 적용한다.

(단위 : mm)

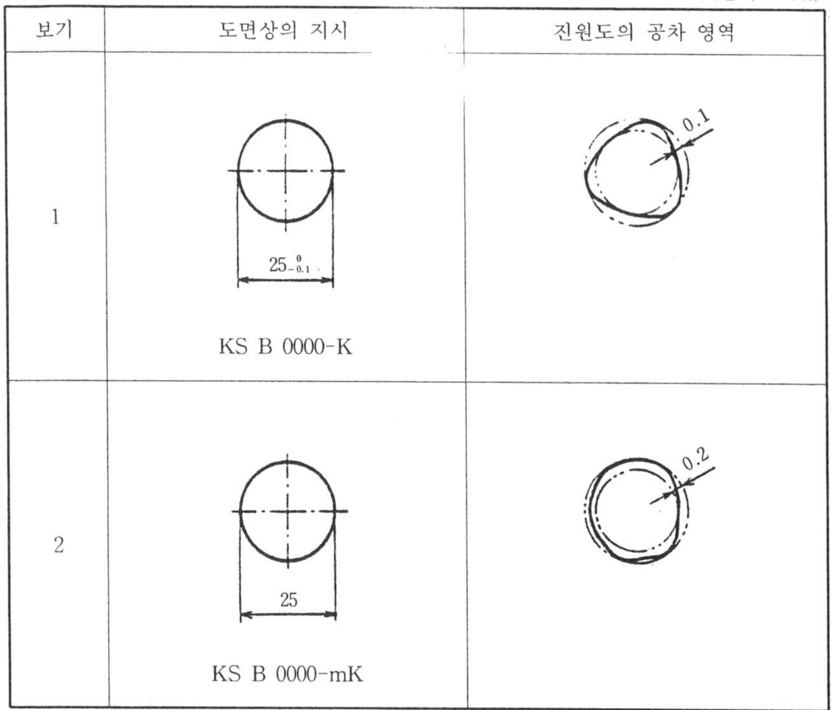

보기	도면상의 지시	진원도의 공차 영역
1	$25^{\ 0}_{-0.1}$ KS B 0000-K	0.1
2	25 KS B 0000-mK	0.2

그림 2 진원도의 보통 공차 보기

B.3 원통도(본체 5.1.3의 **비고** 2. 참조)

진원도, 진직도 및 평행도의 보통 공차 복합 효과는 치수 공차에 따른 어떤 제한이 있으므로 기하학적 이유 때문에 3개 공차의 합계보다도 작다. 그러나 포락의 조건 Ⓔ또는 개개 원통도 공차의 어느 것을 지시하는지를 정하기 위하여, 간단화를 위하여 3개 공차의 합계를 고려할 수 있다.

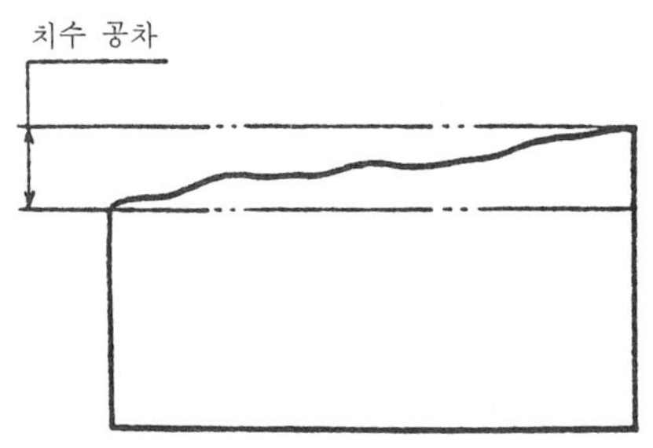

그림 3 치수 공차의 값과 같은 평행도

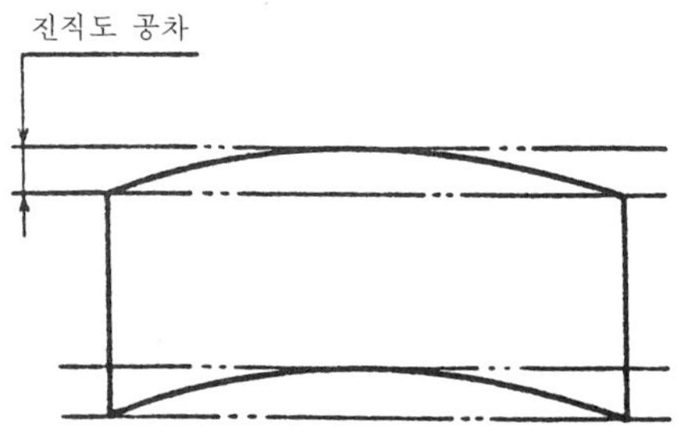

그림 4 진직도 공차의 값과 같은 평행도

B.4 평행도(본체 5.2.2 참조)

형체의 편차 모양에 따라 평행도는 치수 공차의 값에 의해 제한되든가(부속서 B 그림 3 참조) 또는 진직도 공차 혹은 평면도 공차의 값에 의해 제한된다(**부속서 B 그림 4** 참조).

B.5 **대칭도**(본체 5.2.4 참조)-**보기**

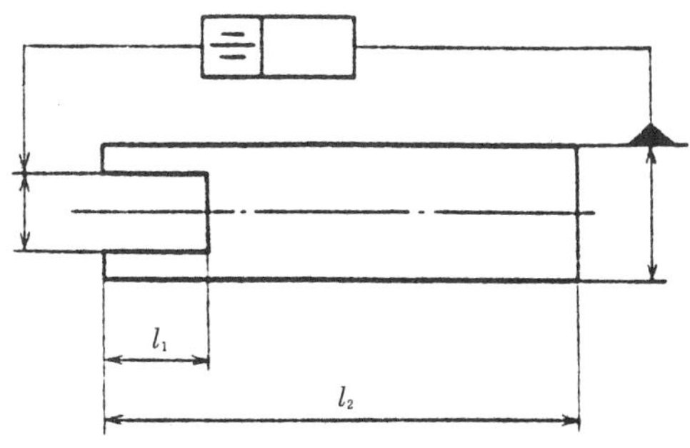

(a) 데이텀 : 긴 쪽의 형체(l_2)

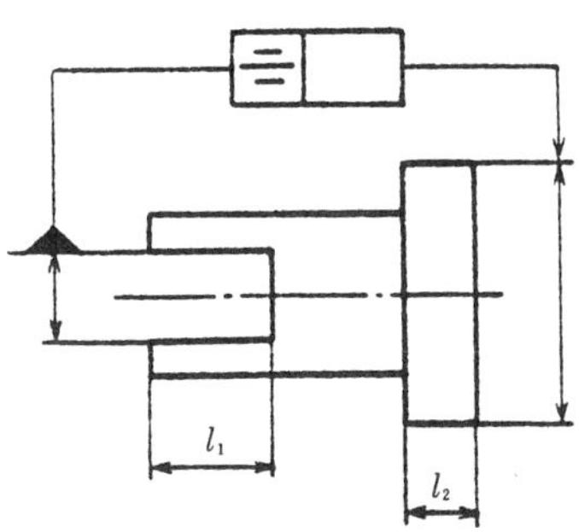

(b) 데이텀 : 긴 쪽의 형체(l_1)

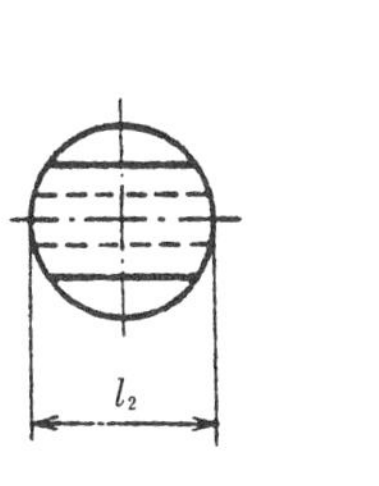

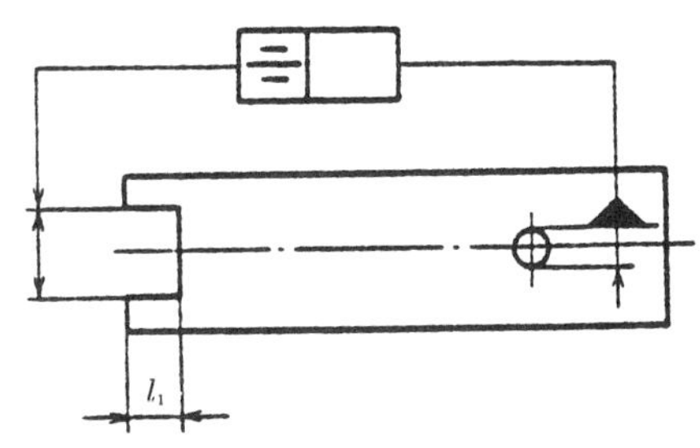

(c) 데이텀 : 긴 쪽의 형체(l_2)

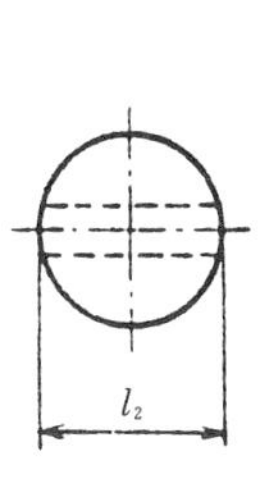

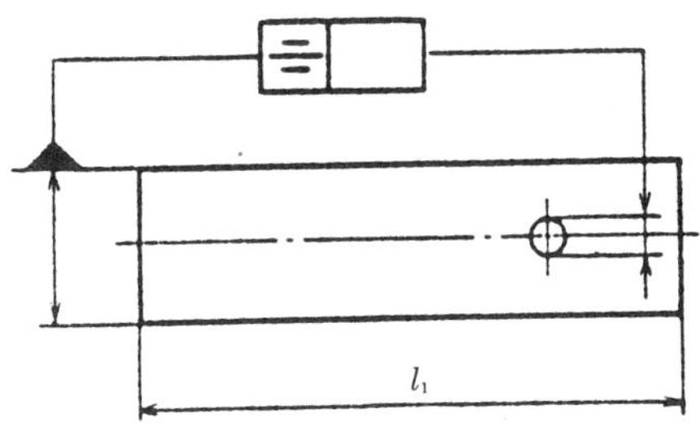

(d) 데이텀 : 긴 쪽의 형체(l_1)

그림 5 대칭도의 보통 공차 보기(본체 5.2.4에 의해 규정된 데이텀)

B.6 도면 보기

〈도면상의 지시〉

[단위 : mm]

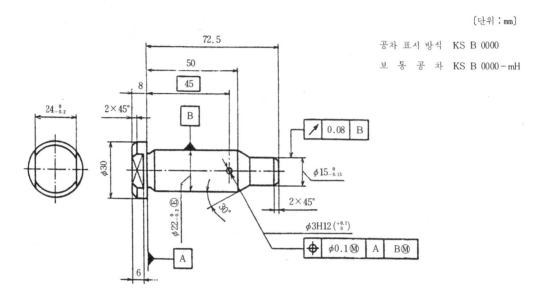

공차 표시 방식 KS B 0000

보 통 공 차 KS B 0000 - mH

〈도면 설명〉

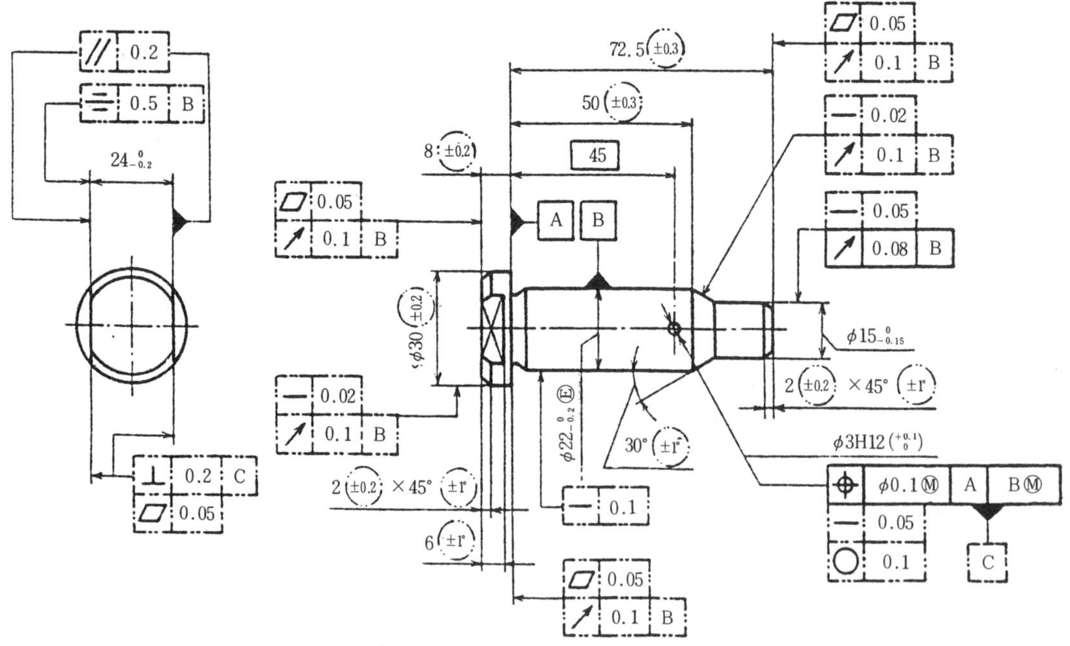

그림 6 대칭도의 보통 공차 보기(본체 5.2.4에 의해 규정된 데이텀)

<비고> 1. 가는 2점쇄선(테두리 또는 원)으로 둘러쌓아 표시한 공차는 보통 공차이다. 이들 공차의 값은 KS B 0000-mH와 같든가 또는 그것보다 좋은 통상의 가공 정밀도를 갖는 공장에서 기계 가공하므로써 자동적으로 만족되고, 따라서 일반적으로 검사는 요구되지 않는다.

2. 어떤 공차는 같은 형체의 다른 종류의 편차도 제한하므로(보기를 들면, 직각도 공차가 진직도도 제한한다) 모든 보통 공차가 상기 도면의 설명 중에 나타나 있는 것은 아니다.

9 기하 공차 측정 방법

형상이나 위치에 대한 공차를 검사, 측정하는 데는 피측정물의 생긴 형상이 다양하고 또 측정기의 종류도 다양하다.

따라서 측정물의 형상에 따라서 측정 방법 및 측정기도 다양할 수밖에 없다. 아래에 제시하는 측정법은 일반적인 측정법을 형상·위치 공차 별로 간략하게 예를 들어 설명하고자 한다.

측정 방법에 사용되는 기호를 다음 표에 나타낸다.

기 호	해 석	기 호	해 석
	정반		여러 방향으로 불연속 직선 이동
	고정 지지		연속 회전 이동
	조정 지지		불연속 회전 이동
	연속 직선 이동		회전
	불연속 직선 이동		인디케이터
	여러 방향으로 연속 직선 이동		인디케이터 붙이 스탠드

* 연 속 이 동 : 인디케이터 맞춤을 변경치 않고 이동
불연속 이동 : 인디케이터 맞춤을 변경해서 이동

1. 진직도

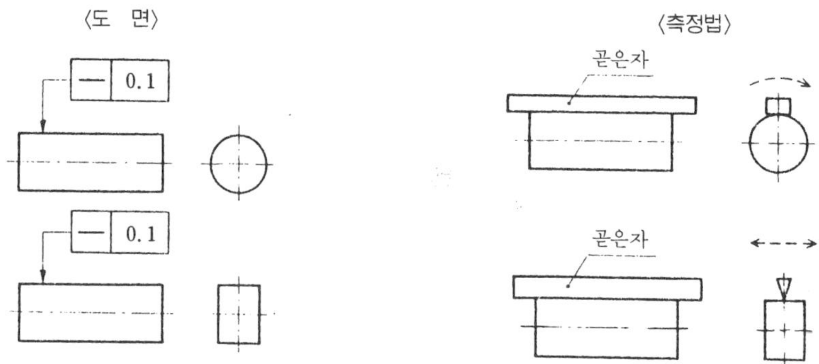

(1) 곧은 자를 피측정물 위에 놓고 양자 사이의 거리를 최소로 조절한다.

틈은 틈게이지, 핀게이지 등으로 측정하거나 아주 작은 경우에는 투과율의 간섭색으로 판정한다. 진직도는 틈의 최대값이다.

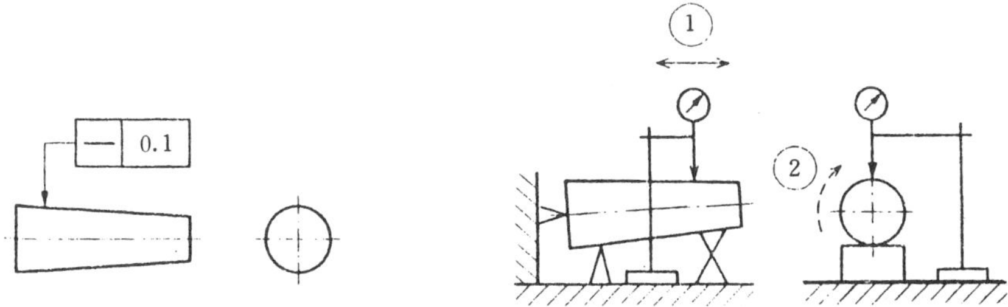

(2) 위쪽 모선이 정반과 평행이 되도록 피측정물을 놓는다. 모선 전장에 따라 인디케이터를 움직여 측정한 모선에 대한 인디케이터 눈금의 최대차이다.

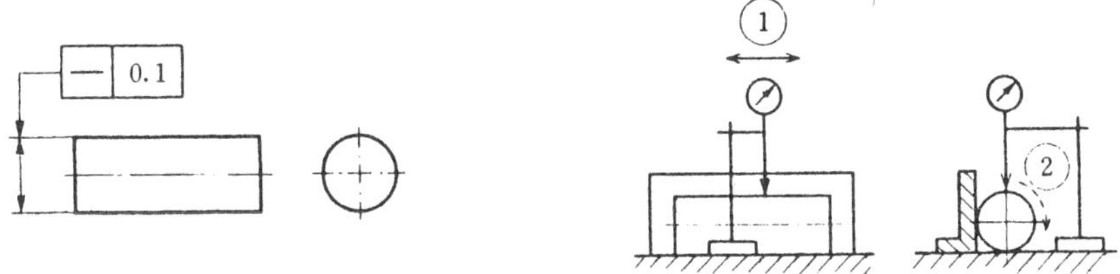

(3) 피측정물을 정반 위에 놓고 직각정반에 밀착시킨다. 측정법은 (2)와 같다.

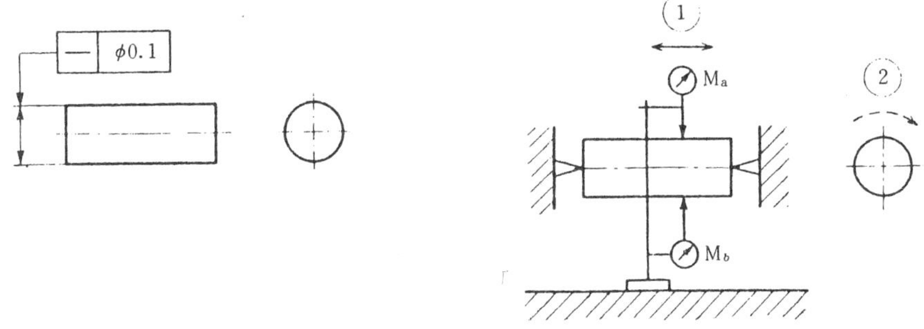

(4) 피측정물을 정반에 평행한 양 센터로 지지하고 길이 방향으로 두 개의 인디케이터를 움직여 측정한다. 두 개의 인디케이터의 눈금 $M_a - M_b/2$를 반복 측정한다. 진직도는 각축 단면에 대해 측정한 최대차이다.

(5) 피측정물을 정반에 평행하게 두 센터로 고정하고 측정물을 회전시킨다. 1회전 사이의 인디케이터 눈금의 차이 1/2을 반복 측정하면 핀의 진직도는 산출된 중심간의 최대 편차이다.

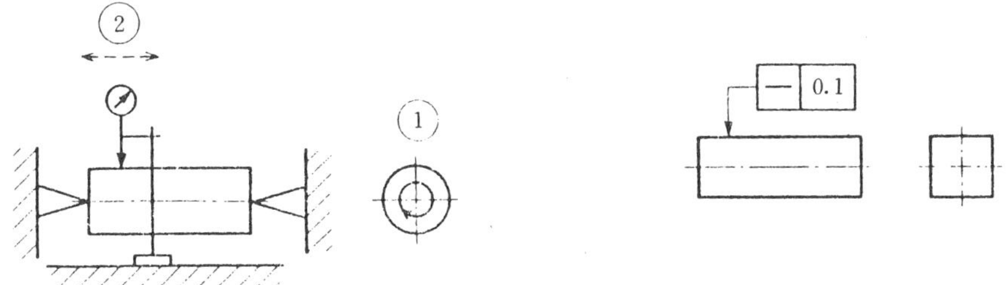

(6) 조정식 수준기를 피측정물의 모선 한 끝에 놓고 수평을 맞춘다. 다음에 지정된 스탭마다 수준기를 모선을 따라 움직여서 각 스텝마다의 수명으로부터의 편차를 기록한다. 각도 편차에 수준기의 길이 l을 곱하면 그 위치의 편차가 구해지므로 그 누적선도에서 진직도가 구해진다.

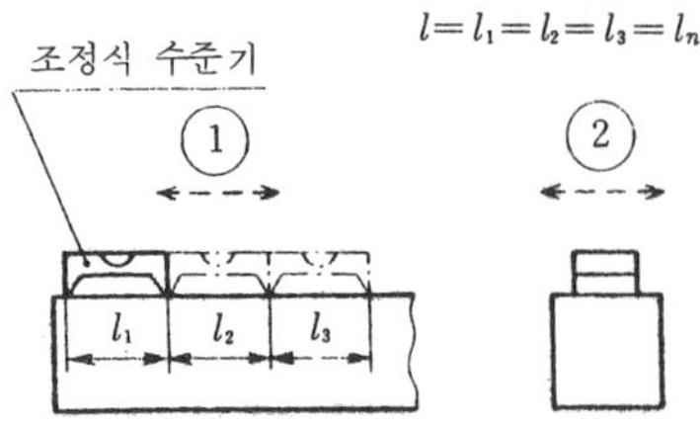

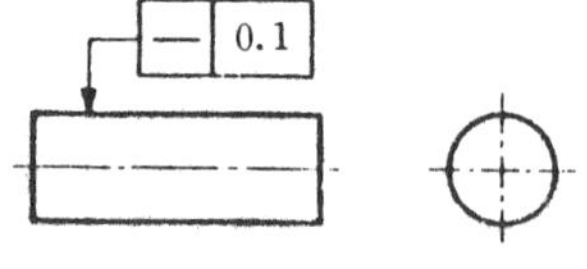

(7) 오토크리미터를 피측정물에 맞추어 반사경을 모선에 따라 움직여서 눈금을 기록한다. 진직도는 (6)에 준하는 방법으로 산출한다.

주로 대형 측정물에 이용된다.

2. 평면도

〈도 면〉

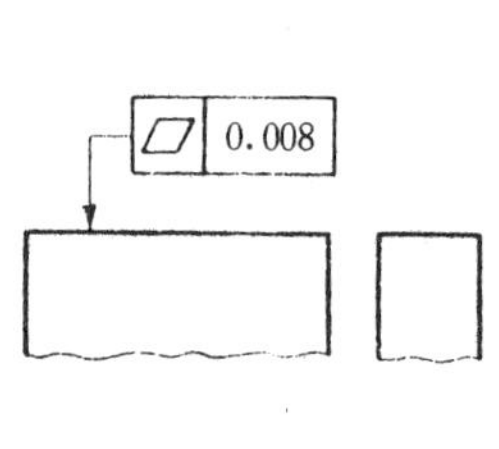

〈측정법〉

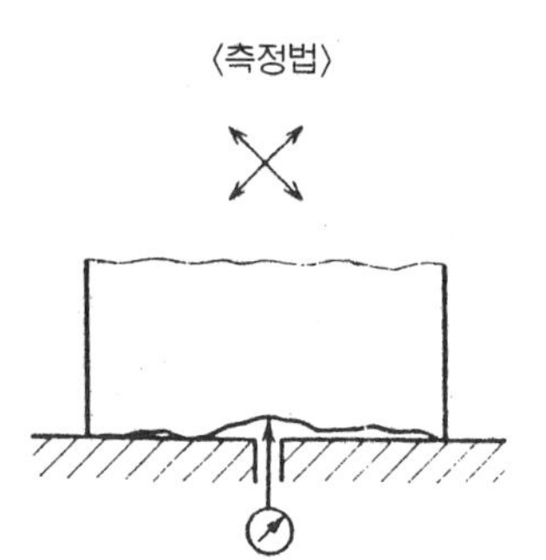

(1) 피측정물을 측정구멍이 있는 정반에 올려 놓고 측정물을 옮기면서 측정한다. 평면도는 이 측정기 눈금의 최대차이다.

(2) 옵티컬 플렛을 피측정물에 올려 놓고 단색광으로 관측한다. 평면도는 관측된 간섭 무늬의 수에 사용한 빛의 파장에 1/2(대충 0.3μm)을 곱한다.

측정면의 넓이는 사용하는 옵티컬 플렛 크기로 제한된다.

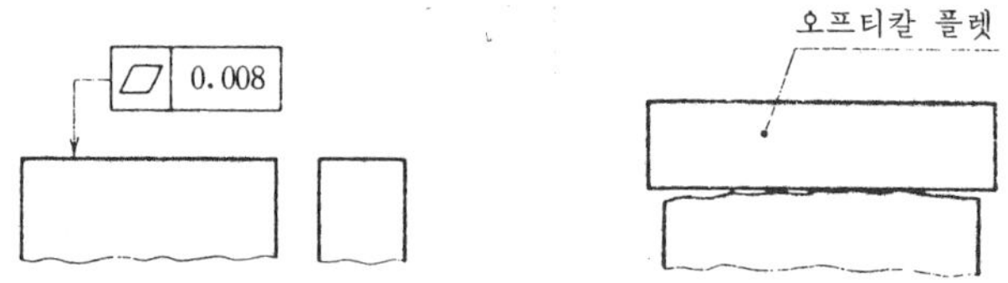

(3) 직선자를 양 끝에서 피측정면의 등거리에 놓고 대각선 A−B, C−D에 따라 소정의 위치에서 양자간의 높이차를 측정한다. 중앙점의 높이를 보정하면 두 개의 대각선으로 참조면이 정해지므로 평면도가 산출된다.

(4) 3점식 직선 측정기를 정반에 올려 놓고 눈금을 제로(0)에 맞춘다. 3방향으로 다리의 길이 l마다 측정기를 옮겨서 누적선도에 평면도를 구한다.

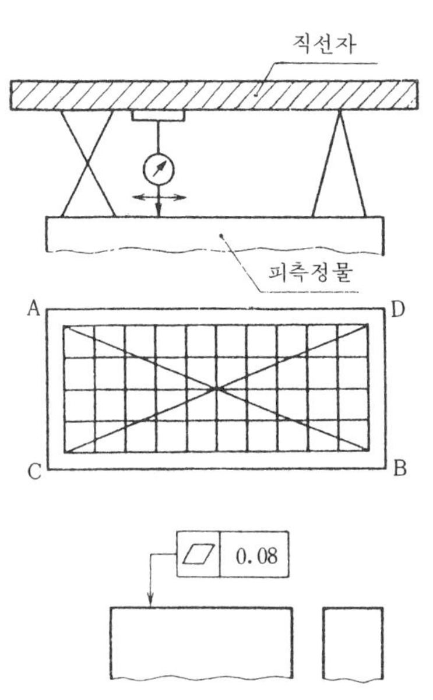

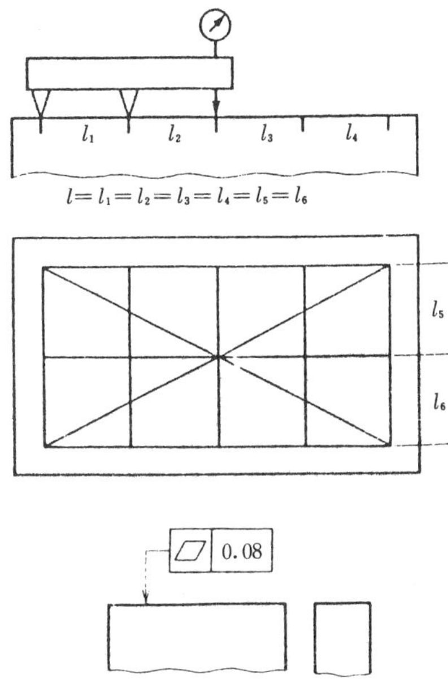

3. 진원도

〈도 면〉

〈측정법〉

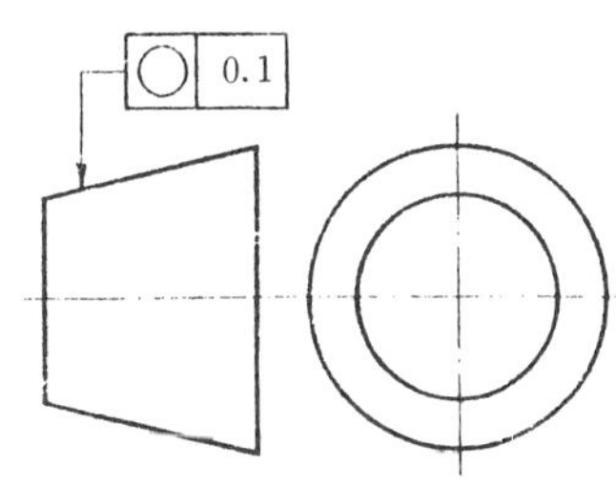

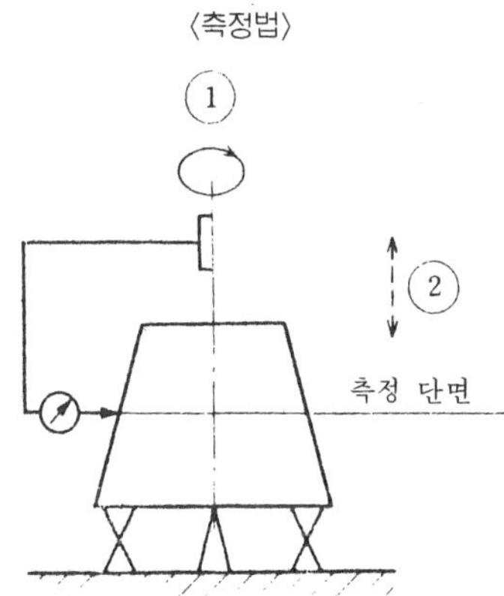

(1) 피측정물과 측정기를 동축에 설치하여 1회전시 반경의 변화를 측정한다. 측정기는 전용 진원도 측정기 외에 회전 테이블과 변위 측정기의 조합도 좋다. 피측정물 중심과 수직한 단면상에서 반복하여 전직경을 측정한다.

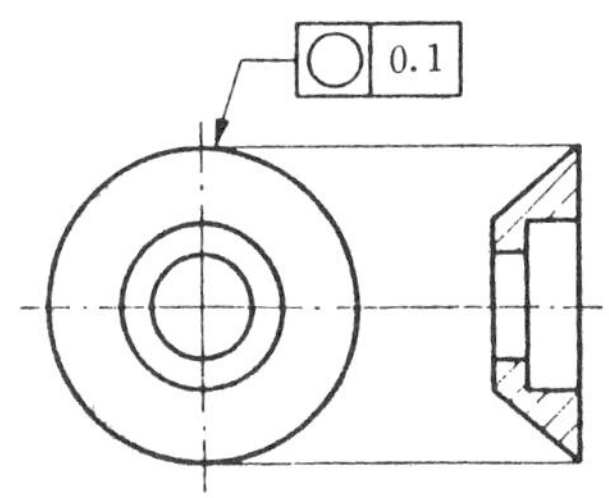

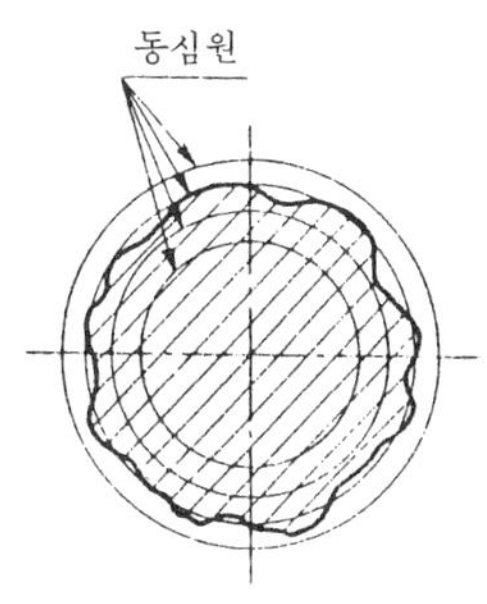

(2) 피측정물의 윤곽을 각종 크기의 동심원과 비교하여 측정된 윤곽이 끼워지는 동심원의 크기에서 진원도를 구한다.

윤곽의 투영에 윤곽 투영기, 광절단식 단면 투영기 등을 사용한다.

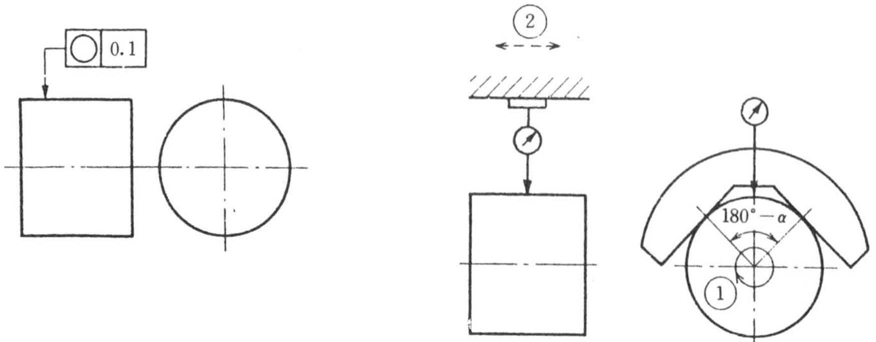

(3) 피측정물 위에 인디케이터가 부착된 측정기를 올려놓고 각 부위에 측정물을 축과 직각 방향으로 회전시켜 측정한다.

진원도는 측정기 각도 α와 측정 단면의 요철의 수를 감안해 구한다.

4. 원통도

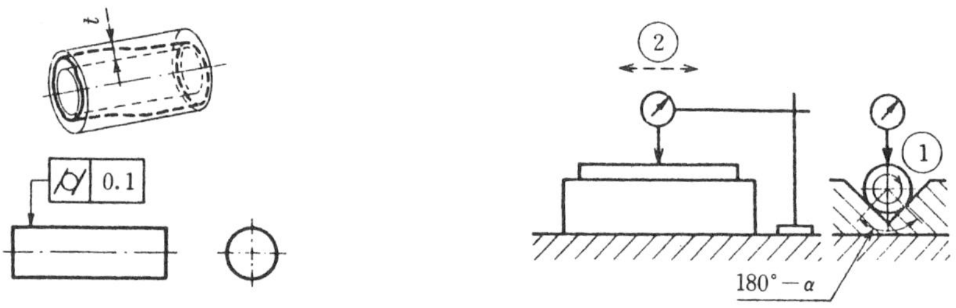

(1) 피측정물을 V블록 위에 놓고 축과 직각 단면상에서 1회전 시켰을 때 변위량을 측정한다. 인디케이터 눈금을 변경시키지 말고 전 길이에 걸쳐서 반복 측정한다. 원통도는 인디케이터의 눈금으로 끼움각 α와 형상의 산수를 감안해서 구한다.

V블록은 측정물보다 길어야 한다.

(2) 피측정물을 정반 위에 놓고 직각 정반에 밀착시켜 축직각 단면상에서 1회전시켰을 때의 변위량을 측정한다.

인디케이터의 눈금의 설정을 변경하지 말고 여러 단면을 반복 측정, 눈금에 최대차의 1/2로 원통도를 구한다.

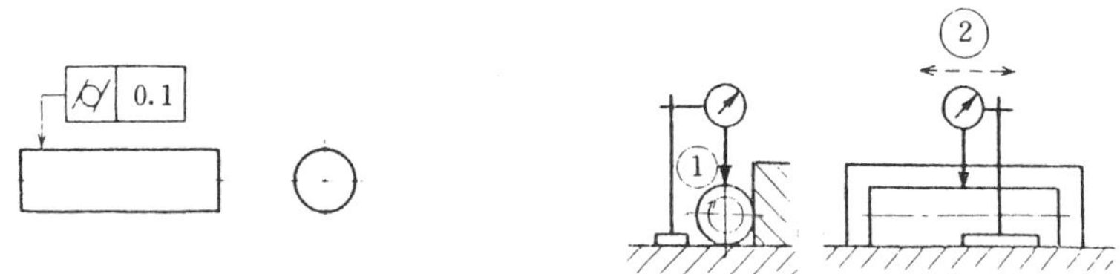

5. 평행도

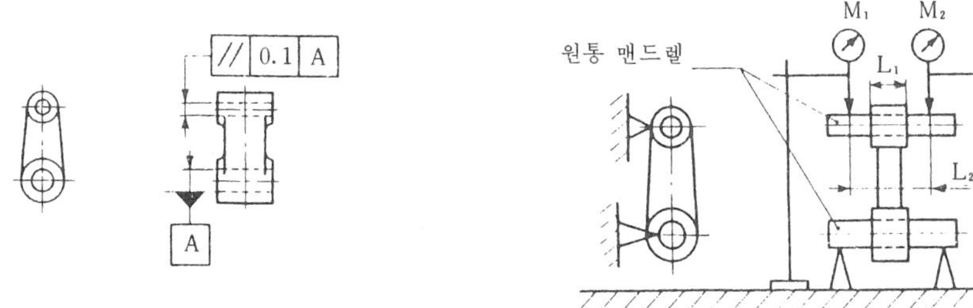

(1) 측정 형체와 데이텀 축의 축선은 구멍 바깥쪽으로 내접 원통의 축직선으로 맨드렐을 설치하여 피측정 형체를 설치한 축의 높이의 차 M_1-M_2를 축방향의 소정거리 L_2를 측정하면 평행도는 $(M_1-M_2)\times L_1/L_2$이다. 맨드렐은 구멍과 틈이 없도록 팽창식을 사용한다.

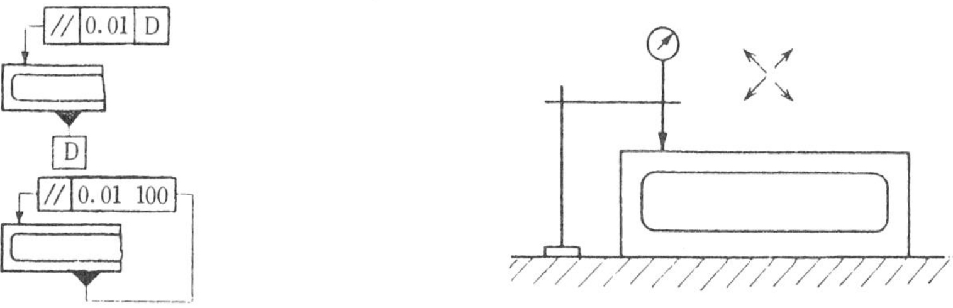

(2) 피측정물을 정반 위에 올려 놓고 인디케이터로 측정물 표면 전체의 높이의 변화를 측정한다. 0.01/100의 경우는 면전체의 길이 방향에 임의의 100mm 길이당 0.01 범위 내에서 평행해야 한다.

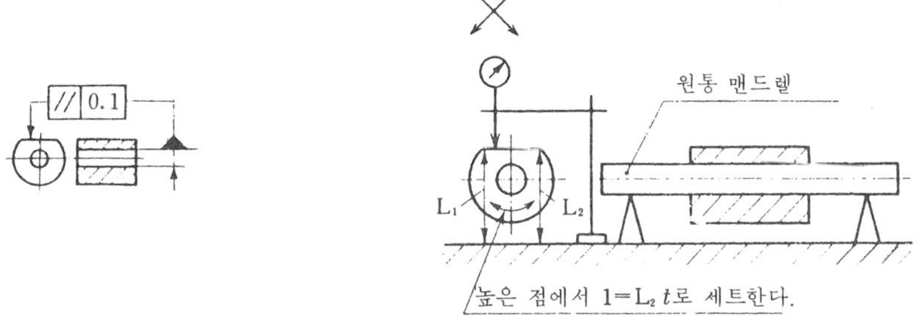

(3) 데이텀 구멍에 맨드렐을 설치하여 정반 위에 평행하게 하고 인디케이터를 움직여 평행도를 측정한다.

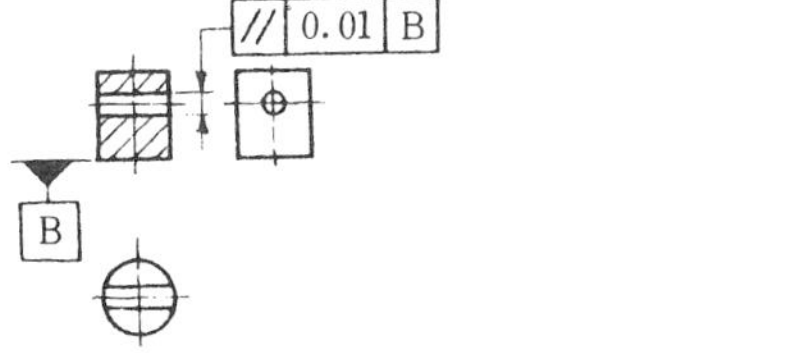

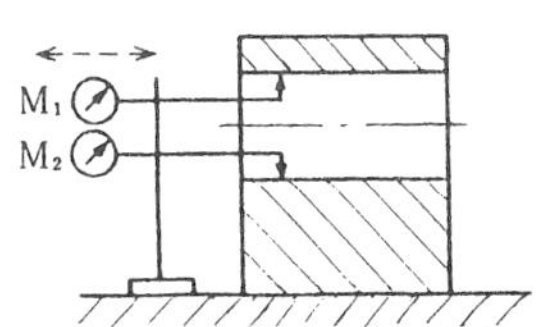

(4) 데이텀은 면 전체를 포함하는 기준 평면에 설치하고 규제 형체 구멍의 축선은 상하 모선 중앙선에 설치하여 측정하면 두 개의 인디케이터 눈금의 차의 1/2이 평행도 공차이다.

6. 직각도

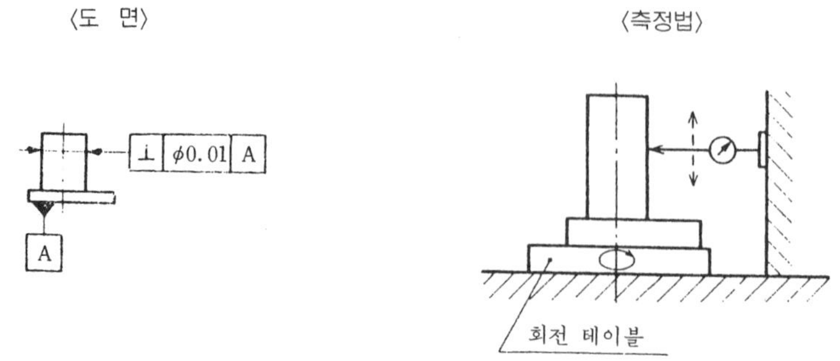

(1) 피측정물을 회전 테이블 위에 올려 놓고 원통 부분의 한 끝에서(맨 아래 부분) 축맞춤을 한다. 여러 단면에서 테이블이 1회전 할 때 반경의 변화를 측정한다.

직각도는 눈금 최대차의 1/2이다.

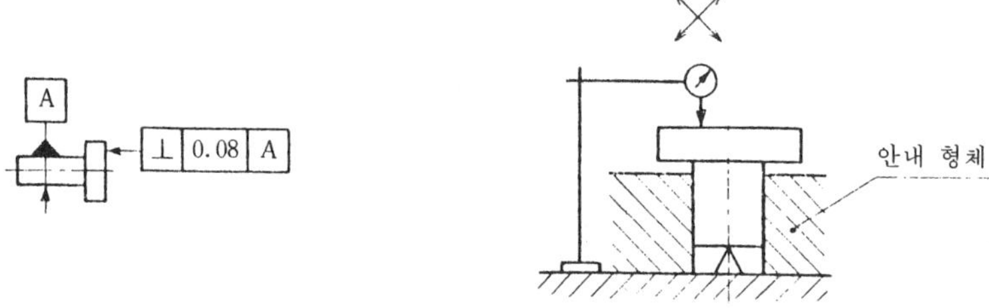

(2) 피측정물을 안내 형체 내에 놓고 데이텀 축직선을 정반과 직각으로 설치한다.

공차가 주어진 면과 정반과의 거리를 전면에 걸쳐서 측정했을 때, 눈금의 최대차가 직각도이다.

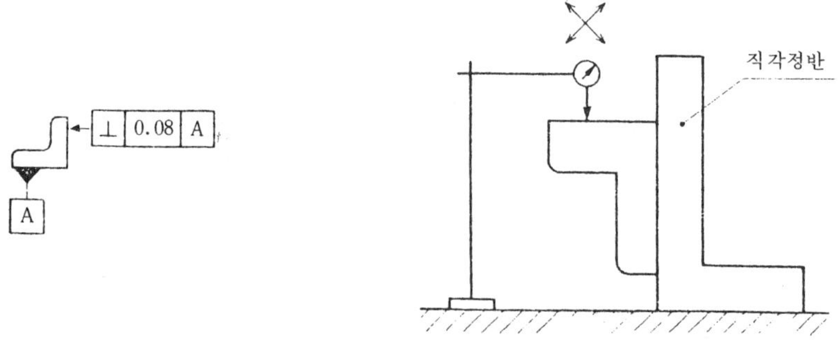

(3) 피측정물을 직각 정반 위에 고정하여 정반 위에 설치하고 전면에 걸쳐서 높이의 변화를 측정한다.

직각도는 눈금의 최대차이다.

7. 경사도

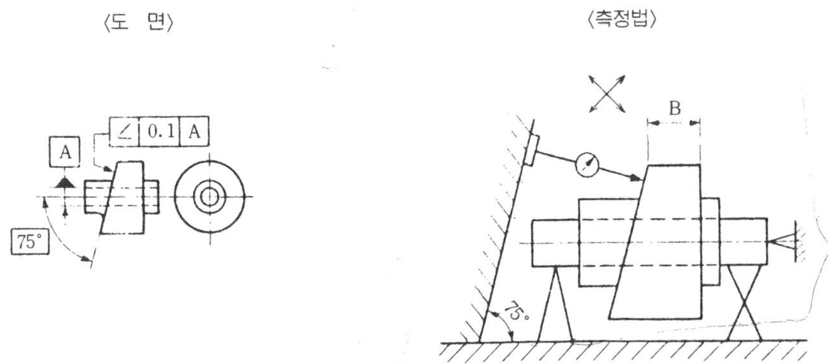

(1) 데이텀 축직선을 내접 원통 맨드렐로 설치하여 정반에 평행하게 설정한다. 피측정물은 인디케이터 눈금의 최대차가 최소가 되도록 회전시켜 조정하여 각도 정반에서 공차가 주어진 면까지의 거리의 변화를 전면에 걸쳐 측정한다. 경사도는 눈금의 최대차이다.

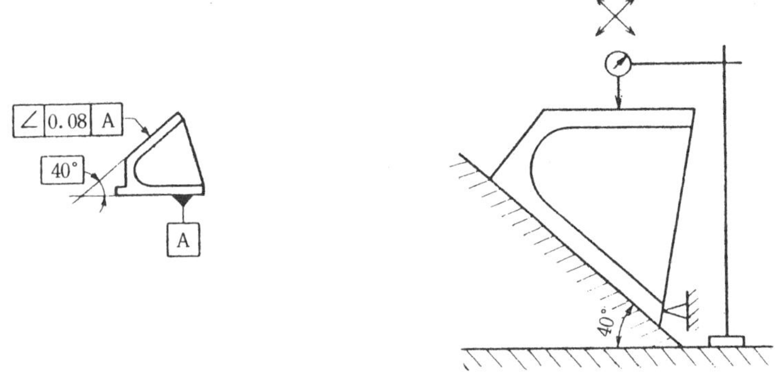

(2) 피측정물을 각도 정반 위에 놓고 공차가 주어진 면을 인디케이터 눈금의 최대차가 최소가 되도록 조정한다. 높이의 차를 전면에 걸쳐 측정하며 경사도는 눈금의 최대차로 구해진다.

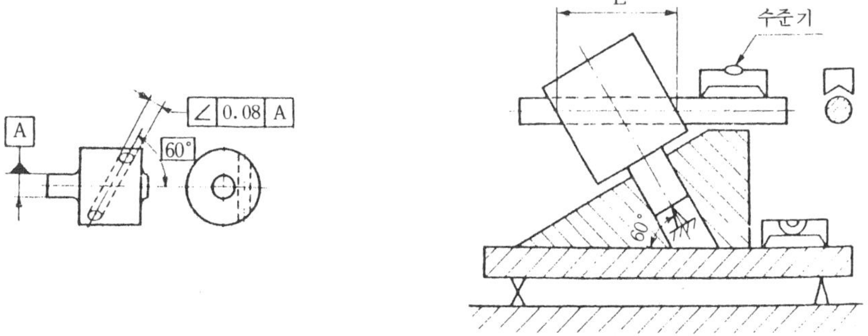

(3) 피측정물과 구멍의 축선에 설치한 맨드렐을 안내 형체 구멍에 설치한다. 이 방법의 경우는 안내 형체 전체를 조정 가능한 정반 위에 설치하여 맨드렐 우단이 좌단에 비해 최고 위치를 잡을 수 있도록 회전시키고 나서 맨드렐의 기울기를 측정한다. 경사도는 경사각에다 L을 곱한 값이다.

8. 선의 윤곽도

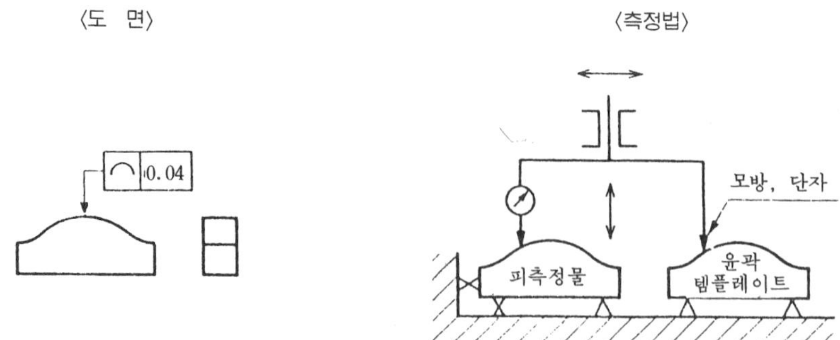

(1) 피측정물을 모방 장치와 윤곽 템 프레이트에 맞추어 비교 측정한다. 모방 단지와 인디케이터 측정자의 형상은 동일해야 한다.

(2) 윤곽 템 프레이트를 측정물에 대고 틈에 의한 빛으로 검사한다. 틈으로 빛이 보이지 않으면 형상의 편차는 3μm 이하이다.

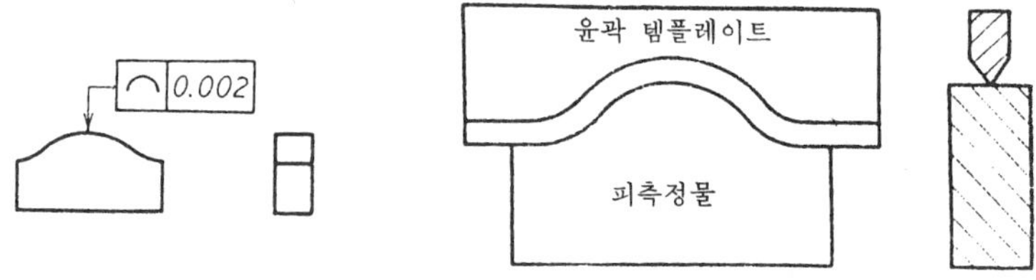

(3) 피측정물의 윤곽을 윤곽투영기에 의해 스크린에 투영해서 한계 윤곽선고 비교 측정한다.

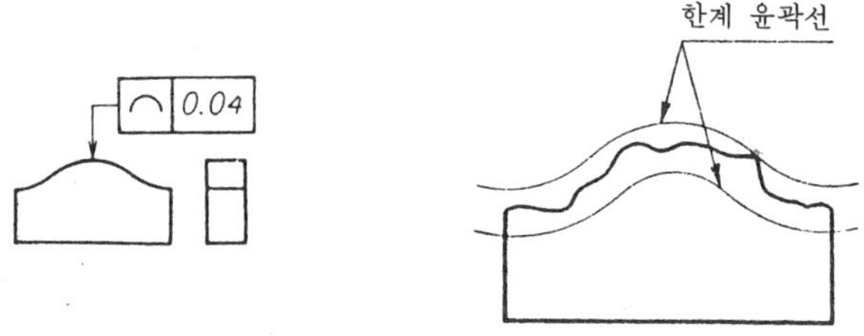

9. 면의 윤곽도

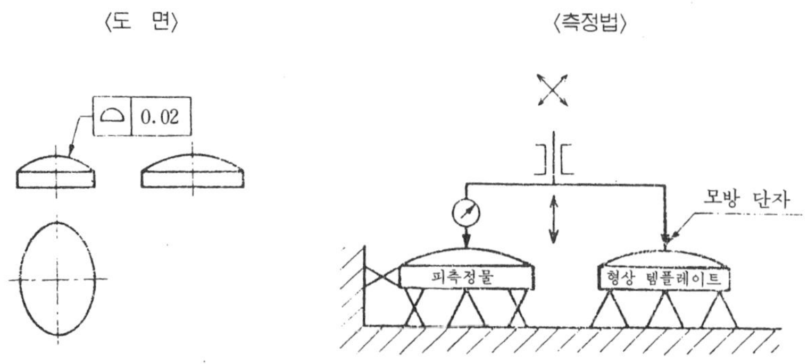

(1) 피측정물을 모방 장치와 형상 템프레이트에 정확히 맞추어 측정물과 템 프레이트의 차이를 측정한다.

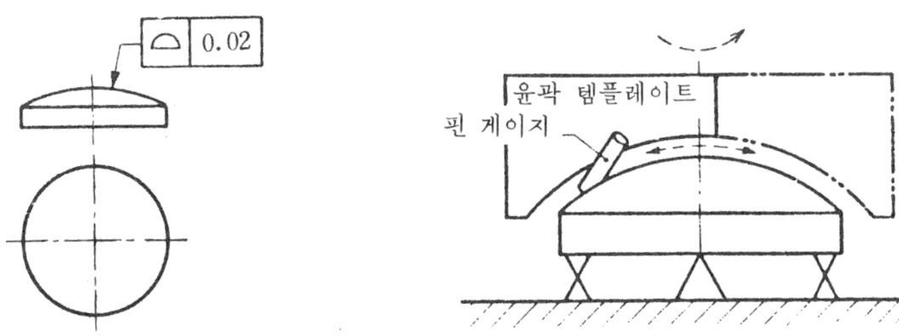

(2) 측정물을 회전축에 맞추어 위치 결정하여 윤곽 템 프레이트를 측정물에서 필요한 거리와 방향으로 설정하여 양자 사이의 간격을 핀 게이지로 측정한다. 면의 윤곽도는 측정된 간격의 최대와 최소의 차이다.

10. 원주 흔들림

(1) 피측정물을 동축의 외접원통 안내 구멍에 설정하여 축방향으로 고정하여 측정물을 회전시켜 측정한다. 원주 흔들림은 각 단면에서의 1회전할 때 인디케이터의 최대차이다.

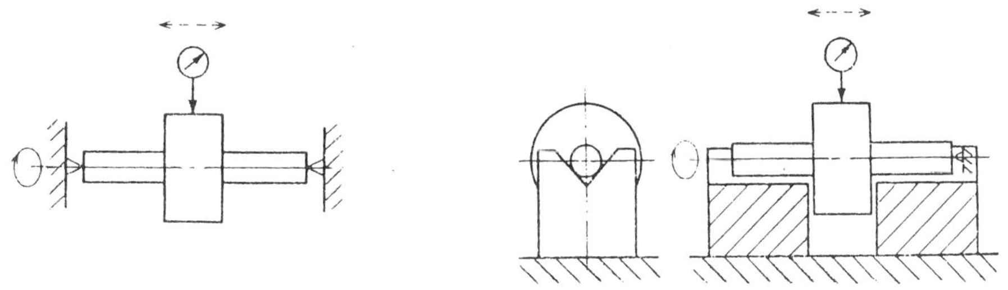

(2) 양 데이텀을 동일한 V블록 위에 놓고 축방향으로 이동이 되지 않도록 하여 측정물을 회전시켜 측정한다.

또 V블록 대신에 나이프 엣지를 이용하여 측정할 수도 있고 양 센터로 지지하여 측정할 수도 있다.

(3) 피측정물의 데이텀의 외접안내 구멍에 축방향으로 고정한다. 원주 흔들림은 각 점에서 1회전 중의 눈금의 최대차이며, 소요수의 점에서 측정을 반복한다.

11. 온 흔들림

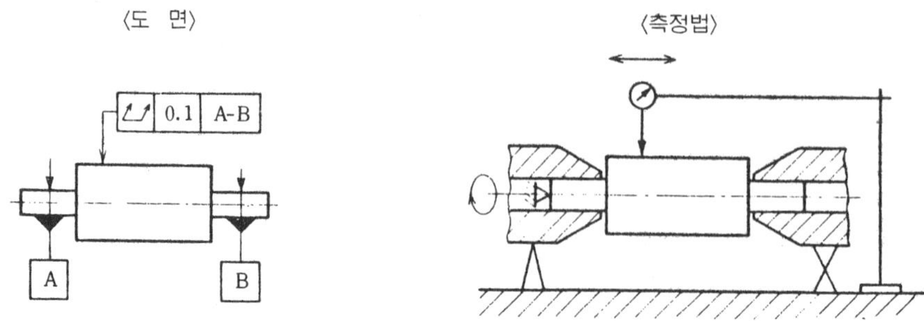

(1) 피측정물을 정반과 평행하게 설치한 두 개의 동축외접 안내 구멍에 설치하고 축방향으로 고정한다. 반경 방향의 온흔들림은 데이텀 축에 대하여 이론적으로 정확한 형상의 직선 요소에 따라 인디케이터를 이동시키면서 측정물을 회전시켰을 때의 눈금의 최대차이다. 간단하게는 데이텀을 V블록 또는 양 센터를 사용하여 측정할 수도 있다.

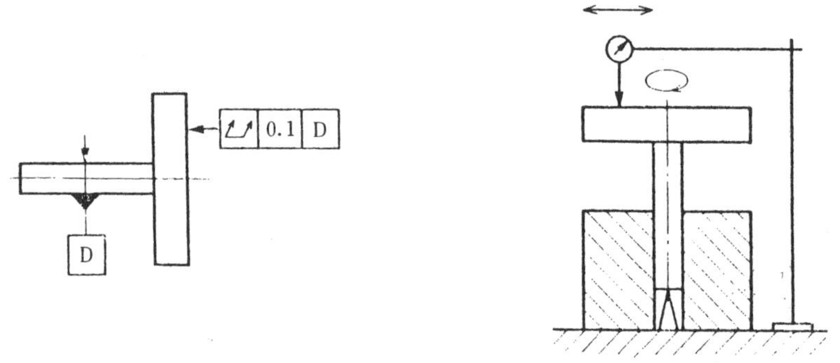

(2) 피측정물을 정반에 수직인 외접 안내 구멍 속에 설치하고 축 방향으로 고정한다. 축 방향의 온 흔들림은 데이텀축에 대하여 이론적으로 정확한 형상의 직선 요소에 따라 반경 방향으로 인디케이터를 옮기면서 피측정물을 회전시켰을 때의 눈금의 최대차이다.

12. 동심도

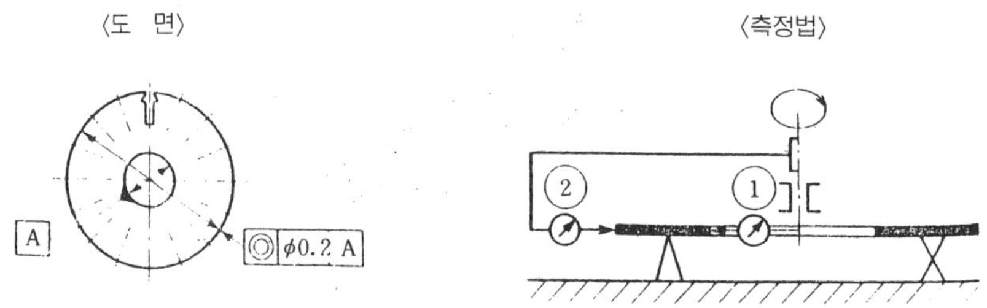

(1) 측정물 원형 형체를 측정기에 중심 맞춤하여 데이텀 형체 및 공차가 주어진 형체의 양쪽의 1회전 중 반경 변화를 극좌표 선도에 기록한다. 동심도는 두 개의 중심간의 거리이다.

또 측정에 필요한 단면은 회전축에 수직이 아니면 안된다. 동심도는 공차값의 1/2을 초과해서는 안된다.

(2) 데이텀과 공차가 주어진 원주와의 최소거리 a와 180° 떨어진 반대 위치에서의 거리 b를 측정한다.

동심도는 거리 a와 b의 차의 1/2이며 공차값의 1/2을 초과해서는 안된다.

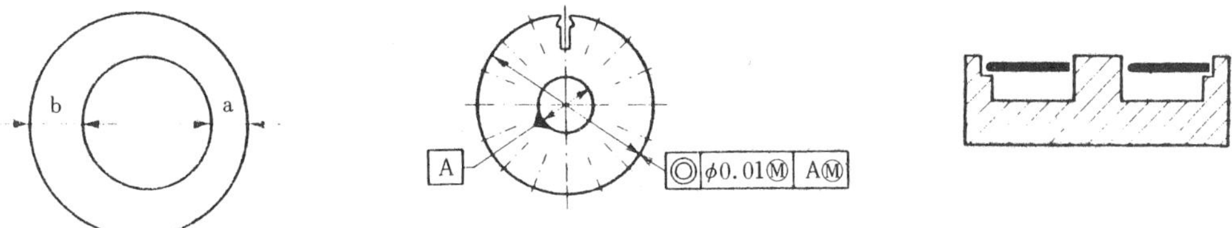

(3) 피측정물을 기능게이지로 검사한다. 게이지는 동축의 내외 원통으로 만들어지고 데이텀 원통은 구멍의 최소 치수이며 공차가 주어진 외형은 최대치수+동심도 공차인 치수라야 한다.

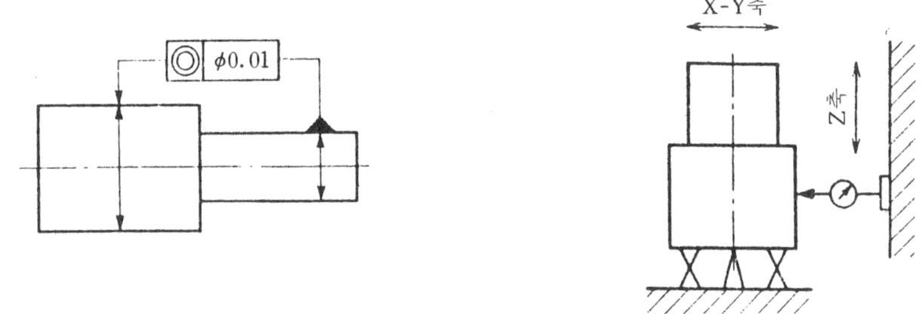

(4) 피측정물을 데이텀 축이 측정기의 X 및 Y축에 수직이 되도록 설치하고, 형체의 각 단면에서의 X축 및 Y축에 수직이 되도록 설치하고, 형체의 각 단면에서의 X축 및 Y축 방향의 접촉점의 좌표를 측정하여 내외접원을 계산해서 동심도를 산출한다.

동축도는 공차의 1/2을 초과해서는 안된다.

13. 대칭도

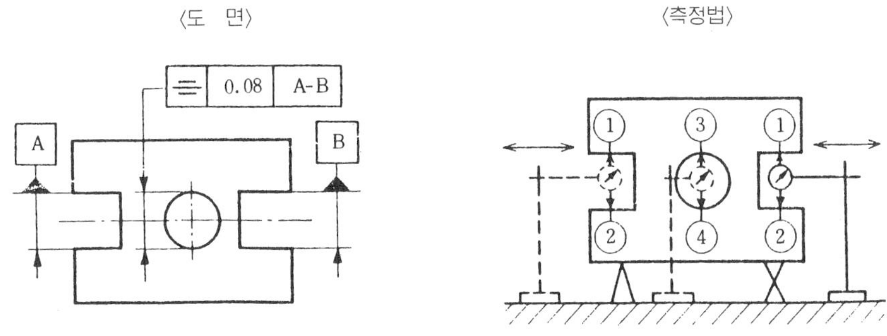

(1) 데이텀의 위치 ①과 ②를 측정하여 데이텀의 중심 평면을 계산해서 이것이 정반과 평행해지도록 조정 설치한다.

대칭도는 공통 평면과 ③ 및 ④의 위치의 측정으로 산출된 구멍의 축선과의 거리이며 공차값의 1/2을 초과해서는 안된다.

좌표 측정기 또는 측정 현미경으로 측정해도 좋다.

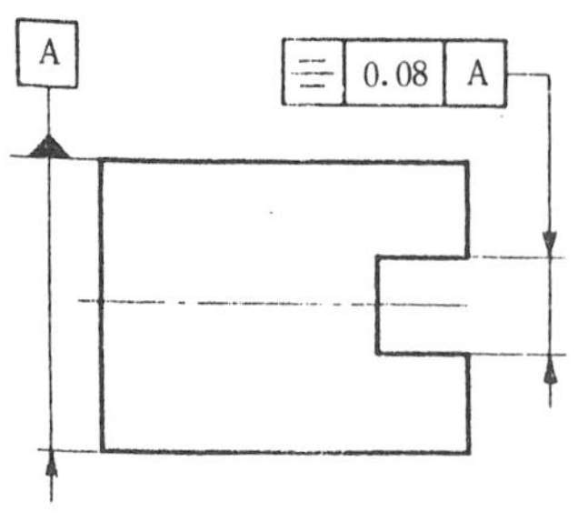

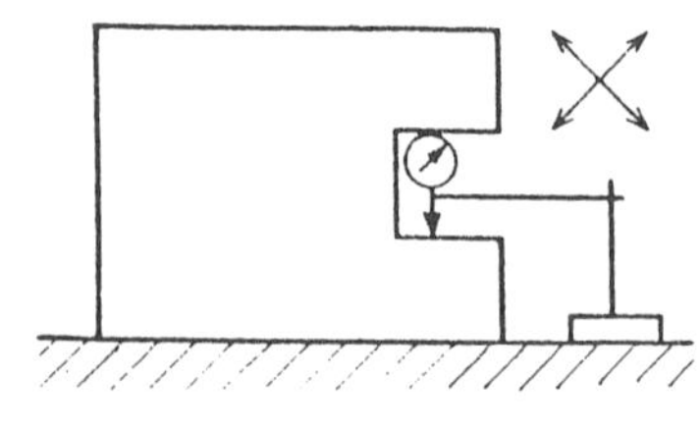

(2) 측정물을 정반 위에 놓고 공차가 주어진 형체까지의 거리를 측정한다.

다음에 측정물을 돌려서 같은 측정을 한다. 대칭도는 측정한 거리의 1/2에서 공차값의 1/2을 초과해서는 안된다.

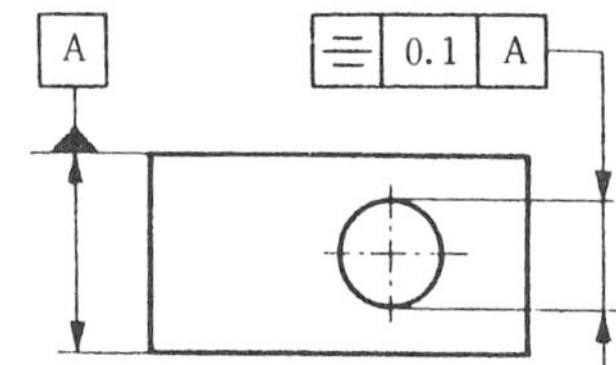

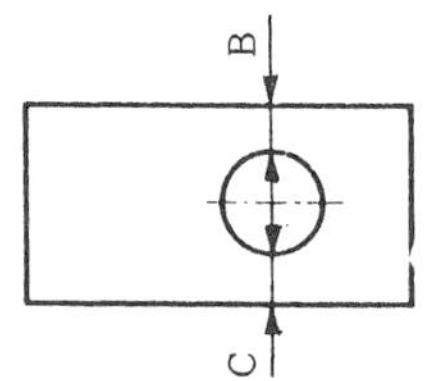

(3) 버니어 캘리퍼스 등을 사용하여 공차가 주어진 형체에서 데이텀 면까지의 거리를 측정한다. 대칭도는 거리 B 및 C의 차의 1/2에서 공차값의 1/2을 초과해서는 안된다.

14. 위치도

〈도 면〉

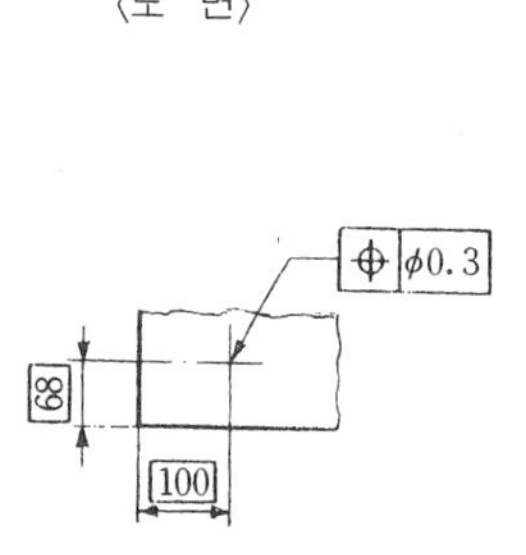

〈측정법〉

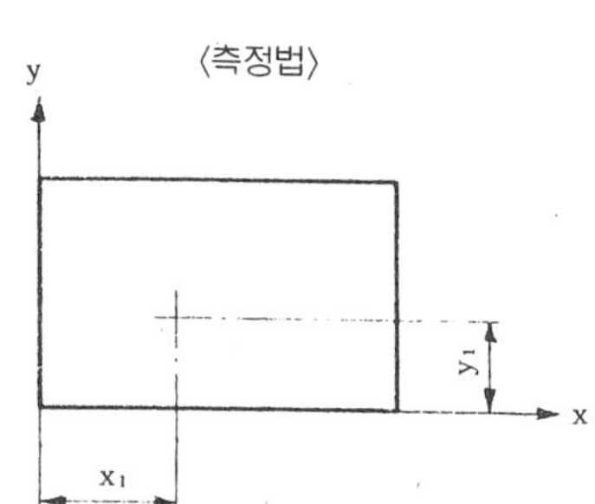

(1) 측정물을 측정기의 좌표축에 맞추어 좌표 x_1, y_1을 측정한다. 이 경우 위치도는 다음 식으로 구해진다.

위치도$=\{(100-x_1)^2+(68-y_1)^2\}^{1/2}$

위치도는 공차값의 1/2을 초과해서는 안된다.

(2) 피측정물은 측정기 좌표에 맞추어 좌표 x_1, x_2, y_1, y_2를 측정한다. 구멍의 x방향의

위치$=X=(x_1+x_2)/2$

y방향의 $Y=(y_1+y_2)/2$이기 때문에 위치도$=\{(100-X)^2+(68-Y)^2\}^{1/2}$이다.

위치도는 공차값의 1/2을 초과해서는 안된다.

구멍이 여러 개일 때는 각 구멍에 대해 측정하여 계산한다.

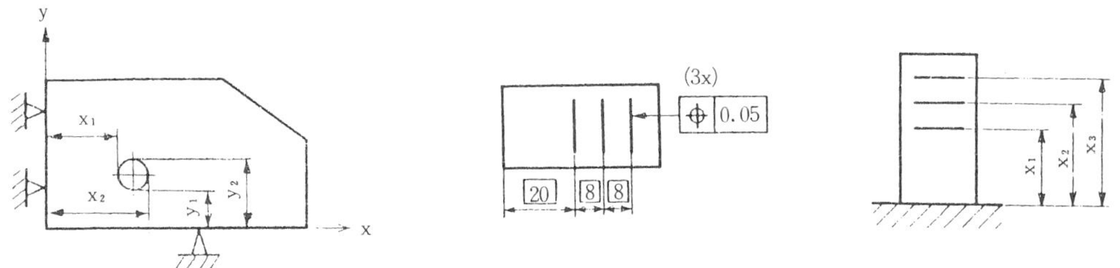

(3) 측정물을 측정기 좌표에 맞추어 거리 X_1, X_2, X_3를 측정한다.

위치도는 규정 위치로부터의 각 선의 편차의 최대값과 최소값의 차다. 위치도는 공차값의 1/2을 초과해서는 안된다.

연삭기 활용 매뉴얼

툴엔지니어 편집부 편저 | 남기준 역 | 4 · 6배판 | 224쪽 | 25,000원

최신 연삭 기술을 중심으로 가공의 기본에서부터 트러블에 대한 대책에 이르기까지 상세히 해설하였습니다.

- 제1장 연삭 가공의 기본
- 제2장 연삭 숫돌
- 제3장 숫돌의 수정
- 제4장 연삭 가공의 실제
- 제5장 트러블과 대책

공구 재종의 선택법 · 사용법

툴엔지니어 편집부 편저 | 이종선 역 | 4 · 6배판 | 216쪽 | 25,000원

제1편 절삭 공구와 공구 재종의 기본에서는 고속도 강의 의미와 고속도 공구강의 변천, 공구 재종의 발달사 등에 대해 설명하였으며, 제2편 공구 재종의 특징과 선택 기준에서는 각 공구 재종의 선택 기준과 사용 조건의 선정 방법을 소개하였습니다. 또, 제3편 가공 실례와 적응 재종에서는 메이커가 권장하는 절삭 조건과 여러 가지 문제점에 대한 해결 방법을 소개하였습니다.

머시닝 센터 활용 매뉴얼

툴엔지니어 편집부 편저 | 심증수 역 | 4 · 6배판 | 240쪽 | 25,000원

이 책은 MC의 생산과 사용 상황, 수직 수평형 머시닝 센터의 특징과 구조 등 머시닝 센터의 기초적 이론을 설명하고 프로그래밍과 가공 실례, 툴 홀더와 시스템 제작, 툴링 기술, 준비 작업과 고정구 등 실제 이론을 상세히 기술하였습니다.

금형설계

이하성 저 | 4 · 6배판 | 292쪽 | 23,000원

우리 나라 금형 공업 분야의 실태를 감안하여 기초적인 이론과 설계 순서에 따른 문제점 분석 및 응용과제 순으로 집필하여 금형을 처음 대하는 사람이라도 쉽게 응용할 수 있도록 하였습니다. 부록에는 도해식 프레스 용어 해설을 수록하였습니다.

머시닝센타 프로그램과 가공

배종외 저 | 윤종학 감수 | 4 · 6배판 | 432쪽 | 20,000원

이 책은 NC를 정확하게 이해할 수 있는 하나의 방법으로 프로그램은 물론이고 기계구조와 전자장치의 시스템을 이해할 수 있도록 저자가 경험을 통하여 확인된 내용들을 응용하여 기록하였습니다. 현장실무 경험을 통하여 정리한 이론들이 NC를 배우고자 하는 독자에게 도움을 줄 것입니다.

CNC 선반 프로그램과 가공

배송외 서 | 윤종학 감수 | 4 · 6배판 | 392쪽 | 19,000원

이 책은 저자가 NC 교육을 담당하면서 현장실무 교재의 필요성을 절감하고 NC를 처음 배우는 분들을 위하여 국제기능올림픽대회 훈련과정과 후배선수 지도 과정에서 터득한 노하우를 바탕으로 독자들이 쉽게 익힐 수 있도록 강의식으로 정리하였습니다. 이 책의 특징은 NC를 정확하게 이해할 수 있는 프로그램은 물론이고 기계구조와 전자장치의 시스템을 이해할 수 있도록 경험을 통하여 확인된 내용들을 응용하여 기록하였다는 것입니다.

ISO, KS 규격에 의한

기하공차

2015. 1. 5. 15쇄 발행
2021. 3. 25. 18쇄 발행

지은이 | 최호선
펴낸이 | 이종춘
펴낸이 | BM (주)도서출판 성안당
주소 | 04032 서울시 마포구 양화로 127 첨단빌딩 5층(출판기획 R&D 센터)
10881 경기도 파주시 문발로 112 파주 출판 문화도시(제작 및 물류)
전화 | 02) 3142-0036
031) 950-6300
팩스 | 031) 955-0510
등록 | 1973. 2. 1. 제406-2005-000046호
출판사 홈페이지 | **www.cyber.co.kr**
ISBN | 978-89-315-3641-6 (93550)
정가 | 20,000원

이 책을 만든 사람들
기획 | 최옥현
진행 | 이희영
교정·교열 | 문 황
전산편집 | 이다혜
표지디자인 | 박현정
홍보 | 김계향, 유미나
국제부 | 이선민, 조혜란, 김혜숙
마케팅 | 구본철, 차정욱, 나진호, 이동후, 강호묵
마케팅 지원 | 장상범, 박지연
제작 | 김유석